JN099388

500 Tips to Use Visual Basic Better!

現場ですぐに使える!

Visual Basic 2022

Visual Studio Professional / Community対応

逆引き大全 500の極意

増田智明 著

秀和システム

●サンプルプログラムのダウンロードサービス

本書で使用しているサンプルプログラムは、以下の秀和システムのWebサイトからダウンロードできます。

http://www.shuwasystem.co.jp/support/7980html/6666.html

●注意

(1) 本書は著者が独自に調査した結果を出版したものです。
(2) 本書は内容について万全を期して作成いたしましたが、万一、ご不審な点や誤り、記載漏れなどお気付きの点がありましたら、出版元まで書面にてご連絡ください。
(3) 本書の内容に関して運用した結果の影響については、上記(2)項にかかわらず責任を負いかねます。あらかじめご了承ください。
(4) 本書の全部、または一部について、出版元から文書による許諾を得ずに複製することは禁じられています。

はじめに

本書**『現場ですぐに使える！ Visual Basic 2022逆引き大全 500の極意』**は、Visual Studio 2022に含まれるVisual Basic 2022に対応した、基礎から応用まで幅広い内容を網羅しているTips集です。

今回のVisual Basic 2022版では、全面的に.NET 6を採用し、それぞれのTipsの見直しをしました（一部、ASP.NETアプリのみ従来の.NET Frameworkを利用しています）。そのうえで、ASP.NET MVCの強化、WPFアプリ作成、MVVMパターンの利用、.NET MAUIなどTipsなどを追加しました。Web APIアプリと.NET MAUIアプリでは、Visual Studio 2022にテンプレートがないため、独自に作成したプロジェクトテンプレートを利用しています。

Visual Basicの利用範囲は、従来のVisual Basic 6.0やVBAからの移植を含めて、主にデスクトップ環境で利用されています。インターネットで提供されるサンプルプログラムは圧倒的にC#が多いのですが、.NET環境においては、多言語の利用が可能であるため各種のクラスライブラリやノウハウはVisual Basicでも有効です。特に.NET 6や.NET 7（.NETプラットフォーム拡張）によって、Windows環境だけでなくモバイル環境やLinux、macOSの環境でも動作が可能となっています。

第5章でAsync/Awaitを利用した非同期処理、第6章でリフレクションを利用したプロパティアクセスなどの仕事でのちょっとした壁を超えるようなTipsも新規に追加してあります。

開発環境であるIDE（統合開発環境）の操作方法、基本プログラミングの概念などの初歩的な内容から、ユーザーインターフェイスの作成、データベース操作、エラーやデバッグ、Webアプリケーションの作成、ユーザーコントロールの作成といった実務的な内容、そして、WPF、XAML、LINQなどの新機能に至るまで、幅広い分野にわたるTipsを集めています。

これらのTipsで扱っているサンプルプログラムを、サポートページよりダウンロードできますので、みなさんのお手元にあるVisual Basicの環境で、実際に各ファイルやアプリケーションを操作し、動作確認をしていただくことが可能です。そして、プログラミングや動作の理解を深めていただくことができます。

本書では、基本的なテクニックから高度なテクニックへと順番にTipsの構成をしました。そのため、Visual Basicの初心者の方でも最初から読み進めていただければ、Visual Basicの文法の基礎から高度な内容へと順に学習していただけます。

また、逆引き形式になっておりますので「やりたいこと」「知りたいこと」から必要なテクニックを探していただけます。そのため、学習中の方だけでなくVisual Basicを実務で活用されている方にも、すぐに役立てることができるでしょう。

本書が、Visual Basic 2022の学習、開発の参考書籍としてより多くの皆様のお手元に置いていただき、いつでも参照していただける必携の書としてご活用いただけますことを心より願っております。

最後に、本書を執筆するにあたって、ご指導、ご協力くださいましたすべての皆様に心より感謝申し上げます。

温故知新と歴史を知り、平和の活用のために。

2023年1月　著者記す

本書の使い方

本書では、みなさんの疑問・質問、「〜する」「〜とは」といった困ったときに役立つ極意（Tips）を探すことができます。必要に応じた「極意」を目次や索引などから探してください。

なお、本書は、以下のような構成になっています。本書で使用している表記、アイコンについては、下記を参照してください。

極意（Tips）の構成

極意の番号

目次で見つけた「極意」をすぐに見つけることができます。

プログラミング上の要望・質問

「〜したい」「〜するには」といった要望や質問を示しています。自分のやりたいことを探してください。

Level

レベルには「初級●」「中級●●」「上級●●●」の3レベルがあります。テクニックの難易度の目安にしてください。

ポイント

プログラミングの考え方や手順、使用するメソッドなど一言で説明しています。

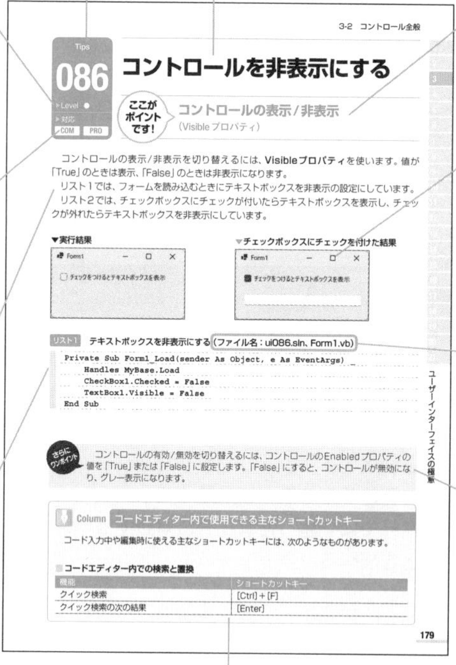

対応エディション

「COM」はVisual Studio Community、「PRO」はProfessionalに対応していることを表します。

画面

実際のプログラムの参考になるように、サンプル実行後の画面などを示しています。

極意の詳細

この極意(Tips)を詳しく説明しています。手順は、ステップを追って実行できるようになっています。

ファイル名

本書のサポートサイトからダウンロードできるサンプルのファイル名を示しています。

リスト

サンプルのコードなどを示しています。

さらにワンポイント

この極意(Tips)の補足説明を示しています。

Column

Visual Basic 2022で知っておきたい知識を簡潔にまとめてあります。

3-2 コントロール全般

Tips 086 ▶Level ● ▶対応 COM PRO

コントロールを非表示にする

ここがポイントです！ コントロールの表示/非表示（Visibleプロパティ）

コントロールの表示/非表示を切り替えるには、**Visibleプロパティ**を使います。値が「True」のときは表示、「False」のときは非表示になります。

リスト1では、フォームを読み込むときにテキストボックスを非表示の設定にしています。

リスト2では、チェックボックスにチェックが付いたらテキストボックスを表示し、チェックが外れたらテキストボックスを非表示にしています。

▼実行結果

Form1 — チェックをつけるとテキストボックスを表示

▼チェックボックスにチェックを付けた結果

Form1 — チェックをつけるとテキストボックスを表示

リスト1 テキストボックスを非表示にする（ファイル名：ui086.sln、Form1.vb）

```
Private Sub Form1_Load(sender As Object, e As EventArgs) _
    Handles MyBase.Load
    CheckBox1.Checked = False
    TextBox1.Visible = False
End Sub
```

さらにワンポイント コントロールの有効/無効を切り替えるには、コントロールのEnabledプロパティの値を「True」または「False」に設定します。「False」にすると、コントロールが無効になり、グレー表示になります。

Column コードエディター内で使用できる主なショートカットキー

コード入力中や編集時に使える主なショートカットキーには、次のようなものがあります。

■コードエディター内での検索と置換

機能	ショートカットキー
クイック検索	[Ctrl]+[F]
クイック検索の次の結果	[Enter]

ユーザーインターフェイスの極意

179

Contents

現場ですぐに使える！
Visual Basic 2022
逆引き大全 500の極意
目次

第3章 ユーザーインターフェイスの極意

第5章　文字列操作の極意

第9章　グラフィックの極意

第10章　WPFの極意

第12章　ネットワークの極意

第16章 モバイル環境の極意

第17章　Excelの極意

コラム

第1部

スタンダード・プログラミングの極意

Visual Basic 2022の基礎

1-1 基本動作

Visual Basicとは

ここがポイントです！ **Visual Basic 2022の概要**

Visual Basicとは、アプリケーションソフトを作成するためのプログラミング言語です。

1960年代に開発されたBASICという初心者向けプログラミング言語を基に、数回の改良を重ね、新しい技術に対応し、機能を付け加えながら進化し続けており、2023年1月現在の最新バージョンは、Visual Basic 2022になります。

Visual Basic 2022では、以下のような様々な種類のアプリケーションを作成できます。

❶デスクトップアプリ（クラシックWindowsアプリ）
❷Webアプリ
❸Windowsストアアプリ
❹UWPアプリ

▼BASICからVisual Basicの推移

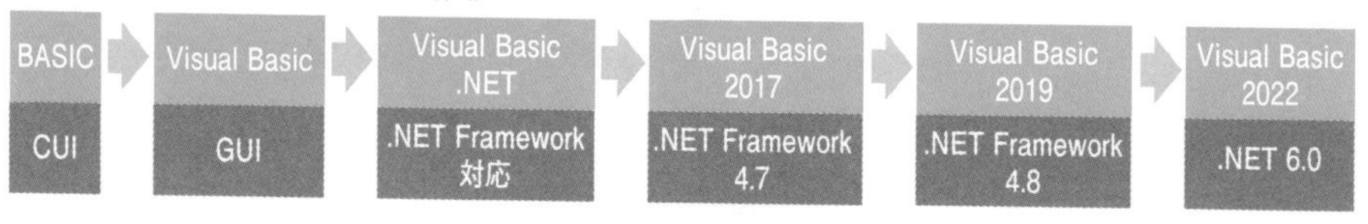

さらにワンポイント UWP（Universal Windows Platform）とは、Windows 11のすべてのエディションが持つアプリケーション実行環境のことです。UWPアプリは、Windows 11が動作する様々なデバイス（デスクトップPC、Xboxなど）上で動作するアプリケーションです。なお、本書では、UWPアプリについては解説していません。

Visual Studioとは

ここがポイントです！ Visual Studioの概要

Visual Studioは、Microsoft社が提供する**プログラム開発ツール**です。本書執筆時(2023年1月)の最新バージョンは、**Visual Studio 2022**です。

Visual Studioには、Visual Basicをはじめとするいくつかの**プログラミング言語**と**IDE**(統合開発環境)と呼ばれるプログラムを開発するための環境が含まれています。

IDEには、次のようなプログラム開発に必要な一通りの機能が用意されています。

- **画面設計用のデザイナー**
- **コード記述用のエディター**
- **機械語に変換するためのコンパイラー**
- **テストとエラーを修正するためのデバッガー**

Visual Studio 2022のエディションには、主に開発者向けの**Visual Studio Professional**と**Visual Studio Enterprise**、無償で入手できる学習者や個人開発者向けの**Visual Studio Community**があります。

本書は、Visual Studio ProfessionalとVisual Studio Communityに対応しています。いずれもMicrosoft社のWebサイトからダウンロードできます(Tips003を参照)。

Visual Studio Communityは、Visual Studio Professionalとほぼ同じ機能を持ちますが、学生、オープンソース、個人開発者向けに無料で提供され、使用において制約があります。またVisual Studio Professionalは、評価用として90日間無償で使用できます。

Visual Studio 2022をインストールする

Visual Studio 2022のインストール

Visual Studio 2022をインストールするには、Visual Studioのダウンロードサイトにアクセスし、次の手順でインストールします。ここでは、Visual Studio Community 2022のインストールを例に説明します。

Visual Studioをインストールする前に、以下のサイトでシステム要件を確認しておきます。

▼Visual Studio 2022システム要件確認サイト

```
https://docs.microsoft.com/ja-jp/visualstudio/releases/2022/system-requirements
```

1 Visual Studioのダウンロード

以下のダウンロードサイトにアクセスし、インストールするVisual Studioをクリックします（画面1）。

▼Visual Studioダウンロードサイト

```
https://www.visualstudio.com/ja
```

▼画面1 Visual Studioのダウンロードサイト

2 インストールの実行

［実行］ボタンをクリックしてインストールを開始します（画面2）。なお、［保存］ボタンをクリックするとインストール用ファイルをパソコンにいったん保存します。この場合、保存されたファイルをダブルクリックしてインストールを開始します。

▼画面2 Visual Studioのインストール

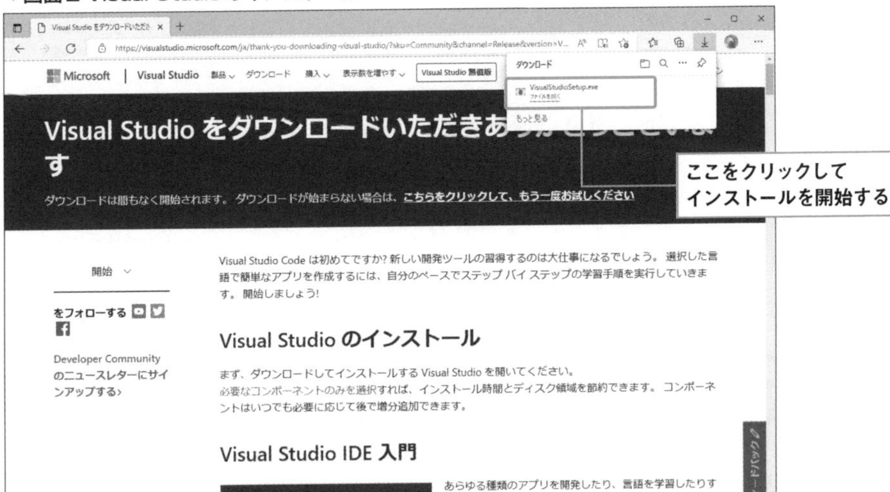

3 ライセンス条項の確認

「Microsoftプライバシーに関する声明」と「ライセンス条項」についてのメッセージが表示されます。それぞれのリンクをクリックして内容を確認し、［続行］ボタンをクリックします（画面3）。

▼画面3 ライセンス条項の同意画面

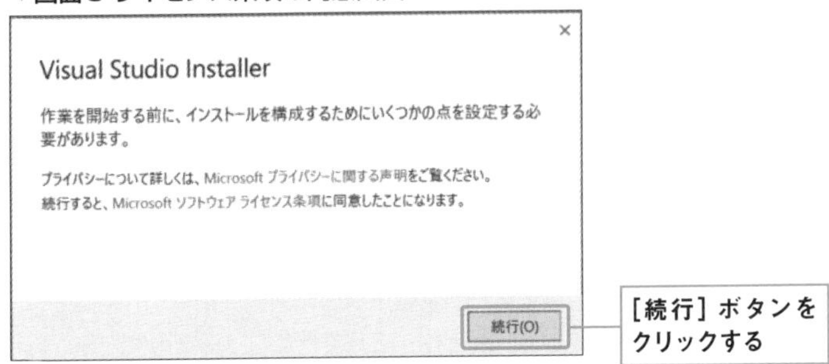

4 インストール内容の選択・実行

インストール内容選択画面が表示されたら、必要な項目をクリックして選択し、インストールを開始します（画面4）。なお、インストール後に必要に応じて追加インストールすることもできます。

▼画面4 インストール内容選択画面

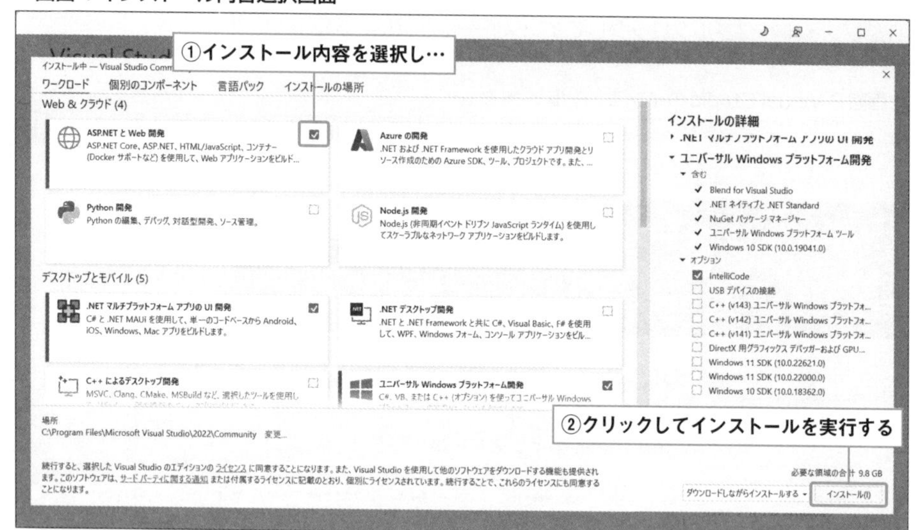

5 Visual Studioを起動

インストールが完了した後、画面の指示に従ってコンピューターを再起動し、Visual Studioを起動します。このとき、Microsoftアカウントでのサインインが要求されます。あらかじめ用意しておきましょう。

手順2の後、「このアプリがデバイスに変更を加えることを許可しますか？」という確認メッセージが表示されたら、[はい] ボタンをクリックします。

Visual Studio 2022では、正式なリリース前の最新の機能を試用できるプレビュー版と、正式なものとして提供されるリリース版があります。プレビュー版を経て、新機能がリリース版に追加されます。

また、リリース版には、マイナー更新とサービス更新の2種類の更新があります。

マイナー更新は、プレビュー版で使用可能になった後、約2〜3月ごとにリリース版に配布されます。新機能、バグの修正や、プラットフォーム変更に適合するための変更が含まれており、マイナー更新のバージョンは、17.1や17.2のようにバージョン番号の2桁目で確認できます。また、サービス更新は、重要な問題に関する修正プログラムのリリースです。サービス更新のバージョンは、17.0.1や17.1.3のようにバージョン番号の3桁目で確認できます。バージョン番号は、[ヘルプ] メニューの [バージョン情報] を開いて確認できます。

Microsoftアカウントは、通常使用しているメールアドレスで登録する方法と、Microsoftでメールアドレスを無料で新規作成して登録する方法があります。30日間はサインインしなくても使用することが可能ですが、それを過ぎるとサインインする必要があります。

追加の内容をインストールする場合は、Windowsの［スタート］ボタン→［Visual Studio Installer］をクリックして、表示される画面にあるインストール済みのVisual Studioで［変更］をクリックし、手順4の画面が表示されたら、必要な項目を選択して追加します。

.NETとは

.NET 6と.NET Frameworkの概要

Visual Studio 2022は、**.NET実装**（.NET implementations）上で動作し、Visual BasicやC#などのプログラム言語を使って、.NET対応のアプリケーションを開発できます。クラスプラットフォームで動作する.NET 6やWindowsで動作する従来の.NET Frameworkは、.NET実装の1つです。

.NET 6は、.NETに対応したアプリケーションを実行、開発するための環境です。.NET 6は、Visual Studio 2022のインストール時に自動的にインストールされます。また、Windows 11には標準でインストールされています。Microsoft社のWebサイトから無償でダウンロードし、インストールすることもできます。

.NET 6や.NET Frameworkは、OSとアプリケーションの間に存在し、**共通言語ランタイム**（CLR：Common Language Runtime）と**クラスライブラリ**という2つの主要な部分で構成されています。

●共通言語ランタイム（CLR）

共通言語ランタイムは、.NETアプリケーションの実行環境で、プログラムの実行サポートやセキュリティ管理、メモリやスレッドの管理などをします。

●クラスライブラリ

クラスライブラリは、.NET対応アプリケーションを作成するために必要となる機能を提供しています。

例えば、.NETアプリケーション用の基本的なクラスを提供している基本クラスライブラリや、WebプログラミングのためのASP.NET、WindowsアプリケーションのためのWindowsフォーム、データアクセスのためのADO.NETなどがあります。

▼.NET Frameworkの構成

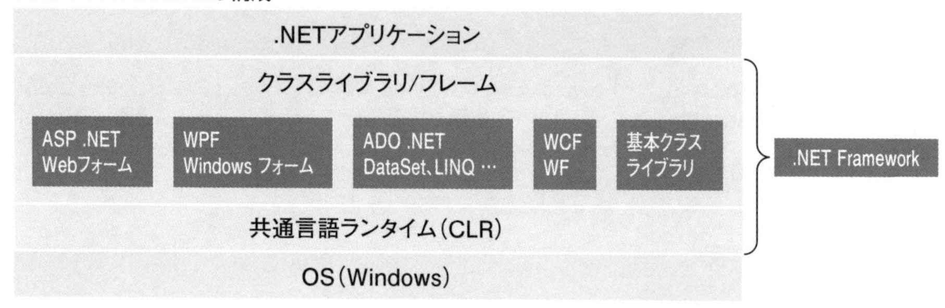

名前空間とは

Visual Basic 2022では、.NET 6あるいは.NET Frameworkのクラスライブラリで提供されているクラスを利用して.NET対応アプリケーションプログラムを記述します。

.NETのクラスライブラリには、非常に多くのクラスが用意されているため、関連するクラスをまとめて、**名前空間(ネームスペース)**という概念を利用して階層構造で管理しています。

名前空間は、ディレクトリやファイルを階層的に構成しているWindowsエクスプローラーに構造が似ています。名前空間では、クラスの中にクラスを格納して階層的に構成し、グループごとに分類しています。

名前空間の階層は、「.」(ピリオド)に続けて「System.Data」のように指定します。例えば、テキストの読み書きは、「System.IO名前空間」にグループ化されたクラスを使用し、Windows用のフォームの作成には、「System.Windows.Forms名前空間」にグループ化されたクラスを使用します。

また、プログラムのコードを名前空間のブロックに分割できます。明示的に名前空間を定義するには、次のように記述します。

▼明示的に名前空間を定義する

```
Namespace 名前空間名
    ・・・(名前空間に属するクラス、列挙型などの型を記述)
```

```
End Namespace
```

定義済みの名前空間を利用するときは、**Importsディレクティブ**を記述します。正式名称の名前空間で定義されたクラスや構造体の名前を省略して書くことができます。

▼名前空間を利用する

```
Imports 名前空間名
```

名前空間は提供する会社ごとに決められるため、重複してしまうこともたびたびあります。このような場合は、別名を使って、異なる名前空間を区別することができます。

▼名前空間を別名で使う

```
Imports 別名 = 名前空間名
```

.NET Frameworkの主な名前空間

名前空間	内容
System	クラス基本クラス
System.Windows.Formsクラス	Windows フォーム
System.Drawingクラス	GDI+基本グラフィックス機能
System.Webクラス	Webアプリケーション
System.Dataクラス	データベース操作
System.IOクラス	ファイルの属性と内容
System.Netクラス	ネットワーク操作
Sysmte.XMLクラス	XMLの操作

さらにワンポイント

クラスを使用するときは、そのクラスが所属する名前空間を記述します。例えば、Formクラスは、System.Windows.Forms.Formクラスに所属するため、正式には「System.Windows.Forms.Form」と記述しますが、Importsディレクティブを使用すると、名前空間を省略して「Form」とだけ記述できます。

Visual Basicプログラムの開発手順

ここがポイントです！ 基本的な開発順序

Visual Basic 2022でアプリケーションを開発するには、基本的に以下の手順で行います。

ここでは、Windowsアプリケーションの作成を例として基本的手順を紹介します。

1 プロジェクトの新規作成

アプリケーションの作成単位であるプロジェクトを新規作成します。

2 フォームの作成、コントロールの配置

フォーム上にテキストボックスやボタンなどの必要なコントロールを配置して、操作用の画面となるユーザーインターフェイスを作成します。

3 フォーム、コントロールのプロパティ設定

フォームやコントロールに、オブジェクト名などの設定値を指定します。

4 プログラムコードを記述（コーディング）

アプリケーションの動作をコードで記述します。例えば、ボタンをクリックしたときに「どのような処理をするか」というような、ある動作や状態に対応して実行される処理をコードで記述します。

5 動作テスト（デバッグ）

作成したプログラムが「正しく動作するか」を確認し、不具合があれば修正します。
また、テストプロジェクトを作成しXUnitなどで単体テストを行います。

6 実行可能ファイルの作成

Windowsアプリケーションとして使用するための実行可能ファイルであるexeファイルを作成します。この作業のことをビルドと言います。

また、必要に応じてアプリケーションのセットアップ用のプログラムであるセットアッププロジェクトを作成します。

1-2 基本用語

ソリューション、プロジェクトとは

ここがポイントです！ ソリューション、プロジェクトの概要

●プロジェクト

プロジェクトとは、「アプリケーションの作成単位」で、アプリケーション開発に必要な各種情報を管理しています。

例えば、参照情報、ファイル情報、フォーム情報、データ接続情報などがプロジェクトの中に含まれています。

●ソリューション

ソリューションは、1つ以上のプロジェクトをまとめたものです。ソリューションに含まれるプロジェクトなどの構成情報は、**ソリューションエクスプローラー**で表示、管理できます。

ソリューションを使用すると、機能ごとに複数のプロジェクトに分割してアプリケーションが構成できるため、大規模なアプリケーションを作成するときに便利です。

なお、Visual Basic 2022では、プロジェクトの新規作成時に、そのプロジェクトを含むソリューションフォルダーを作成するかどうか選択できます。

▼画面1 ソリューションとプロジェクトの構成例

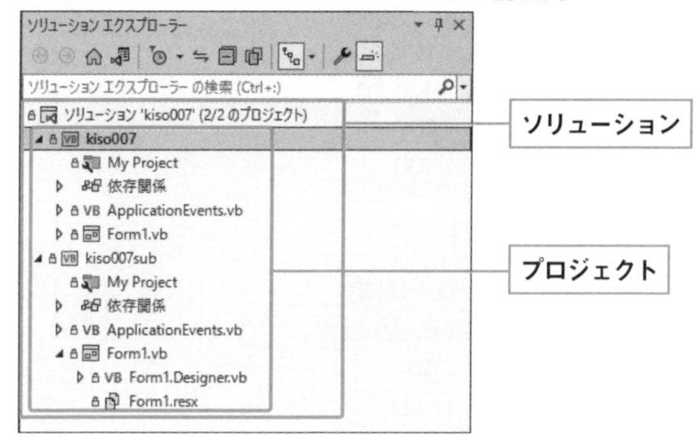

ソリューションには、Visual Basicのプロジェクトだけでなく、Visual C#、Visual C++など、ほかの言語のプロジェクトを含むこともできます。

クラス、オブジェクトとは

ここがポイントです！ クラスとオブジェクトの関係

Visual Basic 2022は、**オブジェクト指向型言語**です。オブジェクト指向型言語では、処理の対象となるものを**オブジェクト**としてとらえ、プログラムを記述します。

オブジェクトは、**クラス**を元に作成されます。クラスとは、オブジェクトの設計図であり、オブジェクトはクラスの**インスタンス**（実体）になります。

例えば、フォーム上に配置するボタンは、Buttonクラスを基にして新しいButtonオブジェクトを作成し、配置します。作成されたオブジェクトは、名前や設定値などを個別に指定できます。

Visual Basic 2022では、.NETのクラスライブラリの中に用意されているクラスを使用してプログラムを開発します。それらを使うことで、プログラムの作成が容易になっています。

例えば、Buttonクラスは、クラスライブラリの中のSysmtem.Windows.Forms.Buttonクラスになります。

なお、新たにクラスを作成し、独自のオブジェクトを作成することもできます。詳細はTips165の「クラスを作成（定義）する」を参照してください。

▼クラスとオブジェクトの関係例

クラス

Button
Buttonの定義内容
名前：
高さ：
幅　：　　etc...

ボタンの設計図が定義されている

オブジェクト

Button1
Button1の設定
名前：Button1
高さ：100
幅　：100

Button2
Button2の設定
名前：Button2
高さ：50
幅　：100

ボタンの設定値が個別に変えられる

プロパティとは

ここがポイントです！ オブジェクトに対するプロパティ

プロパティとは、オブジェクトの特性を表す要素です。プロパティによって、オブジェクトの色やサイズなど、オブジェクトの状態や機能の設定と参照が行えます。

オブジェクトによって持つプロパティが異なり、そのオブジェクトの機能に応じたプロパティがあります。オブジェクトのプロパティは、**プロパティウィンドウ**で参照・設定でき、ここでの設定値がプログラム実行時の初期値となります。

また、プロパティはコードを記述して参照・設定することもできます。コードで設定する場合は、次のように記述します。なお、ここで使用している演算子の「=」は**代入演算子**と呼び、「A = B」と記述すると、「BをAに代入する」という意味になります。

▼プロパティに値を設定する場合

```
オブジェクト名.プロパティ = 値
```

▼プロパティの値を参照する場合（ここでは、プロパティの値を参照して変数に代入）

```
変数 = オブジェクト名.プロパティ
```

画面1では、プロパティウィンドウでLabel1のTextプロパティを「こんにちは！」と設定しています。これがプログラムを実行したときに最初に表示されます（画面2）。

リスト1では、Button1ボタンをクリックすると、文字列「VBを始めよう」をLabel1のTextプロパティに設定して、ラベル内に表示する文字列とします。

▼画面1 Label1のプロパティウィンドウ

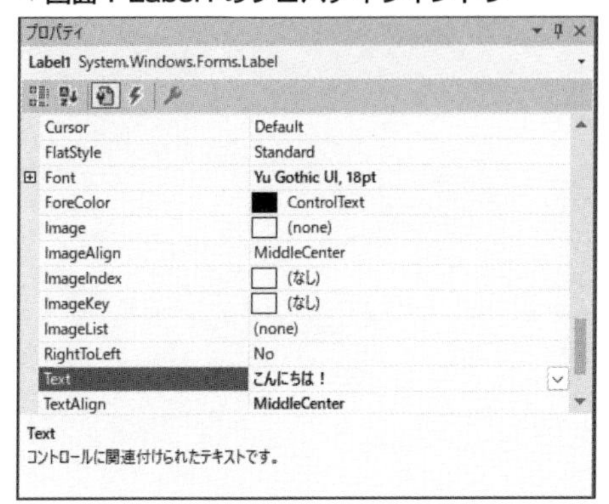

▼画面2 デザイン時

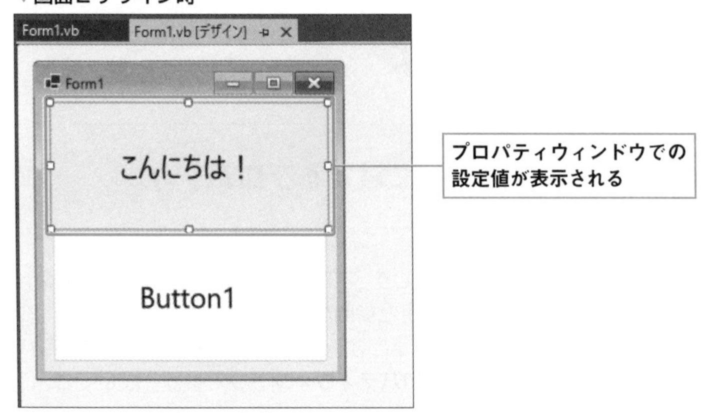
Form1.vb
Form1.vb [デザイン]
Form1
こんにちは！
Button1
プロパティウィンドウでの設定値が表示される

▼画面3 プログラム実行時

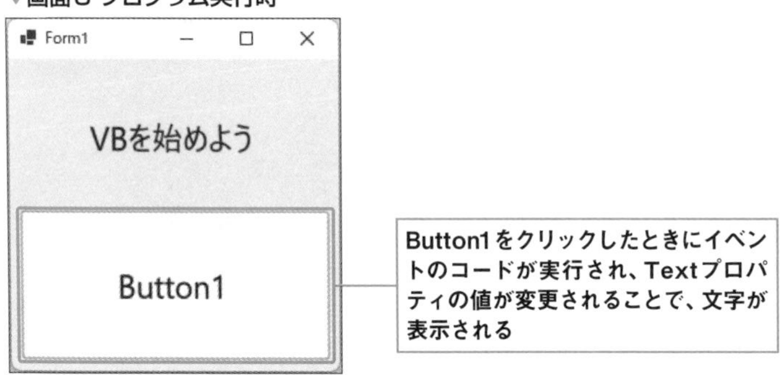
Form1
VBを始めよう
Button1
Button1をクリックしたときにイベントのコードが実行され、Textプロパティの値が変更されることで、文字が表示される

リスト1 プロパティに値を設定する（ファイル名：kiso009.sln）

```
Private Sub Button1_Click(sender As Object, e As EventArgs) _
    Handles Button1.Click
    Label1.Text = "VBを始めよう"
End Sub
```

メソッドとは

ここがポイントです！ オブジェクトに対するメソッドの役割

メソッドは、オブジェクトの動作を指定します。メソッドには、①「単独で実行するもの」と、②「処理を実行するための引数（パラメーター）を必要とするもの」があります。

コードでは、次のように記述します。

▼①メソッドを単独で実行する場合

```
オブジェクト . メソッド ()
```

▼②メソッドに引数を設定する場合

```
オブジェクト . メソッド ( 引数 )
```

リスト1では、[追加] ボタンをクリックすると、TextBox2にTextBox1の文字列と改行記号を追加します。

ここで使用しているAppendTextメソッドは、引数で指定した文字列をオブジェクト「TextBox2」のTextプロパティの値に追加します。

また、[削除] ボタンをクリックすると、TextBox2内の文字列を削除します。ここで使用しているClearメソッドは、引数を持ちません。

▼画面1 [追加] ボタンをクリックした実行結果

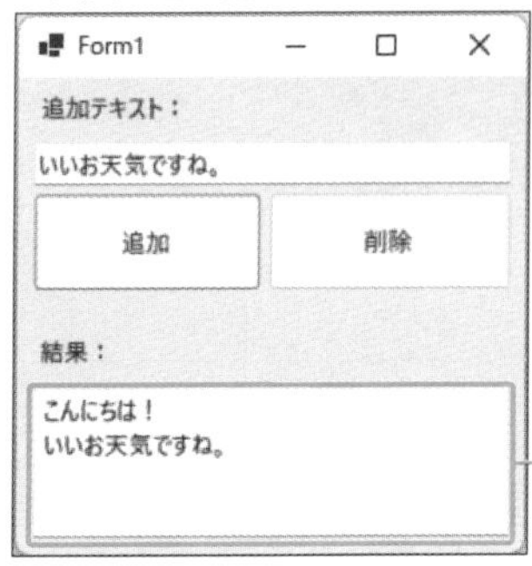

AppndTextメソッドでTextBox1のテキストと改行記号がTextBox2に追加される

▼画面2［削除］ボタンをクリックした実行結果

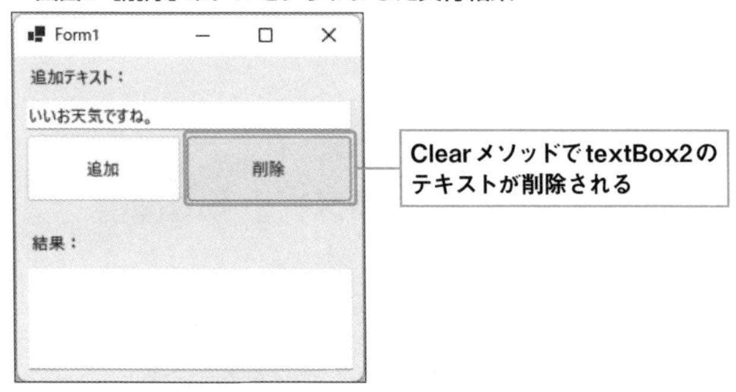

リスト1　引数のあるメソッドと引数のないメソッド（ファイル名：kiso010.sln）

```
Private Sub Button1_Click(sender As Object, e As EventArgs) _
    Handles Button1.Click
    ' 引数のあるメソッドの呼び出し
    TextBox2.AppendText(TextBox1.Text + vbCrLf)
End Sub

Private Sub Button2_Click(sender As Object, e As EventArgs) _
    Handles Button2.Click
    ' 引数のないメソッドの呼び出し
    TextBox2.Clear()
End Sub
```

Tips 011　▶Level ●　▶対応 COM PRO

イベントとは

ここがポイントです！　**イベントの概要**

イベントとは、プログラムの「動作のきっかけ」となる事象のことです。

Visual Basicでは、ボタンがクリックされたり、キーが押されたりしたときなど、特定の動作によりイベントが発生します。このイベントをきっかけとして、処理を実行するプログラムを記述します。

このような処理の仕方を**イベントドリブン型**といい、イベントごとに記述するプログラムを**イベントハンドラー**と呼んでいます。

イベントハンドラー名は、既定で「オブジェクト名_イベント名」です。例えば、Button1をクリックしたときのイベントハンドラー名は「Button1_Click」になります。

プロパティウィンドウの［イベント］ボタンをクリックすると、そのオブジェクトの持つイベント一覧と、イベントハンドラー名が表示されます。ここに表示されるイベントハンドラー名は、既定のもの以外に任意の名前に変更することもできます（画面1）

また、[プロパティ] ボタンをクリックすると、プロパティの一覧が再び表示されます。

なお、[項目順] ボタンをクリックすると、分類ごとに表示され、[アルファベット順] ボタンをクリックするとアルファベット順に表示されます。

リスト1では、ボタンをクリックしたときのイベントハンドラーの例として、ラベルにシステム日付と時刻を表示しています。

▼画面1 プロパティウィンドウでイベント一覧を表示

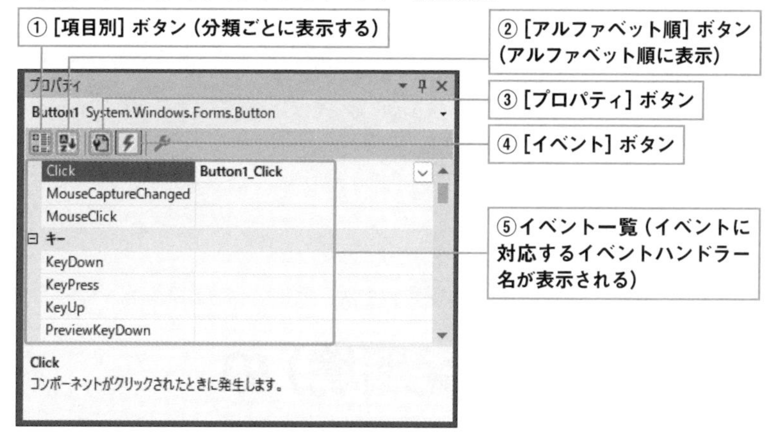

▼実行結果

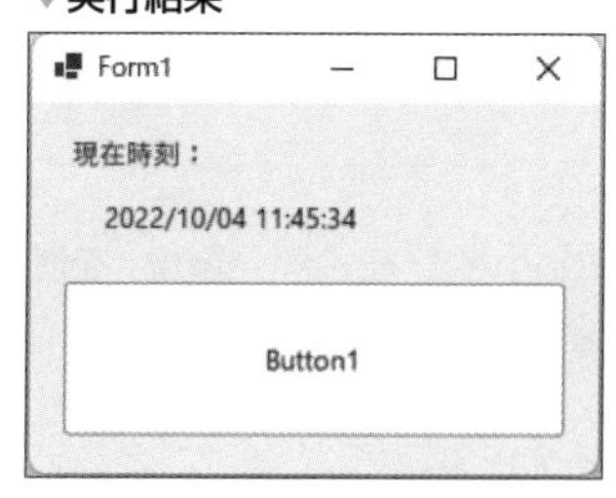

リスト1 「Button1_Click」イベントハンドラー（ファイル名：kiso011.sln）

```
Private Sub Button1_Click(sender As Object, e As EventArgs) _
    Handles Button1.Click
    ' ラベルに現在日時を表示する
    Label2.Text = DateTime.Now.ToString()
End Sub
```

さらに ワンポイント

イベントには、クリックしたときに発生するClickイベントや、キーが押されたときに発生するKeyPressイベントなど、オブジェクトに対応した様々なものがあります。

Windowsフォームデザイナーでフォーム上のオブジェクトをダブルクリックすると、そのオブジェクトの既定のイベントでイベントハンドラーが作成され、コードエディターが表示されます。

例えば、コマンドボタンの既定のイベントはクリック時に発生するClickイベント、フォームの既定のイベントはフォーム読み込み時に発生するLoadイベント、テキストボックスの既定のイベントは内容が変更されたときに発生するTextChangedイベントとなり、コントロールの種類によって異なります。

さらに ワンポイント

プロパティウィンドウで表示されているイベント一覧の中のイベントをダブルクリックすると、そのイベントに対応するイベントハンドラーが作成されます。

また、作成したイベントハンドラーを削除するには、イベント一覧に表示されているイベントハンドラー名を削除してから、コードウィンドウに記述されているイベントハンドラーのコードを削除します。

1-3 IDE

Tips 012

Level ●○○

対応 COM PRO

IDE（統合開発環境）の画面構成

ここがポイントです！ IDEの画面構成

Visual Basicでは、**IDE**（Integrated Development Environment/統合開発環境）を使用してプログラムを作成します。画面上に複数のウィンドウを必要に応じて表示し、効率的にプログラミングができるようになっています。

フォームを作成したり、コードを記述したりと作業領域となるのが、中央にあるタブが表示されている画面です。これを**ドキュメントウィンドウ**と言います。

Windowsフォームデザイナーやコードエディターは、ドキュメントウィンドウの1つです。ドキュメントウィンドウは、複数開くことができ、タブで切り替えながら作業を行います。

また、ツールボックスやソリューションエクスプローラー、プロパティウィンドウのようなウィンドウを**ツールウィンドウ**と言います。

▼画面1 IDE画面構成（デザイン時）

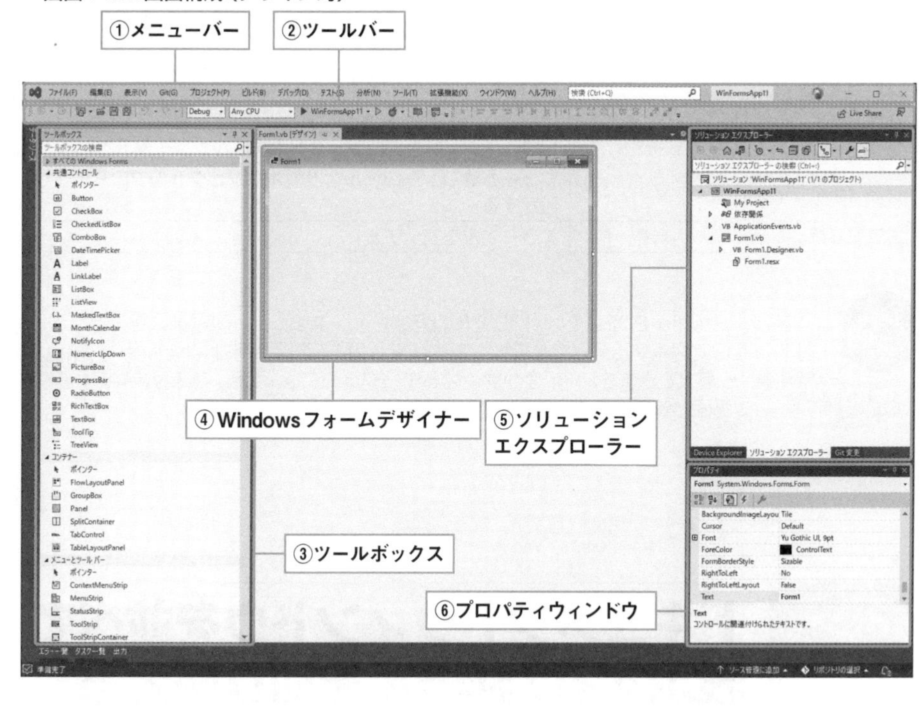

▼画面2 IDE画面構成（実行時）

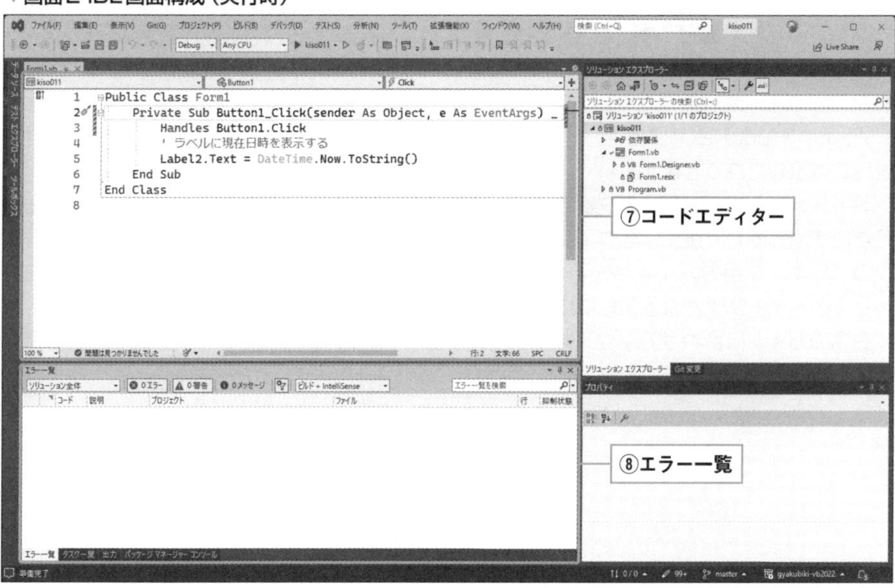

IDEの主なウィンドウ

ウィンドウ	説明
Windowsフォームデザイナー	フォームをデザインする
コードエディター	プログラムコードを記述する
ツールボックス	フォームに配置するコントロールなどが用意されている
ソリューションエクスプローラー	ソリューションとプロジェクトの構成がツリー表示される
プロパティウィンドウ	フォームやコントロールなどのオブジェクトのプロパティを設定する
エラー一覧	エラー内容を表示する

さらにワンポイント　Visual Studio 2022では、IDE全体の配色を選べます。[ツール] メニューの [テーマ] ではIDEで利用するテーマを選択します。「青」「青 (エクストラコントラスト)」「淡色」「濃色」から選択できます。背景色が黒になるダークテーマは「濃色」を選びます。本書では「青」を選択して画面の解説をしています。

ドキュメントウィンドウを並べて表示する/非表示を切り替える

ここがポイントです！　**ドキュメントウィンドウの表示を切り替える**

Visual Studio 2022では、ドキュメントウィンドウを独立したウィンドウで表示したり、並べて表示したりできます。

ドキュメントウィンドウのタブをドラッグすると、ウィンドウが独立し、自由な位置に配置できます (画面1)。独立したウィンドウのタイトルバーをドラッグしているときに、ウィンドウのドッキング用のガイドが表示されます。ドッキングしたい位置にマウスポインターを合わせるとドッキングされる領域に影が表示されます。

右側のガイドに合わせてマウスボタンを放すと、ドキュメントウィンドウを並べて表示できます (画面2)。

▼画面1 ドキュメントウィンドウを独立したウィンドウにする

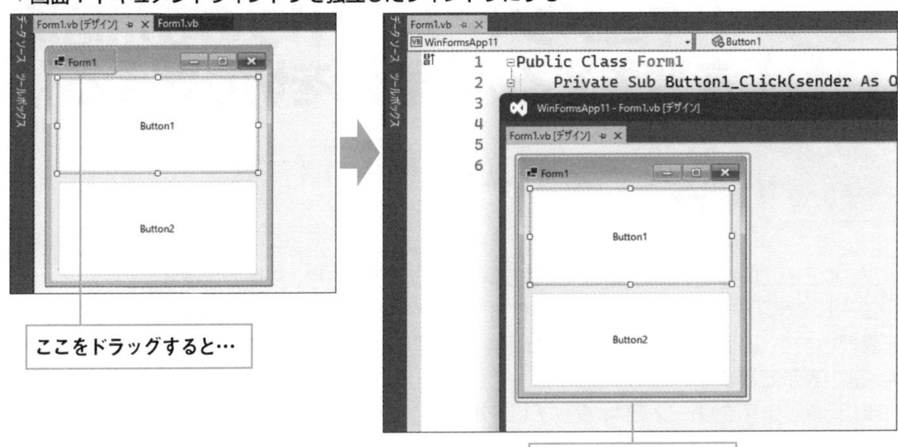
ここをドラッグすると…
ウィンドウが独立する

▼画面2 ドキュメントウィンドウを並べて表示する

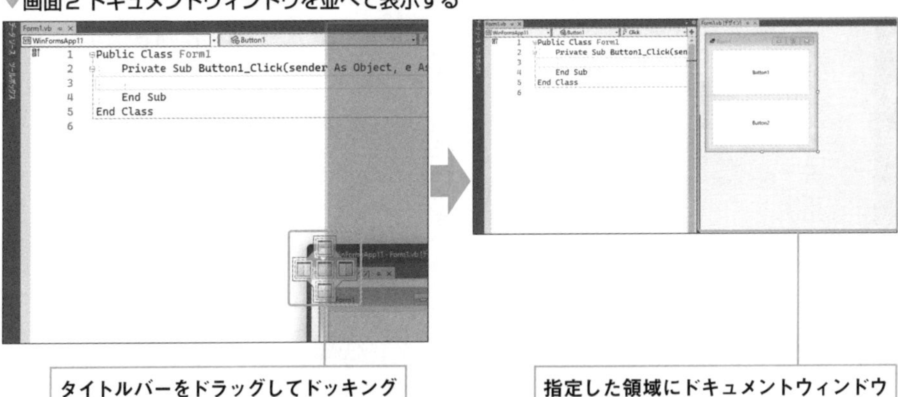
タイトルバーをドラッグしてドッキングした位置のガイドに合わせてマウスボタンを放す
指定した領域にドキュメントウィンドウが配置され、ウィンドウが並べて表示される

さらにワンポイント

並べたウィンドウを最初の状態に戻すには、タブを左側にあるタブの上までドラッグします。

ドキュメントウィンドウの表示倍率を変更する/非表示を切り替える

ここがポイントです！ コードエディターの表示倍率

プログラムコードを記述する**コードエディター**の表示倍率は、変更できます。

コードエディターの左下にある [100%] の [▼] をクリックし、表示される一覧から倍率を選択します (画面1)。あるいは、[Ctrl] キーを押しながら、マウスホイールを回転しても拡大、縮小表示できます。

また、タッチスクリーンでは、タッチしてホールド、ピンチ、タップなどの動作を使い、ズーム、スクロール、テキストの選択、ショートカットメニューの表示ができるようになっています。

▼画面1 表示倍率の変更

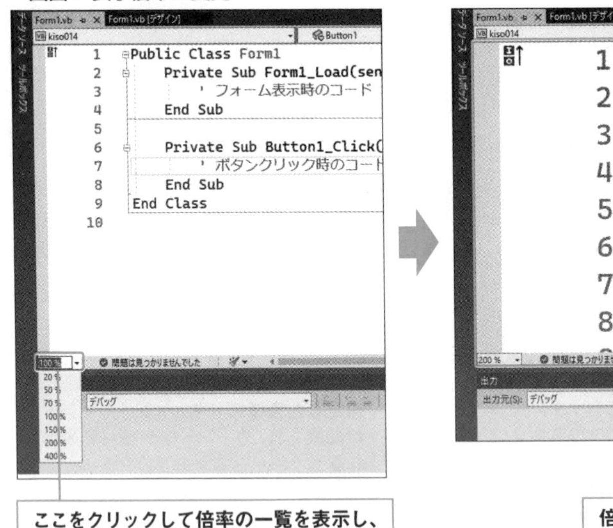

ここをクリックして倍率の一覧を表示し、表示したい倍率を選択すると…

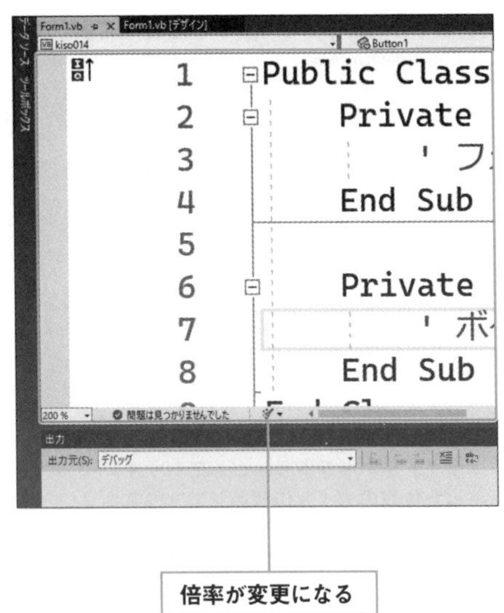

倍率が変更になる

表示倍率が表示されているボックスに倍率を直接入力して、指定することもできます。例えば、「150」入力すると、150%の倍率で表示されます。

効率よくコードを入力する

ここがポイントです！ 入力支援機能（インテリセンス）の使用

Visual Studio 2022では、コード入力補助機能である**インテリセンス**（IntelliSense）が用意されています。

インテリセンスには、①メンバー一覧、②パラメーターヒント、③クイックヒント、④入力候補など、入力を助ける様々な機能が用意されています。これらを上手に利用することで、正確で効率的なコード入力が可能になります。

例えば、コード入力中にメソッドやプロパティなどの一覧が表示されるメンバー一覧では、候補の中で項目を選択し、[Tab] キーを押すか、マウスでダブルクリックすると入力できます。

また、入力したい項目が選択されている状態で、「.」（ピリオド）や半角スペースを入力すると、選択項目が入力されると同時にピリオドや半角スペースが続けて入力されます。

一覧が不要な場合は、[Esc] キーを押すと、非表示になります。再表示したい場合は、[Ctrl]＋[J] キーを押します。

なお、一覧やヒントが表示されているときに [Ctrl] キーを押すと、その間、透明になり、下に隠れているコードを確認できます。

▼画面1 入力候補とクイックヒントの表示

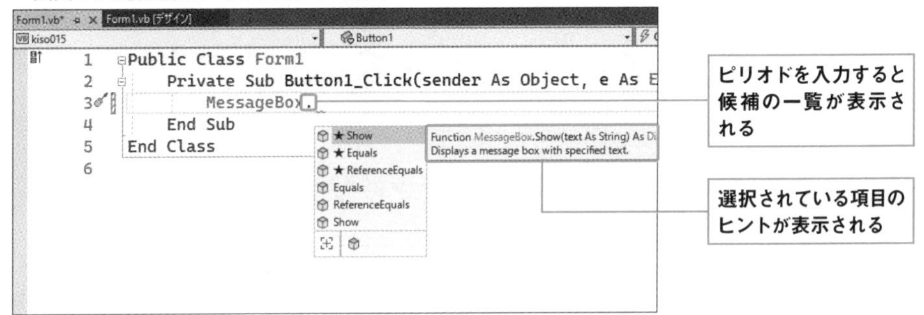

▼画面2 パラメーターヒント

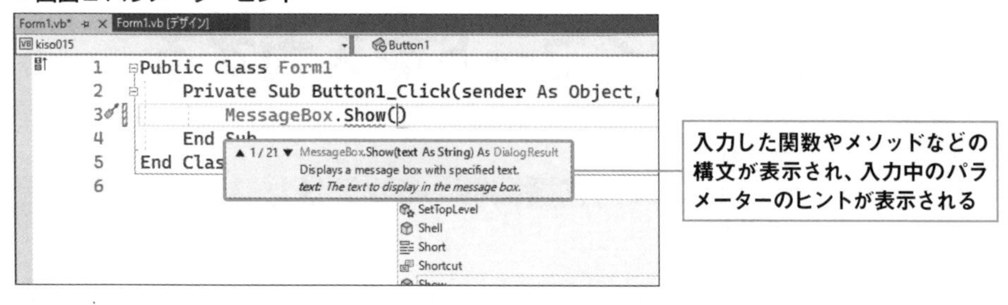

[Alt] キーを押しながら、[↑] あるいは [↓] キーを押すと、カーソルのある行が行単位で上、下に移動されます。

また、選択した関数や変数などを定義しているコードを参照したいときは、右クリックしてショートカットメニューから [定義をここに表示] を選択するか、[Alt] キーを押しながら、[F12] キーを押します。インラインで定義している部分のコードが表示され、内容の確認ができます。

さらにワンポイント

Visual Studio 2022では、自動補完という機能も用意されています。例えば、「"」や「Then」を入力すると、自動的に閉じるための「"」や「End If」が入力されます。ステートメントをすばやく、正確に入力できます。

スクロールバーを有効に使う

ここがポイントです！ バーモードとマップモード

Visual Studio 2022では、コードウィンドウの状態をスクロールバー上で確認できるようになっています。例えば、青の横棒の位置で、ウィンドウ内のカーソルの相対的な位置が確認できます。

スクロールバー上の青の横棒をクリックすると、カーソルのある行に画面がスクロールされます。コードウィンドウのどのあたりにカーソルがあるのかを確認でき、画面移動の目安になります。

コードウィンドウの左端には、コードを修正して保存した個所は緑色、修正後保存していない個所は黄色に表示されます。スクロールバー上の相対的な位置にも同じ色が表示されます（画面1）。

また、以下の手順で縮小表示にできます。

❶スクロールバーを右クリックして、ショートカットメニューから［スクロールバーオプション］を選択します。
❷表示された［オプション］ダイアログボックスで［垂直スクロールバーでのマップモードの使用］を選択します（画面2）。
❸スクロールバーが**マップモード**になり、スクロールバーをポイントすると、開いているファイルの全体が縮小表示され、ウィンドウ全体を見渡すことができます（画面3）。

縮小表示されているところにマウスを合わせると、該当する個所のコードが拡大表示されます。クリックすれば、その画面にスクロールされます。画面移動したい位置をすばやく見つけるのに役立ちます。

▼画面1 バーモード

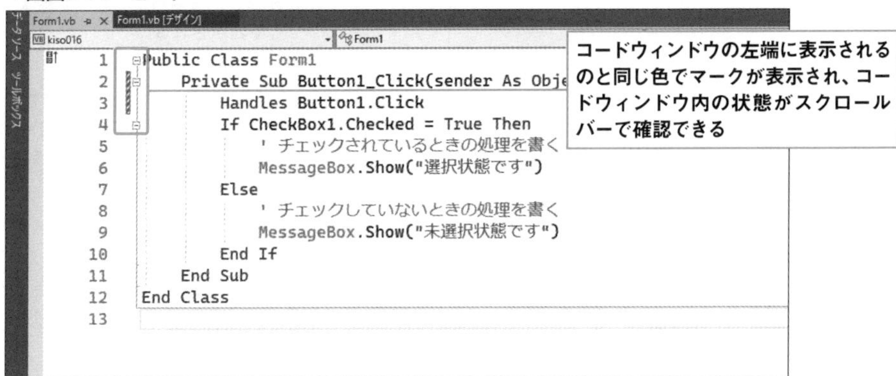

▼画面2 スクロールバーのオプション画面

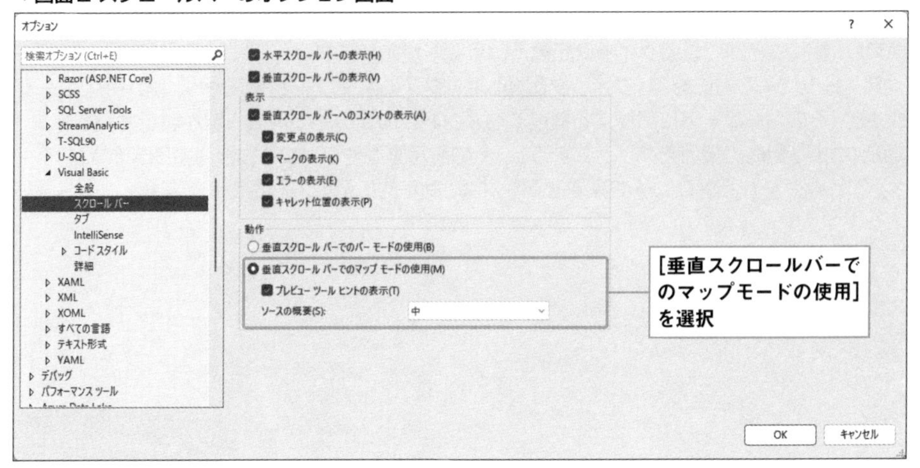

▼画面3 マップモード

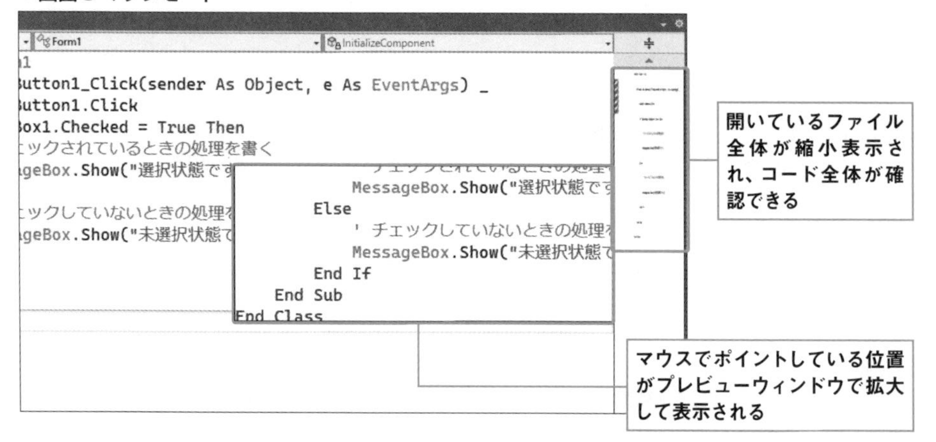
Form1
InitializeComponent
開いているファイル全体が縮小表示され、コード全体が確認できる
マウスでポイントしている位置がプレビューウィンドウで拡大して表示される

Tips
017
Level
対応
COM
PRO

クイック起動を利用する

ここがポイントです!
クイック起動

Visual Studio 2022には、表示したい設定画面やウィンドウをそれに関連する語句から検索し、開くことができる**クイック起動**という機能があります。

タイトルバーの右にある［クイック起動］ボックスにキーワードを入力し、[Enter] キーを押すと、そのキーワードに関連する機能やウィンドウについての項目一覧が表示されます。一覧の中から、目的の項目をクリックすると、その設定画面やウィンドウが直接開きます。

メニューバーからメニューを探す必要がなく、効率的に機能の設定ができます。

▼画面1 クイック起動

さらにワンポイント　ツールボックスやソリューションエクスプローラーのようなツールボックスのタイトルバーの下にある「検索ボックス」にキーワードを入力すると、そのウィンドウ内でキーワードに該当する項目を絞り込んで表示できます。

例えば、ツールボックスの検索ボックスに「textbox」と入力すると、「textbox」という文字を含むツールだけが表示されます。

コード入力中に発生したエラーに対処する

ここがポイントです！ エラー一覧

Visual Studio 2022では、コード入力中に自動的に**文法チェック**が行われます。

例えば、If文やFor文の対応が間違っていたり、メソッドや関数などの綴りが間違っていたりすると、該当する個所に**赤い波下線**が表示され、**エラー一覧**にエラー内容が表示されます。

また、宣言した変数が未使用の場合など、エラーではない場合は警告となり、該当する変数に**緑の波下線**が表示され、内容がエラー一覧に表示されます。エラー一覧でメッセージを確認してください。

エラー一覧で、エラーの行をダブルクリックすると、コード内でエラーが発生している個所が選択されます。エラーがなくなると、自動的に下線が消え、エラー一覧から消えます。

なお、コード入力途中であっても自動的に表示されてしまうので、あまり神経質になる必要はありません。コード入力後にまだ表示されている場合に参考にするとよいでしょう。

また、波下線をポイントすると、**電球**が表示される場合があります。これは、このエラーを解消するための修正方法を提案しています。必要に応じて参考にしてください。

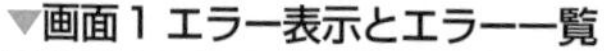
▼画面1 エラー表示とエラー一覧

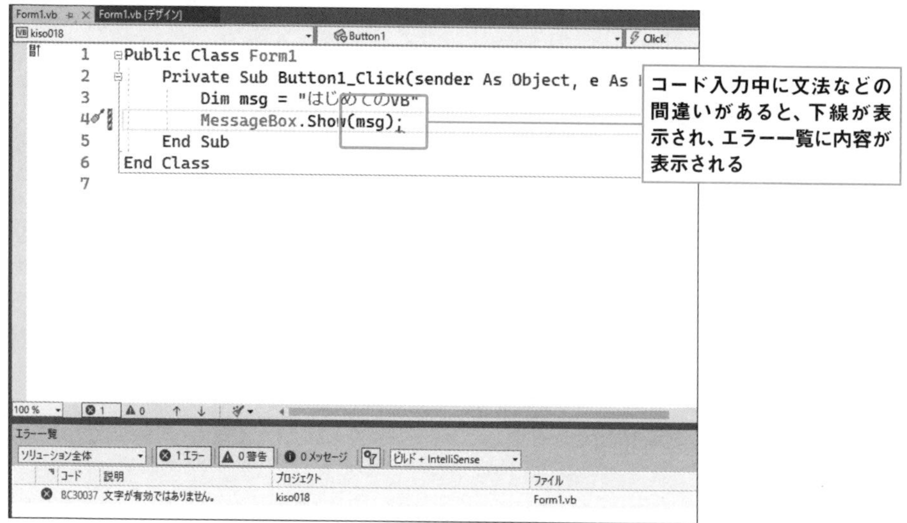

▼画面2 コードエラーの利用

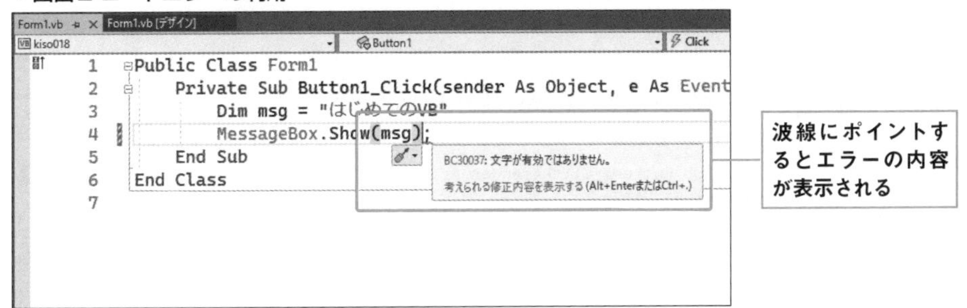

エラー一覧が表示されていない場合は、[表示] メニューから [エラー一覧] をクリックして表示できます。

プロジェクト実行中に発生したエラーに対処する

ここがポイントです!
デバッグの停止

Visual Studio 2022では、動作確認のためにプロジェクトを実行した際、実行中にエラーが発生して、処理が止まる場合があります。

例えば、テキストボックスが未入力のため、処理を継続するのに必要なデータが得られなくなりエラーになって処理が中断すると、画面1のように該当個所に色が付き、エラー内容が表示されます。

このような場合は、エラー内容を確認したら [デバッグの停止] ボタンをクリックして、処理を終了し、コードを修正します。

なお、コード実行中に発生したエラーをプログラムで検出して対処することができます。詳細は、第7章の「エラー処理の極意」を参照してください。

▼画面1 実行中に発生したエラー画面

[デバッグ停止] ボタンをクリックして動作を中止する
Public Class Form1
Private Sub Button1_Click(sender As Object, e As EventArgs) Handles Button1.C
Dim dt As Date
dt = DateTime.Parse(TextBox1.Text)
End Sub
End Class
ユーザーが処理していない例外
System.FormatException: 'String '' was not recognized as a valid DateTime.'
エラーが発生した個所に色がつき、エラー内容が表示される

Tips 020 Level ● 対応 COM PRO

わからないことを調べる

ここがポイントです! オンラインヘルプ

わからない語句や調べたいプロパティやメソッドなどの意味や使用方法を調べるには、**オンラインヘルプ**を利用します。

コードエディター内に記述されているプロパティやメソッドなどの単語をクリックして[F1] キーを押すと、**MSDNライブラリ**内で該当する用語に関する解説画面が表示されます(画面1)。

また、次のURLでMicrosoft社のVisual Basicの**プログラミングガイド画面**が表示されます。Visual Basicについての解説をオンラインで調べることができます (画面2)。

▼Visual Basicプログラミングガイド

```
https://docs.microsoft.com/ja-jp/dotnet/visual-basic/programming-guide/
```

▼画面1 [F1] キーを押して表示されるヘルプ画面

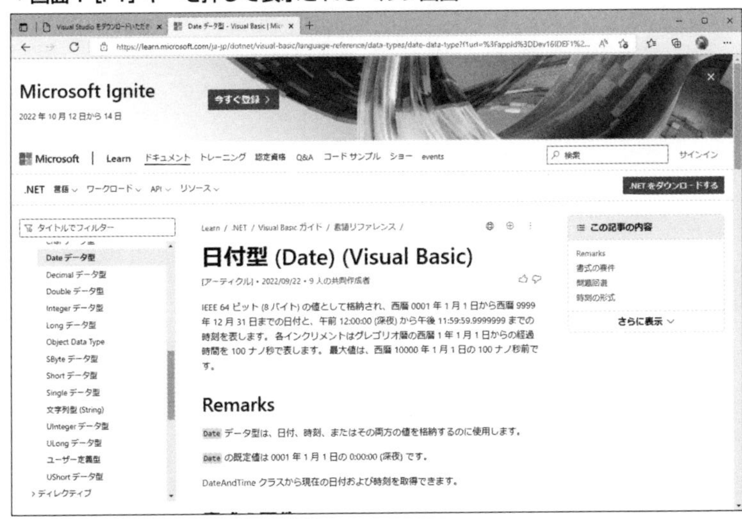

▼画面2 Visual Basicのプログラミングガイド

コードウィンドウで関数やプロパティなどの語句をポイントすると、書式や簡単なヒントがポップアップで表示されます。

Column Visual Studio 2022のシステム要件

Visual Studio 2022を使用するためには、以下のシステム要件を満たしている必要があります。なお、詳細情報、最新情報についてはMicrosoft社のWebページ https://docs.microsoft.com/ja-jp/visualstudio/releases/2022/system-requirements で確認してください。

Visual Studio 2022から64ビットアプリケーションになりました。

●ハードウェア要件

1.8GHz以上の64ビットプロセッサを搭載したPC

●メモリ

4GB以上のRAM。一般的なソリューションの場合には16GB程度のメモリが必要

●HD

一般的なインストールの場合、20～50GB以上の空き容量

●グラフィック

WXGA（768×1366）以上のディスプレイ解像度をサポートするビデオカード。Visual Studioは、フルHD（1920x1080）以上の解像度で最適に動作

プロジェクト作成の極意

2-1 プロジェクト

プロジェクトを新規作成する

ここがポイントです！ 新しいプロジェクトの作成画面

Visual Basicでアプリケーションを作成するには、まずアプリケーションの作成単位である**プロジェクト**を新規作成します。

Visual Basicで新しいプロジェクトを作成する方法として、ここではWindowsフォームアプリケーションのプロジェクト作成手順を例に説明します。

❶Visual Studio 2022の起動時の画面である［スタートウィンドウ］で［新しいプロジェクトの作成］をクリックし、［新しいプロジェクトの作成］ダイアログボックスを表示します（画面1）。

❷［新しいプロジェクトの作成］ダイアログボックスで、プロジェクトの種類から［Windowsフォームアプリ］を選択し、［次へ］ボタンをクリックします（画面2）。

❸［新しいプロジェクトを構成します］ダイアログボックスで、［プロジェクト名］に作成するプロジェクト名を入力し、保存場所、ソリューションのディレクトリの指定をして、［次へ］ボタンをクリックします（画面3）。.NET 6で作成する場合は、次のダイアログでフレームワークを「.NET 6.0（長期的なサポート）」にします。

❹新しいプロジェクトが新規に作成され、Form1フォームのデザイン画面が表示されます（画面4）。

▼画面1 スタートウィンドウ

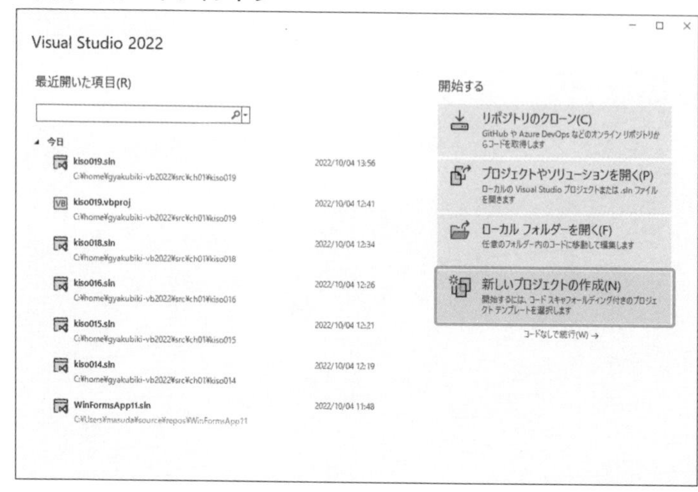

▼画面2 ［新しいプロジェクトの作成］ダイアログ

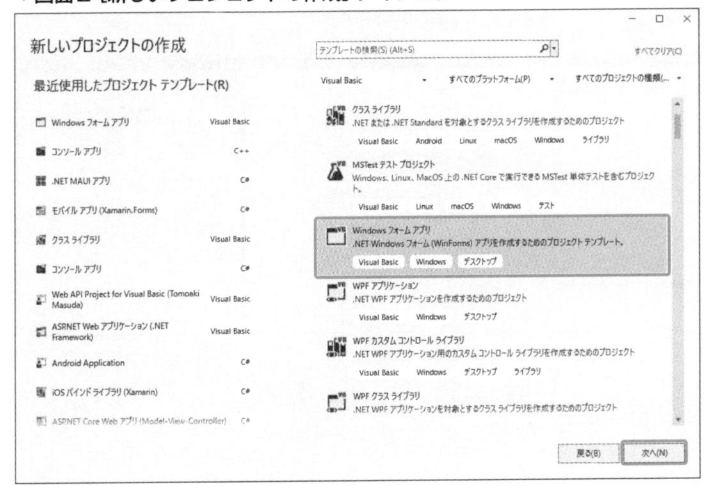

▼画面3 ［新しいプロジェクトを構成します］ダイアログ

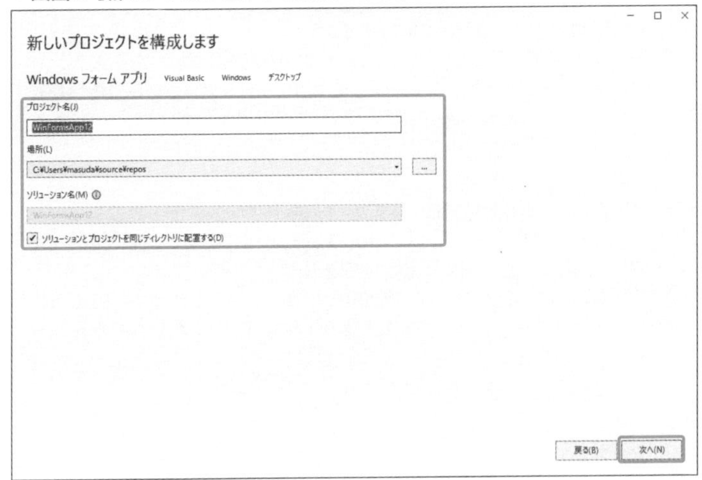

▼**画面4 新規作成されたプロジェクト画面**

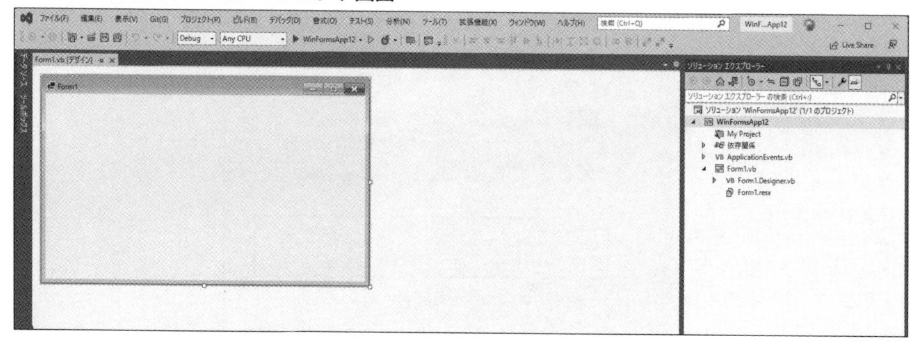

手順❶で［ファイル］メニューの［新規］→［プロジェクト］をクリックしても［新しいプロジェクトの作成］ダイアログボックスを表示できます。

［新しいプロジェクトの作成］ダイアログボックスの上部にある［言語］から「Visual Basic」、［プラットフォーム］から「Windows」を選択すると、フィルターが実行され、作成するプロジェクトの種類が選択しやすくなります。

また、プロジェクトを作成後、次に［新しいプロジェクトの作成］ダイアログボックスを表示すると、画面左側の［最近使用したプロジェクトテンプレート］で利用したプロジェクトの種類が表示されるので、同じ種類のテンプレートを簡単に選択できます。

Visual Studio 2022は、初期設定では、既定のフォルダーがユーザーのフォルダーの中の「source」フォルダーにある「repos」フォルダーになっています。保存場所を変更しない場合は、作成したプロジェクトは「repos」フォルダーに保存されます。

また、プロジェクトを保存すると、ソリューションの情報はソリューションファイル（拡張子が「.sln」）、プロジェクトの情報はプロジェクトファイル（拡張子が「.vbproj」）にそれぞれ保存されます。

プロジェクトを保存する

ここがポイントです！ **プロジェクトの上書き保存**

Visual Basicでは、プロジェクトを新規作成するときに必要なファイルを作成し、保存しています。そのため、編集を行ったら、ツールバーから［すべて保存］ボタンをクリックすれば、変更があったファイルはすべて保存できます。

ファイルを編集して未保存の場合は、ドキュメントウィンドウのタブに「*」が表示されます。保存を行うと、「*」が消えます（画面1）。

▼画面1 プロジェクトの上書き保存

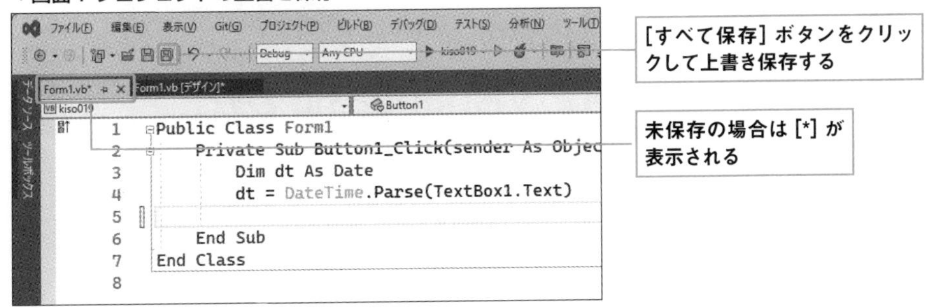
[すべて保存] ボタンをクリックして上書き保存する
未保存の場合は [*] が表示される
Form1.vb*
Form1.vb [デザイン]*
kiso019
Button1
Public Class Form1
Private Sub Button1_Click(sender As Objec
Dim dt As Date
dt = DateTime.Parse(TextBox1.Text)
End Sub
End Class

Tips
023
Level
対応
COM
PRO

プロジェクトを実行する

ここがポイントです！
プロジェクトの動作確認

新規作成されたプロジェクトは、1つの**フォーム**が用意されています。この状態でプロジェクトを実行すると、フォームを開くことができます（画面1）。

開いているフォームの［閉じる］ボタンをクリックすると、フォームを閉じ、プロジェクトが終了します（画面2）。これは、新規作成時に基本的な処理をするコードがあらかじめ自動的に作成されているためです。

フォームにボタンなどのコントロールを配置し、コードを記述して実行する処理を作成していきますが、新規作成直後でも、動作確認のためにプロジェクトを実行することが可能です。

▼画面1 プロジェクトの実行

▼画面2 プロジェクトの終了

ソリューションとプロジェクトのファイル構成

ここがポイントです！ 保存されるフォルダーとファイル

既定の保存場所である「repos」フォルダーに、「MyApplication」プロジェクトを保存した場合の基本のフォルダー構成は、画面1のようになります。

Tips022で、プロジェクトを新規作成するときに［ソリューションとプロジェクトを同じディレクトリに配置する］にチェックを付けないままにすると、**ソリューションフォルダー**が作成され、その中に**ソリューションファイル**と**プロジェクトフォルダー**が作成されて、アプリケーション開発に必要なファイルやフォルダーが用意されます。

エクスプローラーで直接開いて使用するものは、主にプロジェクトを開くための**ソリューションファイル**（拡張子が「.sln」）や**プロジェクトファイル**（拡張子が「.vbproj」）と、出力したプログラムが保管される「bin」フォルダーです。

　ほかのフォルダーやファイルは、プロジェクトを編集するときにVisual Studioがプロジェクトの設定やリソース、フォームの設定内容、コードなどの情報を保存するために使用しています。

　Visual Studioを通して、これらのフォルダーやファイルは作成されたり、修正されたりします。直接、エクスプローラーから開いて操作することは、ほとんどありません。

▼画面1 ソリューションフォルダーの内容

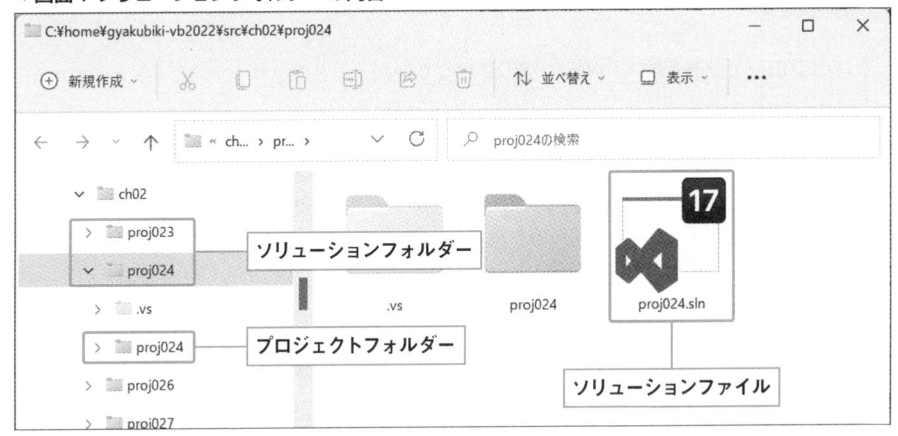

▼画面2 プロジェクトフォルダーの内容

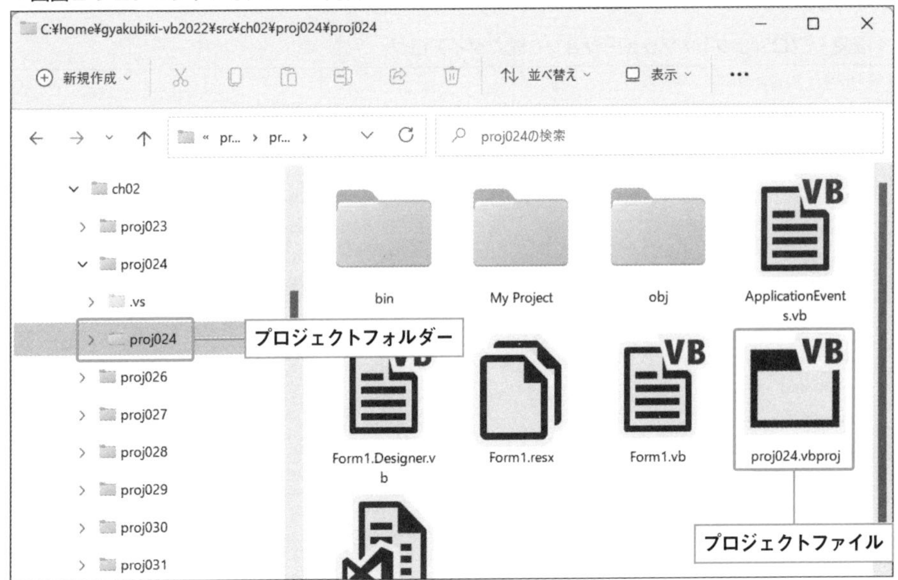

さらにワンポイント　作成したプロジェクトが不要になったときは、エクスプローラーでソリューションフォルダーを削除します。

プロジェクトを開く/閉じる

既存の**プロジェクト**を開く手順は、次の通りです。

❶[ファイル] メニューから [開く] → [プロジェクト/ソリューション] をクリックして、[プロジェクト/ソリューションを開く] ダイアログボックスを開きます (画面1)。
❷ソリューションファイルが保存されているフォルダーを選択します。
❸一覧から拡張子が「.sln」のファイルを選択し、[開く] ボタンをクリックします。

また、プロジェクトを閉じる手順は、次の通りです。

❶[ファイル] メニューから [ソリューションを閉じる] を選択します。
❷ファイルに変更がある場合は、保存するかどうかの確認画面 (画面2) が表示されます。保存する場合は [上書き保存]、保存しない場合は [保存しない] を選択します。プロジェクトが閉じられ、スタートウィンドウが表示されます。

▼画面1 プロジェクト/ソリューションを開くダイアログ

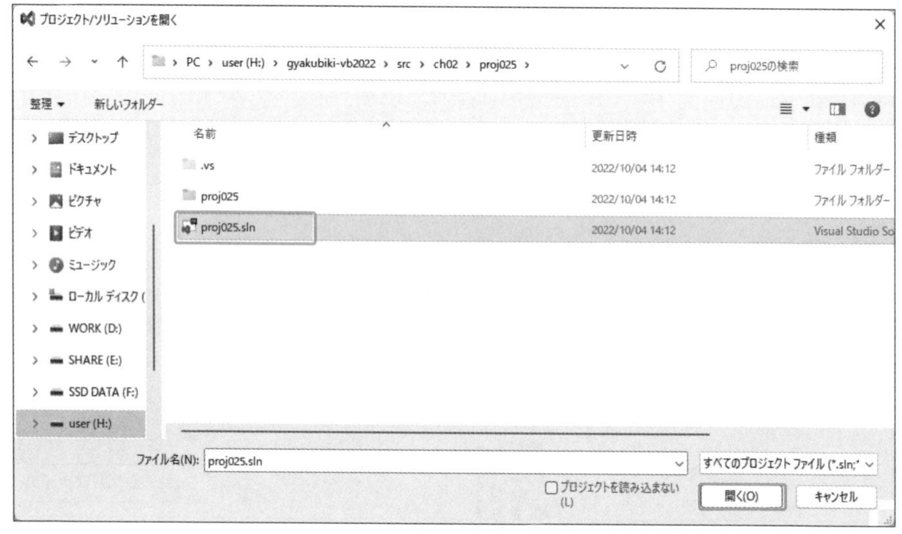

▼画面2 変更がある場合の確認画面

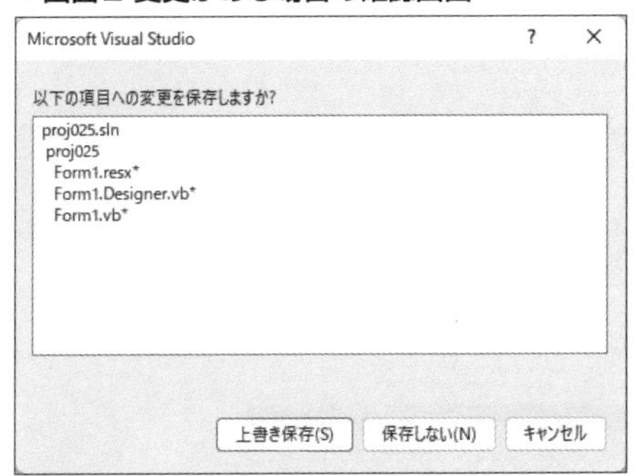

既定の設定では、ファイルの拡張子は表示されません。拡張子を表示するには、エクスプローラーで［表示］タブを選択し、［表示/非表示］グループの［ファイル名拡張子］のチェックをオンにします。

スタートウィンドウが開いている場合は、スタートウィンドウにある［プロジェクトやソリューションを開く］をクリックしても［プロジェクト/ソリューションを開く］ダイアログボックスを表示できます。

また、［最近開いた項目］に開きたいプロジェクト名が表示されている場合は、そのプロジェクト名をクリックすれば、すばやく開くことができます。

なお、スタートウィンドウが閉じている場合、［ファイル］メニューから［スタートウィンドウ］をクリックして開くことができます。

Tips 026

プログラム起動時に開くフォームを指定する

▶Level ●
▶対応 COM PRO

ここがポイントです！ スタートアップフォームの変更

アプリケーション実行時に最初に開くフォームのことを、**スタートアップフォーム**と言います。初期設定では、スタートアップフォームは、最初に作成されたフォームになります（通常はForm1）。

プロジェクト内に複数のフォームを作成した場合に、ほかのフォームをスタートアップフォームに変更するには、以下の手順のように、Program.vbファイルにある**Mainメソッド**を修正します。

Mainメソッドは、**エントリーポイント**と呼ばれ、アプリケーションを起動するときに最初に実行されるメソッドです。

❶［ソリューションエクスプローラー］で、Program.vbをダブルクリックし、Program.vbのコードを表示します。
❷Mainメソッド内の「Application.Run(New Form1())」の「Form1」の部分を、最初に表示したいフォーム名に変更します。

▼画面1 Program.vbのコードウィンドウ

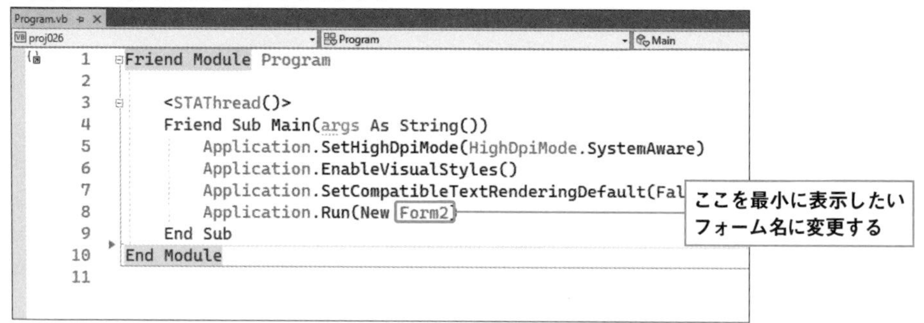

プロジェクト内にWindowsフォームを追加するには、［プロジェクト］メニューから［Windowsフォームの追加］を選択します。

プログラム起動時に実行する処理を指定する

ここがポイントです！ **フォームを開く前にメソッドを実行**（Mainメソッド）

プログラム起動時、フォームが表示される前に処理を実行したい場合は、Program.vbファイルにある**Mainメソッド**に実行したい処理を記述します。

その手順は、以下の通りです。

❶［ソリューションエクスプローラー］のProgram.vbをダブルクリックして、コードを表示します。

❷Program.vbには、Visual Basicが自動作成したMainメソッドが記述されています。

この中でフォームを表示するためのコード「Application.Run(New Form1())」の前に実行したい処理を記述します。

リスト1では、Mainメソッドの例として、メッセージを表示してからフォームを表示しています。

▼実行結果1

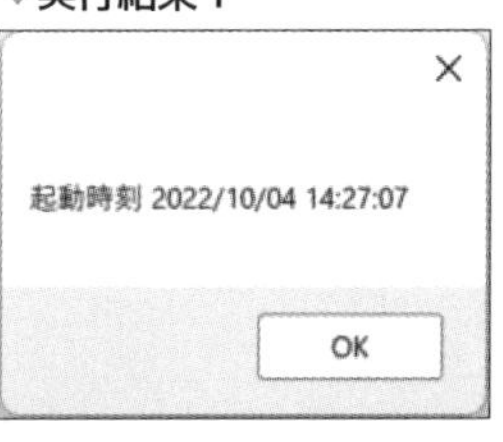

▼実行結果2

リスト1　フォームを開く前に処理を実行する（ファイル名：proj027.sln、Form1.vb）

```
Friend Module Program
    <STAThread()>
    Friend Sub Main(args As String())
        Application.SetHighDpiMode(HighDpiMode.SystemAware)
        Application.EnableVisualStyles()
        Application.SetCompatibleTextRenderingDefault(False)
        ' フォームを開く前の処理
        MessageBox.Show("起動時刻 " + DateTime.Now.ToString())
        ' フォームを開く
        Application.Run(New Form1)
    End Sub
End Module
```

実行可能ファイルを作成する

ここがポイントです！ **プロジェクトのビルド**

プロジェクトをアプリケーションとして使用するためには、プロジェクトの**ビルド**を行い、**実行可能ファイル**（通常、拡張子が「.exe」のファイル）を作成します。

ビルドには、文法的な間違えやエラーを検出するためのテスト用の**デバッグビルド**と、エラーなどすべて修正して完成したものとして作成する**リリースビルド**があります。

デバッグビルドでは、プロジェクトフォルダー内の「¥bin¥Debug」フォルダーに、リリースビルドでは「¥bin¥Release」フォルダーに、それぞれ実行可能ファイルと関連ファイルが出力されます。

実行可能ファイルを作成する手順は、次の通りです。

❶［ビルド］メニューの［構成マネージャー］を選択し、［構成マネージャー］ダイアログボックスを表示します。
❷プロジェクトの［構成］で、デバッグビルドは［Debug］、リリースビルドは［Release］を選択し、［閉じる］ボタンをクリックします。
❸［ビルド］メニューの［(プロジェクト名) のビルド］を選択します。

また、［ビルド］ニューの中にあるコマンドで、ビルドの実行方法を次ページの表のように指定できます。

▼実行結果 リリースビルドにより作成された実行可能ファイル（exe）

▨ビルドメニューに表示されるコマンド

コマンド	説明
ビルド	前回のビルドの後、変更されたプロジェクトコンポーネントだけがビルドされる
リビルド	プロジェクトを削除してから、再度プロジェクトファイルとすべてのコンポーネントがビルドし直される
クリーン	プロジェクトファイルとコンポーネントを残して中間ファイルや出力ファイルがすべて削除される

さらにワンポイント

ビルドにより作成された実行可能ファイル（.exe）は、中間言語と呼ばれるもので、コンピューターが直接理解できません。そのため、.NET 6がインストールされているコンピューター上でないと実行することができません。詳細は、Tips004の「.NETとは」を参照してください。

［Ctrl］＋［B］キーを押しても、ビルドを実行できます。

プロジェクトを追加する

ここがポイントです！ 新規または既存のプロジェクトをソリューションに追加

ソリューションは、複数のプロジェクトを含むことができます。

プロジェクトを追加するには、新規プロジェクトを追加する方法と、既存のプロジェクトを追加する方法の2つがあります。

●新規プロジェクトを追加する

新規プロジェクトを追加する手順は、以下の通りです。

❶［ファイル］メニューから［追加］→［新しいプロジェクト］を選択します。
❷表示される［新しいプロジェクトの追加］ダイアログボックスで、プロジェクトの種類やプロジェクト名を指定します（画面1）。追加の手順は、Tips021の「プロジェクトを新規作成する」を参照してください。

●既存のプロジェクトを追加する

既存のプロジェクトを追加する手順は、以下の通りです。

❶ [ファイル] メニューから [追加] → [既存のプロジェクト] を選択します。
❷表示される [既存プロジェクトの追加] ダイアログボックスで、追加するプロジェクトのプロジェクトファイルを指定します (画面2)。

▼画面1 新しいプロジェクトの追加画面

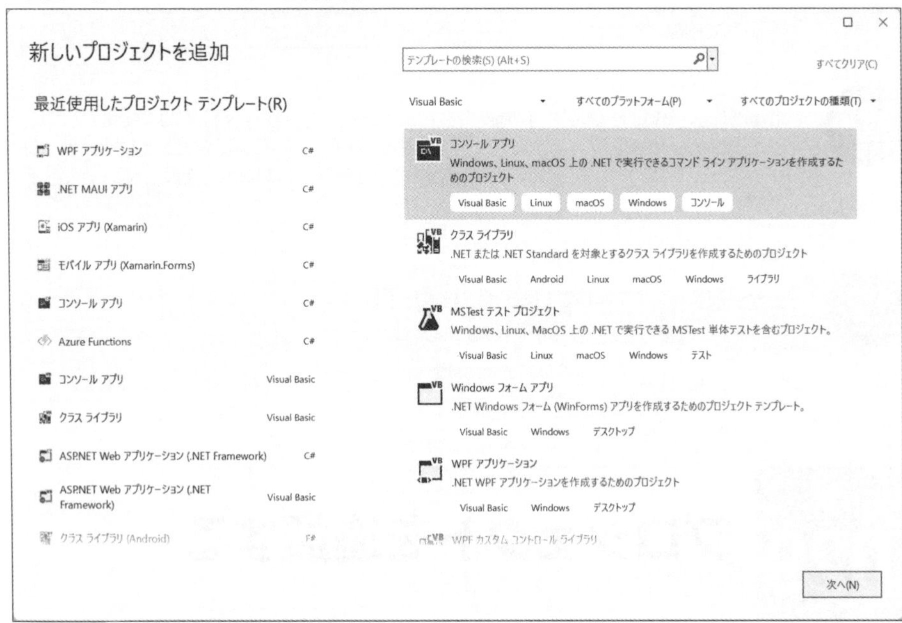

▼画面2 既存プロジェクトの追加ダイアログ

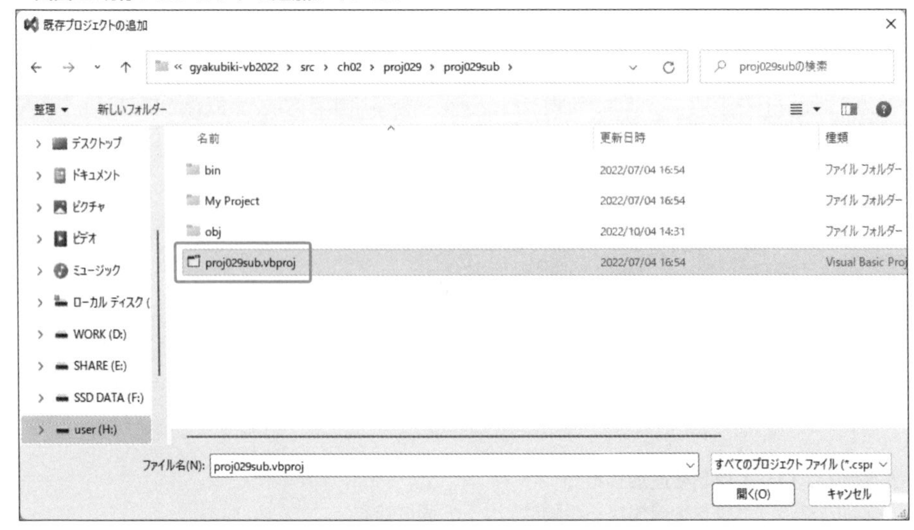

さらにワンポイント

ソリューションからプロジェクトを削除するには、ソリューションエクスプローラーで削除したいプロジェクトを右クリックし、[削除] を選択します。プロジェクトは、ソリューションから削除されますが、ファイルとしては存在するので、ほかのソリューションに追加できます。

プロジェクトのフォルダーを削除したい場合は、エクスプローラーから該当するプロジェクトフォルダーを削除してください。

ソリューションが複数のプロジェクトを含んでいる場合、プログラムを開始したときに実行するプロジェクトを「スタートアッププロジェクト」といい、初期設定では、最初に作成されたプロジェクトです。

スタートアッププロジェクトを変更するには、[ソリューションエクスプローラー] で最初に実行したいプロジェクト名を右クリックし、ショートカットメニューから [スタートアッププロジェクトに設定] を選択します。

Tips 030

▶Level ●

▶対応 COM PRO

NuGetパッケージを追加する

ここがポイントです！ 外部パッケージをNuGetから取得

.NETのビルドシステムでは、**外部パッケージ**を**NuGet**を通じて、ダウンロード&インストールします。

外部パッケージでは、標準の.NETランタイムに含まれないクラスやコントロールが提供されています。パッケージにはそれぞれの利用ライセンスが含まれているため、これの範囲でアプリケーションを開発します。

パッケージのインストールはVisual Studioの [NuGetパッケージの管理] から選択する方法と、[パッケージマネージャーコンソール] を使う方法があります (画面1、画面2)。

ここでは、「Prism.Core」パッケージをプロジェクトにインストールしています。NuGetパッケージの管理では、検索のテキストボックスに「Prism.Core」のようにパッケージ名を入力して検索します。依存関係やバージョンなどをチェックしながらインストールを行います。

すでにパッケージが導入されている場合は、[インストール済み] タブにプロジェクトにインストールされているパッケージ群が表示されます。

[パッケージマネージャーコンソール] を使う場合は、Visual Studioで [表示] → [その他のウィンドウ] → [パッケージマネージャーコンソール] を選択してコンソールを開きます。

主に利用するコマンドは、パッケージをインストールするための「Install-Package」コマンドと、パッケージをアップデートするための「Update-Package」です。アップデートをする場合は、特定のパッケージのみのアップデートも可能です。

▼パッケージのインストール

```
Install-Package <パッケージ名>
```

▼パッケージの更新①

```
Update-Package <パッケージ名>
```

▼パッケージの更新②

```
Update-Package
```

リスト1では、Visual Basicのプロジェクトで指定されている「Prism.Core」パッケージを示しています。インストールすべきパッケージ名とバージョンがわかっている場合には、直接プロジェクトファイル(*.vbprojファイル)を編集することでもパッケージをダウンロードすることができます。

▼画面1 NuGetパッケージの管理

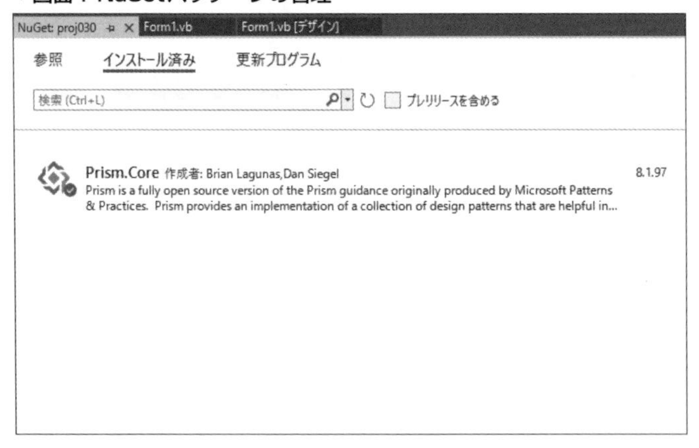

▼画面2 パッケージマネージャーコンソール

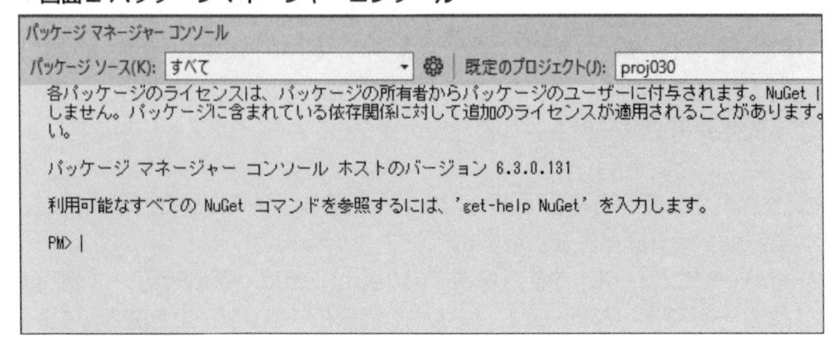

リスト1 フォームを開く前に処理を実行する(ファイル名:proj030.sln、proj030.vbproj)

```
<Project Sdk="Microsoft.NET.Sdk">
  <PropertyGroup>
    <OutputType>WinExe</OutputType>
    <TargetFramework>net6.0-windows</TargetFramework>
    <RootNamespace>proj030</RootNamespace>
    <StartupObject>Sub Main</StartupObject>
    <UseWindowsForms>true</UseWindowsForms>
  </PropertyGroup>
  <ItemGroup>
    <Import Include="System.Data" />
    <Import Include="System.Drawing" />
    <Import Include="System.Windows.Forms" />
  </ItemGroup>
  <ItemGroup>
    <PackageReference Include="Prism.Core" Version="8.1.97" />
  </ItemGroup>
</Project>
```

さらにワンポイント NuGetパッケージは、1度インターネットよりダウンロードされたものはキャッシュされます。これにより同じパッケージであれば、ローカルのストレージから再利用されビルドが高速になります。Windowsの場合、キャッシュの場所は「C:¥Users¥<ユーザー名>¥.nuget¥packages」になります。

Tips 031 ▶Level ● ▶対応 COM PRO

プロジェクトにリソースを追加する

ここがポイントです! プロジェクトにリソースを追加

アプリケーションで使用する文字列、画像、アイコン、音声などの**リソースファイル**をプロジェクトに追加できます。

追加できるリソースファイルは、既存のファイルだけでなく、新しく文字列、テキストファイル、イメージファイル、さらにはアイコンファイルを作成して追加することもできます。

リソースを追加すると、ソリューションエクスプローラーの「My Project」フォルダーに追加したファイル名が表示されます。

リソースファイルを参照するには、コードエディターで次のように記述します。

▼リソースファイルの参照

```
My.Resources.リソース名
```

リソースの追加は、[ソリューションエクスプローラー] で [My Project] をダブルクリックすると表示されるプロジェクトデザイナーの [リソース] タブで設定します。

[リソース] タブでプロジェクトにリソースを追加する手順は、以下の通りです。

●既存のリソースファイルの場合

❶ [リソースの追加] の [▼] をクリックし、[既存のファイルの追加] を選択します (画面1)。
❷ [既存のファイルをリソースに追加] ダイアログボックスで、追加するリソースファイルを選択し、[開く] ボタンをクリックします。
❸ファイルがリソースデザイナーに種類ごとに表示され、「My Project」フォルダーにファイルがコピーされて、ソリューションエクスプローラーに表示されます。

●新規にリソースファイルを作成する場合

❶ [リソースの追加] の [▼] をクリックし、[新しい (リソース) の追加] を選択します。
❷ [新しい項目の追加] ダイアログボックスで、リソース名を入力し [追加] ボタンをクリックします (画面2)。
❸追加したリソースの種類に対応したエディターが開きます。

追加したリソースは、種類ごとに表示されるため、[リソースの追加] ボタンの左側にあるリソースの種類が表示されているボタンの [▼] をクリックして、表示するリソースの種類を選択します。

リスト1では、リソースに追加した文字列「subject」をLabel1に、イメージのリソースファイル「cock」をPictureBox1に表示しています。

▼画面1 文字列をリソースとして追加

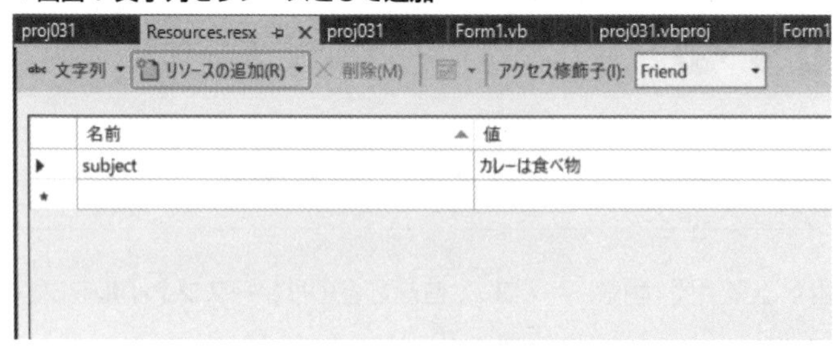

▼画面2 リソースファイルの追加

▼実行画面

リスト1 ピクチャーボックスに表示する（ファイル名：proj031.sln、Form1.vb）

```
Private Sub Button1_Click(sender As Object, e As EventArgs) _
    Handles Button1.Click
    ' リソースから文字列を表示
    Label1.Text = My.Resources.subject
    ' リソースから画像を表示
    PictureBox1.Image = My.Resources.cock
    PictureBox1.SizeMode = PictureBoxSizeMode.Zoom
End Sub
```

ここでは、[名前] 欄に「リソース名」、[値] 欄に「リソースとして使用する文字列」を入力して、文字列をリソースに追加しています。ファイルとして追加するのではないので、ソリューションエクスプローラーの「Resources」フォルダーには表示されません。

なお、テキストファイルをリソースとして追加した場合は「Resources」フォルダーに表示されます。

アプリケーションを配置する

ここがポイントです！

リリースビルドを行い、配布アセンブリを生成

Windowsフォームアプリケーションや WPF アプリケーションの実行ファイル、ASP.NET MVCアプリケーションをWebサーバーに配置させる**アセンブリ**を作るためには、Visual Studioの [発行] を使います。

Visual Studioでは、配布アセンブリを作ることを**デプロイ**あるいは**発行**と呼んでいます。

配布する実行ファイルやアセンブリなどを指定したフォルダーに作成できるため、リリースするバイナリファイルを一括で管理ができます。また、リリース先を直接AzureやDockerコンテナーのレポジトリにすることが可能です。

配布アセンブリを作る手順は、次の通りです。

❶ [ソリューションエクスプローラー] でプロジェクトを右クリックして、コンテキストメニューから [発行] を選択します。
❷リリースビルドの [ターゲット] を [フォルダー] にして、[次へ] ボタンをクリックします (画面1)。
❸ [特定のターゲット] (出力先) で [フォルダー] を選択し、[次へ] ボタンをクリックします (画面2)。
❹ [場所] で、出力先のフォルダー名を確認し、[完了] ボタンをクリックします (画面3)。
❺ [公開] タブで [発行] ボタンをクリックすると、リリースビルドが行われ、指定したフォルダーに実行ファイルが生成されます (画面4)。

作成された実行ファイルやアセンブリをエクスプローラーで確認ができます (画面5)。このリリースビルドの手順はプロファイルとして保存されるため、コードを修正した後に何度でも同じリリース手順を実行できます。

▼画面1 ターゲット

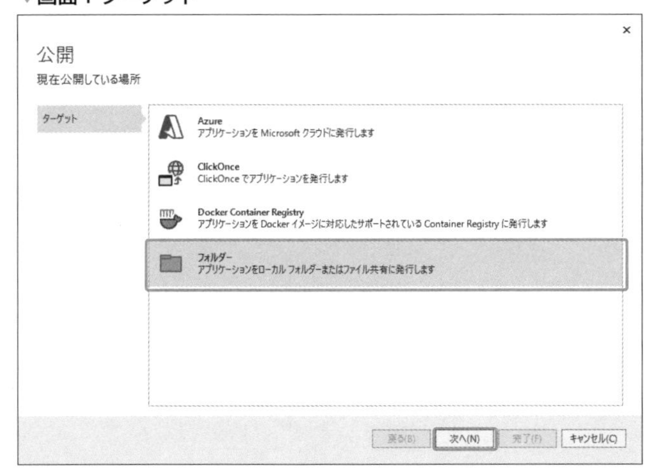

▼画面2 特定のターゲット

▼画面3 場所

▼画面4 公開タブ

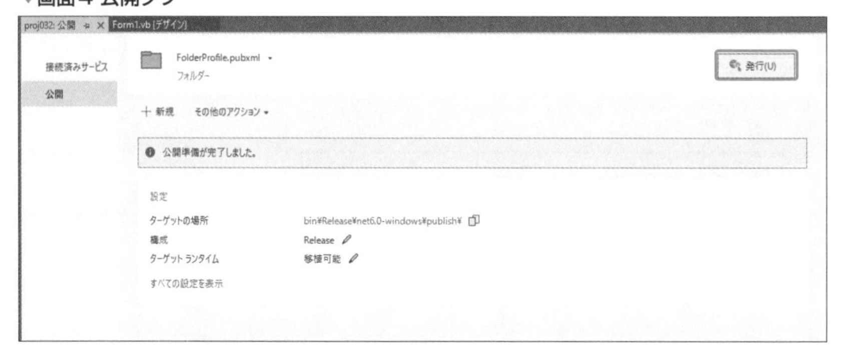

▼画面5 出力先のフォルダー

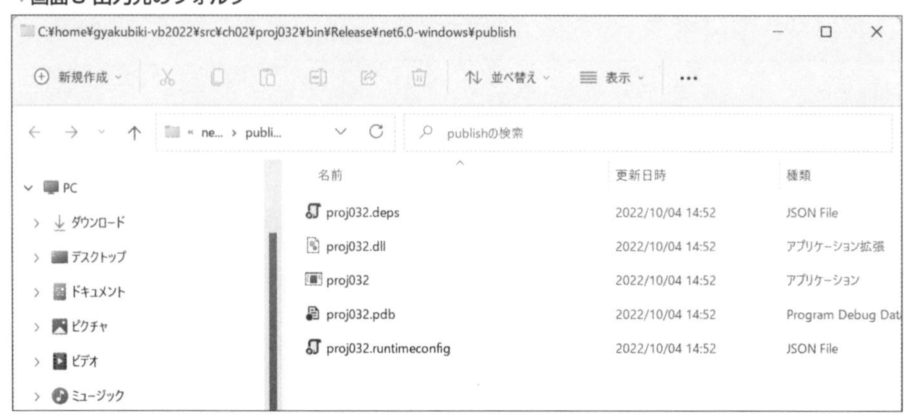

dotnetコマンドを使ってリリースビルドの実行ファイルを作成するためには、「dotnet publish」を使います。Visual Studioの［発行］でフォルダーを指定したと同じように、Releaseフォルダー内に各種のアセンブリが作成されます。

2-2 dotnetコマンド

Tips 033

dotnetコマンドでプロジェクトを作成する

▶Level ●

▶対応 COM PRO

ここがポイントです！ dotnet newコマンドの使用

.NET 6でプロジェクトを作成するときは、**dotnet newコマンド**を利用できます。

dotnet newコマンドを利用すると、コマンドラインで自動化できるためプロジェクトの作成時の手順を省力化できます。新規プロジェクト作成時には、Visual Studioと同じように、ひな形のプロジェクトファイルが作成されます。

新規プロジェクトだけでなく、プロジェクトに追加するファイル（ASP.NET MVCで利用するページファイルなど）を作成することもできます。

「dotnet new」に続いて、作成したいプロジェクトのテンプレート名を指定します。

プロジェクトに関連するファイル群はカレントフォルダーに作られます。

▼コンソールプロジェクトを作成

```
dotnet new console -lang vb
```

プロジェクトに関連するファイルの作成先を指定する場合は、**--nameスイッチ**を使います。

▼作成フォルダーを指定

```
dotnet new console --name sample -lang vb
```

▼画面1 dotnet newコマンド

▼画面2 プロジェクト作成のリスト

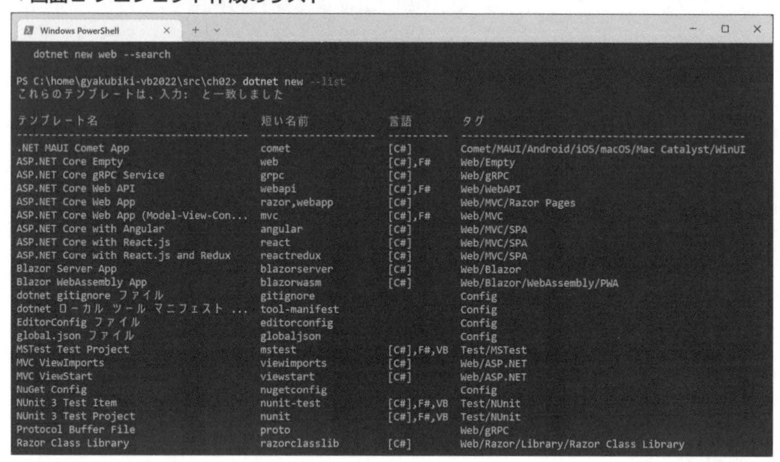

▒主なプロジェクト指定

テンプレート名	短い名前
Windowsフォームアプリ	winforms
Windowsフォームクラスライブラリ	winformslib
Windowsフォームコントロールライブラリ	winformscontrollib
WPF Class library	wpflib
WPF Custom Control Library	wpfcustomcontrollib
WPF User Control Library	wpfusercontrollib
WPFアプリケーション	wpf
xUnit Test Project	xunit
クラスライブラリ	classlib
コンソールアプリ	console

Tips 034 ▶Level ● ▶対応 COM PRO

dotnetコマンドでプロジェクトを実行する

ここがポイントです！ dotnet runコマンドの使用

dotnetコマンドを使ってプロジェクトを実行するためには、**dotnet runコマンド**を使います。

プロジェクトファイル (*.vbproj) のあるフォルダーでコマンドを実行することにより、自動的にビルドとアプリケーションが起動します。

dotnet runコマンドでは、通常ではカレントの.NETランタイムを使い、Debugバージョンでビルド&実行が行われます。

実行ランタイムなどを指定する場合は、下の表のようなオプションを使います。

dotnet runコマンドは、Windowsだけでなく、LinuxやmacOS上でも使われるため、実行時の環境が異なることがあります。これをNuGetパッケージも含めてコードより自動的にビルドと実行を行うのがdotnet runコマンドです。主に、ASP.NET MVCアプリケーションなどのWebサーバーをデバッグ実行するときに使われます。

▼画面1 dotnet runで実行

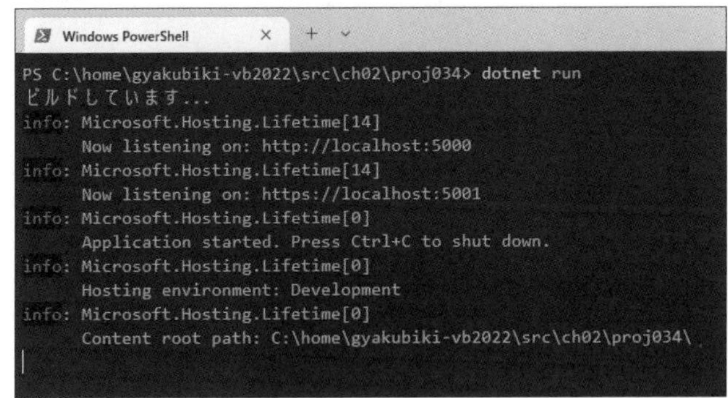
Windows PowerShell
PS C:\home\gyakubiki-vb2022\src\ch02\proj034> dotnet run
ビルドしています...
info: Microsoft.Hosting.Lifetime[14]
Now listening on: http://localhost:5000
info: Microsoft.Hosting.Lifetime[14]
Now listening on: https://localhost:5001
info: Microsoft.Hosting.Lifetime[0]
Application started. Press Ctrl+C to shut down.
info: Microsoft.Hosting.Lifetime[0]
Hosting environment: Development
info: Microsoft.Hosting.Lifetime[0]
Content root path: C:\home\gyakubiki-vb2022\src\ch02\proj034\

dotnet runコマンドのオプション

オプション	内容
-f, --framework	実行する対象のターゲットフレームワーク
-c, --configuration	プロジェクトのビルドに使用する構成。デフォルトは「Debug」
-r, --runtime	実行対象のターゲットランタイム
--no-build	実行する前にプロジェクトをビルドしない
--no-restore	ビルドする前にプロジェクトを復元しない
-a, --arch	ターゲットアーキテクチャ
--os	ターゲットオペレーティングシステム

dotnetコマンドで プロジェクトをビルドする

ここがポイントです！ dotnet buildコマンドの使用

dotnetコマンドを使ってプロジェクトをビルドするためには、**dotnet build**コマンドを使います。

プロジェクトファイル（*.vbproj）のあるフォルダーでコマンドを実行することにより、ビルドが行われます。

「dontet run」コマンドとは違い、ビルドだけが行われるのでコードのコンパイルチェックなどに有効です。

「--no-restore」スイッチを付けない場合は、自動的に関連するNuGetパッケージをインターネットからダウンロードします。

dotnet runコマンドでは、通常ではカレントの.NETランタイムを使い、Debugバージョンでビルド&実行が行われます。

実行ランタイムなどを指定する場合は、下の表のようなオプションを使います。

▼画面1 dotnet buildで実行

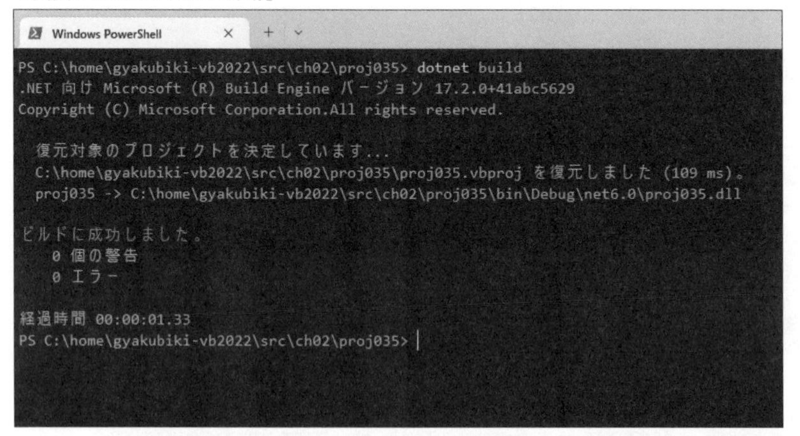

Windows PowerShell
PS C:\home\gyakubiki-vb2022\src\ch02\proj035> dotnet build
.NET 向け Microsoft (R) Build Engine バージョン 17.2.0+41abc5629
Copyright (C) Microsoft Corporation.All rights reserved.
復元対象のプロジェクトを決定しています...
C:\home\gyakubiki-vb2022\src\ch02\proj035\proj035.vbproj を復元しました (109 ms)。
proj035 -> C:\home\gyakubiki-vb2022\src\ch02\proj035\bin\Debug\net6.0\proj035.dll
ビルドに成功しました。
0 個の警告
0 エラー
経過時間 00:00:01.33
PS C:\home\gyakubiki-vb2022\src\ch02\proj035>

▒dotnet buildコマンドのオプション

オプション	内容
-f,--framework	ビルドする対象のターゲットフレームワーク
-c,--configuration	プロジェクトのビルドに使用する構成。デフォルトは「Debug」
-r,--runtime	ビルド対象のターゲットランタイム
--no-restore	ビルドする前にプロジェクトを復元しない
--debug	デバッグビルドする

-o,--output	ビルドの出力先を指定する
-a,--arch	ターゲットアーキテクチャ
--os	ターゲットオペレーティングシステム

Column Visual Studio Code

本書はVisual Basicの解説書となるため、Visual Studio 2022を主な開発環境として解説をしています。このため、プログラミング環境をWindows環境に絞っていますが、Visual Basicプログラミングをする環境としてはVisual Studio Code（https://code.visualstudio.com/）も有効です。

Visual Studio Codeは、本家のVisual Studioのように「統合開発環境」ではなく「エディター環境」として使われます。リモート機能を備え、Linux上で動作するVSCodeのサーバーとWindows上のVSCodeを連携して動作させることもできます。単純にコードを書くというエディター環境としてもC#だけでなく、TypeScriptやPHPなどのコードも書くことができます。

昨今のプログラミング環境としては、候補補完機能（インテリセンス機能）が必須になってきています。既存の複雑なライブラリや作成中のクラスを十分に探索するために、分厚いマニュアルを紐解く必要はありません。

コードエディターがメソッドなどの候補を補完し、メソッド名前や引数などからある程度の推測を立てることができます。また、ライブラリ作成ではそれらが前提となりつつあります。

vi（vim）のように昔から使われてきたエディターも拡張機能を組み入れることで補完機能が使えます。

Column サンプルプログラムのコードを確認する方法

本書のサンプルプログラムのコードを確認するには、以下の手順で行います。
ここでは、WindowsフォームのForm1のコードウィンドウを開く方法を例に説明します。

❶Tips025を参照して、該当するTipsのプロジェクトを開きます。
❷［ソリューションエクスプローラー］で、［Form1.vb］を右クリックし、ショートカットメニューから［コードの表示］をクリックします。または、［Form1.vb］をクリックし、「F7」キーを押します。

［ソリューションエクスプローラー］で［From1.vb］をダブルクリックすると、Windowsフォームデザイナーが表示されます。
Tipsによっては、［Form1］が対象ではない場合があり、コードの表示方法が異なることがあります。本文をよく確認して操作を行ってください。

ユーザーインターフェイスの極意

3-1 フォーム

フォームのアイコンとタイトル文字を変更する

ここがポイントです！

フォームのアイコンとタイトルの変更
（Iconプロパティ、Textプロパティ）

Windowsアプリケーションは、**ウィンドウ**が基本画面になります。ウィンドウ上にコントロールを配置し、画面を作成し、実行する処理を記述します。

Visual Basicでは、ウィンドウを**Formオブジェクト**として扱います。Formオブジェクトは、プロジェクトを新規作成したときに、自動的に1つ「Form1」という名前で用意されています。

この土台となるForm1の基本設定を最初に行います。例えば、Windowsアプリケーションでは、ウィンドウのタイトルバーの左側には、そのプログラムのアイコンやタイトルが表示されます。フォームのプロパティウィンドウでは、アイコンは**Iconプロパティ**、タイトルは**Textプロパティ**で設定できます。

Iconプロパティの設定手順は、次の通りです。

❶フォームのプロパティウィンドウで［Iconプロパティ］をクリックし、右側にある［…］ボタンをクリックします（画面1）。
❷［開く］ダイアログボックスが表示されたら、Iconファイルが保存されている場所を指定し、Iconファイルを選択して、［開く］ボタンをクリックします。

▼画面1 Iconプロパティ

▼画面2 Textプロパティ

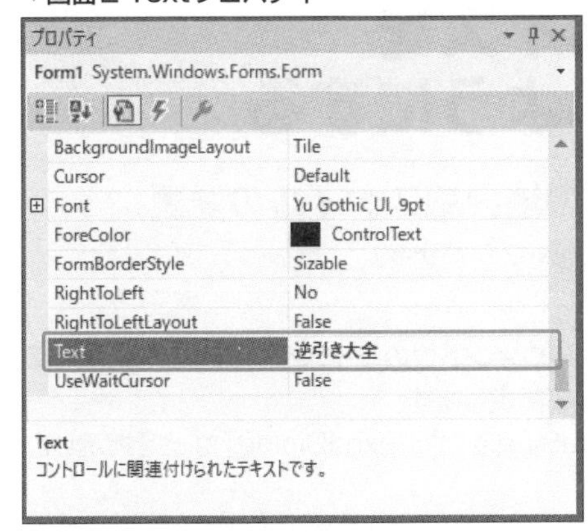

▼設定結果

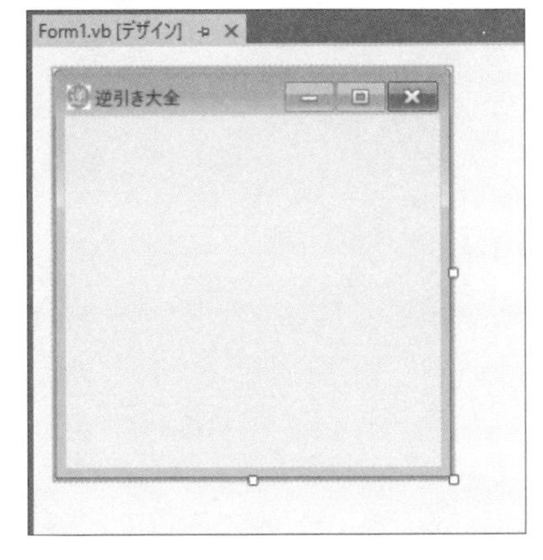

ユーザーインターフェイスの極意

さらにワンポイント

Iconプロパティで設定したアイコンを解除するには、プロパティウィンドウのIconプロパティを右クリックし、ショートカットメニューから［リセット］を選択します。

さらにワンポイント

実行可能ファイル（exeファイル）にオリジナルのアイコンを設定するには、ソリューションエクスプローラーでプロジェクトを右クリックして［プロパティ］を選択しプロジェクトのプロパティを表示、アプリケーションタブを選択します。［Resources］グループの［アイコン］の［参照］ボタンをクリックし、アイコンファイルを指定します。

フォームのサイズを変更できないようにする

ここがポイントです！

ウィンドウの境界線スタイルの変更（FormBorderStyle プロパティ）

ウィンドウを表示したときに、ユーザーによって**ウィンドウのサイズ**を変更できないようにするには、**FormBorderStyle プロパティ**を使って設定します。

設定値は、FormBorderStyle列挙型の「FixedSingle」や「FixedDialog」などを指定します。詳細は、次ページの表を参照してください。

リスト1では、[FixedToolWindow] ボタン（Button2）をクリックしたときにフォームの境界線を、サイズを変更できないツールウィンドウスタイルに変更し、設定値をラベルに表示しています。

▼画面1 既定値のウィンドウの状態

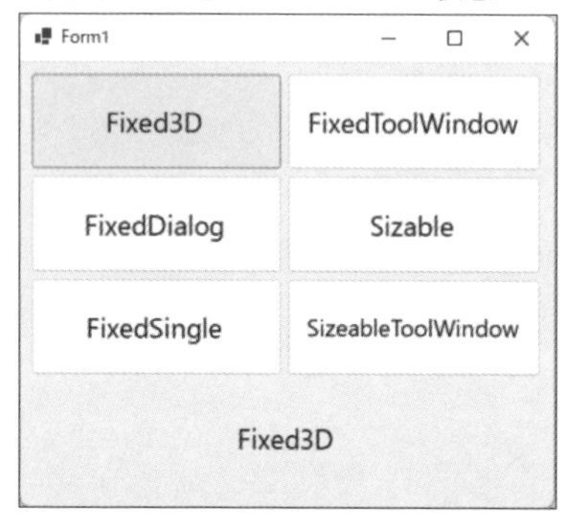

▼画面2 境界線がツールウィンドウスタイルの状態

FormBorderStyleプロパティに指定する値（FormBorderStyle列挙型）

値	説明
None	なし
Fixed3D	サイズを変更できない立体境界線
FixedDialog	サイズを変更できないダイアログスタイルの境界線
FixedSingle	サイズを変更できない一重線の境界線
FixedToolWindow	サイズを変更できないツールウィンドウスタイルの境界線
Sizable	サイズを変更可能な境界線（既定値）
SizableToolWindow	サイズを変更できるツールウィンドウスタイルの境界線

リスト1　フォームの境界線をツールウィンドウ形式に変更する（ファイル名：ui037.sln、Form1.vb）

```
Private Sub Button2_Click(sender As Object, e As EventArgs) _
    Handles Button2.Click
    FormBorderStyle = FormBorderStyle.FixedToolWindow
    Label1.Text = FormBorderStyle.FixedToolWindow.ToString()
End Sub
```

最大化/最小化ボタンを非表示にする

ここがポイントです！

ウィンドウの最大化、最小化の禁止
（MaximizeBox プロパティ、MinimizeBox プロパティ）

フォームのタイトルバーの右側にある**最大化ボタン**を非表示にするには、フォームの**MaximizeBoxプロパティ**の値を「False」に設定します。

最小化ボタンを非表示にするには、**MinimizeBoxプロパティ**の値を「False」に設定します。

また、［最大化］ボタン、［最小化］ボタンを表示するには、それぞれに「True」を設定します。

［最大化］ボタン、［最小化］ボタンを非表示にすると、フォームのタイトルバーの左端にあるコントロールボックスの最大化コマンド、最小化コマンドも無効になります。

リスト1では、ボタンをクリックするごとに、［最大化］ボタンと［最小化］ボタンの表示・非表示が切り替わります。

▼実行結果

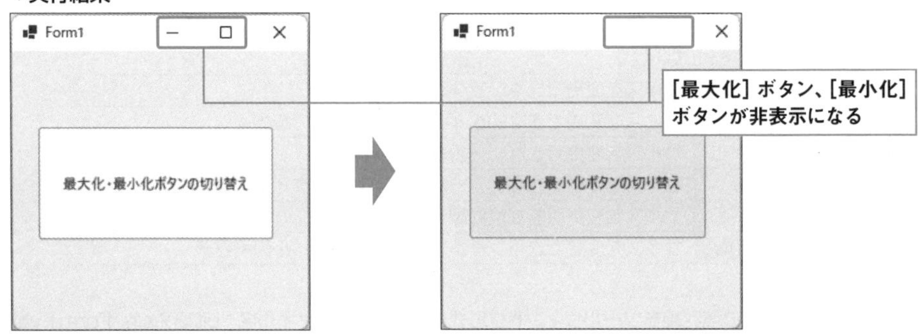

リスト1 [最大化] ボタン、[最小化] ボタンの表示/非表示を切り替える (ファイル名：ui038.sln、Form1.vb)

```
Private Sub Button1_Click(sender As Object, e As EventArgs) _
    Handles Button1.Click
    If MaximizeBox And MinimizeBox Then
        MaximizeBox = False
        MinimizeBox = False
    Else
        MaximizeBox = True
        MinimizeBox = True
    End If
End Sub
```

さらにワンポイント　フォームのタイトルバーの左端にあるコントロールボックスを非表示にするには、フォームのControlBoxプロパティを「False」に設定します。
　コントロールボックスを非表示にすると、[最大化] ボタン、[最小化] ボタン、[閉じる] ボタンも非表示になるので、フォームを閉じるためのコードを別途記述しておく必要があります。

Tips 039 ▶Level ● ▶対応 COM PRO

ヘルプボタンを表示する

ここがポイントです！ **ヘルプボタンの表示**
(HelpButtonプロパティ)

フォームのタイトルバーに**ヘルプボタン**を表示するには、フォームの**HelpButtonプロパティ**に「True」を指定します。なお、この設定を有効にするには、MaximizeBoxプロパティとMinimizeBoxプロパティを「False」にする必要があります。

また、[ヘルプ] ボタンをクリックすると、マウスポインターの形がヘルプ形式になります。

このとき、フォーム上のコントロールをクリックすると、コントロールの**HelpRequestedイベント**が発生します。これを使ってヘルプを表示するコードを記述できます。

HelpRequestedイベントハンドラーを作成するには、コントロールのプロパティウィンドウで［イベント］ボタンをクリックし、イベント一覧を表示して、［HelpRequested］をダブルクリックします。

ここでは、フォームのプロパティウィンドウでHelpButtonプロパティを「True」、MaximizeBoxプロパティとMinimizeBoxプロパティを「False」に設定しています。

リスト1では、［ヘルプ］ボタンがクリックされた後、ボタンがクリックされたときに実行されるHelpRequestedイベントハンドラーを使って、メッセージを表示しています。

▼画面1 フォームのプロパティウィンドウ

▼画面2 Button1のHelpRequestedイベントハンドラーの作成

▼画面3 [ヘルプ] ボタンをクリックした後、ボタンをクリックした結果

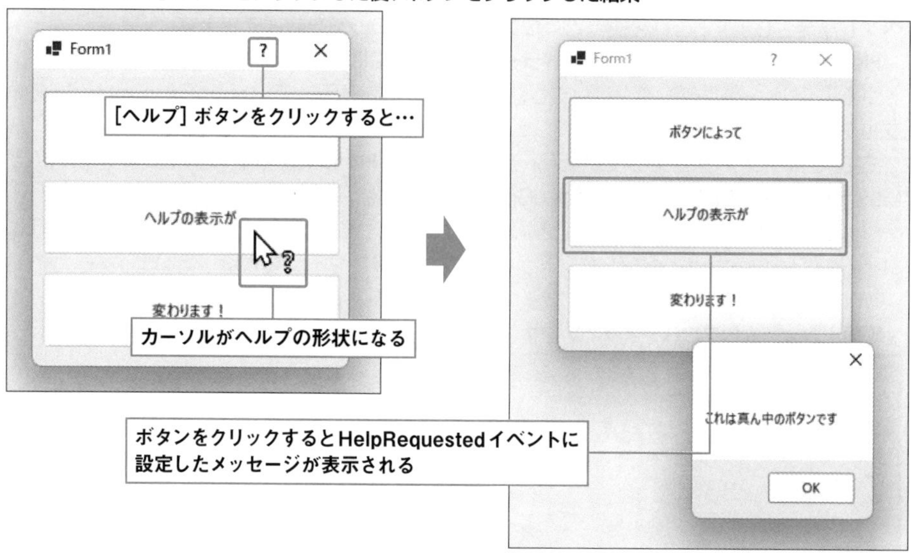

リスト1　ヘルプメッセージを表示する（ファイル名：ui039.sln、Form1.vb）

```
Private Sub Form1_HelpRequested(sender As Object, hlpevent As
HelpEventArgs) _
    Handles MyBase.HelpRequested
    If RectangleToScreen(Button1.Bounds).
    Contains(hlpevent.MousePos) = True Then
        MessageBox.Show("これは一番上のボタンです")
    End If
    If RectangleToScreen(Button2.Bounds).
    Contains(hlpevent.MousePos) = True Then
        MessageBox.Show("これは真ん中のボタンです")
    End If
    If RectangleToScreen(Button3.Bounds).
    Contains(hlpevent.MousePos) = True Then
        MessageBox.Show("これは一番下のボタンです")
    End If
End Sub
```

Tips
040
Level ●
対応
COM PRO

フォームを表示する/閉じる

ここがポイントです!

フォームを開く、閉じる
(Showメソッド、ShowDialogメソッド、Closeメソッド)

フォームを表示するには、フォームの**Showメソッド**または**ShowDialogメソッド**を使います。

ShowDialogメソッドを使用すると、フォームを**モーダルダイアログボックス**として表示します。モーダルダイアログボックスは、表示したフォームが開いている間は、ほかのフォームの操作ができないタイプのダイアログボックスです。

Showメソッドを使用すると、フォームを**モードレス**で表示します。モードレスで開くと、フォームを表示したままで、元のフォームの操作ができます。

フォームを開くときは、New演算子を使って、開くフォームのインスタンスを作成しておく必要があります。なお、あらかじめ表示するフォームをプロジェクトに追加しておきます。

また、フォームを閉じるには、フォームの**Closeメソッド**を使います。

リスト1では、[モーダルで開く] ボタン (Button1) をクリックするとフォームをモーダルで開き、[モードレスで開く] ボタン (Button2) をクリックするとフォームをモードレスで開きます。

リスト2では、ボタンがクリックされたらフォームを閉じます。

▼画面1 [モーダルで開く] ボタン (Button1) をクリックした結果

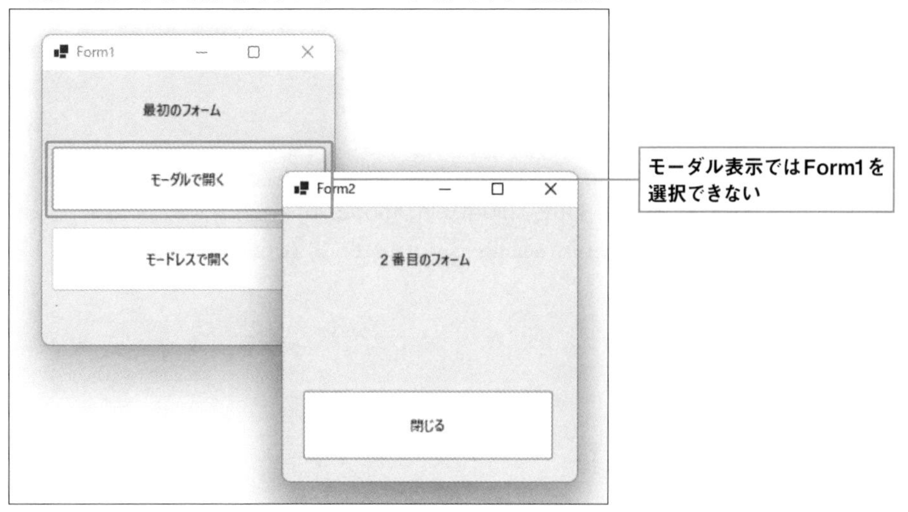

▼画面2 [モードレスで開く] ボタン (Button2) をクリックした結果

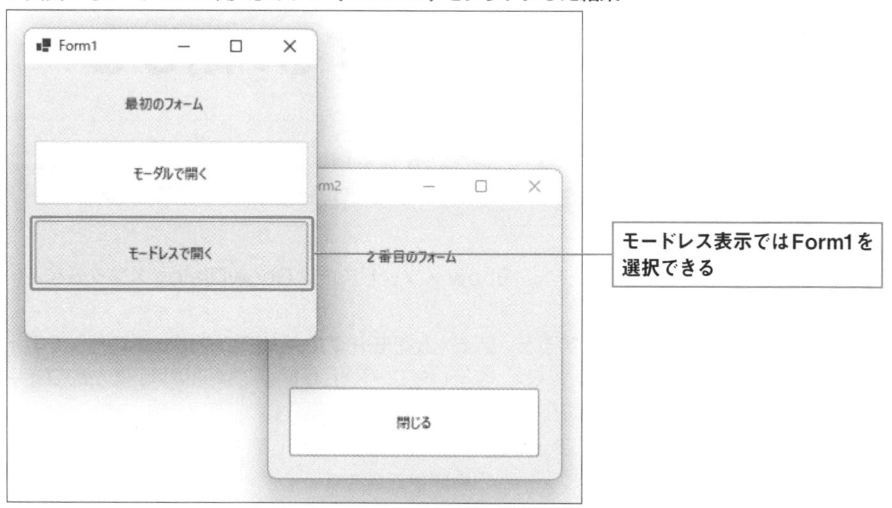

リスト1 フォームをモーダル、モードレスで開く (ファイル名：ui040.sln、Form1.vb)

```
''' モーダルで開く
Private Sub Button1_Click(sender As Object, e As EventArgs) _
    Handles Button1.Click
    Dim form As New Form2
    form.ShowDialog()

End Sub

''' モードレスで開く
Private Sub Button2_Click(sender As Object, e As EventArgs) _
    Handles Button2.Click
    Dim form As New Form2
    form.Show()
End Sub
```

リスト2 フォームを閉じる (ファイル名：ui040.sln、Form2.vb)

```
Private Sub Button1_Click(sender As Object, e As EventArgs) _
    Handles Button1.Click
    Close()
End Sub
```

フォームの表示位置を指定する

位置を指定してフォームを表示
(StartPosition プロパティ、Location プロパティ)

フォームを新しく表示するとき、そのフォームの表示位置を指定するには、フォームの**StartPosition プロパティ**を設定します。

新しく開くフォームを任意の位置に表示するには、StartPositionプロパティの値を「FormStartPosition.Manual」にしておき、**Location プロパティ**で表示位置を指定します。

Location プロパティは、表示するフォームの左位置と上位置を**Point構造体**で指定します。

Point構造体の書式は、次の通りです。

▼System.Drawing.Point構造体

```
New Point(左位置, 右位置)
```

リスト1では、Button1をクリックするとForm2を画面の左上に表示し、Button2をクリックするとForm2を画面中央に表示します。

▼実行結果

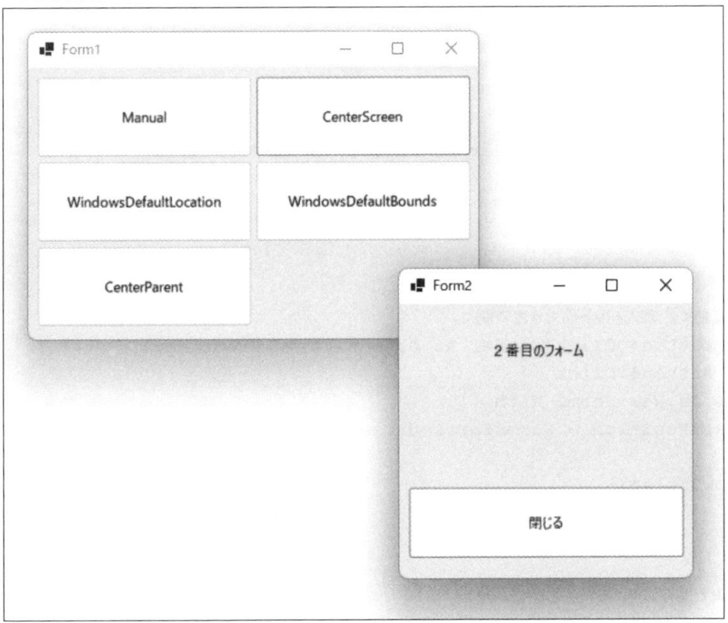

StartPositionプロパティで指定する値（FormStartPosition列挙型）

値	説明
Manual	フォームは、Locationプロパティで指定した位置に表示される
CenterScreen	フォームは、現在の表示の中央に表示される
WindowsDefaultLocation	フォームは、Windowsの既定位置に表示される（既定値）
WindowsDefaultBounds	フォームは、Windowsの既定位置に表示され、Windowsの既定で設定されている境界線を持つ
CenterParent	フォームは、親フォームの境界内の中央に表示される

リスト1　表示する位置を指定してフォームを開く（ファイル名：ui041.sln、Form1.vb）

```
''' 位置を指定して開く
Private Sub Button1_Click(sender As Object, e As EventArgs) _
    Handles Button1.Click
    Dim form As New Form2 With {
        .StartPosition = FormStartPosition.Manual,
        .Location = New Point(0, 0)
    }
    form.ShowDialog()
End Sub

''' 画面の中央に開く
Private Sub Button2_Click(sender As Object, e As EventArgs) _
    Handles Button2.Click
    Dim form As New Form2 With {
        .StartPosition = FormStartPosition.CenterScreen
    }
    form.ShowDialog()
End Sub

''' 既定の位置で開く
Private Sub Button3_Click(sender As Object, e As EventArgs) _
    Handles Button3.Click
    Dim form As New Form2
    form.ShowDialog()
End Sub

''' 既定の位置で開く。デフォルトの大きさで開く。
Private Sub Button4_Click(sender As Object, e As EventArgs) _
    Handles Button4.Click
    Dim form As New Form2 With {
        .StartPosition = FormStartPosition.WindowsDefaultBounds
    }
    form.ShowDialog()

End Sub

''' 親画面の中央で開く
Private Sub Button5_Click(sender As Object, e As EventArgs) _
    Handles Button5.Click
```

```
    Dim form As New Form2 With {
        .StartPosition = FormStartPosition.CenterParent
    }
    form.ShowDialog()
End Sub
```

デフォルトボタン/キャンセルボタンを設定する

ここがポイントです！ **承認ボタンとキャンセルボタンの作成**
（AcceptButton プロパティ、CancelButton プロパティ）

キーボードから [Enter] キーを押したときにクリックしたとみなされる**デフォルトボタン（[OK] ボタン）**を設定するには、フォームの**AcceptButtonプロパティ**に、割り当てるButtonコントロール名を指定します。

また、キーボードから [Esc] キーを押したときにクリックしたとみなされる**キャンセルボタン**を設定するには、フォームの**CancelButtonプロパティ**に、割り当てるButtonコントロール名を指定します。

ここでは、フォームのプロパティウィンドウでAcceptButtonプロパティに「Button1」、CancelButtonプロパティに「Button2」を割り当てています。

リスト1では、Button1とButton2のそれぞれのボタンがクリックされたら、メッセージを表示します。

▼画面1 フォームのプロパティウィンドウでの設定

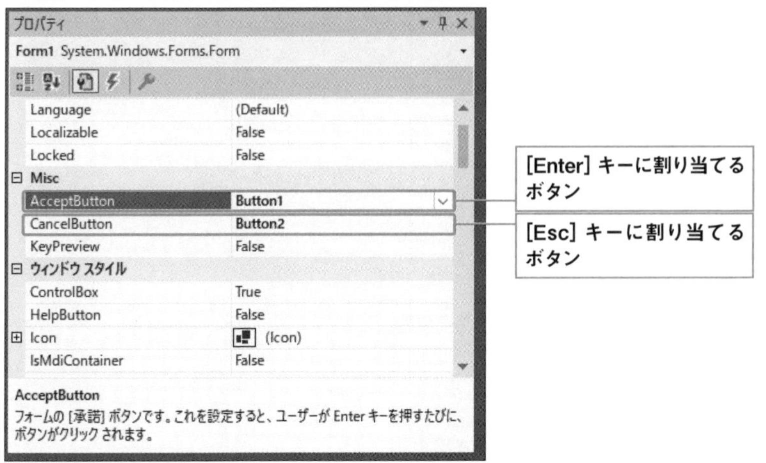

▼実行結果

▼画面２［Enter］キーを押したときの実行結果

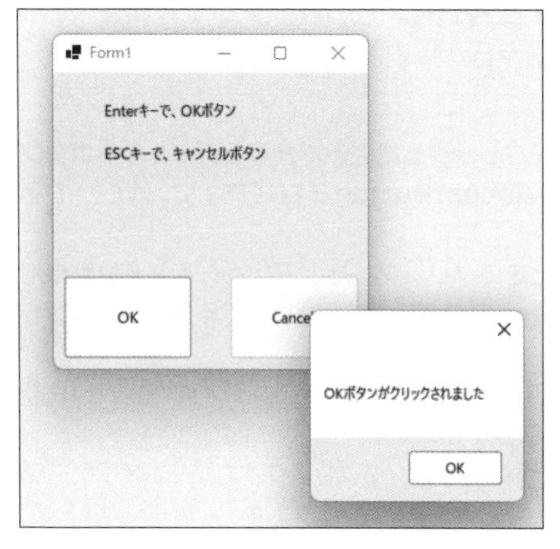

▼画面３［Esc］キーを押したときの実行結果

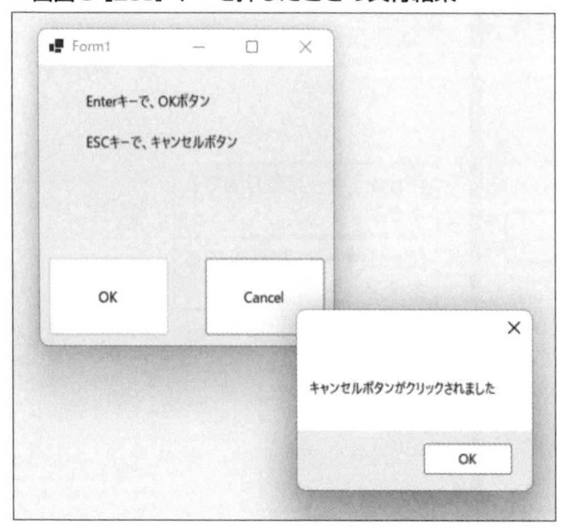

リスト1　デフォルトボタン、キャンセルボタンの設定と、表示するメッセージ（ファイル名：ui042.sln、Form1.vb）

```
Private Sub Button1_Click(sender As Object, e As EventArgs) _
    Handles Button1.Click
    MessageBox.Show("OKボタンがクリックされました")
End Sub

Private Sub Button2_Click(sender As Object, e As EventArgs) _
    Handles Button2.Click
    MessageBox.Show("キャンセルボタンがクリックされました")
End Sub
```

Tips 043
▶Level ●
▶対応 COM PRO

フォームを半透明にする

ここが
ポイント
です！
フォームの透明度を指定する
（Opacityプロパティ）

フォームを**半透明**にして表示するには、フォームの**Opacityプロパティ**を設定します。

Opacityプロパティは、不透明度の割合を0〜1の範囲でDouble型で指定します。なお、プロパティウィンドウで設定する場合は、0%〜100%の範囲でパーセント単位で設定します（画面1）。

値が「0（0%）」のときは完全に透明になり、「1（100%）」のときは透明度がなくなります。ここでは、フォームのプロパティウィンドウのOpacityプロパティで「50%」に指定しています。

リスト1では、「透明度50%」と「透明度20%」のボタンでフォームの透明度を指定します。スライダーを動かすとなめらかにOpacityプロパティを指定できます。

▼画面1 Opacityプロパティ

▼実行結果

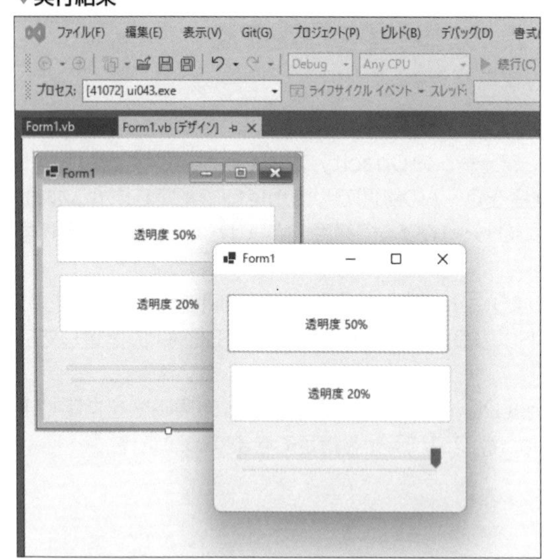

▼実行結果（透明度50%のとき）

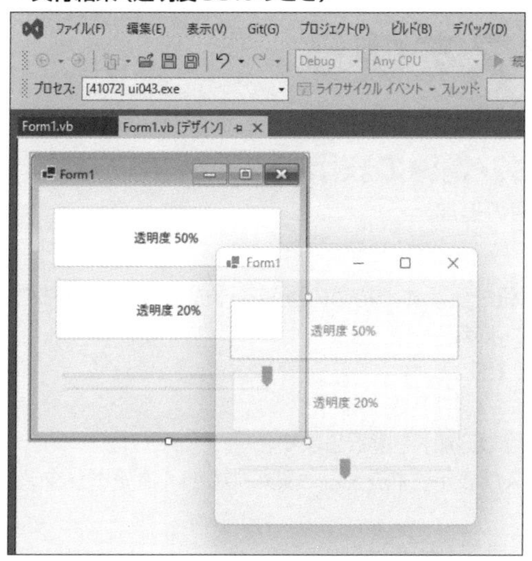

リスト1 フォームの透明度を設定する（ファイル名：ui043.sln、Form1.vb）

```
''' 透明度を指定する
Private Sub Button1_Click(sender As Object, e As EventArgs) _
    Handles Button1.Click
    Opacity = 0.5
    TrackBar1.Value = 50

End Sub

Private Sub Button2_Click(sender As Object, e As EventArgs) _
    Handles Button2.Click
    Opacity = 0.2
    TrackBar1.Value = 20

End Sub

Private Sub TrackBar1_Scroll(sender As Object, e As EventArgs) _
    Handles TrackBar1.Scroll
    Opacity = TrackBar1.Value / 100.0
End Sub
```

フォームをフェードインしたり、フェードアウトしたりするには、タイマーコンポーネントを使ってOpacityプロパティの値を徐々に増減します。

情報ボックスを使う

ここがポイントです！ **バージョン情報の表示**
（新しい項目の追加）

バージョンや製品名などの**バージョン情報**を表示するための画面を作成するには、テンプレートで用意されている**情報ボックス**を使います。

情報ボックスを作成する手順は、次の通りです。

❶［プロジェクト］メニューから［新しい項目の追加］を選択します。
❷［新しい項目の追加］ダイアログボックスが表示されたら、一覧の中から［情報ボックス］を選択します。
❸名前を指定し、［追加］ボタンをクリックします（画面1）。

情報ボックスに表示する画像を変更する手順は、以下の通りです。

❶情報ボックスをフォームデザイナーに表示します。
❷ピクチャーボックス（LogoPictureBox）をクリックします。
❸プロパティウィンドウの［Imageプロパティ］の［…］ボタンをクリックします（画面2）。
❹表示された［リソースの選択］ダイアログボックスで、［ローカルリソース］ラジオボタンを選択し、［インポート］ボタンをクリックして、画像ファイルを選択します（画面3）。

情報ボックスの説明テキストを編集する手順は、以下の通りです。

❶［ソリューションエクスプローラー］でプロジェクトを右クリックし、コンテキストメニューから［プロパティ］を選択します。
❷［プロジェクトデザイナー］が表示されたら、［パッケージ］タブを選択し、パッケージ化に必要な情報（パッケージバージョン、作成者、会社など）を入力します（画面4）。

リスト1では、ボタンをクリックすると情報ボックスを開きます。

▼画面1 情報ボックスをプロジェクトに追加

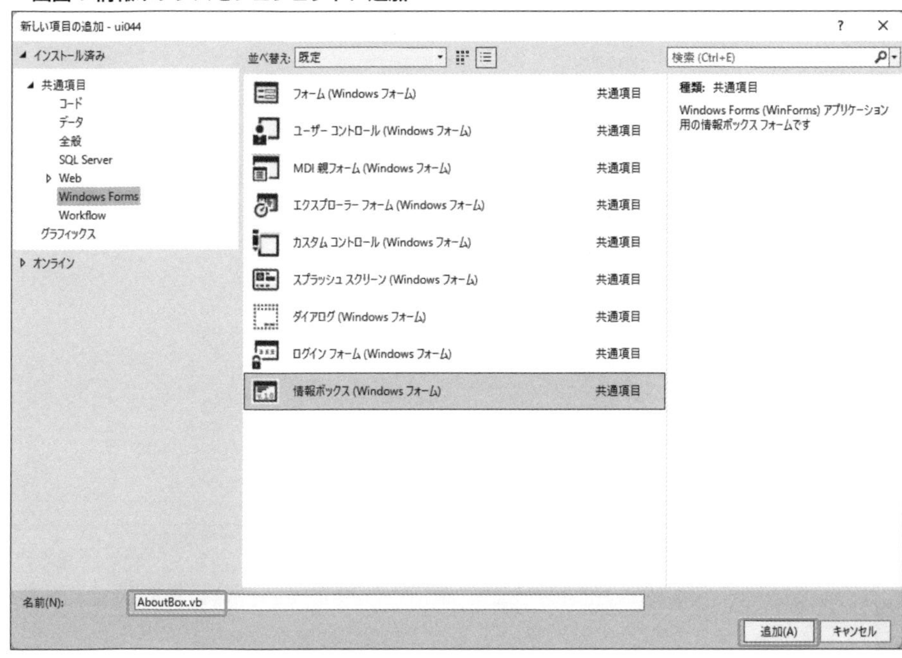

▼画面2 LogoPictureBoxのプロパティウィンドウ

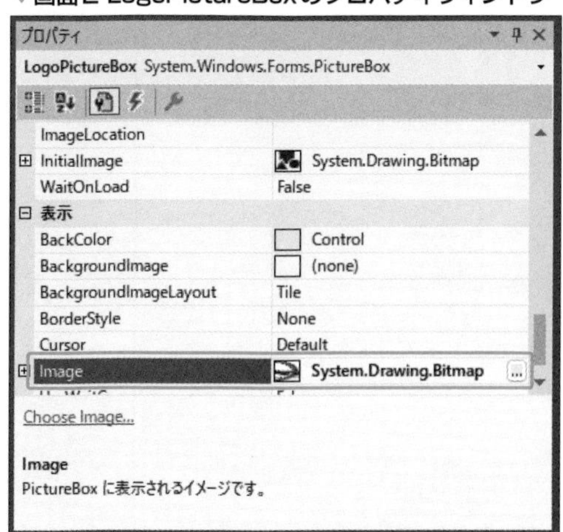

▼画面3 リソースの選択

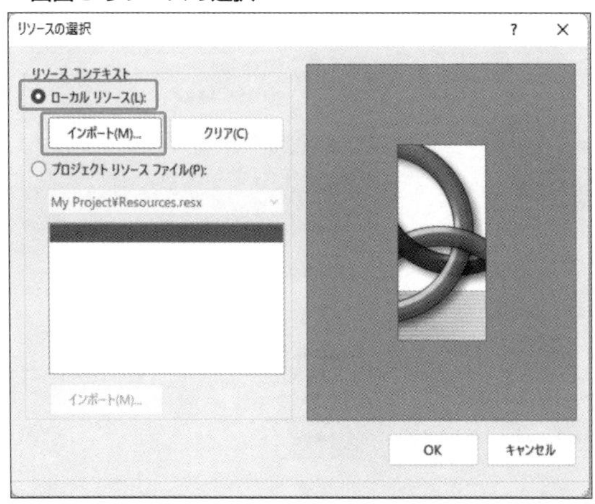

▼画面4 プロジェクトデザイナー

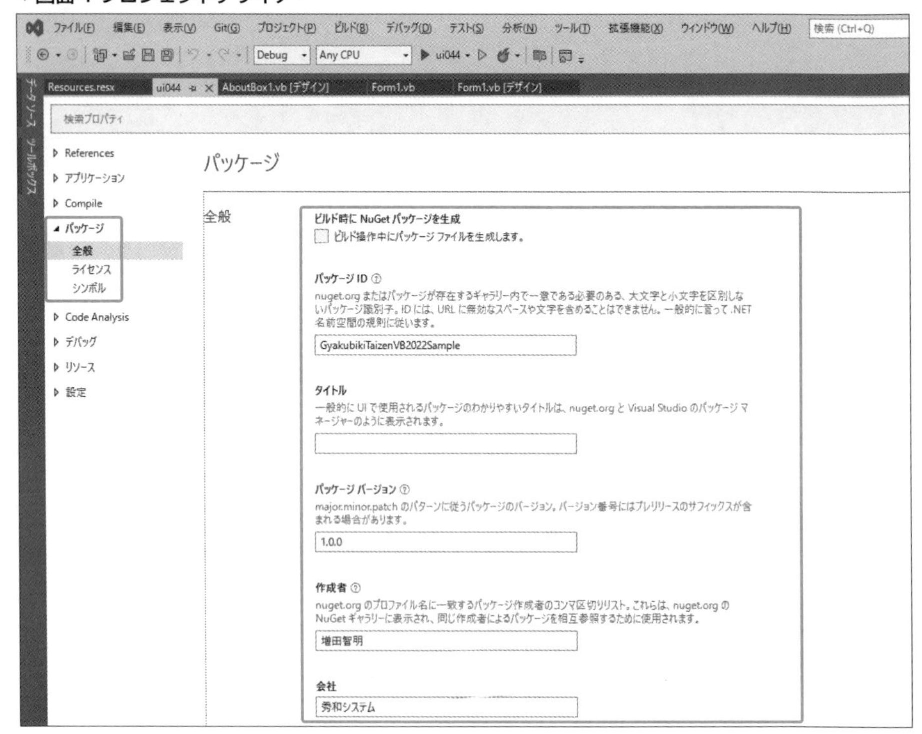

▼実行結果

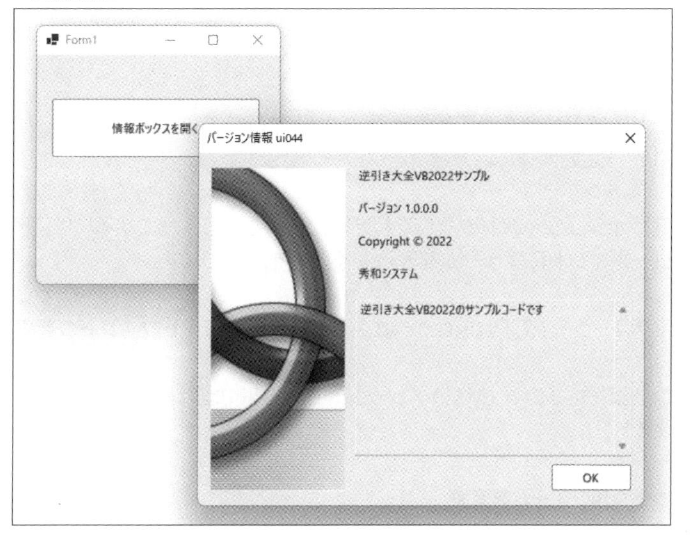

リスト1 情報ボックスを表示する（ファイル名：ui044.sln、Form1.vb）

```
Private Sub Button1_Click(sender As Object, e As EventArgs) _
    Handles Button1.Click
    Dim form As New AboutBox1()
    form.ShowDialog()
End Sub
```

ピクチャーボックスに表示する画像の表示モードは、ピクチャーボックスのSizeModeプロパティで指定できます。詳細は、Tips067の「ピクチャーボックスに画像を表示/非表示にする」を参照してください。

Tips 045

スプラッシュウィンドウ（タイトル画面）を表示する

▶Level ●
▶対応 COM PRO

ここがポイントです！ スプラッシュウィンドウの作成（新しい項目の追加）

アプリケーション起動時に一時的に表示され、自動的に閉じていく画面を**スプラッシュウィンドウ**と言います。

Visual Basicでスプラッシュウィンドウを作成するには、次の手順で新しいフォームを追加して設定を行います。

❶［プロジェクト］メニューから［Windowsフォームの追加］を選択します。
❷［新しい項目の追加］ダイアログボックスの一覧から［Windowsフォーム］が選択されているのを確認します。
❸名前を指定し、［追加］ボタンをクリックします（画面1）。
❹スプラッシュ画面のロード時にTimerクラスを使って、初期化を行います。Intervalプロパティに「3000」を指定し、一定時間後に自分自身をクローズします。

追加したフォームがスプラッシュウィンドウとして起動時に表示されるようにするには、アプリケーションのエントリーポイントにフォームを表示する処理を記述します。

❶［ソリューションエクスプローラー］でProgram.vbをクリックしてコードウィンドウを表示します（画面2）。
❷アプリケーションのエントリーポイント（Mainメソッド）に、追加したフォームを表示するコードを記述します（リスト2）。

▼画面1 スプラッシュウィンドウ用フォームを追加

▼画面2 Program.vbのコードウィンドウを開く

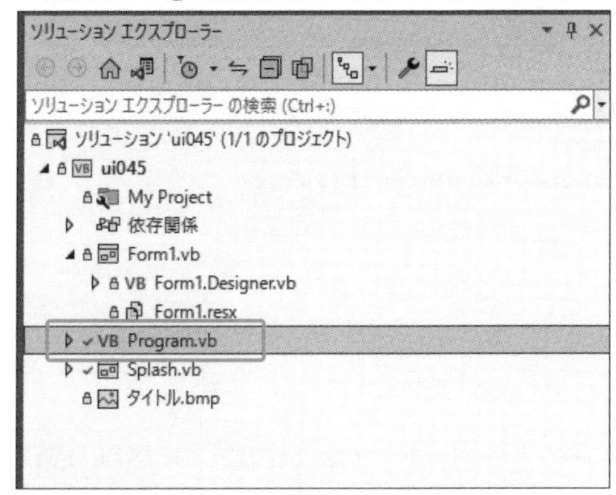

▼実行結果

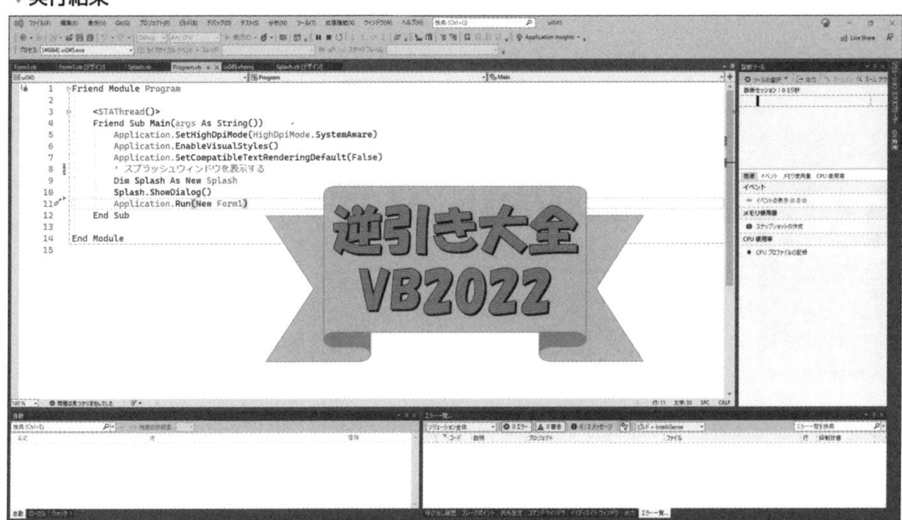

リスト1　スプラッシュウィンドウを閉じる（ファイル名：ui045.sln、Splash.vb）

```
Private Sub Splash_Load(sender As Object, e As EventArgs) _
    Handles MyBase.Load
    Dim timer1 As New Timer
    timer1.Interval = 3000
    AddHandler timer1.Tick,
        Sub()
            Me.Close()
        End Sub
    timer1.Start()
End Sub
```

リスト2 スプラッシュウィンドウを表示する（ファイル名：ui045.sln、Program.vb）

```
<STAThread()>
Friend Sub Main(args As String())
    Application.SetHighDpiMode(HighDpiMode.SystemAware)
    Application.EnableVisualStyles()
    Application.SetCompatibleTextRenderingDefault(False)
    ' スプラッシュウィンドウを表示する
    Dim Splash As New Splash
    Splash.ShowDialog()
    Application.Run(New Form1)
End Sub
```

Timerコントロールのtickイベントハンドラーは、Intervalプロパティで設定した時間が経過すると実行されます。ここでは、3000ミリ秒（3秒）経過したときに、Tickイベントハンドラーによりフォームを閉じています。

3-2 基本コントロール

任意の位置に文字列を表示する

ここがポイントです！ **ラベルの使用**
（Labelコントロール、Textプロパティ）

フォーム上の任意の位置に**文字列**を表示するには、**Labelコントロール**を追加します。

Labelコントロールを追加するには、［ツールボックス］から［Label］を選択し、フォーム上でクリックします。Labelコントロールに文字列を表示にするには、**Textプロパティ**に文字列を設定します。

なお、Labelコントロールは、文字列に合わせてサイズが自動調整される状態になっているので、任意の大きさに変更できません。

任意の大きさに変更できるようにするには、**AutoSizeプロパティ**を「False」にします。設定を変更する主なプロパティは、次ページに示す表の通りです。

リスト1では、ボタンをクリックすると、ラベルのサイズ、文字、文字色、境界線、文字配置を変更しています。ラベルの文字列は、途中で改行を入れて2行にしています。

▼実行結果

Labelコントロールの主なプロパティ

プロパティ	説明
AutoSize	ラベルの自動調整の指定。Trueのとき、Textプロパティの値に合わせて自動調整される。Falseのとき、自由な大きさに変更できる
BorderStyle	境界線の設定。BorderStyle列挙型の値を指定
ForeColor	文字色の設定。Color構造体のメンバーで値を指定
BackColor	背景色の設定。Color構造体のメンバーで値を指定
TextAlign	文字列の配置。ContentAlignment列挙型の値を指定
Size	サイズの設定。Size構造体で指定
Location	ラベルの表示位置を指定。Point構造体で指定
Visible	ラベルの表示/非表示を指定。Trueで表示、Falseで非表示（Tips086を参照）

リスト1　ラベルの設定をする（ファイル名：ui046.sln、Form1.vb）

```
Private Sub Button1_Click(sender As Object, e As EventArgs) _
    Handles Button1.Click
    Label1.AutoSize = False
    Label1.Size = New Size(354, 84)
    Label1.Text = "現在の日時" + vbCrLf + DateTime.Now.ToLongDateString()
    Label1.ForeColor = Color.DarkGreen
    Label1.BorderStyle = BorderStyle.FixedSingle
    Label1.TextAlign = ContentAlignment.MiddleCenter
End Sub
```

ラベルに表示する文字列を途中で改行するのに、ここでは、改行位置にラインフィードを意味する制御文字「vbCrLf」を記述しています。

ボタンを使う

ボタンがクリックされたときの処理
(Buttonコントロール、Clickイベント、アクセスキー)

フォーム上にボタンを配置するには、**Buttonコントロール**を使用します。

Buttonコントロールは、[ツールボックス] から [Button] を選択してフォームに配置します。

ボタンに表示する文字列は、Textプロパティで設定します(画面1)。キーボードを押すことでボタンをクリックさせるには、Textプロパティで**アクセスキー**を設定します。

例えば、「OK(&A)」の「&A」のように、「&」(アンパサンド)と「A」(アルファベット1文字)を記述すると、[Alt] キーを押しながら [A] キーを押して、ボタンをクリックしたことになります。

また、クリックしたときに処理を実行するには、Buttonコントロールの**Clickイベントハンドラー**でコードを記述します。

Clickイベントハンドラーは、フォーム上のButtonコントロールをダブルクリックすれば作成できます。

リスト1では、[終了] ボタンがクリックされたときにフォームを閉じます。

▼画面1 ButtonコントロールのTextプロパティ

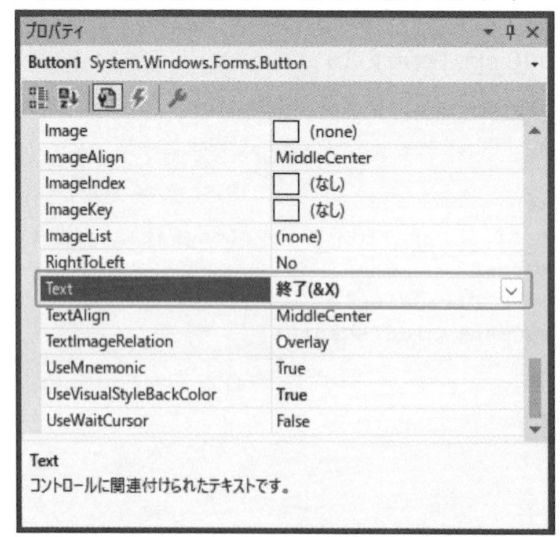

▼実行結果

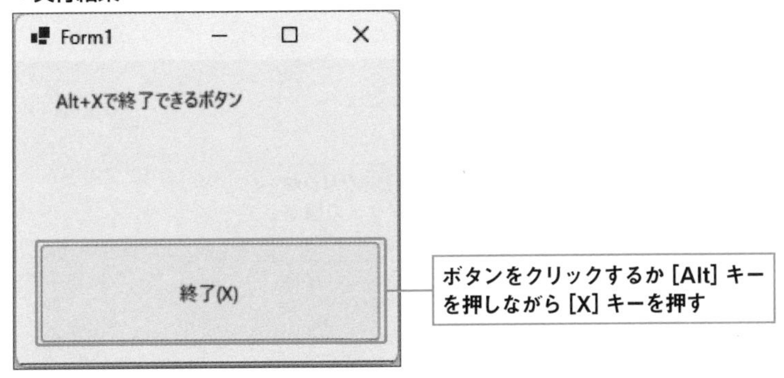

リスト1　ボタンがクリックされたらフォームを閉じる（ファイル名：ui047.sln、Form1.vb）

```
Private Sub Button1_Click(sender As Object, e As EventArgs) _
    Handles Button1.Click
    ' フォームを閉じる
    Close()
End Sub
```

ボタンのデフォルトボタン、キャンセルボタンの設定については、Tips042の「デフォルトボタン/キャンセルボタンを設定する」を参照してください。

Tips 048 ▶Level ● ▶対応 COM PRO

テキストボックスで文字の入力を取得する

ここがポイントです！ **文字の入力を取得**
（TextBoxコントロール、Textプロパティ）

フォームからユーザーが文字列を入力できるようにするには、**TextBoxコントロール**を使います。

TextBoxコントロールを使うには、[ツールボックス] で [TextBox] を選択してフォームに配置します。TextBoxに入力された内容は、Textプロパティで取得できます。

リスト1では、[テキストボックスの値取得] ボタンをクリックすると、テキストボックスに入力された値を取得してメッセージ表示しています。

リスト2では、[クリア] ボタンをクリックすると、TextBoxコントロールのClearメソッドを使って、テキストボックスの値を削除し、ラベルの文字を消去します。

▼実行結果1

Form1
任意の文字列を入力します
今日の天気は晴れ。
取得
クリア
今日の天気は晴れ。
左のボタン(Button1)をクリックすると、テキストボックスの値がラベルに表示される

▼実行結果2

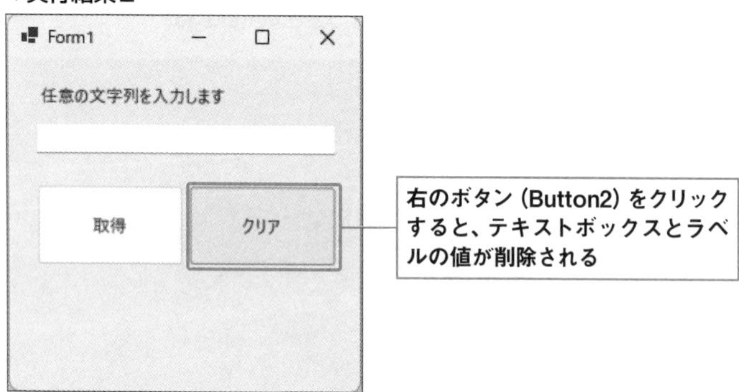
Form1
任意の文字列を入力します
取得
クリア
右のボタン(Button2)をクリックすると、テキストボックスとラベルの値が削除される

リスト1 TextBoxに入力された文字列を表示する(ファイル名:ui048.sln、Form1.vb)

```
''' テキストボックスの文字列を取得する
Private Sub Button1_Click(sender As Object, e As EventArgs) _
    Handles Button1.Click
    Label2.Text = TextBox1.Text
End Sub
```

リスト2 TextBoxに入力された文字列を削除する(ファイル名:ui048.sln、Form1.vb)

```
''' テキストボックスの入力をクリアする
Private Sub Button2_Click(sender As Object, e As EventArgs) _
    Handles Button2.Click
    TextBox1.Clear()
    Label2.Text = TextBox1.Text
End Sub
```

テキストボックスに複数行入力できるようにする

ここがポイントです！ **改行可能なテキストボックス**（TextBoxコントロール、Multilineプロパティ、ScrollBarsプロパティ）

TextBoxコントロールは、初期設定では1行分の高さで固定になっていて、高さを変更できません。

高さを変更して複数行入力できるようにするには、TextBoxコントロールの**Multilineプロパティ**を「True」にします。あるいは、フォームデザイナーのTextBoxコントロールの上辺右側にある三角のアイコンをクリックし、メニューから［MultiLine］にチェックを付けても設定できます（画面1）。

垂直スクロールバーを表示するには、**ScrollBarsプロパティ**で「Vertical」を指定します。ここでは、TextBoxコントロールのプロパティウィンドウで、MultiLineプロパティとScrollBarsプロパティを設定しています（画面2）。

デフォルトボタンが設定されている場合は、テキストボックス内で［Enter］キーを押しても改行されません。デフォルトボタンが設定されている場合でも［Enter］キーで改行させるには、TextBoxコントロールの**AcceptsReturnプロパティ**を「True」にします。

また、［Tab］キーを利用できるようにするには、**AcceptsTabプロパティ**を「True」にします（画面3）。

▼画面1 フォーム上でMultiLineの設定をする

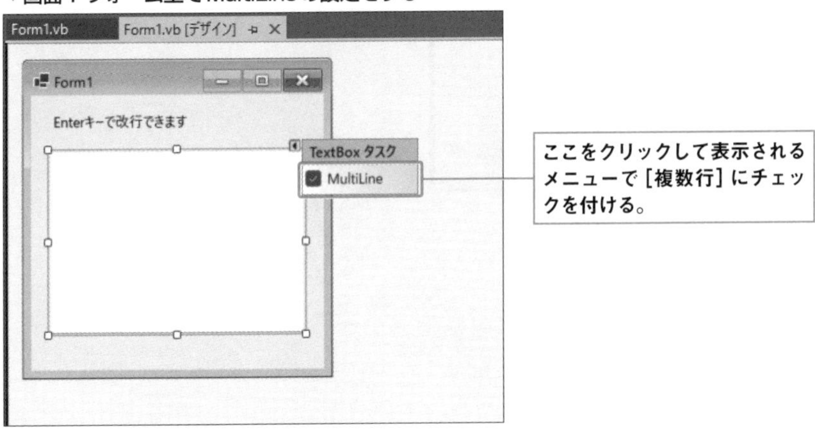

▼画面2 ScrollBarsプロパティ

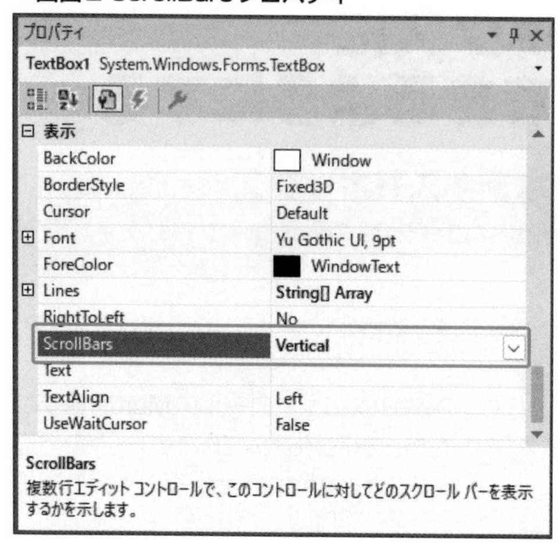

▼画面3 AcceptsReturnプロパティとAcceptsTabプロパティ

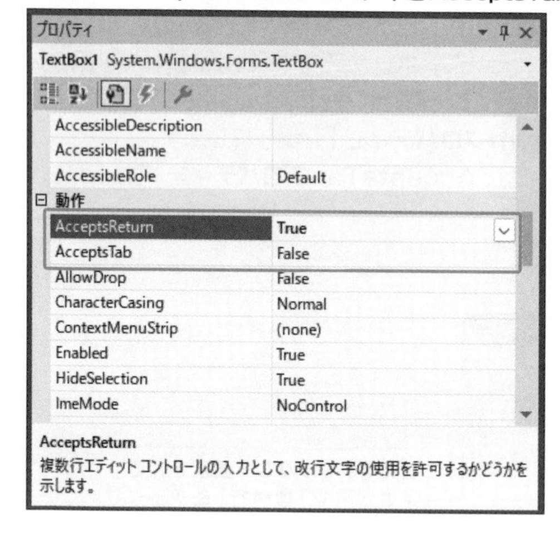

▼実行結果

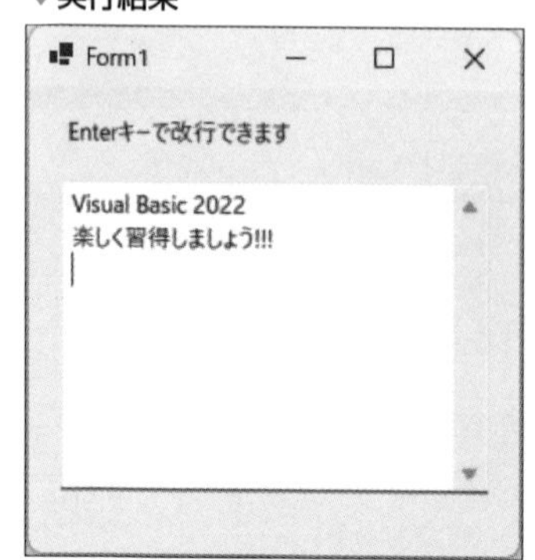
Form1
Enterキーで改行できます
Visual Basic 2022
楽しく習得しましょう!!!

Tips **050** ▶Level ● ▶対応 COM PRO

パスワードを入力できるようにする

ここがポイントです！ **パスワード文字の使用**
（TextBoxコントロール、PasswordCharプロパティ）

テキストボックスに入力された値を**マスク**（文字を隠すこと）するには、TextBoxコントロールの**PasswordCharプロパティ**を使います。

PasswordCharプロパティには、**パスワード文字**として表示する文字を指定します（画面1）。

リスト1では、テキストボックスに入力されたパスワードを取得して、メッセージ表示しています。

▼画面1 PasswordCharプロパティの設定

▼実行結果

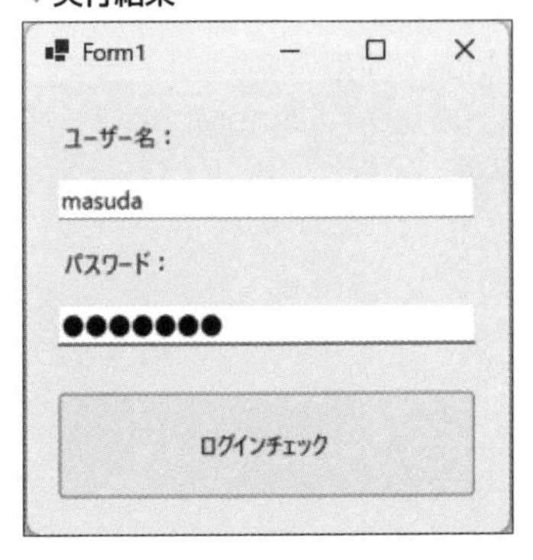

▼ボタンをクリックした結果

ユーザー名:masuda
パスワード:tomoaki
OK

リスト1　入力されたパスワードを表示する（ファイル名：ui050.sln、Form1.vb）

```
Private Sub Button1_Click(sender As Object, e As EventArgs) _
    Handles Button1.Click
    Dim username = TextBox1.Text
    Dim password = TextBox2.Text
    MessageBox.Show(
        $"ユーザー名:{username}" + vbCrLf +
        $"パスワード:{password}")
End Sub
```

さらにワンポイント

TextBoxコントロールのUseSystemPasswordCharプロパティを「True」にすると、既定のシステムのパスワード文字「●」が使用されるようになります。

UseSystemPasswordCharプロパティが「True」のとき、PasswordCharプロパティの設定値は無効になります。

さらにワンポイント

PasswordCharプロパティをプログラムから設定する場合は、Char型の文字を設定します。このとき、文字を「"」（ダブルクォーテーション）で囲んで指定します。例えば、「TextBox1.PasswordChar = "*"」のように記述します。

Tips 051

▶Level ●

▶対応 COM PRO

入力する文字の種類を指定する

ここがポイントです！

IMEモードの指定
（TextBoxコントロール、ImeModeプロパティ）

テキストボックスに入力する**文字の種類**を自動で切り替えるには、TextBoxコントロールの**ImeModeプロパティ**を使います。

ImeModeプロパティは、次ページの表で示すように**ImeMode列挙型**の値を指定します。

リスト1では、フォームを読み込むときに、2つのテキストボックスにImeModeプロパティをそれぞれ「半角英数入力」「日本語入力」に設定しています。

▼実行結果

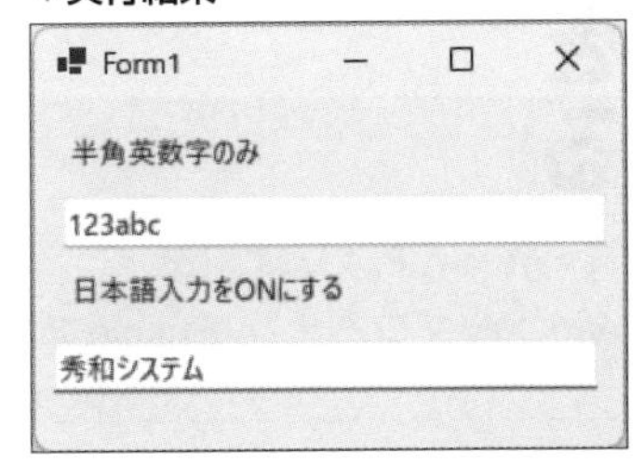

ImeModeプロパティに指定する主な値（ImeMode列挙型）

値	説明
Alpha	半角英数字。韓国語と日本語のIMEのみ有効
AlphaFull	全角英数字。韓国語と日本語のIMEのみ有効
Disable	無効。IMEの変更不可
Hiragana	ひらがな。日本語のIMEのみ有効
Inherit	親コントロールのIMEモードを継承
Katakana	全角カタカナ。日本語のIMEのみ有効
KatakanaHalf	半角カタカナ。日本語のIMEのみ有効
Off	英語入力。日本語、簡体字中国語、繁体字中国語のIMEのみ有効
On	日本語入力。日本語、簡体字中国語、繁体字中国語のIMEのみ有効
NoControl	設定なし（既定値）

リスト1 ImeModeを設定する（ファイル名：ui051.sln、Form1.vb）

```
Private Sub Form1_Load(sender As Object, e As EventArgs) _
    Handles MyBase.Load
    TextBox1.ImeMode = ImeMode.Alpha
    TextBox2.ImeMode = ImeMode.On
    ' フォーカスがあったときに強制的に半角モードにする
    AddHandler TextBox1.GotFocus,
        Sub()
            TextBox1.ImeMode = ImeMode.Alpha
        End Sub
End Sub
```

テキストボックスを読み取り専用にする

ここがポイントです！

読み取り専用テキストボックスの作成
（TextBoxコントロール、ReadOnlyプロパティ、Enableプロパティ）

TextBoxコントロールの**ReadOnlyプロパティ**の値を「True」にすると、テキストボックスを**読み取り専用**にできます。

読み取り専用にすると、テキストボックスへの入力はできなくなりますが、カーソルの表示や文字列の選択はできます。

また、TextBoxコントロールの**Enableプロパティ**の値を「False」にすると、使用不可となり、テキストボックスを読み取り専用にするだけでなく、カーソルの表示や文字列の選択もできなくなります。

リスト1では、チェックボックスの値が変更されたときに発生するCheckedChangedイベントハンドラーを使って、チェックボックスがオンの場合に1つ目のテキストボックスを読み取り専用、2つ目のテキストボックスを使用不可にし、オフの場合に、それぞれ読み取り専用を解除、使用可能にしています。

▼実行結果

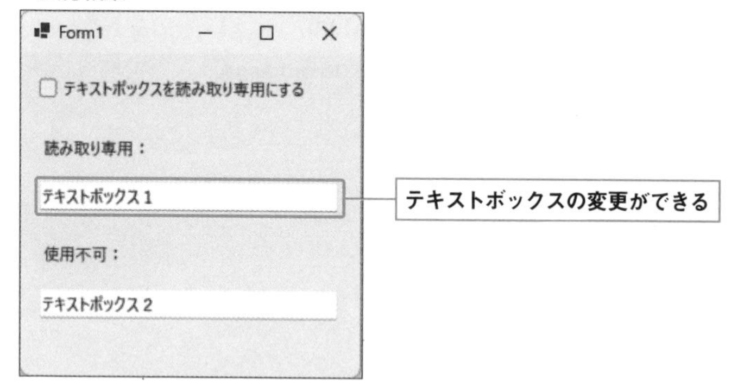

▼チェックボックスにチェックを付けた結果

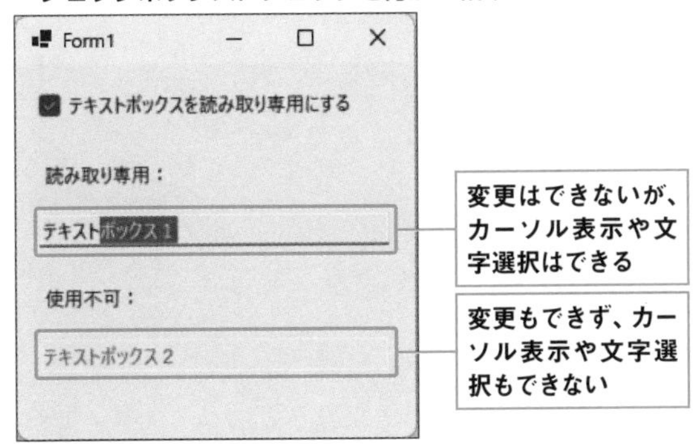

リスト1　チェックボックスのオン/オフで読み取り専用、使用不可を切り替える（ファイル名：ui052.sln）

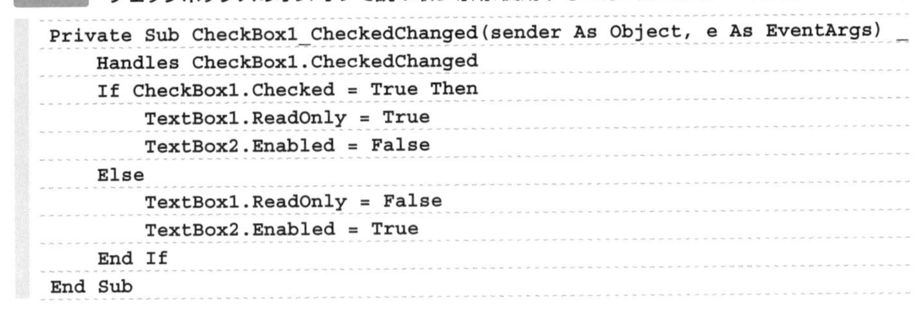

```
Private Sub CheckBox1_CheckedChanged(sender As Object, e As EventArgs) _
    Handles CheckBox1.CheckedChanged
    If CheckBox1.Checked = True Then
        TextBox1.ReadOnly = True
        TextBox2.Enabled = False
    Else
        TextBox1.ReadOnly = False
        TextBox2.Enabled = True
    End If
End Sub
```

Tips 053

入力できる文字数を制限する

▶Level ●

▶対応 COM PRO

ここがポイントです！

入力可能な最大文字数の設定
（TextBoxコントロール、MaxLengthプロパティ）

テキストボックスに入力できる**文字数**を指定するには、TextBoxコントロールの**MaxLengthプロパティ**で最大文字数を指定します。

MaxLengthプロパティには、入力可能な文字数を指定します。MaxLengthプロパティで設定した最大文字数を超える文字は、入力できません。ここでは、プロパティウィンドウでMaxLengthプロパティの値を「8」に設定しています（画面1）。

リスト1では、テキストボックスのTextプロパティの文字数をLengthプロパティで取得し、4文字に満たない場合と、そうでない場合でラベルに表示する文字列を変更しています。

▼画面1 MaxLengthプロパティの設定値

▼画面2 8文字入力してボタンをクリックした結果

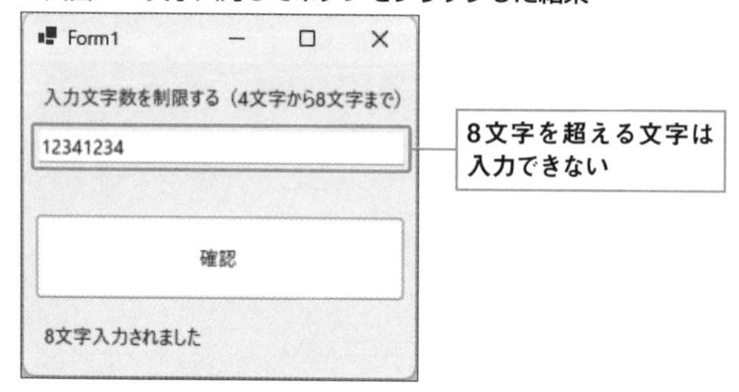

▼画面3 4文字未満でボタンをクリックした結果

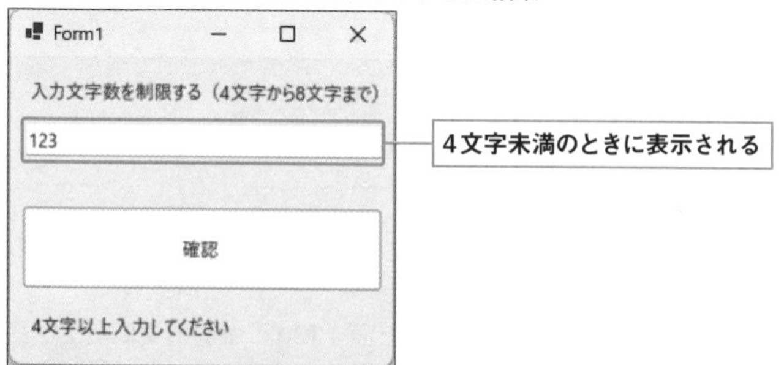

リスト1 テキストボックスに入力された文字数を取得する（ファイル名：ui053.sln、Form1.vb）

```
Private Sub Button1_Click(sender As Object, e As EventArgs) _
    Handles Button1.Click
    Dim Text = TextBox1.Text
    If Text.Length < 4 Then
```

```
            Label2.Text = "4文字以上入力してください"
        Else
            Label2.Text = $"{Text.Length}文字入力されました"
        End If
    End Sub
```

MaxLengthプロパティで最大文字数を設定すると、最大文字数を超える文字は入力できなくなりますが、プログラムでTextプロパティに設定する文字は制限できません。プログラムでの入力も制限する場合は、Substringメソッドを使って次のように記述します。

```
Dim longText = "12345678910"
TextBox1.Text = LongText.Substring(0, TextBox1.MaxLength)
```

テキストボックスに指定した形式でデータを入力する

ここがポイントです！ **マスクドテキストボックスへの定型入力の設定**（MaskedTextBoxコントロール）

データを**指定した形式**で入力させるようにするには、**MaskedTextBoxコントロール**を使用します。

MaskedTextBoxコントロールは、［ツールボックス］から［MaskedTextBox］を選択し、フォームに配置します。

MaskedTextBoxコントロールは、日付、電話番号、郵便番号などのデータを決まった形で入力するように入力パターンを設定できます。

入力パターンの設定手順は、次の通りです。

❶［MaskedTextBox］の上辺右側にある三角のアイコンをクリックします。
❷［MaskedTextBoxのタスク］の［マスクの設定］をクリックします（画面1）。
❸［定型入力］ダイアログボックスが表示されたら、一覧から入力パターンを選択します。
❹マスクとプレビューを確認し、［OK］ボタンをクリックします（画面2）。

［定型入力］プロパティで設定した内容は、**Maskプロパティ**に**マスク要素**を使って設定されます。

主なマスク要素は、次ページの表の通りです。マスク要素を組み合わせてオリジナルのパターンを作成することもできます。

入力個所には、「_」（アンダースコア）が表示されています。ここにカーソルが表示されている状態でデータを入力すると文字に置き換わります。

　リスト1では、マスクドテキストボックスに入力すべき値がすべて入力されているかどうかをMaskCompletedプロパティで調べ、入力されていたときとそうでないときで異なる文字列をラベルに表示します。

▼画面1 マスクの選択

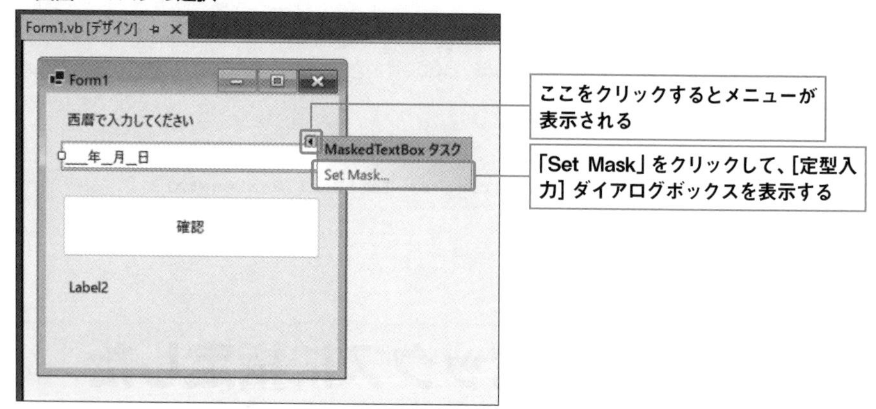

▼画面2 定型入力ダイアログ

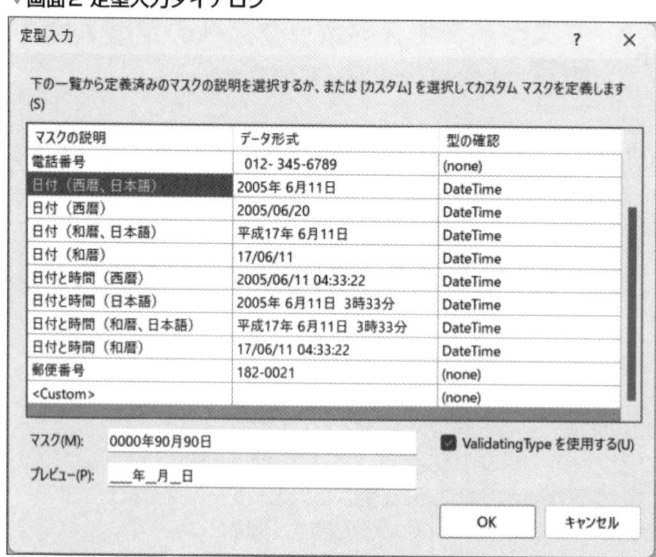

▼実行結果

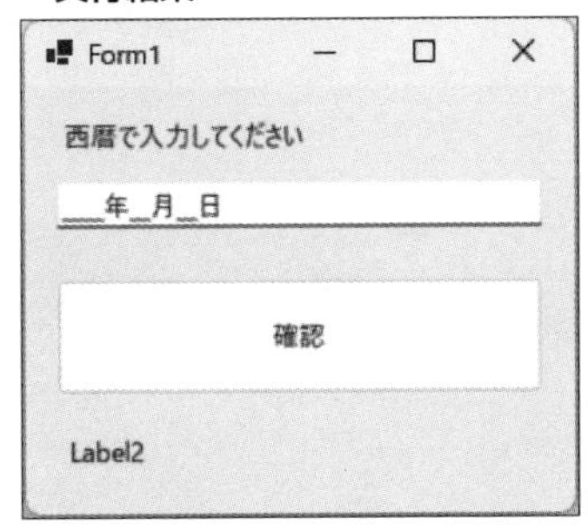

▼データを入力し、ボタンをクリックした結果

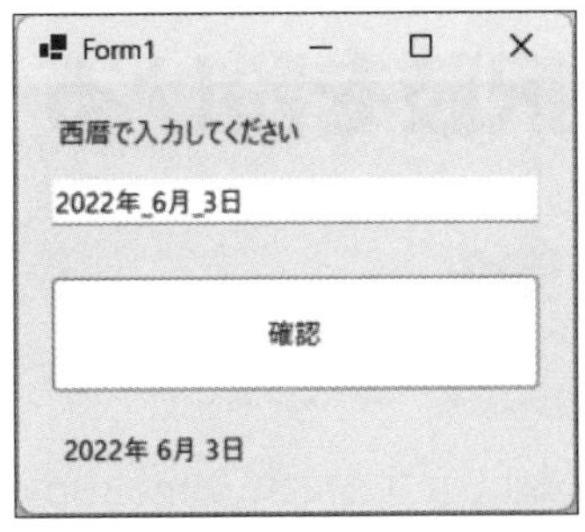

主なマスク要素

マスク要素	説明
0	0～9までの1桁の数字。省略不可
9	数字または空白。省略可
#	数字または空白。省略可。記号「+」「-」の入力可
L	a～z、A～Zの文字。省略不可
?	a～z、A～Zの文字。省略可
&	文字。省略不可
C	文字。省略可。制御文字は入力不可
A	英数字。省略不可
a	英数字。省略可
<	下へシフト。これに続く文字を小文字に変換
>	上へシフト。これに続く文字を大文字に変換
¥	エスケープ。これに続く1文字をそのまま表示

リスト1 マスクドテキストボックスに入力された日付を取得する（ファイル名：ui054.sln）

```
Private Sub Button1_Click(sender As Object, e As EventArgs) _
    Handles Button1.Click
    Dim text = MaskedTextBox1.Text
    Label2.Text = text
End Sub
```

MaskedTextBoxの入力欄となる記号は既定で「_」(アンダースコア) ですが、PromptCharプロパティで別の記号に変更できます。

フォームを表示したときに、MaskedTextBoxにカーソルを表示させておきたいときは、MaskedTexBoxのTabIndexプロパティを「1」にします。詳細は、Tips090の「フォーカスの移動順を設定する」を参照してください。

3-3 選択コントロール

複数選択できる選択肢を設ける

ここがポイントです！

チェックボックスの使用
(CheckBoxコントロール、Checkedプロパティ)

複数の選択肢の中から、1つまたは複数の項目を選択できるようにするには、**CheckBoxコントロール**を使います。

CheckBoxコントロールは [ツールボックス] から [CheckBox] を選択し、フォームに配置します。CheckBoxに表示する文字列は、Textプロパティで指定します。

また、項目が選択されているかどうかは**Checkedプロパティ**または**CheckStateプロパティ**で設定します。

Checkedプロパティは**Boolean型**の値、CheckStateプロパティは**CheckState列挙型**の値を設定します。それぞれの値は、次ページの表の通りです。

なお、CheckStateプロパティで不確定の状態は、CheckBoxコントロールの**ThreeStateプロパティ**が「True」の場合に設定できます。

CheckBoxコントロールは、Checkedプロパティの値が変更されるとCheckedChangedイベントが発生します。また、CheckStateプロパティの値が変更されるとCheckStateChangedイベントが発生します。

リスト1では、ボタンをクリックすると、CheckBoxでチェックが付いている商品の金額の合計をラベルに表示します。

▼実行結果

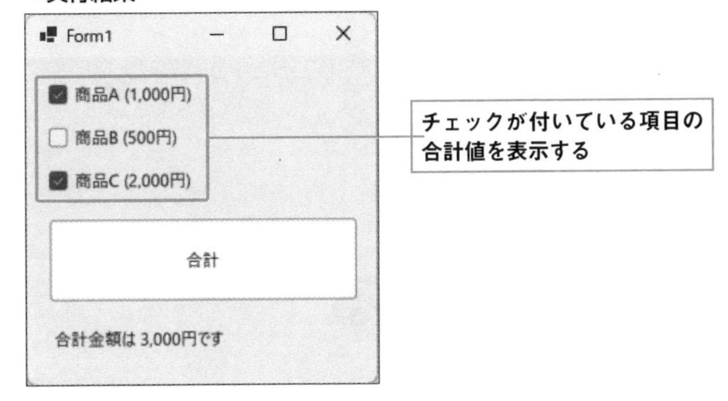

Checkedプロパティで指定する値（Boolean型）

値	説明
True	チェックされた状態。または、どちらでもない不確定の状態（ThreeStateプロパティがTrueの場合のみ）
False	チェックされていない状態

CheckStateプロパティで指定する値（CheckState列挙型）

値	説明
Checked	チェックされた状態
Unchecked	チェックされていない状態
Indeterminate	どちらでもない不確定の状態

リスト1 チェックが付いている金額の合計を表示する（ファイル名：ui055.sln、Form1.vb）

```
Private Sub Button1_Click(sender As Object, e As EventArgs) _
    Handles Button1.Click
    Dim total = 0
    If CheckBox1.Checked = True Then
        total += 1000
    End If
    If CheckBox2.Checked = True Then
        total += 500
    End If
    If CheckBox3.Checked = True Then
        total += 2000
    End If
    Label1.Text = $"合計金額は {total:#,##0}円です"
End Sub
```

CheckBoxコントロールのAppearanceプロパティの値を「Button」（コードではAppearance.Button）に設定すると、CheckBoxコントロールの形状がボタンの形に変更されます。

さらにワンポイント　リスト1では、数値を「1,000円」のような金額の書式にしてラベルに表示するために、ToStringメソッドを使って指定しています。また、ほかのチェックボックスについても同様にCheckedChangedイベントハンドラーを記述しておきます。詳細は、サンプルを参照してください。

1つだけ選択できる選択肢を設ける

ここがポイントです！ **ラジオボタンの使用**
（RadioButtonコントロール、Checkedプロパティ）

複数の選択肢の中から1つだけ選択できるようにするには、**RadioButtonコントロール**を使用します。

RadioButtonコントロールを使うには、［ツールボックス］から［RadioButton］を選択してフォームに配置します。

RadioButtonコントロールが複数配置されているとき、1つのRadioButtonがオンになると、ほかのRadioButtonは自動的にオフになります。

RadioButtonコントロールのオン／オフは、**Checkedプロパティ**で取得・設定できます。Checkedプロパティが「True」のときはオン、「False」のときはオフです。

また、オン／オフが切り替わると、RadioButtonコントロールのCheckedChangedイベントが発生します。

なお、RadioButtonコントロールに表示する文字列は、Textプロパティで設定します。

リスト1では、フォームを読み込むときにラジオボタンの初期値を設定しています。

リスト2では、ボタンをクリックすると、ラジオボタンの選択状況をラベルに表示します。

▼実行結果

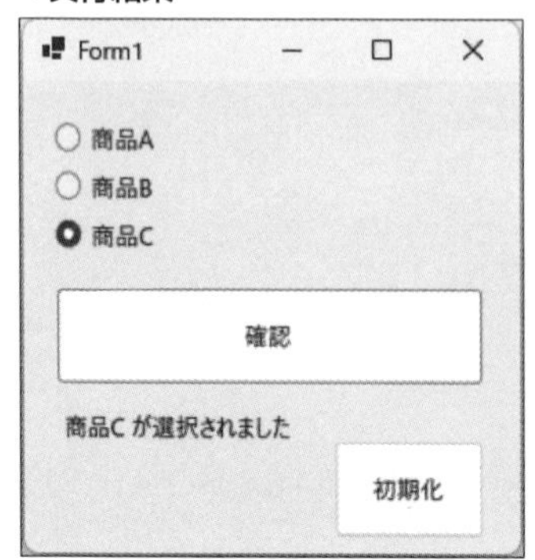

リスト1　フォームを読み込むときにラジオボタンの初期値を設定する（ファイル名：ui056.sln）

```
Private Sub Form1_Load(sender As Object, e As EventArgs) _
    Handles MyBase.Load
    RadioButton1.Checked = True
End Sub
```

リスト2　ボタンをクリックしたときにラジオボタンの選択状況を通知する（ファイル名：ui056.sln）

```
Private Sub Button1_Click(sender As Object, e As EventArgs) _
    Handles Button1.Click
    Dim Text = ""
    If RadioButton1.Checked = True Then
        Text = "商品A"
    End If
    If RadioButton2.Checked = True Then
        Text = "商品B"
    End If
    If RadioButton3.Checked = True Then
        Text = "商品C"
    End If
    Label1.Text = $"{Text} が選択されました"
End Sub
```


さらにワンポイント

RadioButtonコントロールのAppearanceプロパティの値を「Button」（コードでは「Appearance.Button」）にすると、RadioButtonコントロールをボタンの形で表示できます。

ラジオボタンのリストをスクロールする

ここがポイントです!

スクロールできる領域の作成
(RadioButtonコントロール、Panelコントロール)

Panelコントロールを使うと、フォーム上で**スクロール可能な領域**を作成できます。

複数のチェックボックスやラジオボタンなどのコントロールを配置するときや、画像を配置するときに、Panelの中に配置すれば、小さな領域に配置しても、スクロールすることで非表示の部分を表示させることができます。

Panelコントロールは [ツールボックス] の [コンテナー] から [Panel] を選択してフォームに配置し、そしてその中にコントロールを配置します。

なお、Panelコントロールのスクロールを可能にするためは、**AutoScrollプロパティ**の値を「True」に設定します (画面1)。

リスト1では、[確認] ボタンがクリックされたら、パネル内のラジオボタンを順に調べて選択状況をラベルに表示しています。

▼画面1 PanelのAutoScrollプロパティ

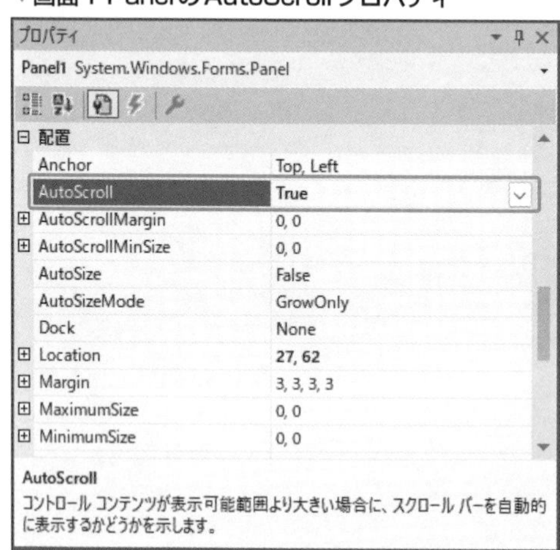

▼実行結果

リスト1 パネル内で選択されたラジオボタンを表示する（ファイル名：ui057.sln、Form1.vb）

```
Private Sub Button1_Click(sender As Object, e As EventArgs) _
    Handles Button1.Click
    Dim Text = ""
    For Each btn As RadioButton In Panel1.Controls
        If btn.Checked = True Then
            Text = btn.Text
        End If
    Next
    Label2.Text = $"{Text} を選択しました"
End Sub
```

さらにワンポイント　Panelコントロール内にコントロールを配置するときは、Panelコントロールの領域を広げておき、その中にコントロールを必要なだけ追加します。配置した後でPanelコントロールのサイズを表示したいサイズまで小さくします。また、Panelコントロール自体を移動するには、コントロールの上辺左側の十字矢印をドラッグします。

Tips 058

グループごとに1つだけ選択できるようにする

▶Level ●
▶対応 COM PRO

ここがポイントです！ **項目のグループ分け**
（RadioButtonコントロール、GroupBoxコントロール）

GroupBoxコントロールを使用すると、それぞれのグループボックスの中のRadioButtonコントロールの中から1つずつ選択することができます。

GroupBoxコントロールは、［ツールボックス］の［コンテナー］から［GroupBox］をクリックしてフォームに配置します。そしてその中にRadioButtonを追加します。

リスト1では、フォームを読み込むときにラジオボタンの初期値を設定しています。

リスト2では、[OK] ボタンがクリックされたら、GroupBox1とGroupBox2で選択されたラジオボタンを取得し、ラベルに表示します。

▼画面1 グループボックス内で選択されたラジオボタンを表示する

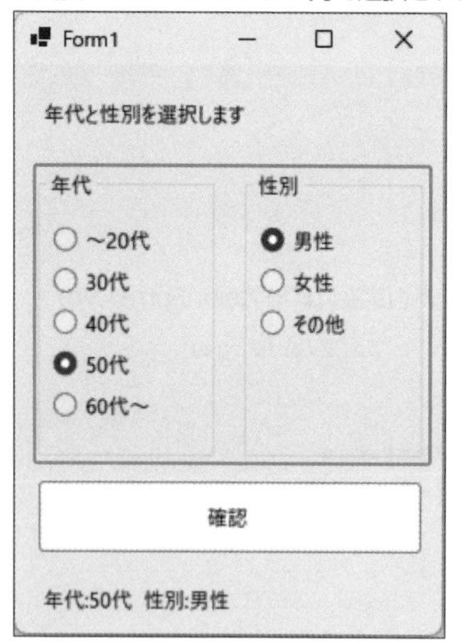

リスト1 フォームを読み込むときにラジオボタンの初期値を設定する(ファイル名:ui058.sln)

```
Private Sub Form1_Load(sender As Object, e As EventArgs) _
    Handles MyBase.Load
    RadioButton1.Checked = True
    RadioButton6.Checked = True
End Sub
```

リスト2 グループボックス内で選択されたラジオボタンを表示する(ファイル名:ui058.sln)

```
Private Sub Button1_Click(sender As Object, e As EventArgs) _
    Handles Button1.Click
    Dim text1 = ""
    Dim text2 = ""
    For Each btn As RadioButton In groupBox1.Controls
        If btn.Checked = True Then
            text1 = btn.Text
            Exit For
        End If
    Next
    For Each btn As RadioButton In groupBox2.Controls
        If btn.Checked = True Then
            text2 = btn.Text
            Exit For
        End If
```

```
    Next
    Label2.Text = $"年代:{text1}  性別:{text2}"
End Sub
```

リストボックスに項目を追加する(デザイン時)

ここがポイントです! **選択肢の一覧表示** (ListBoxコントロール)

ListBoxコントロールを使うと、リストボックスに選択肢を一覧表示して、この中から項目を選択できます。

ListBoxコントロールは、[ツールボックス] から [ListBox] を選択してフォームに配置します。

デザイン時にListBoxコントロールに選択肢を追加する手順は、以下の通りです。

❶フォームに配置したListBoxを選択します。
❷プロパティウィンドウの [Items] を選択し、右端の [...] ボタンをクリックします (画面1)。
❸ [文字列コレクションエディター] ダイアログボックスが表示されたら、選択肢とする項目を1行ずつ追加して、[OK] ボタンをクリックします (画面2)。

▼画面1 Itemsプロパティ

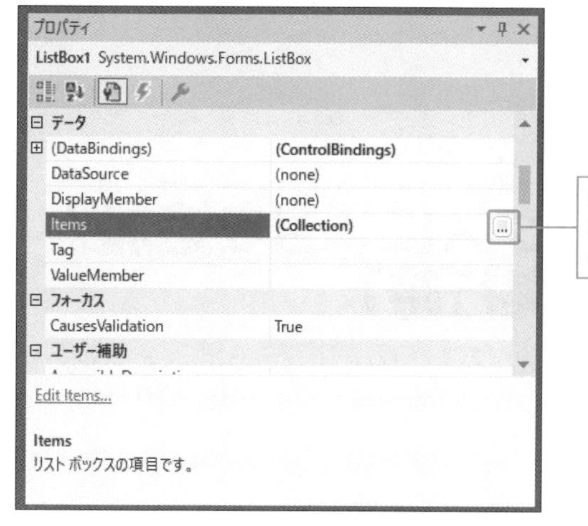

▼画面2 文字列コレクションエディターダイアログ

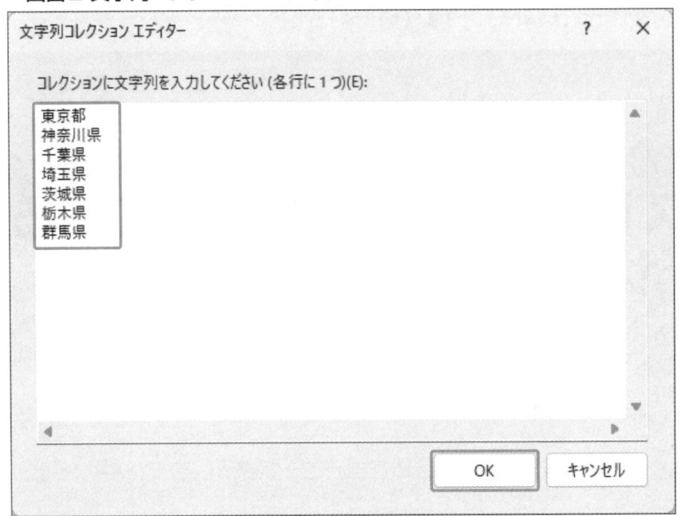

▼実行結果

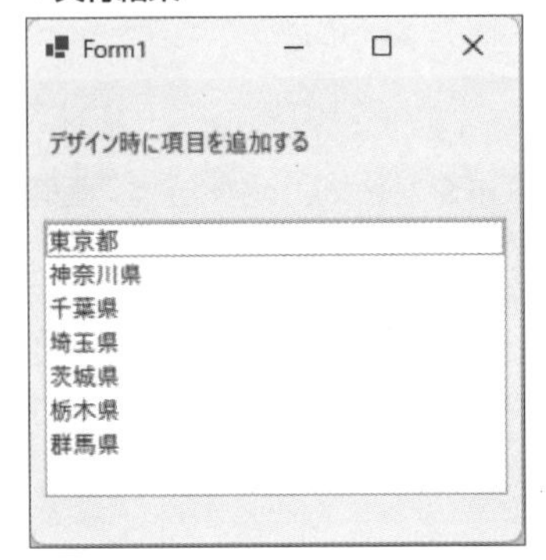

リストボックスに項目を追加/削除する（実行時）

ここがポイントです！ **リストボックスへの選択肢の挿入と削除**
（Add メソッド、AddRange メソッド、Clear メソッド、RemoveAt メソッド）

プログラム実行時に、リストボックスに選択肢となる項目を追加するには、**Items.Addメソッド**を使います。

書式は、次のようになります。

▼リストボックスに項目を追加する①

```
ListBox名.Items.Add("項目名")
```

また、**Items.AddRangeメソッド**を使うと、配列を使って複数の項目をまとめて追加できます（配列については、Tips136の「配列を使う」を参照してください）。

▼リストボックスに項目を追加する②

```
ListBox名.Items.AddRange(配列)
```

項目をまとめて削除するには、**Items.Clearメソッド**を使います。

1つずつ削除するには、**Items.RemoveAtメソッド**を使います。削除する項目は、インデックス番号を使って指定します。インデックス番号は、リストの上から順番に、0, 1, 2,…となります。

▼リストボックスの項目を削除する

```
ListBox名.Items.RemoveAt(インデックス番号)
```

リスト1では、フォームを読み込むときに項目を追加しています。

リスト2では、[項目リセット] ボタンをクリックすると、項目をリセットして再度追加し直しています。

リスト3では、リストボックスの最初の項目を削除しています。

同様にリスト4では、リストボックスの最後の項目を削除しています。リストボックスの項目を削除するときに指定したインデックス番号の項目が存在しない場合はエラーになるため、Items.Countメソッドで項目数を数え、0でない場合に削除を行っています。

▼実行結果

リスト1　リストボックスに項目を1項目ずつ追加する（ファイル名：ui060.sln、Form1.vb）

```
Private Sub Form1_Load(sender As Object, e As EventArgs) _
    Handles MyBase.Load
```

```
    ListBox1.Items.AddRange(
            {"赤", "橙", "黄", "緑", "青", "藍", "紫"})
End Sub
```

リスト2　リストボックスに項目をまとめて追加する（ファイル名：ui060.sln、Form1.vb）

```
Private Sub Button1_Click(sender As Object, e As EventArgs) _
    Handles Button1.Click
    ListBox1.Items.Clear()
    ListBox1.Items.AddRange(
            {"赤", "橙", "黄", "緑", "青", "藍", "紫"})
End Sub
```

リスト3　リストボックスの1つ目の項目を削除する（ファイル名：ui060.sln、Form1.vb）

```
Private Sub Button2_Click(sender As Object, e As EventArgs) _
    Handles Button2.Click
    If ListBox1.Items.Count > 0 Then
        ListBox1.Items.RemoveAt(0)
    End If
End Sub
```

リスト4　リストボックスの最後の項目を削除する（ファイル名：ui060.sln、Form1.vb）

```
Private Sub Button3_Click(sender As Object, e As EventArgs) _
    Handles Button3.Click
    If ListBox1.Items.Count > 0 Then
        ListBox1.Items.RemoveAt(ListBox1.Items.Count - 1)
    End If
End Sub
```

項目名を使って削除する場合は、Items.Removeメソッドを使います。引数には項目名を使って、次のように記述します。

```
ListBox名.Items.Remove("項目名")
```

リストボックスに順番を指定して項目を追加する

ここがポイントです！

項目を指定した位置に挿入
（Insertメソッド）

ListBoxコントロールにItems.Addメソッドで項目を追加すると、リストの最後に追加されていきます。

指定した位置に項目を挿入したいときは、**Items.Insertメソッド**を使い、**インデックス番号**で指定した位置に項目を追加します。

書式は、次の通りです。

▼**リストボックスに順番を指定して項目を追加する**

```
ListBox名.Items.Insert(インデックス番号, "項目名")
```

リスト1では、[先頭に追加] ボタンがクリックされたら、テキストボックスに入力した文字列をリストボックスの1番目に挿入しています。

リスト2では、[末尾に追加] ボタンがクリックされたら、テキストボックスに入力した文字列をリストボックスの最後に挿入しています。

▼**実行結果**

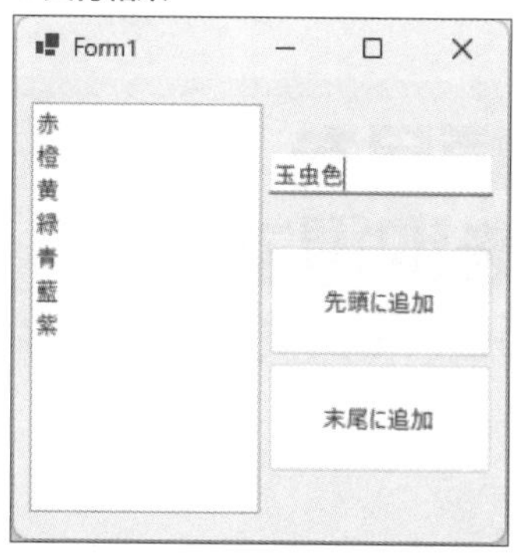

▼**Button2(末尾に追加) ボタンをクリックした結果**

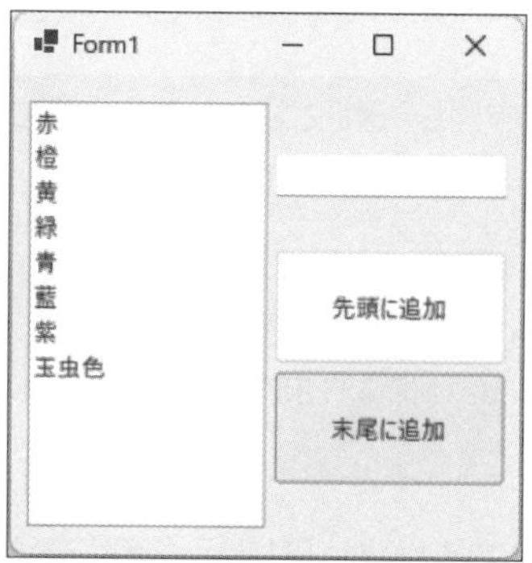

リスト1　リストボックスの先頭に項目を追加する (ファイル名 : ui061.sln、Form1.vb)

```
Private Sub Button1_Click(sender As Object, e As EventArgs) _
    Handles Button1.Click
    Dim text = TextBox1.Text
    If text <> "" Then
        ListBox1.Items.Insert(0, text)
```

```
            TextBox1.Clear()
        End If
End Sub
```

リスト2 リストボックスの最後に項目を追加する（ファイル名：ui061.sln、Form1.vb）

```
Private Sub Button2_Click(sender As Object, e As EventArgs) _
        Handles Button2.Click
        Dim text = TextBox1.Text
        If text <> "" Then
            ListBox1.Items.Add(text)
            TextBox1.Clear()
        End If
End Sub
```

リストボックスで項目を選択し、その項目を取得する

ここがポイントです！ リストボックスでの項目の選択と選択項目の参照
（SelectedItemプロパティ、SelectedIndexプロパティ）

リストボックスで選択されている項目は、**SelectedItemプロパティ**、または**SelectedIndexプロパティ**で設定、参照できます。

● SelectedItemプロパティ

SelectedItemプロパティは、リストボックスの項目名を参照し、選択されていないときの値は「Nothing」になります。

● SelectedIndexプロパティ

SelectedIndexプロパティは、選択されている項目のインデックスを参照します。インデックス番号は、上から0,1,2…と数えるので、2番目であれば1になります。選択されていないときの値は「-1」になります。

リスト1では、選択されている項目がない場合は「選択されていません」とラベルに表示し、選択されている場合は、上からの順番と項目名をラベルに表示します。

リスト2では、リストボックスの選択を解除し、ラベルの文字列を削除します。

▼実行結果

リスト1 リストボックスの選択項目を取得する（ファイル名：ui062.sln、Form1.vb）

```
Private Sub Button1_Click(sender As Object, e As EventArgs) _
    Handles Button1.Click
    Dim index = ListBox1.SelectedIndex
    If index = -1 Then
        Label1.Text = "未選択"
    Else
        Dim text = ListBox1.SelectedItem.ToString()
        Label1.Text = $"{index}番目の {text} を選択"
    End If
    ' SelectedItem プロパティでも良い
    ' If ListBox1.SelectedItem <> Nothing Then
End Sub
```

リスト2 リストボックスの選択を解除する（ファイル名：ui062.sln、Form1.vb）

```
Private Sub Button2_Click(sender As Object, e As EventArgs) _
    Handles Button2.Click
    ListBox1.SelectedIndex = -1
    Label1.Text = ""
End Sub
```

ListBoxコントロールで項目を選択する場合は、SelectedItemプロパティを使うと、項目名を指定して「ListBox1.SelectedItem = "緑"」のように記述できます。

リストボックスで複数選択された項目を取得する

ここがポイントです!

複数選択可能なリストボックスの利用
(ListBoxコントロール、SelectionModeプロパティ)

リストボックスで複数の項目を選択できるようにするには、**ListBoxコントロール**の**SelectionModeプロパティ**を使います。

SelectionModeプロパティの値は、下の表で示すように**SelectionMode列挙型**の値で指定します。

リスト1では、フォームを読み込むときにリストボックスに項目を追加し、複数選択可能にしています。

リスト2では、ボタンをクリックすると、リストボックス1で項目が選択されているかどうか確認し、選択されている場は、選択された項目をリストボックス2に追加します。次に、リストボックス1で選択された項目をすべて削除します。結果、リストボックス1からリストボックス2に項目が移動します。

▼画面1 [追加] ボタンをクリックした結果

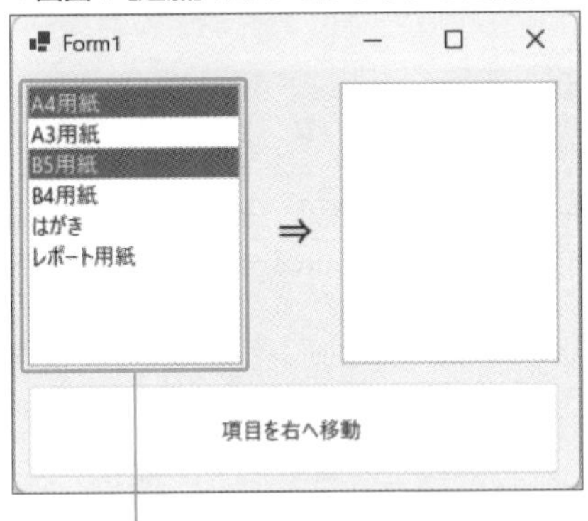

▼画面2 ボタンをクリックした結果

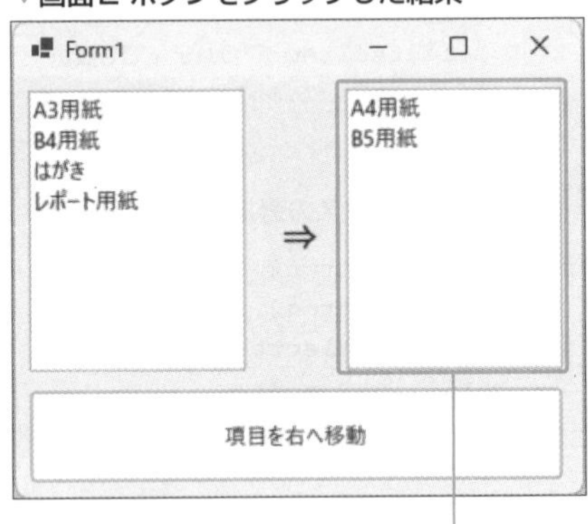

SelectionModeプロパティに指定する値 (SelectionMode列挙型)

値	説明
MultiExtended	複数選択可。[Shift] キーまたは [Ctrl] キー、矢印キーを使って選択可能
MultiSimple	複数選択可。マウスをクリックまたは [Space] キーで選択可能
None	選択不可
One	1つだけ選択可 (既定値)

リスト1 フォームを開くときに複数選択を可能にする（ファイル名：ui063.sln、Form1.vb）

```
Private Sub Form1_Load(sender As Object, e As EventArgs) _
    Handles MyBase.Load
    ListBox1.Items.AddRange(
        {"A4用紙", "A3用紙", "B5用紙", "B4用紙", "はがき", "レポート用紙"})
    ListBox1.SelectionMode = SelectionMode.MultiSimple
End Sub
```

リスト2 選択された項目を別のリストボックスに移動する（ファイル名：ui063.sln、Form1.vb）

```
Private Sub Button1_Click(sender As Object, e As EventArgs) _
    Handles Button1.Click
    Dim items As New List(Of String)()
    For Each it As String In ListBox1.SelectedItems
        ListBox2.Items.Add(it)
        ' 削除する項目を保存しておく
        items.Add(it)
    Next
    For Each it As String In items
        ListBox1.Items.Remove(it)
    Next
End Sub
```

チェックボックス付きリストボックスを使う

ここがポイントです！ **チェックできる項目一覧を表示**
（CheckedListBoxコントロール、CheckedItemsプロパティ）

チェックボックス付きのリストボックスは、**CheckedListBoxコントロール**を使います。

CheckedListBoxコントロールは、［ツールボックス］から［CheckedListBox］を選択してフォームに配置します。

CheckedListBoxに項目を追加するには、**Items.Addメソッド**または**Items.Addrangeメソッド**を使います（Tips060の「リストボックスに項目を追加/削除する（実行時）」を参照してください）。

チェックされた項目は、**CheckedItemsプロパティ**で取得できます。CheckedItemsプロパティは、チェックされている項目のコレクションであるCheckedItemCollectionオブジェクトへの参照を返します。

また、プログラムからチェックボックスにチェックを付けるには、**SetItemCheckedプロパティ**を使います。

書式は、以下の通りです。

▼チェックボックスにチェックを付ける

```
CheckedListBox名.SetItemChecked(インデックス, True)
```

第1引数にインデックスを指定し、第2引数にチェックを付ける意味の「True」を指定します。

リスト1では、フォームを読み込むときにチェックボックス付きリストボックスに項目を追加し、1つ目の項目にチェックを付けています。

リスト2では、[選択項目表示] ボタンがクリックされたら、選択された項目をリストボックスに追加します。

▼実行結果

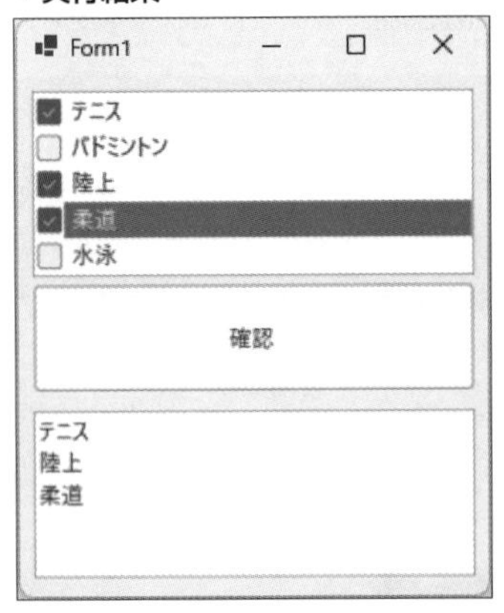

リスト1 チェックボックス付きリストボックスに項目を追加する（ファイル名：ui064.sln）

```
Private Sub Form1_Load(sender As Object, e As EventArgs) _
    Handles MyBase.Load
    CheckedListBox1.Items.AddRange(
            {"テニス", "バドミントン", "陸上", "柔道", "水泳"})
End Sub
```

リスト2 選択された項目をリストボックスに追加する（ファイル名：ui064.sln）

```
Private Sub Button1_Click(sender As Object, e As EventArgs) _
    Handles Button1.Click
    ListBox1.Items.Clear()
    For Each it In CheckedListBox1.CheckedItems
        ListBox1.Items.Add(it)
    Next
End Sub
```

コンボボックスを使う

ここがポイントです！ **ドロップダウンリストボックスの利用**
（ComboBoxコントロール、Items.Addメソッド）

項目の一覧をドロップダウンリストで表示するには、**ComboBoxコントロール**を使います。

ComboBoxコントロールは、［ツールボックス］から［ComboBox］を選択してフォームに配置します。

ComboBoxコントロールに項目を追加するには、**Items.Addメソッド**または**Items.AddRangeメソッド**を使います。メソッドやプロパティは、ListBoxコントロールとほとんど同じように使うことができます。

ComboBoxコントロールで選択されている項目名を取得するには、ComboBoxコントロールの**SelectedItemプロパティ**、または**Textプロパティ**を使います。インデックスで取得するには、**SelectedIndexプロパティ**を使います（インデックスは0から数えます）。選択されていない場合は、SelectedIndexプロパティは「-1」になります。

また、**DropDownStyleプロパティ**でドロップダウンの形式を設定できます。設定値は、下の表を参照してください。

リスト1では、フォームを読み込むときに、コンボボックスに項目を追加しています。

リスト2では、ボタンをクリックすると選択された項目を取得し、ラベルに表示します。

▼実行結果

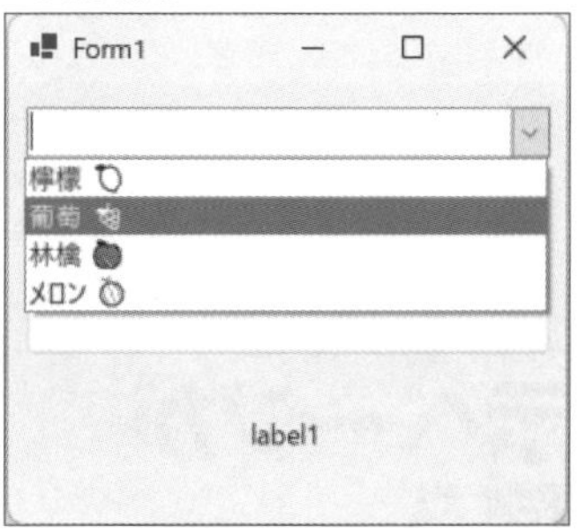

▼ボタンをクリックした結果

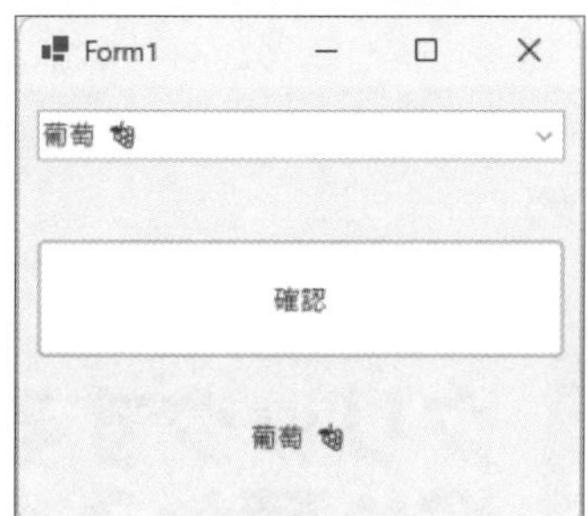

DropDownStyleプロパティに指定する値（ComboBoxStyle列挙型）

値	説明
DropDownList	［▼］をクリックしてリストの一覧を表示。テキストボックスへの入力不可
DropDown	［▼］をクリックしてリストの一覧を表示。テキストボックスへの入力可（規定値）
Simple	リストを常に表示。テキストボックスへの入力可

リスト1　項目を追加し、テキストボックスへの入力を制限する（ファイル名：ui065.sln）

```
Private Sub Form1_Load(sender As Object, e As EventArgs) _
    Handles MyBase.Load
    ComboBox1.Items.AddRange({
            "檸檬🍋", "葡萄🍇", "林檎🍎", "メロン🍈"
        })
End Sub
```

リスト2　選択されている項目を取得する（ファイル名：ui065.sln）

```
Private Sub Button1_Click(sender As Object, e As EventArgs) _
    Handles Button1.Click
    If ComboBox1.SelectedIndex = -1 Then
        Label1.Text = "項目が選択されていません"
    Else
        Label1.Text = ComboBox1.SelectedItem
    End If
End Sub
```

CheckedListBoxコントロールのSelectedItemプロパティを使うと、反転表示されている項目を参照できます。

リスト2では、リストボックスの項目が選択されているかどうかを、ListBoxコントロールのGetSelectedプロパティで調べています。GetSelectedプロパティは、指定したインデックスの項目が選択されていると「True」を返します。

リスト2とリスト3のコードを連続して実行すれば、リストボックス1で選択された項目をリストボックス2に移動できます。

Tips 066 ▶Level ● ▶対応 COM PRO

クリックすると表示ページが切り替わるタブを使う

ここがポイントです！ **TabControlコントロールでタブを利用**
（TabControlコントロール）

TabControlコントロールを使うと、タブの付いたページを表示することができます。

TabControlコントロールは、［ツールボックス］の［コンテナー］から［TabControl］を選択して、フォームに配置します。初期設定で2ページ用意されており、タブに表示する文字などの編集は、[TabPageコレクションエディター] ダイアログボックスで行います。
　設定手順は、以下の通りです。

❶TabControlコントロールのプロパティウィンドウの [TabPages] を選択し、右側の [...] ボタンをクリックします (画面1)。
❷表示される [TabPageコレクションエディター] ダイアログボックスの左の一覧でメンバー (タブ) を選択します。
❸右のプロパティ一覧で選択したタブに関する各種設定をします。例えば、タブに表示するする文字はTextプロパティで設定します。
❹タブページを追加するときは [追加] ボタン、削除するときは [削除] ボタンをクリックします (画面2)。
❺ [OK] ボタンをクリックします。

　追加したタブページのタブをクリックしてページを移動し、それぞれのページにコントロールを配置できます。
　選択されているタブページは、TabControlコントロールの**SelectedTabプロパティ**で取得できます。
　ページ上に配置したコントロールは、「TextBox1.Text」のように、特にページ上であることを意識することなく記述できます。また、選択されたタブをグループボックスのようなコンテナーとして扱うこともできます。
　リスト1では、各タブページに配置されたラジオボタンの中で選択されているものを取得し、リストボックスに追加しています。

▼**画面1 TabPagesプロパティ**

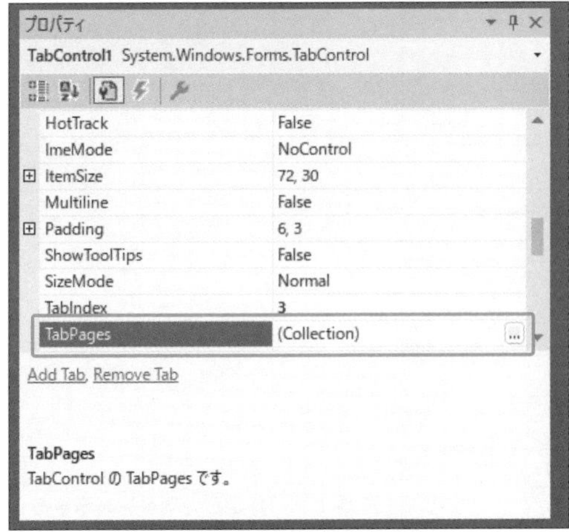

▼画面2 TabPageコレクションエディター

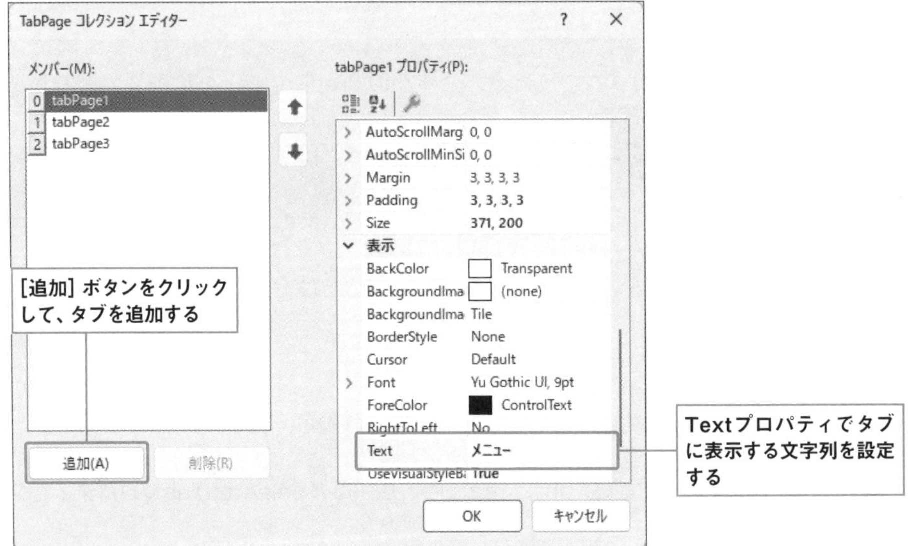

▼実行結果

リスト1　タブページで選択されたラジオボタンを取得する（ファイル名：ui066.sln、Form1.vb）

```
Private Sub Button1_Click(sender As Object, e As EventArgs) _
    Handles Button1.Click
    ListBox1.Items.Clear()
    For Each tab As TabPage In TabControl1.TabPages
        For Each btn As RadioButton In tab.Controls
            If btn.Checked = True Then
                ListBox1.Items.Add(btn.Text)
            End If
        Next
    Next
End Sub
```

3-4 その他のコントロール

ピクチャーボックスに画像を表示/非表示にする

ここがポイントです！　**実行時に画像を表示、非表示にする**
（Imageプロパティ、FromFileメソッド、Disposeメソッド）

フォームに画像を表示するには、**PictureBoxコントロール**を使います。

PictureBoxコントロールを使うには、［ツールボックス］から［PictureBox］を選択して、フォームに配置します。

PictureBoxコントロールの**Imageプロパティ**に**Imageオブジェクト**を指定します。

Imageオブジェクトがリソースに追加されている場合は、「Properties.Resources.画像名」で指定します（Tips031の「プロジェクトにリソースを追加する」を参照）。

ファイルから生成する場合は、Imageクラスの**FromFileメソッド**を使ってファイル名を指定します。FromFileメソッドにより、指定したファイルからImageオブジェクトのインスタンスが生成されます。

また、ピクチャーボックスに表示する画像のサイズは、**SizeModeプロパティ**で**PicturBoxSizeMode列挙型**の値を設定します（次ページの表を参照してください）。

表示した画像を消去するには、**Disposeメソッド**でリソースを解放し、**Nothingキーワード**でImageプロパティの値を空にします。

リスト1では、アプリケーションと同じフォルダーに配置されている画像ファイルを読み込んで表示しています。

リスト2では、あらかじめリソースに追加してある画像ファイルを表示しています。

▼画像1 フォルダー内の画像を表示

▼画像2 リソース内の画像を表示

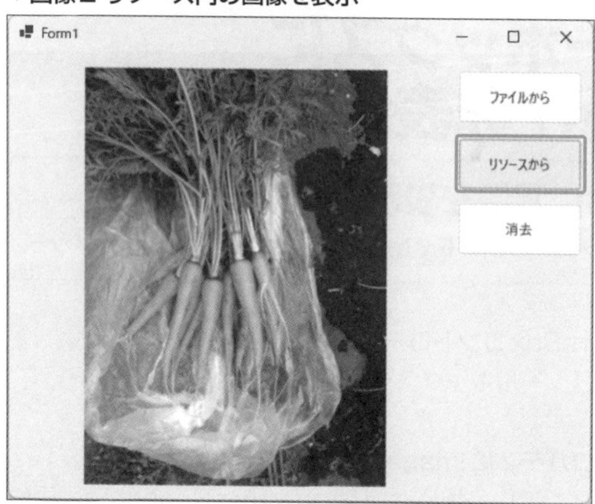

SizeModeプロパティの値（PicturBoxSizeMode列挙型）

値	説明
Normal	画像の左上を基準に元のサイズのまま表示し、はみ出した部分は表示されない（既定値）
StrechImage	PictureBoxコントロールのサイズに合わせて画像が自動調整されて表示
AutoSize	画像の元サイズに合わせてPictureBoxコントロールが自動調整されて表示
CenterImage	画像の中央を基準に元のサイズのまま表示し、はみ出した部分は表示されない
Zoom	PictureBoxコントロールのサイズに合わせて、画像の縦横比率はそのままに自動調整されて表示

リスト1　フォルダーにある画像ファイルを表示する（ファイル名：ui067.sln、Form1.vb）

```
Private Sub Button1_Click(sender As Object, e As EventArgs) _
    Handles Button1.Click
    PictureBox1.Image = Image.FromFile("とうもろこし.jpg")
    PictureBox1.SizeMode = PictureBoxSizeMode.Zoom
End Sub
```

リスト2　プロジェクトに追加した画像ファイルを表示する（ファイル名：ui067.sln、Form1.vb）

```
Private Sub Button2_Click(sender As Object, e As EventArgs) _
    Handles Button2.Click
    PictureBox1.Image = My.Resources.にんじん
    PictureBox1.SizeMode = PictureBoxSizeMode.Zoom
End Sub
```

Windowsフォームデザイナーで PictureBoxコントロールに画像を表示するには、プロパティウィンドウのImageプロパティで画像を選択します（手順は、Tips044の「情報ボックスを使う」を参照してください）。

プロジェクトに画像を追加している場合は、リスト2のように記述します。詳細は、Tips031の「プロジェクトにリソースを追加する」を参照してください。

Tips 068

Level ●

対応 COM PRO

カレンダーを利用して日付を選択できるようにする/非表示にする

ここがポイントです！

日付を選択するカレンダーの表示（DateTimePickerコントロール）

DateTimePickerコントロールを使用すると、**日付**を選択できるカレンダーを表示できます。

DateTimePickerコントロールは、［ツールボックス］から［DateTimePicker］をクリックして、フォームに配置します。

DateTimePickerコントロールで選択された日付は、**Valueプロパティ**または**Textプロパティ**で取得できます。

Valueプロパティは、DateTime型の値を返します。Textプロパティは、DateTimePickerコントロールのテキストボックスに表示されているテキストをString型で返します。

DateTimePickerコントロールで表示する日付や時刻の書式は、**Formatプロパティ**で設定できます。Formatプロパティの設定値は、次ページの表の通りです。

リスト1では、[確認] ボタンがクリックされると、カレンダーで選択された日付をValueプロパティで取得し、長い日付形式にしたものをラベルに表示しています。

▼実行結果

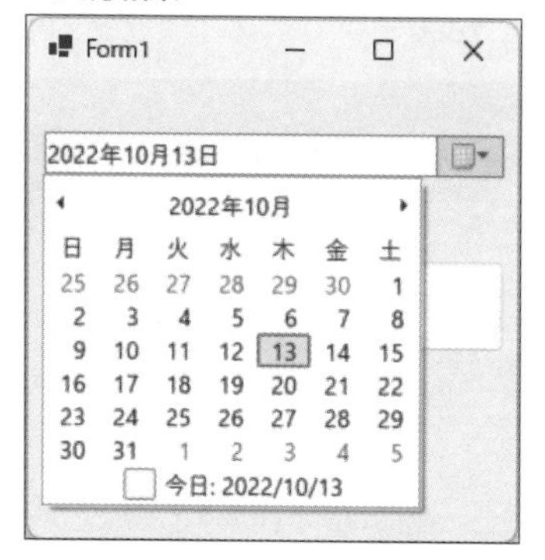

▼ボタンをクリックした結果

Formatプロパティで指定できる値（DateTimePickerFormat列挙型）

値	説明
Long	長い日付書式で日時表示（既定値）
Short	短い日付書式で日時表示
Time	時刻の書式で時刻表示
Custom	カスタム書式で表示書式設定

リスト1　選択されている日付を表示する（ファイル名：ui068.sln、Form1.vb）

```
Private Sub Button1_Click(sender As Object, e As EventArgs) _
    Handles Button1.Click
    Label1.Text = DateTimePicker1.Value.ToLongDateString()
End Sub
```

Valueプロパティで取得したデータは、そのままでは時刻も表示されます。日付だけにする場合は、ToLongDateStringメソッドまたはToShortDateStringメソッドなどを使って、日付データだけを取得します。

日付範囲を選択できるカレンダーを使う

ここがポイントです！

複数の日付を選択できるカレンダー（MonthCalendarコントロール）

MonthCalendarコントロールを使うと、カレンダーで**日付の範囲**を選択することができます。

MonthCalendarコントロールは、［ツールボックス］から［MonthCalendar］をクリックしてフォームに配置します。配置されたMonthCalendarコントロールは、マウスまたはキーボードを使って日付の範囲を選択できます。

一度に選択できる最大日数の指定は、MonthCalendarコントロールの**MaxSelectionCountプロパティ**で指定します。

最初の日付は**SelectionStartプロパティ**、最後の日付は**SelectionEndプロパティ**で取得します。これらのプロパティは、ともにDateTime型の値を返します。

リスト1では、フォームを読み込むときに、カレンダーで選択可能な最大日数（14日）を指定しています。

リスト2では、［確認］ボタンがクリックされると、カレンダーで選択された日付の開始日、終了日、日数をラベルに表示しています。

▼実行結果

リスト1　カレンダーの最大選択日数を設定する（ファイル名：ui069.sln、Form1.vb）

```
Private Sub Form1_Load(sender As Object, e As EventArgs) _
    Handles MyBase.Load
    ' 14日間選択できる
    MonthCalendar1.MaxSelectionCount = 14
End Sub
```

リスト2 日付の選択範囲の開始日と終了日を取得する（ファイル名：ui069.sln、Form1.vb）

```
Private Sub Button1_Click(sender As Object, e As EventArgs) _
    Handles Button1.Click
    Dim startDay = MonthCalendar1.SelectionStart
    Dim endDay = MonthCalendar1.SelectionEnd
    Dim days = endDay.Subtract(startDay).Days + 1

    Label4.Text = startDay.ToLongDateString()
    Label5.Text = endDay.ToLongDateString()
    Label6.Text = $"{days}日間"
End Sub
```

カレンダーの日付の範囲は、MinDateプロパティで最も古い日付、MaxDateプロパティで最も新しい日付を指定して設定します。

さらにワンポイント

カレンダーを横や縦に数ヵ月分並べて表示することもできます。それには、MonthCalendarコントロールのCalendarDimentionプロパティを使います。プロパティウィンドウで設定する場合は、「列方向の数，行方向の数」の形で指定できます。例えば、横に2ヵ月分並べる場合は「2，1」と指定します。

プログラムから設定する場合は、Size構造体を使って、「monthCalendar1.CalendarDimentions = New Size(2, 1)」のように記述します。なお、一度に表示できるのは最大で12ヵ月分までです。

Tips
070
▶Level ●
▶対応
COM PRO

メニューバーを作成する

ここがポイントです！

メニューバーの作成
（MenuStripコントロール、Clickイベント）

フォームに**メニューバー**を付けるには、**MenuStripコントロール**を使います。

MenuStripコントロールは、［ツールボックス］の［メニューとツールバー］から［MenuStrip］を選択してフォームをクリックします。

追加したMenuStripコントロールは、画面下のコンポーネントトレイに表示され、フォーム上にはメニューバーが表示されます。

メニューを作成するには、MenuStripコントロールを選択し、［ここへ入力］をクリックしてカーソルを表示し、メニューコマンドとして表示する文字列を入力します（画面1）。入力したメニューコマンドは、**ToolStripMenuItemコントロール**として扱われます。

メニューコマンドをクリックしたときに実行するイベントハンドラーは、メニューコマンドをダブルクリックして作成できます。

リスト1では、メニューコマンドをクリックしたら、テキストボックス内の文字列を「左揃え」「中央揃え」「右揃え」にしています。

▼画面1 メニューバーの作成

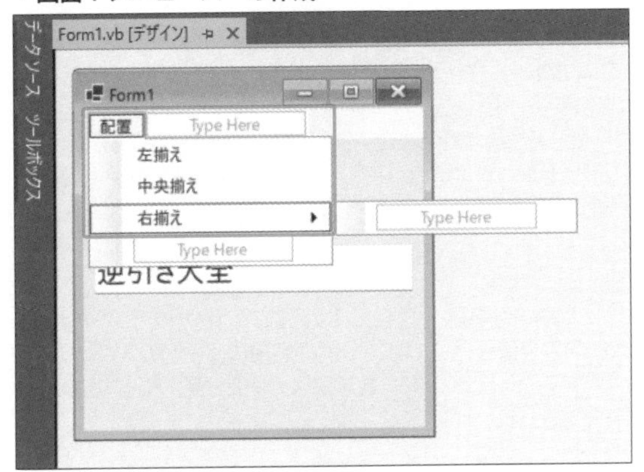

▼実行結果

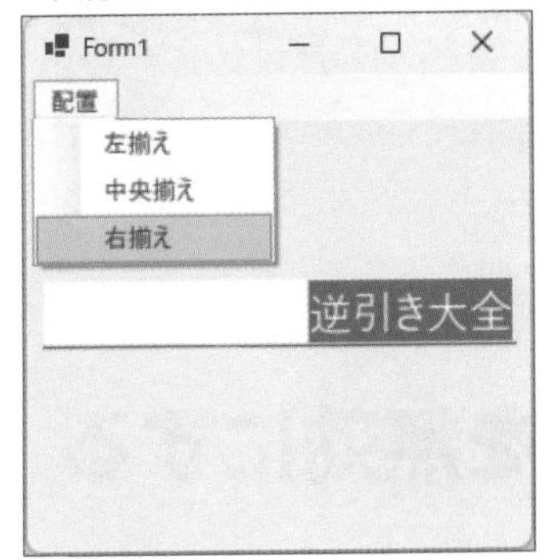

リスト1　メニューコマンドをクリックしたときの処理（ファイル名：ui070.sln、Form1.vb）

```
Private Sub LeftToolStripMenuItem_Click(sender As Object, e As
EventArgs) _
    Handles LeftToolStripMenuItem.Click
    TextBox1.TextAlign = HorizontalAlignment.Left
End Sub

Private Sub CenterToolStripMenuItem_Click(sender As Object, e As
EventArgs) _
    Handles CenterToolStripMenuItem.Click
    TextBox1.TextAlign = HorizontalAlignment.Center
End Sub
```

```
Private Sub RightToolStripMenuItem_Click(sender As Object, e As
EventArgs) _
    Handles RightToolStripMenuItem.Click
    TextBox1.TextAlign = HorizontalAlignment.Right
End Sub
```

さらにワンポイント

設定したメニューコマンドにアクセスキーを割り当てるには、メニューコマンドのTextプロパティでメニュー名、コマンド名に続けて「&C」のように「&」(アンパサンド)と「C」(アルファベット)を入力します。

例えば、「配置」メニューにアクセスキーとして「H」を割り当てるには、「配置」のプロパティウィンドウのTextプロパティに「配置(&H)」のように指定します。これで[Alt]キーを押しながら[H]キーを押せば、[配置]メニューが実行されます。

追加したメニューコマンドのコントロール名は、[ここに入力]に入力した文字列を使って「左揃えToolStripMenuItem」のように設定されます。別の名前に変更したい場合は、それぞれのコントロールのプロパティウィンドウのNameプロパティで変更してください。

さらにワンポイント

MenuStripコントロールの上辺右側にある三角のアイコンをクリックし、[標準項目の挿入]をクリックすると、「ファイル」「編集」などの標準的なメニューが自動で追加されます。ただし、これはメニューコマンド名のみでイベントハンドラーは用意されていません。また、[項目の編集]をクリックすると、[項目コレクションエディター]ダイアログボックスが表示され、メニューバーの設定やメニューコマンドの追加などの設定を行うことができます。

メニューコマンドを無効にする

ここがポイントです!

選択不可のメニューコマンド
(ToolStripMenuItemコントロール、Enabledプロパティ)

メニューコマンドを選択できないようにするには、**ToolStripMenuItemコントロール**の**Enabledプロパティ**を「False」に設定します。

選択できるようにするには、「True」に設定します。既定値は「True」です。

リスト1では、メニューコマンドの[右揃え]を選択したら、テキストボックスの文字列を右揃えにし、メニューの[右揃え]を選択不可にし、ほかのメニューコマンドを選択可能にしています。

▼実行結果

リスト1　メニューコマンドを有効/無効にする（ファイル名：ui071.sln、Form1.vb）

```
Private Sub Button1_Clickz(sender As Object, e As EventArgs) _
    Handles Button1.Click
    TextBox1.TextAlign = HorizontalAlignment.Center
    LeftToolStripMenuItem.Enabled = False
    RightToolStripMenuItem.Enabled = False
End Sub
```

メニューコマンドにチェックマークを付ける

ここがポイントです!

チェックマーク付きのメニューコマンド
（ToolStripMenuItemコントロール、Checkedプロパティ）

メニューコマンドを選択するごとにチェックマークを付けたり、消したりするには、**ToolStripMenuItemコントロール**の**Checkedプロパティ**を使います。

Checkedプロパティが「True」のとき、チェックマークが付き、「False」のときチェックマークが消えます。

リスト1では、メニューコマンドにチェックが付いているとき、テキストボックスの文字列の太字を解除してチェックを外し、チェックが付いていないときは、テキストボックスの文字列を太字にしてチェックを付けます。

▼実行結果

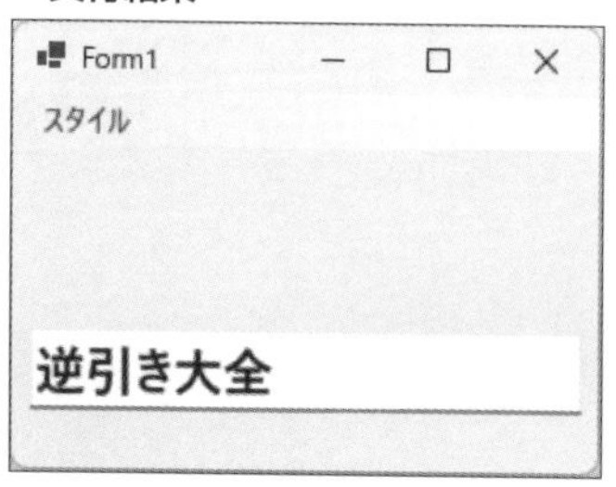

リスト1 コマンドにチェックマークを付ける(ファイル名:ui072.sln、Form1.vb)

```
Private Sub BoldToolStripMenuItem_Click(sender As Object, e As
EventArgs) _
    Handles BoldToolStripMenuItem.Click
    BoldToolStripMenuItem.Checked = Not BoldToolStripMenuItem.Checked
    If BoldToolStripMenuItem.Checked = True Then
        TextBox1.Font = New Font(TextBox1.Font, FontStyle.Bold)
    Else
        TextBox1.Font = New Font(TextBox1.Font, FontStyle.Regular)
    End If
End Sub
```

メニューにショートカットキーを割り当てる

ここがポイントです!

キーボードで操作可能なメニュー
(ToolStripMenuItemコントロール、ShortCutKeysプロパティ)

メニューコマンドに**ショートカットキー**を割り当てるには、**ToolStripMenuItemコントロール**の**ShortCutKeysプロパティ**で設定します。

プロパティウィンドウから設定する手順は、以下の通りです。

❶Windowsフォームデザイナーでメニューコマンドを選択します。
❷プロパティウィンドウで[ShortCutKeysプロパティ]を選択し、右側の[V]ボタンをクリックします(画面1)。
❸修飾子(任意)とキーを選択し、[Enter]キーを押します。

プログラムでショートカットキーを割り当てる場合は、**Keys列挙型**の値を使って設定します。

リスト1では、フォームを読み込むときに中央揃えのメニューコマンドにショートカットキー([Ctrl] + [C] キー)を割り当てています。

▼画面1 Shortcutkeysプロパティ

▼実行結果

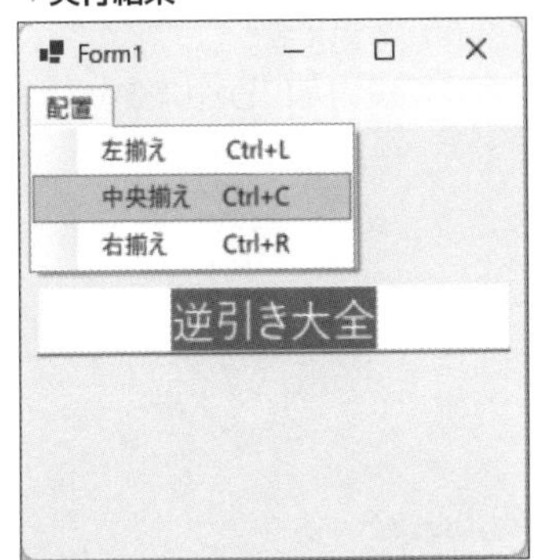

リスト1 ショートカットキーをコードから割り当てる(ファイル名:ui073.sln、Form1.vb)

```
Private Sub Form1_Load(sender As Object, e As EventArgs) _
    Handles MyBase.Load
    CenterToolStripMenuItem.ShortcutKeys = Keys.Control Or Keys.C
End Sub
```

Keys列挙型でキーを表すには、アルファベットの場合は、「Keys.A」のように指定します。[Shift] キーは「Keys.Shift」、[F1] キーは「Keys.F1」、矢印キーは、上下左右をそれぞれ「Keys.Up」「Keys.Down」「Keys.Left」「Keys.Right」と指定します。

ショートカットメニューを付ける

ここがポイントです！ **ショートカットメニューの作成**
(ContextMenuStrip コントロール、ContextMenuStrip プロパティ)

フォームやコントロールを右クリックしたときに表示する**ショートカットメニュー**を作成するには**ContextMenuStrip コントロール**を使います。

ContextMenuStrip コントロールは、[ツールボックス] の [メニューとツールバー] から [ContextMenuStrip] を選択し、フォームをクリックします。

追加したContextMenuStrip コントロールは、**コンポーネントトレイ**に表示されます。

コンポーネントトレイに表示されたContextMenuStrip コントロールをクリックすると、フォームにメニュー作成画面が表示されるので、[ここへ入力] をクリックしてメニューコマンドを追加します（画面1）。

作成したショートカットメニューは、それと関連付けたいコントロールの**ContextMenuStrip プロパティ**にContextMenuStrip 名を指定します（画面2）。

また、コマンドが選択されたときの処理は、**Click イベントハンドラー**に記述します。Click イベントハンドラーは、メニューコマンドをダブルクリックして作成できます。

リスト1では、右クリックされたテキストボックス内の文字列を中央揃えにしています。

▼**画面1 ショートカットメニューの作成**

▼画面2 ContextMenuStripプロパティ

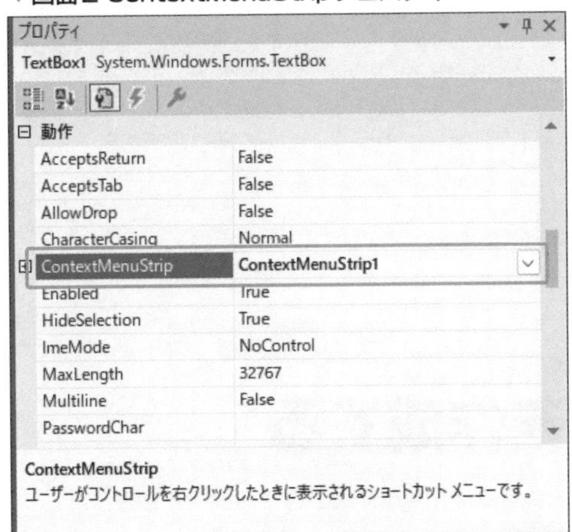

▼実行結果

リスト1　右クリックされたテキストボックスの文字列を中央揃えにする（ファイル名：ui074.sln）

```
Private Sub CenterToolStripMenuItem_Click(sender As Object, e As
EventArgs) _
    Handles CenterToolStripMenuItem.Click
    Dim tb As TextBox = ContextMenuStrip1.SourceControl
    If Not tb Is Nothing Then
        tb.TextAlign = HorizontalAlignment.Center
    End If
End Sub
```

リスト1では、右クリックされたテキストボックスを取得するのに、ContextMenuStripコントロールのSourceControlプロパティを使用しています。SourceControlプロパティは、最後に右クリックされたコントロールをObject型の値で返します。

SourceControlプロパティでフォーム上のコントロールTextBox1、TextBox2のどちらで右クリックされたかを調べ、TextBox型に型変換して変数tbに代入して、それぞれのテキストボックスで処理されるようにしています。

Tips 075

▶Level ●○○

▶対応 COM PRO

ツールバーを作成する

ここがポイントです！

フォームにツールバーを追加（ToolStripコントロール）

フォームに**ツールバー**を追加するには、**ToolStripコントロール**を使います。

ToolStripコントロールは、［ツールボックス］の［メニューとツールバー］から［ToolStrip］を選択し、フォームをクリックして追加します。追加したToolStripコントロールは、コンポーネントトレイに追加され、フォームにツールバーとして表示されます。

ToolStripコントロールにボタンを追加する手順は、次の通りです。

❶コンポーネントトレイの［ToolStripコントロール］をクリックし、フォームのツールバーに表示される［ToolStripButtonの追加］ボタンの［▼］をクリックします（画面1）。
❷表示された一覧から［Button］を選択します。
❸追加されたボタンを右クリックし、メニューから［項目の編集］(Edit Items)を選択します（画面2）。
❹［リソースの選択］ダイアログボックスが表示されたら、ボタンとして表示したいイメージファイルを指定し、［OK］ボタンをクリックします（画面3）。

ボタンがクリックされたときの処理は、ToolStripButtonコントロールの**Clickイベントハンドラー**に記述します。Clickイベントハンドラーは、ツールバーのボタンをダブルクリックして作成します。

ツールバーのボタンをポイントしたときに表示されるツールヒントは、ToolStripButtonコントロールの**ToolTipTextプロパティ**で設定できます。

リスト1では、ツールバーのボタンをクリックすると、テキストボックス内の文字列を中央揃えにして、ボタンが押されている状態にします。再度クリックすると、左揃えにし、ボタンがクリックされていない状態にします。

▼画面１ ツールバーにボタンを追加

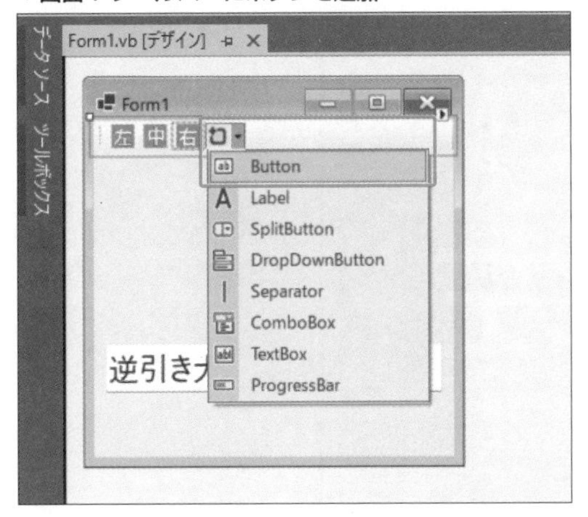

▼画面２ 項目の編集

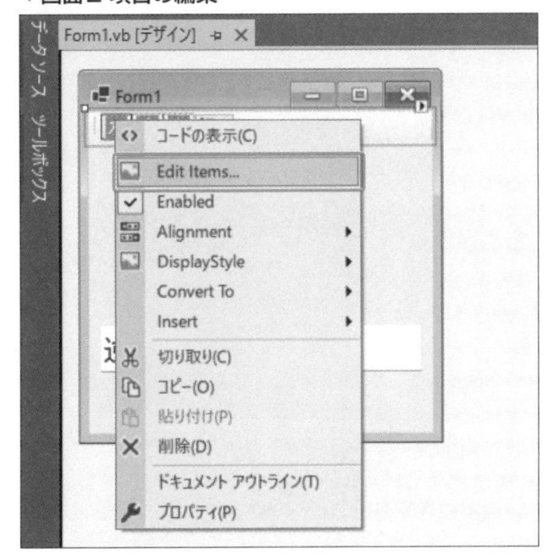

▼画面3 リソースの選択

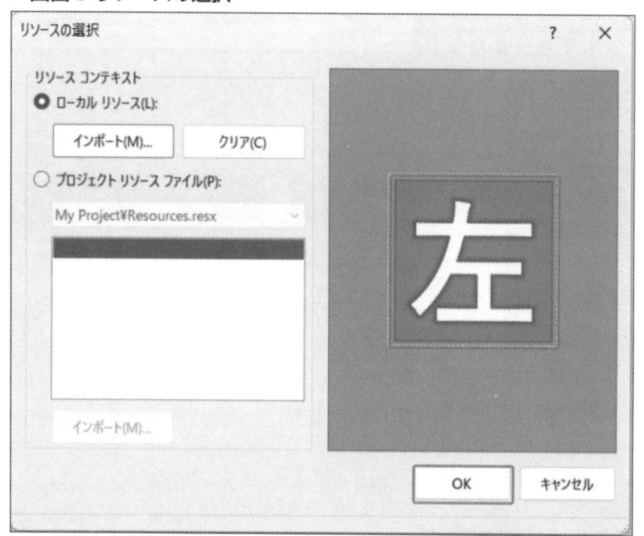

▼実行結果

リスト1　テキストボックスの文字列を右揃えと左揃えを切り替える（ファイル名：ui075.sln）

```
Private Sub ToolStripButton1_Click(sender As Object, e As EventArgs) _
    Handles ToolStripButton1.Click
    textBox1.TextAlign = HorizontalAlignment.Left
End Sub

Private Sub ToolStripButton2_Click(sender As Object, e As EventArgs) _
    Handles ToolStripButton2.Click
    textBox1.TextAlign = HorizontalAlignment.Center
End Sub

Private Sub ToolStripButton3_Click(sender As Object, e As EventArgs) _
    Handles ToolStripButton3.Click
```

```
    textBox1.TextAlign = HorizontalAlignment.Right
End Sub
```

さらにワンポイント

ToolStripコントロールの上辺右側にある三角のアイコンをクリックし、[標準項目の挿入] をクリックすると、ツールバーに標準的に用意されている [新規作成] ボタンや [開く] ボタンが自動で追加されます。ただし、これはボタンのみで、イベントハンドラーは用意されていません。

また、[項目の編集] をクリックすると、[項目コレクションエディター] ダイアログボックスが表示され、ツールバーの設定やボタンの追加などの設定を行うことができます。

さらにワンポイント

ツールバーにコンボボックスを追加するには、ツールバーの [ToolStripButtonの追加] ボタンの [▼] をクリックして一覧から [ComboBox] を選択します。項目の追加方法は、通常のコンボボックスと同じです (Tips065の「コンボボックスを使う」を参照してください)。

ボタン上にマウスポインターを合わせたときに表示されるツールヒントを設定するには、ToolStripButtonのプロパティウィンドウのToolTipTextプロパティで表示したい文字列を指定します。

Tips **076** ▶Level ● ▶対応 COM PRO

ステータスバーを作成する

ここがポイントです！

ステータスバーで情報表示 (StatusStripコントロール)

フォームに**ステータスバー**を追加するには、**StatusStripコントロール**を使います。

StatusStripコントロールは、[ツールボックス] の [メニューとツールバー] から [StatusStrip] を選択し、フォームをクリックします。追加したStatusStripコントロールは、コンポーネントトレイに表示され、ステータスバーはフォームの下辺に追加されます。

StatusStripコントロールにラベルを追加する手順は、以下の通りです。

❶StatusStripコントロールを選択し、ステータスバーに表示されているボタンの [▼] をクリックします (画面1)。

❷表示される一覧から [StatusLabel] を選択すると、ステータスバーにToolStripStatusLabelコントロールが追加されます。

スタータスバーに表示する文字列は、追加したToolStripStatusLabelコントロールのTextプロパティで設定します。

リスト1では、フォームを読み込むときに、今日の日付をステータスバーに表示しています。

▼画面1 ステータスバーに項目を追加

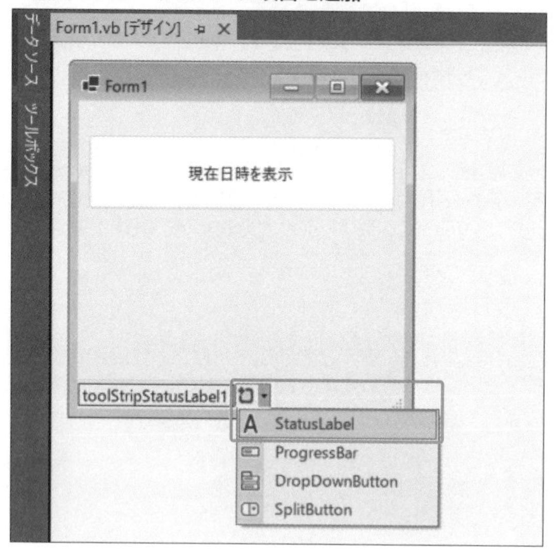

▼実行結果

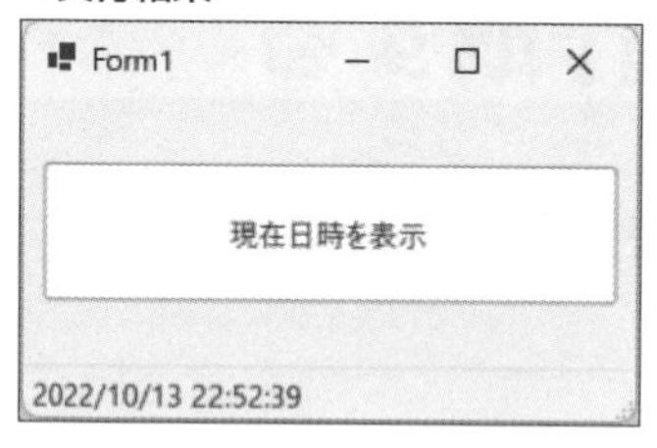

リスト1 ステータスバーに現在の日時を表示する（ファイル名：ui076.sln、Form1.vb）

```
Private Sub Button1_Click(sender As Object, e As EventArgs) _
    Handles Button1.Click
    ToolStripStatusLabel1.Text = DateTime.Now.ToString()
End Sub
```

プログレスバーで進行状態を表示する

ここがポイントです！

進捗を視覚的に表示
（ProgressBarコントロール、Valueプロパティ）

処理の**進捗状況**を視覚的に表示するには、**ProgressBarコントロール**を使います。

ProgressBarコントロールは、［ツールボックス］から［ProgressBar］を選択して、フォームに配置します。

ProgressBarコントロールを使うときは、**Minimumプロパティ**で最小値、**Maximumプロパティ**で最大値を設定し、**Valueプロパティ**で現在の値を指定します。

例えば、Minimunプロパティが「0」、Maximumプロパティが「1000」のとき、Valueプロパティを「50」とすると、プログレスバーの進行状況がちょうど半分進んだ状態で表示されます。

リスト1では、プログレスバーの最小値、最大値、現在の値を設定し、進行状況をプログレスバーに表示させています。

▼実行結果

リスト1　プログレスバーを使う（ファイル名：ui077.sln、Form1.vb）

```
Private Sub Button1_Click(sender As Object, e As EventArgs) _
    Handles Button1.Click
    ProgressBar1.Minimum = 0
    ProgressBar1.Maximum = 100
    ProgressBar1.Value = 0
    Task.Factory.StartNew(
        Async Function()
            While ProgressBar1.Value < ProgressBar1.Maximum
                Invoke(
                Sub()
                    ProgressBar1.Value += 1
```

```
                    Label1.Text = $"{ProgressBar1.Value} % 経過"
                End Sub)
                Await Task.Delay(100)
            End While
        End Function)
End Sub
```

リスト1では、TaskクラスのDelayメソッドを使って、処理を100ミリ秒停止しています（Tips193の「一定時間停止する」を参照してください）。

階層構造を表示する

ここがポイントです！ **階層構造を持つデータの表示**（TreeViewコントロール）

TreeViewコントロールを使うと、階層構造を持つデータの**階層関係**を視覚的に表示できます。

TreeViewコントロールを使うには、［ツールボックス］から［TreeView］を選択して、フォームに配置します。

Windowsフォームデザイナーで階層構造を作成する手順は、以下の通りです。

❶Windowsフォームデザイナーで追加したTreeViewコントロールを選択します。
❷上辺右側にある三角形のアイコンをクリックし、［ノードの編集］（Edit Nodes）を選択します（画面1）。
❸表示された［TreeNodeエディター］ダイアログボックスで［ルートの追加］ボタンをクリックします。
❹右側のプロパティのリストのTextプロパティで、項目の文字列を入力します。また、必要に応じてNameプロパティも設定します。
❺下の階層の項目（子ノード）を追加する場合は、親ノードを選択して［子の追加］ボタンをクリックし、同様にTextプロパティを設定します（画面2）。
❻［OK］ボタンをクリックします。

選択されている項目（ノード）は、TreeViewコントロールの**SelectedNodeプロパティ**で取得できます。

プログラムでノードを追加するときは、TreeNodeコントロールの**Nodes.Addメソッド**を使って、New演算子でノードを生成します。また、削除するときは、TreeNodeコントロールのRemoveメソッドを使います。

リスト1では、[ノードの取得] ボタンがクリックされたら、選択しているノード名をフルパスでラベルに表示します。

リスト2では、[ノードの追加] ボタンがクリックされたら、テキストボックスの内容をノードとして追加します。

リスト3では、[ノードの削除] ボタンがクリックされたら、選択しているノードを削除します。

▼画面1 ノードの編集

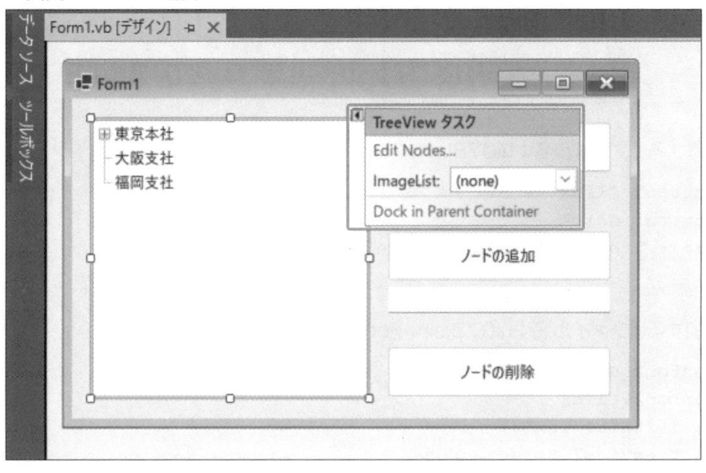

▼画面2 TreeNodeエディター

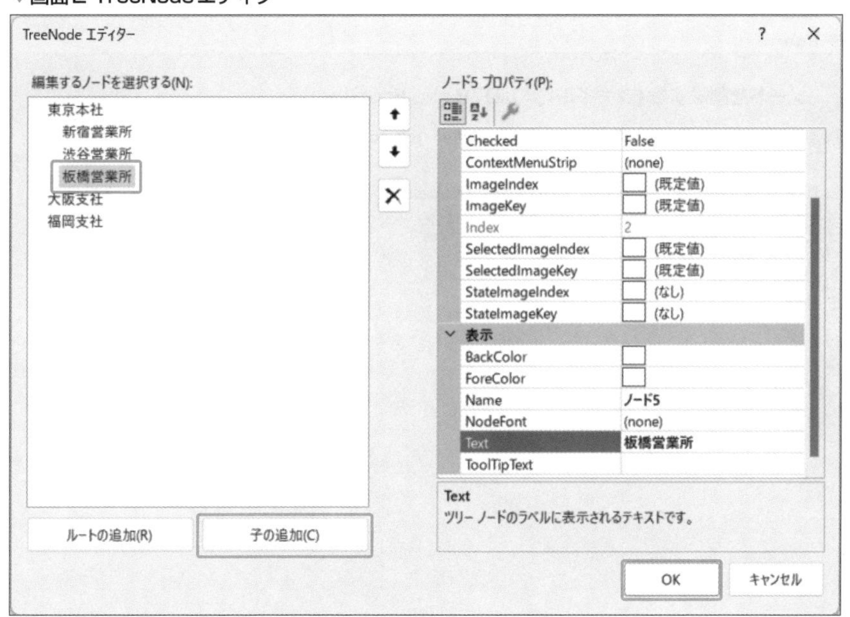

ユーザーインターフェイスの極意

▼実行結果

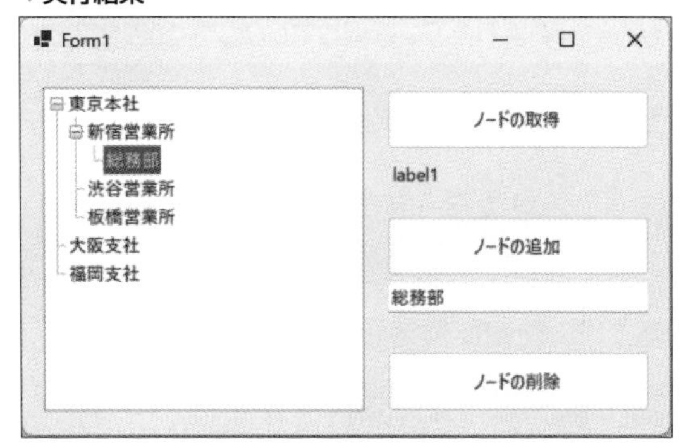

リスト1 ノードを取得する（ファイル名：ui078.sln、Form1.vb）

```
Private Sub Button1_Click(sender As Object, e As EventArgs) _
    Handles Button1.Click
    Label1.Text = TreeView1.SelectedNode.FullPath
End Sub
```

リスト2 ノードを追加する（ファイル名：ui078.sln、Form1.vb）

```
Private Sub Button2_Click(sender As Object, e As EventArgs) _
    Handles Button2.Click
    Dim Text = TextBox1.Text
    Dim node = TreeView1.SelectedNode
    If Text <> "" And Not node Is Nothing Then
        node.Nodes.Add(New TreeNode(Text))
    End If
End Sub
```

リスト3 ノードを削除する（ファイル名：ui078.sln、Form1.vb）

```
Private Sub Button3_Click(sender As Object, e As EventArgs) _
    Handles Button3.Click
    Dim node = TreeView1.SelectedNode
    If Not node Is Nothing Then
        node.Remove()
    End If
End Sub
```

リストビューにファイル一覧を表示する

ここがポイントです！

リストビューに項目を追加
(ListViewコントロール、Items.Addメソッド)

ListViewコントロールを使用すると、**リストビュー**として項目の一覧を並べたり、複数列にして詳細を表示したりできます。

ListViewコントロールは、[ツールボックス] から [ListView] を選択してフォームに配置します。

リストビューに項目を表示するには、ListViewコントロールの**Items.Addメソッド**を使い、引数にはListViewItemオブジェクトを指定します。ListViewItemオブジェクトは、New演算子を使って生成します。

また、項目の詳細は、ListViewItemオブジェクトの**SubItems.Addメソッド**を使って詳細項目を追加します。

項目の詳細をリストに表示する場合は、ListViewコントロールの**Viewプロパティ**を**View列挙型**の値で「Detail」に設定します。項目の列は、ListViewコントロールの**Columns.Addメソッド**を使って追加します。

リスト1では、フォームを読み込むときにリストビューを詳細表示に設定し、列を追加しています。

リスト2では、[ファイル表示] ボタンがクリックされたときに、テキストボックスに入力されたフォルダーが存在するとき、そのフォルダー内のファイルの一覧を表示します。詳細表示として、サイズと更新日も表示しています。

▼実行結果

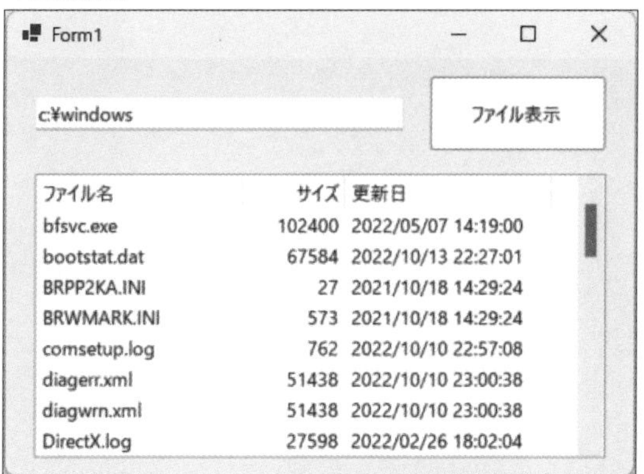

リスト1 リストビューを設定する（ファイル名：ui079.sln、Form1.vb）

```
Private Sub Form1_Load(sender As Object, e As EventArgs) _
    Handles MyBase.Load
    ListView1.View = View.Details
    ListView1.Columns.Add("ファイル名", 200)
    ListView1.Columns.Add("サイズ", 100, HorizontalAlignment.Right)
    ListView1.Columns.Add("更新日", 200)
End Sub
```

リスト2 リストビューにファイル一覧を表示する（ファイル名：ui079.sln、Form1.vb）

```
Private Sub Button1_Click(sender As Object, e As EventArgs) _
    Handles Button1.Click
    Dim Text = TextBox1.Text
    If Directory.Exists(Text) = False Then
        MessageBox.Show("指定したフォルダーが見つかりません")
        Return
    End If
    Dim dirinfo = New DirectoryInfo(Text)
    Dim files = dirinfo.GetFiles()
    ListView1.Items.Clear()
    For Each it In files
        Dim item = New ListViewItem(it.Name)
        item.SubItems.Add(it.Length.ToString())
        item.SubItems.Add(it.LastWriteTime.ToString())
        ListView1.Items.Add(item)
    Next
End Sub
```

ファイルやフォルダーの操作については、第6章の「ファイル、フォルダー操作の極意」を参照してください。

リストビューに画像一覧を表示する

ここがポイントです！

イメージリストの画像をリストビューに追加
(ListViewコントロール、ImageList、Images.Addメソッド)

リストビューに画像を表示するには、**ImageListコンポーネント**を使います。

ImageListコンポーネントは、複数の画像を保管する入れ物です。ここに追加された画像をListViewコントロールに表示します。

ImageListコンポーネントは、[ツールボックス] の [コンポーネント] から [ImageList] を選択し、フォームをクリックします。追加したコンポーネントは、コンポーネントトレイに表示されます。

ImageListコンポーネントに画像を追加するには、プロパティウィンドウの**Imagesプロパティ**で [...] をクリックして表示される**イメージコレクションエディター**で設定します。

コードで追加する場合は、ImageListコンポーネントの**Images.Addメソッド**を使い、引数に画像ファイルを指定します (リスト1)。

また、表示する画像サイズは、ImageListコンポーネントの**Sizeプロパティ**で幅 (Width) と高さ (Height) を指定します。ImageListのプロパティウィンドウのImageSizeで設定できます (画面1)。

ListViewコントロールにImageListの画像を表示するには、ListViewコントロールの**LargeImageListプロパティ**に配置したImageListコントロールを指定して関連付けます (画面2)。

リスト1では、[画像表示] ボタンがクリックされると、指定したフォルダー内にある画像 (.jpgファイル) をリストビューに表示しています。

▼画面1 ImageSizeプロパティで画像サイズの指定

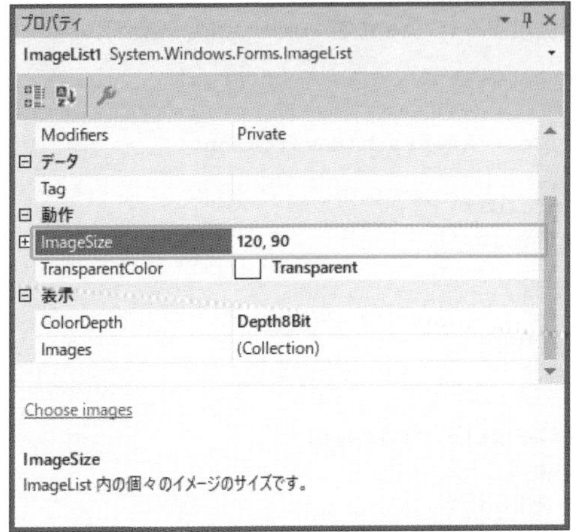

▼画面2 LargeImageListプロパティの設定値

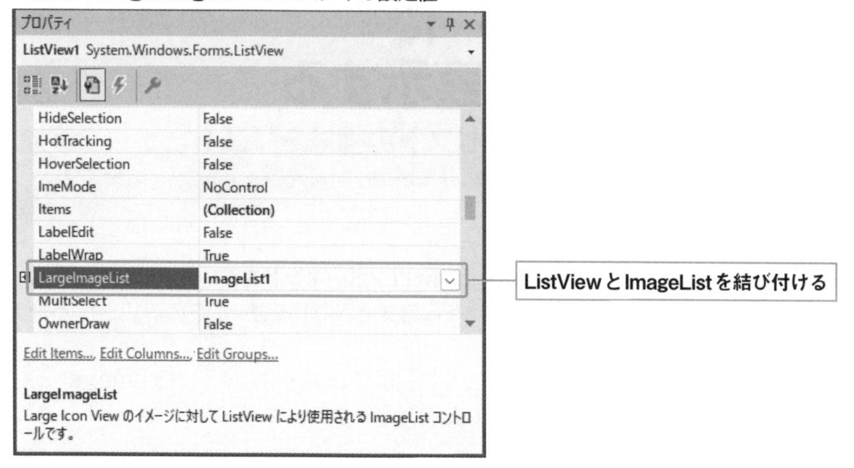

▼実行結果

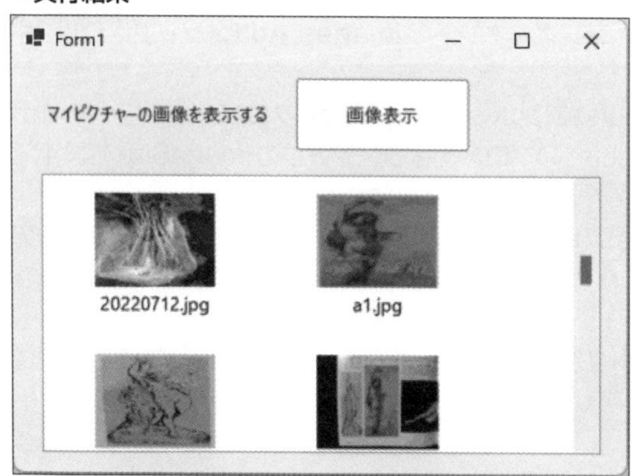

リスト1 リストビューにフォルダー内の画像を表示する（ファイル名：ui080.sln、Form1.vb）

```
Private Sub Button1_Click(sender As Object, e As EventArgs) _
    Handles Button1.Click
    Dim dir = System.Environment.GetFolderPath(Environment.
SpecialFolder.MyPictures)
    Dim dirinfo = New DirectoryInfo(dir)
    Dim files = dirinfo.GetFiles("*.jpg")
    ImageList1.Images.Clear()
    ListView1.Items.Clear()
    ListView1.View = View.LargeIcon
    Dim i = 0
    For Each file In files
        Dim image = Bitmap.FromFile(file.FullName)
        ImageList1.Images.Add(image)
        ListView1.Items.Add(file.Name, i)
```

```
        i = i + 1
    Next
End Sub
```

画像のサイズをコードで記述する場合は、Size構造体で指定します。例えば、「ImageList1.ImageSize = New Size(120, 90)」のように記述します。

ListViewコントロールに画像を表示するには、Viewプロパティを「LargeIcon」に設定しますが、これが既定値なので特に設定する必要はありません。

ListViewコントロールとImageListコンポーネントの関連付けをコードで記述する場合は、次のようになります。

```
ListView1.LargeImageList = imageList1
```

さらに
ワンポイント

ここではListViewコントロールのAnchorプロパティで、フォームとコントロールの上下左右の距離を固定しているため、フォームサイズを変更すると、それに対応してListViewコントロールのサイズが調整されます（Tips088の「フォームの端からの距離を一定にする」を参照してください）。

Tips
081
▶Level ●○○
▶対応
COM PRO

リッチテキストボックスのフォントと色を設定する

ここがポイントです！

選択文字列のフォントと色の変更
（RichTextBoxコントロール、SelectionFontプロパティ）

リッチテキストボックス内で選択されている文字のフォントを変更するには、**RichTextBoxコントロール**の**SelectionFontプロパティ**に、新しい**Fontオブジェクト**への参照を指定します。

新しいFontオブジェクトは、New演算子を使ってフォント名、サイズ、スタイルなどを指定して生成します。

また、文字色を変更するには**SelectionColorプロパティ**に**Color構造体**の値を指定します。

リスト1では、選択された文字列のフォントを「14ポイント」に設定しています。

リスト2では、選択された文字列を「赤色」に設定します。［色変更］ボタンがクリックされるたびに、赤字の設定と解除を切り替えます。

リスト3では、選択された文字列を「太字」に設定します。［太文字］ボタンがクリックされるたびに、太字の設定と解除を切り替えます。

▼実行結果

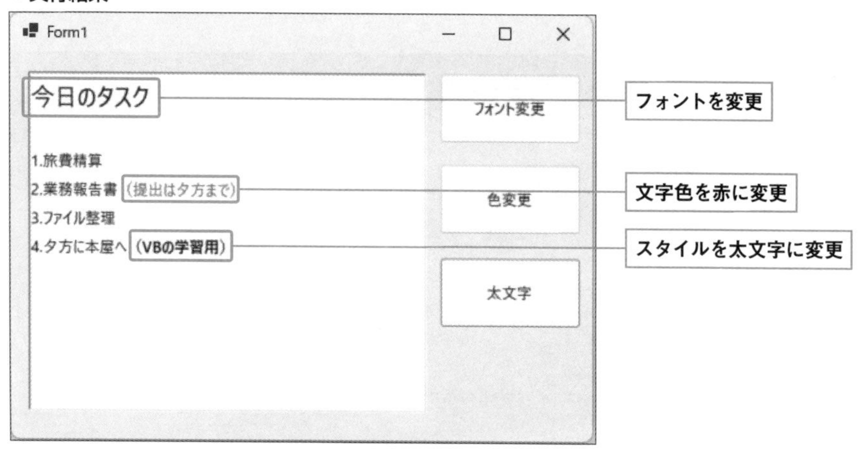

リスト1 選択された文字列のフォントサイズを変更する（ファイル名：ui081.sln、Form1.vb）

```
Private Sub Button1_Click(sender As Object, e As EventArgs) _
    Handles Button1.Click
    If Not RichTextBox1.SelectionFont Is Nothing Then
        ' フォントサイズを変更
        Dim Font = RichTextBox1.SelectionFont
        RichTextBox1.SelectionFont = New Font(Font.Name, 14)
    End If
End Sub
```

リスト2 選択された文字列の文字色を変更する（ファイル名：ui081.sln、Form1.vb）

```
Private Sub Button2_Click(sender As Object, e As EventArgs) _
    Handles Button2.Click
    If Not RichTextBox1.SelectionFont Is Nothing And
            RichTextBox1.SelectionColor <> Color.Empty Then
        ' フォントの色を変更
        RichTextBox1.SelectionColor =
            IIf(RichTextBox1.SelectionColor = Color.Black,
                Color.Red, Color.Black)
    End If
End Sub
```

リスト3 選択された文字列のスタイルを変更する（ファイル名：ui081.sln、Form1.vb）

```
Private Sub Button3_Click(sender As Object, e As EventArgs) _
    Handles Button3.Click
    If Not RichTextBox1.SelectionFont Is Nothing Then
        ' フォントの太文字を変更
        Dim font = RichTextBox1.SelectionFont
        Dim style As FontStyle =
```

```
            IIf(font.Bold = True, FontStyle.Regular, FontStyle.Bold)
        RichTextBox1.SelectionFont =
            New Font(font.Name, font.Size, style)
    End If
End Sub
```

太字や斜体などのスタイルは、FontStyle列挙型を使って表します。太字はFontStyle.Bold、斜体はFontStyle.Italicとなります。通常のテキストは、FontStyle.Regularになります。

Tips 082

リッチテキストボックスの文字を検出する

Level ●
対応 COM PRO

ここがポイントです！

指定した文字列の検索
（RichTextBoxコントロール、Findメソッド）

リッチテキストボックス内のテキストの中から、文字列を検索するには、**RichTextBoxコントロール**の**Findメソッド**を使います。

Findメソッドで「検索文字列」「検索開始位置」「検索オプション」を指定して検索するには、次の書式を使います。

▼リッチテキストボックスの文字を検出する

```
RichTextBox名.Find(検索文字列, 検索開始位置, 検索オプション)
```

Findメソッドは、「検索文字列」が見つかった位置を返します。見つからなかった場合は、負の値を返します。

「検索オプション」は、次ページの表のように**RichTextBoxFinds列挙型**の値を使って指定します。検索オプションは複数のオプションの組み合わせることもできます。

リスト1では、[検索] ボタンがクリックされたときに、テキストボックスに入力されている文字列をリストボックスから検索します。検索開始位置を現在のカーソル位置からに設定しているので、最初の検索の後、続けて検索を行うことができます。

▼実行結果

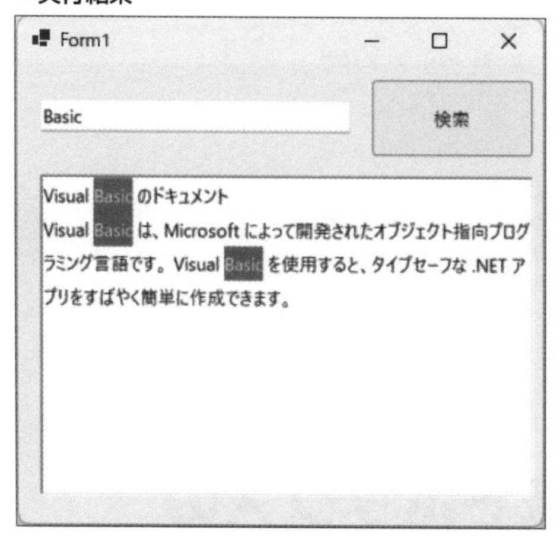

検索オプション(RichTextBoxFinds列挙型)

値	説明
MatchCase	大文字、小文字を区別して検索
NoHighLight	検出した文字列を反転表示しない
None	完全一致でなくても検出
Reverse	末尾から先頭に向かって検索
WholeWord	完全一致の文字列のみ検出

リスト1　文字列を検索する(ファイル名:ui082.sln、Form1.vb)

```
Private Sub Button1_Click(sender As Object, e As EventArgs) _
    Handles Button1.Click
    Dim Text = TextBox1.Text
    If Text <> "" Then
        RichTextBox1.SelectionStart += RichTextBox1.SelectionLength
        RichTextBox1.SelectionLength = 0
        RichTextBox1.Focus()
        Dim pos = RichTextBox1.Find(Text,
       RichTextBox1.SelectionStart, RichTextBoxFinds.None)
        If pos <> -1 Then
            ' 検索にマッチした場所の色を変える
            RichTextBox1.SelectionBackColor = Color.Red
            RichTextBox1.SelectionColor = Color.White
        End If
    End If
End Sub
```

SelectionStartプロパティは、選択されているテキストの開始点を取得、設定します。また、SelectionLengthプロパティは、選択されているテキストの文字数を取得、設定します。

スピンボタンで数値を入力できるようにする

ここがポイントです！

アップダウンコントロールで数値を設定
（NumericUpDownコントロール、Valueプロパティ）

NumericUpDownコントロールを使うと、[▲] [▼] の**スピンボタン**をクリックして、数値を増減できます。

NumericUpDownコントロールは、[ツールボックス] から [NumericUpDown] を選択し、フォームに配置します。

NumericUpDownコントロールで入力できる数値の範囲は、**Minimumプロパティ**で最小値、**Maximumプロパティ**で最大値、**Valueプロパティ**で現在値を設定し、**Increamentプロパティ**でボタンをクリックしたときの増減値を指定します。それぞれDecimal型の数値を指定できます。

リスト1では、フォームを読み込むときにNumericUpDownコントロールの初期設定を行っています。

▼実行結果

リスト1　スピンボタンの設定を行う（ファイル名：ui083.sln、Form1.vb）

```
Private Sub Form1_Load(sender As Object, e As EventArgs) _
    Handles MyBase.Load
    NumericUpDown1.Minimum = 0
    NumericUpDown1.Maximum = 100
    NumericUpDown1.Value = 50
    NumericUpDown1.Increment = 10
End Sub

Private Sub Button1_Click(sender As Object, e As EventArgs) _
    Handles Button1.Click
    ' Decimal型をInteger型にキャストする
    Dim num As Integer = NumericUpDown1.Value
    Label1.Text = $"入力した数値は {num} です"
```

```
End Sub
```

さらにワンポイント

NumericUpDownコントロールのThousandSeparatorプロパティの値を「True」にすると、3桁ごとの桁区切りカンマが表示されます。

また、NumericUpDownコントロールのテキストボックスに直接数値を入力すると、Increamentプロパティで設定した増減値に関係なく自由に数値の入力ができます。これを制限するには、ReadOnlyプロパティの値を「True」にして、数値の入力をボタンだけで行うようにします。

Tips 084

▶Level ●

▶対応 COM PRO

ドラッグで数値を変更できるようにする

ここがポイントです！

トラックバーコントロールで数値を設定
（TrackBarコントロール、Valueプロパティ）

TrackBarコントロールを使うと、**トラックバー**（つまみ）をドラッグまたはクリックして数値を増減することができます。

TrackBarコントロールは、［ツールボックス］の［すべてのWindowsフォーム］から［TrackBar］を選択し、フォームに配置します。

TrackBarコントロールで入力できる数値の範囲は、**Minimumプロパティ**で最小値、**Maximumプロパティ**で最大値、**Valueプロパティ**で現在値、**TickFrequencyプロパティ**で目盛間隔を指定します。

また、TrackBarコントロールでトラックバーをドラッグしたときの増減数は**SmallChangeプロパティ**、目盛軸をクリックしたときの増減数は**LargeChangeプロパティ**で指定します。

TrackBarコントロールは、トラックバーをドラッグすると**Scrollイベント**が発生します。そこでTrackBarコントロールのScrollイベントハンドラーを使ってドラッグしたときの動作を設定します。Scrollイベントハンドラーは、TrackBarコントロールをダブルクリックして作成できます。

リスト1では、フォームを読み込むときにTrackBarコントロールの初期設定を行っています。

リスト2では、TrackBarコントロールのトラックバーを移動したときに、トラックバー位置の値をテキストボックスに表示し、ラベルの文字サイズに設定しています。

▼実行結果

リスト1 トラックバーの設定を行う（ファイル名：ui084.sln、Form1.vb）

```
Private Sub Form1_Load(sender As Object, e As EventArgs) _
    Handles MyBase.Load
    TrackBar1.Minimum = 10
    TrackBar1.Maximum = 50
    TrackBar1.Value = 10
    TrackBar1.TickFrequency = 1
    TrackBar1.SmallChange = 1
    TrackBar1.LargeChange = 5
    Label1.Text = TrackBar1.Value.ToString()
End Sub
```

リスト2 トラックバーを使ってフォントサイズを変更する（ファイル名：ui084.sln、Form1.vb）

```
Private Sub TrackBar1_Scroll(sender As Object, e As EventArgs) _
    Handles TrackBar1.Scroll
    Label1.Text = TrackBar1.Value.ToString()
    Dim font = Label2.Font
    Label2.Font = New Font(font.FontFamily, TrackBar1.Value)
End Sub
```

TrackBarコントロールのSmallChangeプロパティの値は、キーボードの［←］［→］キーで変更でき、LargeChangeプロパティの値は［PageUp］キー、［PageDown］キーで変更できます。

フォームにWebページを表示する

ここがポイントです! WebView2コントロールの利用

.NET 6では、フォームにブラウザー機能を埋め込む場合に**WebView2コントロール**を使います。

WebView2コントロールコントロールは、標準コントロールではなく、NuGetで**Microsoft.Web.WebView2パッケージ**を追加します（画面1）。

WebView2コントロールは、ブラウザーのEdgeと同じ機能であるため、Webサーバーから送られてくるデータを通常のブラウザーと同じように表示できます（画面2）。SPA（Single Page Application）で使われるJavaScriptライブラリも同じように動作するため、アプリケーション内にWebサーバーにあるドキュメントなどをリアルタイムに表示することが可能です。

リスト1では、WebView2コントロールのSourceプロパティに表示をしたいUriオブジェクトを設定して、指定URLをフォームに表示させています。

▼画面1 Microsoft.Web.WebView2パッケージ

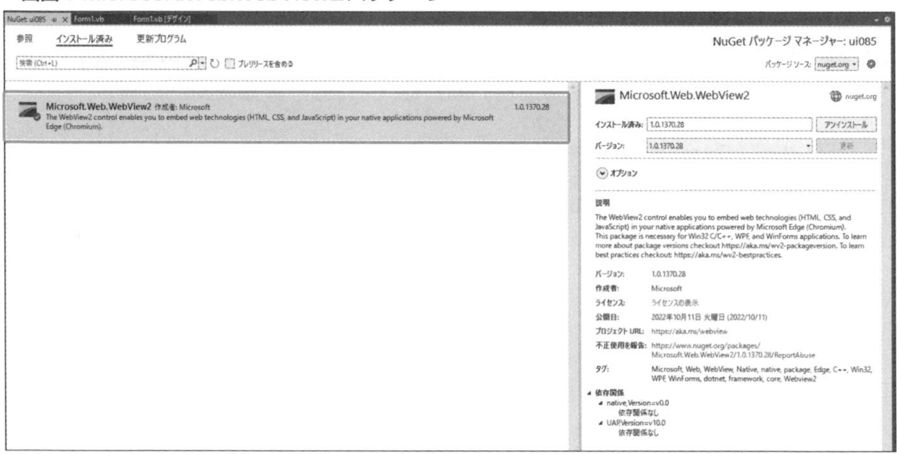

▼画面2 デザイナー

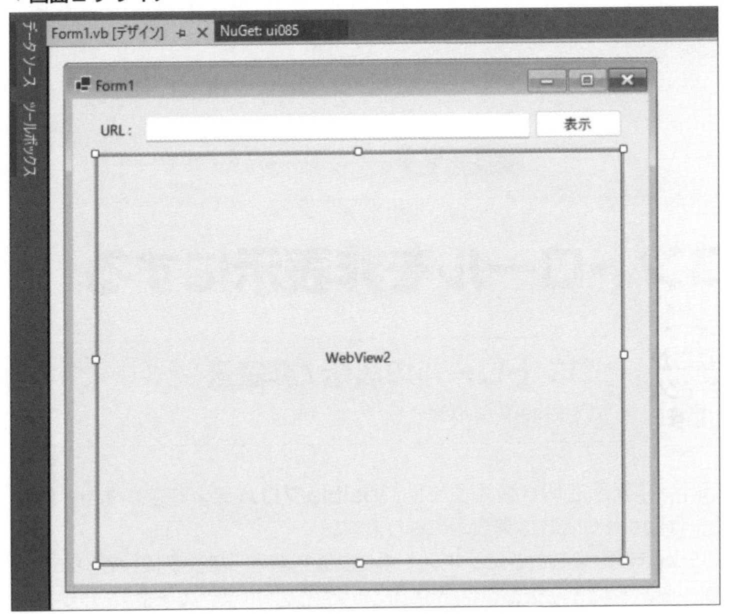

▼実行結果

リスト1　指定URLをブラウザーで表示する（ファイル名：ui085.sln、Form1.vb）

```
Private Sub Button1_Click(sender As Object, e As EventArgs) _
    Handles Button1.Click
    WebView21.Source = New Uri(TextBox1.Text)
End Sub
```

.NET Frameworkのフォームアプリケーションでは、今まで通り、WebBrowserコントロールが使えます。

3-5 配置

コントロールを非表示にする

ここがポイントです！

コントロールの表示/非表示

（Visibleプロパティ）

コントロールの表示/非表示を切り替えるには、**Visibleプロパティ**を使います。値が「True」のときは表示、「False」のときは非表示になります。

リスト1では、フォームを読み込むときにテキストボックスを非表示の設定にしています。

リスト2では、チェックボックスにチェックが付いたらテキストボックスを表示し、チェックが外れたらテキストボックスを非表示にしています。

▼実行結果

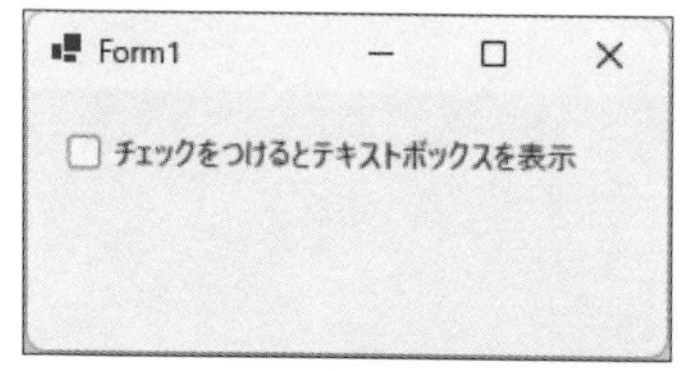

▼チェックボックスにチェックを付けた結果

Form1

チェックをつけるとテキストボックスを表示

リスト1　テキストボックスを非表示にする（ファイル名：ui086.sln、Form1.vb）

```
Private Sub Form1_Load(sender As Object, e As EventArgs) _
    Handles MyBase.Load
    CheckBox1.Checked = False
    TextBox1.Visible = False
End Sub
```

リスト2　テキストボックスの表示/非表示を切り替える（ファイル名：ui086.sln、Form1.vb）

```
Private Sub CheckBox1_CheckedChanged(sender As Object, e As EventArgs)
    Handles CheckBox1.CheckedChanged
    If CheckBox1.Checked = True Then
        TextBox1.Visible = True
    Else
        TextBox1.Visible = False
    End If
End Sub
```

コントロールの有効/無効を切り替えるには、コントロールのEnabledプロパティの値を「True」または「False」に設定します。「False」にすると、コントロールが無効になり、グレー表示になります。

フォームのコントロールの大きさをフォームに合わせる

ここがポイントです！

コントロールをフォームにドッキングさせる（Dockプロパティ）

コントロールをフォーム全体のサイズに合わせて表示させたり、フォームの上下左右にドッキングして表示させたりするには、コントロールの**Dockプロパティ**を使います。

プロパティウィンドウで［Dock］を選択し、右側の［▼］ボタンをクリックすると、ブロックのリストが表示されます。

例えば、ボタンをフォームの上部にドッキングさせるには、上の枠をクリックします（画面1）。

ピクチャーボックスをフォーム全体に合わせてドッキングするには中央の枠をクリックします（画面2）。

枠をクリックすると、実際の設定値がプロパティに表示されます（画像3）。設定値は、次ページの表に示すように**DockStyle列挙型**の値で指定します。

Dockプロパティを設定してプログラムを実行し、フォームのサイズを変更すると、それに合わせてコントロールのサイズも変更になります。

▼画面1 ボタンのDockプロパティ

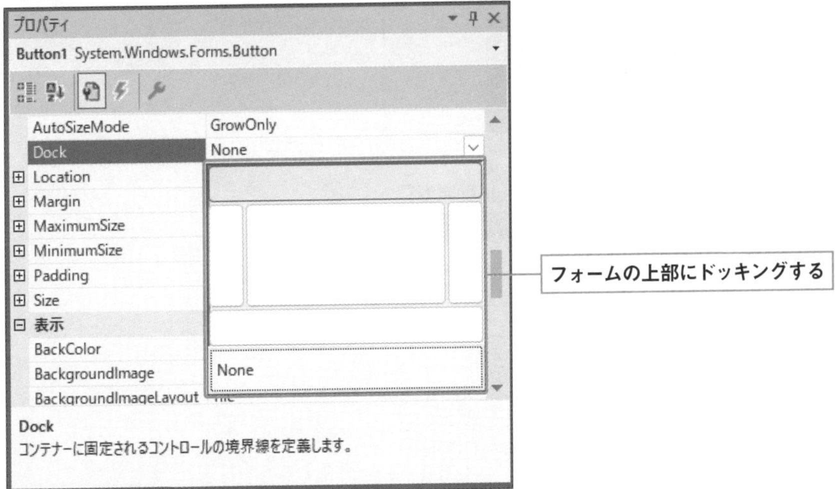

▼画面2 ピクチャーボックスのDockプロパティ

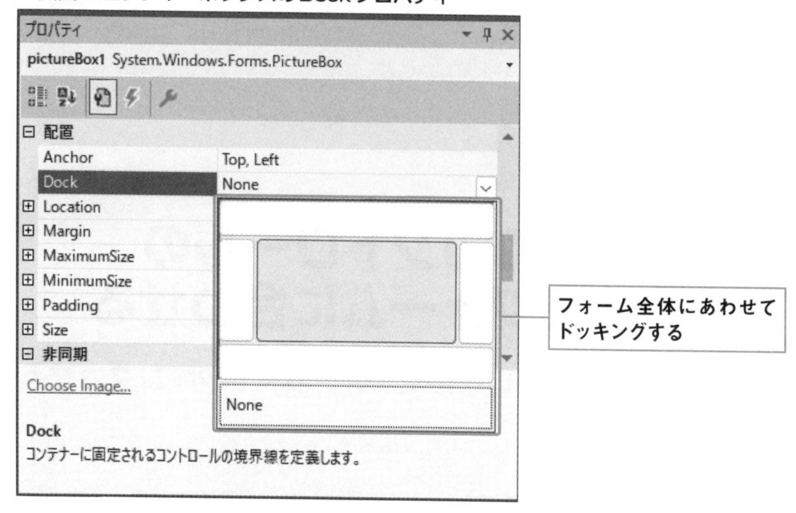

▼実行結果

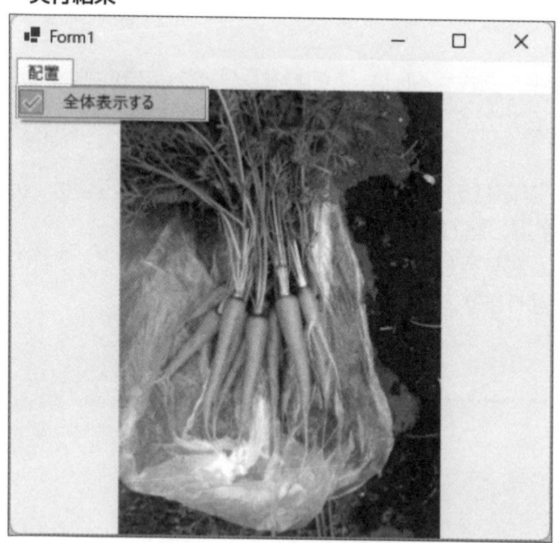

Dockプロパティに指定する値（DockStyle列挙型）

値	説明
Top	フォームの上端に固定
Bottom	フォームの下端に固定
Right	フォームの右端に固定
Left	フォームの左端に固定
Fill	フォーム全体に固定
None	ドッキング解除

プログラムからDockプロパティを設定する場合は、「pictureBox1.Dock = DockStyle.Fill;」のように記述します。また、コントロールがPanelなどほかのコンテナーに含まれている場合は、フォームではなく、そのコンテナーにドッキングします。

フォームの端からの距離を一定にする

ここがポイントです！ **フォームの任意の位置からの距離を固定（Anchorプロパティ）**

コントロールをフォームの右端や下端などからの位置で固定にするには、**Anchorプロパティ**を使います。

コントロールのプロパティウィンドウの［Anchorプロパティ］を選択し、右側の［V］をクリックして表示される画面で、距離を一定にする位置のラインをクリックして、濃い灰色の状態にします（画面1）。

ラインをクリックすると、プロパティに実際の設定値が表示されます。設定値の内容は、次々ページの表の通りです。

ここでは、ボタンの右端と下端を固定しています。右のラインと下のラインをクリックして濃い灰色の状態にし、［Enter］キーを押して確定します。

同様に、ピクチャーボックスの上端、下端、左端、右端を固定しています（画面2）。

プログラムを実行し、フォームのサイズを変更すると、Anchorプロパティで設定した通りにフォームとコントロールの距離が保たれます。

ピクチャーボックスは、上端、下端、左端、右端が固定されているため、サイズも変わります。

▼画面1 ボタンのAnchorプロパティ

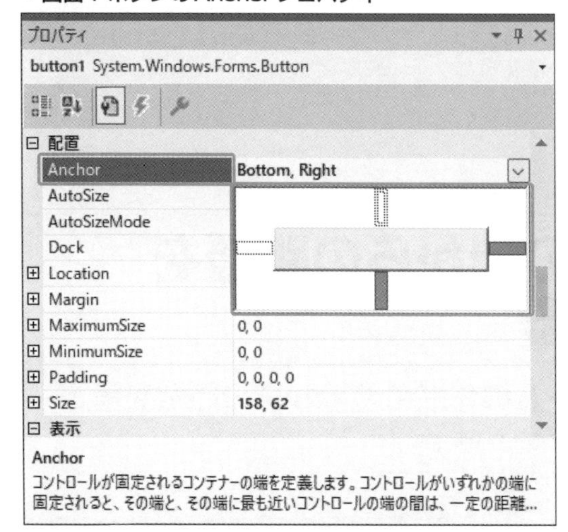

▼画面2 ピクチャーボックスのAnchorプロパティ

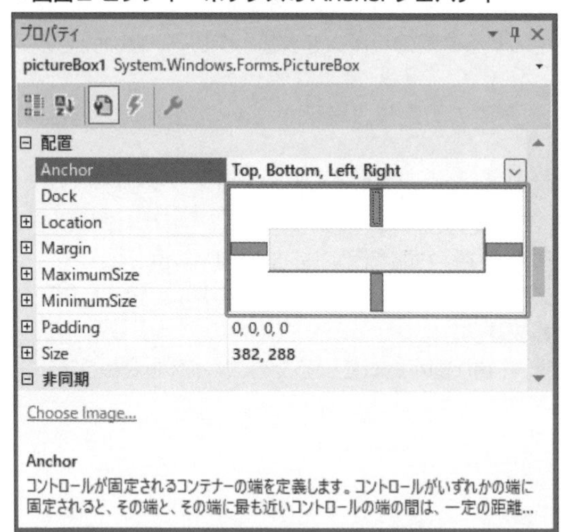

▼実行結果

▼フォームのサイズ変更後

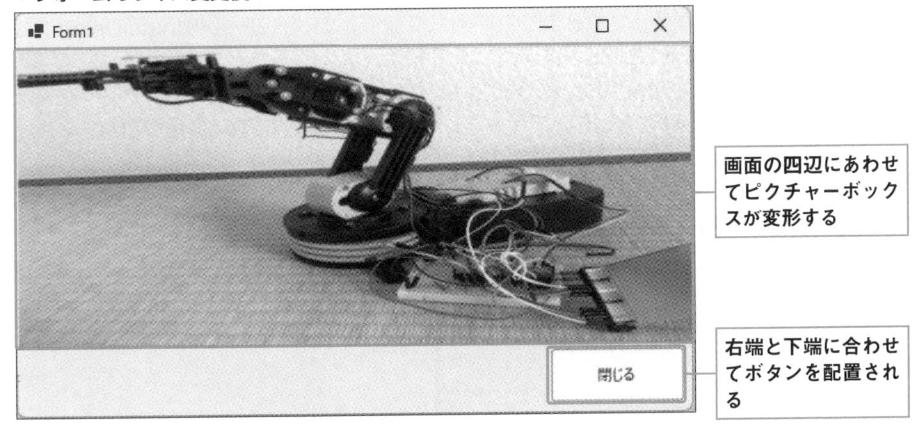
Form1
閉じる
画面の四辺にあわせてピクチャーボックスが変形する
右端と下端に合わせてボタンを配置される

Anchorプロパティに指定する値（AnchorStyle列挙型）

値	説明
Top	フォームの上端からの距離を固定
Bottom	フォームの下端からの距離を固定
Left	フォームの左端からの距離を固定
Right	フォームの右端からの距離を固定
None	固定しない

さらにワンポイント

コントロールがPanelなどのほかのコンテナーに含まれている場合は、フォームではなくコンテナーの端からの距離が固定になります。プログラムでAnchorプロパティを設定する場合、例えばボタンの右端と下端を固定するのであれば、次のように記述します。

```
Button1.Anchor = AnchorStyles.Right Or AnchorStyles.Bottom
```

Tips 089 ▶Level ● ▶対応 COM PRO

コントロールをポイントしたときにヒントテキストを表示する

ここがポイントです！ **ポップアップヒントの設定**（ToolTipプロパティ）

フォーム上のコントロールにマウスポインターを合わせたときに**ポップアップヒント**を表示させるには、**ToolTipコントロール**を使用します。

ToolTipコントロールは、［ツールボックス］から［ToolTip］を選択して、フォームをクリックすると、コンポーネントトレイに追加されます。

ポップアップヒントが表示されるまでの時間は、ToolTipコントロールの**InitialDelayプロパティ**を使ってミリ秒単位で設定します。

ToolTipコントロールを追加した後、Windowsフォームデザイナーでポップヒントを表示したいコントロールを選択し、プロパティウィンドウのtoolTip1の**ToolTipプロパティ**にヒントテキストとなる文字列を入力します（画面1）。

▼**画面1 ヒントテキストの設定**

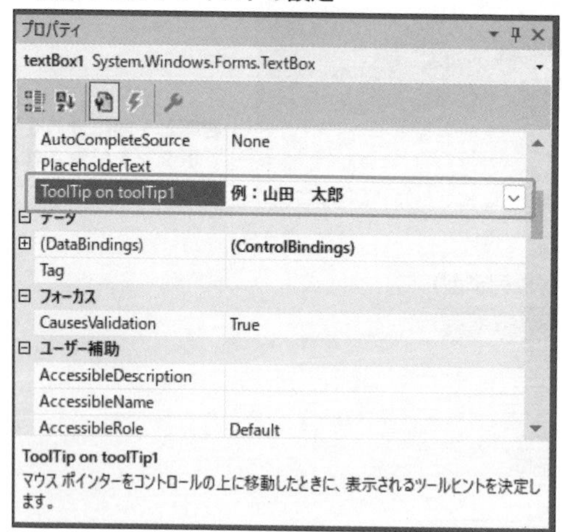

▼**実行結果**

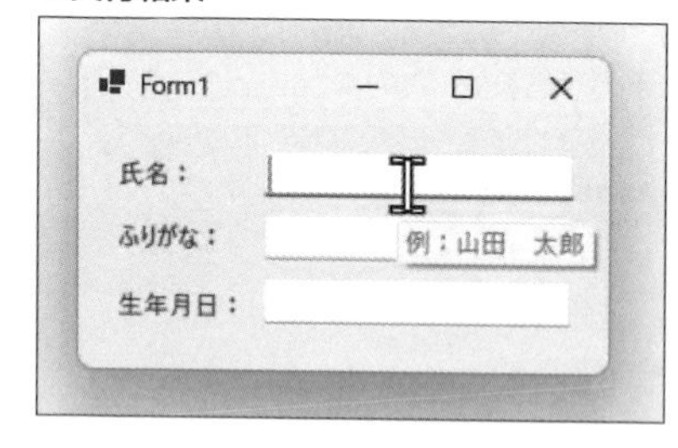

プログラムでヒントテキストを設定する場合は、Newキーワードでインスタンスを生成し、インスタンスに対して、SetToolTipメソッドで設定します。書式は、次の通りです。

```
ToolTip.SetToolTip(コントロール名, "ヒントテキスト")
```

例えば、「toolTip1.SetToolTip(textBox2,"例：秀和 太郎")」のように記述できます。

フォーカスの移動順を設定する

ここがポイントです！ **タブオーダーの変更**
（タブオーダーモード、TabIndexプロパティ）

キーボードの［Tab］キーを押したときに、フォーカスがコントロールを移動する順番を**タブオーダー**と言います。タブオーダーは、コントロールを配置した順番に設定され、**TabIndexプロパティ**に0から順番に割り振られます。

また、タブオーダーはプロパティウィンドウの**TabIndexプロパティ**で数値を入力して、直接指定することもできます（画面1）。

▼**画面1 プロパティウィンドウ**

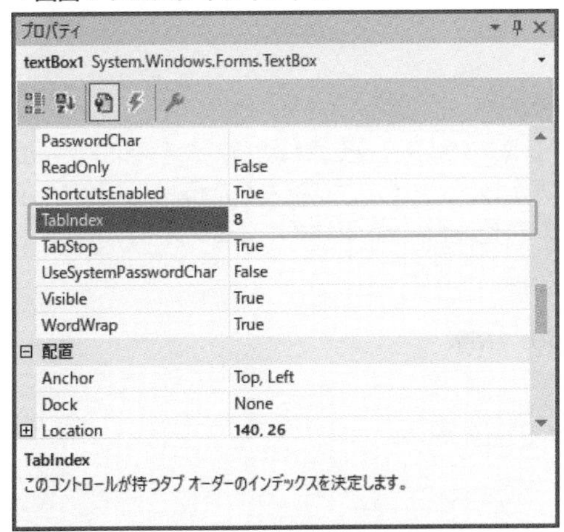

さらにワンポイント　.NET 6でのWindowsフォームではデザイナーでのタブオーダーを指定できないため、TabIndexプロパティにタブ移動の順番を設定します。.NET FrameworkのWindowsフォームの場合は従来通り［表示］→［タブオーダー］メニューを選択すると、従来通りデザイナーでタブ移動の順番が設定できます。

3-6 ダイアログ

ファイルを開くダイアログボックスを表示する

ここがポイントです!

[開く] ダイアログボックス
(OpenFileDialogクラス)

ファイルを選択できるダイアログボックス(一般的に、[開く] ダイアログボックス)を使うには、**OpenFileDialogクラス**を利用します。

実行時に [開く] ダイアログボックスを表示するには、**ShowDialogメソッド**を実行します。

▼ [開く] ダイアログボックスを表示する

```
Dim dlg As New OpenFileDialog()
dlg.ShowDialog()
```

ダイアログボックスの初期設定は、次ページの表に示したプロパティで行います。

リスト1では、[ファイルを開くダイアログ] ボタンがクリックされたら、イメージファイルを選択できる [開く] ダイアログボックスを表示し、ファイルが選択されたら、パスとファイル名を表示し、[開く] ボタンがクリックさされたら、イメージファイルをピクチャーボックスに表示しています。

▼ [ファイルを開くダイアログ] ボタンをクリックした結果

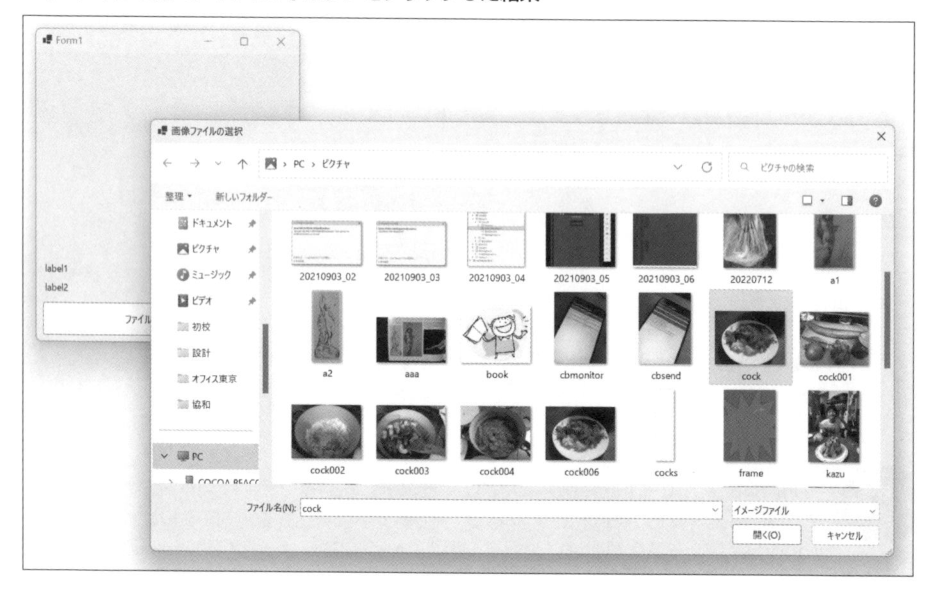

▼ [開く] ボタンをクリックした結果

OpenFileDialogクラスの主なプロパティ

プロパティ	内容
AddExtension	拡張子が入力されなかったとき、拡張子を自動的に付ける場合は「True」(既定値)、付けない場合は「False」
CheckFileExists	存在しないファイルを指定されたとき、警告を表示する場合は「True」(既定値)、表示しない場合は「False」
CheckPathExists	存在しないパスを指定されたとき、警告を表示する場合は「True」(既定値)、表示しない場合は「False」
FileName	選択されたファイルパス (String型)
FileNames	選択されたすべてのファイルパス (String型の配列)
Filter	[ファイルの種類] のフィルター。「フィルター1 の説明 | フィルター1のパターン | フィルター2 の説明 | フィルター2のパターン…」のように指定
FilterIndex	[ファイルの種類] の最初に表示するフィルター。既定値は「1」
InitialDirectory	[ファイルの場所] に表示するパス
Multiselect	複数のファイルを選択可能にする場合は「True」、複数選択不可の場合は「False」(既定値)
ReadOnlyChecked	[読み取り専用ファイルとして開く] にチェックマークを付ける場合は「True」、付けない場合は「False」(既定値)
RestoreDirectory	ダイアログボックスでフォルダーを変更したとき、ダイアログボックスを閉じるときに元に戻す場合は「True」、戻さない場合は「False」(既定値)
SafeFileName	選択されたファイル名 (拡張子を含む)。パスは含まない
SafeFileNames	すべてのファイル名を要素とするString型配列 (拡張子を含む)。パスは含まない
ShowHelp	[ヘルプ] ボタンを表示する場合は「True」、表示しない場合は「False」(既定値)
ShowReadOnly	[読み取り専用ファイルとして開く] チェックボックスを表示する場合は「True」、表示しない場合は「False」(既定値)
Title	ダイアログボックスのタイトルバーに表示する文字

リスト1　開くダイアログボックスを表示する（ファイル名：ui091、Form1.vb）

```
Private Sub Button1_Click(sender As Object, e As EventArgs) _
    Handles Button1.Click
    Dim dlg = New OpenFileDialog() With {
            .Title = "画像ファイルの選択",
            .CheckFileExists = True,
            .RestoreDirectory = True,
            .Filter = "イメージファイル|*.bmp;*.jpg;*.png;"
    }
    If dlg.ShowDialog() = DialogResult.OK Then
        Label1.Text = dlg.FileName
        Label2.Text = dlg.SafeFileName
        PictureBox1.Image = Image.FromFile(dlg.FileName)
    Else
        Label1.Text = ""
        Label2.Text = ""
        PictureBox1.Image = Nothing
    End If
End Sub
```

FileNameプロパティに、コンポーネント名が設定されているようであれば、これを削除しておくか、適切なファイル名を設定しておきます（プロパティウィンドウで確認できます）。

テキストファイルを開く操作については、第6章の「ファイル、フォルダー操作の極意」を参照してください。

ツールボックスからOpenFileDialogコンポーネントをフォームにドラッグアンドドロップして利用することもできます。

Tips 092 ▶Level ● ▶対応 COM PRO

名前を付けて保存するダイアログボックスを表示する

ここがポイントです！ **［名前を付けて保存］ダイアログボックス**（SaveFileDialogコンポーネント）

保存するファイルを指定できるダイアログボックス（一般的に、［名前を付けて保存］ダイアログボックス）を使うには、**SaveFileDialogクラス**を利用します。

［名前を付けて保存］ダイアログボックスを表示するには、**ShowDialogメソッド**を実行します。

▼［名前を付けて保存］ダイアログボックスを表示する

```
Dim dlg As New SaveFileDialog()
dlg.ShowDialog()
```

ダイアログボックスの初期設定は、次ページの表に示したプロパティで行います。

ダイアログボックスで指定されたファイル（のストリーム）を開くには、ダイアログボックスの**OpenFileメソッド**を使います。

▼ダイアログボックスで指定されたファイルを開く

```
SaveFileDialog.OpenFile()
```

OpenFileメソッドは、Streamオブジェクトへの参照を返します。

リスト1では、［名前を付けて保存ダイアログ］ボタンがクリックされたら、［名前を付けて保存］ダイアログボックスを表示します。さらに、ダイアログボックスで［保存］ボタンがクリックされたら、指定されたファイル名でピクチャーボックスの画像を保存しています。

▼［名前を付けて保存ダイアログ］ボタンをクリックした結果

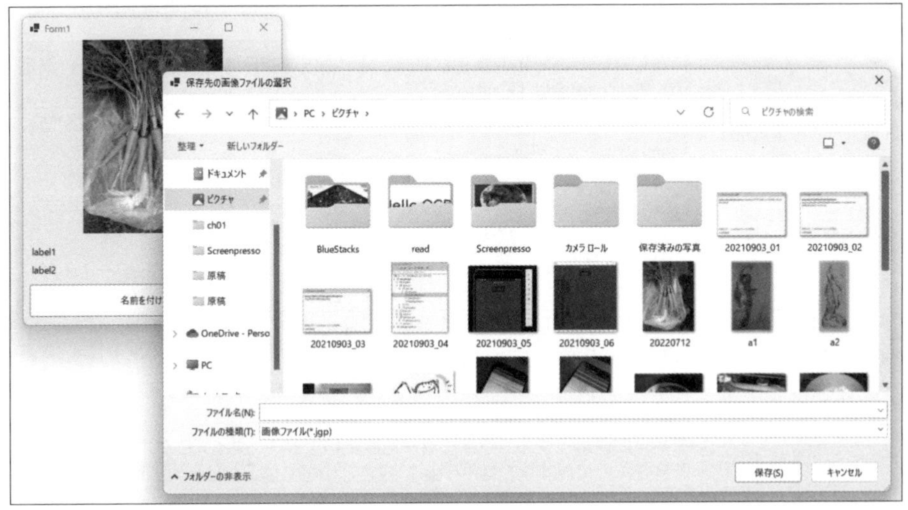

▼［保存］ボタンをクリックした結果

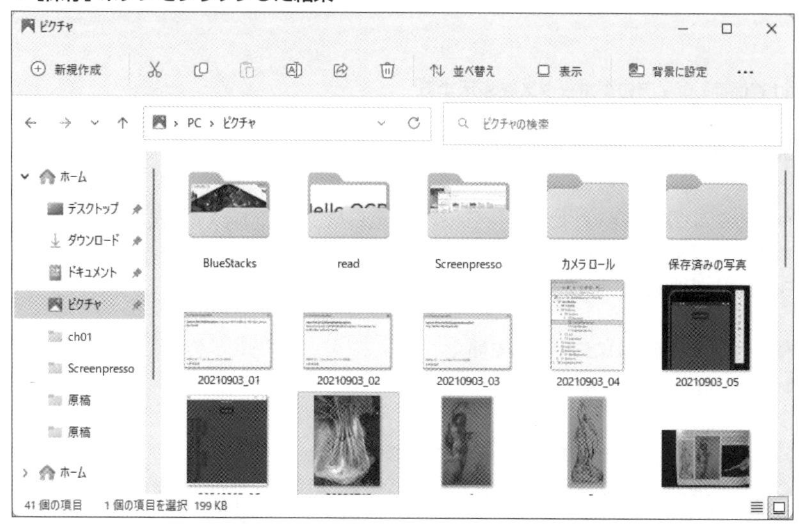

SaveFileDialogクラスの主なプロパティ

プロパティ	内容
AddExtension	拡張子が入力されなかったとき、拡張子を自動的に付ける場合は「True」(既定値)、付けない場合は「False」
CheckFileExists	存在しないファイルを指定されたとき、警告を表示する場合は「True」(既定値)、しない場合は「False」
CheckPathExists	存在しないパスを指定されたとき、警告を表示する場合は「True」(既定値)、しない場合は「False」
CreatePrompt	存在しないファイルを指定されたとき、ファイルを作成することを確認する場合は「True」、確認せずに作成する場合は「False」(既定値)
FileName	選択されたファイルパス(String型)
Filter	［ファイルの種類］のフィルター。「フィルター1の説明｜フィルター1のパターン｜フィルター2の説明｜フィルター2のパターン…」のように指定
FilterIndex	［ファイルの種類］の最初に表示するフィルター。既定値は「1」
InitialDirectory	［ファイルの場所］に表示するパス
OverwritePrompt	すでに存在するファイル名を指定されたとき、上書きを確認する場合は「True」(既定値)、確認せずに上書きする場合は「False」
RestoreDirectory	ダイアログボックスでフォルダーを変更したとき、ダイアログボックスを閉じるときに元に戻す場合は「True」、戻さない場合は「False」(既定値)
ShowHelp	［ヘルプ］ボタンを表示する場合は「True」、表示しない場合は「False」(既定値)
Title	ダイアログボックスのタイトルバーに表示する文字

リスト1 ［名前を付けて保存］ダイアログボックスを使う(ファイル名：ui092.sln、Form1.vb)

```
Private Sub Button1_Click(sender As Object, e As EventArgs) _
    Handles Button1.Click
    Dim dlg = New SaveFileDialog() With {
            .Title = "保存先の画像ファイルの選択",
```

```
            .Filter = "画像ファイル(*.jgp)|*.jpg|画像ファイル(*.png)|*.png"
        }
    If dlg.ShowDialog() = DialogResult.Cancel Then
        Return
    End If
    If dlg.FilterIndex = 1 Then
        PictureBox1.Image.Save(dlg.FileName, System.Drawing.Imaging.
ImageFormat.Jpeg)
    Else
        PictureBox1.Image.Save(dlg.FileName, System.Drawing.Imaging.
ImageFormat.Jpeg)
    End If
    Label1.Text = dlg.FileName
    Label2.Text = "保存しました"
End Sub
```

Tips 093

フォントを設定するダイアログボックスを表示する

▶Level ●
▶対応 COM PRO

ここがポイントです!

[フォント] ダイアログボックス
(FontDialogコンポーネント)

フォントの種類や大きさ、色を指定できるダイアログボックス([フォント] ダイアログボックス) を使うには、**FontDialogクラス**を利用します。

[フォント] ダイアログボックスを表示するには、**ShowDialogメソッド**を実行します。

▼ **[フォント] ダイアログボックスを表示する**

```
Dim dlg As New FontDialog()
dlg.ShowDialog()
```

ダイアログボックスの初期設定は、次ページの表に示したプロパティで行います。

リスト1では、[フォントを設定する] ボタンがクリックされたら、[フォント] ダイアログボックスを表示します。表示する前に、リッチテキストボックスの選択範囲のフォントを反映しています。さらに、ダイアログボックスで [OK] ボタンがクリックされたら、ダイアログボックスのフォントをリッチテキストボックスの選択範囲に反映しています。

▼［フォントを設定する］ボタンをクリックした結果

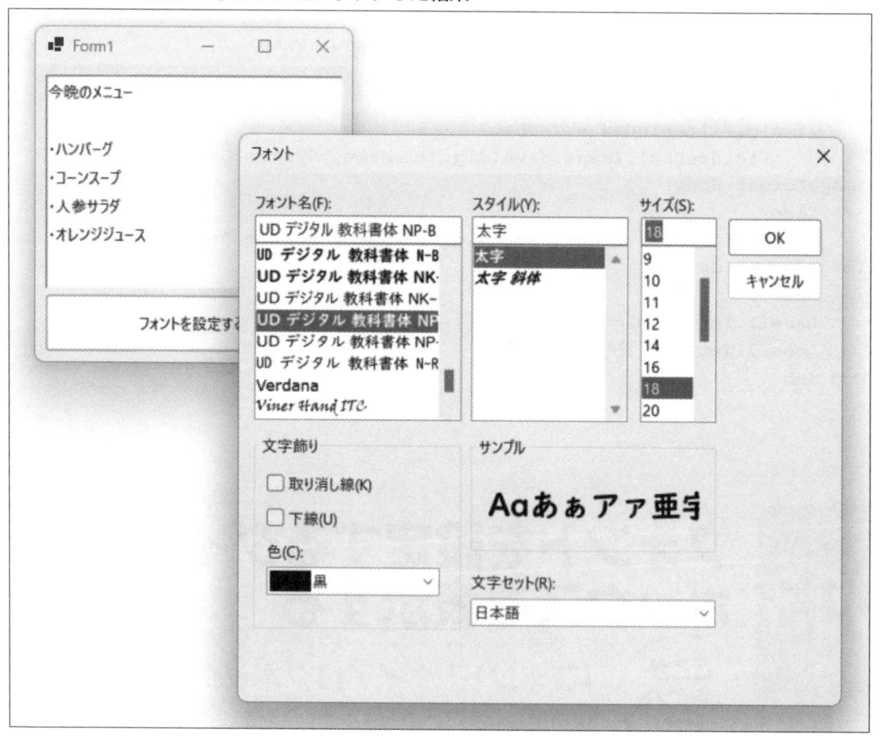

▼［OK］ボタンをクリックした結果

FontDialogクラスの主なプロパティ

プロパティ	内容
Color	選択したフォントの色。Color構造体で定義されている
Font	選択したフォント
FontMustExist	存在しないフォントが選択されたとき、警告を表示する場合は「True」、表示しない場合は「False」(既定値)

MaxSize	選択できるポイントサイズの最大値。制限しない場合は「0」(既定値)
MinSize	選択できるポイントサイズの最小値。制限しない場合は「0」(既定値)
ShowApply	[適用] ボタンを表示する場合は「True」、表示しない場合は「False」(既定値)
ShowColor	色の選択肢を表示する場合は「True」、表示しない場合は「False」(既定値)
ShowEffects	取り消し線、下線、色の選択などのオプションを表示する場合は「True」(既定値)、表示しない場合は「False」
ShowHelp	[ヘルプ] ボタンを表示する場合は「True」、表示しない場合は「False」(既定値)

リスト1 [フォント] ダイアログボックスを表示する (ファイル名：ui093.sln、Form1.vb)

```
Private Sub Button1_Click(sender As Object, e As EventArgs) _
    Handles Button1.Click
    Dim dlg = New FontDialog() With {
    .ShowColor = True,
            .Font = RichTextBox1.SelectionFont,
            .Color = RichTextBox1.SelectionColor
        }
    If dlg.ShowDialog() = DialogResult.OK Then
        RichTextBox1.SelectionFont = dlg.Font
        RichTextBox1.SelectionColor = dlg.Color
    End If
End Sub
```

テキストファイルに出力する操作については、第6章の「ファイル、フォルダー操作の極意」を参照してください。

Tips 094 ▶Level ● ▶対応 COM PRO

色を設定するダイアログボックスを表示する

ここがポイントです！ [色の設定] ダイアログボックス (ColorDialogクラス)

色を選択できるダイアログボックス ([色の設定] ダイアログボックス) を使うには、**ColorDialogクラス**を利用します。

[色の設定] ダイアログボックスを表示するには、**ShowDialogメソッド**を実行します。

▼ [色の設定] ダイアログボックスを表示する

```
Dim dlg As New ColorDialog()
dlg.ShowDialog()
```

［色の設定］ダイアログボックスの初期設定は、次ページの表に示したプロパティで行います。
リスト1では、［色を選択する］ボタンがクリックされたら、［色の設定］ダイアログボックスを表示します。さらに、ダイアログボックスで［OK］ボタンがクリックされたら、選択された色をラベルの背景色に設定しています。

▼［色を選択する］ボタンをクリックした結果

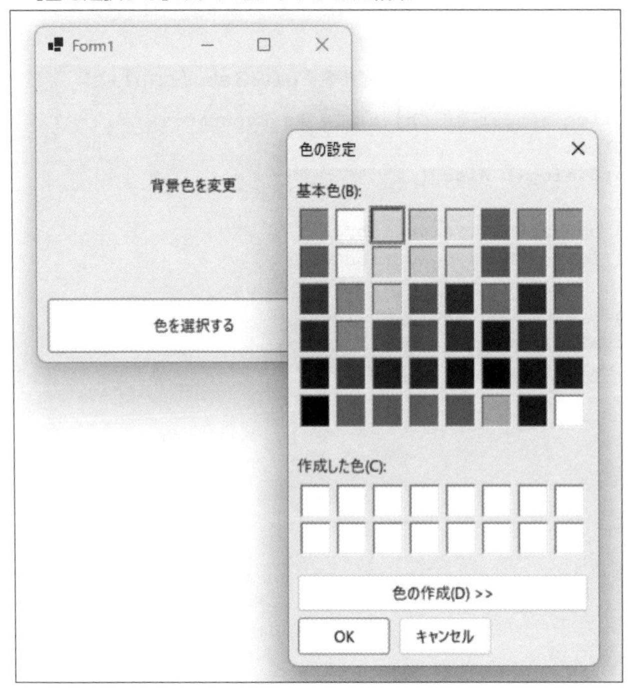

▼［OK］ボタンをクリックした結果

ColorDialogクラスの主なプロパティ

プロパティ	内容
AllowFullOpen	カスタムカラーを定義可能にする場合は「True」(既定値)、しない場合は「False」
AnyColor	使用できるすべての色を基本色セットとして表示する場合は「True」、表示しない場合は「False」(既定値)
Color	選択された色。Color構造体で定義されている
CustomColors	カスタムカラーセット。Integer型の配列
FullOpen	ダイアログボックスを開いたとき、カスタムカラー作成用コントロールを表示する場合は「True」、表示しない場合は「False」(既定値)
ShowHelp	[ヘルプ] ボタンを表示する場合は「True」、表示しない場合は「False」(既定値)
SolidColorOnly	純色のみ選択可能にする場合は「True」、しない場合は「False」(既定値)。表示色が256色以下のシステムに適用される

リスト1 色の選択ダイアログボックスを表示する(ファイル名:ui094.sln、Form1.vb)

```
Private Sub Button1_Click(sender As Object, e As EventArgs) _
    Handles Button1.Click
    Dim dlg As New ColorDialog()
    If dlg.ShowDialog() = DialogResult.OK Then
        Label1.BackColor = dlg.Color
    End If
End Sub
```

Tips 095 ▶Level ● ▶対応 COM PRO

フォルダーを選択するダイアログボックスを表示する

ここがポイントです! [フォルダーの選択] ダイアログボックス (FolderBrowserDialogクラス)

フォルダーを選択できるダイアログボックス([フォルダーの選択] ダイアログボックス)を使うには、**FolderBrowserDialogクラス**を利用します。

[フォルダーの選択] ダイアログボックスを表示するには、**ShowDialogメソッド**を実行します。

▼ [フォルダーの選択] ダイアログボックスを表示する

```
Dim dlg As New FolderBrowserDialog()
dlg.ShowDialog()
```

ダイアログボックスの初期設定は、次ページの表に示したプロパティで行います。

リスト1では、[フォルダーを選択する] ボタンがクリックされたら、[フォルダーの選択]

ダイアログボックスを表示しています。さらに、ダイアログボックスで［フォルダーの選択］ボタンがクリックされたら、選択されたパスをラベルに表示します。

▼［フォルダーを選択する］ボタンをクリックした結果

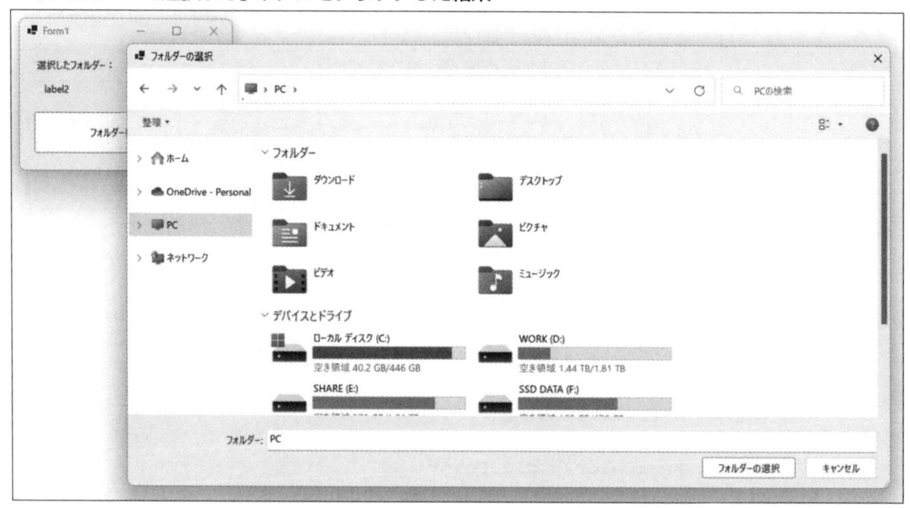

▼［フォルダーの選択］ボタンをクリックした結果

FolderBrowserDialogクラスの主なプロパティ

プロパティ	内容
Description	ダイアログボックスに表示する説明文。String型の値
RootFolder	参照の開始位置のルートフォルダー。Environment.SpecialFolder列挙体の値。既定値はDesktop
SelectedPath	選択されたパス。String型の値
ShowNewFolderButton	［新しいフォルダー］ボタンを表示する場合は「True」(既定値)、表示しない場合は「False」

リスト1　［フォルダーの参照］ダイアログボックスを表示する（ファイル名：ui095.sln、Form1.vb）

```
Private Sub Button1_Click(sender As Object, e As EventArgs) _
    Handles Button1.Click
    ' [新しいフォルダーを作成] ボタンを表示しない
```

```
    Dim dlg As New FolderBrowserDialog() With
        {
            .ShowNewFolderButton = False
        }
    If dlg.ShowDialog() = DialogResult.OK Then
        Label2.Text = dlg.SelectedPath
    End If
End Sub
```


Column .NET Frameworkから.NET 6（.NETプラットフォーム拡張）への移植

Windows環境では、従来の.NET Frameworkと新しい.NETプラットフォーム拡張（.NET 6など）の両方が動作します。いままで作成していた.NET Frameworkのアプリケーション（WindowsフォームやWPFアプリ）を.NETプラットフォーム拡張へと移植するかどうかを悩むところでしょう。

.NET 6がLTS（長期サポート）、.NET 7が標準サポートとなり、年単位で.NET拡張プラットフォームのほうが進歩していきます。しかし、従来の機能を使うだけであれば、.NET Frameworkを使い続けてもよいのではないかと思いたいところです。

いまのところ、Microsoft社から.NET Frameworkのほうを廃止するという予定はアナウンスされていません。Windows Updateを経由してセキュリティパッチなども配布されている状態なので当面の間は大丈夫でしょう。

移植を早期に進めるかどうかは、何らかの外部パッケージを使っているか否かにかかっています。NuGet Galleryで配布されているオープンソースのパッケージは、既に.NET Framework対応版の更新がされなくなっています。セキュリティ的に問題がなくても、機能の拡張や新規機能などが追加されないとなれば既存アプリケーションの機能追加に支障が出てしまいそうです。

.NET Frameworkから.NETプラットフォーム拡張への移行は、主にプロジェクトファイル（*.vbproj）の変更になります。ライブラリ自体が揃っている場合は、一旦プロジェクトファイルを移植してみて動作確認をしてみるとよいでしょう。

 Column

コードエディター内で使用できる主なショートカットキー

コード入力中や編集時に使える主なショートカットキーには、次のようなものがあります。

コードエディター内での検索と置換

機能	ショートカットキー
クイック検索	[Ctrl] + [F] キー
クイック検索の次の結果	[Enter] キー
クイック検索の前の結果	[Shift] + [Enter] キー
クイック検索でドロップダウンを展開	[Alt] + [Down] キー
検索を消去	[Esc] キー
クイック置換	[Ctrl] + [H] キー
クイック置換で次を置換	[Alt] + [R] キー
クイック置換ですべて置換	[Alt] + [A] キー

コードエディター内での操作

機能	ショートカットキー
IntelliSense候補提示モード	[Ctrl] + [Alt] + [Space] キー
IntelliSenseの強制表示	[Ctrl] + [J] キー
クイックヒントの表示	[Ctrl] + [K] キー、[Ctrl] + [I] キー
移動	[Ctrl] + [,] キー
定義へ移動	[F12] キー
エディターの拡大	[Ctrl] + [Shift] + [>] キー
エディターの縮小	[Ctrl] + [Shift] + [<] キー
ブロック選択	[Alt] キーを押したままマウスをドラッグ、[Shift] + [Alt] + [方向] キー
行を上へ移動	[Alt] + [Up] キー
行を下へ移動	[Alt] + [Down] キー
定義をここに表示	[Alt] + [F12] キー
[定義をここに表示] ウィンドウを閉じる	[Esc] キー
コメントアウト	[Ctrl] + [K] キー、[Ctrl] + [C] キー
コメント解除	[Ctrl] + [K] キー、[Ctrl] + [U] キー

基本プログラミングの極意

4-1 基礎

コードにコメントを入力する

ここがポイントです！ コードに注釈を追加

コードに説明用の**コメント（注釈）**を追加するには、「'」（シングルクォート）を入力した後、コメントを入力します。行の先頭または、行の途中からと、どちらでもコメントにできます。

また、コメントにする行を選択し、ツールバーの［選択範囲のコメント］ボタンをクリックしてもコメントを追加できます。

「'」から、その行の末尾までの文字列は、コンパイルされません（実行可能ファイルには含まれません）。したがって、コードの説明を入力したり、一時的にコードを実行しない場合にコードの先頭に入力したりします。

コメントを解除するには、「'」を削除するか、解除する行を選択してツールバーの［選択範囲のコメント解除］ボタンをクリックします。

▼ツールバーのボタンでコメントを設定

デバッグ(D)　テスト(S)　分析(N)　ツール(T)　拡張機能(X)　ウィンドウ(W)　ヘルプ(H)　検索 (Ctrl

pg096

［選択範囲のコメント解除］ボタン

Button1

［選択範囲のコメント］ボタン

リスト1　コメントを使う（ファイル名：pg096.sln、Form1.vb）

```
Private Sub Button1_Click(sender As Object, e As EventArgs) _
    Handles Button1.Click
    Dim i
    ' 行頭に「'」を記述すると、行全体がコメントになります
    i = 100 * 2 ' 行の途中からもコメントが書けます

    ' 次の行は行頭に「'」があるので実行されません
    ' i += 100 ;

    '
    ' 複数行のブロックコメントは、
    ' ツールバーのコメントアウトの機能を使います
    ' Ctrl+K, Ctrl+C
    '
    MessageBox.Show($"i = {i}", "確認")
End Sub
```

Tips 097 ▶Level ● ▶対応 COM PRO

Visual Basicのデータ型とは

ここがポイントです！ データ型の概要と種類

プログラムでは、文字や数値など様々な種類のデータを扱います。このデータの種類を**データ型**または**型**と言います。

例えば、プログラムでは、文字データはString型、数値データはInteger型として扱います。それぞれのデータ型は、サイズと扱う値の範囲が決まっています。

Visual Basicで扱うデータ型には、次の表のものがあります。

▨Visual Basicのデータ型

データ型	用途とサイズ	値の範囲	.NETの型	既定値
SByte型	符号付き8ビット整数	-128～127	System.SByte	0
Byte型	符号なし8ビット整数	0～255	System.Byte	0
Short型	符号付き16ビット整数	-32768～32767	System.Int16	0
UShort型	符号なし16ビット整数	0～65,535	System.UInt16	0
Integer型	符号付き32ビット整数	-2,147,483,648～2,147,483,647	System.Int32	0
UInteger型	符号なし32ビット整数	0～4,294,967,295	System.UInt32	0
Long型	符号付き64ビット整数	-9,223,372,036,854,775,808～9,223,372,036,854,775,807	System.Int64	0L
ULong型	符号なし64ビット整数	0～18,446,744,073,709,551,615	System.UInt64	0
Single型	32ビット浮動小数点数	±1.5e-45～±3.4e38（有効桁数7桁）	System.Single	0.0F
Double型	64ビット浮動小数点数	±5.0e-324～±1.7e308（有効桁数15～16桁）	System.Double	0.0R
Decimal型	128ビット10進数	$\pm 1.0 \times 10^{-28}$～$\pm 7.9 \times 10^{28}$（有効桁数28～29桁）	System.Decimal	0.0D
Char型	Unicode16ビット文字	U+0000～U+ffff	System.Char	vbNullChar
String型	Unicode文字（可変）	約20億文字まで	System.String	vbNullString
Boolean型	真偽	True（真）またはFalse（偽）	System.Boolean	False
Object型	オブジェクト	参照（ハンドル値）	System.Object	Nothing

数値の最大値、最小値は、MaxValueプロパティとMinValueプロパティで取得できます。例えば、Integer型の場合は、Integer.MaxValueとInteger.MinValueが定義されています。

列挙型、クラス、構造体もデータ型として扱うことができます。詳細はTips102の「列挙型を定義する」、Tips165の「クラスを作成（定義）する」、Tips181の「構造体を定義して使う」を参照してください。

変数を使う

ここが
ポイント
です！
変数の宣言と初期化

変数は、プログラムの実行中にデータ（値）を一時的に保管するための入れ物です。

変数を使うには、次のようにあらかじめ変数の名前とデータ型（データの種類）を宣言しておきます。

▼変数を宣言する

```
Dim 変数 As データ型
```

変数の宣言と同時に値を代入するには、次のように記述します。

▼変数を宣言し、値を代入する

```
Dim 変数名 As データ型 = 値
```

データ型が同じ複数の変数を続けて宣言するには、次のように「,」（カンマ）で区切って記述します。

▼複数の変数を宣言する

```
データ型 変数名1, 変数名2, 変数名3 As データ型
```

変数には、メソッド内でのみ使う**ローカル変数**と、クラス全体で使う**メンバー変数**（フィールド）があります。

●ローカル変数

ローカル変数は、メソッド内でのみ使う変数で、メソッド内で宣言し、宣言されたメソッドを実行中のみ有効となります。メソッドの実行を終えると、破棄されます。

●メンバー変数

メンバー変数は、クラス内全体で使う変数で、クラス内（メソッドの外）で宣言し、宣言さ

れたクラス内のすべてのメソッドで利用できます。宣言されたクラスのインスタンスが存在する間は、値が保持されます。

メンバー変数を宣言するときは、型名の前に**アクセス修飾子**を記述できます。

アクセス修飾子は、そのメンバー変数がどこから使用できるかという**有効範囲（スコープ）**を示す**Public**、**Protected**、**Protected Friend**、**Private**のいずれかを指定します。

それぞれの有効範囲は、下の表のようになります。

なお、データ型を指定する代わりに、**Dimキーワード**を指定して宣言すると、コンパイル時にコンパイラーが変数のデータ型を決定します。

例えば「Dim i = 10」と宣言すると、変数iはInteger型になります（「Dim i As Integer = 10 」と宣言したときと同じ結果になります）。

データ型がわかりにくくなるような記述は避けたほうがよいのですが、次の例のように、宣言が長い記述となる場合などに使うと、コードを簡潔に記述できます（「System.Data.SqlClient.SqlConnection()」と記述する代わりにDimキーワードを記述しています）。

```
Dim cn = New System.Data.SqlClient.SqlConnection()
```

また、匿名のコレクションを使う場合にもDimキーワードを使います。

```
Dim q = From r In dTable Select r
```

アクセス修飾子

アクセス修飾子	スコープ
Public	外部のクラスからの参照も可能。最も広いスコープを持つ
Protected	クラス内と派生クラスからのみ参照可能
Protected Friend	同一アセンブリ内からのみ参照可能
Private	同一クラス内からのみ参照可能。最も狭いスコープを持つ

リスト1　ローカル変数の宣言例

```
'String型の変数sを宣言する
Dim s As String
'変数に値を代入する
s = "Hello"
'変数の宣言と同時に値を代入する
Dim x As Integer = 100
'同じデータ型の変数を1行で宣言する
Dim weight As Single, height As Single
```

変数名で使用できる文字列は、アルファベット、「_」（アンダースコア）、数字、ひらがな、カタカナ、漢字ですが、予約語（キーワード）と同じ名前は使えません。また、変数名の先頭に数字は使えません。

ローカル変数を、ForステートメントやIfステートメントWhileステートメントなどのブロック内で宣言した場合は、そのブロック内のコードからのみ参照できます。ただし、そのブロックのあるメソッドの実行中は値が保持されています。

リテラル値のデータ型を指定する

ここがポイントです！ 型文字でリテラル値のデータ型を指定

コードの中で変数や定数ではなく、数値や文字列を直接使う場合、例えば「100」や「"シマリス"」などの値を使う場合、そのような値のことを**リテラル値**と呼びます。

リテラルにも型があり、真偽を表す**ブール型リテラル**（「True」と「False」）、数値を表す**整数リテラル**と**実数リテラル**、文字を表す**文字リテラル**と**リテラル文字列**などがあります。

リテラルの型は、値によって自動的に下の表のように認識されます。整数リテラルの場合は、Integer、UInteger、Long、ULongのうち、リテラル値が入る最も範囲が小さい型になります。例えば、「100」という数値の場合は、どの型にも入りますが、一番範囲が小さいInteger型とみなされます。

実数リテラルは、Single、Double、Decimalの範囲の数値ですが、すべてDouble型とみなされます。したがって、Decimal型の変数に実数リテラルをそのまま代入しようとすると、エラーになります。このような場合は、リテラルの型を指定して代入します。

リテラル値の型を明示的に指定する場合は、次ページの表の**型文字**をリテラル値の末尾に記述します。例えば、Decimal型の変数に実数リテラルを代入する場合は、リテラル値の末尾に「D」を追加します。

リテラル値の既定のデータ型

リテラルの型	扱うデータ型	該当するリテラル値
ブール型	リテラルBoolean型	True、False
整数	リテラルInteger型、Uinteger型、Long型、Ulong型	各データ型の範囲の整数
実数	リテラルSingle、Double、Decimal型	各データ型の範囲の実数D
文字リテラル	Char型	「"」で囲まれた文字
リテラル文字列	String型	「"」で囲まれた文字列
日付	Date型	「#」で囲まれた日付

型文字の種類

型	文字データ型	例
UI	Uinteger型	100UI
UL	Ulong型	100UL
L	Long型	100L
F	Single型	100.0F
R	Double型	100.0R
D	Decimal型	100D

リスト1　**リテラル値のデータ型の指定例**

```
' 整数リテラルの記述例
Dim x1 = 100I ' x1はInteger型になる
Dim x2 = 100UI ' x2はUInteger型になる
Dim x3 = 100L ' x3はLong型になる
Dim x4 = 100UL ' x4はULong型になる
' 実数リテラルの記述例
Dim y1 = 100F ' y1はSingle型になる
Dim y2 = 100R ' y2はDouble型になる
Dim y3 = 100D ' y3はDecimal型になる
```

ULong型の上限値(18,446,744,073,709,551,615)を超える整数リテラルを記述すると、ビルドエラーになります。

Tips 100
Level ●
対応 COM PRO

値型と参照型とは

ここがポイントです! 値型のデータと参照型のデータ

Visual Basicで使うデータ型には、大きく分けて**値型**と**参照型**の2種類があります。

●値型

値型は変数に代入すると、変数宣言により確保されたメモリ領域に、直接その**データ**が記録されます。

値型には、すべての数値型やBoolean型、Char型、構造体、列挙型があります。値型のデータを扱う変数を宣言すると、データを入れるためのメモリ領域が確保されます。

●参照型

参照型は変数に代入すると、変数宣言により確保されたメモリ領域には、データが存在する**メモリのアドレス**が記録されます。

参照型には、String型、Object型があります（Object型から派生するクラスを含みます）。

参照型のデータを扱う変数を宣言すると、アドレスを格納するためのメモリ領域が確保されます。

▼値型と参照型

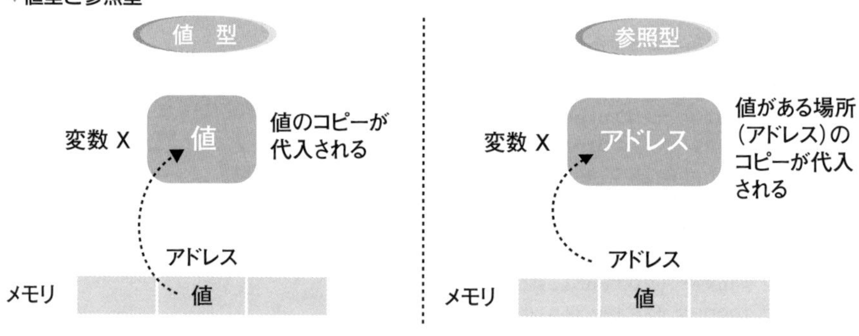

Object型は、値型のデータを参照する場合は、値型として扱われます。

データベースのデータを扱う場合で値型とNull値（System.DBNull）の両方を扱う必要があります。この場合は、Null許容参照型を使い、「Nullable(of Integer)」あるいは「Integer?」の型を使います。

```
Dim x As Nullable(Of Integer)
Dim x2 As Integer?
```

Tips
101
▶Level ●
▶対応
COM PRO

定数を使う

文字列や数値に名前を付ける
（constステートメント）

プログラムの実行中に変化しない値を保持するには、**定数**を使います。

数値や文字などの値をコードに直接記述する代わりに、わかりやすい名前を付けた定数に代入して使うと、コードの可読性が向上します。また、値に変更があった場合も、定数の宣言部のみ修正すればよいので、メンテナンス性が向上します。

定数は、**Constステートメント**を使って、次のように宣言します。

▼定数を宣言する

```
const 定数名 As データ型 = 値
```

リスト1では、宣言した定数を使って、ラベルコントロールに文字列を表示しています。

▼実行結果

リスト1　定数を宣言して使う（ファイル名：pg101.sln、From1.vb）

```
' クラス内の定数
Const APPLI = "Visual Basic 2022 逆引き大全"
Const TIPS = 500
Private Sub Button1_Click(sender As Object, e As EventArgs) _
    Handles Button1.Click
    ' メソッド内の定数
    Const STR = "の極意"
    Label1.Text = APPLI + " " + TIPS.ToString() + STR
    Label2.Text = $"{APPLI} {TIPS}{STR}"
End Sub
```

列挙型を定義する

ここがポイントです！

列挙型の宣言
(enumステートメント)

列挙型は、関連があるいくつかの定数をまとめた値型の型です。

列挙型は、Visual Basicにもあらかじめ定義されていて、例えば、ダイアログボックスで[OK] ボタンがクリックされたときの戻り値である「DialogResult.OK」や、[キャンセル] ボタンがクリックされたときの戻り値である「DialogResult.Cancel」がそうです。

実際には [OK] ボタンがクリックされると「1」、[キャンセル] ボタンがクリックされると「2」が返されますが、列挙型として「1」を「DialogResult.OK」、「2」を「DialogResult.Cancel」として定義することによって、直感的に理解しやすくなっています。

列挙型は、**Enumステートメント**を使って、次のように定義します。

▼列挙型を宣言する

```
[アクセス修飾子] Enum 列挙型名 [As データ型]
    メンバー名1 [= 値]
    メンバー名2 [= 値]
:
End Enum
```

データ型には、整数を扱うデータ型を指定します。データ型を省略した場合は、Integer型になります。

値には、数値を指定します。値を省略した場合は、上から順に「0、1、2」と設定されます。

リスト1では、「Basic」「Standard」「Special」をメンバーとする列挙型ClassTypeを宣言し、コンボボックスで選択された項目のインデックスに応じて、それぞれのメンバーを取得しています。メンバーを取得する変数は、ClassType型で宣言します。

▼実行結果

リスト1　列挙型を定義して使う（ファイル名：pg102.sln、From1.vb）

```
''' <summary>
''' 列挙型を定義する
''' </summary>
Enum Rank
    Special
    Standard
    Basic
End Enum

Function checkRank(n As Integer) As Rank
    If n >= 80 Then Return Rank.Special
    If n >= 60 Then Return Rank.Standard
    Return Rank.Basic
End Function

Private Sub Button1_Click(sender As Object, e As EventArgs) _
    Handles Button1.Click
    Dim n = Integer.Parse(TextBox1.Text)
    Dim result = checkRank(n)
    Label3.Text = result.ToString()
    Label4.Text = DirectCast(result, Integer).ToString()
End Sub
```


さらにワンポイント

列挙型を定義したときに1つのメンバーの値を指定した場合、次のメンバーには、その値に1を加えた値が自動的に設定されます。

例えば、リスト1で「Special ＝ 100」とした場合は、Standardは「101」、Basicは「102」となります。

列挙型は、メソッド内で宣言できません。クラスの外またはクラス内のメソッドの外で宣言します。

Tips
103
▶Level ●
▶対応
COM PRO

データ型を変換する

ここがポイントです！

データ型のキャスト
（型変換関数、DirectCast演算子）

変数にデータ型が異なる値を代入する場合など、データ型を明示的に変換するには**型変換関数**、あるいは**DirectCast演算子**を使って、次のように記述します。

▼データ型を変換する①

```
型変換関数（ 変換する値 ）
```

▼データ型を変換する②

```
DirectCast( 変換する値、変換先の型 )
```

例えば、Long型の変数xの値をInteger型に変換するには「CInt(x)」と記述します。このように、データ型を変換することを**キャスト**と言います。

なお、Double型やFloat型からInteger型へのキャストのように、変換元の値が変換先の値の範囲を超えるような場合は、超えた部分が失われてしまうことがあるので注意が必要です。

また、Integer型とString型のように互換性がない場合は、型変換関数では変換できません。このような場合は、**Parseメソッド**、**TryParseメソッド**、**ToStringメソッド**を使います（Tips104の「文字列から数値データに変換する」を参照してください）。

ただし、Integer型の値をLong型の変数に代入するなど、元のデータ型の値の範囲が変換先のデータ型の値の範囲に含まれる場合は、自動的に変換されます（これを**暗黙の型変換**と言います）。

型変換関数を使った強制的なキャストでは、キャストに失敗すると例外が発生しますが、DirectCast演算子を使ったキャストではNothingになります。DirectCast演算子を使う場合は、**Null許容参照型**を使う必要があるので、数値の場合には「Integer?」のように「?」記号を使い、Nullを含めたInteger型を使います。String型の場合は、もともとNullを許容するために、そのままString型で構いません。

リスト1は、暗黙的な型変換およびキャストの例です。

▼実行結果

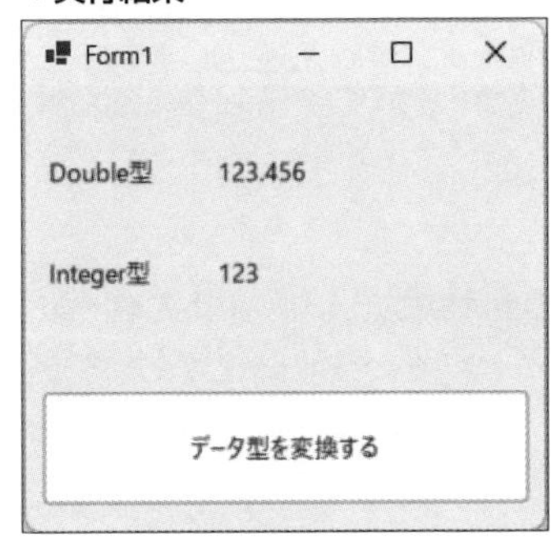

主な型変換関数

関数名	変化後のデータ型
CBool関数	Boolean型（ブーリアン型）
CByte関数	Byte型（バイト型）
CChar関数	Char型（文字型）
CDate関数	Date型（日付型）
CDbl関数	Double型（倍精度浮動小数点数型）
CDec関数	Decimal型（10進型）
CInt関数	Integer型（整数型）
CLng関数	Long型（Long 型）
CObj関数	Object型（オブジェクト型）
CShort関数	Short型（Short 型）
CSng関数	Single型（Single型）
CStr関数	String型（文字列型）
CType関数	任意のデータ型

リスト1　型変換の例（ファイル名：pg103.sln、From1.vb）

```
Private Sub Button1_Click(sender As Object, e As EventArgs) _
    Handles Button1.Click
    Dim i As Integer = 100
    Dim x As Long = i         ' 暗黙の型変換

    Dim d As Double = 123.456
    Label3.Text = d.ToString()
    Dim n = CType(d, Integer)  ' キャスト（桁落ちする）
    Label4.Text = n.ToString()

    Dim o As Object = i          ' オブジェクト型にキャスト
    o = "Visual Basic 2022"      ' オブジェクト型の文字列を入れる

    Dim str1 As String = DirectCast(o, String)  ' 強制的に文字列にキャスト
    Dim str2 As String = TryCast(o, String)     ' 安全に型変換する
End Sub
```

Decimal型の値を整数型に変換すると、一番近い整数値に丸められます。丸められた整数値が変換先の型の範囲を超えたときは、例外OverflowExceptionが発生します。
また、Decimal型からSingle型またはDouble型に変換すると、Decimal型の値は最も近いDouble型の値またはSingle型の値に丸められます。

Double型からSingle型への変換では、Double型の値は最も近いSingle型の値に丸められます。Double型の値がSingle型の範囲外である場合は、0または無限大になります。

文字列から数値データに変換する

ここがポイントです！

文字列と数値の変換
(Parseメソッド、ToStringメソッド)

文字列と数値の変換には、**Parseメソッド**および**ToStringメソッド**を使います。

●Parseメソッド

Parseメソッドは、**文字列の数字**を**数値**に変換します。計算で文字列の数字を扱う際などに、Parseメソッドで数値に変換してから計算を行います。

▼文字列の数字を数値に変換する

```
変換後の型.Parse(文字列)
```

例えば、文字列の「100」をInteger型の数値に変換するには「Integer.Parse("100")」と記述します。
また、Parseメソッドで文字列の数字を数値に変換するときに、次ページの表に示した**Convertクラス**の**ToDecimalメソッド**などを利用することもできます。

●ToStringメソッド

ToStringメソッドは、**数値**を**文字列の数字**に変換します。数値を文字列の数字として扱ったり、表示したりするには、ToStringメソッドで文字列の数字に変換してから行います。

▼数値を文字列の数字に変換する

```
数値.ToString(書式指定子)
```

引数に**書式指定子**を使うと、文字列の数字の表示形式を指定することもできます。主な書式指定子は、下の表の通りです。

▼実行結果

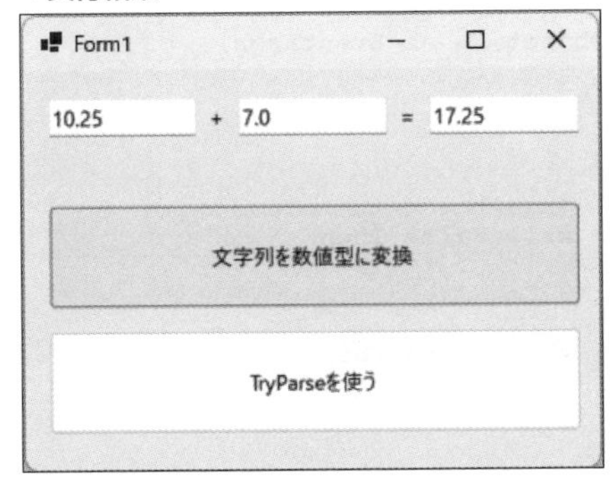

Convertクラスの数値変換メソッドの例

メソッド	変換先の型	使用例
ToDecimalメソッド	Decimal型	Convert.ToDecimal("10.5")
ToSingleメソッド	Float型	Convert.ToSingle("10.5")
ToDoubleメソッド	Double型	Convert.ToDouble("10.5")
ToInt16メソッド	Short型	Convert.ToInt16("10")
ToInt64メソッド	Int64型	Convert.ToInt64("10")
ToUInt16メソッド	UShort型	Convert.ToUInt16("10")
ToUInt32メソッド	UInt型	Convert.ToUInt32("10")
ToUInt64メソッド	ULong型	Convert.ToUInt64("10")

数値の主なカスタム書式指定子

書式指定子	内容
0	0で埋める
#	桁があれば表示
.(ドット)	小数点の位置
,(カンマ)	桁区切り
%	数値に100が乗算され、末尾に%が付く

数値の主な標準書式指定子

書式指定子	内容
C	通貨
P	パーセンテージ

リスト1　型変換の例(ファイル名:pg104.sln、Form1.vb)

```
Private Sub Button1_Click(sender As Object, e As EventArgs) _
    Handles Button1.Click
    Dim x As Double = Double.Parse(TextBox1.Text)
    Dim y As Double = Double.Parse(TextBox2.Text)
```

```
    Dim ans As Double = x + y
    TextBox3.Text = ans.ToString()
End Sub

Private Sub Button2_Click(sender As Object, e As EventArgs) _
    Handles Button2.Click
    Dim x As Double = 0.0
    Dim y As Double = 0.0
    ' 安全に文字列から数値へ変換する
    If Double.TryParse(TextBox1.Text, x) = False Then
        Return
    End If
    If Double.TryParse(TextBox2.Text, y) = False Then
        Return
    End If
    Dim ans As Double = x + y
    TextBox3.Text = ans.ToString()
End Sub
```

さらにワンポイント

Parseメソッドで、文字列を日付に変換することもできます（Tips126の「日付文字列を日付データにする」を参照してください）。

また、ToStringメソッドで日付を日付文字列に変換することもできます（Tips127の「日付データを日付文字列にする」を参照してください）。

さらにワンポイント

Parseメソッドに指定した文字列が数値に変換できる数字ではないとき、例外が発生します。文字列が数値に変換できる場合のみ変換するには、TryParseメソッドを使います。TryParseメソッドは、次のように記述し、変換可能な場合は「True」を返し、不可能な場合は「False」を返します。変換可能な場合は、第2引数に指定した変数に変換後の数値を格納します。変換元の数字は、第1引数に指定します。

```
変換後の型.TryParse(文字列, 変数)
```

数値を文字列に変換する

ここがポイントです！
数値から文字列へ変換
（ToStringメソッド、文字列補完）

数値から文字列に変換をするときは、**ToStringメソッド**や**文字列補完**を使います。

●ToStringメソッド

ToStringメソッドは、主に変数（Integer型に限らず、Object型など）をデバッグ出力にするために文字列に直すためのメソッドになります。デバッグ出力をするDebug.WriterLineメソッド以外にも、暗黙の変換としてToStringメソッドが使われます。

数値型（Integer型やDouble型など）のToStringメソッドでは、数値を文字列に直したものが返されますが、一般的なオブジェクト型の場合にはクラス名が返ります。この場合は、明示的にToStringメソッドをオーバーライドするか**書式指定子**を指定します（書式指定子に関しては、Tips104「文字列から数値データに変換する」を参照してください）。

●文字列補完

複数の変数を1つの文字列にまとめる場合は、文字列補完の**$文字**を使ったほうが便利です。「$"{n}"」のように、フォーマットされる文字列の中にVisual Basicの変数が使えます。

埋め込まれて変数は、そのままの状態の場合は、ToStringメソッドが呼び出されます。「{ }」（中カッコ）内に記述されるフォーマットは、そのままToStringメソッドへ書式指定子として渡されます。

リスト1では、各種の書式指定子を使って数値を文字列に変換してラベルに表示しています。

リスト2では、文字列補完式を使って文字列に変換しています。出力はリスト1と同じになります。

▼実行結果

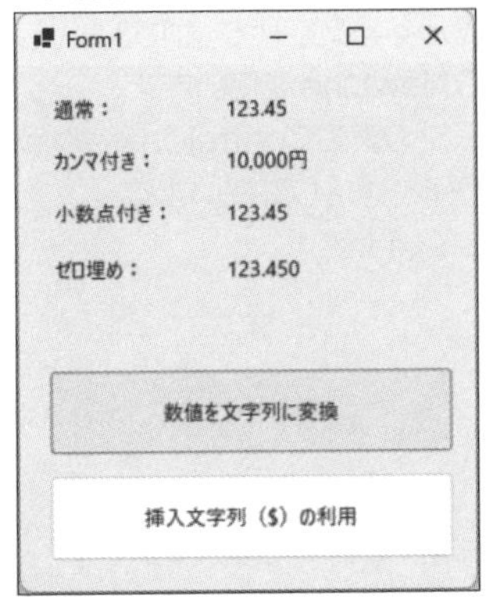

リスト1　ToStringメソッドでの変換（ファイル名：pg105.sln、Form1.vb）

```
Private Sub Button1_Click(sender As Object, e As EventArgs) _
    Handles Button1.Click
    Dim n As Double = 123.45
    Dim m As Integer = 10000

    Label5.Text = n.ToString()
    Label6.Text = m.ToString("#,###円")
    Label7.Text = n.ToString("#.###")
    Label8.Text = n.ToString("0.000")
End Sub
```

リスト2　文字列補完式（$）での変換（ファイル名：pg105.sln、Form1.vb）

```
Private Sub Button2_Click(sender As Object, e As EventArgs) _
    Handles Button2.Click
    Dim n As Double = 123.45
    Dim m As Integer = 10000

    Label5.Text = $"{n}"
    Label6.Text = $"{m:#,###}円"
    Label7.Text = $"{n:#.###}"
    Label8.Text = $"{n:#0.000}"
End Sub
```

Tips 106

▶Level ●

▶対応 COM PRO

文字列の途中に改行やタブなどを挿入する

ここがポイントです！

「"」記号や改行などを文字列に挿入
（ControlCharsクラス、逐語的文字列）

TextBoxなどのコントロールやメッセージボックスなどに表示する文字列を途中で改行したり、タブ文字を挿入したりするには、**ControlCharsクラス**の**NewLine**を使います。

またタブ文字など、その他の制御文字を入力するには、次ページの表のControlCharsクラスのメンバーを使います。これらのメンバーは、+演算子で文字列と連結して使います。

リスト1では、文字列に「"」（ダブルクォート）や改行を表示しています。

▼実行結果

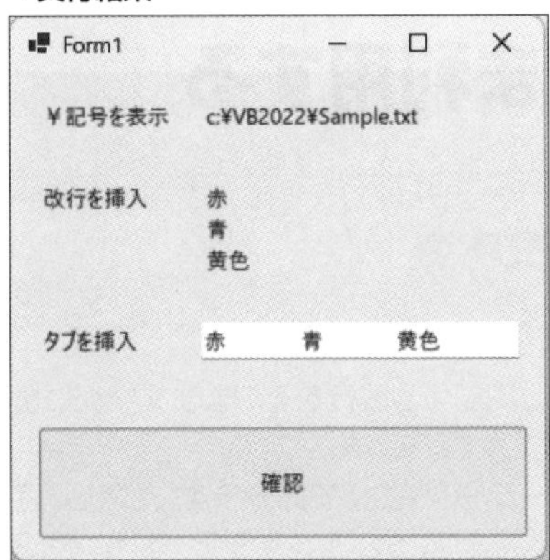

ControlCharsクラスの主なメンバー

メンバー名	内容
Back	バックスペース
Cr	キャリッジリターン
CrLf	キャリッジリターンとラインフィールドの組み合わせ（改行と同じ）
Lf	ラインフィード
NewLine	改行
NullChar	Null文字
Quote	ダブルクォーテーション（二重引用符）
Tab	タブ

リスト1 文字列の途中に改行などを挿入する（ファイル名：pg106.sln、Form1.vb）

```
Private Sub Button1_Click(sender As Object, e As EventArgs) _
    Handles Button1.Click
    Label4.Text = "c:¥VB2022¥Sample.txt"
    Label5.Text = "赤" + ControlChars.CrLf +
        "青" + ControlChars.CrLf +
        "黄色"
    TextBox1.Text = "赤" + ControlChars.Tab +
        "青" + ControlChars.Tab +
        "黄色"
End Sub
```

従来のVisual Basicと同じようにタブ記号（vbTab）や改行（vbCrLf）を利用することもできます。

Environment.NewLineプロパティを使って改行することもできます。Environment.NewLineプロパティは、現在の環境で定義されている改行文字列を取得します。「s1+Environment.NewLine + s2」のように記述します。

文字列をそのまま利用する

逐語的リテラル文字列

逐語的リテラル文字列を使って文字列を指定すると、円記号や改行をそのまま文字列に含めることができます。

逐語的リテラル文字列は、そのまま「"」(ダブルクォーテーション) で囲みます。ただし、逐語的リテラル文字列にダブルクォーテーションを含める場合は、ダブルクォーテーションを2つ続けて記入します。

逐語的リテラル文字列には改行そのものを含めることもできます。

▼逐語的リテラル文字列の例

```
"文字列"
"""ダブルクォートで囲む"""
"改行を
含む
文字列"
```

リスト1では、逐語的リテラル文字列を使って指定した文字列をラベルに表示します。

▼実行結果

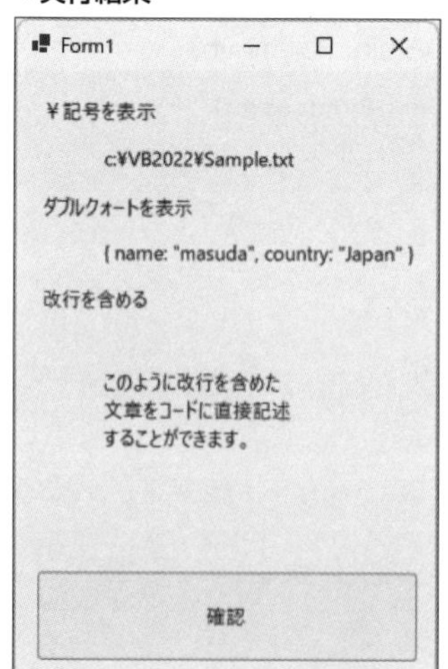

リスト1 文字列をそのまま利用する（ファイル名：pg107.sln、Form1.vb）

```
Private Sub Button1_Click(sender As Object, e As EventArgs) _
     Handles Button1.Click
     Label4.Text = "c:¥VB2022¥Sample.txt"
     Label5.Text = "{ name: ""masuda"", country: ""Japan"" }"
     Label6.Text = "
このように改行を含めた
文章をコードに直接記述
することができます。
"
End Sub
```

JSON形式については、Tips423の「JSON形式で結果を返す」を参照してください。

文字列に変数を含める

挿入文字列
（$文字の使用）

変数と**文字列**を組み合わせて1つの文字列にしたい場合、文字列の前に**$**（ドル記号）を付けると、文字列の中で「{ }」（中カッコ）で囲まれた変数名の部分を、変数の値に置き換えられます。

中カッコ内には、変数名のほかに、プロパティを指定することもできます。

▼文字列に変数を含める

```
$"文字列{変数}…"
```

リスト1では、文字列に変数とプロパティ値を組み合わせて表示しています。

▼実行結果

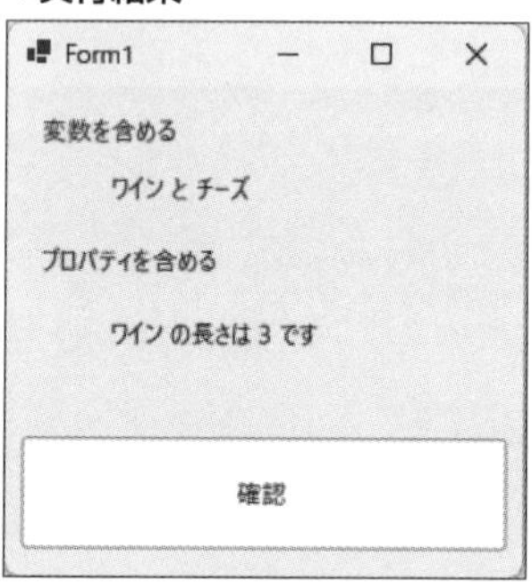

リスト1　文字列の中に変数名やプロパティ値を含める（ファイル名：pg108.sln、Form1.vb）

```
Private Sub Button1_Click(sender As Object, e As EventArgs) _
    Handles Button1.Click
    Dim s1 As String = "ワイン"
    Dim s2 As String = "チーズ"

    Label3.Text = $"{s1} と {s2}"
    Label4.Text = $"{s1} の長さは {s1.Length} です"
End Sub
```

挿入文字列を指定している場合に、「{」や「}」自体を表示したい場合は、「{{」「}}」のように2つ続けて記入します。

Object型を使う

ここがポイントです!
コンパイル時にチェックされない型の使用
(Object型)

Object型は、いろいろなデータ型に対応するデータ型ですが、コンパイル時に演算およびデータ型のチェックが行われません(実行時に行われます)。

したがって、OfficeオートメーションAPIなどのCOM APIや、IronPythonライブラリなどの動的API、HTMLドキュメントオブジェクトモデル(DOM)へのアクセスが容易になります。

Object型は、ローカル変数やフィールド、プロパティ、引数、インデクサー、戻り値などに宣言できます。

リスト1は、Object型の使用例です。JSON形式で指定した文字列をデシリアライズしてObject型に変換した値を変数oに代入し、変数oを使ってプロパティの値をラベルに表示しています。

▼実行結果

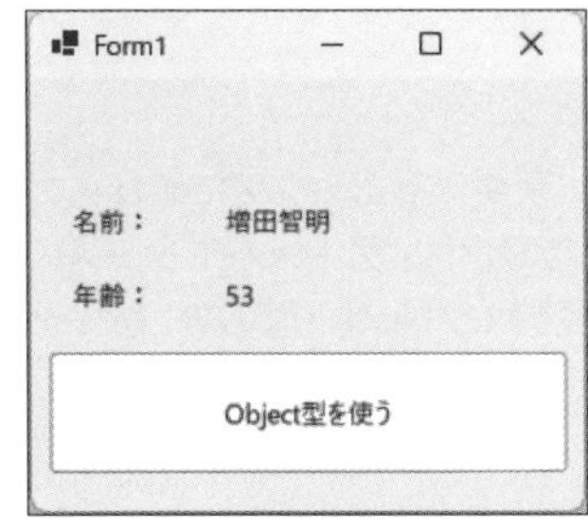

リスト1 Object型の使用例(ファイル名:pg109.sln、Form1.vb)

```
Private Sub Button1_Click(sender As Object, e As EventArgs) _
    Handles Button1.Click
    Dim json = "{ name: ""増田智明"", age: 53 }"
    Dim o = JsonConvert.DeserializeObject(json)
    ' name や age は実行時に解決される
    Label3.Text = o.Item("name").Value
    Label4.Text = o.Item("age").ToString()
End Sub
```

4-2 演算

Null許容値型を使う

ここがポイントです！

値型変数でNOthingを使用可能にする
(?文字の使用)

Object型やString型などの参照型の変数では、オブジェクトへの参照が格納されますが、参照するオブジェクトが存在しない状態を示すときに**Nothing**を使います。このように通常、Nothingは参照型の変数で使用し、値型の変数で使用することはありません。

しかし、Integer型のような値型の変数にデータがまだ代入されていないときにNothingを使いたい場合があります。その場合は、変数宣言時にデータ型の後ろに**?**（クエスチョンマーク）を付けます。これを**Null許容値型**と言います。

▼Null許容値型の変数宣言①

```
Dim 変数名 As データ型?
```

▼Null許容値型の変数宣言②

```
Dim 変数名 As Nullable(Of データ型)
```

リスト１では、Null許容値型でInteger型の変数xを宣言し、テキストボックスに値が入力されていない場合にxにNothingを代入し、値が入力されていた場合は、テキストボックスの値をInteger型にキャストして変数xに代入しています。次に変数xがNothingの場合と、そうでない場合でラベルに異なる文字列を表示します。

▼実行結果１

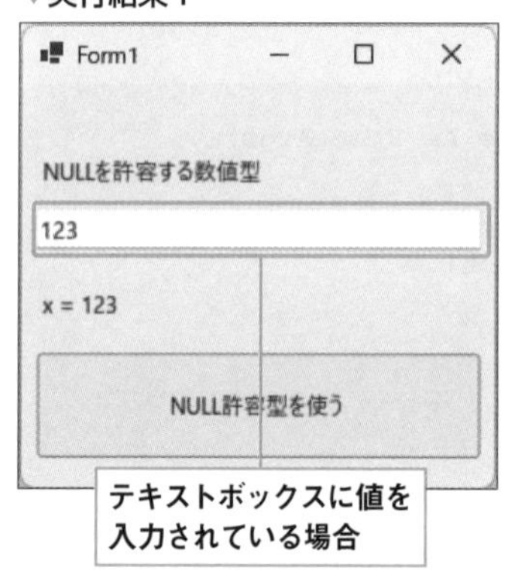

▼実行結果２

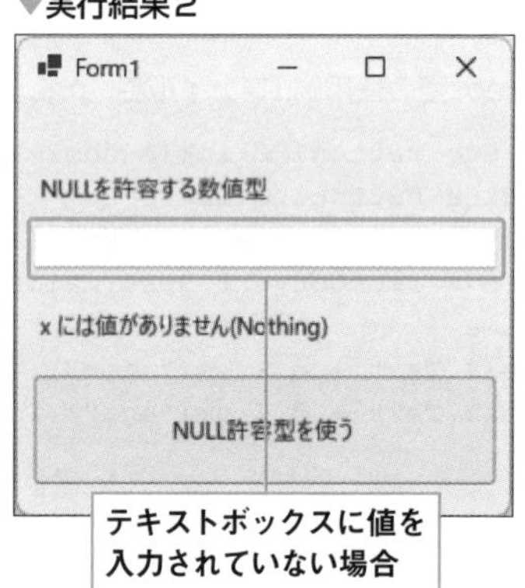

リスト1 値型の変数でnullを使う（ファイル名：pg110.sln、Form1.vb）

```
Private Sub Button1_Click(sender As Object, e As EventArgs) _
    Handles Button1.Click
    Dim x As Integer?
    ' 入力により x に値を入れる
    If TextBox1.Text = "" Then
        x = Nothing
    Else
        x = Integer.Parse(TextBox1.Text)
    End If

    ' 結果を表示する
    If x.HasValue = False Then
        Label2.Text = "x には値がありません(Nothing)"
    Else
        Label2.Text = $"x = {x}"
    End If
End Sub
```

タプルを使う

ここがポイントです！ **複数のデータをひとまとめにする**
（タプルの概要）

タプルは、複数のデータをひとまとめにして扱えるようにしたものです。変数の宣言時に値を代入するときに、「( )」内にデータを「,」（カンマ）で区切って指定します。

Dimキーワードを使って宣言する場合は、次のような構文で指定します。

▼名前のないタプル

```
Dim 変数名 = (データ1, データ2, データ3, …)
```

上記の場合、各要素を取り出すには、左から順番にItem1,Item2,Item3,…を使います。

また、各データに**名前（フィールド）**を指定して宣言することもできます。その場合は「フィールド名：データ」のように「:」（コロン）で区切ります。

▼名前（フィールド名）付きのタプル

```
Dim 変数名 = (フィールド名1:=データ1, フィールド名2:=データ2, フィールド名3:=データ3,…)
```

上記の場合、各要素を取り出すには、フィールド名が使えます。
リスト1では、名前のないタプルを宣言し、Item1,Item2,…を使って各要素を取り出してテキストボックスに表示しています。
リスト2では、名前付きのタプルを宣言し、フィールド名を使って各要素と取り出してテキストボックスに表示しています。

▼実行結果

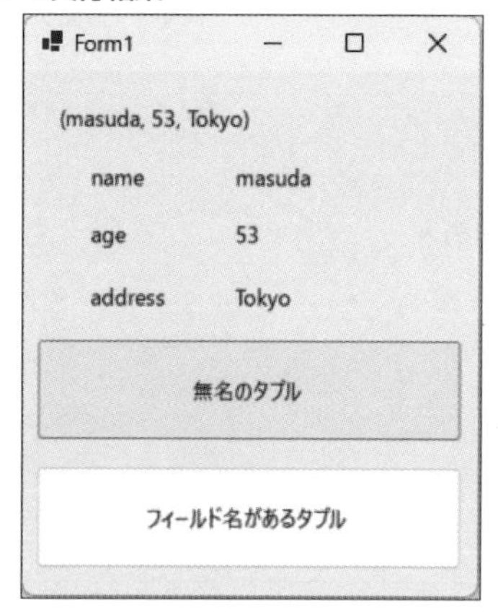

リスト1 名前のないタプルを使う(ファイル名:pg111.sln、Form1.vb)

```
Private Sub Button1_Click(sender As Object, e As EventArgs) _
    Handles Button1.Click
    Dim a = ("masuda", 53, "Tokyo")
    label1.Text = a.ToString()
    Label5.Text = a.Item1
    Label6.Text = a.Item2.ToString()
    Label7.Text = a.Item3
End Sub
```

リスト2 名前付きのタプルを使う(ファイル名:pg111.sln、Form1.vb)

```
Private Sub Button2_Click(sender As Object, e As EventArgs) _
    Handles Button2.Click
    Dim a = (Name:="masuda", age:=53, address:="Tokyo")
    label1.Text = a.ToString()
    Label5.Text = a.Name
    Label6.Text = a.age.ToString()
    Label7.Text = a.address
End Sub
```

タプルをデータ型を指定して宣言することもできます。その場合は、「(型1, 型2, 型3, …) 変数名 = (データ1, データ2, データ3, …);」のように記述します。
例えば、リスト1を型宣言して記述すると以下のようになります。

```
Dim as As (String, Integer, String) = ("masuda", 53, "Itabashi")
```

モジュールを使う

ここがポイントです！ 関数やクラスをモジュール別に管理する

.NETでは基本的にファイル単位で名前空間が別になりますが、Visual Basicには**モジュール**という名前空間が定義されています。**Moduleキーワード**を使い、クラス名や関数名などを別々に定義します。

▼モジュールの定義

```
Module モジュール名
    ...
End Module
```

複数のモジュールを使うと、同じ名前の関数名を別々に扱えます。
リスト1では、「SampleA」と「SampleB」というモジュールを別々に定義しています。それぞれ「ToString」という関数が定義されており、リスト2で別々の関数として扱っています。

▼実行結果

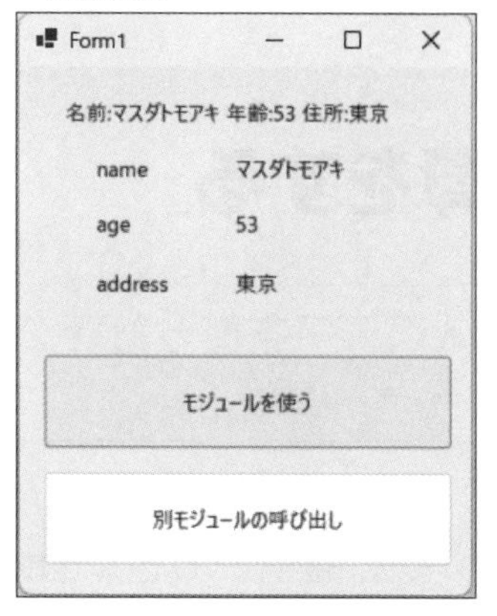

リスト1　モジュールの定義する（ファイル名：pg112.sln、Form1.vb）

```
Module SampleA
    Function ToString(p As (String, Integer, String))
        Return $"名前:{p.Item1} 年齢:{p.Item2} 住所:{p.Item3}"
    End Function
End Module
Module SampleB
    Function ToString(p As (
    name As String,
    age As Integer,
    address As String))
        Return $"Name:{p.name} Age:{p.age} Address:{p.address}"
    End Function
End Module
```

リスト2　別モジュールを利用する（ファイル名：pg112.sln、Form1.vb）

```
Private Sub Button1_Click(sender As Object, e As EventArgs) _
    Handles Button1.Click
    Dim person = ("マスダトモアキ", 53, "東京")
    Label5.Text = person.Item1
    Label6.Text = person.Item2
    Label7.Text = person.Item3
    Label1.Text = SampleA.ToString(person)
End Sub

Private Sub Button2_Click(sender As Object, e As EventArgs) _
    Handles Button2.Click
    Dim person = ("マスダトモアキ", 53, "東京")
    Label5.Text = person.Item1
    Label6.Text = person.Item2
    Label7.Text = person.Item3
    Label1.Text = SampleB.ToString(person)
End Sub
```

Tips 113 ▶Level ● ▶対応 COM PRO

加減乗除などの計算をする

ここがポイントです！　算術演算子や複合代入演算子を使った計算式

足し算や引き算などの計算は、**演算子**を使って行います。
演算子には、計算を行うもののほかに、文字列を連結したり、変数に値を代入したり、比較を行ったりするものなどがあります。

計算を行う主な演算子には、下の表に示したものがあります。

リスト1では、ボタンがクリックされたら、変数の値を20で割った結果と、変数の値に120を加算した結果をラベルに表示しています。

▼実行結果

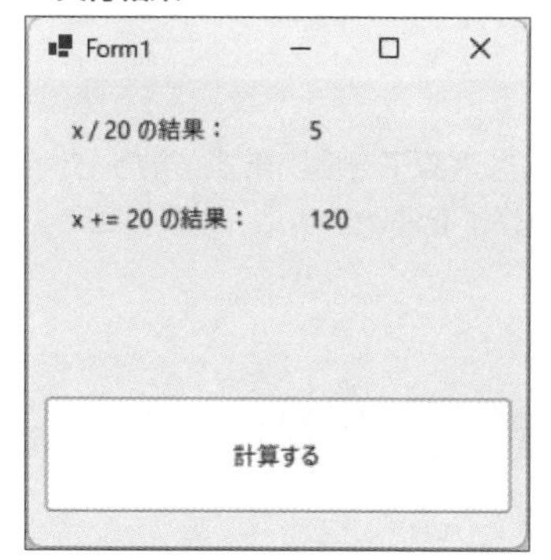

主な算術演算子

演算子	説明	例	結果
+	加算	10+20	30
-	減算	10-5	5
*	乗算	2*3	6
/（スラッシュ）	除算（商は小数）	10.0/4	2.5
¥	除算（商は整数）	10¥4	2
Mod	剰余	10 Mod 4	2
^（ハット）	累乗	10^3	1000

主な連結代入演算子

演算子	説明	例	結果
+=	右の値を左のオブジェクトに加算	a += 10	aに10を加算した結果をaに代入
-=	右の値を左のオブジェクトから減算	a -= 10	aから10を減算した結果をaに代入
*=	右の値を左のオブジェクトに乗算	a *= 10	aに10を乗算した結果をaに代入
/=	右の値で左のオブジェクトを除算	a /= 10	aを10で除算した結果をaに代入

リスト1　計算を行う（ファイル名：pg113.sln、Form1.vb）

```
Private Sub Button1_Click(sender As Object, e As EventArgs) _
    Handles Button1.Click
    Dim x = 100
    Label3.Text = (x / 20).ToString()
    x += 20
    Label4.Text = x.ToString()
End Sub
```

演算子を使って比較や論理演算を行う

ここがポイントです！ Visual Basicで使用する演算子

値の大小を比較したり、論理積や論理和を求めたりするには**演算子**を使います。また、文字列を連結したり、変数などに値を代入したりするときにも演算子を使います。

主な演算子には、下の表に示したものがあります。

主な連結演算子

演算子	説明	例	結果
+	文字列を連結	VB + "2022"	VB2022
&	文字列を連結	VB & "2022"	VB2022

主な比較演算子

演算子	説明	例	結果
=	等しい	15 = 30	False
<>	等しくない	15 <> 30	True
>	より大きい	15 > 30	False
<	より小さい	15 < 30	True
>=	以上	15 >= 15	True
<=	以下	15 <= 15	True

主な論理演算子

演算子	説明	例	結果
Not	論理否定	Not (15 < 30)	False
And	論理積	15 < 30 And 3 > 2	True
And	論理積	15 < 30 And 3 < 2	False
Or	論理和	15 < 30 Or 3 < 2	True
Or	論理和	15 > 30 Or 3 < 2	False
Xor	排他的論理和	15 < 30 Xor 3 < 2	True
Xor	排他的論理和	15 < 30 Xor 3 > 2	False
Xor	排他的論理和	15 > 30 Xor 3 < 2	False

主なシフト演算子

演算子	説明	例	結果
<<	左シフト	1 << 2	4(2進：00000100)
>>	右シフト	10 >> 2	2(2進：00000010)
>>	右シフト	-10 >> 2	-3(2進：11111101)

さらにワンポイント

シフト演算子は、Byte型、Short型、Integer型、Long型の数値に対して演算できます。<<演算子は、左辺の数値のビットを右辺で指定した回数分だけ左側にシフトします。このとき、高い桁でデータ型の範囲を超える部分は破棄され、低い桁で空いた桁は「0」になります（負の数値の場合は空いた桁が「1」になります）。

例えば、Byte型の「1」は2進数で「0000001」ですが、2つ左にシフトすると「00000100」（10進数で「4」）となります。

同様に、>>演算子は、左辺の数値のビットを右辺で指定した回数分だけ右側にシフトします。このとき、右にはみ出た桁は破棄されます。高い桁の空いた桁は「0」になります（負の数値の場合は空いた桁が「1」になります）。

例えば、Byte型の「10」は2進数で「00001010」ですが、2つ右にシフトすると「00000010」（10進数で2）となります。「-10」は「11110110」ですが、2つ右にシフトすると「11111101」となります（10進数で「-3」）。

Column Visual Basic 6.0やVBAからの移植

Visual Basicは、C#よりも歴史が長いため、非常に古いアプリケーションがWindows 11で動作していることがあります。後方互換に手厚いWindows環境では、従来作ったままのアプリケーションがそのまま動いてしまうメリットとともに、改修されないままのデメリットが残ってしまいます。

基本的に、Visual Basic 6.0やVBAで記述されたコードを.NETのVisual Basicにそのまま活用することはできません。これがモジュール単位であってもビルドがそのまま通ることは稀です。コードがBasicとはいえ、.NETのVisual Basicは文法が違いすぎます。

移植する先としては、

・画面を元にして、C#で書き直す
・内部ロジックを参考にするために、Visual Basicを利用する
・小さめなプロジェクトであれば、C#で書き直す。あるいはVisual Basicで書き直す

という指針が考えられます。

少なくとも、ActiveXなどを利用したアプリケーションは、Visual BasicにもC#にもそのままでは引き継げないのでコードの再利用性はかなり低くなります。印刷機能やグリッドを使った表示も書き直す必要がでてきます。

唯一、引き写しが可能な場面としては、コアな業務ロジックの部分になります。複雑なIF文の羅列や配列、構造体などを駆使したロジックの場合は、C#で書き直すよりも、そのままVisual Basicのコードとして再利用したほうが移植時の安全性が増します。

複数の条件を判断する

ここがポイントです！ **論理演算子**（AndAlso 演算子、OrElse 演算子）

And演算子、またはOr演算子を使って複数の式を評価する場合、代わりに**AndAlso演算子**、または**OrElse演算子**を使うこともできます

● AndAlso演算子

And演算子（論理積）のように、演算子の両側の式がともに「True」の場合のみ、「True」を返します。

ただし、And演算子と違って、演算子の左側の式が「False」の場合は、右側の式を評価せずに「False」を返します。したがって、パフォーマンスは向上しますが、右側の式の実行が必要な場合は使えません。

▼ AndAlso演算子の書式

```
式1 AndAlso 式2
```

● OrElse演算子

Or演算子（論理和）のように、演算子の両側の式のどちらかが「True」の場合に、「True」を返します。

ただし、Or演算子と違い、演算子の左側の式が「True」の場合は、右側の式を評価せずに「True」を返します。したがって、パフォーマンスは向上しますが、右側の式の実行が必要な場合は使えません。

▼ OrElse演算子の書式

```
式1 OrElse 式2
```

リスト1では、CheckBox1とCheckBox2のチェック状況を、Button1がクリックされたらAndAlso演算子、Button2がクリックされたらOrElse演算子で判別しています。

▼実行結果

リスト1　AndAlso演算子とOrElse演算子で判別する（ファイル名：pg115.sln、Form1.vb）

```
Private Sub Button1_Click(sender As Object, e As EventArgs) _
    Handles Button1.Click
    Dim result = CheckBox1.Checked AndAlso CheckBox2.Checked
    Label1.Text = $"演算結果 : {result}"
End Sub

Private Sub Button2_Click(sender As Object, e As EventArgs) _
    Handles Button2.Click
    Dim result = CheckBox1.Checked OrElse CheckBox2.Checked
    Label1.Text = $"演算結果 : {result}"
End Sub
```

Tips 116　▶Level ●　▶対応 COM PRO

オブジェクトが指定した型にキャスト可能か調べる

ここがポイントです！　**データ型の互換性の有無を取得**（Is演算子、IsNot演算子）

　オブジェクトが指定したデータ型にキャスト可能かどうか調べるには、**Is演算子**を使います。
　キャスト可能な場合、Is演算子は「True」を返します。キャストできない場合は「False」を返します。

▼is演算子の書式

```
オブジェクト Is データ型
あるいは
オブジェクト IsNot データ型
```

リスト1では、フォーム内のコントロールを調べてボタンコントロール（Buttonクラス）であれば、絵文字を表示させています。

▼実行結果

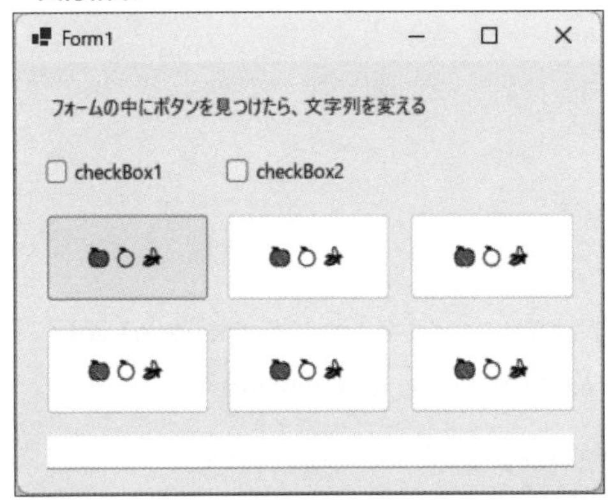

リスト1　オブジェクトの型を比較する（ファイル名：pg116.sln、Form1.vb）

```
Private Sub Button1_Click(sender As Object, e As EventArgs) _
    Handles Button1.Click
    For Each obj As Control In Controls
        If TypeOf obj Is Button Then
            obj.Text = " 🍎🍊🍌";
        End If
    Next
End Sub
```

Tips 117 ▶Level ● ▶対応 COM PRO

Nothing値を変換する

ここがポイントです！ Nothing値を変換する（If関数）

If関数を使うと、条件に従い真と偽の結果で値を返せます。

Ifステートメントでは値を返せませんが、If関数を使うことでC#の三項演算子のように利用できます。

▼If関数の書式

```
If( 条件, 真の結果, 偽の結果 )
```

リスト1では、ボタンがクリックされたら、テキストボックスが未入力の場合は、変数xにNothingを代入し、Nothingでない場合はテキストボックスの値をInteger型に変換して代入します。次に、変数xの値がNothingの場合は0となるように、If関数を使っています。

▼入力が数値の場合

▼入力が空白の場合

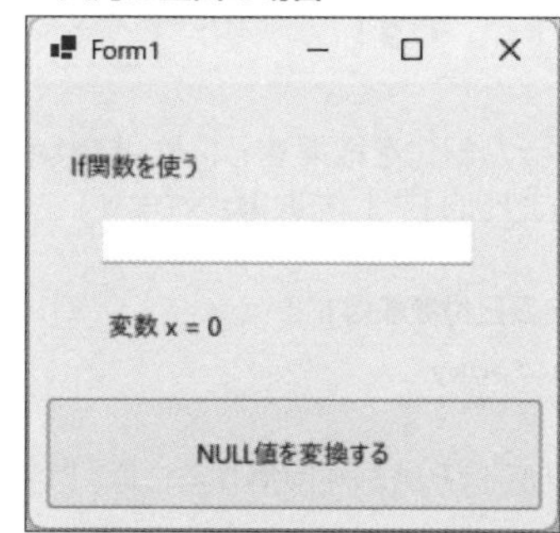

リスト1　オブジェクトのデータ型を比較する（ファイル名：pg117.sln、Form1.vb）

```
Private Sub Button1_Click(sender As Object, e As EventArgs) _
    Handles Button1.Click
    Dim x As Integer?
    If TextBox1.Text = "" Then
        x = Nothing
    Else
        x = Integer.Parse(TextBox1.Text)
    End If
    ' x が Nothing の場合は 0 に変える
    Label2.Text = $"変数 x = {If(x Is Nothing, 0, x)}"
End Sub
```

4-3 日付と時刻

現在の日付と時刻を取得する

ここがポイントです！ **システム日付とシステム時刻**（DateTime.Todayプロパティ、DateTime.Nowプロパティ）

現在のシステム日付を取得するには、**DateTime構造体**の**Todayプロパティ**を使います（時刻も「00:00:00」として取得されます）

▼**現在のシステム日付を取得する**

```
DateTime.Today
```

また、現在の日付と時刻を取得するには、DateTime構造体の**Nowプロパティ**を使います。

▼**現在の日付と時刻を取得する**

```
DateTime.Now
```

取得した日付および時刻から、DateTime構造体のプロパティとメソッドで日付のみ、または時刻のみ取得できます。例えば、**ToShortDateStringメソッド**で短い形式の日付をString型で取得でき、**ToShortTimeStringメソッド**で短い形式の時刻を取得できます。

リスト1では、Nowプロパティで取得した日時から、ToLongDateStringメソッドで長い形式の日付を取得し、ToLongTimeStringメソッドで長い形式の時刻を取得して、それぞれ表示しています。

▼**実行結果**

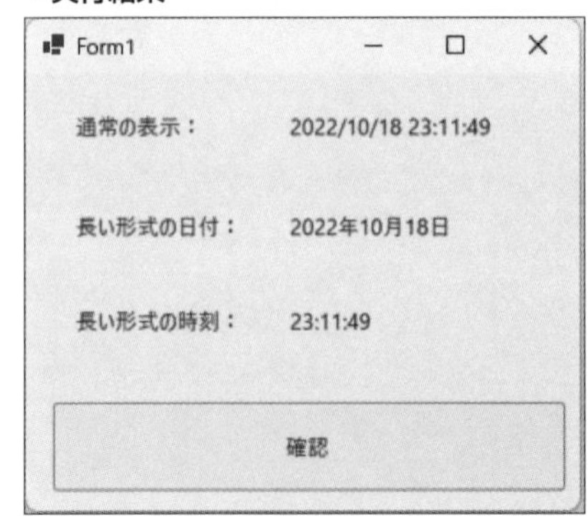

リスト1　現在の日付と時刻を表示する（ファイル名：pg118.sln、Form1.vb）

```
Private Sub Button1_Click(sender As Object, e As EventArgs) _
    Handles Button1.Click
    Dim dt = DateTime.Now
    Label4.Text = dt.ToString()
    Label5.Text = dt.ToLongDateString()
    Label6.Text = dt.ToLongTimeString()
End Sub
```

さらにワンポイント　Dateプロパティを使うと、Nowプロパティで取得した現在の日時から、日付部分のみ取得できます。
　また、DayOfYearメソッドで年間積算日を取得できます。年月日時分秒それぞれの取得については、Tips119の「日付要素を取得する」、Tips120の「時刻要素を取得する」を参照してください。

Tips 119 ▶Level ● ▶対応 COM PRO

日付要素を取得する

ここがポイントです！　**指定日の年、月、日を取得**
（Yearプロパティ、Monthプロパティ、Dayプロパティ）

　日付から年、月、日をそれぞれ取得するには、**DateTime構造体**の**Yearプロパティ**、**Monthプロパティ**、**Dayプロパティ**を使います。

▼日付から年を取得する

```
DateTimeオブジェクト.Year
```

▼日付から月を取得する

```
DateTimeオブジェクト.Month
```

▼日付から日を取得する

```
DateTimeオブジェクト.Day
```

　リスト1では、システム日付を取得し、取得した日付から、年、月、日を取得して表示しています。

▼実行結果

リスト1　年月日を取得する（ファイル名：pg119.sln、Form1.vb）

```
Private Sub Button1_Click(sender As Object, e As EventArgs) _
    Handles Button1.Click
    Dim dt = DateTime.Now
    Label5.Text = dt.ToString()
    Label6.Text = dt.Year.ToString()
    Label7.Text = dt.Month.ToString()
    Label8.Text = dt.Day.ToString()
End Sub
```

.NET 6からは、日付のみを扱うDateOnly構造体が用意されています。日付と時刻を扱うDateTime構造体の日付部分のプロパティとメソッドを扱えます。時分秒が常に「00:00:00」となるため、日付の比較に有効利用できます。

時刻要素を取得する

ここがポイントです！

指定時刻の時、分、秒を取得

（Hourプロパティ、Minuteプロパティ、Secondプロパティ）

時刻から時、分、秒をそれぞれ取得するには、**DateTime構造体**の**Hourプロパティ**、**Minuteプロパティ**、**Secondプロパティ**を使います。

▼時刻から時を取得する

```
DateTimeオブジェクト.Hour
```

▼時刻から分を取得する

```
DateTimeオブジェクト.Minute
```

▼時刻から秒を取得する

```
DateTimeオブジェクト.Second
```

リスト1では、システム日付を取得し、取得した時刻から、時、分、秒を取得して表示しています。

▼実行結果

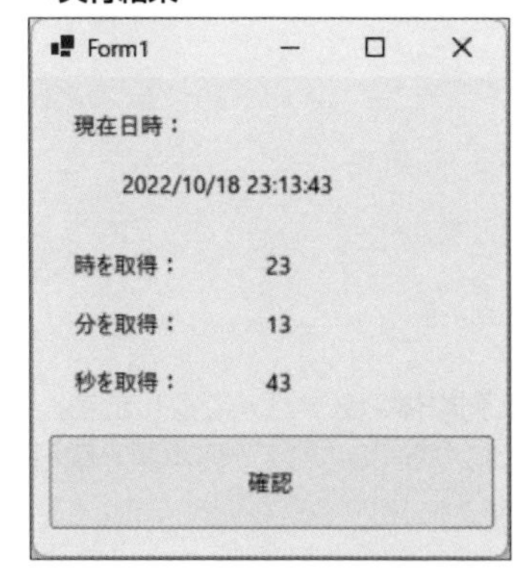

リスト1　時分秒を取得する（ファイル名：pg120.sln、Form1.vb）

```
Private Sub Button1_Click(sender As Object, e As EventArgs) _
    Handles Button1.Click
    Dim dt = DateTime.Now
    Label5.Text = dt.ToString()
    Label6.Text = dt.Hour.ToString()
    Label7.Text = dt.Minute.ToString()
    Label8.Text = dt.Second.ToString()
End Sub
```

.NET 6からは、時刻のみを扱うTimeOnly構造体が用意されています。日付と時刻を扱うDateTime構造体の時刻部分のプロパティとメソッドを扱えます。1日のうちで時刻のみを扱うときに便利です。

曜日を取得する

指定日の曜日を取得（DateTime.DayOfWeekプロパティ、DateOnly.DayOfWeekプロパティ）

日付から曜日を取得するには、**DateTime構造体**もしくは**DateOnly構造体**の**DayOfWeekプロパティ**を使います。

▼日付から曜日を取得する①

```
DateTimeオブジェクト.DayOfWeek
```

▼日付から曜日を取得する②

```
DateOnlyオブジェクト.DayOfWeek
```

DayOfWeekプロパティは、曜日を下の表の**DayOfWeek列挙体**のメンバーで返します。

リスト1では、現在の日付から曜日を取得して、取得したメンバーに応じて、日本語で曜日を表示しています。曜日の表示は書式「dddd」を使っています。

▼実行結果

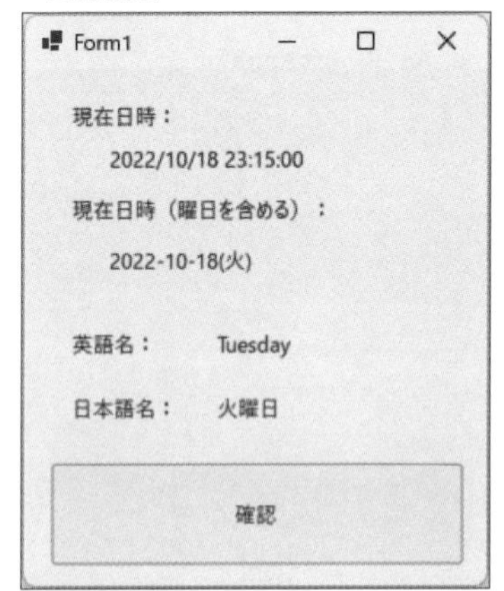

DayOfWeek列挙体のメンバー

メンバー	説明	値
Sunday	日曜日	0
Monday	月曜日	1
Tuesday	火曜日	2
Wednesday	水曜日	3

Thursday	木曜日	4
Friday	金曜日	5
Saturday	土曜日	6

リスト1　日付から曜日を取得する（ファイル名：pg121.sln、Form1.vb）

```
Private Sub Button1_Click(sender As Object, e As EventArgs) _
    Handles Button1.Click
    Dim dt = DateTime.Now
    Label5.Text = dt.ToString()
    Label6.Text = dt.ToString("yyyy-MM-dd(ddd)")
    Label7.Text = dt.DayOfWeek.ToString()
    Label8.Text = dt.ToString("dddd")
End Sub
```

Tips 122
▶Level ●
▶対応 COM PRO

一定期間前や後の日付/時刻を求める

ここがポイントです！ **指定期間前後の日付/時刻を取得**
（AddDaysメソッド、AddHourメソッド）

任意の日数を加算した日付を取得するには、**DateTime構造体**の**AddDaysメソッド**を使います。

加算日数は、引数に指定します。指定日数前の日付を取得するには、マイナスの値を指定します。

▼任意の日数を加算した日付を取得する

```
DateTimeオブジェクト.AddDays(日数)
```

また、任意の時間後の時刻を取得するには**AddHoursメソッド**、任意の分数後の時刻を取得するには**AddMinutesメソッド**、任意の秒数後の時刻を取得するには**AddSecondsメソッド**を使います。加算時間または減算時間は、それぞれ引数に指定します。

リスト1では、現在の日時の5時間前および10日後の日時を取得して表示しています。

▼実行結果

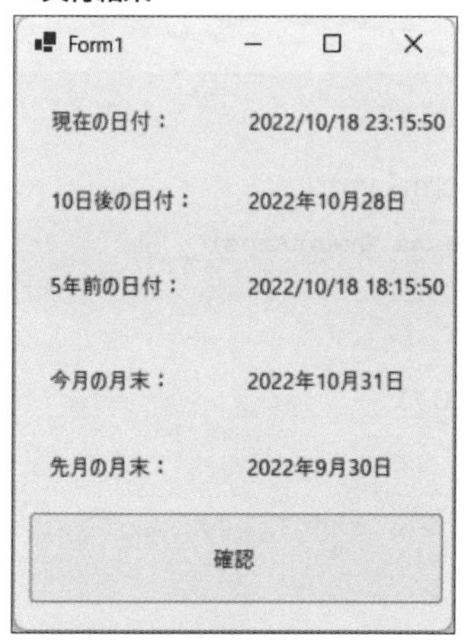

リスト1 指定期間前および後の日付と時刻を取得する（ファイル名：pg122.sln、Form1.vb）

```
Private Sub Button1_Click(sender As Object, e As EventArgs) _
    Handles Button1.Click
    Dim dt = DateTime.Now
    Label6.Text = dt.ToString()
    Label7.Text = dt.AddDays(10).
        ToLongDateString()
    Label8.Text = dt.AddHours(-5).
        ToString()
    Label9.Text = New DateTime(dt.Year, dt.Month, 1).
        AddMonths(1).AddDays(-1).ToLongDateString()
    Label10.Text = New DateTime(dt.Year, dt.Month, 1).
        AddDays(-1).ToLongDateString()
End Sub
```

Tips 123 ▶Level ● ▶対応 COM PRO

2つの日時の間隔を求める

ここがポイントです！ 日時の差を取得（DateTime.Subtractメソッド）

DateTime構造体の**Subtractメソッド**を使うと、2つの日時の差を求めることができます。Subtractメソッドの書式は、次のようになります。

▼2つの日時の差を求める

```
日時1.Subtract(日時2)
```

Subtractメソッドは、引数に指定された時刻または継続時間を「日時1」から減算します。

引数には、減算するDateTime型の日時を指定、または、継続時間をTimeSpan型で指定します。戻り値は、DateTime型の日時です。

なお、-演算子を使って、差分を求めることもできます。

リスト1では、現在日付とカレンダーで指定した日付の差を計算しています。

▼実行結果

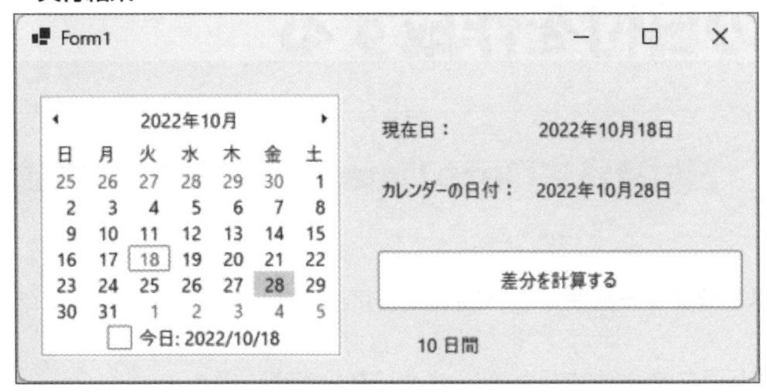

リスト1　2つの日時の差を求める（ファイル名：pg123.sln、Form1.vb）

```
Private Sub Form1_Load(sender As Object, e As EventArgs) _
    Handles MyBase.Load
    _dt1 = DateTime.Today
    Label3.Text = _dt1.ToLongDateString()
    AddHandler MonthCalendar1.DateChanged,
        Sub()
            _dt2 = MonthCalendar1.SelectionStart
            Label4.Text = _dt2.ToLongDateString()
        End Sub
End Sub

Private _dt1 As DateTime
Private _dt2 As DateTime

Private Sub Button1_Click(sender As Object, e As EventArgs) _
    Handles Button1.Click
    Dim span = _dt2.Subtract(_dt1)
    Label5.Text = $"{span.Days} 日間"
End Sub
```

年数のみや日数のみなどを加算または減算する場合は、DateTime構造体のAddYearsメソッドやAddDaysメソッドを使います。詳細は、前項のTips122の「一定期間前や後の日付/時刻を求める」を参照してください。

さらにワンポイント

型の日時から日数、時間、分数を取得するには、それぞれTotalDaysプロパティ、TotalHoursプロパティ、TotalMinutesプロパティを使います。

また、日の部分のみ、時間の部分のみ、分の部分のみ、秒の部分のみ取得するには、それぞれDaysプロパティ、Hoursプロパティ、Minutesプロパティ、Secondsプロパティを使います。

任意の日付を作成する

ここがポイントです！ **日付を表すDateTimeオブジェクトの作成**

DateTime構造体の**コンストラクター**を使って、任意の日付を表す**DateTimeオブジェクト**を作成できます。

DateTime構造体のコンストラクターの書式は、次のようになります。

▼**年/月/日を指定する**

```
new DateTime(年, 月, 日)
```

▼**年/月/日/時/分/秒を指定する**

```
new DateTime(年, 月, 日, 時, 分, 秒)
```

それぞれの引数には、Integer型の値を指定します。時分秒を省略した場合は、時刻が午前0時として作成されます。

リスト1では、2つのDateTimeオブジェクトを作成し、日時を表示しています。

▼**実行結果**

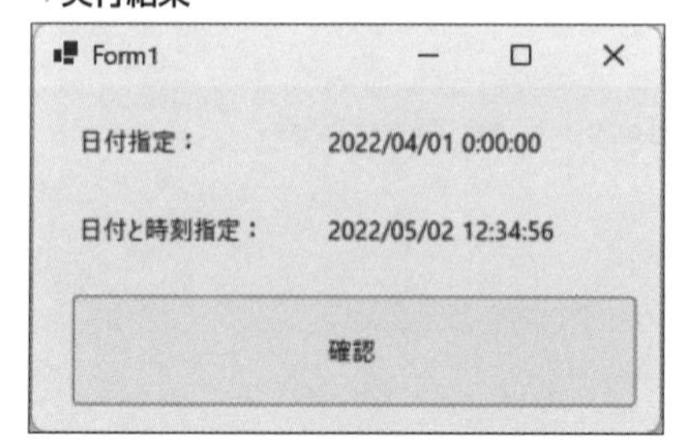

リスト1　任意の日付を作成する（ファイル名：pg124.sln、Form1.vb）

```
Private Sub Button1_Click(sender As Object, e As EventArgs) _
    Handles Button1.Click
    Dim dt1 = New DateTime(2022, 4, 1)
    Dim dt2 = New DateTime(2022, 5, 2, 12, 34, 56)

    Label3.Text = dt1.ToString()
    Label4.Text = dt2.ToString()
End Sub
```

1ヵ月の日数を取得するには、DateTime.DaysInMonthメソッドを使います。DaysInMonthメソッドの引数には、対象となる年と月を指定し、「DateTime.DaysInMonth(2022,3)」のように記述します。

現在の月の日数を取得するには、次のように記述できます。

```
DateTime.DaysInMonth(DateTime.Now.Year, DateTime.Now.Month)
```


Tips 125 ▶Level ● ▶対応 COM PRO

協定世界時（UTC）を扱う

ここがポイントです！

日本標準時を協定世界時に変換（ToUniversalTimeメソッド）

世界レベルでアプリを扱うときに、日付の変換は欠かせません。クラウド（Azureなど）では**協定世界時（UTC）**が標準で扱われているため、クラウドやサーバー上で日付を保存する場合と、ローカル環境の**日本標準時（JST）**を保存する場合をうまく区別する必要があります。

DateTimeクラスでは、ローカル環境のシステム上の時刻と協定世界時を**ToUniversalTimeメソッド**と変換できます。

リスト1では、現在の時刻を協定世界時に変換して表示させています。協定世界時との時差（タイムゾーン）は、「ToString("zzz")」で確認ができます。

▼実行結果

リスト1 協定世界時に変換する（ファイル名：pg125.sln、Form1.vb）

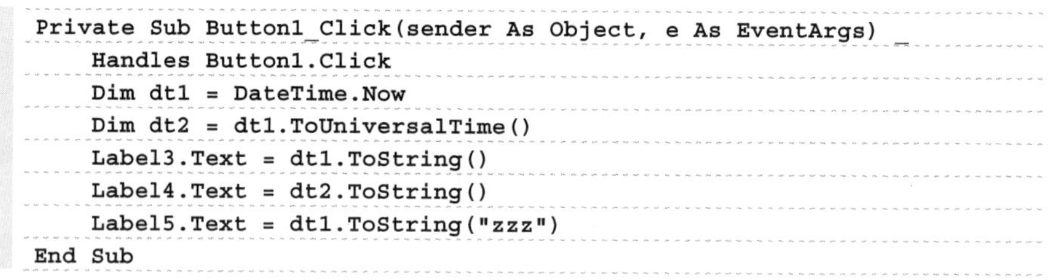

```
Private Sub Button1_Click(sender As Object, e As EventArgs) _
    Handles Button1.Click
    Dim dt1 = DateTime.Now
    Dim dt2 = dt1.ToUniversalTime()
    Label3.Text = dt1.ToString()
    Label4.Text = dt2.ToString()
    Label5.Text = dt1.ToString("zzz")
End Sub
```

通常、DateTimeオブジェクトはローカル時刻を保持していますが、明示的にシステムのローカル時刻を取得する場合はToLocalTimeメソッドを使います。

日付文字列を日付データにする

日付文字列を日付データに変換（DateTime.Parseメソッド、DateTime.TryParseメソッド）

日付や時刻を表す文字列を**日付データ**に変換するには、**DateTime構造体**の**Parseメソッド**、または**TryParseメソッド**を使います。

●Parseメソッド

Parseメソッドは、引数に指定された文字列をそのままDateTime型に変換します。

▼文字列を日付データに変換する

```
DateTime.Parse(文字列)
```

●TryParseメソッド

TryParseメソッドは、第1引数の日付文字列が日付に変換可能かチェックし、変換できる場合は、「True」を返し、変換したDateTime型の値を第2引数に格納します。変換できない場合は、「False」を返します。

▼文字列をチェックしてから日付データに変換する

```
DateTime.TryParse(文字列, DateTimeオブジェクト)
```

リスト1では、[確認] ボタンがクリックされたら、テキストボックスに入力された日付文字列を変換できる場合のみ、DateTime型に変換して表示しています。

▼実行結果

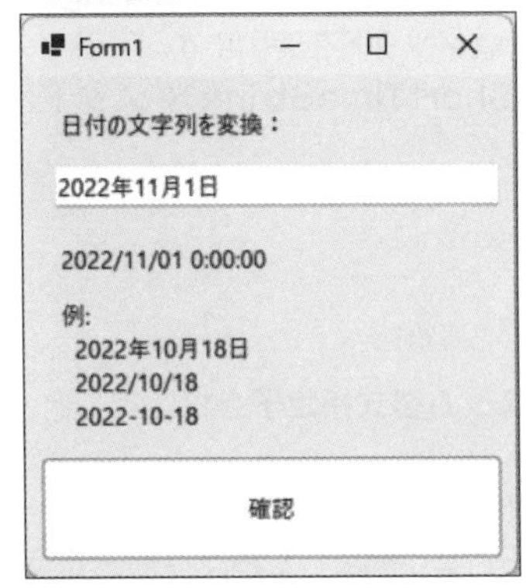

リスト1　日付文字列をDateTime型に変換する（ファイル名：pg126.sln、Form1.vb）

```
Private Sub Form1_Load(sender As Object, e As EventArgs) _
    Handles MyBase.Load
    Dim dt = DateTime.Now

    Label3.Text = $"例:
{dt.ToString("yyyy年MM月dd日")}
{dt.ToString("yyyy/MM/dd")}
{dt.ToString("yyyy-MM-dd")}
"
End Sub

Private Sub Button1_Click(sender As Object, e As EventArgs) _
    Handles Button1.Click
    Dim dt As DateTime
    If DateTime.TryParse(TextBox1.Text, dt) = False Then
        Label2.Text = "日付が変換できませんでした"
    Else
```

```
        Label2.Text = dt.ToString()
    End If
End Sub
```

日付データを日付文字列にする

ここがポイントです！

日付データを日付文字列にする
（ToStringメソッド、ToShortDateStringメソッド）

日付データを日付を表す**日付文字列**に変換するには、次ページの表に示した**ToStringメソッド**、**ToShortDateStringメソッド**、**ToLongDateStringメソッド**を使います。

また、時刻データを文字列に変換するには、**ToShortTimeStringメソッド**、**ToLongTimeStringメソッド**を使います。

▼日付データを日付文字列にする

```
日付.ToString(書式指定子)
```

ToStringメソッドの引数で**標準書式指定子**、または**カスタム書式指定子**を指定すると、様々な形式で日付文字列を取得できます。

標準書式指定子、カスタム書式指定子は、次ページの表の通りです。

リスト1では、ボタンがクリックされたら、現在の日時を日付文字列にして様々な形式でラベルに表示しています。

▼実行結果

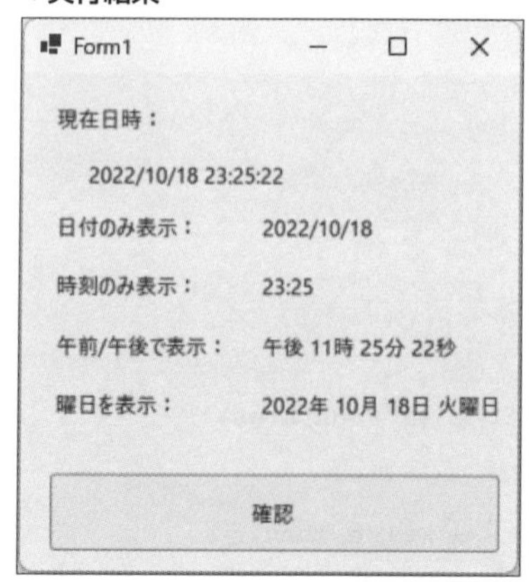

日付や時刻を文字列に変換するメソッド

メソッド	結果（2022/10/10 15:02:18の場合）
ToString	2022/10/10 15:02:18
ToShortDateString	2022/10/10
ToLongDateString	2022年10月10日
ToShortTimeString	15:02
ToLongTimeString	15:02:18

日付の主な標準書式指定子

書式指定子	内容
d	短い日付（例 2022/10/10）
D	長い日付（例 2022年10月10日）
t	短い時刻（例 15:02）
T	長い時刻（例 15:02:18）
g	一般の日付と短い時刻（例 2022/10/10 15:02）
G	一般の日付と長い時刻（例 2022/10/10 15:02:18）

日付の主なカスタム書式指定子

書式指定子	内容
gg	西暦
yy、yyyy	年2桁、年4桁
M、MM、MMMM	月1桁、月2桁、1月～12月
d、dd	日付1桁、日付2桁
ddd、dddd	曜日の省略名、曜日の完全名
h、hh	12時間形式の時間1桁、12時間形式の時間2桁
H、HH	24時間形式の時間1桁、24時間形式の時間2桁
m、mm	分1桁、分2桁
s、ss	秒1桁、秒2桁
f、F	1/10 秒、ゼロ以外の1/10秒
tt	午前または午後
%	カスタム書式指定子を1文字で単独で使うときに先頭に記述

リスト1　DateTime型を日付文字列に変換する（ファイル名：pg127.sln、Form1.vb）

```
Private Sub Button1_Click(sender As Object, e As EventArgs) _
    Handles Button1.Click
    Dim dt = DateTime.Now
    Label6.Text = dt.ToString()
    Label7.Text = dt.ToShortDateString()
    Label8.Text = dt.ToShortTimeString()
    Label9.Text = dt.ToString("tt h時 m分 s秒")
    Label10.Text = dt.ToString("yyyy年 M月 d日 dddd")
End Sub
```

4-4 制御構造

Tips 128

Level ●

対応 COM PRO

条件を満たしている場合に処理を行う

条件に一致／不一致で処理を分岐（Ifステートメント）

条件に一致する場合と、一致しない場合で異なる処理を行うときは、**Ifステートメント**を使います。

条件1を満たす場合のみ処理を行うには、次の書式のように記述します。

▼Ifステートメントの書式

```
If 条件式1 Then
    処理1
End If
```

この場合は、「条件式1」が成立する場合（式の結果がTrueの場合）のみ、「処理1」が行われます。「処理1」は、複数行にわたって記述できます。条件式は、**And演算子**や**Or演算子**を使って複数記述できます。

また、条件を満たさない場合（Falseの場合）に別の処理を行うには、**If～Elseステートメント**を使って、次の書式のように記述します。

▼If～Elseステートメントの書式

```
If 条件式1 Then
    条件式1がTrueのときの処理
Else
    条件式1がFalseのときの処理
End If
```

「条件式1」が成立しない場合、別の条件式の成立可否によって処理を分けるには、**If～Else If～Elseステートメント**を使って、次の書式のように記述します（Elseブロックは省略できます）。

▼If～Else If～Elseステートメントの書式

```
If 条件式1 Then
    条件式1がTrueのときの処理
Else If 条件式2 Then
    条件式2がTrueのときの処理
Else
    どちらも成立しないときの処理
End If
```

リスト1では、テキストボックスが空欄かどうか、空欄でない場合はDateTime型の日付に変換できるかどうかをチェックし、それぞれの結果に応じてメッセージボックスを表示しています。

なお、DateTime.TryParseメソッドについては、Tips126の「日付文字列を日付データにする」を参照してください。

▼実行結果

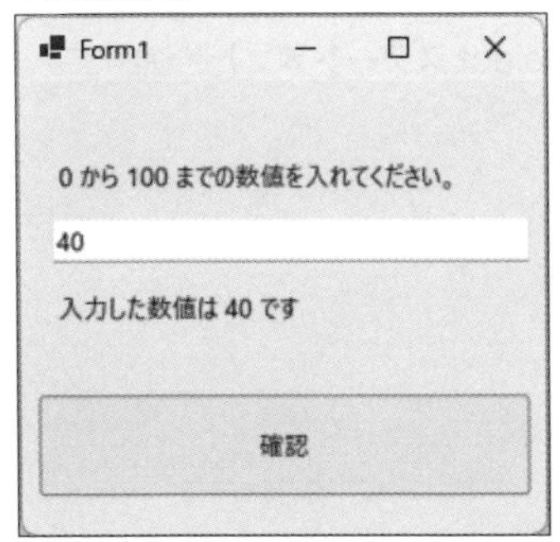

リスト1　条件が成立するかどうかで処理を分岐する（ファイル名：pg128.sln、Form1.vb）

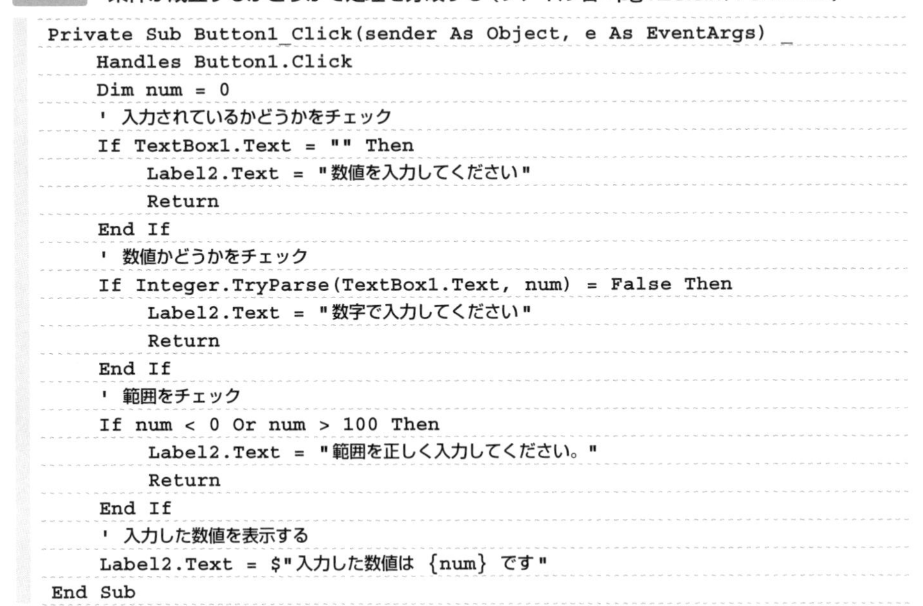

```
Private Sub Button1_Click(sender As Object, e As EventArgs) _
    Handles Button1.Click
    Dim num = 0
    ' 入力されているかどうかをチェック
    If TextBox1.Text = "" Then
        Label2.Text = "数値を入力してください"
        Return
    End If
    ' 数値かどうかをチェック
    If Integer.TryParse(TextBox1.Text, num) = False Then
        Label2.Text = "数字で入力してください"
        Return
    End If
    ' 範囲をチェック
    If num < 0 Or num > 100 Then
        Label2.Text = "範囲を正しく入力してください。"
        Return
    End If
    ' 入力した数値を表示する
    Label2.Text = $"入力した数値は {num} です"
End Sub
```

Ifブロックや Elseブロックなど各ブロック内にも、Ifステートメントを記述できます。ブロック内にブロックを記述した状態をネスト（入れ子）と言います。

式の結果に応じて処理を分岐する

ここがポイントです！

1つの式の複数の結果に応じた処理を作成（Selectステートメント）

1つの式の複数の結果それぞれに応じて処理を行うには、**Selectステートメント**を使います。Selectステートメントの書式は、次のようになります。

▼Selectステートメントの書式

```
Select Case 式
   Case 値1
      式の値が値1である場合の処理
   Case 値2
      式の値が値2である場合の処理
      break;
      :
      :
   Case Else
      どの値とも一致しない場合の処理
End Select
```

最後のCase Elseステートメントは、省略可能です。

リスト1では、コンボボックスで選択された値によって、フォームの背景色を変更しています。

▼実行結果

リスト1　式の結果に応じて処理を分岐する（ファイル名：pg129.sln、Form1.vb）

```
Private Sub Button1_Click(sender As Object, e As EventArgs) _
    Handles Button1.Click
    Label2.Text = ComboBox1.Text
    Select Case ComboBox1.Text
        Case "オレンジ"
            Label2.BackColor = Color.Orange
        Case "ブルー"
            Label2.BackColor = Color.Blue
        Case "イエロー"
            Label2.BackColor = Color.Yellow
        Case Else
            Label2.BackColor = Color.Empty
    End Select
End Sub
```

条件に応じて値を返す

ここがポイントです！　条件の真偽で値を返す（IIf関数）

IIf関数を使うと、条件に一致する場合の値と、一致しない場合の値を簡単な命令文で記述できます。

条件式が「True」の場合は式1の値を返し、「False」の場合は式2の値を返します。

▼IIf関数の書式

```
IIf( 条件式, 式1, 式2 )
```

リスト1では、テキストボックスに入力された値が「0から100までの値」を満たした場合は入力された値、満たさない場合は「-1」を、それぞれ補正した数値のラベルに表示します。

▼実行結果1（条件を満たした場合）

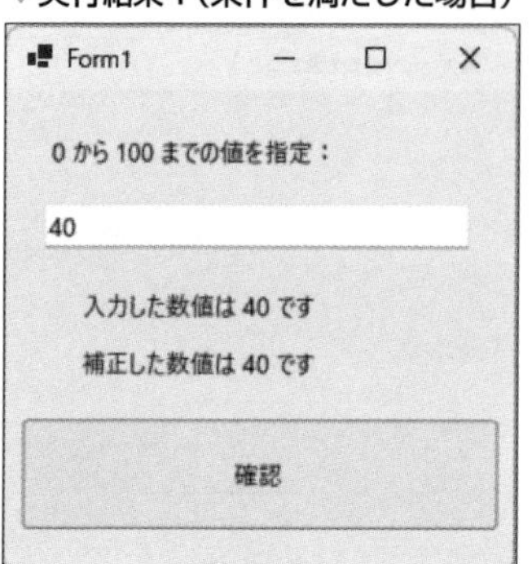

▼実行結果2（条件を満たさない場合）

リスト1　式の結果に応じて処理を分岐する（ファイル名：pg130.sln、Form1.vb）

```
Private Sub Button1_Click(sender As Object, e As EventArgs) _
    Handles Button1.Click
    Dim num = 0
    num = Integer.Parse(TextBox1.Text)

    Dim x = IIf(num < 0 Or num > 100, -1, num)
    ' 以下と同じ
    'Dim x = 0
    'If num < 0 Or num > 100 Then
    '    x = -1
    'Else
    '    x = num
    'End If
    Label2.Text = $"入力した数値は {num} です"
    Label3.Text = $"補正した数値は {x} です"
End Sub
```

Tips 131 ▶Level ●○○ ▶対応 COM PRO

指定した回数だけ処理を繰り返す

ここがポイントです！ 決まった回数のループ処理（For ステートメント）

指定した回数分だけ**処理を繰り返す**には、**For ステートメント**を使います。

For ステートメントは、回数を数えるための**カウンター変数**を使って、次のように記述します。

▼Forステートメントの書式

```
For 初期化式 To 最終値
    繰り返す処理
Next
```

「初期化式」は、最初に1回だけ実行されます。「初期化式」では、回数を数えるためのカウンター変数に初期値を代入します。

「最終値」には、ループカウンターの最大値を設定します。最大値に達したときにループが終了します。

例えば、初期値を「0」とし、10回繰り返す場合は「For i = 0 To 9」のように記述します。

Forステートメントの処理を、何らかの条件などによって途中で終了する場合は、Exit Forステートメントを使います。

リスト1では、Forステートメントを利用して、「No.1」から「No.10」までの文字列を表示しています。

▼実行結果

リスト1 回数が決まっているループ処理を行う（ファイル名：pg131.sln、Form1.vb）

```
Private Sub Button1_Click(sender As Object, e As EventArgs) _
    Handles Button1.Click
    listBox1.Items.Clear()
    ' 指定した回数だけ処理を繰り返す
    For i = 1 To 10
        listBox1.Items.Add($"No.{i}")
    Next
End Sub
```

条件が成立する間、処理を繰り返す

ここがポイントです！

条件式が「True」の間ループする（Whileステートメント）

条件式が成立している間（条件式の結果が「True」の間）は処理を繰り返すには、**Whileステートメント**を使います。

▼Whileステートメントの書式

```
While 条件式
    処理
End While
```

Whileステートメントでは、最初に条件式が評価され、結果が「True」であれば処理が行われます。処理後、再び条件式が評価され、結果が「True」である間、処理が繰り返されます（結果が「False」になるまで、つまり条件式が成立しなくなるまで繰り返されます）。

最初から条件式の結果が「False」であれば、Whileステートメント内の処理は一度も行われません。

Whileステートメントの処理を、何らかの条件などによって途中で終了する場合は、**Exit Whileステートメント**を使います。

リスト1では、初期値を0とする変数iの値が「10」より小さい間はループし、「No.1」から「No.10」までの文字列をリストボックスに項目追加しています。

▼実行結果

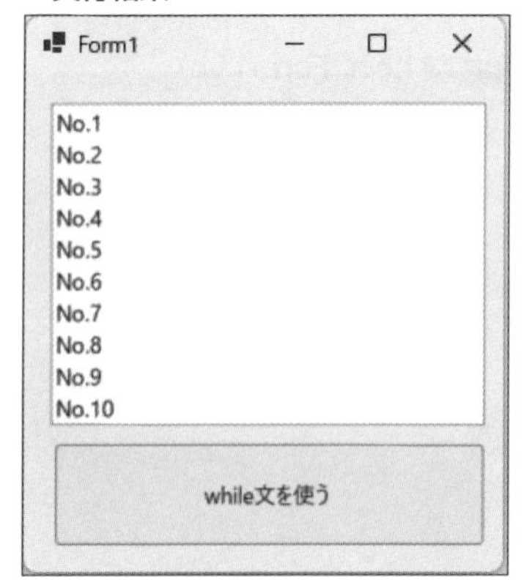

リスト1　条件を満たす間、処理を繰り返す（ファイル名：pg132.sln、Form1.vb）

```
Private Sub Button1_Click(sender As Object, e As EventArgs) _
    Handles Button1.Click
    ListBox1.Items.Clear()
    Dim i = 0
    While i < 10
        ListBox1.Items.Add($"No.{i + 1}")
        i += 1
    End While
End Sub
```

条件式の結果にかかわらず一度は繰り返し処理を行う

ここがポイントです！　ループ継続条件式をブロックの最後で評価（Do～Loop Whileステートメント）

条件式が成立するしないにかかわらず、一度はループ処理を行うようにするには、**Do～Loop Whileステートメント**を使って、次の書式のようにループ処理を記述します。

▼Do～Loop Whileステートメントの書式

```
Do
    処理
Loop While 条件式
```

Do～Loop Whileステートメントでは、まずブロック内の処理が行われてから、条件式が評価されます。条件式の結果が「True」であれば、ブロック内の処理が繰り返されます。

処理後、再び条件式が評価され、結果が「True」である間、処理が繰り返されます（結果が「False」になるまで、つまり条件式が成立しなくなるまで繰り返されます）。

Do～Loop Whileステートメントの処理を、何らかの条件などによって途中で終了する場合は、**Exit Doステートメント**を使います。

リスト1では、変数iの値が「10」以下の場合にループしますが、条件式をブロックの最後に評価しているため、変数iが「10」を超えていても1度は実行されます。ここでは、変数iの初期値が100、条件が「i<10」なので条件を満たさないが、条件判定を最後に行うため、1回だけ処理が実行さる。

▼実行結果

リスト1　条件を満たすまで処理を繰り返す（ファイル名：pg133.sln、Form1.vb）

```
Private Sub Button1_Click(sender As Object, e As EventArgs) _
    Handles Button1.Click
    ListBox1.Items.Clear()
    Dim i = 100 ' 初期値を100にする
    Do
        ListBox1.Items.Add($"No.{i}")
        i += 1
    Loop While i < 10
End Sub
```

さらにワンポイント　条件式が「False」の間、ループする場合や、条件式が成立しない間ループする場合は、Not演算子や<>演算子を使って条件式を記述します。Not演算子は式の値が「True」の場合のみ「False」を返します。例えば、「変数iが10より大きくない場合」（変数iが10より大きい、が成立しない場合）にループを継続する場合、条件式を「Not i > 10」のように記述します。

Tips 134　▶Level ●　▶対応 COM PRO

コレクションまたは配列に対して処理を繰り返す

ここがポイントです！　コレクションオブジェクトをすべて参照（For Eachステートメント）

同じデータ型の要素を複数集めたものを**コレクション**と言います。コレクション内のすべてのオブジェクト、および、配列のすべての要素に対して同じ処理を行うには、**For Eachス**

テートメントを使います。

For Eachステートメントは、次のように記述します。

▼**For Eachステートメントの書式**

```
For Each 変数1 As データ型 In コレクションまたは配列
    処理
Next
```

For Eachステートメントでは、ループするごとに、コレクションから要素が変数1に代入されます。したがって、変数1に対して処理を行うことによって、各要素に対して処理を行えます。

何らかの条件などにより、途中でFor Eachブロックの処理を終了するには、**Exit Forステートメント**を使います。

リスト1では、フォームのグループボックス上のすべてのコントロール（チェックボックス）が選択されているかどうかをチェックして、結果を表示しています。

▼**実行結果**

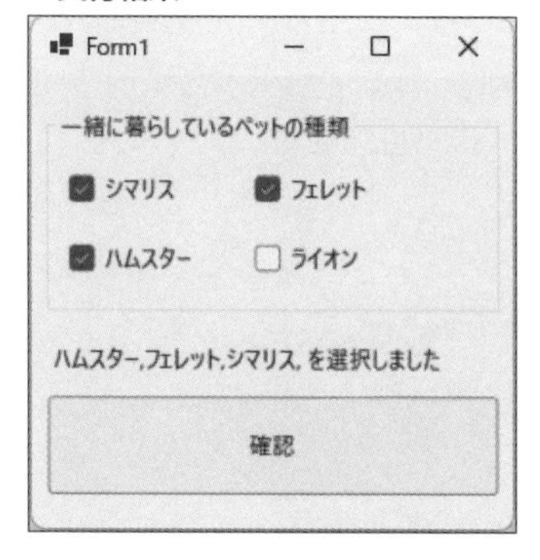

リスト1 **コレクションのすべてのオブジェクトを調べる（ファイル名：pg134.sln、Form1.vb）**

```
Private Sub Button1_Click(sender As Object, e As EventArgs) _
    Handles Button1.Click
    Dim s = ""
    ' チェック済みを調べる
    For Each it As CheckBox In groupBox1.Controls
        If it.Checked = True Then
            s += it.Text + ","
        End If
    Next
    Label1.Text = $"{s} を選択しました"
End Sub
```

ループの途中で処理を先頭に戻す

ここがポイントです！ **繰り返し処理の途中で先頭に戻る**
(Continue For ステートメント)

繰り返し処理の途中で、強制的に処理を先頭に戻して次の繰り返し処理に進むには、**Continue Forステートメント**を使います。

リスト1では、For Eachブロック内でIfブロックの処理を終えたら、ループの先頭に処理を戻しています。

▼実行結果

リスト1　繰り返し処理の先頭に戻る（ファイル名：pg135.sln、Form1.vb）

```
Private Sub Button1_Click(sender As Object, e As EventArgs) _
    Handles Button1.Click
    Dim s1 = ""
    Dim s2 = ""
    ' チェック済みを調べる
    For Each it As CheckBox In groupBox1.Controls
        If it.Checked = True Then
            s1 += it.Text + ","
            Continue For
        End If
        ' 残りの項目
        s2 += it.Text + ","
    Next
    Label1.Text = $"{s1} を選択しました"
    Label2.Text = $"{s2} が未選択でした"
End Sub
```

4-5 配列

Tips 136 ▶Level ● ▶対応 COM PRO

配列を使う

一次元配列と二次元配列の宣言と使用
(配列変数)

配列変数を使うと、同じデータ型の関連性のある値をまとめて扱えます。

配列は、それぞれの値に番号を付けてまとめて入れておく変数です。この番号を**インデックス**または**添え字**(そえじ)と言います。インデックスは、「0」から始まります。

また、配列の中のそれぞれの値を**要素**と言います。配列の要素に値を代入したり、配列の要素を参照したりするときには、添え字を指定します。

●一次元配列の宣言

次のように宣言します。

▼一次元配列を宣言する①

```
Dim 配列変数名() As データ型 = New データ型(要素数) {}
```

▼一次元配列を宣言する②

```
Dim 配列変数名 = New データ型(要素数) {}
```

インデックスは「0」から始まるため、最初の要素は「配列変数名(0)」、次の要素は「配列変数名(1)」のように記述して参照します。

●二次元配列の宣言

二次元配列は、表形式のイメージの配列です。次のように宣言します。

▼二次元配列を宣言する①

```
Dim 配列変数名(,) As データ型 = New データ型(要素数1, 要素数2) {}
```

▼二次元配列を宣言する②

```
Dim 配列変数名 = New データ型(要素数1, 要素数2) {}
```

二次元配列で要素を参照するには、「配列変数名(0, 0)」のように記述します。

リスト1では、Button1([一次元配列] ボタン) がクリックされたら、要素数5の配列を宣言し、値を代入して表示しています。また、Button2([二次元配列] ボタン) がクリックされたら、二次元配列を宣言して値を代入し、表示しています。

▼実行結果（一次元配列）

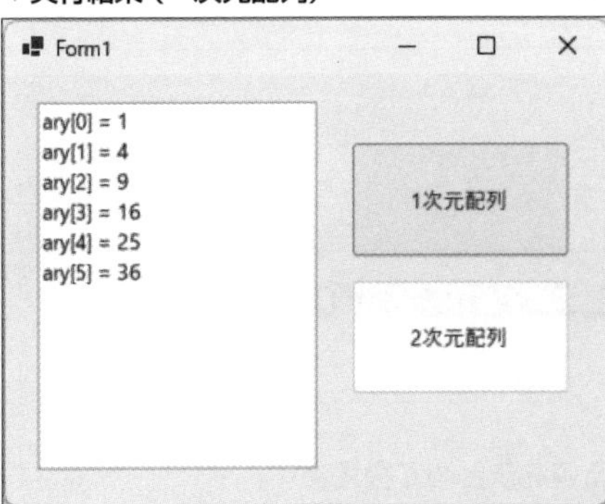

▼実行結果（二次元配列）

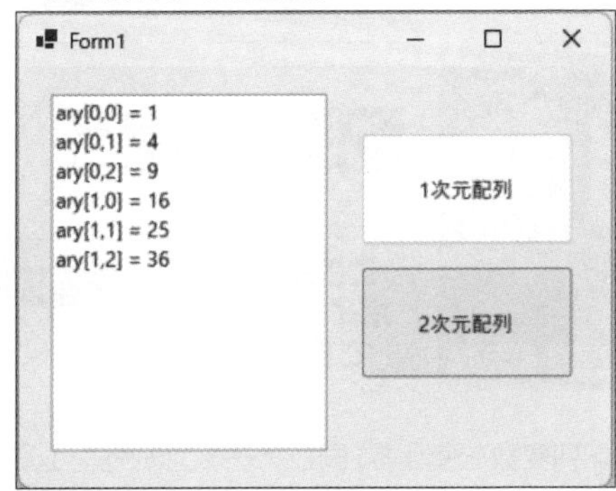

リスト1　配列を使う（ファイル名：pg136.sln、Form1.vb）

```
Private Sub Button1_Click(sender As Object, e As EventArgs) _
    Handles Button1.Click
    Dim ary(5) As Integer
    ' 配列に数値を代入する
    Dim n = 1
    For i = 0 To ary.Length - 1
        ary(i) = n * n
        n += 1
    Next
    ' 配列の内容を表示する
    ListBox1.Items.Clear()
    For i = 0 To ary.Length - 1
        ListBox1.Items.Add($"ary[{i}] = {ary(i)}")
    Next

End Sub

Private Sub Button2_Click(sender As Object, e As EventArgs) _
    Handles Button2.Click
    Dim ary(2, 3) As Integer
    ' 配列に数値を代入する
    Dim n = 1
    For i = 0 To 1
        For j = 0 To 2
            ary(i, j) = n * n
            n += 1
        Next
    Next
    ' 配列の内容を表示する
    ListBox1.Items.Clear()
    For i = 0 To 1
        For j = 0 To 2
            ListBox1.Items.Add($"ary[{i},{j}] = {ary(i, j)}")
        Next
```

```
    Next
End Sub
```

配列変数を宣言するとき、アクセス修飾子を指定できます。アクセス修飾子については、Tips098の「変数を使う」を参照してください。

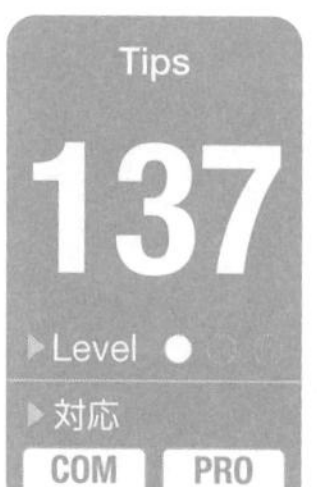

配列の宣言時に値を代入する

ここがポイントです！ **配列宣言時の初期化**（{}）

配列の宣言時に値を代入するには、「{}」（中カッコ）を使います。値は、中カッコの中に、「,」（カンマ）で区切って記述します。記述した値の数が要素数になります。

▼配列の宣言時に値を代入する①

```
Dim 配列変数 As データ型() = New データ型(){値1, 値2, 値3, …}
```

▼配列の宣言時に値を代入する②

```
Dim 配列変数 = New データ型(){値1, 値2, 値3, …}
```

リスト1では、配列の宣言と同時に文字列を代入し、コンボボックスで選択された値（インデックス）に対応する要素の値を表示しています。

▼実行結果

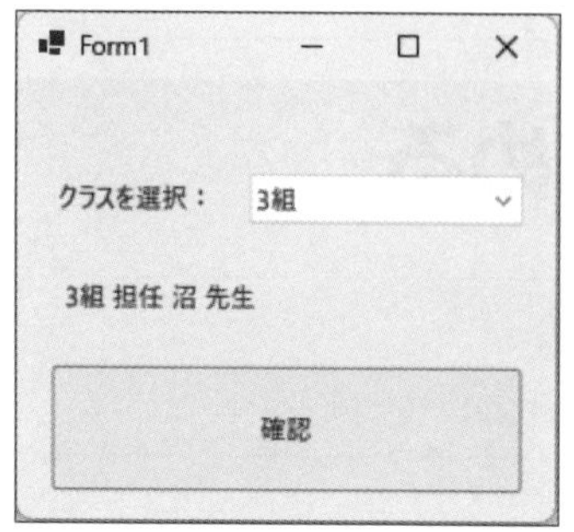

リスト1　配列宣言時に初期化を行う（ファイル名：pg137.sln、Form1.vb）

```
Private Sub Button1_Click(sender As Object, e As EventArgs) _
    Handles Button1.Click
    ' 配列の宣言時に初期値を入れる
    Dim names = New String() {
            "荒俣", "夢野", "沼", "柄谷", "谷崎"
        }
    ' 以下の書き方も可能
    ' Dim names = {
    '         "荒俣", "夢野", "沼", "柄谷", "谷崎"
    '     }
    Dim index = ComboBox1.SelectedIndex
    If index = -1 Then
        Label2.Text = "クラスを選択してください"
        Return
    End If
    Label2.Text = $"{ComboBox1.Text} 担任 {names(index)} 先生"
End Sub
```

二次元配列の初期化は、次のように行います。

```
Dim ary(,) As Integer = {{0, 2}, {4, 6}, {8, 10}}
```

コンボボックスの項目は、上から順に「0, 1, 2, …」とインデックスが振られます。リスト1では、配列の添え字と対応させるために、コンボボックスで選択された項目のインデックスをそのまま利用しました。

なお、コンボボックスの詳細は、第3章の「ユーザーインターフェイスの極意」を参照してください。

Tips 138　▶Level ●　▶対応 COM PRO

配列の要素数を求める

ここがポイントです！

配列の要素数を取得（Lengthプロパティ、GetLengthメソッド）

配列の要素数を取得するには、**Arrayクラス**の**Lengthプロパティ**を使います。

また、二次元配列などの多次元配列で、次元別の要素数を取得するには、**GetLengthメソッド**を使います。GetLengthメソッドの引数には、要素数を取得する次元を「0」から始まる数値で指定します。

リスト1では、一次元配列の要素数、および、二次元配列の全要素数と次元別の要素数を取得して表示しています。

▼実行結果

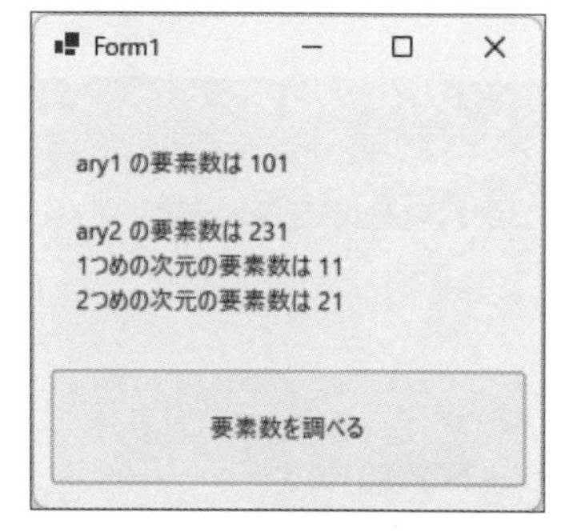

リスト1　配列の要素数を取得する（ファイル名：pg138.sln、Form1.vb）

```
Private Sub Button1_Click(sender As Object, e As EventArgs) _
    Handles Button1.Click
    Dim ary1(100) As Integer
    Dim ary2(10, 20) As Integer

    label1.Text = $"ary1 の要素数は {ary1.Length}"
    Dim text = $"ary2 の要素数は {ary2.Length} " + vbCrLf +
               $"1つめの次元の要素数は {ary2.GetLength(0)}" + vbCrLf +
               $"2つめの次元の要素数は {ary2.GetLength(1)}" + vbCrLf
    Label2.Text = text
End Sub
```

さらにワンポイント　配列のインデックスの最大値を取得するには、ArrayクラスのGetUpperBoundメソッドを使います。

GetUpperBoundメソッドの引数には、最大値を取得する次元を指定します。一次元配列の場合は「0」を指定し、「配列変数名.GetUpperBound(0)」のように記述します。

さらにワンポイント　配列の次元数を取得するには、ArrayクラスのRankプロパティを使います。Rankプロパティの書式は、次のようになります。

```
配列変数名.Rank
```

配列の要素を並べ替える

ここがポイントです！ **配列の要素のソート**
（Sortメソッド、Reverseメソッド）

配列の要素の値を昇順でソートするには、**Arrayクラス**の**Sortメソッド**を使います。

▼要素の値を昇順でソートする

```
Array.Sort(配列変数名)
```

また、配列を、現在と逆順でソートするには、**Reverseメソッド**を使います。

▼要素の値を降順でソートする

```
Array.Reverse(配列変数名)
```

リスト1では、配列のソート前と、Sortメソッドでソート後、Reverseメソッドでソート後、それぞれについて要素を順に表示しています。

▼実行結果

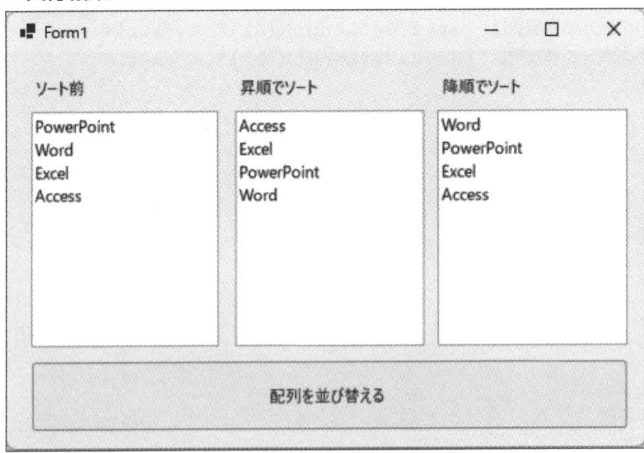

リスト1 配列をソートする（ファイル名：pg139.sln、Form1.vb）

```
Private Sub Button1_Click(sender As Object, e As EventArgs) _
    Handles Button1.Click
    Dim items = {
            "PowerPoint", "Word", "Excel", "Access"
    }
```

```
        ListBox1.Items.Clear()
        ListBox2.Items.Clear()
        ListBox3.Items.Clear()
        ' ソート前
        ListBox1.Items.AddRange(items)
        ' 昇順でソート
        Array.Sort(items)
        ListBox2.Items.AddRange(items)
        ' 降順でソート
        Array.Reverse(items)
        ListBox3.Items.AddRange(items)
    End Sub
```

配列をクリアする

ここがポイントです!

配列の要素の値を既定値に設定
（Arrayクラス、Clearメソッド）

配列の要素の値を、まとめてクリアする（データ型に応じて0やFalse、Nothingにする）には、**Arrayクラス**の**Clearメソッド**を使います。

Clearメソッドは、次の書式のように記述します。

▼配列をクリアする

```
Array.Clear(配列変数名, インデックス, 要素数)
```

引数の**インデックス**には、削除をする要素の範囲の開始インデックスを指定します。また、**要素数**には、削除する要素数を指定します。

リスト1では、配列Aryの要素の値を表示してから、1番目（2つ目）の要素から2つの要素を削除し、再度要素の値を表示しています。

▼実行結果

リスト1　配列をクリアする（ファイル名：pg140.sln、Form1.vb）

```
''' 配列内をすべてクリアする
Private Sub Button1_Click(sender As Object, e As EventArgs) _
    Handles Button1.Click
    ListBox1.Items.Clear()
    ListBox2.Items.Clear()
    Dim ary = {"東京", "神奈川", "埼玉", "千葉", "栃木", "群馬", "茨城"}
    ListBox1.Items.AddRange(ary)
    ' すべてクリアする
    Array.Clear(ary)
    For Each it In ary
        ListBox2.Items.Add(IIf(it Is Nothing, "(Nothing)", it))
    Next
End Sub

''' 配列内を部分的にクリアする
Private Sub Button2_Click(sender As Object, e As EventArgs) _
    Handles Button2.Click
    ListBox1.Items.Clear()
    ListBox2.Items.Clear()
    Dim ary = {"東京", "神奈川", "埼玉", "千葉", "栃木", "群馬", "茨城"}
    ListBox1.Items.AddRange(ary)
    ' 2番目と3番目をクリアする
    Array.Clear(ary, 2, 2)
    For Each it In ary
        ListBox2.Items.Add(IIf(it Is Nothing, "(Nothing)", it))
    Next
End Sub
```

New演算子を使って宣言し直すと、配列の全要素をクリアできます。

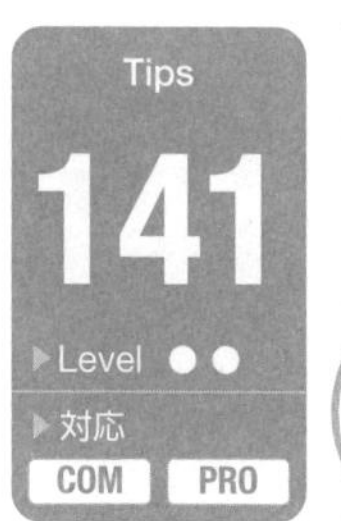

配列をコピーする

ここがポイントです!

配列の値を複写、配列を複製
(CopyToメソッド、Cloneメソッド)

配列の要素の値をまとめて一度にコピーするには、**CopyToメソッド**または**Cloneメソッド**を使います。

●CopyToメソッド

一次元配列すべての要素の値を、コピー先配列の指定インデックス以降にコピーします。

CopyToメソッドは、コピー先配列名とインデックスを指定して次の書式で記述します。

▼インデックスを指定して配列をコピーする

```
コピー元配列名.CopyTo(コピー先配列名, インデックス)
```

●Cloneメソッド

配列のすべての要素の値をコピーしたObject型の配列を作成し、作成した配列を返します。

Cloneメソッドは、次の書式で記述します。

▼配列をコピーする

```
コピー元配列.Clone()
```

また、代入演算子の=演算子を使って、配列に配列を丸ごと代入することもできます。

リスト1では、配列ary1を、配列ary2、ary3、ary4に、それぞれCopyToメソッド、Cloneメソッド、代入を実行してから、配列Ary1の0番目の要素の値を変更し、それぞれの配列の値を表示しています。

コピーされた配列は、ary1の変更が反映されていませんが、代入した配列には反映されます。

▼実行結果

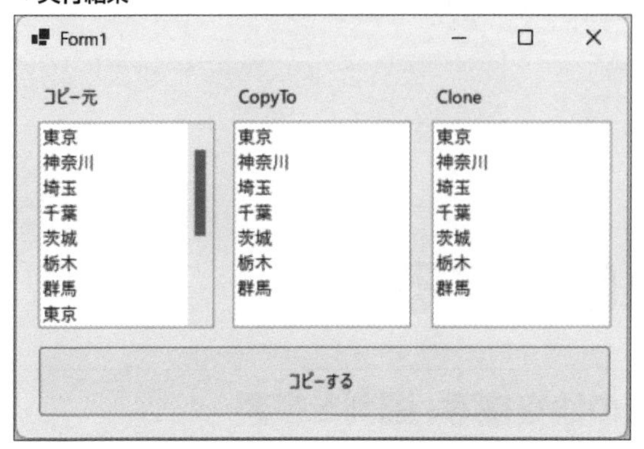

リスト1 配列をコピーする（ファイル名：pg141.sln、Form1.vb）

```
Private Sub Button1_Click(sender As Object, e As EventArgs) _
    Handles Button1.Click
    Dim ary1 = {"東京", "神奈川", "埼玉", "千葉", "茨城", "栃木", "群馬"}
    ListBox1.Items.Clear()
    ListBox2.Items.Clear()
    ListBox3.Items.Clear()

    ListBox1.Items.AddRange(ary1)
    ' CopyToを使う
    Dim ary2(ary1.Length - 1) As String
    ary1.CopyTo(ary2, 0)
    ' Cloneを使う
    Dim ary3() As String = ary1.Clone()

    ListBox1.Items.AddRange(ary1)
    ListBox2.Items.AddRange(ary2)
    ListBox3.Items.AddRange(ary3)
End Sub
```

さらにワンポイント

配列の要素を検索するには、ArrayクラスのIndexOfメソッド、LastIndexOfメソッドを使います。

IndexOfメソッドは配列の先頭から指定した値を検索し、LastIndexOfメソッドは配列の末尾から指定した値を検索します。どちらも、最初に見つかったインデックスを返し、見つからなかった場合は-1」を返します。

Tips 142 ▶Level ● ▶対応 COM PRO

サイズが動的に変化するリストを使う

ここがポイントです！ **Listの使用**
(List(Of T) クラス、ジェネリッククラス)

配列とよく似た機能に**リスト**（List(Of T) クラス）があります。リストは、動的に要素の数を変更できるというメリットがあります。ここでは、リストの基本的な作成方法を説明します。

リスト（List(Of T) クラス）のインスタンスを生成する場合、「( )」（カッコ）内にデータ型を指定します。このように「( )」内にデータ型を指定してインスタンスを生成するクラスを**ジェネリッククラス**と言います。

▼**リストのインスタンスを作成する**

```
Dim 整数 As New List(Of データ型)
```

例えば、Integer型のリストのインスタンスを生成するには、以下のように記述します。

```
Dim it As New List(Of Integer)
```

あるいは、次のようにも記述できます。

```
Dim it = New List(Of Integer)
```

インスタンス生成後に要素を追加するには、**Addメソッド**を使います。Addメソッドは、リストの最後に要素を追加します。また、すべての要素を削除するには、**Clearメソッド**を使います。

Listクラスの主なメソッドは、次ページの表を参照ください。

リスト1では、Button1（[追加] ボタン）がクリックされると、String型のリストlstに現在に日時を要素に追加し、表示します。Button2（[クリア] ボタン）がクリックされると、リストlstの要素を全部削除し、結果を表示します。リストボックスに表示するときに、ToArrayメソッドを使って配列に変換し、リストボックスのAddRangeメソッドを使って追加しています。

▼実行結果

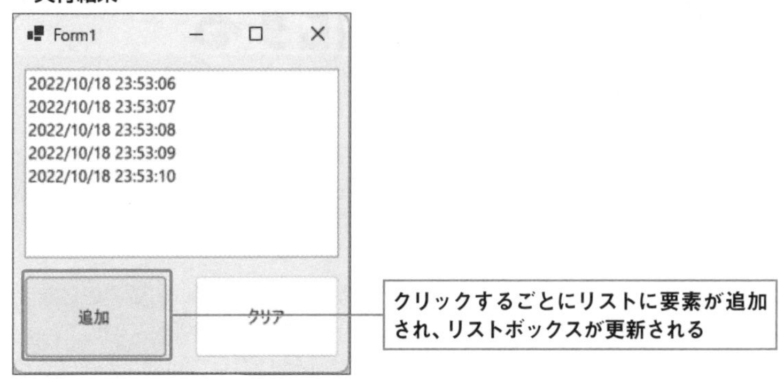

Listクラスの主なメソッド

メソッド名	内容
Clear	全要素削除
Add	要素追加
AddRange	複数の要素を追加
Remove	指定した要素を削除
RemoveAt	インデックス位置にある要素を削除

リスト1　List(Of T)を作成する（ファイル名：pg142.sln、Form1.vb）

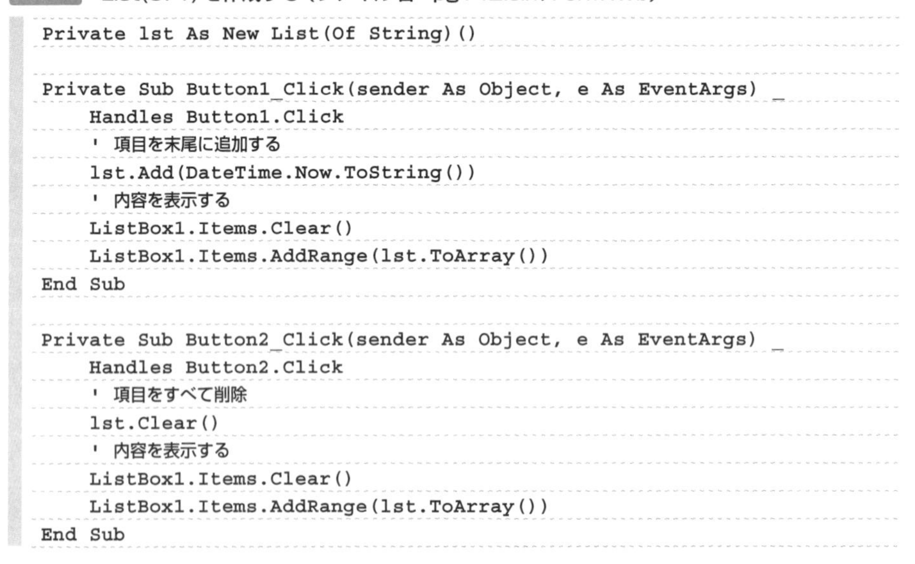

```
Private lst As New List(Of String)()

Private Sub Button1_Click(sender As Object, e As EventArgs) _
    Handles Button1.Click
    ' 項目を末尾に追加する
    lst.Add(DateTime.Now.ToString())
    ' 内容を表示する
    ListBox1.Items.Clear()
    ListBox1.Items.AddRange(lst.ToArray())
End Sub

Private Sub Button2_Click(sender As Object, e As EventArgs) _
    Handles Button2.Click
    ' 項目をすべて削除
    lst.Clear()
    ' 内容を表示する
    ListBox1.Items.Clear()
    ListBox1.Items.AddRange(lst.ToArray())
End Sub
```

List(Of T)クラスは、System.Collections.Generic名前空間にあります。コードウィンドウの先頭に「Imports System.Collections.Generic」と記述されていることを確認してください。記述されていない場合は、追加しておきましょう。

さらにワンポイント　配列やList(Of T)クラスのように、同じデータ型の要素を複数集めたものを「コレクション」と言います。

リストを初期化する

List(Of T) クラスのインスタンスの生成と初期化

リスト（List(Of T)クラスのコレクション）のインスタンスの生成と同時に初期化する場合は、次のように記述します。

▼リストの生成と同時に初期化する

```
Dim 変数 As New List(Of 型)({要素1, 要素2, 要素3, …})
```

例えば、以下のように記述すると、3つ数値を持つInteger型のリストitが作成されます。

```
Dim items As New List(Of Integer)({10,20,30})
```

リストに追加された要素を取得するには、「変数名(インデックス)」の形式で、「( )」(カッコ)内に0から始まるインデックスを指定します。また、要素数を数えるには**Countメソッド**を使います。

リスト1では、リストを初期化後、1つ目の要素と要素数を取得してラベルに表示し、すべての要素をリストボックスに追加しています。

▼実行結果

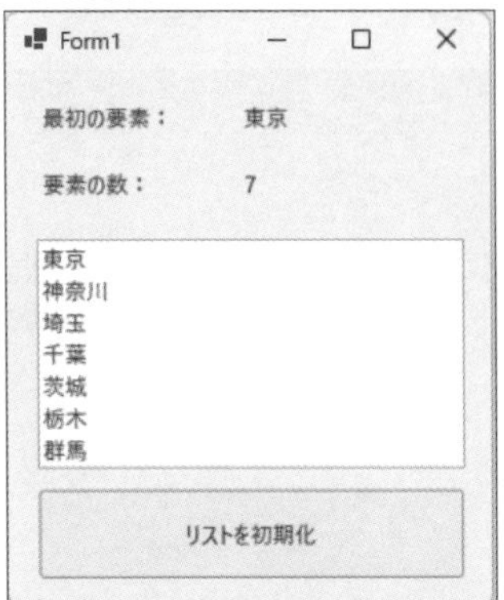

リスト1　リストを初期化する（ファイル名：pg143.sln、Form1.vb）

```
Private Sub Button1_Click(sender As Object, e As EventArgs) _
    Handles Button1.Click
    Dim lst As New List(Of String)() From {
            "東京", "神奈川", "埼玉", "千葉", "茨城", "栃木", "群馬"
        }

    Label3.Text = lst.First() ' lst(0) でも良い
    Label4.Text = lst.Count.ToString()
    ListBox1.Items.Clear()
    ListBox1.Items.AddRange(lst.ToArray())
End Sub
```

リストに追加する

ここがポイントです！　**要素の追加**（Addメソッド、AddRangeメソッド）

リスト（List(Of T)のコレクション）に要素を追加するには、**Addメソッド**または**AddRangeメソッド**を使用します。

Addメソッドは、リストの最後に指定した要素を1つ追加します。

▼リストに要素を追加する

```
リスト.Add(要素)
```

AddRangeメソッドは、リストの最後に指定した複数の要素（コレクション）を追加します。

▼リストに複数の要素を追加する

```
リスト.AddRange(コレクション)
```

リスト1では、Button1（[ひとつ追加] ボタン）がクリックされると、項目を末尾に1つ追加してリストボックスに表示します。Button2（[複数追加] ボタン）をクリックすると、複数の項目を末尾に追加してリストボックスに表示します。

▼［ひとつ追加］ボタンをクリックした結果

▼［複数追加］ボタンをクリックした結果

リスト1　リストに要素を追加する（ファイル名：pg144.sln、Form1.vb）

```
Private lst As New List(Of String)()

Private Sub Button1_Click(sender As Object, e As EventArgs) _
    Handles Button1.Click
    Dim mark = {"♠", "♥", "♦", "♣"} (Random.Shared.Next(4))
    Dim num = {"1", "2", "3", "4", "5", "6", "7", "8", "9", "10", "J", 
"Q", "K"
        }(Random.Shared.Next(13))

    ' ひとつの要素を追加する
    lst.Add($"{mark}{num}")
    ' 項目を末尾に追加する
    lst.Add(DateTime.Now.ToString())
    ' 内容を表示する
    ListBox1.Items.Clear()
    ListBox1.Items.AddRange(lst.ToArray())

End Sub

Private Sub Button2_Click(sender As Object, e As EventArgs) _
    Handles Button2.Click
    Dim num = {"1", "2", "3", "4", "5", "6", "7", "8", "9", "10", "J", 
"Q", "K"
        }(Random.Shared.Next(13))
    ' 複数の要素を一度に追加する
    lst.AddRange(
        {$"♠{num}", $"♥{num}", $"♦{num}", $"♣{num}"})
    ' 内容を表示する
    ListBox1.Items.Clear()
    ListBox1.Items.AddRange(lst.ToArray())
End Sub
```

リスト1では、AddRangeメソッドで初期化されたリストのコレクションを指定して追加していますが、配列を指定することもできます。

Insertメソッドを使用すると、指定した位置に要素を挿入できます。例えば、リストlstの先頭に「abc」を追加したい場合は、「lst.Insert(0,"abc")」のように記述します。

```
リスト.Insert(インデックス, 要素)
```

Tips 145

▶Level ●

▶対応 COM PRO

リストを削除する

ここがポイントです！

要素の削除

(Clearメソッド、Removeメソッド、RemoveAtメソッド)

リストから要素を削除する場合、**Clearメソッド**でリスト内のすべての要素を削除します。また、**Removeメソッド**や**RemoveAtメソッド**を使うと、指定した要素を削除できます。

●Removeメソッド

Removeメソッドでは、指定した要素を削除します。正常に削除されると「True」を返し、要素が見つからないなど削除されなかった場合は、「False」を返します。

▼指定した要素を削除する

```
リスト.Remove(要素)
```

●RemoveAtメソッド

RemoveAtメソッドでは、指定したインデックスの要素を削除します。

▼指定したインデックスの要素を削除する

```
リスト.RemoveAt(インデックス)
```

リスト1では、フォームを開くときにリストを初期化し、リストボックスに追加します。Button1([先頭を削除] ボタン) がクリックされると、先頭の要素 (インデックス0) を削除し、結果をリストボックスに表示します。Button2([項目指定で削除] ボタン) がクリックされると♠のカードを削除し、結果をリストボックスに表示します。

▼初期状態

▼［先頭を削除］ボタンをクリックした結果

先頭の項目が削除される

▼［項目指定で削除］ボタンをクリックした結果

スペードの項目が削除される

リスト1　リストから要素を削除する（ファイル名：pg145.sln、Form1.vb）

```
Private lst = New List(Of String)()

Private Sub Form1_Load(sender As Object, e As EventArgs) _
    Handles MyBase.Load
    Dim marks = {"♠", "♥", "♦", "♣"}
    Dim nums = {"1", "2", "3", "4", "5", "6", "7", "8", "9", "10",
"J", "Q", "K"}
    For i = 0 To 12
        Dim mark = marks(Random.Shared.Next(4))
        Dim num = nums(Random.Shared.Next(13))
        lst.Add($"{mark}{num}")
    Next
    ListBox1.Items.AddRange(lst.ToArray())
End Sub

Private Sub Button1_Click(sender As Object, e As EventArgs) _
    Handles Button1.Click
```

```
        ' 先頭を削除する
        lst.RemoveAt(0)
        ' 内容を表示する
        ListBox1.Items.Clear()
        ListBox1.Items.AddRange(lst.ToArray())
    End Sub

    Private Sub Button2_Click(sender As Object, e As EventArgs) _
        Handles Button2.Click
        ' 項目を探しながら削除する
        Dim items As New List(Of String)()

        For Each it In lst
            If it.StartsWith("♠") Then
                items.Add(it)
            End If
        Next
        For Each it In items
            lst.Remove(it)
        Next
        ' 内容を表示する
        ListBox1.Items.Clear()
        ListBox1.Items.AddRange(lst.ToArray())
    End Sub
```

さらにワンポイント

RemoveRangeメソッドを使用すると、指定したインデックスの要素を開始位置として、指定した要素数だけ削除します。

例えば、リストlstのインデックス2から2要素削除する場合は、「lst.RemoveRange(2, 2)」のように記述します。

Tips 146 ▶Level ●●● ▶対応 COM PRO

リストをコピーする

ここがポイントです！ **リスト全体のコピーと条件を指定したコピー**（ToListメソッド、Whereメソッド）

リストの要素全体をコピーするには、**LINQ**のメソッドを使うと簡単です（LINQについては、Tips339「データベースのデータを検索する」以降を参照してください）。

リストに対して**ToListメソッド**を使うと、元のリストと同じ要素のリストを返すので、結果、リスト全体をそのままコピーできます。

また、**Whereメソッド**を使用すると、リスト内で条件に一致する要素を取り出します。Whereメソッドの引数は、**ラムダ式**を使います。

ラムダ式は、「Function(変数) 処理」あるいは「Sub(変数) 処理」という形式の式です。FunctionあるいはSubの左に変数、右に実行する処理を記述します。例えば、下記のような場合、左が変数（ここではt）、右が処理（ここではt >= 10の条件式）になり、要素が10以上の場合という意味になります。

▼**ラムダ式の例①**

```
Function(t) t >= 10
```

▼**ラムダ式の例②**

```
Function(t)
   Return t >= 10
End Function
```

リスト1では、フォームを開くときにリストを初期化し、要素の一覧を左側のリストボックスに表示します。Button1（[すべてコピー] ボタン）がクリックされると、ToListメソッドを使って取得したリストの全要素を右側のリストボックスに表示します。Button2（[条件を指定してコピー] ボタン）がクリックされると、Whereメソッドを使ってスペードで始まるカードを右側のリストボックスに表示しています。

▼ [すべてコピー] ボタンをクリックした結果

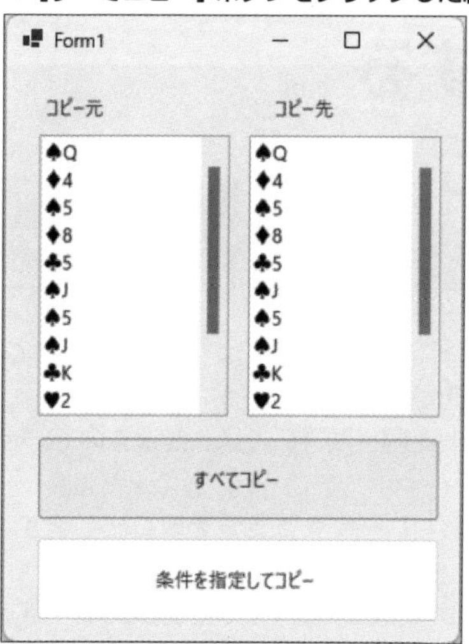

▼ [条件を指定してコピー] ボタンをクリックした結果

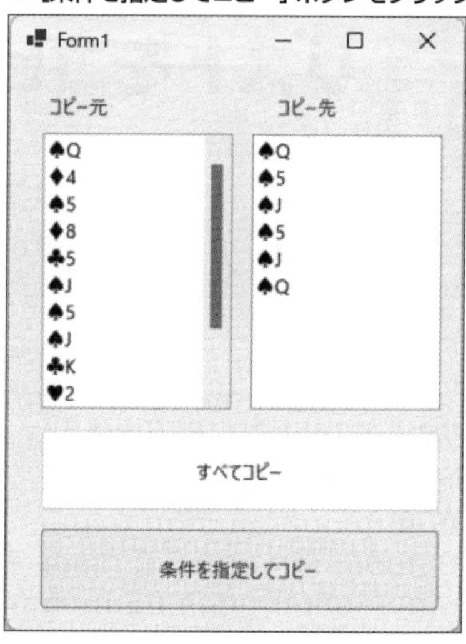

リスト1 リストの要素をコピーする（ファイル名：pg146.sln、Form1.vb）

```
Private lst As New List(Of String)()

Private Sub Form1_Load(sender As Object, e As EventArgs) _
    Handles MyBase.Load
    Dim marks = {"♠", "♥", "♦", "♣"}
    Dim nums = {"1", "2", "3", "4", "5", "6", "7", "8", "9", "10",
"J", "Q", "K"}
    For i = 0 To 12
        Dim mark = marks(Random.Shared.Next(4))
        Dim num = nums(Random.Shared.Next(13))
        lst.Add($"{mark}{num}")
    Next
    ListBox1.Items.AddRange(lst.ToArray())
End Sub

Private Sub Button1_Click(sender As Object, e As EventArgs) _
    Handles Button1.Click
    ' リスト全体をコピーする
    Dim lst2 = lst.ToList()
    ListBox2.Items.Clear()
    ListBox2.Items.AddRange(lst2.ToArray())
End Sub

Private Sub Button2_Click(sender As Object, e As EventArgs) _
    Handles Button2.Click
    ' 部分的にコピーする
    Dim lst2 = lst.Where(
        Function(t)
            Return t.StartsWith("?")
```

```
        End Function
    ).ToList()
    ListBox2.Items.Clear()
    ListBox2.Items.AddRange(lst2.ToArray())
End Sub
```

リストの要素にオブジェクトを使う

ここがポイントです!
リストの要素を指定（List(Of T) ジェネリック）

Visual Basicでは、リスト構造に「List(Of T)」の**ジェネリッククラス**を使います。「T」は任意のクラスを指定できます。

.NETでは数値や文字列などのInteger型やString型も「クラス」となるため、ジェネリッククラスの「T」には、Integer型やString型も使えます。

このリストの要素を指定するときに、**値型**のクラスと**参照型**のクラスでは、コピーしたときに動作が異なります。

●値型のクラス（Integer型やString型）

値型のクラスをリストの要素に指定し、コピーを行った場合、値そのものもコピーされるために元リストのデータを変更してもコピー先の要素に変化はありません。リスト2のように、コピー元の要素の先頭を「TOKYO」に変えたとしても、コピー先の要素は「東京」のままです。

●参照型のクラス（通常のクラス）

参照型のクラスでは、コピーを行った場合、要素そのものにあたる参照先のデータはコピー先とコピー元で同じものを示すため、コピー元の要素を変更するとコピー先も変更になります。これはコピー元とコピー先で同じ要素を示しているためです。リスト3のように、コピー元の要素の先頭を変更させると、コピー先でも「TOKYO」に変化します。

▼値型のクラスの場合

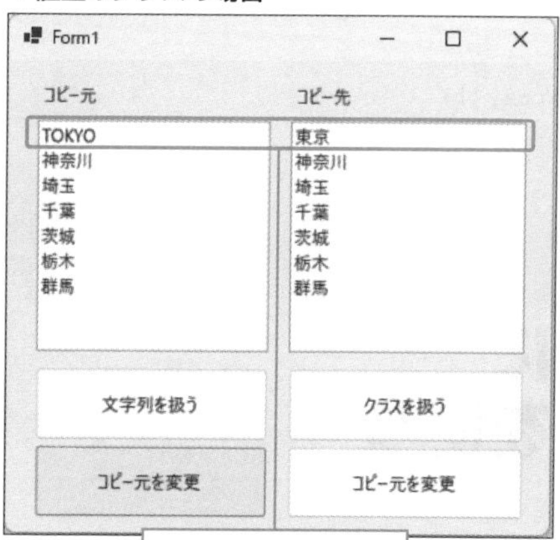

▼参照型のクラスの場合

リスト1　コピー元のデータ（ファイル名：pg147.sln、Form1.vb）

```
Private slst1 As New List(Of String)() From {
    "東京", "神奈川", "埼玉", "千葉", "茨城", "栃木", "群馬"}
Private slst2 As New List(Of String)()

Private olst1 As New List(Of Prefecture)() From {
    New Prefecture With {.Code = "13", .Name = "東京"},
    New Prefecture With {.Code = "14", .Name = "神奈川"},
    New Prefecture With {.Code = "11", .Name = "埼玉"},
    New Prefecture With {.Code = "12", .Name = "千葉"},
    New Prefecture With {.Code = "08", .Name = "茨城"},
    New Prefecture With {.Code = "09", .Name = "栃木"},
    New Prefecture With {.Code = "10", .Name = "群馬"}
}
Private olst2 As New List(Of Prefecture)()
```

リスト2　文字列のコピー（ファイル名：pg147.sln、Form1.vb）

```
''' 文字列を扱う場合
Private Sub Button1_Click(sender As Object, e As EventArgs) _
    Handles Button1.Click
    ListBox1.Items.Clear()
    ListBox2.Items.Clear()
    ListBox1.Items.AddRange(slst1.ToArray())
    slst2 = slst1.ToList()
    ListBox2.Items.AddRange(slst2.ToArray())
End Sub

''' コピー元の値を変更する
Private Sub Button3_Click(sender As Object, e As EventArgs) _
    Handles Button3.Click
    Dim index = slst1.FindIndex(
```

```
        Function(t)
            Return t = "東京"
        End Function
        )
    slst1(index) = "TOKYO"
    ' 内容を確認する
    ListBox1.Items.Clear()
    ListBox2.Items.Clear()
    ListBox1.Items.AddRange(slst1.ToArray())
    ListBox2.Items.AddRange(slst2.ToArray())
    ' 新しいリストの場合は文字列がコピーされるので
    ' コピー先は変更されない
End Sub
```

リスト3　オブジェクトの参照（ファイル名：pg147.sln、Form1.vb）

```
''' クラス（オブジェクト）を扱う場合
Private Sub Button2_Click(sender As Object, e As EventArgs) _
    Handles Button2.Click
    ListBox1.Items.Clear()
    ListBox2.Items.Clear()
    ListBox1.Items.AddRange(olst1.ToArray())
    olst2 = olst1.ToList()
    ListBox2.Items.AddRange(olst2.ToArray())
End Sub

Private Sub Button4_Click(sender As Object, e As EventArgs) _
    Handles Button4.Click
    ' コピー元の要素を変更する
    Dim index = olst1.FindIndex(
        Function(t)
            Return t.Name = "東京"
        End Function
    )
    olst1(index).Name = "TOKYO"
    ' 内容を確認する
    ListBox1.Items.Clear()
    ListBox2.Items.Clear()
    ListBox1.Items.AddRange(olst1.ToArray())
    ListBox2.Items.AddRange(olst2.ToArray())
    ' 要素となるオブジェクトを共有しているので、
    ' Nameプロパティの値が変わる
End Sub
```

さらにワンポイント

リストのコピーにおける値型のクラスと参照型のクラスとの違いは、要素となるクラスのコピーメソッド（Cloneメソッド）の実装が異なるためです。Integer型やString型の場合は、要素自体のメモリ使用量が少ないため値がコピーされますが、通常のクラスではメモリ要領が大きな参照先を単純に引き継ぐ実装となっています。

リストの要素に別のリストを使う

ここがポイントです！ リストにリストを含む

List(Of T)ジェネリッククラスでは、「T」となるクラスにリストや配列を含めることができます。

多段にリストを含む場合でも、値型のクラス（Integer型やString型）や参照型のクラス（通常のクラス）と同じように「T」に指定ができます。

例えば、リストの要素として文字列を扱うリストを扱う場合は「List(Of List(Of String))」のように宣言を記述します。

リスト1では参照するオブジェクトを作成し、リスト2ではトランプのマークに従って、リスト内の要素にリストを扱い、分類しています。

▼実行結果

リスト1　参照するオブジェクトを作成する（ファイル名：pg148.sln、Form1.vb）

```
Private Function GetCard() As String
    Dim mark = {"♠", "♥", "♦", "♣"} (Random.Shared.Next(4))
    Dim num = {
            "1", "2", "3", "4", "5", "6", "7", "8", "9", "10", "J",
"Q", "K"
        }(Random.Shared.Next(13))
    Return $"{mark}{num}"
End Function

Private cards As New List(Of String)()
```

```
Private Sub Form1_Load(sender As Object, e As EventArgs) _
    Handles MyBase.Load
    For i = 1 To 20
        cards.Add(GetCard())
    Next
    ListBox1.Items.AddRange(cards.ToArray())
End Sub
```

リスト2 マークでまとめる（ファイル名：pg148.sln、Form1.vb）

```
Private Sub Button1_Click(sender As Object, e As EventArgs) _
    Handles Button1.Click
    ' マーク順に編集する
    Dim items As New List(Of List(Of String))()
    For Each mark In {"♠", "♥", "♦", "♣"}
        Dim lst = cards.Where(
            Function(t)
                Return t.StartsWith(mark)
            End Function
            ).ToList()
        items.Add(lst)
    Next

    ' 内容を確認する
    ListBox2.Items.Clear()
    For Each it In items
        ListBox2.Items.Add(String.Join(",", it))
    Next
End Sub
```

Visual Basicでは、複数の次元を扱うための多次元の配列や、配列の中に可変な配列を扱うジャグ配列もあります。

キーと値がペアのコレクションを作成する

ここがポイントです！

Dictionaryの使用

（Dictonary(Of TKey,TValue) クラス）

Dictionary(Of TKey,TValue) クラスは、**キー**（Key）と**値**（Vaue）のペアを保持しているコレクションです。キーはインデックス番号に相当するもので、キーを使って値を参照します。そのため、キーはほかと重複しないものにします。

Dictionaryクラスは、次の書式で生成します。

▼Dictionaryクラスのインスタンスを生成する

```
Dim 変数 As New Dictionary(Of Keyの型, Valueの型)()
```

例えば、KeyがInteger型、ValueがString型のDictionaryのインスタンスを生成するには、以下のように記述します。

```
Dim 変数 As New Dictionary(Of Integer, String)()
```

あるいは、次のようにも記述できます。

```
Dim 変数 = New Dictionary(Of Integer, String)()
```

リスト1では、フォームを開くときに、Dictionaryのインスタンス生成時に初期化し、リストボックスに表示します。Button1（[指定キーで検索] ボタン）がクリックされると、テキストボックスに入力されたキーをコレクションの中で検索し、見つかった値をラベルに表示します。テキストボックスに入力されたキーが存在するかどうかをContainsKeyメソッドを使って調べています

なお、ContainsKeyメソッドの詳細は、Tips151の「キーを指定して値を探す」を参照してください。

▼実行結果

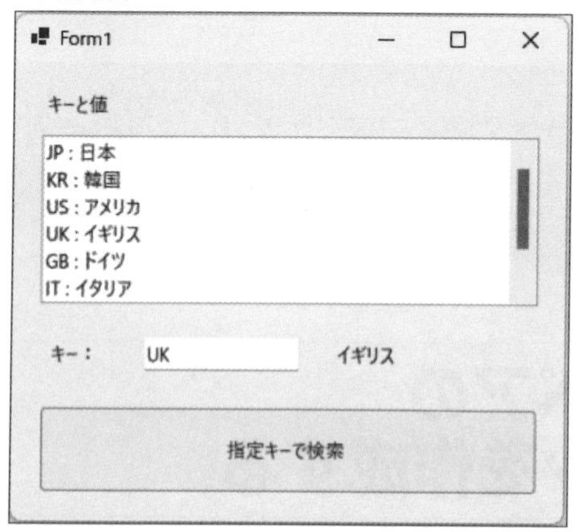

リスト1　Dictionaryのコレクションを作成する（ファイル名：pg149.sln、Form1.vb）

```
Private map As New Dictionary(Of String, String)() From {
        {"JP", "日本"},
        {"KR", "韓国"},
        {"US", "アメリカ"},
        {"GB", "イギリス"},
        {"DE", "ドイツ"},
```

```
        {"IT", "イタリア"},
        {"FR", "フランス"},
        {"CN", "中国"}
}

Private Sub Form1_Load(sender As Object, e As EventArgs) _
    Handles MyBase.Load
    ' リスト表示
    For Each it In map
        ListBox1.Items.Add($"{it.Key} : {it.Value}")
    Next
End Sub
Private Sub Button1_Click(sender As Object, e As EventArgs) _
    Handles Button1.Click
    Dim key = TextBox1.Text
    If map.ContainsKey(key) = True Then
        Label3.Text = map(key)
    Else
        Label3.Text = "キーが見つかりませんでした"
    End If
End Sub
```

キーと値のペアを追加する

ここがポイントです!

Dictionaryコレクションに要素を追加 (Addメソッド)

Dictionaryコレクションに**キーと値のペア**を追加するには、**Addメソッド**を使用します。Keyの値がすでに登録されている場合はエラーになります。

▼**キーと値のペアを追加する**

```
ディクショナリ.Add(Keyの値, Valueの値)
```

リスト1では、Button1([キーと値を追加] ボタン) がクリックされると、テキストボックスに入力されたキーと値をAddメソッドを使ってDictionaryコレクションに追加し、リストボックスにコレクションの一覧を表示します。

▼実行結果

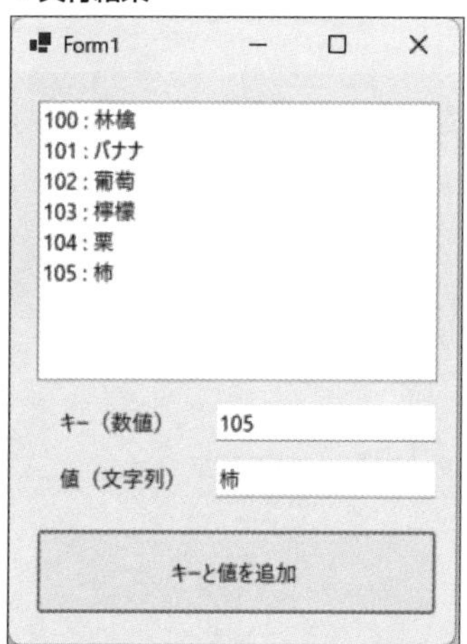

リスト1　キーと値のペアを追加する（ファイル名：pg150.sln、Form1.vb）

```
Private map As New Dictionary(Of String, String)

Private Sub Button1_Click(sender As Object, e As EventArgs) _
    Handles Button1.Click
    Dim id = Integer.Parse(TextBox1.Text)
    Dim Name = TextBox2.Text
    ' キーと値を追加
    map.Add(id, Name)
    ' 以下でも良い
    ' map[id] = name

    ' 内容を確認する
    ListBox1.Items.Clear()
    For Each it In map
        ListBox1.Items.Add($"{it.Key} : {it.Value}")
    Next
End Sub
```

Addメソッドを使う代わりに、「( )」（カッコ）を使って追加することもできます。例えば、Dictionary「dic」にKeyを10、Valueを「商品A」のペアを追加する場合は、次のように記述します。このとき、コレクションに同じKeyが存在した場合は、値が置き換わります。

```
dic(10) = "商品A"
```

Tips 151
▶Level ●●
▶対応 COM PRO

キーを指定して値を探す

ここがポイントです！ **Dictionaryコレクションの中でキーを探す**
（ContainsKeyメソッド）

Dictionaryコレクションで、**キー**を指定して値を探すには、**ContainsKeyメソッド**を使います。

ContainsKeyメソッドは、引数に指定したキーがコレクション内に存在する場合は「True」、存在しない場合は「False」を返します。

キーに対応する値を参照するには、Keyの値を「( )」（カッコ）内で指定して、「dic("JP")」のように記述します。

タプル内の項目を参照する場合は、タプルの1つ目は「dic("JP").Item1」、2つ目は「dic("JP").Item2」のように記述します。

リスト1では、フォームを開くときにインスタンスを生成し、キーと値のペアを追加し、リストボックスに表示しています。このとき、値をタプルにして2つの値を設定しています。Button1（[指定キーで検索] ボタン）がクリックされると、テキストボックスに入力されたキー（例：JP）をコレクションの中で検索し、見つかった場合は、2つ目の値（例：日本）をラベルに表示します。

▼実行結果

リスト1　キーを指定して値を探す（ファイル名：pg151.sln、Form1.vb）

```
Private dic As New Dictionary(Of String, ValueTuple(Of String,
String))

Private Sub Form1_Load(sender As Object, e As EventArgs) _
```

```
        Handles MyBase.Load
        dic = New Dictionary(Of String, ValueTuple(Of String, String))()
        dic.Add("JP", ("Japan", "日本"))
        dic.Add("CN", ("China", "中国"))
        dic.Add("KR", ("Republic of Korea", "韓国"))
        dic.Add("UK", ("United Kingdom", "イギリス"))
        dic.Add("US", ("United States of America", "アメリカ"))
        dic.Add("CA", ("Canada", "カナダ"))
        ' リストに表示
        For Each it In dic
            ListBox1.Items.Add($"{it.Key}: {it.Value}")
        Next
    End Sub

    Private Sub Button1_Click(sender As Object, e As EventArgs) _
        Handles Button1.Click
        Dim key = TextBox1.Text
        If dic.ContainsKey(key) = True Then
            Dim item = dic(key)
            Label3.Text = $"{item.Item1} {item.Item2}"
        Else
            Label3.Text = "キーが見つかりません"
        End If
    End Sub
```

キーの一覧を取得する

ここがポイントです!

Dictionaryコレクションにあるキーの一覧を取得（Keysプロパティ）

Dictionaryコレクションに含まれる**すべてのキー**を取得するには、**Keysプロパティ**を使います。

Keysプロパティは、キーのコレクションを返します。

リスト1では、フォームを開くときにインスタンスを生成してキーと値のペアを追加し、左側のリストボックスに表示しています。このとき、値をタプルにして2つの値を設定しています。Button1（[キーの一覧を取得] ボタン）がクリックされると、コレクションにあるすべてのキーを取得して右側のリストボックスに表示しています。

▼実行結果

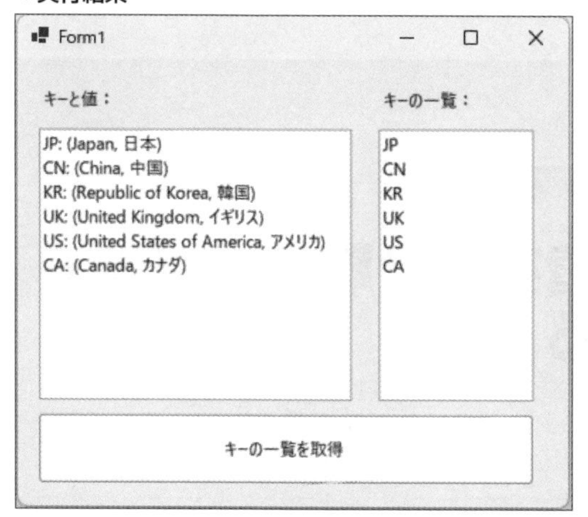

リスト1 コレクション内のすべてのキーをリストボックスに表示する（ファイル名：pg152.sln）

```
Private dic As New Dictionary(Of String, ValueTuple(Of String,
String))

Private Sub Form1_Load(sender As Object, e As EventArgs) _
    Handles MyBase.Load
    dic = New Dictionary(Of String, ValueTuple(Of String, String))()
    dic.Add("JP", ("Japan", "日本"))
    dic.Add("CN", ("China", "中国"))
    dic.Add("KR", ("Republic of Korea", "韓国"))
    dic.Add("UK", ("United Kingdom", "イギリス"))
    dic.Add("US", ("United States of America", "アメリカ"))
    dic.Add("CA", ("Canada", "カナダ"))
    ' リストに表示
    For Each it In dic
        ListBox1.Items.Add($"{it.Key}: {it.Value}")
    Next
End Sub

Private Sub Button1_Click(sender As Object, e As EventArgs) _
    Handles Button1.Click
    ListBox2.Items.Clear()
    ' キーの一覧を取得
    Dim Keys = dic.Keys
    For Each it In Keys
        ListBox2.Items.Add(it)
    Next
End Sub
```

コレクション内のすべての値を取得するには、Valuesプロパティを使います。

4-7 メソッド

Tips 153 ▶Level ● ▶対応 COM PRO

値渡しで値を受け取るメソッドを作成する

ここがポイントです！ 値渡し

引数で値を受け取る**メソッド**を作成するには、メソッドを宣言するときに、メソッド名に続く「( )」内に、値を受け取る引数のデータ型と名前を記述します。

▼引数で値を受け取るメソッドを作成する

```
[アクセス修飾子] Sub メソッド名(引数名1 As データ型1[,引数名2 As データ型2,・・・])
    メソッドの処理
End Sub
```

このように宣言すると、渡された値のコピーを引数として受け取ります。したがって、受け取った値をメソッド内で変更しても、値を渡した側のメソッド内の値は変化しません。これを**値渡し**と言います。

なお、アクセス修飾子については、Tips098の「変数を使う」を参照してください。また、戻り値があるメソッドの宣言については、次のTips154の「値を返すメソッドを作成する」を参照してください。

リスト1では、2つの数値を引数として受け取るaddメソッドと、2つの文字列を引数として受け取るappendメソッドを作成しています。

リスト2では、Personクラスのオブジェクトを引数として受け取るmakeStrメソッドを作成しています。

リスト3では、値を受け取る3つのメソッドを実行し、結果をラベルに表示しています。

▼実行結果

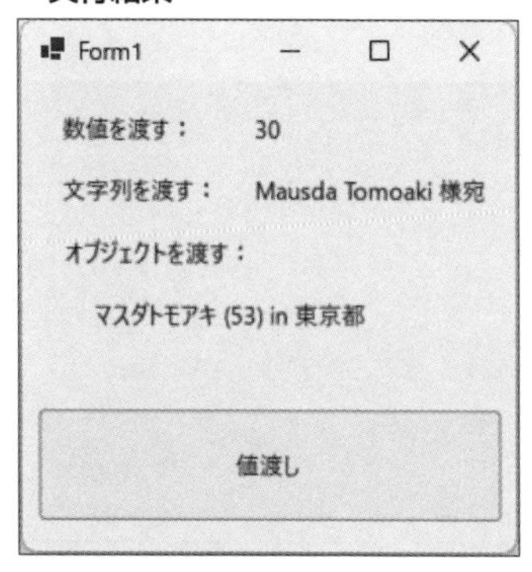

リスト1 値を受け取るメソッドを作成する（ファイル名：pg153.sln、Form1.vb）

```
''' 数値を受け取るメソッド
Function add(x As Integer, y As Integer) As Integer
    Return x + y
End Function

''' 文字列を受け取るメソッド
Function append(s1 As String, s2 As String) As String
    Return $"{s1} {s2} 様宛"
End Function
```

リスト2 オブジェクトを受け取るメソッドを作成する（ファイル名：pg153.sln、Form1.vb）

```
''' オブジェクトを受け取るメソッド
Function makeStr(p As Person) As String
    Return $"{p.Name} ({p.Age}) in {p.Address}"
End Function

Public Class Person
    Public Property Name As String
    Public Property Age As Integer
    Public Property Address As String
End Class
```

リスト3 値を受け取るメソッドを使う（ファイル名：pg153.sln、Form1.vb）

```
Private Sub Button1_Click(sender As Object, e As EventArgs) _
    Handles Button1.Click
    Dim x = 10
    Dim y = 20
    Dim ans = add(x, y)
    Label4.Text = ans.ToString()

    Dim s1 = "Mausda"
    Dim s2 = "Tomoaki"
    Dim s3 = append(s1, s2)
    Label5.Text = s3
```

```
    Dim p As New Person() With {
    .Name = "マスダトモアキ",
            .Age = 53,
            .Address = "東京都"
        }
    Dim text = makeStr(p)
    Label6.Text = text
End Sub
```

値を返すメソッドを作成する

ここがポイントです！

戻り値があるメソッドを作成
(returnステートメント)

値を返すメソッドを作成するには、メソッドを宣言するときに、メソッド名の前に**戻り値**のデータ型を記述します。

▼値を返すメソッドを作成する

```
[アクセス修飾子] Function メソッド名(引数名1,引数名2,・・・]) As [戻り値の型]
   メソッドの処理
   Return 戻り値
End Function
```

戻り値は、**Returnステートメント**に指定します。Returnステートメントを実行すると、メソッドの実行を終わり、呼び出し元に戻ります（アクセス修飾子については、Tips098の「変数を使う」を参照してください）。

リスト1では、数値を返すaddメソッド、文字列を返すcalcメソッド、Person型のオブジェクトを返すmakePersonメソッドを作成しています。そしてPerson型のオブジェクトの元となるPersonクラスを定義しています。

リスト2では、3つのメソッドを使って、戻り値をラベルに表示しています。

▼実行結果

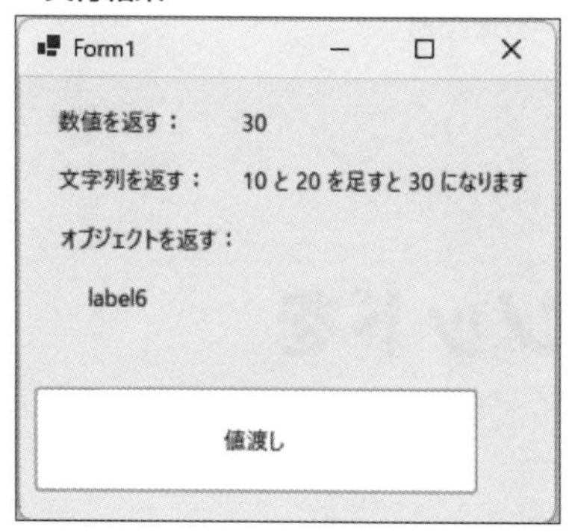

リスト1　戻り値があるメソッドを作成する（ファイル名：pg154.sln、Form1.vb）

```
''' 数値を返すメソッド
Function add(x As Integer, y As Integer) As Integer
    Return x + y
End Function

''' 文字列を返すメソッド
Function calc(x As Integer, y As Integer) As String
    Return $"{x} と {y} を足すと {x + y} になります"
End Function

Function makePerson(name As String, age As Integer, address As String)
As Person
    Dim p = New Person
    p.Name = name
    p.Age = age
    p.Address = address
End Function

Public Class Person
    Public Property Name As String
    Public Property Age As Integer
    Public Property Address As String
End Class
```

リスト2　戻り値があるメソッドを使う（ファイル名：pg154.sln、Form1.vb）

```
Private Sub Button1_Click(sender As Object, e As EventArgs) _
    Handles Button1.Click
    Dim x = 10
    Dim y = 20
    Dim v = add(x, y)
    Label4.Text = v.ToString()

    Dim s = calc(x, y)
    Label5.Text = s
```

```
    Dim p = makePerson("ますだともあき", 53, "TOKYO")
End Sub
```

値を返さないメソッドを作成する

ここがポイントです！ 戻り値がないメソッドを作成（Subステートメント）

戻り値を返さないメソッドを作成するには、メソッドを宣言するときに、メソッド名の前に**Subステートメント**を設定します。

▼値を返さないメソッドを作成する

```
[アクセス修飾子] Sub メソッド名(引数名1,引数名2,・・・])
   メソッドの処理
End Sub
```

リスト1では、Cupクラスの中で、値を返さないメソッドとしてaddを作成しています。addメソッドは数値を受け取り、数値がMAX値（100）より大きい場合は、MAXをValueプロパティの値に設定し、そうでない場合は受け取った値をそのままValueプロパティに設定しています。

リスト2では、addメソッドを実行し、結果をラベルに表示しています。

▼実行結果

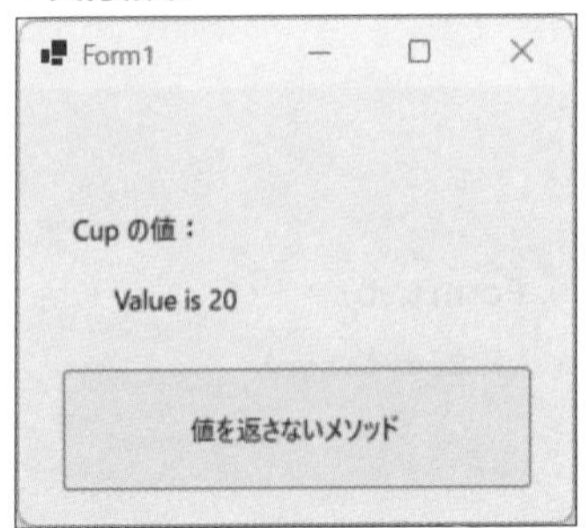

リスト1 戻り値がないメソッドを定義する（ファイル名：pg155.sln、Form1.vb）

```
Public Class Cup
    Private _value As Integer = 0         ' 内容量
    Private Const MAX As Integer = 100 ' 最大値
```

```
    ''' 内容量を増やすメソッド
    Public Sub add(x As Integer)
        _value += x
        If _value > MAX Then
            _value = MAX
        End If
        ' 戻り値はない
    End Sub

    Public ReadOnly Property Value As Integer
        Get
            Return _value
        End Get
    End Property
End Class
```

リスト2 戻り値がないメソッドを使用する（ファイル名：pg155.sln、Form1.vb）

```
' Cupオブジェクトの作成
Private _cup As New Cup

Private Sub Button1_Click(sender As Object, e As EventArgs) _
    Handles Button1.Click
    _cup.add(20)
    Label2.Text = $"Value is {_cup.Value}"
End Sub
```

戻り値を返さないメソッドで処理の途中で関数を抜けるときは、End Subステートメントを使います。

引数を受け取るメソッドを作成する

ここがポイントです！ **参照渡し**
（ByRefキーワード）

引数を受け取るメソッドを作成するには、メソッドを宣言するときに、メソッド名に続くカッコ「()」内に、値を受け取る引数のデータ型と名前を記述します。

▼引数を受け取るメソッドを作成する①

```
[アクセス修飾子] Sub メソッド名(ByRef 引数名1 As データ型1[,ByRef 引数名2 As データ型
```

```
2,・・・])
    メソッドの処理
End Sub
```

▼引数を受け取るメソッドを作成する②

```
[アクセス修飾子] Function メソッド名(ByRef 引数名1 As データ型1[,ByRef 引数名2 As
データ型2,・・・])
    メソッドの処理
End Function
```

引数名には、変数を指定します。参照渡しで受け取って引数の値を変更すると、値を渡した側のメソッド内の値も変更されます。**ByRefキーワード**は、呼び出されるメソッドの引数の前に付けます。呼び出すときには必要ありません。ByRefキーワードの引数として渡される変数は、メソッドを呼び出して渡される前に初期化する必要はありません。

なお、アクセス修飾子については、Tips098の「変数を使う」を参照してください。また、戻り値があるメソッドの宣言については、Tips154の「値を返すメソッドを作成する」を参照してください。

リスト1では、DateTime型の値とString型の値を参照型で受け取るnowtimeメソッドを作成し、Button1([参照渡し outの利用] ボタン) がクリックされたときにnowtimeメソッドを呼び出して、結果をラベルに表示しています。

リスト2では、クラスを利用した場合の記述例です。Button2([クラスの利用] ボタン) がクリックされると、リスト1と同じ処理を実行します。

▼[参照渡しの利用] ボタンをクリックした結果

▼ [クラスの利用] ボタンをクリックした結果

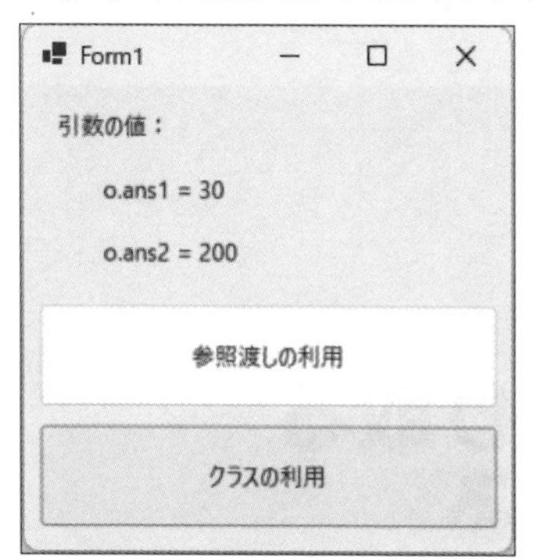

リスト1　ByRefキーワードで参照渡しで値を受け取るメソッドを作成する（ファイル名：pg156.sln）

```
''' 参照渡しで足し算と掛け算の答えを同時に返す
Private Sub Calc(x As Integer, y As Integer, ByRef ans1 As Integer,
ByRef ans2 As Integer)
    ans1 = x + y
    ans2 = x * y
End Sub

Private Sub Button1_Click(sender As Object, e As EventArgs) _
    Handles Button1.Click
    Dim x = 10
    Dim y = 20
    Dim ans1 As Integer, ans2 As Integer
    ' 計算する
    Calc(x, y, ans1, ans2)
    Label2.Text = $"ans1 = {ans1}"
    Label3.Text = $"ans2 = {ans2}"
End Sub
```

リスト2　クラスを利用する場合（ファイル名：pg156.sln）

```
Private Sub Button2_Click(sender As Object, e As EventArgs) _
    Handles Button2.Click
    Dim x = 10
    Dim y = 20
    Dim o As New Calc()
    ' 計算する
    o.Go(x, y)
    Label2.Text = $"o.ans1 = {o.Ans1}"
    Label3.Text = $"o.ans2 = {o.Ans2}"
End Sub

Public Class Calc
    Public Property Ans1 As Integer
    Public Property Ans2 As Integer
    Public Sub Go(x As Integer, y As Integer)
```

```
        ' 戻り値はプロパティで返す
        Me.Ans1 = x + y
        Me.Ans2 = x * y
    End Sub
End Class
```

参照渡しで値を受け取るメソッドを作成する

ここがポイントです！ **参照渡し**
（ByRefキーワード）

メソッドを宣言するときに、以下の書式のように、引数のデータ型の前に**ByRefキーワード**を記述すると、参照渡しで値を受け取る（値のアドレスを引数として受け取る）メソッドが作成できます。

▼参照渡しで値を受け取るメソッドを作成する

```
ByRef 引数名 As データ型
```

引数名は、変数で指定します。参照渡しで受け取って、引数の値を変更すると、値を渡した側のメソッド内の値も変更されます。

ByRefキーワードは呼び出される側のメソッドの引数の前に付けます。ByRefキーワードの引数として渡される変数は、メソッドを呼び出して渡される前に初期化する必要があります。

なお、アクセス修飾子については、Tips098の「変数を使う」を参照してください。また、戻り値があるメソッドの宣言については、Tips154の「値を返すメソッドを作成する」を参照してください。

リスト1では、DateTime型の値とString型の値を参照型で受け取るCalcメソッドを作成し、Button1（[参照渡しの利用] ボタン）がクリックされると、Calcメソッドを呼び出して、結果をラベルに表示しています。

リスト2では、クラスを利用した場合の記述例です。Button2（[クラスの利用] ボタン）がクリックされると、リスト1と同じ処理を実行します。

▼ [参照渡しの利用] ボタンをクリックした結果

▼ [クラスの利用] ボタンをクリックした結果

リスト1　ByRefキーワードで参照渡しで値を受け取るメソッドを作成する（ファイル名：pg157.sln）

```
Sub Calc(ByRef nx As DateTime, ByRef prev As DateTime)
    ' 10年後と10年前を計算して参照で同時に返す
    nx = nx.AddYears(10)
    prev = prev.AddYears(-10)
End Sub

Private Sub Button1_Click(sender As Object, e As EventArgs) _
    Handles Button1.Click
    ' ref で渡す場合は、あらかじめ初期化しておく
    Dim nx = DateTime.Now
    Dim prev = DateTime.Now
    Calc(nx, prev)
    Label2.Text = $"10年後 : {nx}"
    Label3.Text = $"10年前 : {prev}"
End Sub
```

リスト2　クラスを利用した場合（ファイル名：pg157.sln）

```
Class CalcDate
    Public Property PrevData As DateTime
```

```
    Public Property NextData As DateTime
End Class

Sub calc2(dt As CalcDate)
    dt.NextData = dt.NextData.AddYears(10)
    dt.PrevData = dt.PrevData.AddYears(-10)
End Sub

Private Sub Button2_Click(sender As Object, e As EventArgs) _
    Handles Button2.Click
    ' クラスを利用してプロパティで返す
    Dim dt As New CalcDate With
        {
            .PrevData = DateTime.Now,
            .NextData = DateTime.Now
        }
    calc2(dt)
    Label2.Text = $"10年後 : {dt.NextData}"
    Label3.Text = $"10年前 : {dt.PrevData}"
End Sub
```

AddYearsメソッドは、引数で指定された年数を加算した日付を返します。

配列やコレクションの受け渡しをするメソッドを作成する

ここがポイントです！ 引数と戻り値に配列・コレクションを指定

配列の受け渡しをするメソッドを作成するには、引数と戻り値に**配列**を指定します。

例えば、String型の配列を受け渡すchangeArrayメソッドを作成する場合のメソッドの宣言部分は、次のように記述できます。

▼配列を受け渡しするメソッドを作成する例

```
Public Function changeArray(ary As String()) As String()
```

また、List(Of T)のコレクションの受け渡しをするメソッドを作成するには、引数と戻り値に**List(Of T)**を指定します。

例えば、String型のコレクションを受け渡すchangeListメソッドを作成する場合のメソッドの宣言部分は、次のように記述できます。

▼コレクションを受け渡しするメソッドを作成する例

```
Public Function changeArray(ary As List(Of String)) As List(Of String)
```

リスト1では、changeArrayメソッドに、引数として配列aryを渡し、戻り値として配列を配列変数ary2に受け取っています。リスト2では、changeListメソッドに、引数としてリストlstを渡し、戻り値としてリストlst2に受け取っています。changeArrayメソッド、chageListメソッド共に、受け取った配列、コレクションの各要素をすべて大文字に変換して返します。

▼実行結果

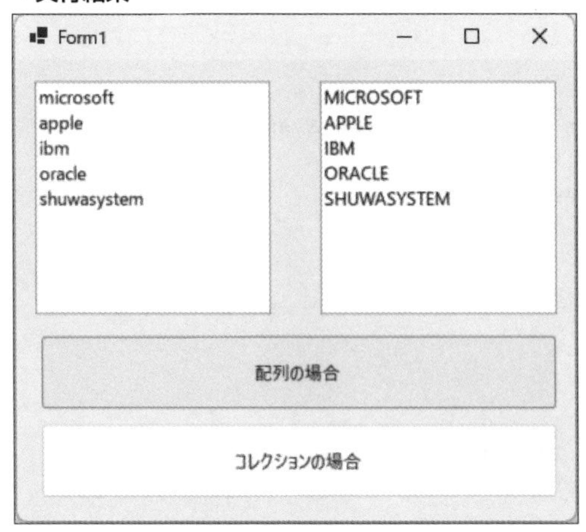

リスト1　配列の受け渡しをするメソッドを作成する（ファイル名：pg158.sln、Form1.vb）

```
Function changeArray(arg As String()) As String()
    ' 配列内の文字列をすべて大文字に変換する
    Dim result(arg.Length - 1) As String
    For i = 0 To arg.Length - 1
        result(i) = arg(i).ToUpper()
    Next
    Return result
End Function

Private Sub Button1_Click(sender As Object, e As EventArgs) _
    Handles Button1.Click
    Dim ary = {
            "microsoft",
            "apple",
            "ibm",
            "oracle",
            "shuwasystem"
        }
```

```
    ListBox1.Items.Clear()
    ListBox1.Items.AddRange(ary)
    Dim resullt = changeArray(ary)
    ListBox2.Items.Clear()
    ListBox2.Items.AddRange(resullt)
End Sub
```

リスト2　リストの受け渡しをするメソッドを作成する（ファイル名：pg158.sln、Form1.vb）

```
Function changeList(lst As List(Of String)) As List(Of String)
    ' リスト内の文字列をすべて大文字に変換する
    Dim result As New List(Of String)
    For Each it In lst
        result.Add(it.ToUpper())
    Next
    Return result
End Function

Private Sub Button2_Click(sender As Object, e As EventArgs) _
    Handles Button2.Click
    Dim lst As New List(Of String) From {
                "orange",
                "apple",
                "raspberry",
                "nano",
                "banana"
        }
    ListBox1.Items.Clear()
    ListBox1.Items.AddRange(lst.ToArray())
    Dim resullt = changeList(lst)
    ListBox2.Items.Clear()
    ListBox2.Items.AddRange(resullt.ToArray())
End Sub
```

Tips 159

引数の数が可変のメソッドを作成する

▶Level ●●

▶対応 COM PRO

ここがポイントです！

省略可能な配列を受け取るメソッド
（ParamArray キーワード）

引数の数が可変のメソッドを定義するには、**ParamArrayキーワード**を使います。

ParamArrayキーワードで宣言した引数には、配列または「,」（カンマ）で区切った値のリストを渡すことができ、省略することも可能です。

ParamArrayキーワードは、メソッドの引数を宣言するときに、次の書式のようにデータ型の前に記述します。

▼引数の数が可変のメソッドを作成する

```
ParamArray 引数 As データ型()
```

ParamArrayキーワードは、メソッドの最後の引数にのみ指定できます。

リスト1では、2つ目の引数をParamArrayキーワードで宣言したcheckTestメソッドに、1番目の引数のみ渡す場合、2番目の引数を1つ渡す場合、2番目の引数を3つ渡す場合、それぞれのパターンで呼び出し、結果をラベルに表示しています。

▼実行結果

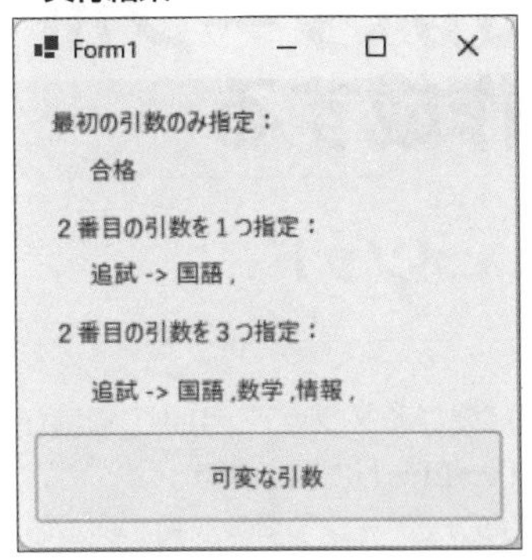

リスト1　引数の数が可変のメソッドを使う（ファイル名：pg159.sln、Form1.vb）

```
Function checkTest(result As Boolean, ParamArray kamoku As String())
    If result = True Then
        Return "合格"
    Else
        Dim gouhi = "追試 -> "
        For Each it In kamoku
            gouhi += $"{it} ,"
        Next
        Return gouhi
    End If
End Function

Private Sub Button1_Click(sender As Object, e As EventArgs) Handles
Button1.Click
    ' 最初の引数のみ指定
    Label4.Text = checkTest(True)
    ' 2番目の引数を指定
    Label5.Text = checkTest(False, "国語")
    ' 2番目の引数を3つ指定
    Label6.Text = checkTest(False, "国語", "数学", "情報")
End Sub
```

以下のような書式で、引数の宣言時に既定値となる値を設定すると、引数を省略できます。

```
Optional 引数名 As データ型 = 既定値
```

例えば、「Private Sub Test(x As Integer, Optional name As String = "基本")」と指定した場合、nameの既定値が「基本」となり、「Test(10)」と指定すると、xは10、nameは「基本」になります。なお、省略可能な引数を設定する場合は、省略不可の引数を先に指定します。

名前が同じで引数のパターンが異なるメソッドを作成する

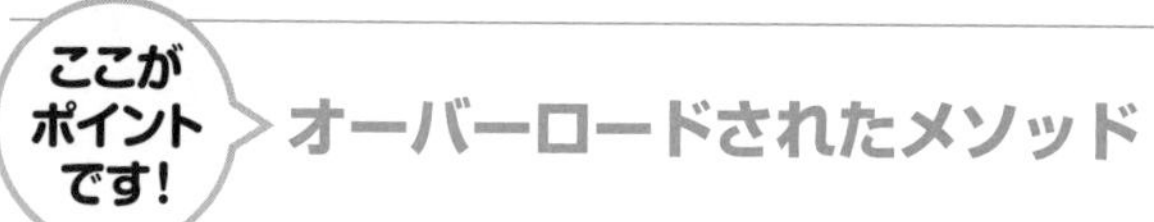

ここがポイントです！
オーバーロードされたメソッド

同じ名前で引数の数が異なるメソッドや、引数のデータ型が異なるメソッド、引数の順番が異なるメソッドをクラス内に複数作成できます。これを**オーバーロード**と言います。

例えば、MessageBox.Showメソッドのように、いくつかのパターンの引数を持つメソッドを作成できます。

オーバーロードされたメソッドを呼び出すコードを入力すると、オーバーロードしたメソッドの数だけ、パラメーターヒントが表示されます。

リスト1では、オーバーロードを使って、メソッド名（add）が同じで引数や処理が異なるメソッドを3つ作成し、それぞれのメソッドを使って、結果をラベルに表示しています。

▼コード入力時に表示されるパラメーターヒント

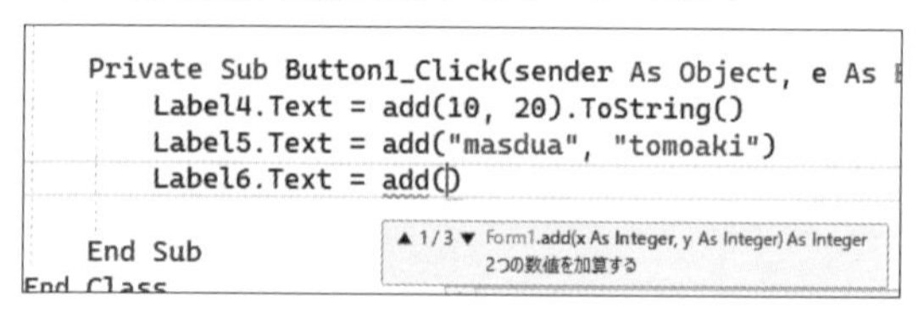

▼実行結果

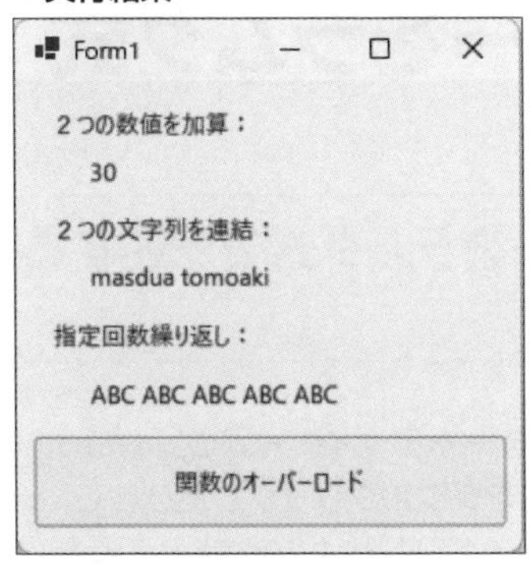

リスト1 オーバーロードされたメソッドを使う（ファイル名：pg160.sln、Form1.vb）

```
''' 2つの数値を加算する
Function add(x As Integer, y As Integer) As Integer
    Return x + y
End Function

''' 2つの文字列を連結する
Function add(x As String, y As String) As String
    Return x + " " + y
End Function

''' 指定回数繰り返す
Function add(x As String, n As Integer) As String
    Dim result = ""
    For i = 0 To n - 1
        result += x + " "
    Next
    Return result
End Function

Private Sub Button1_Click(sender As Object, e As EventArgs) _
    Handles Button1.Click
    Label4.Text = add(10, 20).ToString()
    Label5.Text = add("masdua", "tomoaki")
    Label6.Text = add("ABC", 5)
End Sub
```

イベントハンドラーをラムダ式で置き換える

ここがポイントです！

イベントハンドラーをラムダ式で記述する

(AddHandlerキーワード)

通常、イベントハンドラーを作成する場合、Windowsフォームデザイナーでコントロールをダブルクリックしたり、プロパティウィンドウでイベントをダブルクリックしたりして、**イベントハンドラー**の枠組みを自動作成します（Tips011の「イベントとは」を参照してください）。

例えば、Button1をクリックしたときのイベントハンドラーは、次のように作成されます。

▼イベントハンドラーを作成する例

```
Private Sub Button1_Click(sender As Object, e As EventArgs) _
     Handles Button1.Click
     処理
End Sub
```

ラムダ式を使うと、簡単にイベントハンドラーを作成することができます。

それには、Form1.vbのコードウィンドウ上方にあるForm1メソッド内にコードを記述します（Form1メソッドはForm1フォームを開くときに実行されます）。

例えば、Button1をクリックしたときに実行するイベントハンドラーは、ラムダ式を使うと次のように記述できます。

▼ラムダ式でイベントハンドラーを作成する例

```
AddHandler Button1.Click,
     Sub(s,e)
          処理
     End Sub
```

AddHandlerキーワードで、ラムダ式をButton1をクリックしたときのイベントに関連付けています。変数s、eは、それぞれ、上記のObject型のsender、EventArgs型のeに対応しています。

リスト1では、Button1（[ラムダ式で実行] ボタン）がクリックされると、ラムダ式で作成したイベントハンドラーが実行され、ラベルに「ラムダ式で実行しました」と表示します。Button2（[イベントで実行] ボタン）がクリックされると、通常通り作成したイベントハンドラーが実行され、ラベルに「イベントで実行しました」と表示します。

▼実行結果

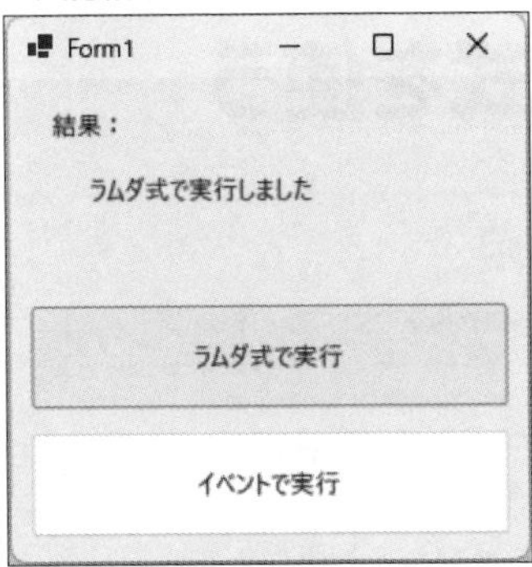

リスト1 イベントハンドラーをラムダ式で作成する（ファイル名：pg161.sln、Form1.vb）

```
Private Sub Form1_Load(sender As Object, e As EventArgs) _
    Handles MyBase.Load
    AddHandler Button1.Click,
        Sub()
            Label2.Text = "ラムダ式で実行しました"
        End Sub
    AddHandler Button2.Click, AddressOf Button2_Click
End Sub

Private Sub Button2_Click(sender As Object, e As EventArgs)
    Label2.Text = "イベントで実行しました"
End Sub
```


さらにワンポイント

ラムダ式を1行で書く方法があります。厳密にはVisual Basicでのラムダ式と式木の違いはありますが、どちらも同じように「Function（引数）処理」として記述ができます。

1行で書く場合は、Functionに続く処理がそのまま戻り値となるため「Return」を書きません

なお、変数の型はコンパイラーにより自動的に判断されるので、指定する必要はありませんが、明示的に指定することもできます。

引数のあるラムダ式を使う

ここがポイントです！

LINQメソッドの利用
(ForEachメソッド、For Eachステートメント)

LINQが利用できるジェネリックの**Listクラス**では、**ForEachメソッド**でラムダ式を指定できます。

Listクラスの要素にアクセスする場合、**For Eachステートメント**を利用します。

▼**要素にアクセスする①**

```
For Each it In lst
    処理
Next
```

この処理の部分を次のようにForEachメソッドを使って、ラムダ式で記述できます。

▼**要素にアクセスする②**

```
lst.ForEach(
    Sub(x)
        処理
    End Sub)
```

リスト1では、Listオブジェクトの各要素に対して、ForEachメソッドを使ってラムダ式でアクセスした場合と、、ForEachステートメントでアクセスした場合を比較しています。結果は、同じになります。

▼**実行結果**

リスト1 オブジェクトの各要素にアクセスする（ファイル名：pg162.sln、Form1.vb）

```
Private Sub Button1_Click(sender As Object, e As EventArgs) _
    Handles Button1.Click
    Dim text = ""
    Dim lst As New List(Of Integer) From
        {1, 2, 3, 4, 5, 6, 7, 8, 9, 10}
    ' ラムダ式で連結する
    lst.ForEach(
        Sub(x)
            text += $"{x * x},"
        End Sub)
    Label2.Text = text
End Sub

Private Sub Button2_Click(sender As Object, e As EventArgs) _
    Handles Button2.Click
    Dim text = ""
    Dim lst As New List(Of Integer) From
        {1, 2, 3, 4, 5, 6, 7, 8, 9, 10}
    ' For Eachで連結する
    For Each it In lst
        text += $"{it * it},"
    Next
    Label2.Text = text
End Sub
```

ラムダ式を再利用する

ここがポイントです！ **ラムダ式の再利用**
（Funcデリゲート）

デリゲートは、メソッドを変数のように扱う機能で、C言語などの関数ポインターと同じようなものです。デリゲートは処理をほかのメソッドに任せるためにあり、メソッドの処理を動的に入れ替えることができます。

Funcデリゲートを使うと、戻り値を返すメソッドの定義が簡単にできます。引数や戻り値は、任意のデータ型で指定でき、引数の数は0～16個まで指定できます。

書式は、先に引数のデータ型を指定し、最後に戻り値のデータ型を指定します。例えば下記の例では、2つのInteger型の引数を持ち、戻り値がString型のfnc1メソッドという意味になります。処理には、ラムダ式を指定するほか、ほかのメソッドを指定することもできます。

▼Funcデリゲートの使用例

```
Dim fnc1 As Func(Of Integer, Integer, String ) =
    処理
```

Funcデリゲートを使い、ラムダ式を使って定義したメソッドは、同じクラスのメソッド内で再利用することができます。

リスト1では、戻り値のあるFuncデリゲートを使い、ラムダ式を用いて_funcメソッドを定義し、初期設定しておきます。Button1（[ラムダ式を設定] ボタン）がクリックされると、選択されているオプションボタンによって_funcメソッドを再利用し、ラムダ式で処理を変更してます。Button2（[ラムダ式を実行] ボタン）がクリックされると、設定されているラムダ式が実行され、その結果がラベルに表示されます。

▼実行結果

リスト1 ラムダ式を再利用する（ファイル名：pg163.sln、Form1.vb）

```
''' ラムダ式の初期値
Dim _func As Func(Of Integer, Integer, Integer) =
    Function(x, y)
        Return 0
    End Function

''' ラムダ式を設定
Private Sub Button1_Click(sender As Object, e As EventArgs) _
    Handles Button1.Click
    If RadioButton1.Checked Then
        _func = Function(x, y)
                    Return x + y
                End Function
    End If
    If RadioButton2.Checked Then
        _func = Function(x, y)
                    Return x * y
                End Function
```

```
    End If
    If RadioButton3.Checked Then
        _func = Function(x, y)
                    Return Math.Pow(x, y)
                End Function
    End If
End Sub

''' ラムダ式を実行
Private Sub Button2_Click(sender As Object, e As EventArgs) _
    Handles Button2.Click
    Dim x = Integer.Parse(TextBox1.Text)
    Dim y = Integer.Parse(TextBox2.Text)
    Dim ans = _func(x, y)
    Label4.Text = ans.ToString()
End Sub
```

さらにワンポイント

あらかじめ定義されているデリゲートには、FuncデリゲートとActionデリゲートがあります。

Funcデリゲートは戻り値があり、Actionデリゲートは戻り値のないデリゲートです。どちらも、引数は0～16個まで任意の型で指定できます。

Tips 164 ▶Level ●● ▶対応 COM PRO

メソッド内の関数を定義する

ここがポイントです！ 内部定義された関数とラムダ式

メソッド内でのみ使用する関数やラムダ式は、メソッド内で定義してそのまま利用することができます（メソッドの書式は、Tips153の「値渡しで値を受け取るメソッドを作成」やTips154の「値を返すメソッドを作成する」を参照してください）。

リスト1では、Button1（[メソッド内関数を定義] ボタン）をクリックしたときのイベントハンドラー内で、Integer型の引数xとyの合計を戻り値として返すaddメソッドを定義し、addメソッドを使って2つのテキストボックスの値を合計した結果をラベルに表示します。

リスト2では、Button2（[ラムダ式を定義] ボタン）をクリックしたときのイベントハンドラー内で、Funcデリゲートを使い、ラムダ式を使ってリスト1と同じ処理をするaddメソッドを定義し、2つのテキストボックスの値の合計をラベルに表示します。ここで使用しているFuncデリゲートは、「Func(Of Integer, Integer, String)」は、「Func(Of 引数1の型, 引数2の型, 戻り値の型)」を意味しています。

▼実行結果

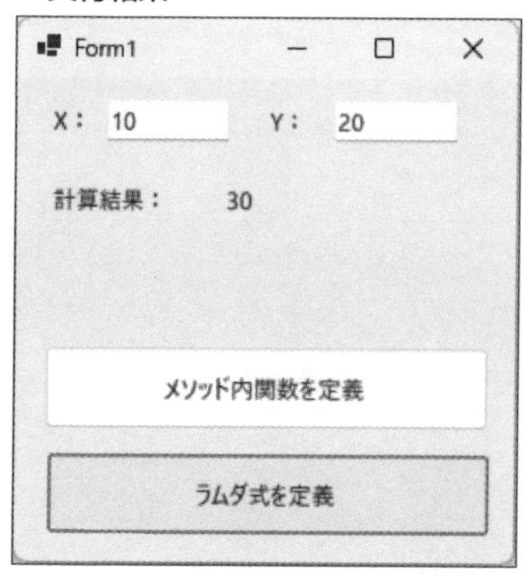

リスト1 メソッド内の関数を定義する（ファイル名：pg164.sln、Form1.vb）

```
Private Function add(x As Integer, y As Integer) As Integer
    Return x + y
End Function

Private Sub Button1_Click(sender As Object, e As EventArgs) _
    Handles Button1.Click
    ' クラス内で定義した関数
    Dim a = Integer.Parse(TextBox1.Text)
    Dim b = Integer.Parse(TextBox2.Text)
    Dim ans = add(a, b)
    Label4.Text = ans.ToString()
End Sub

Private Sub Button2_Click(sender As Object, e As EventArgs) _
    Handles Button2.Click
    ' ラムダ式の設定
    Dim add = Function(x As Integer, y As Integer)
                  Return x + y
              End Function
    Dim a = Integer.Parse(TextBox1.Text)
    Dim b = Integer.Parse(TextBox2.Text)
    Dim ans = add(a, b)
    Label4.Text = ans.ToString()
End Sub
```

Tips 165 ▶Level ●●○ ▶対応 COM PRO

クラスを作成(定義)する

ここがポイントです!
新しいクラスの作成
(Classステートメント)

Visual Basicには、フォームやコントロールのほか、メッセージボックスを表示するMessageBoxクラスや、乱数を取得するRandomクラスなど、様々なクラスがあります。

こうしたクラスを新たに宣言して作成するには、**Classステートメント**を使います。

Classステートメントは、基本的には次の書式で記述します。

▼クラスを作成する

```
[アクセス修飾子] Class クラス名

End Class
```

宣言したクラスには、次の項目を定義して完成させます。

●フィールド(メンバー変数)の宣言

クラスで使うメンバー変数であるフィールドを宣言します。

宣言時に、PrivateやPublicなどのアクセス修飾子でアクセスレベルを指定できます。Privateの場合はクラス内でのみ参照でき、Publicの場合はクラス外からも参照できます(アクセス修飾子については、Tips098の「変数を使う」を参照してください)。

●コンストラクターの定義

クラスの初期設定を行うコンストラクターを定義します。コンストラクターは、クラスのインスタンスを生成するとき(New演算子で生成するとき)に実行されます。

●プロパティの定義

値を設定したり取得したりするプロパティを定義します。

●メソッドの定義

処理を行うメソッドを定義します。

●イベントの定義

何らかの現象が起きたときに通知をするイベントを定義します。

作成したクラスは、.NETで用意されているクラスと同じように、New演算子を使ってインスタンスを生成し、メソッドやプロパティを利用できます。

▼クラスの宣言例

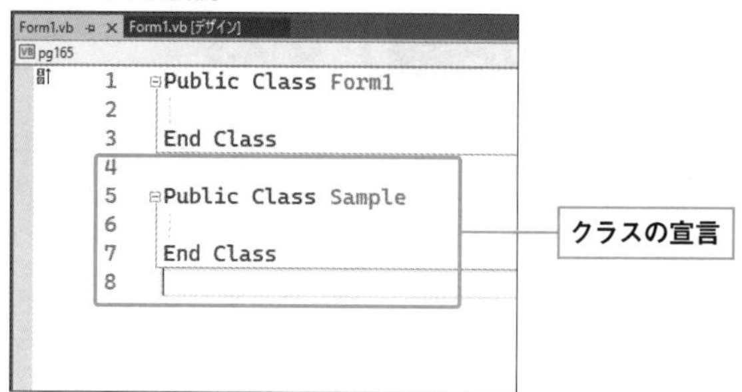

クラスファイルを追加して、新たなクラスを定義することもできます。クラスファイルは、[プロジェクト] メニューから [クラスの追加] を選択し、[新しい項目の追加] ダイアログボックスでクラス名を入力して追加を選択します。

クラスは、構造体とほぼ同じように使うことができますが、クラスは参照型であり、構造体は値型です。

Tips 166

Level ●○○

対応 COM PRO

クラスのコンストラクターを作成する

ここがポイントです! コンストラクターの定義

クラスを初期化する**コンストラクター**を定義するには、クラス内でクラス名と同じ名前のメソッドを作成します。

コンストラクターは、クラスのインスタンスを生成したときに実行されます。

▼クラスのコンストラクターを作成する

```
[アクセス修飾子] Sub New([引数名1 As データ型 , ・・・])
    コンストラクターの処理
End Sub
```

コンストラクターには、メンバー変数の初期化など、クラスのインスタンスを生成するときに実行する処理を記述します。

リスト1では、Sampleクラスにコンストラクターを定義しています。コンストラクターでは、受け取った引数の値とグローバル一意識別子(GUID)でフィールドを初期化しています。

リスト2では、ボタンがクリックされたら、Sampleクラスのインスタンスを生成し、値とGUIDをラベルに表示しています。

▼実行結果

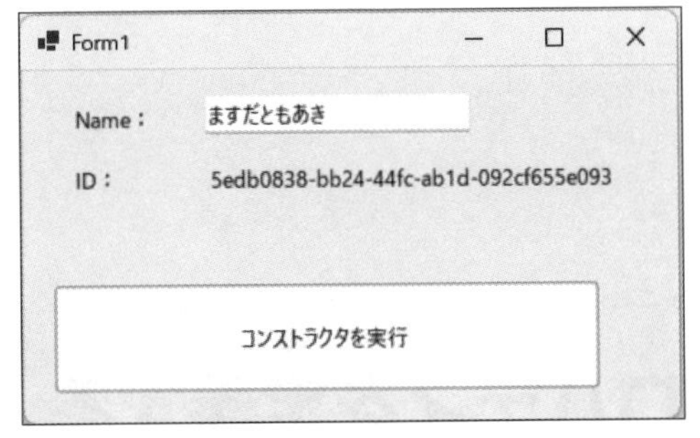

リスト1　クラスのコンストラクターを作成する(ファイル名：pg166.sln、Form1.vb)

```
Public Class Sample
    Private _id As String
    Private _name As String

    ''' <summary>
    ''' コンストラクター
    ''' </summary>
    ''' <param name="name"></param>
    Sub New(name As String)
        _name = name
        _id = Guid.NewGuid.ToString()
    End Sub

    ' 読み取り用のプロパティ
    Public ReadOnly Property Name As String
        Get
            Return _name
        End Get
    End Property
    Public ReadOnly Property Id As String
        Get
            Return _id
        End Get
    End Property
End Class
```

リスト2　クラスのインスタンスを生成する(ファイル名：pg166.sln、Form1.vb)

```
Private Sub Button1_Click(sender As Object, e As EventArgs) _
    Handles Button1.Click
    Dim o As New Sample(TextBox1.Text)
```

```
    Label3.Text = o.Id
End Sub
```

オーバーロードされたコンストラクターも作成できます。

引数のタイプが違うなどの複数のコンストラクターを作成できます。

クラスのプロパティを定義する

ここがポイントです！

プロパティの作成
（Getアクセサー、Setアクセサー）

値を取得したり、設定したりする**プロパティ**を定義するには、メソッドの内に**Getアクセサー**と**Setアクセサー**を定義します。

プロパティの基本的な定義は、次のようになります。

▼**クラスのプロパティを定義する**

```
Private 変数名 As データ型
[アクセス修飾子] Property プロパティ名 As データ型
   Get
      ' 値を取得するときの処理
      return 変数名
   End Get
   Set(value As データ型)
      ' 値を設定するときの処理
      変数名 = value
   End Sub
End Class
```

Getアクセサーは、値を取得する処理を行います。したがって、**Returnステートメント**を使って値を返す必要があります。

Setアクセサーは、値を設定する処理を行います。Setアクセサーでは、**value**という名前の引数に値を受け取ります。

値の取得のみできるプロパティ、つまり、値を返すだけのプロパティを作成するときは、Getアクセサーのみ定義します。このときキーワードとして「ReadOnly」を追加します。

値の設定のみできるプロパティ、つまり値を代入するだけのプロパティを作成するときは、Setアクセサーのみ定義します。このときキーワードとして「WriteOnly」を追加します。

リスト1では、SampleクラスにNameプロパティとコンストラクターを定義しています。

リスト2では、Button1（[読み取り専用プロパティ] ボタン）がクリックされたらSampleクラスを生成し、Nameプロパティの値を設定後、取得して表示しています。

▼ [読み取り専用プロパティ] ボタンをクリックした結果

▼ [読み書き可能なプロパティ] ボタンをクリックした結果

Form1
Name：
名前を変更
ID：
3a968e36-0849-43a2-ae36-4e4fb4dcabdb
読み取り専用プロパティ
読み書き可能なプロパティ

リスト1　クラスのプロパティを定義する（ファイル名：pg167.sln、Form1.vb）

```
Public Class Sample
    Private _id As String
    Private _name As String

    Public Sub New(name As String)
        _name = name
        _id = Guid.NewGuid().ToString()
    End Sub

```

```
    ''' 読み取り専用のプロパティ
    Public ReadOnly Property Id As String
        Get
            Return _id
        End Get
    End Property

    Public WriteOnly Property

    ''' 読み書きできるプロパティ
    Public Property Name As String
        Get
            Return _name
        End Get
        Set(value As String)
            _name = value
        End Set
    End Property
End Class
```

リスト2　クラスのプロパティを使う（ファイル名：pg167.sln、Form1.vb）

```
Private _obj As Sample

''' インスタンスの生成
Private Sub Button1_Click(sender As Object, e As EventArgs) _
    Handles Button1.Click
    _obj = New Sample(TextBox1.Text)
    Label3.Text = _obj.Id
End Sub

''' 名前を変更する
Private Sub Button2_Click(sender As Object, e As EventArgs) _
    Handles Button2.Click
    If _obj Is Nothing Then Return
    _obj.Name = TextBox1.Text
    ' _obj.Id = "xxxxxx"     '' Id プロパティは変更できない
    Label3.Text = _obj.Id
End Sub
```

値を取得・設定するときに変数を操作する処理がない場合は、以下のようにシンプルに記述できます。

```
[アクセス修飾子] Property プロパティ名 As データ型
```

また、以下のように記述すると、初期値の指定ができます。

```
[アクセス修飾子] Property プロパティ名 As データ型 = 初期値
```

Tips 168

クラスのメソッドを定義する

▶Level ●○○
▶対応 COM PRO

ここが
ポイント
です！
メソッドの作成

クラスで処理を行う**メソッド**を作成するには、クラス内にメソッドを定義します（メソッドの定義方法については、Tips153の「値渡しで値を受け取るメソッドを作成する」およびTips154の「値を返すメソッドを作成する」を参照してください）。

リスト1では、Sampleクラスにフィールドの値を表示するメソッドと、受け取った文字列の最後から「様」を除くメソッドを定義しています。

リスト2では、Button1（[メソッドの実行] ボタン）がクリックされたら、Sampleクラスを生成して、定義したメソッドを利用しています。

▼実行結果

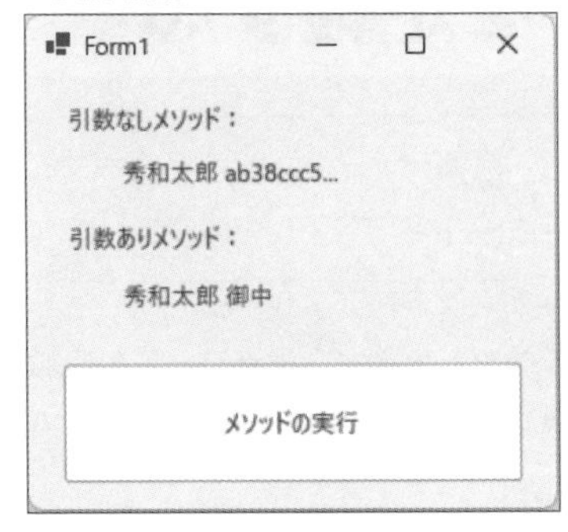

リスト1　クラスのメソッドを定義する（ファイル名：pg168.sln、Form1.vb）

```
''' Sample クラス
Public Class Sample
    Private _id As String
    Private _name As String

    ''' コンストラクター
    Public Sub New(name As String)
        _name = name
        _id = Guid.NewGuid().ToString()
    End Sub

    ''' 宛名を取得
    Public Function GetAtena(post As String) As String
        Return $"{_name} {post}"
    End Function
```

```
    ''' 先頭の8文字のみ表示する
    Public Function ShowData() As String
        Return _name + " " + _id.Substring(0, 8) + "..."
    End Function
End Class
```

リスト2　クラスのメソッドを使う（ファイル名：pg168.sln、Form1.vb）

```
Private Sub Button1_Click(sender As Object, e As EventArgs) _
    Handles Button1.Click
    Dim obj As New Sample("秀和太郎")
    Label3.Text = obj.ShowData()
    Label4.Text = obj.GetAtena("御中")
End Sub
```

クラスのイベントを定義する

ここがポイントです！

イベントをクラスに追加
（Action(Of)型、Eventキーワード）

クラスに**イベント**を追加するには、イベントを宣言し、イベントを発生させるコードを追加します。イベントは、ユーザーの操作やプログラムの動作など、何らかの処理のきっかけを伝える機能です。

イベントは、基本的には次の手順で定義します。

1 イベントを定義する

Eventキーワードを使って、イベントを定義します。

次のコードは、**Action(Of)型**を使ってデリゲートの定義を行った後、Eventキーワードでイベント OnChangeName を定義しています。

▼イベントを定義する例

```
Public Event OnChangedName As Action(Of DateTime)
```

2 イベントを発生させる

定義したイベント名を記述して、**RaiseEventキーワード**を使ってイベントを発生させます。

次のコードは、先ほど定義したイベントを発生させる例です（引数は、ここではDateTime型の値です）。

▼イベントを発生させる例

```
RaiseEvent OnChangedName(引数)
```

リスト1では、SampleクラスにイベントOnChangeNameを定義し、Nameプロパティの値を変更したときにOnChangeNameイベントを発生させています。

リスト2では、定義したイベントのイベントハンドラーを作成し、利用しています。詳細はTips170の「定義したイベントのイベントハンドラーを作成する」を参照してください。

▼実行結果

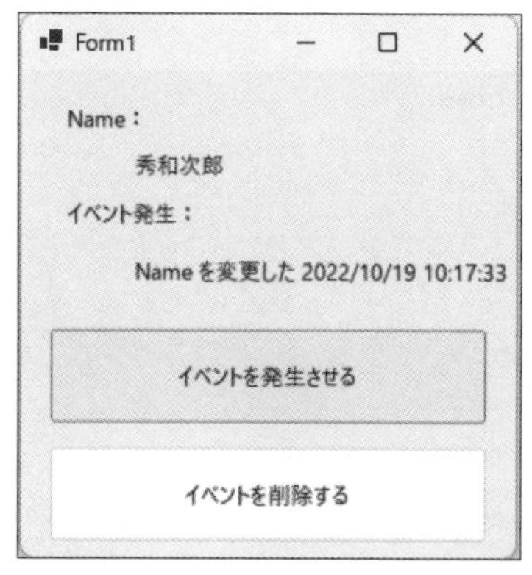

リスト1　イベントを宣言し、発生させる（ファイル名：pg169.sln、Form1.vb）

```
Public Class Sample
    Private _name As String
    Private _modified As DateTime
    ''' コンストラクター
    Public Sub New(name As String)
        _name = name
    End Sub
    ''' イベントの定義
    Public Event OnChangedName As Action(Of DateTime)

    Public Property Name As String
        Get
            Return _name
        End Get
        Set(value As String)
            _name = value
            _modified = DateTime.Now
            ' イベントを発生させる
            RaiseEvent OnChangedName(_modified)
        End Set
    End Property
End Class
```

リスト2 イベントを利用する（ファイル名：pg169.sln、Form1.vb）

```
Private _obj As Sample

Private Sub Form1_Load(sender As Object, e As EventArgs) _
    Handles MyBase.Load
    _obj = New Sample("秀和太郎")
    ' イベントハンドラーを追加する
    AddHandler _obj.OnChangedName, AddressOf _obj_OnChangedName
    Label3.Text = _obj.Name
    Label4.Text = ""
End Sub

Private Sub _obj_OnChangedName(time As DateTime)
    Label3.Text = _obj.Name
    Label4.Text = $"Name を変更した {time}"
End Sub
```

イベントを発生させるクラスを「イベントソース」と言います。リスト1では、Sampleクラスがイベントソースです。

Action(Of)型では、戻り値のないデリゲートを定義します。戻り値を持つデリゲートは、Func(Of)型で定義します。

ボタンのクリップイベントのように、Object型とEventArgs型の2つの引数を持つデリゲートは、EventHandlerとして定義済みです。

Tips 170 ▶Level ●● ▶対応 COM PRO

定義したイベントのイベントハンドラーを作成する

ここがポイントです！ イベントハンドラーとイベントの関連付け（AddressOf演算子）

クラスで定義したイベントが発生したときに処理を行うには、**イベントハンドラー**を作成し、作成したイベントハンドラーをイベントに追加します。その手順は、次のようになります。

1 イベントハンドラーを作成する

イベントハンドラーは、イベントが発生したときに処理を行うメソッドです。イベントを作成したときに宣言したデリゲート型に合わせてメソッドを宣言します。

2 イベントハンドラーを追加する

AddressOf演算子を使ってイベントハンドラーをイベントに追加します。

▼**イベントハンドラーをイベントに関連付ける**

```
AddHandler イベント名, AddressOf イベントハンドラー名
```

リスト1では、SmpleClassクラスでOnChangeNameイベントを定義し、Nameプロパティに値を設定したときにイベントを発生させています（詳細は、Tips169の「クラスのイベントを定義する」を参照してください）。

リスト2では、フォームを開くときに、AddressOf演算子を使って、OnChageNameイベントにメソッド「_obj_OnChangeName」を関連付けています。

リスト3では、SampleクラスのオブジェクトにNameプロパティを設定することでイベントを発生させています。

▼**実行結果**

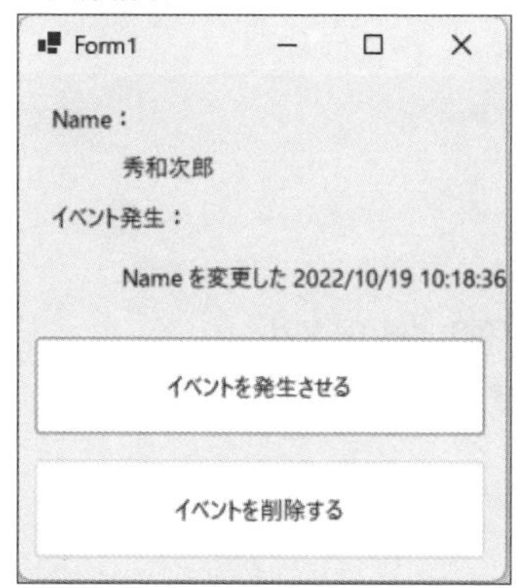

リスト1　イベントが発生するクラスを使う（ファイル名：pg170.sln、Form1.vb）

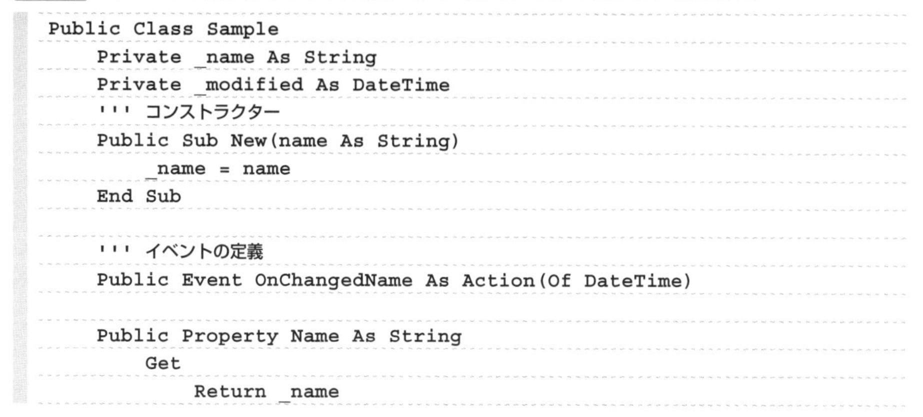

```
Public Class Sample
    Private _name As String
    Private _modified As DateTime
    ''' コンストラクター
    Public Sub New(name As String)
        _name = name
    End Sub

    ''' イベントの定義
    Public Event OnChangedName As Action(Of DateTime)

    Public Property Name As String
        Get
            Return _name
```

```
        End Get
        Set(value As String)
            _name = value
            _modified = DateTime.Now
            ' イベントを発生させる
            RaiseEvent OnChangedName(_modified)
        End Set
    End Property
End Class
```

リスト2 イベントハンドラーを使用する（ファイル名：pg170.sln、Form1.vb）

```
Private _obj As Sample

Private Sub Form1_Load(sender As Object, e As EventArgs) _
    Handles MyBase.Load
    _obj = New Sample("秀和太郎")
    ' イベントハンドラーを追加する
    AddHandler _obj.OnChangedName, AddressOf _obj_OnChangedName
    Label3.Text = _obj.Name
    Label4.Text = ""
End Sub

Private Sub _obj_OnChangedName(time As DateTime)
    Label3.Text = _obj.Name
    Label4.Text = $"Name を変更した {time}"
End Sub
```

リスト3 イベントハンドラーを発生する（ファイル名：pg170.sln、Form1.vb）

```
Private Sub Button1_Click(sender As Object, e As EventArgs) _
    Handles Button1.Click
    ' イベントを発生させる
    _obj.Name = "秀和次郎"
End Sub

Private Sub Button2_Click(sender As Object, e As EventArgs) _
    Handles Button2.Click
    ' イベントを削除する
    RemoveHandler _obj.OnChangedName, AddressOf _obj_OnChangedName
End Sub
```

オブジェクト生成時にプロパティの値を代入する

ここがポイントです！

インスタンス生成時にプロパティを設定（オブジェクト初期化子）

クラスのインスタンスを生成するときに、「With」と「{}」（中カッコ）を使って、クラスのプロパティ（またはフィールド）の値を設定できます。プロパティ名には「.」（ピリオド）を付けます。これを**オブジェクト初期化子**と言います。

▼インスタンス生成時にプロパティの値を代入する

```
New クラス名 With { .プロパティ名 = 値, …}
```

複数のプロパティ（フィールド）を設定する場合は、「,」（カンマ）で区切ります。なお、クラス名の後ろの「( )」は、省略可能です。

リスト1では、Sampleクラスを作成し、コンストラクターを多重定義（オーバーロード）しています。

リスト2では、各ボタンをクリックしたときに、それぞれの方法（3通り）でオブジェクト生成時にプロパティに値を代入しています。どの方法を使っても同じ結果が得られます。

▼実行結果

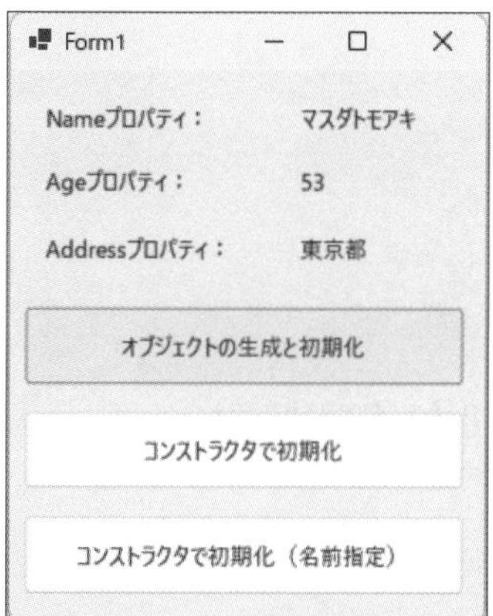

リスト1　クラスを定義する（ファイル名：pg171.sln、Form1.vb）

```
Public Class Sample
    Public Property Name As String = ""
    Public Property Age As Integer = 0
    Public Property Address As String = ""

```

```
    ''' デフォルトコンストラクター
    Public Sub New()

    End Sub

    ''' 初期化付きコンストラクター
    Public Sub New(name As String, age As Integer, address As String)
        Me.Name = name
        Me.Age = age
        Me.Address = address
    End Sub
End Class
```

リスト2 プロパティを設定する（ファイル名：pg171.sln、Form1.vb）

```
Private Sub Button1_Click(sender As Object, e As EventArgs) _
    Handles Button1.Click
    ' インスタンスの生成と同時にプロパティに値を設定
    Dim obj As New Sample With {
        .Name = "マスダトモアキ",
        .Age = 53,
        .Address = "東京都"
        }
    Label4.Text = obj.Name
    Label5.Text = obj.Age.ToString()
    Label6.Text = obj.Address
End Sub

Private Sub Button2_Click(sender As Object, e As EventArgs) _
    Handles Button2.Click
    ' コンストラクタを使って初期化
    Dim obj As New Sample(
        "マスダトモアキ", 53, "東京都")
    Label4.Text = obj.Name
    Label5.Text = obj.Age.ToString()
    Label6.Text = obj.Address
End Sub

Private Sub Button3_Click(sender As Object, e As EventArgs) _
    Handles Button3.Click
    ' コンストラクタで変数名を指定する
    Dim obj As New Sample(
        name:="マスダトモアキ",
        age:=53,
        address:="東京都")
    Label4.Text = obj.Name
    Label5.Text = obj.Age.ToString()
    Label6.Text = obj.Address
End Sub
```

プロパティの値として別のクラスのインスタンスを設定するときなど、オブジェクト初期化子をネスト（入れ子状態）にして記述できます。

クラスを継承する

ここが
ポイント
です！
派生クラスの作成

作成したクラスを元にして、新しいクラスを作成できます。これを**継承**と言い、元のクラスを**基本クラス**、新しいクラスを**派生クラス**と言います。

派生クラスを定義するには、派生クラスのクラス名の次の行に**Inheritsステートメント**を記述し、続けて基本クラス名を記述します。

▼派生クラスを作成する

```
[アクセス修飾子] Class 派生クラス名
   Inherits 基本クラス名
      追加するフィールドやメソッドなどの定義
End Class
```

派生クラスは、基本クラスに定義されているフィールドやメソッド、プロパティ、イベント、定数を利用できます。また、新たなフィールド、メソッド、プロパティ、イベントなどを追加できます。

リスト1では、Sampleクラスと、Sampleクラスを継承するSubSampleクラスを定義しています。派生クラスでは、コンストラクターの処理とプロパティを追加しています。

リスト2では、Button1（[基本クラス Sample] ボタン）をクリックしたら、基本クラスのSampleクラスのオブジェクトを使ってプロパティを設定し、Button2（[派生クラス SubSample] ボタン）をクリックしたら、派生クラスのSubSampleクラスのオブジェクトで、基本クラスのプロパティを利用しています。

▼実行結果

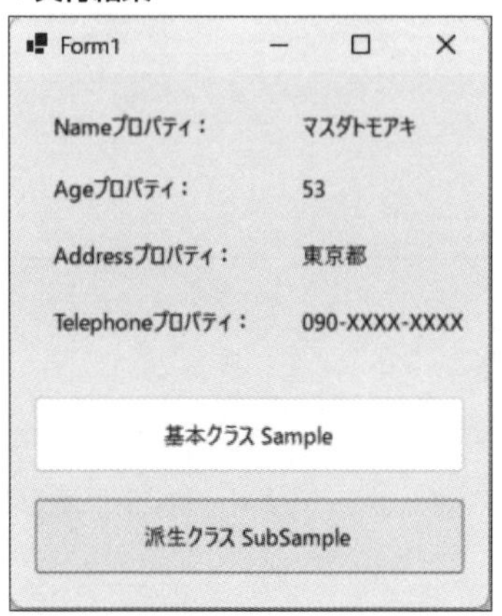

リスト1 派生クラスを定義する（ファイル名：pg172.sln、Form1.vb）

```
''' Sample クラス
Public Class Sample
    Public Property Name As String = ""
    Public Property Age As Integer = 0
    Public Property Address As String = ""

    ''' デフォルトコンストラクター
    Public Sub New()

    End Sub

    ''' 初期化付きコンストラクター
    Public Sub New(name As String, age As Integer, address As String)
        Me.Name = name
        Me.Age = age
        Me.Address = address
    End Sub
End Class

''' 派生クラス
Public Class SubSample
    Inherits Sample

    Public Property Telephone As String = ""
    Public Sub New()

    End Sub

    Public Sub New(
        name As String,
        age As Integer,
        address As String,
```

```
        telephone As String)

        MyBase.New(name, age, address)
        Me.Telephone = telephone
    End Sub
End Class
```

リスト2 派生クラスで基本クラスのプロパティを使う（ファイル名：pg172.sln、Form1.vb）

```
Private Sub Button1_Click(sender As Object, e As EventArgs) _
    Handles Button1.Click
    ' 基本クラスの利用
    Dim obj As New Sample With {
        .Name = "マスダトモアキ",
        .Age = 53,
        .Address = "東京都"
        }
    Label4.Text = obj.Name
    Label5.Text = obj.Age.ToString()
    Label6.Text = obj.Address
End Sub

Private Sub Button2_Click(sender As Object, e As EventArgs) _
    Handles Button2.Click
    Dim obj As New SubSample With {
        .Name = "マスダトモアキ",
        .Age = 53,
        .Address = "東京都",
        .Telephone = "090-XXXX-XXXX"
        }
    Label4.Text = obj.Name
    Label5.Text = obj.Age.ToString()
    Label6.Text = obj.Address
    Label7.Text = obj.Telephone
End Sub
```

MyBaseキーワードは、基本クラスのコンストラクターやメソッドを呼び出すときに使います。コンストラクターを呼び出すときは、コンストラクターの先頭で「MyBase.New(引数)」のように呼び出します。

Tips 173 ▶Level ●● ▶対応 COM PRO

基本クラスのメソッドやプロパティを派生クラスで再定義する

ここがポイントです！ メソッドやプロパティのオーバーライド
（Overridableキーワード、Overridesキーワード）

基本クラスのメソッドやプロパティを、派生クラスで処理を追加したりするなどして再定義できます。これを**オーバーライド**と言います。

基本クラスのオーバーライド可能なメンバーには、基本クラスで**Overridableキーワード**を記述して宣言しておきます。

例えば、値を返さないメソッドでは、次のように宣言します

▼基本クラスでオーバーライド可能なメソッドを宣言する

```
[アクセス修飾子] Overridable Sub メソッド名([引数1, 引数2,…])
      メソッドの処理
End Sub
```

また、派生クラスでオーバーライドしたメンバーを宣言するには、**Overridesキーワード**を記述して宣言します。

例えば、値を返さないメソッドでは、次のように宣言します。

▼派生クラスでオーバーライドしたメソッドを宣言する

```
[アクセス修飾子] Overrides Sub メソッド名([引数1, 引数2,…])
      メソッドの処理
End Sub
```

オーバーライドしたメンバーの引数は、基本クラスと同じ数にし、同じデータ型、同じ順序で指定します。また、戻り値の型とアクセス修飾子も同じにします。

リスト１では、SampleクラスのShowDataメソッドを、派生クラスであるSubSampleクラスでオーバーライドしています。

リスト2では、Button1（[Sampleクラス] ボタン）をクリックしたら、基本クラスのSampleクラスのオブジェクトを使ってNameプロパティとShowDataメソッドの結果をラベルに表示し、Button2（[SubSampleクラス] ボタン）をクリックしたら、派生クラスのSubSampleオブジェクトで、NameプロパティとオーバーライドしたShowDataメソッドの結果をラベルに表示しています。

▼ [Sampleクラス] ボタンをクリックした結果

▼ [SubSampleクラス] ボタンをクリックした結果

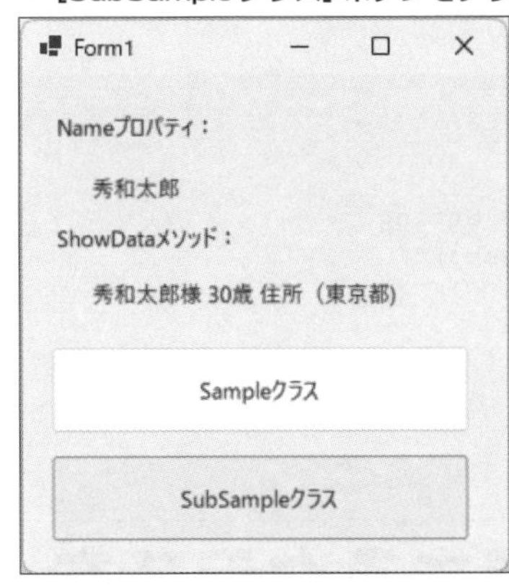

リスト1　オーバーライドしたメソッドを定義する（ファイル名：pg173.sln、Form1.vb）

```
Private Sub Button1_Click(sender As Object, e As EventArgs) _
    Handles Button1.Click
    Dim obj As New Sample With {
            .Name = "秀和太郎",
            .Age = 30,
            .Address = "東京都"
        }
    Label3.Text = obj.Name
    Label4.Text = obj.ShowData()
End Sub

Private Sub Button2_Click(sender As Object, e As EventArgs) _
    Handles Button2.Click
    Dim obj As New SubSample With {
            .Name = "秀和太郎",
            .Age = 30,
```

```
                .Address = "東京都"
            }
        Label3.Text = obj.Name
        Label4.Text = obj.ShowData()
    End Sub
```

リスト2　派生クラスを使う（ファイル名：pg173.sln、Form1.vb）

```
''' 基本クラス
Public Class Sample
    Public Property Name As String = ""
    Public Property Age As Integer = 0
    Public Property Address As String = ""

    Public Overridable Function ShowData() As String
        Return $"{Name} ({Age}) {Address}"
    End Function
End Class

''' 派生クラス
Public Class SubSample
    Inherits Sample

    Public Overrides Function ShowData() As String
        Return $"{Name}様 {Age}歳 住所({Address})"
    End Function
End Class
```

Tips 174 ▶Level ●● ▶対応 COM PRO

型情報を引数にできるクラスを作成する

ここがポイントです！ ユーザー定義のジェネリッククラス

ジェネリッククラスは、型を引数に指定できるクラスです。コレクションを扱う場合などに使います。

Tips143の「リストを初期化する」のListジェネリッククラスは、型指定したコレクションを作成できるクラスです。

ジェネリッククラスは、次の書式のように「(Of)」内に**型パラメーター**を指定して宣言します。

▼ジェネリッククラスを宣言する

```
[アクセス修飾子] Class クラス名(Of T)
  クラスの定義
End Class
```

「(Of)」内の型パラメーターには、わかりやすい名前を付けるか、あるいは「T」のようなユニークな名前を付けます。また、同じようにして**ジェネリックメソッド**を作成することもできます。

リスト1では、ジェネリックのReadOnlyクラスでvalueプロパティを定義しています。また、ジェネリックメソッドのSwapメソッドも定義しています。

リスト2では、Button1([データ更新] ボタン)をクリックすると、ReadOnlyクラスのインスタンスをString型、Integer型でそれぞれ作成して値を設定し、取得した値をラベルに表示しています。Button2([データ交換] ボタン)をクリックすると、Swapメソッドを String型の引数で実行し、結果をラベルに表示しています。

▼ [データ更新] ボタンをクリックした結果

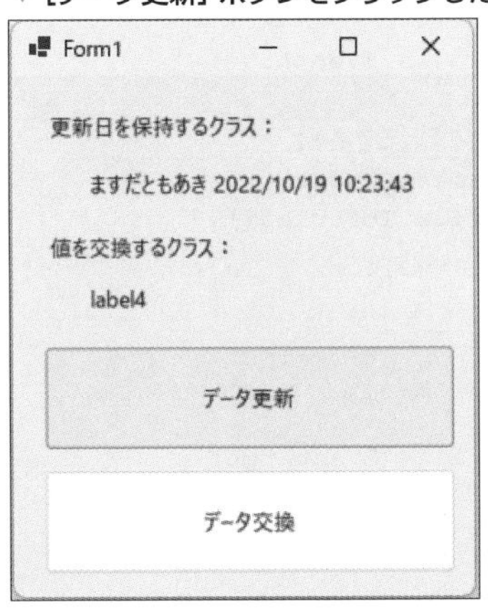

▼ [データ交換] ボタンをクリックした結果

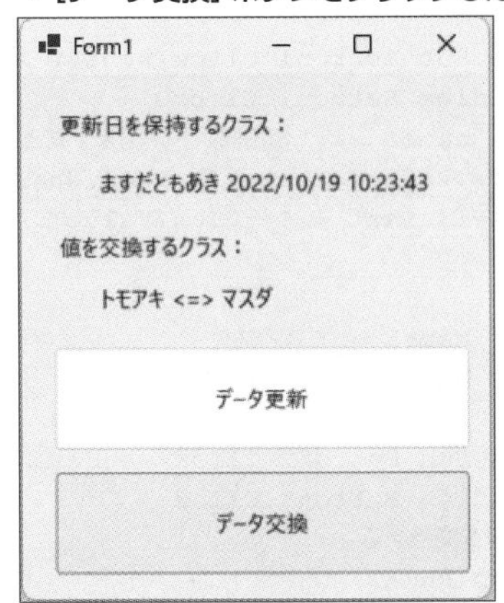

リスト1　ジェネリックを利用してクラスやメソッド定義する(ファイル名：pg174.sln、Form1.vb)

```
''' ジェネリックを使ったクラスの例
''' 値を更新した時刻を保持する
Public Class ModifiedValue(Of T)
    Private _value As T             ' 型指定できるフィールド
    Private _modified As DateTime ' 更新日時

    Public Property Value As T
        Get
            Return _value
        End Get
        Set(value As T)
            _value = value
            _modified = DateTime.Now
        End Set
```

```
    End Property
    Public ReadOnly Property Modified As DateTime
        Get
            Return _modified
        End Get
    End Property
End Class

''' ジェネリックを使った関数の例
''' 値を交換する
Private Sub Swap(Of T)(ByRef a As T, ByRef b As T)
    Dim temp As T = a
    a = b
    b = temp
End Sub
```

リスト2　ジェネリッククラスを使う（ファイル名：pg174.sln、Form1.vb）

```
Private Data As New ModifiedValue(Of String)()

Private Sub Button1_Click(sender As Object, e As EventArgs) _
    Handles Button1.Click
    Dim names = {"増田智明", "ますだともあき", "マスダトモアキ"}
    Data.Value = names(Random.Shared.Next(names.Length))
    Label3.Text = $"{Data.Value} {Data.Modified.ToString()}"
End Sub

Private Name1 = "マスダ"
Private Name2 = "トモアキ"

Private Sub Button2_Click(sender As Object, e As EventArgs) _
    Handles Button2.Click
    ' 値を交換する
    Swap(Name1, Name2)
    Label4.Text = $"{Name1} <=> {Name2}"
End Sub
```

クラスに固有のメソッドを作成する

ここがポイントです！ **クラスメソッドの作成**（Sharedキーワード）

クラスに追加するメソッドには、**インスタンスメソッド**と**クラスメソッド**の２種類があります。

●インスタンスメソッド

インスタンスメソッドは、通常のようにNew演算子を利用してインスタンス（オブジェクト）を生成して呼び出しを行うメソッドです。

●クラスメソッド

クラスメソッドは、クラスそのものに付随しているメソッドで、クラス名から直接、呼び出しを行います。

２つのメソッドの違いは、インスタンスメソッドがそれぞれのオブジェクトに対して呼び出しが行われることに対して、クラスメソッドは唯一のクラスの定義に対して操作をします。

クラスメソッドは、**Sharedキーワード**を付けて、プログラム内部の初期値を設定する場合などに使われます。

▼クラスに固有のメソッドの定義

```
Class クラス名
  Public Shared Sub クラスメソッド( … )
    …
  End Sub
  public Sub インスタンスメソッド( … )
    …
  End Sub
End Class

Dim o = new クラス名()
' クラスメソッドの呼び出し
クラス名.クラスメソッド( … )
' インスタンスメソッドの呼び出し
o.インスタンスメソッド( … )
```

リスト１では、Sampleクラス内のクラスフィールド（_uniqid変数）をリセットするためのResetメソッドを定義しています。

リスト２では、SampleクラスのResetメソッドを呼び出し、クラスフィールド（_uniqid変数）の値を初期化しています。

▼実行結果

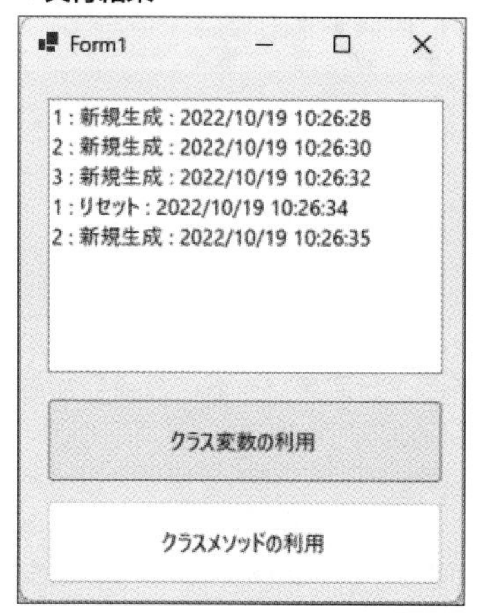

リスト1　クラスに固有のメソッドを定義する（ファイル名：pg175.sln、Form1.vb）

```
Public Class Sample
    Public Shared _uniqid = 0    ' クラスに固有な値
    Private _id As Integer = 0
    Private _value As String = ""
    Private _created As DateTime

    ''' コンストラクター
    Public Sub New()
        _uniqid += 1
        _id = _uniqid
        _created = DateTime.Now
    End Sub

    Public ReadOnly Property ID As Integer
        Get
            Return _id
        End Get
    End Property
    Public Property Value As String
        Get
            Return _value
        End Get
        Set(value As String)
            _value = value
        End Set
    End Property

    Public Overrides Function ToString() As String
        Return $"{_id} : {_value} : {_created}"
    End Function

    ''' IDをリセットする
```

```
    Public Shared Sub Reset()
        _uniqid = 0
    End Sub
End Class
```

リスト2 クラス固有のメソッドを利用する（ファイル名：pg175.sln、Form1.vb）

```
Private Sub Button1_Click(sender As Object, e As EventArgs) _
    Handles Button1.Click
    ' オブジェクトを生成して追加する
    Dim obj As New Sample() With {.Value = "新規生成"}
    list.Add(obj)
    ' 内容を確認
    ListBox1.Items.Clear()
    ListBox1.Items.AddRange(list.ToArray())
End Sub

Private Sub Button2_Click(sender As Object, e As EventArgs) _
    Handles Button2.Click
    ' カウンタをリセットして追加
    Sample.Reset()
    Dim obj As New Sample With {.Value = "リセット"}
    list.Add(obj)
    ' 内容を確認
    ListBox1.Items.Clear()
    ListBox1.Items.AddRange(list.ToArray())
End Sub
```

リスト1では、RandomクラスのNextメソッドを使って指定した乱数を取得しています。例えば、「Randomオブジェクト.Next(100)」の場合、0以上100未満の乱数を整数で返します。

リスト1では、ToStringメソッドをオーバーライドしています。これにより、クラス内の文字列表現を指定できます。

```
public Overrides Function ToString() As String
  Return 文字列表示表現
End Function
```

拡張メソッドを使う

ここがポイントです！

コレクションの拡張メソッド
(System.Collections.Generic、System.Linq)

拡張メソッドは、Visual Basicのクラスに機能（メソッド）を後から追加するための文法です。オブジェクト指向で作られたVisual Basicのクラス定義（プロパティやメソッド）に対して、あたかもすでにメソッドが備わっているかのように追加が行えます。

拡張メソッドは、拡張メソッドが定義されている**名前空間**を**Importsキーワード**でインポートすると利用できるようになります。逆に言えば、指定の名前空間をインポートしない場合は、拡張メソッドが利用できません。

よく使われる拡張メソッドに、コレクションやLINQがあります。コレクションクラス（List(Of T)クラスなど）自体に付随するメソッドは基本的なものに限られています。これをより使いやすくする手段が**System.Collections.Generic名前空間**や**System.Linq名前空間**になります。

一般的に、これらの拡張メソッドを区別する必要はありませんが、Visual Studioではインテリセンス表示で拡張メソッドがかどうかを確認できます。

リスト1では、拡張メソッドを使ってリストの合計値（Sum）と条件（Where）指定した計算をしています。

▼Visual Studioでのインテリセンス表示

```
 4          Dim lst As New List(Of Integer) From {
 5              1, 2, 3, 4, 5, 6, 7, 8, 9, 10}
 6          Dim sum = lst.Sum()
 7          Label4.Text = sum
 8          Dim items = lst.W
 9          Function(t) As Bo
10              Return t Mod
11          End Function
12          ).ToList()
13          Label5.Text = items.Count.ToString()
14          Label6.Text =
15          String.Join(",", items.Select(
16              Function(t) As String
17                  Return t.ToString()
18              End Function))
19      End Sub
20  End Class
```

<拡張> Function IEnumerable(Of Integer).Sum() As Integer (+ 10 オーバーロード)
Computes the sum of a sequence of Integer values.
戻り値:
The sum of the values in the sequence.
例外:
ArgumentNullException
OverflowException

▼実行結果

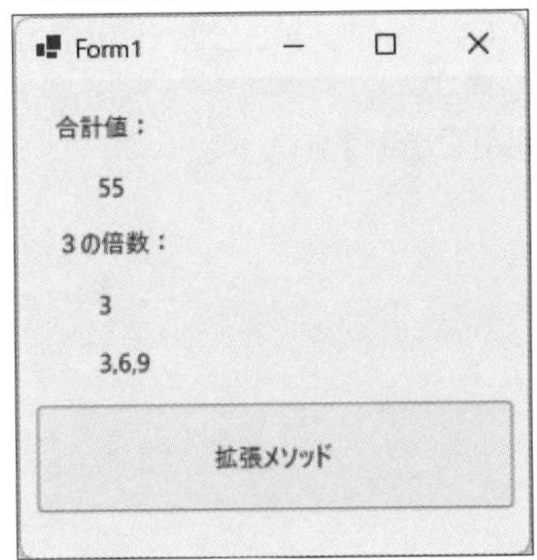

リスト1　クラス固有のメソッドを利用する（ファイル名：pg176.sln、Form1.vb）

```
Private Sub Button1_Click(sender As Object, e As EventArgs) _
    Handles Button1.Click
    Dim lst As New List(Of Integer) From {
        1, 2, 3, 4, 5, 6, 7, 8, 9, 10}
    Dim sum = lst.Sum()
    Label4.Text = sum.ToString()
    Dim items = lst.Where(
        Function(t) As Boolean
            Return t Mod 3 = 0
        End Function
    ).ToList()
    Label5.Text = items.Count.ToString()
    Label6.Text =
    String.Join(",", items.Select(
        Function(t) As String
            Return t.ToString()
        End Function))
End Sub
```

Tips 177

▶Level ●●

▶対応 COM PRO

拡張メソッドを作成する

ここがポイントです！

拡張メソッドの作成

（Module キーワード、Extension 属性）

拡張メソッドを自作するときは、**Moduleキーワード**と**Extension属性**を使います。

拡張対象となるクラスをメソッドの第1引数に指定すると、**Importsキーワード**でインポートしたときにモジュールにあるメソッドが拡張メソッドとして扱われます。
　拡張を定義するモジュール名は、任意に付けることができます。メソッドも公開（Public）で指定するために、ほかのクラス名と重ならないように注意します。
　拡張メソッドは、既存のクラス（Stringクラスなど）にも利用できます。

▼拡張メソッドの定義

```
Module 拡張モジュール名
<Extension()>
  Public Function 拡張メソッド(o As 対象クラス)
    ...
  End Function
End Module
```

　リスト1では、拡張対象となるSampleクラスを定義し、リスト2では、拡張メソッドでSampleクラスを拡張しています。拡張クラスの「SampleEx」という名前は任意に付けられます。
　リスト3では、Stringクラスに拡張メソッド（ToKanma）を作成しています。

▼実行結果

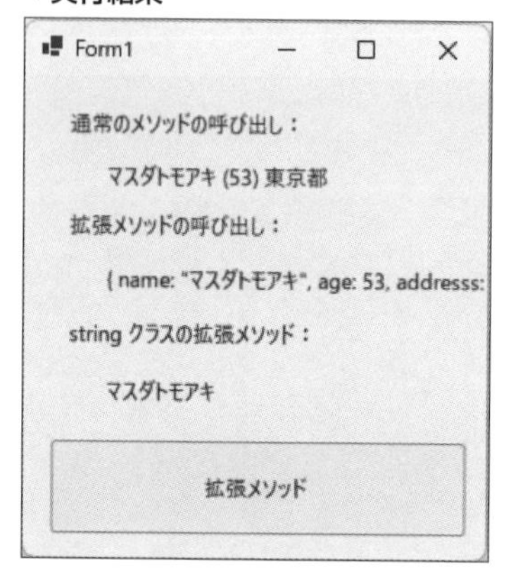

リスト1　拡張対象のクラス（ファイル名：pg177.sln、Form1.vb）

```
''' サンプルクラス
Public Class Sample
    Public Property Name As String = ""
    Public Property Age As Integer = 0
    Public Property Address As String = ""

    Public Function ShowData() As String
        Return $"{Name} ({Age}) {Address}"
    End Function
End Class
```

リスト2 サンプルクラスを拡張する（ファイル名：pg177.sln、Form1.vb）

```
Module SampleEx
    <Extension()>
    Public Function ToJson(o As Sample)
        Return $"{{ name: ""{o.Name}"", age: {o.Age}, addresss: ""{o.
Address}"""
    End Function
End Module
```

リスト3 既存クラスを拡張する（ファイル名：pg177.sln、Form1.vb）

```
Module StringEx
    <Extension()>
    Public Function ToKanma(o As String)
        Return String.Join(",", o.ToArray())
    End Function
End Module
```

リスト4 拡張メソッドを利用する（ファイル名：pg177.sln、Form1.vb）

```
Private Sub Button1_Click(sender As Object, e As EventArgs) _
    Handles Button1.Click
    Dim o As New Sample With {
            .Name = "マスダトモアキ",
            .Age = 53,
            .Address = "東京都"
        }
    ' 通常のメソッド
    Label4.Text = o.ShowData()
    ' 拡張メソッド
    Label5.Text = o.ToJson()

    Dim Name = "マスダトモアキ"
    Label6.Text = Name.ToKanma()
End Sub
```

既存のクラスを拡張する場合、基本となるObjectクラスは拡張しないようにします。これは基本クラスを継承しているクラスで拡張メソッドと同じ名前があると、コンパイルが通らなくなってしまうためです。

Tips 178 ▶Level ●● ▶対応 COM PRO

インターフェイスを利用する

ここがポイントです！

インターフェイスの定義と継承
(Interfaceキーワード、継承)

インターフェイスは、継承先の複数のクラスにあるプロパティやメソッドが「必ず定義されている」ことを保証する仕組みです。

同じ形式を持つクラスをまとめて扱う場合、それぞれのクラスに対してプロパティやメソッドが存在するかどうかをリフレクション等を利用して1つ1つ確認するのではなく、あらかじめ**インターフェイス**として宣言しておいた形式に従ってプロパティやメソッドを作成し確認できるようにします。これによりコーディング時のプロパティやメソッドの確認が厳密になります。

インターフェイスの定義は、**Interfaceキーワード**を使います。

▼**インターフェイスを定義する**

```
Public Interface インターフェイス名
   ...
End Interface
```

インターフェイスでは、プロパティやメソッドへのアクセスの形式を定義します。このため、メソッドの内容は書きません。メソッド名と引数のみ記述し、実体を持ちません。

インターフェイスを継承したクラスを作成する書式は、次のようになります。

▼**インターフェイスを継承する**

```
Public Class 継承クラス
   Implements インターフェイス名
      ...
End Class
```

通常のクラスの継承と同じように**Implementsステートメント**を使って継承を定義します。インターフェイスで定義したプロパティやメソッドは、継承先のクラスでは、必ず定義をして実体を作成します。

Visual Studioでインターフェイスを継承したとき、まだ未定義であるプロパティやメソッドがある場合は、インテリセンスでエラー状態を確認できます。未定義となるインターフェイスの実装は、コードを自動生成させることができます。

リスト1では、IShapeインターフェイスを定義しています。場所を示すXとY座標、検査結果となる面積をプロパティとして保持しています。

リスト2では、IShapeインターフェイスを継承した3つのクラス (Triangle、Square、Circle) を定義しています。

リスト3では、3つのクラスを利用して面積を計算しています。それぞれの面積を計算した結果は、Areaプロパティに保持しています。

▼インターフェイスの継承エラー

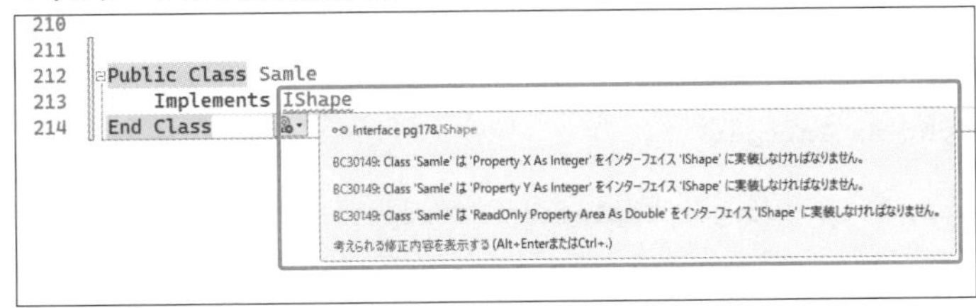

▼インターフェイスから自動生成

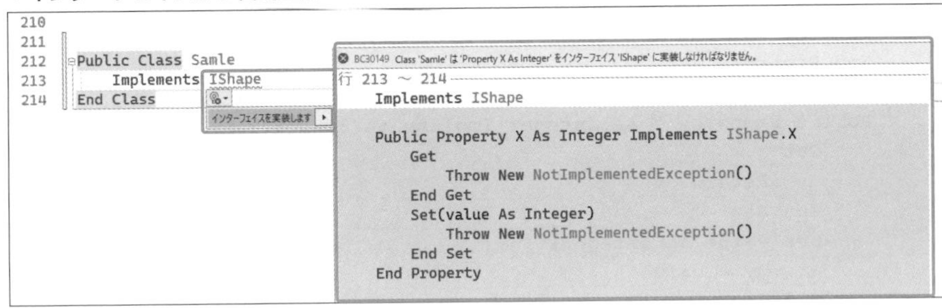

▼実行結果

リスト1　インターフェイスを定義する（ファイル名：pg178.sln、Form1.vb）

```
Public Interface IShape
    Property X As Integer    ' X 座標
    Property Y As Integer    ' Y 座標
    ReadOnly Property Area As Double ' 面積
End Interface
```

リスト2 インターフェイスを継承する(ファイル名：pg178.sln、Form1.vb)

```
Public Class Triangle
    Implements IShape

    Private _x As Integer
    Private _y As Integer
    Private _width As Integer
    Private _height As Integer

    Public Property X As Integer Implements IShape.X
        Get
            Return _x
        End Get
        Set(value As Integer)
            _x = value
        End Set
    End Property

    Public Property Y As Integer Implements IShape.Y
        Get
            Return _y
        End Get
        Set(value As Integer)
            _y = value
        End Set
    End Property

    Public Property Width As Integer
        Get
            Return _width
        End Get
        Set(value As Integer)
            _width = value
        End Set
    End Property
    Public Property Height As Integer
        Get
            Return _height
        End Get
        Set(value As Integer)
            _height = value
        End Set
    End Property

    Public ReadOnly Property Area As Double Implements IShape.Area
        Get
            Return _width * _height / 2.0
        End Get
    End Property
End Class
```

```
Public Class Square
    Implements IShape

    Private _x As Integer
    Private _y As Integer
    Private _width As Integer
    Private _height As Integer

    Public Property X As Integer Implements IShape.X
        Get
            Return _x
        End Get
        Set(value As Integer)
            _x = value
        End Set
    End Property
    Public Property Y As Integer Implements IShape.Y
        Get
            Return _y
        End Get
        Set(value As Integer)
            _y = value
        End Set
    End Property

    Public Property Width As Integer
        Get
            Return _width
        End Get
        Set(value As Integer)
            _width = value
        End Set
    End Property
    Public Property Height As Integer
        Get
            Return _height
        End Get
        Set(value As Integer)
            _height = value
        End Set
    End Property

    Public ReadOnly Property Area As Double Implements IShape.Area
        Get
            Return _width * _height
        End Get
    End Property
End Class
```

```
Public Class Circle
    Implements IShape

    Private _x As Integer
    Private _y As Integer
    Private _radius As Integer

    Public Property X As Integer Implements IShape.X
        Get
            Return _x
        End Get
        Set(value As Integer)
            _x = value
        End Set
    End Property
    Public Property Y As Integer Implements IShape.Y
        Get
            Return _y
        End Get
        Set(value As Integer)
            _y = value
        End Set
    End Property

    Public Property Radius As Integer
        Get
            Return _radius
        End Get
        Set(value As Integer)
            _radius = value
        End Set
    End Property

    Public ReadOnly Property Area As Double Implements IShape.Area
        Get
            Return _radius * _radius * Math.PI
        End Get
    End Property
End Class
```

リスト3　インターフェイスを利用する（ファイル名：pg178.sln、Form1.vb）

```
''' 面積を計算する
Private Sub Button1_Click(sender As Object, e As EventArgs) _
    Handles Button1.Click
    Dim shape As IShape
    If RadioButton1.Checked = True Then
        shape = New Square() With {
            .Height = Integer.Parse(TextBox3.Text),
            .Width = Integer.Parse(TextBox4.Text)
```

```
        }
    ElseIf RadioButton2.Checked = True Then
        shape = New Triangle() With {
            .Height = Integer.Parse(TextBox3.Text),
            .Width = Integer.Parse(TextBox4.Text)
        }
    ElseIf RadioButton3.Checked = True Then
        shape = New Circle() With {
            .Radius = Integer.Parse(TextBox3.Text)
        }
    Else
        Return
    End If
    ' X座標とY座標はまとめて設定できる
    shape.X = Integer.Parse(TextBox1.Text)
    shape.Y = Integer.Parse(TextBox2.Text)
    ' 面積を計算する
    Label6.Text = shape.Area.ToString("0.00")
End Sub
```


Tips 179 ▶Level ●● ▶対応 COM PRO

クラスを継承不可にする

ここがポイントです！

継承を不可にする
（NotInheritableキーワード）

対象のクラスを継承不可にするためには、**NotInheritableキーワード**を使います。NotInheritableキーワードを付けたクラスは継承は不可になり、ビルド時にエラーになります。

▼継承不可にする

```
Public NotInheritable Class クラス名
    ...
End Class
```

通常のVisual Basicのクラスは、オブジェクト指向に従って継承したクラスが使えます。クラスを継承して、新しいプロパティやメソッドを追加することができる便利な仕組みです。しかし、継承先によって不意にプロパティやメソッドの動作が変更されてしまったときに問題が起きます。

リスト1では、Personクラスに3つのプロパティ（Name、Age、Address）を定義しています。このPersonクラスを継承するSubPersonクラスを作り、故意にAgeプロパティの動作を上書きしておきます。

リスト2では、Personクラス、あるいはSubPersonクラスでインスタンスを作成して、ShowPersonメソッドで表示させています。SubPersonクラスはPersonクラスを継承しているので、ShowPersonメソッドの引数は、Person型で定義ができます。このときの動作は、Personクラス、あるいはSubPersonクラスのインスタンスかどうかで動作が異なってきます。一見、ShowPersonメソッド内では同じ動作をするように見える（Person型のみ使っている）のですが、実際はそれぞれのオブジェクトに配置されているAgeプロパティの定義が使われます。

このような不意な動作を防ぐために、PersonクラスにNotInheritableキーワードを付けて、主要なプロパティやメソッドが変更できないようにしておきます。.NETクラスライブラリでも、主な重要な値クラスは、NotInheritableキーワードが付けられています。

▼継承時にエラーになる

```
27
28  ''' <summary>
29  ''' Person.Age プロパティを継承元で書き換え
30  ''' られないように継承不可にする
31  ''' </summary>
32  Public NotInheritable Class Person
33      ' Public Class Person
34      Public Property Name As String = ""
35      Public Property Age As Integer = 0
36      Public Property Address As String = ""
37  End Class
38
39  Public Class SubPerson
40      Inherits Person
41      Public P
42          Get
43              Retu
44          End Get
45          Set(value As Integer)
46              MyBase.Age = value - 20 ' サバを読む
47          End Set
48      End Property
49  End Class
50
```

```
Class pg179.Person
Person.Age プロパティを継承元で書き換えられないように継承不可にする

BC30299: 'SubPerson' を class 'Person' から継承できません。'Person' は 'NotInheritable' として宣言されています。

考えられる修正内容を表示する (Alt+EnterまたはCtrl+.)
```

▼［継承元で生成］ボタンをクリックした結果

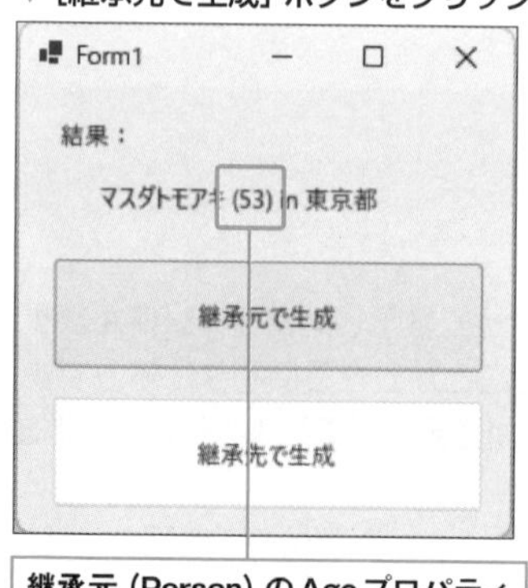

▼［継承先で生成］ボタンをクリックした結果

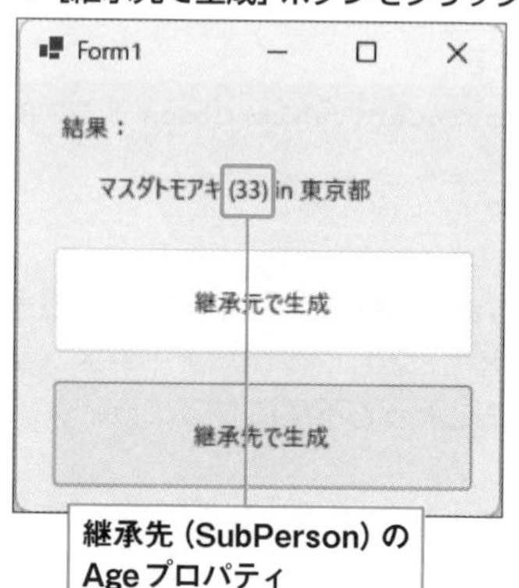

リスト1　インターフェイスを利用する（ファイル名：pg179.sln、Form1.vb）

```
''' Person.Age プロパティを継承元で書き換え
''' られないように継承不可にする
' Public NotInheritable Class Person
Public Class Person
    Public Property Name As String = ""
    Public Property Age As Integer = 0
    Public Property Address As String = ""
End Class

Public Class SubPerson
    Inherits Person
    Public Property Age As Integer
        Get
            Return MyBase.Age
        End Get
        Set(value As Integer)
            MyBase.Age = value - 20 ' サバを読む
        End Set
    End Property
End Class
```

リスト2　異なるAgeプロパティを利用する（ファイル名：pg179.sln、Form1.vb）

```
Private Sub Button1_Click(sender As Object, e As EventArgs) _
    Handles Button1.Click
    Dim p As New Person With {
        .Name = "マスダトモアキ",
        .Age = 53,
        .Address = "東京都"
    }
    Me.ShowPerson(p)
End Sub

Private Sub Button2_Click(sender As Object, e As EventArgs) _
    Handles Button2.Click
    Dim p As New SubPerson With {
        .Name = "マスダトモアキ",
        .Age = 53,
        .Address = "東京都"
    }
    Me.ShowPerson(p)
End Sub

Private Sub ShowPerson(p As Person)
    ' 呼び出し元が Person か SubPerson で結果が異なる
    label3.Text = $"{p.Name} ({p.Age}) in {p.Address}"
End Sub
```

4-9 構造体

Tips 180 ▶Level ●● ▶対応 COM PRO

複数のファイルにクラス定義を分ける

ここがポイントです！ **クラスを分割する**
（partialキーワード）

クラス定義を複数のファイルに保存するためには、**partialキーワード**を使います。

通常、クラス定義は１つのファイルに保存されるのですが、都合により複数のファイルに保存したほうがファイルの更新管理が楽になることがあります。

例えば、Windowsフォームアプリケーションのフォームクラスは、デザイン部分（*.Designer.vb）とコード部分（*.vb）の２つに分けられています。１つのファイルにしてしまうと、デザインやコードのどちらが更新されるとファイル全体が更新されてしまうため、更新の頻度が高すぎてしまいます。

特に、デザイン部分のコードは、Visual Studioのデザイナーにより自動生成されるコードなので、一般的なプログラマーの編集コードとは別に管理しておいたほうがよいです。

このように、フォームのデザイナーやEntity Frameworkなどの自動生成コードを分けるために、partialキーワードによるクラスの分割がよく行われます。

▼クラスの分割を定義する

```
Partial Public Class クラス名

End Class
```

クラスの分割は、同じアセンブリに定義されている必要があります。つまり、すでにビルドされているアセンブリのpartialクラスに対して、別のpartialクラスを追加することはできません。

リスト１では、partialキーワードを使って、分割したPersonクラスを定義しています。

リスト２では、もう１つのPersonクラスを定義しています。別のファイルに定義されたプロパティを使い、ToStringメソッドをオーバーライドします。

リスト３では、定義したToStringメソッドを使い、リスト表示させています。

▼実行結果

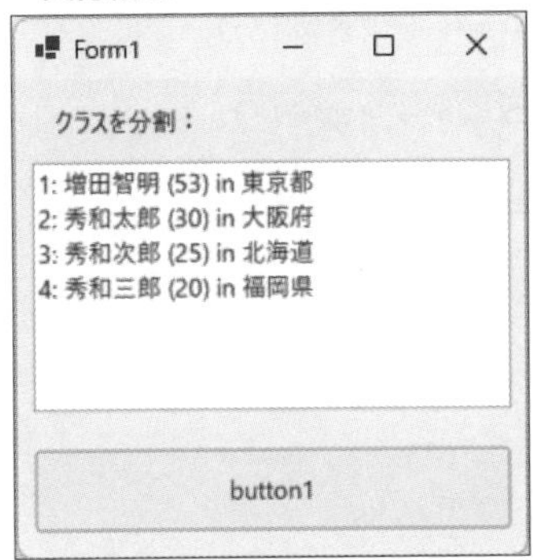

リスト1　Personクラスを定義する（ファイル名：pg180.sln、Person.vb）

```
Public Class Person
    Public Property Name As String = ""
    Public Property Age As Integer = 0
    Public Property Address As String = ""
End Class
```

リスト2　Personクラスを定義する（ファイル名：pg180.sln、Form1.vb）

```
''' クラスを分割して編集する
Partial Public Class Person
    Private Shared _seed As Integer = 0
    Private _id As Integer
    Public ReadOnly Property Id As Integer
        Get
            Return _id
        End Get
    End Property

    Public Sub New()
        _seed += 1
        _id = _seed
    End Sub

    Public Overrides Function ToString() As String
        Return $"{Id}: {Name} ({Age}) in {Address}"
    End Function
End Class
```

リスト3　リスト表示させる（ファイル名：pg180.sln、Form1.vb）

```
Private Sub Button1_Click(sender As Object, e As EventArgs) _
    Handles Button1.Click
    Dim lst As New List(Of Person)()

    lst.Add(New Person With {
            .Name = "増田智明", .Age = 53, .Address = "東京都"})
```

```
        lst.Add(New Person With {
                .Name = "秀和太郎", .Age = 30, .Address = "大阪府"})
        lst.Add(New Person With {
                .Name = "秀和次郎", .Age = 25, .Address = "北海道"})
        lst.Add(New Person With {
                .Name = "秀和三郎", .Age = 20, .Address = "福岡県"})

        ListBox1.Items.Clear()
        ListBox1.Items.AddRange(lst.ToArray())
    End Sub
```

構造体を定義して使う

ここがポイントです！

複数のデータをまとめて1つの型として定義（Structure キーワード）

構造体は、Integer型やString型の値のほかに配列、プロパティ、メソッド、イベントを1つのまとまりとして定義することができるデータ型です。

構造体は、**Structureキーワード**を使って、次のように定義します。

▼構造体を定義する

```
(Public/Private) Structure 構造体名
  public/private/ 変数名1 As データ型1
  public/private/ 変数名2 As データ型2
  ……
End Structure
```

構造体はクラスと似ていますが、クラスが参照型であるのに対し、構造体は値型です。そのため、宣言時に構造体を初期化できません。構造体を使うときに、各メンバー変数に値を代入します。また、クラスと違って、ほかの構造体やクラスから継承できません。基本クラスになることもできません。

構造体の各メンバーを参照するには、メンバーアクセス演算子「.」(ドット) を使います。

▼構造体のメンバーを参照する

```
構造体名 . メンバー
```

リスト1では、SampleStruct構造体とSampleClassクラスを定義しています。

リスト2では、Button1 ([構造体で定義] ボタン) がクリックされたら、定義した構造体型の変数を宣言し、値を代入し、構造体のプロパティの値を表示しています。

▼ [構造体で定義] ボタンをクリックした結果

▼ [クラスで定義] ボタンをクリックした結果

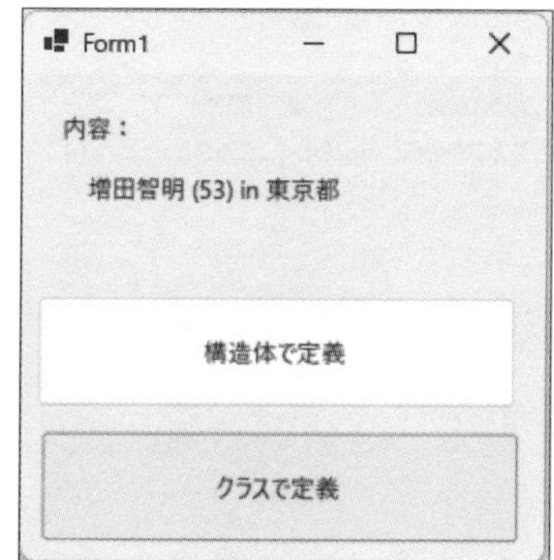

リスト1 構造体を定義する (ファイル名：pg181.sln、Form1.vb)

```
''' 構造体の定義
Public Structure SampleStruct
    Public Name As String
    Public Age As Integer
    Public Address As String
    Public Overrides Function ToString() As String
        Return $"{Name} ({Age}) in {Address}"
    End Function
End Structure

''' クラスの定義
Public Class SampleClass
    Public Property Name As String
    Public Property Age As Integer
    Public Property Address As String
    Public Overrides Function ToString() As String
        Return $"{Name} ({Age}) in {Address}"
    End Function
End Class
```

リスト2 構造体を利用する (ファイル名：pg181.sln、Form1.vb)

```
''' 構造体の利用
Private Sub Button1_Click(sender As Object, e As EventArgs) _
    Handles Button1.Click
    Dim obj As SampleStruct
    obj.Name = "マスダトモアキ"
    obj.Age = 53
    obj.Address = "板橋区"
    Label2.Text = obj.ToString()
End Sub

''' クラスの利用
Private Sub Button2_Click(sender As Object, e As EventArgs) _
    Handles Button2.Click
```

```
        Dim obj As New SampleClass()
        obj.Name = "増田智明"
        obj.Age = 53
        obj.Address = "東京都"
        Label2.Text = obj.ToString()
    End Sub
```

.NETクラスライブラリで提供されている主な構造体には、DateTime構造体、Point構造体、Rectangle構造体などがあります。それぞれの構造体には、メソッドやプロパティが用意されていて、日付と時刻、座標、四角形を扱うための様々な機能が利用できます。

構造体では、パラメーターを持たないコンストラクターは定義できません。必ず、パラメーターを持つコンストラクターを定義します。

クラスはNew演算子でオブジェクトを作成しますが、構造体は必要ありません。変数定義をしたときに構造体の領域が確保されます。

Tips 182

▶Level ●

▶対応 COM PRO

構造体配列を宣言して使う

ここがポイントです！ 構造体型の配列変数

構造体型の**配列変数**を使うには、ほかの配列変数の宣言と同じように、データ型（構造体名）に「( )」（カッコ）を付け、要素数を指定して次のように宣言します。

▼構造体配列を宣言する

```
Dim 配列変数名 = New 構造体名(要素数) {}
```

リスト1では、構造体を定義しています。

リスト2では、Button1（[配列を利用] ボタン）がクリックされたら、構造体の配列変数を宣言して、各要素を初期化し、各要素の値をリストボックスに表示しています。

▼実行結果

リスト1　構造体を作成する（ファイル名：pg182.sln、Form1.vb）

```
''' 構造体の定義
Public Structure Sample
    Public Id As Integer
    Public Name As String
    Public Address As String
    Public Overrides Function ToString() As String
        Return $"{Id}: {Name} in {Address}"
    End Function
End Structure
```

リスト2　構造体配列を使う（ファイル名：pg182.sln、Form1.vb）

```
''' 配列を利用する
Private Sub Button1_Click(sender As Object, e As EventArgs) _
    Handles Button1.Click
    Dim ary = New Sample() {
        New Sample With {
            .Id = 100, .Name = "増田智明", .Address = "東京都"},
        New Sample With {
            .Id = 101, .Name = "秀和太郎", .Address = "大阪府"},
        New Sample With {
            .Id = 102, .Name = "秀和次郎", .Address = "北海道"},
        New Sample With {
            .Id = 103, .Name = "秀和三郎", .Address = "福岡県"}
    }
    ListBox1.Items.Clear()
    For Each item In ary
        ListBox1.Items.Add(item)
    Next
End Sub

''' コレクションを利用する
Private Sub Button2_Click(sender As Object, e As EventArgs) _
    Handles Button2.Click
```

```
    Dim ary = New List(Of Sample) From {
            New Sample With {
              .Id = 200, .Name = "マスダトモアキ", .Address = "東京都"},
            New Sample With {
              .Id = 201, .Name = "シュウワタロウ", .Address = "大阪府"},
            New Sample With {
              .Id = 202, .Name = "シュウワジロウ", .Address = "北海道"},
            New Sample With {
              .Id = 203, .Name = "シュウワサブロウ", .Address = "福岡県"}
    }
    ListBox1.Items.Clear()
    For Each item In ary
        ListBox1.Items.Add(item)
    Next
End Sub
```

Tips 183 ▶Level ● ▶対応 COM PRO

構造体を受け取るメソッドを作成する

ここがポイントです！ 構造体型の値を引数とするメソッド

構造体型の値を受け取るメソッドを作成するには、メソッドの引数のデータ型を**構造体型**として宣言します。

▼構造体を受け取るメソッドを作成する

```
[アクセス修飾子] Function メソッド名(引数1 As 構造体名 [, …]) As 戻り値の型
    ...
End Function
```

また、構造体型の値を受け取るメソッドを呼び出すには、引数として構造体型の値、または変数名を指定します。

▼構造体を受け取るメソッドを呼び出す

```
メソッド名(構造体型変数名[, …])
```

リスト1では、SamlpeStruct構造体とSampleClassクラスを定義しています。

リスト2では、構造体を受け取るshowStructメソッドとクラスを受け取るshowClassメソッドを定義しています。

リスト3では、Button1([構造体で渡す] ボタン) がクリックされたら、構造体型の変数

objを宣言し、初期化してから、メソッドに変数objの値を渡しています。Button2（[クラスで渡す] ボタン）がクリックされたら、クラスの変数objを宣言し、インスタンスを生成して初期化してからメソッドに変数objの値を渡しています。

▼ [構造体で渡す] ボタンをクリックした結果

▼ [クラスで渡す] ボタンをクリックした結果

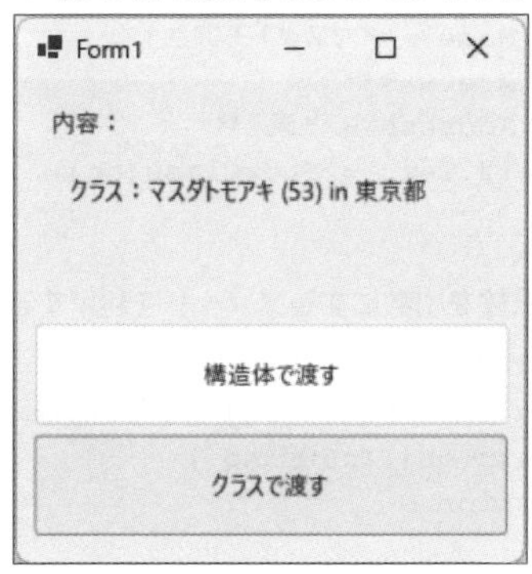

リスト1　構造体を定義する（ファイル名：pg183.sln、Form1.vb）

```
''' 構造体の定義
Public Structure SampleStruct
    Public Name As String
    Public Age As Integer
    Public Address As String
    Public Overrides Function ToString() As String
        Return $"構造体：{Name} ({Age}) in {Address}"
    End Function
End Structure

''' クラスの定義
Public Class SampleClass
    Public Property Name As String
    Public Property Age As Integer
    Public Property Address As String
    Public Overrides Function ToString() As String
        Return $"クラス：{Name} ({Age}) in {Address}"
    End Function
End Class
```

リスト2　構造体を引数にするメソッドを定義する（ファイル名：pg183.sln、Form1.vb）

```
''' 引数で構造体を渡す
Private Sub Button1_Click(sender As Object, e As EventArgs) _
    Handles Button1.Click
    Dim obj As SampleStruct
    obj.Name = "マスダトモアキ"
    obj.Age = 53
    obj.Address = "東京都"
    Label2.Text = ShowStruct(obj)
```

```
End Sub

''' 引数でクラスを渡す
Private Sub Button2_Click(sender As Object, e As EventArgs) _
    Handles Button2.Click
    Dim obj As New SampleClass()
    obj.Name = "マスダトモアキ"
    obj.Age = 53
    obj.Address = "東京都"
    Label2.Text = ShowClass(obj)
End Sub
```

リスト3　構造体を引数にするメソッドを利用する（ファイル名：pg183.sln、Form1.vb）

```
''' 構造体を受け取る
Function ShowStruct(obj As SampleStruct)
    Return obj.ToString()
End Function

''' クラスを受け取る
Function ShowClass(obj As SampleClass)
    Return obj.ToString()
End Function
```

メソッドに構造体を渡すと、構造体のコピーが渡されます。これに対して、メソッドにクラスを渡すと、クラスへの参照が渡されます。

Tips 184 ▶Level ● ▶対応 COM PRO

構造体を返すメソッドを作成する

ここがポイントです！　メソッドの戻り値の型を構造体型として定義

構造体型の値を返すメソッドを作成するには、メソッドの戻り値の型を**構造体型**として宣言します。また、戻り値は、構造体型の値または変数名を指定します。

▼構造体を受け取るメソッドを作成する

```
[アクセス修飾子] 構造体名 メソッド名([データ型 引数1, ・・・])
{
}
```

リスト1では、構造体とクラスを定義しています。

リスト2では、構造体を返すメソッドと、クラスを返すメソッドを作成しています。

リスト3では、Button1（[構造体で返す] ボタン）がクリックされたら、構造体を返すメソッドを呼び出し、戻り値をラベルに表示しています。Button2（[クラスで返す] ボタン）がクリックされたら、クラスを返すメソッドを呼び出し、戻り値をラベルに表示しています。

▼ [構造体で返す] ボタンをクリックした結果

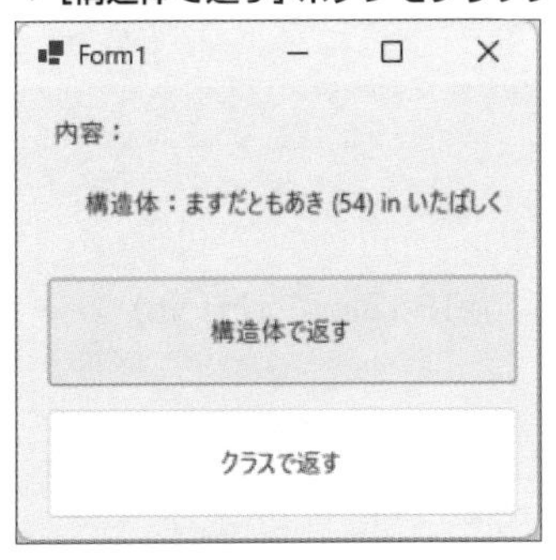

▼ [クラスで返す] ボタンをクリックした結果

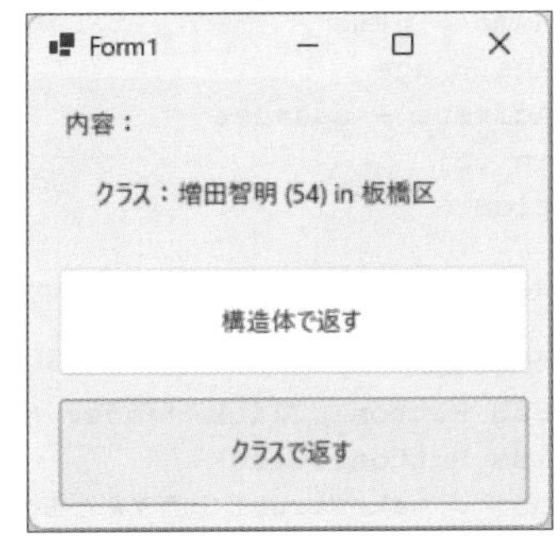

リスト1　構造体を定義する（ファイル名：pg184.sln、Form1.vb）

```
''' 構造体の定義
Public Structure SampleStruct
    Public Name As String
    Public Age As Integer
    Public Address As String
    Public Overrides Function ToString() As String
        Return $"構造体：{Name} ({Age}) in {Address}"
    End Function
End Structure

''' クラスの定義
Public Class SampleClass
    Public Property Name As String
    Public Property Age As Integer
    Public Property Address As String
    Public Overrides Function ToString() As String
        Return $"クラス：{Name} ({Age}) in {Address}"
    End Function
End Class
```

リスト2　構造体を戻り値として返すメソッドを作成する（ファイル名：pg184.sln、Form1.vb）

```
''' 構造体を返す関数
Function makeStruct(name As String, age As Integer, address As String)
_
    As SampleStruct
    Dim obj As SampleStruct
    obj.Name = name
    obj.Age = age
    obj.Address = address
```

```
    Return obj
End Function

''' クラスを返す関数
Function makeClass(name As String, age As Integer, address As String) _
    As SampleClass
    Dim obj As New SampleClass
    obj.Name = name
    obj.Age = age
    obj.Address = address
    Return obj
End Function
```

リスト3 構造体を戻り値として返すメソッドを使う（ファイル名：pg184.sln、Form1.vb）

```
''' 構造体を返す関数
Private Sub Button1_Click(sender As Object, e As EventArgs) _
    Handles Button1.Click
    Dim obj = makeStruct("ますだともあき", 54, "いたばしく")
    Label2.Text = obj.ToString()
End Sub

''' クラスを返す関数
Private Sub Button2_Click(sender As Object, e As EventArgs) _
    Handles Button2.Click
    Dim obj = makeClass("増田智明", 54, "板橋区")
    Label2.Text = obj.ToString()
End Sub
```

4-10 非同期

Tips 185 ▶Level ● ▶対応 COM PRO

タスクを作成する

ここがポイントです！ **バックグラウンドで動作する処理**（Taskクラス、Async/Awaitキーワード）

ユーザーからのアクションを処理するときに、**同期処理**と**非同期処理**があります。

例えば、同期処理ではボタンをクリックした後に、ファイルの読み書きや印刷などをしている間は画面の操作ができなくなります。しかし、非同期処理を使うと、バックグラウンドで操作をしている間、ユーザーは画面の操作ができるようになります。

非同期処理の場合には、バックグラウンドの処理を行っている途中や、終了した後のタイミングを考える必要がありますが、画面操作がよりスムースになるためアプリケーション作成によく使われます。

Visual Basicでは、非同期処理を行うための仕組みがすでに備わっています。バックグラウンド処理には**Taskクラス**を利用し、非同期処理を制御するために**Async/Awaitキーワード**を使います。

▼タスクを作成する①

```
Dim 変数 = New Task( ラムダ式 )
```

▼タスクを作成する②

```
Dim 変数 = New Task( 処理関数 )
```

Taskクラスのインスタンスを生成するときに、引数のないメソッドを渡します。この処理メソッドは、ラムダ式やクラスのメソッドとして渡すことができ、ラムダ式を利用すると、インスタンスを生成しているメソッド内の内部変数をラムダ式内で使うことができます。

メソッド処理関数を別に用意した場合は、変数の独立性がよくなります。

リスト1では、ラムダ式でバックグラウンド処理を記述しています。

リスト2では、バックグラウンド処理を別メソッドとして記述しています。

▼実行結果

リスト1　タスクを実行する（ファイル名：pg185.sln、Form1.vb）

```
Private _task As Task
''' ラムダ式で処理関数を記述する
Private Sub Button1_Click(sender As Object, e As EventArgs) _
    Handles Button1.Click
    _task = New Task(
        Async Sub()
            ' 10秒後に停止する
            Dim endtime = DateTime.Now.AddSeconds(10)
            While DateTime.Now < endtime
                Me.Invoke(
                    Sub()
                        ' 現在時刻を表示
                        label1.Text =
```

```
                                    DateTime.Now.ToString("HH:mm:ss.fff")
                            End Sub)
                        ' 100msec待つ
                        Await Task.Delay(100)
                  End While
            End Sub)
      _task.Start()
End Sub
```

リスト2　処理関数を別メソッドにする (ファイル名 : pg185.sln、Form1.vb)

```
''' メソッドで処理関数を記述する
Private Sub Button2_Click(sender As Object, e As EventArgs) _
     Handles Button2.Click
     _task = New Task(AddressOf onWork)
     _task.Start()
End Sub

Private Async Sub onWork()
     ' 10秒後に停止する
     Dim endtime = DateTime.Now.AddSeconds(10)
     While DateTime.Now < endtime
          Me.Invoke(
               Sub()
                    ' 現在時刻を表示
                    label1.Text = DateTime.Now.ToString("HH:mm:ss.fff")
               End Sub)
          ' 100msec待つ
          Await Task.Delay(100)
     End While
End Sub
```

Tips 186 ▶Level ● ▶対応 COM PRO

タスクを作成して実行する

ここがポイントです！

バックグラウンドで動作する処理
(Taskクラス、Factoryプロパティ、StartNewメソッド)

タスクを生成すると同時に処理を開始するためには、**Taskクラス**の**Factoryプロパティ**にある**StartNewメソッド**を使います。

StartNewメソッドは、非同期処理が行われるため、Awaitキーワードで処理待ちをすることができます。

StartNewメソッドに処理関数は、Taskクラスのコンストラクターと同じようにラムダ式や引数を持たないメソッドを渡すことができます。

▼タスクを作成して実行する①

```
Task.Factory.StartNew( ラムダ式 )
```

▼タスクを作成して実行する②

```
Task.Factory.StartNew( 処理関数 )
```

リスト1では、タスクを生成すると同時に処理関数を動かしています。
リスト2では、Taskオブジェクトを生成した後、5秒後にタスクを実行しています。

▼実行結果

リスト1　タスクを実行する（ファイル名：pg186.sln、Form1.vb）

```
''' 指定したタスクを即実行
Private Sub Button1_Click(sender As Object, e As EventArgs) _
    Handles Button1.Click
    Task.Run(
        Async Function()
            ' 10秒後に停止する
            Dim endtime = DateTime.Now.AddSeconds(10)
            While DateTime.Now < endtime
                Me.Invoke(
                    Sub()
                        ' 現在時刻を表示
                        Label1.Text =
                  DateTime.Now.ToString("HH:mm:ss.fff")
                    End Sub)
                ' 100msec待つ
                Await Task.Delay(100)
            End While
        End Function)
End Sub
```

リスト2　タスクを数秒後に実行する（ファイル名：pg186.sln、Form1.vb）

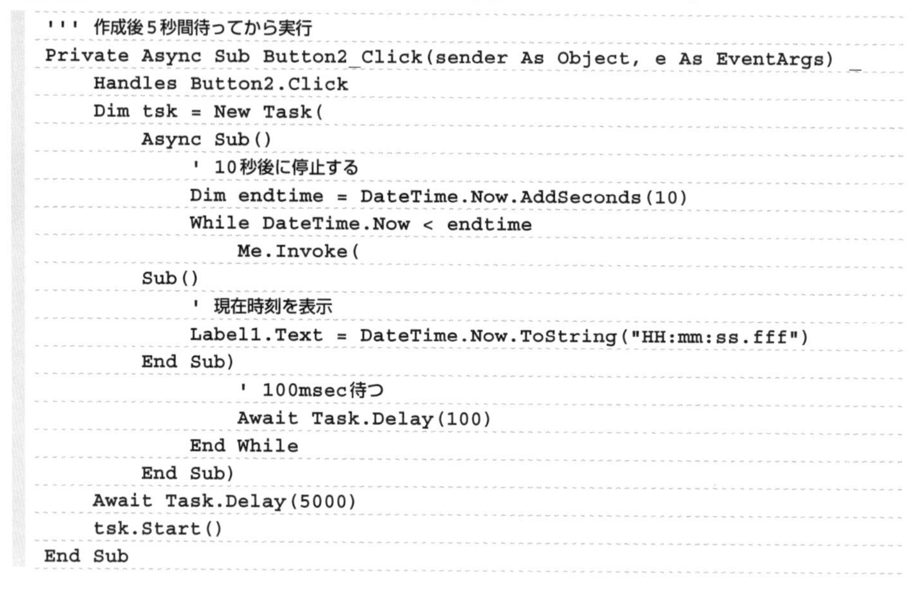

```
''' 作成後5秒間待ってから実行
Private Async Sub Button2_Click(sender As Object, e As EventArgs) _
    Handles Button2.Click
    Dim tsk = New Task(
        Async Sub()
            ' 10秒後に停止する
            Dim endtime = DateTime.Now.AddSeconds(10)
            While DateTime.Now < endtime
                Me.Invoke(
        Sub()
            ' 現在時刻を表示
            Label1.Text = DateTime.Now.ToString("HH:mm:ss.fff")
        End Sub)
                ' 100msec待つ
                Await Task.Delay(100)
            End While
        End Sub)
    Await Task.Delay(5000)
    tsk.Start()
End Sub
```

Tips **187**

▶Level ●●

▶対応 COM PRO

戻り値を持つタスクを作成する

ここがポイントです！

処理終了時に戻り値を設定

（Task クラス、Return キーワード、Await キーワード）

バックグラウンドの処理を行った後に、元のメソッドに戻り値を返すためには**Returnキーワード**を使います。

StartNewメソッドを使ってタスクを起動した場合には、非同期処理を待つための**Awaitキーワード**が使えます。このときの戻り値をタスクの処理関数内で渡すことができます。

リスト1では、10秒間経過した後に最終時刻をReturnキーワード元のメソッドに戻しています。

▼実行結果

リスト1 タスクから戻り値を取得する（ファイル名：pg187.sln、Form1.vb）

```
Private Async Sub Button1_Click(sender As Object, e As EventArgs) _
    Handles Button1.Click
    Dim result = Await Task.Run(Of String)(
        Async Function()
            ' 10秒後に停止する
            Dim endtime = DateTime.Now.AddSeconds(10)
            While DateTime.Now < endtime
                Me.Invoke(
                    Sub()
                        ' 現在時刻を表示
                        Label1.Text =
                      DateTime.Now.ToString("HH:mm:ss.fff")
                    End Sub)
                ' 100msec待つ
                Await Task.Delay(100)
            End While
            Return DateTime.Now.ToString() + " に完了"
        End Function)
    Label2.Text = result
End Sub
```

タスクの完了を待つ

ここがポイントです！

処理終了時に戻り値を設定
（Taskクラス、Runメソッド、Awaitキーワード）

アプリケーション内で非同期のタスクを実行する場合に、メソッド内で処理待ちをする方法と、処理待ちを行わない方法が使えます。

処理待ちをしたいときには、**Awaitキーワード**を使います。Awaitキーワードを使うと、バックグラウンド処理を順序よく記述できます。

複数のタスクを同時に実行させたい場合は、Awaitキーワードを付けずに実行させます。

リスト1では、2つのタスクを順序のまま実行します。最初のonWorkメソッド処理が終わった後に次のメソッドが実行されます。

リスト2では、2つのタスクが同時に実行されます。

▼実行結果

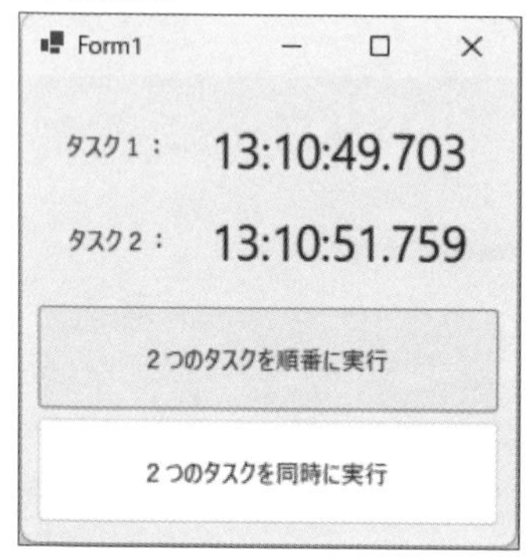

リスト1　タスクの完了を待って、非同期のタスクを実行する（ファイル名：pg188.sln、Form1.vb）

```
Private Async Function onWork(label As Label) As Task
    Dim endtime = DateTime.Now.AddSeconds(10)
    While DateTime.Now < endtime
        Me.Invoke(
            Sub()
                ' 現在時刻を表示
                label.Text = DateTime.Now.ToString("HH:MM:ss.fff")
            End Sub)
        ' 100msec待つ
        Await Task.Delay(100)
    End While

End Function
```

```
''' タスクを順次実行する
Private Async Sub Button1_Click(sender As Object, e As EventArgs) _
    Handles Button1.Click
    Await Task.Run(
        Async Function()
            Await onWork(Label1)
        End Function)
    Await Task.Run(
        Async Function()
            Await onWork(Label2)
        End Function)
End Sub
```

リスト2　タスクの完了を待たずに、非同期のタスクを実行する（ファイル名：pg188.sln、Form1.vb）

```
''' タスクを同時に実行する
Private Sub Button2_Click(sender As Object, e As EventArgs) _
    Handles Button2.Click
    Task.Run(
        Async Function()
            Await onWork(Label1)
        End Function)
    Task.Run(
        Async Function()
            Await onWork(Label2)
        End Function)
End Sub
```


Tips 189

複数のタスクの実行を待つ

▶Level ●●
▶対応 COM PRO

ここがポイントです！ **処理終了時に戻り値を設定**
（Taskクラス、WaitAllメソッド）

非同期に実行される複数のタスクの終了を待つためには、**Taskクラス**の**WaitAllメソッド**を使います。

Awaitキーワードを使うとタスクが順序実行されますが、WaitAllメソッドではタスクを同時に動作させた後に、それぞれのタスクが終了するまで待つことができます。

リスト1では、5つのタスクを同時に実行させています。ランダムに動作するタスクをWaitAllメソッドを利用して処理待ちを行います。

▼実行結果

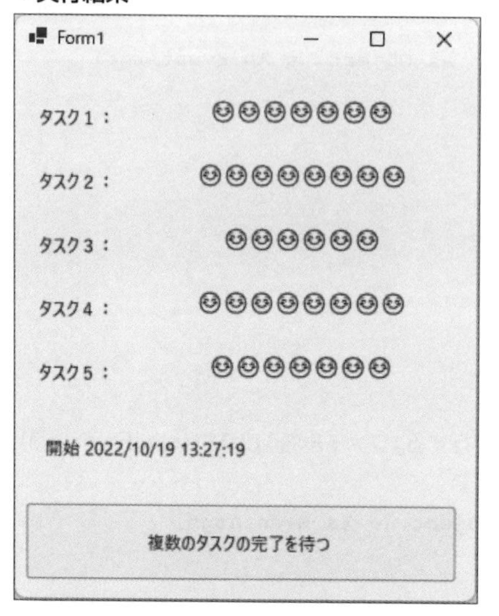

リスト1　複数タスクの完了を待つ（ファイル名：pg189.sln、Form1.vb）

```
Private Async Function OnWork(label As Label) As Task
    Dim text = ""
    For i = 1 To 10
        text += "☺"
        Me.Invoke(
            Sub()
                label.Text = text
            End Sub)

        ' 500msecまでランダムに待つ
        Await Task.Delay(Random.Shared.Next(500))
    Next
End Function

Private Async Sub Button1_Click(sender As Object, e As EventArgs) _
    Handles Button1.Click
    Label11.Text = "開始 " + DateTime.Now.ToString()
    Await Task.Run(
        Sub()
            Dim lst = New List(Of Task)()
            ' 5つのタスクを同時実行する
            lst.Add(Task.Run(Async Function()
                                 Await OnWork(Label1)
                             End Function))
            lst.Add(Task.Run(Async Function()
                                 Await OnWork(Label2)
                             End Function))
            lst.Add(Task.Run(Async Function()
```

```
                                    Await OnWork(Label3)
                                End Function))
                lst.Add(Task.Run(Async Function()
                                    Await OnWork(Label4)
                                End Function))
                lst.Add(Task.Run(Async Function()
                                    Await OnWork(Label5)
                                End Function))
                ' すべてのタスクが終わるまで待つ
                Task.WaitAll(lst.ToArray())
            End Sub)
        Label11.Text = "完了 " + DateTime.Now.ToString()
    End Sub
```

非同期メソッドを呼び出す

ここがポイントです！ **非同期処理を実行**
（Asyncキーワード、Awaitキーワード）

作成したタスクの処理待ちを行うためには、**Awaitキーワード**を使うと便利です。タスク処理の終了待ちをして戻り値を取得することができます。

Awaitキーワードを使う場合には、呼び出しメソッドに**Asyncキーワード**を付けます。

タスクを呼び出されている間でも、ユーザーは画面の操作ができます。タスクを実行している間でも、ほかのボタン操作やテキスト入力などを続けることができます。

リスト1では、非同期処理でonWorkメソッドを呼び出しています。処理した結果の合計値を処理終了時にラベルで表示します。

▼実行結果

リスト1　非同期メソッドを呼び出す（ファイル名：pg190.sln、Form1.vb）

```
Private Async Function onWork() As Task(Of Integer)
    Dim sum = 0
    For i = 1 To 100
        sum += i
        Invoke(
            Sub()
                Label1.Text = DateTime.Now.ToString("HH:mm:ss.fff")
            End Sub)
        Await Task.Delay(100)
    Next
    Return sum
End Function


Private Async Sub Button1_Click(sender As Object, e As EventArgs) _
    Handles Button1.Click
    ' 非同期でタスクを実行
    ' UIスレッドを占有しない
    Dim sum = Await Task.Run(Of Integer)(AddressOf onWork)
    ' 結果を表示
    Label2.Text = $"合計値：{sum}"
End Sub
```

タスクが実行されている間も画面の操作が可能なため、ユーザーから再び同じボタンがクリックされることがあります。これを回避するためには、タスクオブジェクトやフラグを使って、再入不可にします。

Tips 191

▶Level ●●

▶対応 COM PRO

タスクの終了時に実行を継続する

ここがポイントです！

タスク終了時に続けて処理をする（Task クラス、ContinueWith メソッド）

順序よくタスクを実行するためにはAwaitキーワードを使いますが、1つのタスクの直後だけに処理をつなげたい場合は、**ContinueWith メソッド**を使うと便利です。

リスト1では、合計値を処理するタスクを実行した直後に、計算した合計値を表示する処理を追加しています。

▼実行結果

リスト1　タスク終了時の処理を行う（ファイル名：pg191.sln、Form1.vb）

```
Private Async Function onWork() As Task(Of Integer)
    Dim sum = 0
    For i = 1 To 100
        sum += i
        Invoke(
            Sub()
                Label1.Text = DateTime.Now.ToString("HH:MM:ss.fff")
            End Sub)

        Await Task.Delay(100)
    Next
    Return sum
End Function

Private Sub Button1_Click(sender As Object, e As EventArgs) _
    Handles Button1.Click
    Task.Run(Of Integer)(AddressOf onWork).ContinueWith(
        Sub(t)
            ' 結果を表示
            Dim sum = t.Result
            Me.Invoke(
            Sub()
                Label2.Text = $"合計値：{sum}"
            End Sub)
        End Sub)
End Sub
```

スレッドを切り替えてUIを変更する

ここがポイントです！ **スレッド間でメソッドを利用する**
(Invokeメソッド)

バックグラウンド処理を行う**Taskクラス**は、画面のユーザーインターフェイス操作するスレッドとは異なるスレッドになります。そのため、ユーザーインターフェイスのコントロールを直接操作することはできません。

スレッド間でプロパティやメソッドを操作する場合は、**Invokeメソッド**を使います。Invokeメソッドに引数なしのメソッドやラムダ式を記述することで、画面のコントロールのプロパティを操作できます。

リスト1では、動作しているタスクの中から経過時間をラベルとプログレスバーに表示させています。

▼実行結果

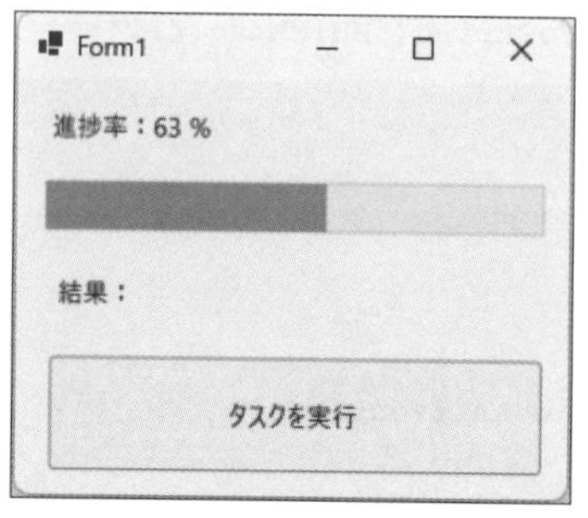

リスト1 タスク内からUIコントロールを変更する（ファイル名：pg192.sln、Form1.vb）

```
Private Async Sub Button1_Click(sender As Object, e As EventArgs) _
    Handles Button1.Click
    ProgressBar1.Minimum = 0
    ProgressBar1.Maximum = 100
    ' 完了フラグ
    Dim complete = False
    ' 進捗率
    Dim raito = 0

    ' プログレスバーを更新
    Dim tsk = New Task(
        Async Sub()
            While complete = False
                Me.Invoke(
                Sub()
```

```
                    label1.Text = $"進捗率：{raito} %"
                    ProgressBar1.Value = raito
                End Sub)
                ' 100msec 単位で画面を更新する
                Await Task.Delay(100)
            End While
        End Sub)
    tsk.Start()

    ' 計算タスク
    Dim sum0 = Await Task.Run(Of Integer)(
        Async Function()
            Dim sum = 0
            For i = 1 To 100
                raito = i
                sum += i
                Await Task.Delay(100)
            Next
            raito = 100
            complete = True
            Return sum
        End Function)
    label2.Text = $"合計値：{sum0}"
End Sub
```

一定時間停止する

ここがポイントです！

待ち時間を設定する
（Thread.Sleep メソッド、Task.Delay メソッド）

タスクを実行しているときに、数秒間処理を待ちたいときには、**Thread クラスの Sleep メソッド**、あるいは **Task クラスの Delay メソッド**を使います。どちらも、ミリ秒単位で時間指定をすることができます。

Sleep メソッドは、停止させる時間をミリ秒単位で引数に指定します。そこで処理が止まり、ユーザーの操作などを受け付けません。

▼Sleep メソッドの書式

```
Thread.Sleep(ミリ秒)
```

Delay メソッドも、停止させる時間をミリ秒単位で引数に指定します。Await キーワードを利用して非同期処理で停止するため、画面操作などの処理を続行できます。

▼Delayメソッドの書式

```
Await Task.Delay(ミリ秒)
```

リスト1では、Sleepメソッドで待ち時間を設定しています。
リスト2では、Delayメソッドで待ち時間を設定しています。

▼実行結果

リスト1　Sleepメソッドで待ち時間を設定する（ファイル名：pg193.sln、Form1.vb）

```
Private Async Sub Button1_Click(sender As Object, e As EventArgs) _
    Handles Button1.Click
    Await Task.Run(
        Sub()
            For i = 1 To 100
                Me.Invoke(
                    Sub()
                        Label1.Text =
                            DateTime.Now.ToString("HH:MM:ss.fff")
                    End Sub)

                System.Threading.Thread.Sleep(100)
            Next
        End Sub)
    Label1.Text = "完了"
End Sub
```

リスト2　Delayメソッドで待ち時間を設定する（ファイル名：pg193.sln、Form1.vb）

```
Private Async Sub Button2_Click(sender As Object, e As EventArgs) _
    Handles Button2.Click
    Await Task.Run(
        Async Function()
            For i = 1 To 100
                End Sub)
                Await Task.Delay(100)
```

```
            Next
        End Function)
    Label1.Text = "完了"
End Sub
```

イベントが発生するまで停止する

ここがポイントです!
他スレッドからのイベントを待つ
(ManualResetEvent クラス、WaitOne メソッド、Set メソッド)

ほかのスレッドからイベントが発生するまで待つためには、**ManualResetEventクラス**の**WaitOneメソッド**を使います。

ミューテックスのように、非同期処理を行っている各スレッドの同期を取るために使えます。

イベントを解除するためには**Setメソッド**を呼び出します。

リスト1では、Button1([タスク開始]ボタン)がクリックされると、ManualResetEventオブジェクトを作成し、イベント待ちを行います。Button2([イベント待ちを解除]ボタン)がクリックされると、イベントが解除されて処理が再開されます。

▼実行結果

リスト1　イベント待ちを解除する(ファイル名:pg194.sln、Form1.vb)

```
Private mre As System.Threading.ManualResetEvent

Private Async Sub Button1_Click(sender As Object, e As EventArgs) _
    Handles Button1.Click
    Await Task.Run(
        Async Function()
```

```
            mre = New ManualResetEvent(False)
            ' 終了時刻
            Dim endtime = DateTime.Now.AddSeconds(20)
            ' 一時停止する時刻
            Dim stoptime = DateTime.Now.AddSeconds(10)
            While DateTime.Now < endtime
                If DateTime.Now > stoptime Then
                    ' 10秒後にイベント待ちになる
                    Me.Invoke(
                        Sub()
                            Label1.Text = "解除イベント待ち"
                        End Sub)
                    mre.Reset()
                    ' イベント待ち
                    mre.WaitOne()
                    ' 一時停止をやめる
                    stoptime = endtime
                End If
                Me.Invoke(
                    Sub()
                        Label1.Text =
                  DateTime.Now.ToString("HH:mm:ss.fff")
                    End Sub)
                Await Task.Delay(100)
            End While
            Label1.Text = "タスク終了 " +
        DateTime.Now.ToString("HH:mm:ss.fff")
        End Function)
End Sub

Private Sub Button2_Click(sender As Object, e As EventArgs) _
    Handles Button2.Click
    If Not mre Is Nothing Then
        ' イベント待ちを解除
        mre.Set()
    End If
End Sub
```

タスクの実行をキャンセルする

ここがポイントです！ **タスクをキャンセルする**
(CancellationTokenSource クラス、Token プロパティ、Cancel メソッド)

実行中のタスクをキャンセルするためには、**CancellationTokenSource クラス**を使います。

Task クラスでオブジェクトを生成するときに、引数にCancellationTokenSource クラスの**Token プロパティ**を渡します。タスクの実行時に、**Cancel メソッド**を呼び出すことにより、実行中のタスクが停止します。

リスト1では、Button1 ([タスク開始] ボタン) がクリックされると10秒間タスクを実行します。Button2 ([タスクをキャンセル] ボタン) がクリックされると、実行中のタスクがキャンセルされます。キャンセルされたかどうかは、タスクの戻り値に設定して表示させています。

▼実行結果

リスト1 実行タスクをキャンセルする (ファイル名：pg195.sln、Form1.vb)

```
Private cts As System.Threading.CancellationTokenSource

Private Async Sub Button1_Click(sender As Object, e As EventArgs) _
    Handles Button1.Click
    cts = New System.Threading.CancellationTokenSource()
    Dim result = Await Task.Run(Of Boolean)(
        Async Function()
            Dim endtime = DateTime.Now.AddSeconds(10)
            While DateTime.Now < endtime
                ' キャンセルされていれば、途中でループを終える
                If cts.Token.IsCancellationRequested = True Then
                    Return False
                End If
```

```
                    Me.Invoke(
                        Sub()
                            Label1.Text =
                      DateTime.Now.ToString("HH:mm:ss.fff")
                        End Sub)
                    Await Task.Delay(100)
                End While
                Return True
            End Function, cts.Token)
    Label1.Text = $"タスク結果: {result}"
End Sub

Private Sub Button2_Click(sender As Object, e As EventArgs) _
    Handles Button2.Click
    ' タスクをキャンセルする
    If Not cts Is Nothing Then
        cts.Cancel()
    End If
End Sub
```

文字列操作の極意

5-1 文字列操作

文字コードを取得する

ここがポイントです！

文字コードの取得

（Microsoft.VisualBasic 名前空間、AscW メソッド）

文字の**文字コード**を調べるには、文字（Char型の値）をInteger型に変換します。変換は、Char型の文字をInteger型の変数に**AscWメソッド**で代入します。AscWメソッドは、Visual Basic特有のメソッドで**Microsoft.VisualBasic名前空間**に定義されています。グローバル関数として定義されているため、リスト1のようにクラス名の付加なしに利用できます。

リスト1では、Button1（[文字コードを取得する] ボタン）がクリックされたら、テキストボックスに入力された文字のコードを表示します。

▼実行結果

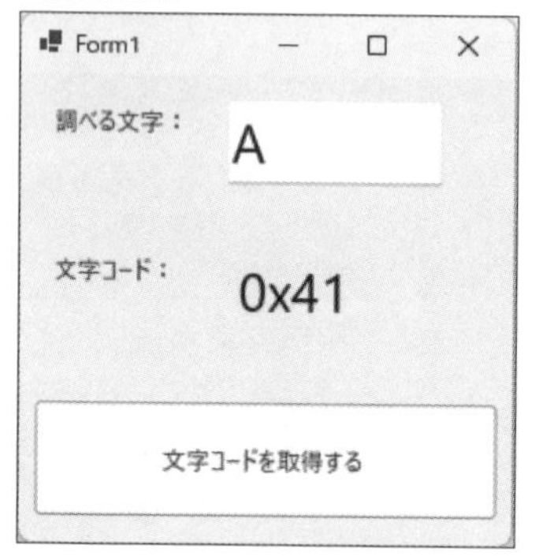

リスト1　文字コードを表示する（ファイル名：string196.sln、Form1.vb）

```
Private Sub Button1_Click(sender As Object, e As EventArgs) _
    Handles Button1.Click
    If TextBox1.Text = "" Then Return
    ' 1文字目を取得
    Dim ch As Char = TextBox1.Text(0)
    Dim code = AscW(ch)
    Label3.Text = "0x" + code.ToString("X")
End Sub
```

文字列の長さを求める

ここがポイントです！

文字数の取得
(String クラス、Length プロパティ)

文字列の**文字数**を取得するには、**String クラス**の**Length プロパティ**を使います。

▼文字列の文字数を取得する

```
文字列.Length
```

リスト1では、Button1 ([文字列の長さ] ボタン) がクリックされたら、テキストボックスに入力された文字列の文字数を表示します。

▼実行結果

リスト1　文字列の文字数を表示する (ファイル名：string197.sln、Form1.vb)

```
Private Sub Button1_Click(sender As Object, e As EventArgs) _
    Handles Button1.Click
    Dim text = TextBox1.Text
    Label3.Text = text.Length.ToString()
End Sub
```

英小(大)文字を英大(小)文字に変換する

ここがポイントです!
アルファベットの大文字小文字を変換
(ToUpperメソッド、ToLowerメソッド)

アルファベットの**小文字**を**大文字**に変換するには、String**クラス**の**ToUpperメソッド**を使います。

▼英小文字を大文字に変換する

```
文字列.ToUpper()
```

また、大文字を小文字に変換するには、Stringクラスの**ToLowerメソッド**を使います。

▼英大文字を小文字に変換する

```
文字列.ToLower()
```

ToUpperメソッドとToLowerメソッドは、元の文字列のコピーを大文字・小文字に変換した文字列を返します(元の文字列は変更されません)。

リスト1では、Button1([大文字・小文字変換]ボタン)がクリックされたら、テキストボックスに入力されている文字列を大文字と小文字に変換して表示します。

▼実行結果

リスト1 大文字/小文字に変換して表示する(ファイル名:string198.sln、Form1.vb)

```
Private Sub Button1_Click(sender As Object, e As EventArgs) _
    Handles Button1.Click
    Dim Text = TextBox1.Text
    ' 大文字に変換
```

```
    Label4.Text = Text.ToUpper()
    ' 小文字に変換
    Label5.Text = Text.ToLower()
End Sub
```

指定位置から指定文字数分の文字を取得する

ここがポイントです！ **文字列から指定位置の文字列のコピーを取得**
（Substringメソッド）

文字列内の任意の位置から**指定文字数分の文字列**を取得するには、**Substringメソッド**を使います。

Substringメソッドの第1引数には、何文字目から取得するかを0から数えた数値で指定します。第2引数には、取得する文字数を指定します。

▼**指定位置から指定文字数分の文字を取得する**

```
文字列.Substring(開始位置, 文字数)
```

元の文字列が、Substringメソッドの引数に指定した文字数に足りない場合は、例外ArgumentOutOfRangeExceptionが発生します。

リスト1では、Button1（[Substringで取得] ボタン）がクリックされたら、テキストボックスに入力されている文字列の5番目の文字から3文字を取得して表示します。

▼**実行結果**

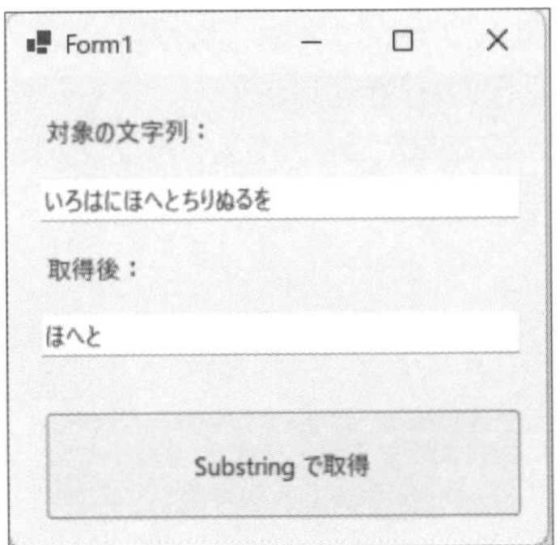

リスト1 任意の位置の文字列を取得する（ファイル名：string199.sln、Form1.vb）

```
Private Sub Button1_Click(sender As Object, e As EventArgs) _
    Handles Button1.Click
    Dim text = TextBox1.Text
    Try
        ' 5文字目から3文字分取得
        TextBox2.Text = text.Substring(4, 3)
    Catch ex As ArgumentOutOfRangeException
        MessageBox.Show(ex.Message)
        Return
    End Try
End Sub
```

Tips 200

文字列内に指定した文字列が存在するか調べる

▶Level ●○○

▶対応 COM PRO

ここがポイントです！ 任意の文字列の有無を取得（Containsメソッド）

文字列の中に、ある文字列が含まれているかどうかを取得するには、**Stringクラス**の**Containsメソッド**を使います。

Containsメソッドの引数には、検索する文字列を指定します。

▼文字列内に指定した文字列が存在するか調べる

```
文字列.Contains(検索する文字列)
```

Containsメソッドは、引数に指定した文字列が含まれている場合（または引数が空の文字列の場合）は、「True」を返します。含まれていない場合は、「False」を返します。

リスト1では、Button1（[チェックする] ボタン）がクリックされたら、テキストボックスに入力されている文字に、文字列「リス」が含まれているかどうかを調べて、結果を表示します。

▼実行結果

Form1

検索対象：

アマリリス

検索する文字列：

リス

結果：

含まれています

チェックする

リスト1　指定文字列が含まれているか調べる（ファイル名：string200.sln、Form1.vb）

```
Private Sub Button1_Click(sender As Object, e As EventArgs) _
    Handles Button1.Click
    Dim target = TextBox1.Text
    Dim search = TextBox2.Text
    If target.Contains(search) = True Then
        Label4.Text = "含まれています"
    Else
        Label4.Text = "含まれていません"
    End If
End Sub
```


Tips 201 ▶Level ● ▶対応 COM PRO

文字列内から指定した文字列の位置を検索する

ここがポイントです！ **文字列の位置を取得**（IndexOfメソッド）

ある文字列が、別の文字列内の何文字目に存在するかを取得するには、**Stringクラス**の**IndexOfメソッド**を使います。

IndexOfメソッドは、引数に指定した文字列が最初に現れる位置をInteger型（整数型）の値で返します。見つからなかった場合は、「-1」を返します。

IndexOfメソッドの主な書式は、次の通りです。

▼文字列の位置を取得する①

```
文字列.IndexOf(検索する文字または文字列)
```

▼文字列の位置を取得する②

```
文字列.IndexOf(検索する文字または文字列, 検索開始位置)
```

リスト1では、Button1([検索する] ボタン) がクリックされたら、テキストボックスに入力されている文字列から「カキ」の位置を取得して、結果をリストボックスに表示します。このとき、Whileステートメントを使って、文字列に含まれるすべての「カキ」の位置を取得するようにしています。

▼実行結果

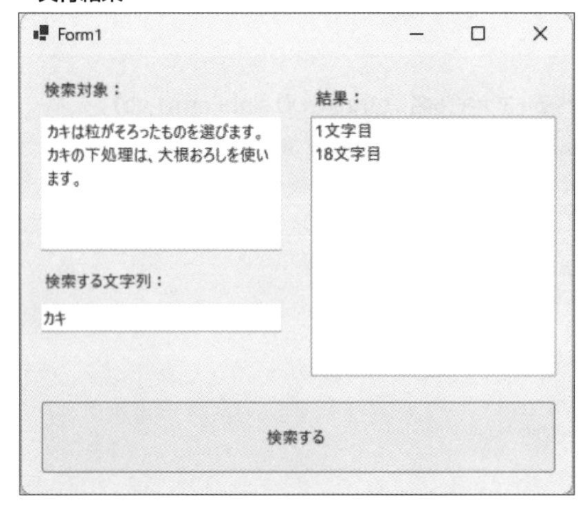

リスト1 文字列の位置を取得する(ファイル名：string201.sln、Form1.vb)

```
Private Sub Button1_Click(sender As Object, e As EventArgs) _
    Handles Button1.Click
    Dim target = TextBox1.Text
    Dim search = TextBox2.Text

    ListBox1.Items.Clear()
    Dim pos = -1
    Do
        pos = target.IndexOf(search, pos + 1)
        If pos = -1 Then
            Exit Do
        End If
        ListBox1.Items.Add($"{pos + 1}文字目")
    Loop
End Sub
```

文字列内に、ある文字列が最後に現れる位置を取得するには、LastIndexOfメソッドを使います。

2つの文字列の大小を比較する

ここがポイントです！

文字列の大小を比較
(CompareToメソッド)

2つの文字列を辞書順で比較するには、**Stringクラス**の**CompareToメソッド**を使います。

CompareToメソッドの引数には、比較対象の文字列を指定します。

▼文字列の大小を比較する

```
文字列.CompareTo(比較する文字列)
```

CompareToメソッドの戻り値は、2つの文字列が同じときは「0」です。元の文字列のほうが小さい場合は0未満、元の文字列のほうが大きい場合は0より大きい数を返します。

リスト1では、Button1（[比較する] ボタン）がクリックされたら、2つのテキストボックスに入力されている文字列を比較し、結果を表示します。

▼実行結果

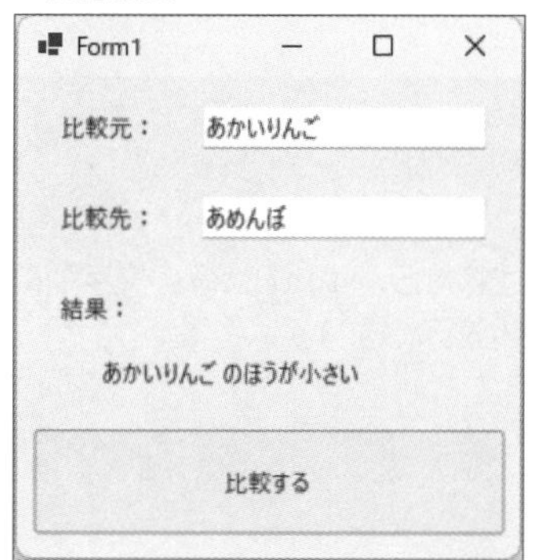

リスト1　2つの文字列を比較する（ファイル名：string202.sln、Form1.vb）

```
Private Sub Button1_Click(sender As Object, e As EventArgs) _
    Handles Button1.Click
    Dim text1 = TextBox1.Text
    Dim text2 = TextBox2.Text
    Dim result = text1.CompareTo(text2)
    If result = 0 Then
        Label4.Text = "同じです。"
    ElseIf result < 0 Then
        Label4.Text = $"{text1} のほうが小さい"
    Else
        Label4.Text = $"{text1} のほうが大きい"
    End If
End Sub
```

文字列内の指定文字を別の文字に置き換える

ここがポイントです！　**文字列の置換**
（Replaceメソッド）

文字列内の「ある文字列」を別の文字列に置き換えるには、**Stringクラス**の**Replaceメソッド**を使います。

Replaceメソッドは、文字列中に含まれる指定した文字列を、すべて別の文字列に置き換えます。

▼文字列を置換する

```
文字列.Replace(置き換え対象文字列, 置き換える文字列)
```

リスト1では、Button1（[置換する] ボタン）がクリックされたら、TextBox1の文字列に含まれる文字列「カキ」をすべて「牡蠣」に置き換えて、結果を表示します。

▼実行結果

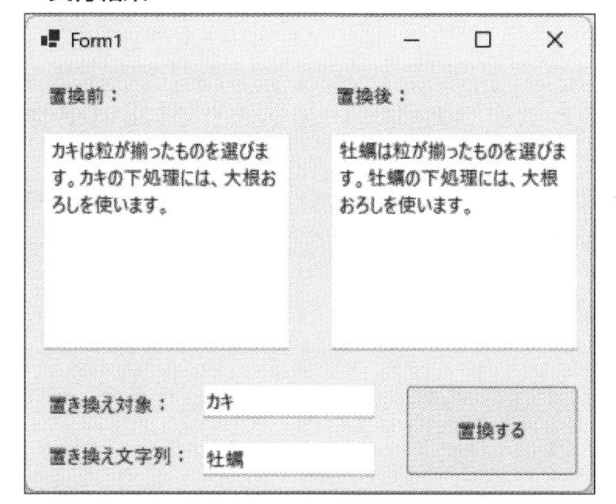

リスト1　指定した文字列を置換する（ファイル名：string203.sln、Form1.vb）

```
Private Sub Button1_Click(sender As Object, e As EventArgs) _
    Handles Button1.Click
    Dim Text = TextBox1.Text
    Dim oldText = TextBox3.Text ' 置き換え対象
    Dim newText = TextBox4.Text ' 置き換える文字列
    TextBox2.Text = Text.Replace(oldText, newText)
End Sub
```


Tips 204
▶Level ●○○
▶対応 COM PRO

文字列が指定文字列で始まって（終わって）いるか調べる

ここがポイントです！
文字列の先頭または末尾の文字列が指定文字列かを取得
（StartsWithメソッド、EndsWithメソッド）

文字列が「ある文字列」で始まっているかどうかを調べるには、**Stringクラス**の**StartsWithメソッド**を使います。

▼指定文字列で始まっているかを調べる

```
文字列.StartsWith(始まりの文字列)
```

また、文字列が「ある文字列」で終わっているかどうかを調べるには、Stringクラスの**EndsWithメソッド**を使います。

▼指定文字列で終わっているか調べる

```
文字列.EndsWith(終わりの文字列)
```

指定した文字列で始まっている（終わっている）場合は「True」、そうでない場合は「False」を返します。

リスト1では、Button1（[県だけ取り出す] ボタン）がクリックされたら、リストに含まれている都道府県名で「県」で終わっているものを探して表示します。

▼実行結果

リスト1　末尾の文字列を調べる（ファイル名：string204.sln、Form1.vb）

```
Private lst As New List(Of String)

Private Sub Form1_Load(sender As Object, e As EventArgs) _
    Handles MyBase.Load
    lst = New List(Of String)
    lst.Add("東京都")
    lst.Add("埼玉県")
    lst.Add("神奈川県")
    lst.Add("千葉県")
    lst.Add("茨城県")
    lst.Add("栃木県")
    lst.Add("群馬県")
End Sub

Private Sub Button1_Click(sender As Object, e As EventArgs) _
    Handles Button1.Click
    ListBox1.Items.Clear()
    ListBox2.Items.Clear()
    For Each it In lst
        ListBox1.Items.Add(it)
        ' 末尾が「県」であれば追加する
        If it.EndsWith("県") Then
            ListBox2.Items.Add(it)
```

```
        End If
    Next
End Sub
```

EndsWithメソッドは、次のようにファイルの拡張子を調べるために使うと便利です。

```
fileName.EndsWith(".bmp")
```

文字列の前後のスペースを削除する

ここがポイントです！

文字列の先頭と末尾の空白を削除

（Trimメソッド、TrimStartメソッド、TrimEndメソッド）

文字列から先頭と末尾の空白を削除した文字列を取得するには、String**クラス**の**Trimメソッド**を使います。

▼文字列の先頭と末尾の空白を削除する

```
文字列.Trim()
```

文字列の先頭の空白のみ削除した文字列を取得する場合は、Stringクラスの**TrimStartメソッド**を使います。

▼文字列の先頭の空白を削除する

```
文字列.TrimStart()
```

文字列の末尾の空白のみ削除した文字列を取得する場合は、Stringクラスの**TrimEndメソッド**を使います。

▼文字列の末尾の空白を削除する

```
文字列.TrimEnd()
```

リスト1では、Button1（[空白の削除] ボタン）がクリックされたら、テキストボックスに入力されている文字列から前後の空白を削除し、結果を表示します。

▼実行結果

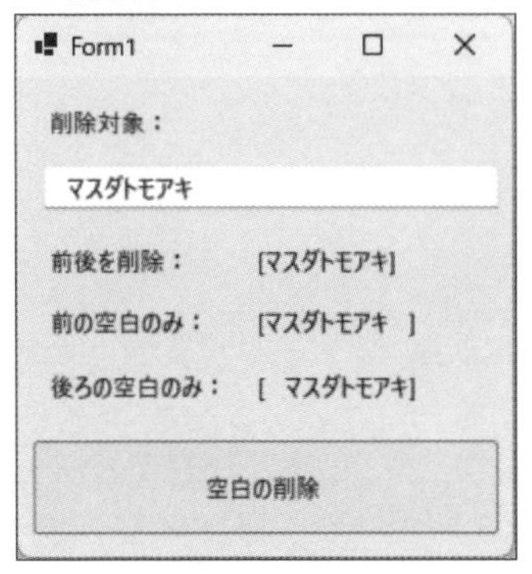

リスト1　文字列の前後の空白を削除する（ファイル名：string205.sln、Form1.vb）

```
Private Sub Button1_Click(sender As Object, e As EventArgs) _
    Handles Button1.Click
    Dim text = TextBox1.Text
    Label5.Text = "[" + text.Trim() + "]"
    Label6.Text = "[" + text.TrimStart() + "]"
    Label7.Text = "[" + text.TrimEnd() + "]"
End Sub
```

文字列の前後から指定した文字を削除する場合は、Trimメソッドの引数に、削除したい文字を指定します。

Tips 206 ▶Level ● ▶対応 COM PRO

文字列内から指定位置の文字を削除する

ここがポイントです！ **文字列からある位置の文字を削除**（Removeメソッド）

指定した位置の文字を削除した文字列を取得するには、**String クラス**の**Remove メソッド**を使います。

Removeメソッドの戻り値は、指定した文字を削除した新しい文字列です。

Removeメソッドの第1引数には、「削除開始位置」（何番目の文字か）を0から数えて指定します。第2引数には、「削除する文字数」を指定します。

▼ある位置の文字を削除する

```
文字列.Remove(削除開始位置, 削除する文字数)
```

削除する文字数を指定しない場合は、指定した文字以降すべての文字が削除されます。

▼指定した文字以降の文字を削除する

```
文字列.Remove(削除開始位置)
```

元の文字列が、引数に指定した「削除開始位置」と「削除する文字数」に足りない場合は、例外ArgumentOutOfRangeExceptionが発生します。

リスト1では、Button1（[削除する] ボタン）がクリックされたら、テキストボックスに入力されている文字列の4文字目以降のすべての文字を削除した文字列（先頭の3文字だけ残した文字列）を表示します。

▼実行結果

リスト1　指定した文字列を削除した文字列を取得する（ファイル名：string206.sln、Form1.vb）

```
Private Sub Button1_Click(sender As Object, e As EventArgs) _
    Handles Button1.Click
    Dim text = TextBox1.Text
    Try
        ' 先頭の3文字だけ残す
        Label3.Text = text.Remove(3)
    Catch ex As ArgumentOutOfRangeException
        ' 範囲外の場合は例外が発生する
        MessageBox.Show(ex.Message)
    End Try
End Sub
```

文字列内に別の文字列を挿入する

ここがポイントです！

文字列の途中に別の文字列を挿入（Insertメソッド）

文字列内に別の文字列を挿入するには、**String クラス**の**Insert メソッド**を使います。

Insertメソッドの第1引数には、「開始位置」（何文字目に挿入するか）を0から数えた番号で指定します。第2引数には、「挿入する文字列」を指定します。

Insertメソッドの戻り値は、文字列を挿入した新しい文字列です。

▼**文字列に別の文字列を挿入する**

```
文字列.Insert(開始位置, 挿入する文字列)
```

「挿入する文字列」がNothingの場合は、例外ArgumentNullExceptionが発生します。

また、開始位置が元の文字列より大きい場合、または負の場合は、例外ArgumentOutOfRangeExceptionが発生します。

リスト1では、Button1（[指定位置に挿入] ボタン）がクリックされたら、TextBox2の文字列を、TextBox1の文字列の4文字目に挿入した結果を表示します。

▼**実行結果**

Form1
挿入前：
マスダトモアキ
挿入する文字列：
★★★
挿入後：
マスダ★★★トモアキ
指定位置に挿入

リスト1　文字列を挿入する（ファイル名：string207.sln、Form1.vb）

```
Private Sub Button1_Click(sender As Object, e As EventArgs) _
    Handles Button1.Click
    Dim text1 = TextBox1.Text
    Dim text2 = TextBox2.Text
    If text1.Length < 3 Then
        ' 3文字未満なら終了する
```

```
            Return
        End If
        Label3.Text = text1.Insert(3, text2)
    End Sub
```

文字列が指定した文字数になるまでスペースを入れる

ここがポイントです！ **文字列の先頭と末尾を空白で埋める**
（PadLeftメソッド、PadRightメソッド）

文字列の先頭、または末尾に空白を追加するには、**Stringクラス**の**PadLeftメソッド**または**PadRightメソッド**を使います。

PadLeftメソッドは、文字列の先頭に、指定した文字数になるように空白を追加した新しい文字列を返します。引数には、新しい文字列の「文字数」を指定します。

▼指定した文字数になるまで先頭に空白を入れる

```
文字列.PadLeft(文字数)
```

PadRightメソッドは、文字列の末尾に、指定した文字数になるように空白を追加した新しい文字列を返します。引数には、新しい文字列の「文字数」を指定します。

▼指定した文字数になるまで末尾に空白を入れる

```
文字列.PadRight(文字数)
```

リスト1では、Button1（[実行] ボタン）がクリックされたら、テキストボックスに入力されている文字列が10文字になるように、先頭および末尾に空白を追加し、結果をそれぞれラベルに表示します。

▼実行結果

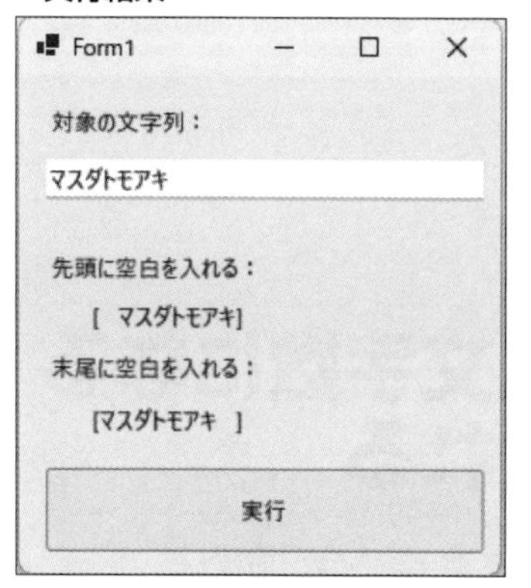

リスト1 文字列の先頭と末尾を空白で埋める（ファイル名：string208.sln、Form1.vb）

```
Private Sub Button1_Click(sender As Object, e As EventArgs) _
    Handles Button1.Click
    Dim Text = TextBox1.Text
    Label4.Text = "[" + Text.PadLeft(10) + "]"
    Label5.Text = "[" + Text.PadRight(10) + "]"
End Sub
```

第2引数に文字を指定すると、空白の代わりに指定した文字が埋め込まれます。

文字列を指定した区切り文字で分割する

ここがポイントです！ **文字列を分割して文字配列を作成**
（Splitメソッド）

文字列を、ある文字で分割して文字列配列にするには、**StringクラスのSplitメソッド**を使います。

Splitメソッドは、引数に指定した文字、または文字列の配列で分割した結果を返します。

▼指定した文字で分割する

```
文字列.Split(文字)
```

▼指定した文字列の配列で分割する

```
文字列.Split(文字列の配列, オプション)
```

リスト1では、Button1（[分割1] ボタン）がクリックされたら、テキストボックスに入力されている文字列を「,」で区切った文字列配列として取得し、取得した配列の要素を順にリストボックスに表示しています。

▼実行結果

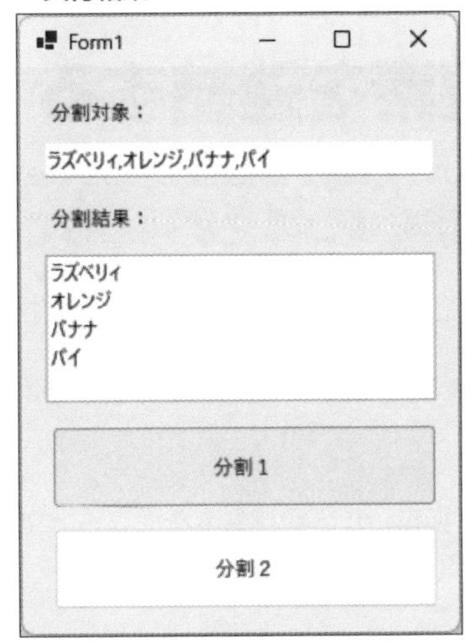

リスト1　文字列を分割する（ファイル名：string209.sln、Form1.vb）

```
Private Sub Button1_Click(sender As Object, e As EventArgs) _
    Handles Button1.Click
    Dim text = TextBox1.Text
    ' 文字 char を指定して分割する
    Dim ch As Char = ","
    Dim ary = text.Split(ch)
    ListBox1.Items.Clear()
    For Each it In ary
        ListBox1.Items.Add(it)
    Next
End Sub

Private Sub Button2_Click(sender As Object, e As EventArgs) _
    Handles Button2.Click
    Dim text = TextBox1.Text
    ' 文字列 String を指定して分割する
    Dim ary = text.Split(",")
    ListBox1.Items.Clear()
    For Each it In ary
        ListBox1.Items.Add(it)
    Next
```

```
End Sub
```

Splitメソッドの引数に「Nothing」を指定すると、区切り文字として空白が指定されたとみなされます。

文字列配列の各要素を連結する

ここがポイントです！ **文字列配列の各要素を1つの文字列として連結**（Joinメソッド）

文字列配列の各要素をつなげて1つの文字列とするには、**String クラス**の**Join メソッド**を使います。

Joinメソッドの引数には、各要素間を区切る文字を指定します。

Joinメソッドの戻り値は、文字列配列の各要素の間に、指定した区切り文字を挿入した文字列です。連結を開始するインデックスと要素数の指定もできます。

▼文字列配列の各要素を連結する①

```
String.Join(区切り文字, 文字列配列)
```

▼文字列配列の各要素を連結する①

```
String.Join(区切り文字, 文字列配列, 開始インデックス, 連結する要素数)
```

引数に指定した文字列がNothingの場合は、例外ArgumentNullExceptionが発生します。また、開始インデックスが0未満の場合、要素数が0未満の場合、開始と個数を足した数が要素数より大きい場合は、例外ArgumentOutOfRangeExceptionが発生します。

リスト1では、Button1（[連結する] ボタン）がクリックされたら、文字列配列の各要素を区切り文字（ここでは★）で連結した文字列をラベルに表示します。

▼実行結果

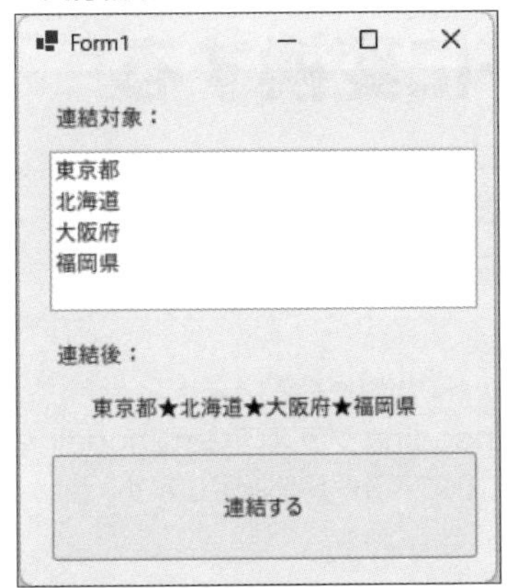

リスト1 文字列配列を連結する（ファイル名：string210.sln、Form1.vb）

```
Private Sub Button1_Click(sender As Object, e As EventArgs) _
    Handles Button1.Click
    Dim lst As New List(Of String) From {
                "東京都",
                "北海道",
                "大阪府",
                "福岡県"
        }
    ListBox1.Items.Clear()
    ListBox1.Items.AddRange(lst.ToArray())
    ' 連結する
    Label3.Text = String.Join("★", lst)
End Sub
```

区切り文字を入れずに文字列配列を連結する場合は、引数に空文字を指定します。または、String.Concatメソッドを使って、「Label1.Text = String.Concat(textArray)」のように記述することもできます。

シフトJISコードに変換する

ここがポイントです！

エンコードを指定する
(Encodingクラス、GetEncodingメソッド)

.NETでは、文字列の内部コードとして**Unicode**(32ビット)が使われています。

この文字コードを、ほかのコードに変換したいときは、**Encodingクラス**の**GetEncodingメソッド**を使います。GetEncodingメソッドには、変換先の文字コードを指定します。

▼目的の文字コードに変換する

```
Encoding.GetEncoding( 文字コード )
```

例えば、シフトJISコードの場合は、「shift_jis」を指定します。

Encodingクラスには、次ページの表のように、あらかじめよく使われるエンコード先がプロパティで定義されています。.NETでは、ファイルなどに出力する場合は、既定のコード(UTF-8)が使われています。

なお、.NET 5あるいは.NET 6の環境では、既定ではシフトJISコードのようなローカル言語の環境がロードされていません。そのため、起動時に**Encoding.RegisterProviderメソッド**でシステムで保持しているコードページを取得します。

リスト1では、リスト1では、Button1([シフトJISに変換] ボタン) がクリックされたら、テキストボックスに入力された文字列をUnicode、シフトJIS、UTF-8に変換しています。それぞれの文字コードは、BitConverterクラスでバイナリ表記させています。

▼実行結果

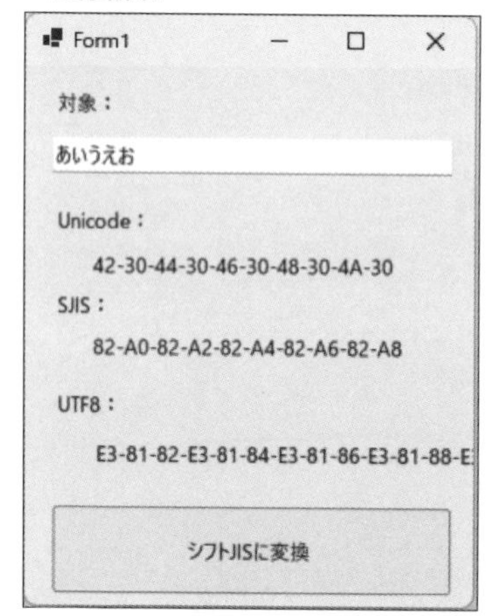

Encodingクラスの主な文字コード

プロパティ	変換
Default	既定の文字コード（UTF-8）
Unicode	Unicodeに変換
UTF32	UTF-32に変換
UTF8	UTF-8に変換
UTF7	UTF-7に変換

リスト1　シフトJISに変換する（ファイル名：string211.sln、Form1.vb）

```
Private Sub Button1_Click(sender As Object, e As EventArgs) _
    Handles Button1.Click
    Dim text = TextBox1.Text
    Encoding.RegisterProvider(CodePagesEncodingProvider.Instance)
    Dim unicode = Encoding.Unicode.GetBytes(text)
    Dim sjis = Encoding.GetEncoding("shift_jis").GetBytes(text)
    Dim utf8 = Encoding.UTF8.GetBytes(text)

    Label4.Text = BitConverter.ToString(unicode)
    Label5.Text = BitConverter.ToString(sjis)
    Label6.Text = BitConverter.ToString(utf8)
End Sub
```

システムにロードされたすべてのコードページを取得するためには、次のようにEncodingクラスのGetEncodingsメソッドで一覧を取得します。

```
For Each en In Encoding.GetEncodings()
    System.Diagnostics.Debug.WriteLine(en.Name)
Next
```

5-2 正規表現

Tips 212 ▶Level ●● ▶対応 COM PRO

正規表現でマッチした文字列が存在するか調べる

ここがポイントです！ **正規表現で文字列のマッチをチェック**（Regexクラス、IsMatchメソッド）

対象の文字列に検索する文字列が含まれているかどうかを正規表現を使って調べるためには、**Regexクラス**の**IsMatchメソッド**を使います。

検索パターンをRegexクラスのコンストラクターで指定し、IsMatchメソッドで検索対象となる文字列を指定します。IsMatchメソッドは、検索にマッチするかどうかをBoolean値で返します。

▼文字列のマッチをチェックする

```
Dim rx = New Regex( 検索パターン )
Dim b = rx.IsMatch( 対象の文字列 )
```

リスト1では、Button1（[正規表現で置換1] ボタン）がクリックされたら、テキストボックスに入力された検索対象の文字列をチェックし、末尾に「様君殿行」のいずれかがあった場合は、「御中」に置き換えて表示します。

▼実行結果

リスト1　文字列を正規表現で検索する（ファイル名：string212.sln、Form1.vb）

```
Private Sub Button1_Click(sender As Object, e As EventArgs) _
    Handles Button1.Click
    Dim Text = TextBox1.Text
    Dim rx = New Regex("[様君殿行]$")
    Label3.Text = rx.Replace(Text, "御中")
End Sub

Private Sub Button2_Click(sender As Object, e As EventArgs) _
    Handles Button2.Click
    Dim Text = TextBox1.Text
    Label3.Text = Regex.Replace(Text, "[様君殿行]$", "御中")
End Sub
```

Regexクラスの静的なIsMatchメソッドを使って、次のような検索もできます。

```
Regex.IsMatch( 対象文字列, パターン )
```

Tips **213** ▶Level ●● ▶対応 COM PRO

正規表現でマッチした文字列を別の文字列に置き換える

ここがポイントです！ **正規表現で文字列を置換**
（Regexクラス、Replaceメソッド）

対象の文字列の一部を正規表現を使って置換するためには、**Regexクラス**の**Replaceメソッド**を使います。

置換パターンをRegexクラスのコンストラクターで指定し、Replaceメソッドで置換する文字列指定します。Replaceメソッドは、置換した後の文字列を返します。

▼文字列を置換する

```
Dim rx = New Regex( 置換パターン )
Dim s = rx.Replace( 対象の文字列、置換後の文字列 )
```

リスト1では、Button1（[正規表現で置換] ボタン）がクリックされたら、テキストボックスに入力された文字列をチェックし、全角数字を半角数字に変換しています。

▼実行結果

リスト1 文字列を正規表現で置換する（ファイル名：string213.sln、Form1.vb）

```
Private Sub Button1_Click(sender As Object, e As EventArgs) _
    Handles Button1.Click
    Dim Text = TextBox1.Text
    ' 全角数字を半角数字に変換
    Dim Replace = Regex.Replace(Text, "[０-９]",
            New MatchEvaluator(
            Function(t)
                Select Case t.Value
                    Case "０" : Return "0"
                    Case "１" : Return "1"
```

```
                    Case "2" : Return "2"
                    Case "3" : Return "3"
                    Case "4" : Return "4"
                    Case "5" : Return "5"
                    Case "6" : Return "6"
                    Case "7" : Return "7"
                    Case "8" : Return "8"
                    Case "9" : Return "9"
                    Case Else : Return t.Value
                End Select
            End Function
        ))
    ' 長音やマイナスを削除
    Label4.Text = Regex.Replace(Replace, "[—ー-]", "")
End Sub
```

Regexクラスの静的なReplaceメソッドを使い、次のような置換もできます。

```
Regex.Replace( 対象文字列, 置換パターン, 置換文字列 )
```

正規表現で先頭や末尾の文字列を調べる

ここがポイントです！ **正規表現で先頭／末尾の文字列を取得**
（Regexクラス、Matchメソッド）

対象の文字列の一部を正規表現を使って取得するためには、**Regexクラス**の**Matchメソッド**を使います。

静的なMatchメソッドを使い、検索対象となる文字列と、検索にマッチさせる正規表現を指定します。正規表現でマッチした文字列をMatchメソッドが返します。

正規表現の特殊文字で、先頭にマッチする場合の「^」、あるいは末尾にマッチする場合の「$」を使うことにより、文字列の先頭や末尾を検索できます。

▼先頭や末尾の文字列を調べる

```
Dim s = Regex( 対象文字列, 検索パターン )
```

リスト1では、Button1（[正規表現で調べる] ボタン）がクリックされたら、テキストボックスに入力されたファイルのフルパスから、先頭にあるドライブ名と、末尾にある拡張子を取得しています。

▼実行結果

リスト1　文字列を正規表現で検索する（ファイル名：string214.sln、Form1.vb）

```
Private Sub Button1_Click(sender As Object, e As EventArgs) _
    Handles Button1.Click
    Dim Text = TextBox1.Text
    Label4.Text = Regex.Match(Text, "^[A-Z]:¥¥").Value
    Label5.Text = Regex.Match(Text, "¥¥..*$").Value
End Sub
```

Tips 215
▶Level ●●
▶対応 COM PRO

正規表現でマッチした複数の文字列を取得する

ここがポイントです！ 複数マッチする文字列を取得（Regexクラス、Matchesメソッド）

対象の文字列から複数マッチする文字列を取得するためには、**Regexクラス**の**Matchesメソッド**を使います。

Matchesメソッドは、マッチした文字列をMatchCollectionクラスとして返します。このコレクションから値を取り出すことにより、複数マッチした文字列を取得できます。

▼マッチした複数の文字列を取得する

```
Dim rx = New Regex( 検索パターン )
Dim coll = rx.Matches( 対象の文字列 )
```

リスト1では、Button1（[正規表現で抽出する] ボタン）がクリックされたら、テキストボックスに含まれる都道府県名をMatchesメソッドで取り出しています。

▼実行結果

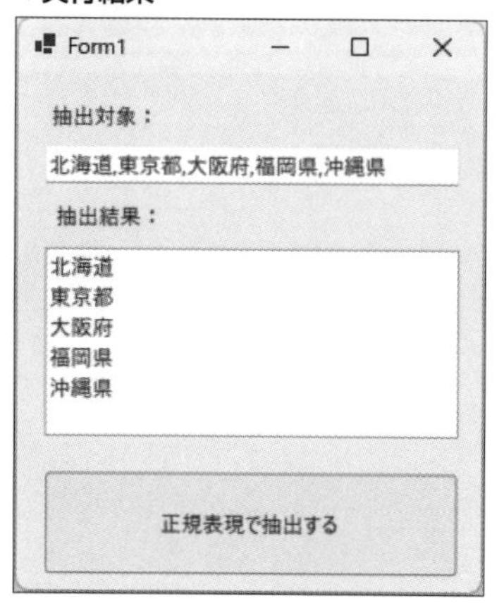

リスト1　複数マッチを検索する（ファイル名：string215.sln、Form1.vb）

```
Private Sub Button1_Click(sender As Object, e As EventArgs) _
    Handles Button1.Click
    Dim Text = TextBox1.Text
    Dim coll = Regex.Matches(Text, "¥w+[都道府県][,]*")
    ListBox1.Items.Clear()
    For Each it As Match In coll
        ListBox1.Items.Add(it.Value.Replace(",", ""))
    Next
End Sub
```

ファイル、フォルダー操作の極意

6-1 ファイル、フォルダー操作

ファイル、フォルダーの存在を確認する

ここがポイントです！

ファイル、フォルダーの有無を確認
(File.Exists メソッド、Directory.Exists メソッド)

●ファイルの確認

ファイルが存在するかどうかを確認するには、**File クラス**の**Exists メソッド**を使います。File.Exists メソッドの引数には、ファイルのパスを指定します。

▼ファイルの有無を確認する

```
System.IO.File.Exists(ファイルパス)
```

戻り値は、ファイルが存在する場合は「True」、存在しない場合は「False」です。

●フォルダーの確認

フォルダーの存在を確認するには、**Directory クラス**の**Exists メソッド**を使います。Directory.Exists メソッドの引数には、フォルダーのパスを指定します。

▼フォルダーの有無を確認する

```
System.IO.Directory.Exists(フォルダーパス)
```

戻り値は、フォルダーが存在する場合は「True」、存在しない場合は「False」です。

リスト1では、Button1([ファイル、フォルダーの存在を調べる] ボタン) がクリックされたら、テキストボックスに入力されたフォルダーが存在するかを調べます。フォルダーがない場合は、ファイルが存在するかを調べます。

▼実行結果

リスト1 ファイルまたはフォルダーを確認する (ファイル名：file216.sln、Form1.vb)

```
Private Sub Button1_Click(sender As Object, e As EventArgs) _
    Handles Button1.Click
    Dim fname = TextBox1.Text
    If System.IO.Directory.Exists(fname) = True Then
        Label3.Text = $"フォルダー {fname} が見つかりました"
    ElseIf System.IO.File.Exists(fname) = True Then
        Label3.Text = $"ファイル {fname} が見つかりました"
    Else
        Label3.Text = $"{fname} が見つかりませんでした"
    End If
End Sub
```

さらにワンポイント

File.Existsメソッドは、引数が「Nothing」または「長さ0の文字列」の場合は、「False」を返します。また、引数に指定したファイルへのアクセス権がない場合にも「False」を返します。

さらにワンポイント

DirectoryInfoオブジェクト、またはFileInfoオブジェクトのExistsメソッドでも、フォルダーまたはファイルの有無を取得できます。DirectoryInfoオブジェクトまたはFileInfoオブジェクトは、フォルダーパスまたはファイルパスを指定して生成します。Existsメソッドの戻り値は、存在するときは「True」、存在しないときは「False」です。

ファイル、フォルダーを削除する

ここがポイントです！ **パスを指定してファイル、フォルダーを削除**
（File.Deleteメソッド、Directory.Deleteメソッド）

●ファイルの削除

ファイルを削除するには、**Fileクラス**の**Deleteメソッド**を使います。

Deleteメソッドの引数には、削除するファイルのパスを文字列で指定します。

▼ファイルを削除する

```
System.IO.File.Delete(ファイルパス)
```

File.Deleteメソッドの引数が「Nothing」の場合は、例外ArgumentNullExceptionが発生します。

指定したファイルが使用中の場合は、例外IOExceptionが発生します。

また、指定したファイル名が「長さ0の文字列」の場合は、例外ArgumentExceptionが発生します。

●フォルダーの削除

フォルダーを削除するには、**Directoryクラス**の**Deleteメソッド**を使います。

Deleteメソッドの第1引数には、削除するフォルダーのパスを文字列で指定します。サブフォルダーも削除する場合は、第2引数に「True」を指定します。

▼フォルダーを削除する

```
System.IO.Directory.Delete(フォルダーパス)
```

▼フォルダーとサブフォルダーを削除する

```
System.IO.Directory.Delete(フォルダーパス, True/False)
```

Directory.Deleteメソッドの引数が「Nothing」の場合は、例外ArgumentNullExceptionが発生します。

また、引数が「長さ0の文字列」の場合は、例外ArgumentExceptionが発生します。

指定したフォルダーが見つからない場合は、例外DirectoryNotFoundExceptionが発生します。

指定したフォルダーが読み取り専用、または、第2引数が「False」でサブフォルダーがある、もしくは現在の作業フォルダーの場合は、例外IOExceptionが発生します。

リスト1では、Button1（[ファイル、フォルダーを削除する] ボタン）がクリックされたら、テキストボックスに入力されたフォルダーが存在する場合は、削除します。存在しない場合は、ファイルが存在するかどうか調べて、ファイルが存在する場合は削除します。
なお、実際に削除を行うため、実行には充分注意してください。

▼実行結果

リスト1 ファイル、フォルダーを削除する（ファイル名：file217.sln、Form1.vb）

```
Private Sub Button1_Click(sender As Object, e As EventArgs) _
    Handles Button1.Click
    Dim fname = TextBox1.Text
    If System.IO.Directory.Exists(fname) = True Then
        System.IO.Directory.Delete(fname)
        Label3.Text = $"フォルダー {fname} を削除しました"
    ElseIf System.IO.File.Exists(fname) = True Then
        System.IO.File.Delete(fname)
        Label3.Text = $"ファイル {fname} を削除しました"
    Else
        Label3.Text = $"{fname} が見つかりませんでした"
    End If
End Sub
```

DirectoryInfoオブジェクトまたはFileInfoオブジェクトのDeleteメソッドでも、フォルダーまたはファイルを削除できます。DirectoryInfoオブジェクトまたはFileInfoオブジェクトは、フォルダーパスまたはファイルパスを指定して生成します。

Tips 218

▶Level ●○○

▶対応 COM PRO

ファイル、フォルダーを移動する

ここがポイントです！

ファイル、フォルダーの移動
（File.Moveメソッド、Directory.Moveメソッド）

●ファイルの移動

ファイルを別のフォルダーに移動するには、**Fileクラス**の**Moveメソッド**を使います。

File.Moveメソッドの引数には、移動するファイルのパスと移動先のパスを指定します。

▼ファイルを移動する

```
System.IO.File.Move(移動元ファイル, 移動先ファイル)
```

引数に指定した移動元ファイルが見つからない場合は、例外FileNotFoundExceptionが発生します。

また、移動先に指定したファイルがすでに存在する場合は、例外IOExceptionが発生します。

移動元もしくは移動先ファイル名が「長さ0の文字列」の場合は、例外ArgumentExceptionが発生します。

●フォルダーの移動

フォルダーを移動するには、**Directoryクラス**の**Moveメソッド**を使います。

Directory.Moveメソッドの引数には、移動するフォルダーのパスと移動先フォルダーのパスを指定します。

▼フォルダーを移動する

```
System.IO.Directory.Move(移動元フォルダー, 移動先フォルダー)
```

引数に指定した移動先フォルダーがすでに存在する場合は、例外IOExceptionが発生します。

また、移動元もしくは移動先フォルダーに「長さ0の文字列」を指定した場合は、例外ArgumentExceptionが発生します。

リスト1では、Button1（[フォルダーを移動] ボタン）がクリックされたら、テキストボックスに入力された移動元フォルダーが存在し、また移動先フォルダーが存在しなければ、フォルダーを移動します。

リスト2では、Button2（[ファイルを移動] ボタン）がクリックされたら、テキストボックスに入力された移動元ファイルが存在し、また移動先ファイルが存在しなければ、ファイルを移動します。

なお、実際にファイル、フォルダーの移動を行うため、実行には充分注意してください。

▼実行結果

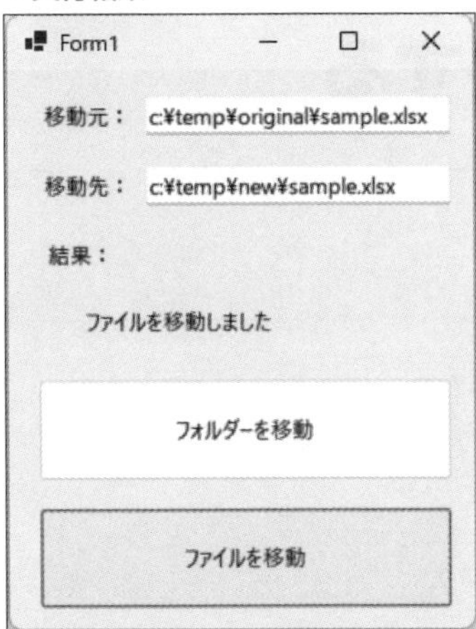

リスト1　フォルダーを移動する（ファイル名：file218.sln、Form1.vb）

```
Private Sub Button1_Click(sender As Object, e As EventArgs) _
    Handles Button1.Click
    Dim fname1 = TextBox1.Text
    Dim fname2 = TextBox2.Text
    Try
        System.IO.Directory.Move(fname1, fname2)
        Label4.Text = "フォルダーを移動しました"
    Catch ex As IOException
        ' 移動先にフォルダーがある場合は、例外が発生する
        Label4.Text = ex.Message
    End Try
End Sub
```

リスト2　ファイルを移動する（ファイル名：file218.sln、Form1.vb）

```
Private Sub Button2_Click(sender As Object, e As EventArgs) _
    Handles Button2.Click
    Dim fname1 = TextBox1.Text
    Dim fname2 = TextBox2.Text
    Try
        System.IO.File.Move(fname1, fname2)
        Label4.Text = "ファイルを移動しました"
    Catch ex As IOException
        ' 移動先にファイルがある場合は、例外が発生する
        Label4.Text = ex.Message
    End Try
End Sub
```

同じフォルダー内に別の名前を指定してファイルを移動することによって、ファイル名を変更できます。

ファイルをコピーする

ここがポイントです!

ファイルの複製
（File.Copy メソッド）

ファイルをコピーするには、**File クラス**の**Copy メソッド**を使います。

Copy メソッドの引数には、コピー元ファイル名とコピー先ファイル名を指定します。

▼ファイルをコピーする

```
System.IO.File.Copy(コピー元ファイル, コピー先ファイル)
```

コピー先ファイルが存在したときに上書きを許可する場合は、第3引数に「True」を指定します。

▼ファイルを上書きコピーする

```
System.IO.File.Copy(コピー元ファイル, コピー先ファイル, True/False)
```

引数に指定したコピー元ファイル、またはコピー先ファイルが「長さ0の文字列」の場合は、例外ArgumentExceptionが発生します。

コピー元ファイルが存在しない場合は、例外FileNotFoundExceptionが発生します。

また、上書き不可の場合でコピー先ファイルが存在する、もしくはI/Oエラーが発生した場合は、例外IOExceptionが発生します。

パスが無効の場合は、例外DirectoryNotFoundExceptionが発生します。

リスト1では、Button1（[ファイルをコピーする] ボタン）がクリックされたら、コピー元ファイルが存在し、かつ、コピー先ファイルが存在せず、コピー先フォルダーが存在すれば、コピー先ファイルにコピーします。

なお、Path.GetDirectoryNameメソッドは、引数に指定されたパスからファイル名を除いたフォルダー名を取得します。

▼実行結果

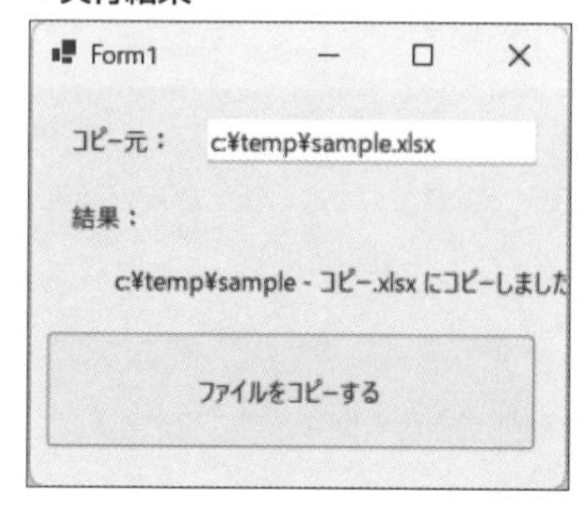

リスト1 ファイルをコピーする (ファイル名 : file219.sln、Form1.vb)

```
Private Sub Button1_Click(sender As Object, e As EventArgs) _
    Handles Button1.Click
    Dim fname1 = TextBox1.Text

    If System.IO.File.Exists(fname1) = False Then
        Label4.Text = "コピー元のファイルがありません"
        Return
    End If

    ' 最初のコピー先を作成
    Dim fname2 =
            System.IO.Path.GetDirectoryName(fname1) + "¥" +
            System.IO.Path.GetFileNameWithoutExtension(fname1) +
            " - コピー" +
            System.IO.Path.GetExtension(fname1)

    Dim n = 1
    While System.IO.File.Exists(fname2) = True
        n += 1
        fname2 =
                System.IO.Path.GetDirectoryName(fname1) + "¥" +
                System.IO.Path.GetFileNameWithoutExtension(fname1)
        System.IO.Path.GetExtension(fname1)
    End While
    System.IO.File.Copy(fname1, fname2)
    Label4.Text = $"{fname2} にコピーしました"
End Sub
```

コピー先ファイル名にフォルダー名を指定することはできません。

ファイル、フォルダーの作成日時を取得する

ここがポイントです!

ファイル、フォルダー作成日時の取得
(File.GetCreationTime メソッド、Directory.GetCreationTime メソッド)

●ファイルの作成日時の取得

ファイルの作成日時を取得するには、**File クラス**の**GetCreationTime メソッド**を使います。GetCreationTimeメソッドの引数には、ファイルのパスを指定します。戻り値は、

DateTime構造体の値です。

▼ファイルの作成日時を取得する

```
System.IO.File.GetCreationTime(ファイルパス)
```

●フォルダーの作成日時の取得

フォルダーの作成日時を取得するには、**Directoryクラス**の**GetCreationTimeメソッド**を使います。

GetCreationTimeメソッドの引数には、フォルダーのパスを指定します。戻り値は、DateTime構造体の値です。

▼フォルダーの作成日時を取得する

```
System.IO.Directory.GetCreationTime(フォルダーパス)
```

Directory.GetCreationTimeメソッドおよびFile.GetCreationTimeメソッドに指定したファイル名が「長さ0の文字列」の場合は、例外ArgumentExceptionが発生します。

また、引数が「Nothing」の場合は、例外ArgumentNullExceptionが発生します。

リスト1では、Button1（[作成日時を取得] ボタン）がクリックされたら、テキストボックスに入力されたフォルダーが存在する場合は、作成日時を取得してラベルに表示します。フォルダーが存在しない場合は、ファイルが存在するか調べ、存在すれば作成日時を表示します。

▼実行結果

リスト1 ファイル、フォルダーの作成日時を取得する（ファイル名：file220.sln、Form1.vb）

```
Private Sub Button1_Click(sender As Object, e As EventArgs) _
    Handles Button1.Click
    Dim fname = TextBox1.Text
    If File.Exists(fname) = True Then
        Label4.Text = File.GetCreationTime(fname).ToString()
        Label5.Text = File.GetLastWriteTime(fname).ToString()
    ElseIf Directory.Exists(fname) = True Then
        Label4.Text = Directory.GetCreationTime(fname).ToString()
        Label5.Text = Directory.GetLastWriteTime(fname).ToString()
```

```
        Else
            Label4.Text = $"{fname} が見つかりませんでした"
            Label5.Text = ""
        End If
    End Sub
```

フォルダーに最後にアクセスした日時を取得するには、System.IO.Directory.GetLastAccessTimeメソッドを使います。また、ファイルに最後にアクセスした日時を取得するには、System.IO.File.GetLastAccessTimeメソッドを使います。

カレントフォルダーを取得/設定する

ここがポイントです！

作業フォルダーの操作
(GetCurrentDirectoryメソッド、SetCurrentDirectoryメソッド)

●カレントフォルダーの取得

カレントフォルダーを取得するには、**Directoryクラス**の**GetCurrentDirectoryメソッド**を使います。

GetCurrentDirectoryメソッドは、カレントフォルダーのパスを文字列で返します。

▼カレントフォルダーを取得する

```
System.IO.Directory.GetCurrentDirectory()
```

●カレントフォルダーの設定

カレントフォルダーを変更するには、Directoryクラスの**SetCurrentDirectoryメソッド**を使います。

SetCurrentDirectoryメソッドの引数には、新たなカレントフォルダーのパスを文字列で指定します。

▼カレントフォルダーを設定する

```
System.IO.Directory.SetCurrentDirectory(フォルダーパス)
```

リスト1では、Button1([カレントフォルダーを取得] ボタン) がクリックされたら、カレントフォルダーを取得してメッセージボックスに表示します。メッセージボックスの [OK] ボタンがクリックされたら、カレントフォルダーを「C:¥」に変更します。再度、[OK] ボタンがクリックされると、カレントフォルダーを元に戻します。

▼実行結果

リスト1　カレントフォルダーの設定/取得をする（ファイル名：file221.sln、Form1.vb）

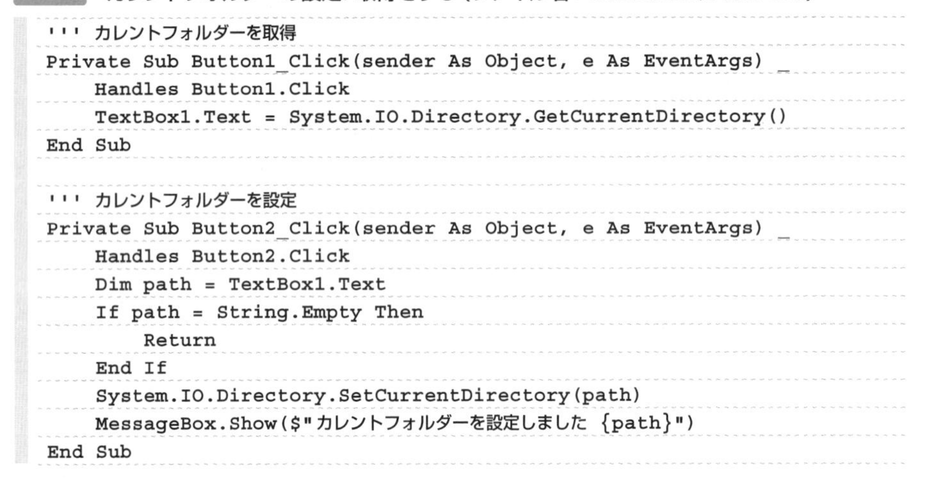

```
''' カレントフォルダーを取得
Private Sub Button1_Click(sender As Object, e As EventArgs) _
    Handles Button1.Click
    TextBox1.Text = System.IO.Directory.GetCurrentDirectory()
End Sub

''' カレントフォルダーを設定
Private Sub Button2_Click(sender As Object, e As EventArgs) _
    Handles Button2.Click
    Dim path = TextBox1.Text
    If path = String.Empty Then
        Return
    End If
    System.IO.Directory.SetCurrentDirectory(path)
    MessageBox.Show($"カレントフォルダーを設定しました {path}")
End Sub
```

Tips 222 ▶Level ●● ▶対応 COM PRO

アセンブリのあるフォルダーを取得する

ここがポイントです！ **アセンブリのフォルダーを取得**
（Assemblyクラス、GetExecutingAssemblyメソッド、Locationプロパティ）

　プログラムが利用している**アセンブリ**（.exeファイルや.dllファイル）のあるフォルダーを取得するためには、**Assemblyクラス**の**GetExecutingAssemblyメソッド**を利用します。

　実行ファイルのフォルダーを取得することで、設定ファイルなどを読み込むことができます。

▼アセンブリのあるフォルダーを取得する

```
Dim asm = System.Reflection.Assembly.GetExecutingAssembly()
Dim path = System.IO.Path.GetDirectoryName(asm.Location)
```

リスト1では、Button1（[アセンブリのあるフォルダーを取得] ボタン）がクリックされたら、実行されているアセンブリのあるフォルダーを取得して表示しています。

▼実行結果

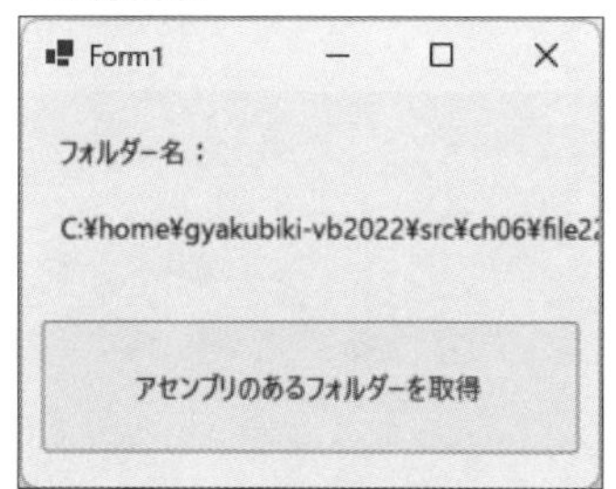

リスト1　アセンブリのあるフォルダーを取得する（ファイル名：file222.sln、Form1.vb）

```
Private Sub Button1_Click(sender As Object, e As EventArgs) _
    Handles Button1.Click
    Dim asm = System.Reflection.Assembly.GetExecutingAssembly()
    Dim path = System.IO.Path.GetDirectoryName(asm.Location)
    Label2.Text = path
End Sub
```

Tips 223 ▶Level ● ▶対応 COM PRO

フォルダーを作成する

新しいフォルダーを作成するには、**Directory.CreateDirectoryメソッド**を使います。

CreateDirectoryメソッドの引数には、作成するフォルダーのパスを文字列で指定します。戻り値は、作成したフォルダーを指す**DirectoryInfoオブジェクト**です。

▼フォルダーを作成する

```
System.IO.Directory.CreateDirectory(フォルダーパス)
```

CreateDirectoryメソッドの引数が「長さ0の文字列」の場合は、例外ArgumentException

が発生します。また、引数が「Nothing」の場合は、例外ArgumentNullExceptionが発生します。

指定したフォルダーが読み取り専用の場合は、例外IOExceptionが発生します。

リスト1では、Button1（[フォルダーを作成] ボタン）がクリックされたら、テキストボックスに入力されているパスのフォルダーを作成しています。

なお、指定したフォルダーがすでに存在するかチェックを行っていません。

▼実行結果

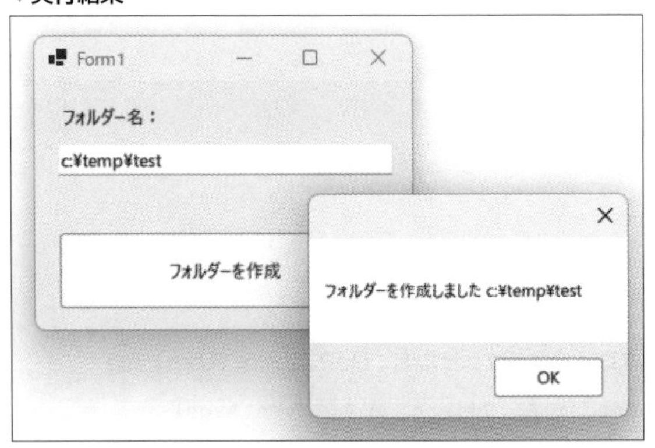

リスト1　フォルダーを作成する（ファイル名：file223.sln、Form1.vb）

```
Private Sub Button1_Click(sender As Object, e As EventArgs) _
    Handles Button1.Click
    Dim path = TextBox1.Text
    If path = String.Empty Then
        Return
    End If
    System.IO.Directory.CreateDirectory(path)
    MessageBox.Show($"フォルダーを作成しました {path}")
End Sub
```

さらにワンポイント

DirectoryInfoオブジェクトのCreateSubdirectoryメソッドを使ってフォルダーを作成することもできます。

DirectoryInfoオブジェクトは、パスを指定して生成し、CreateSubdirectoryメソッドの引数に作成するフォルダーパスを指定します。引数には、相対パスを指定できます。

フォルダー内のすべてのファイルを取得する

ここがポイントです！

フォルダー内のファイル名を文字列配列に取得（Directory.GetFiles メソッド）

フォルダーに含まれるファイルの一覧を取得するには、**Directoryクラス**の**GetFilesメソッド**を使います。

GetFilesメソッドの第1引数には、対象とするフォルダーのパスを文字列で指定します。

▼ファイルの一覧を取得する①

```
System.IO.Directory.GetFiles(ファイル)
```

「*」や「?」のワイルドカードを指定する場合は、第2引数に指定します。

▼ファイルの一覧を取得する②

```
System.IO.Directory.GetFiles(ファイル,パターン)
```

サブフォルダーも検索するかどうかは、第3引数に「True」か「False」で指定します。

▼ファイルの一覧を取得する③

```
System.IO.Directory.GetFiles(ファイル,パターン, True/False)
```

戻り値は、ファイル名を要素とする文字列型配列です。

引数が「長さ0の文字列」の場合は、例外ArgumentExceptionが発生します。

引数が「Nothing」の場合は、例外ArgumentNullExceptionが発生します。

フォルダーではなく、ファイル名を指定した場合は、例外IOExceptionが発生します。

リスト1では、Button1（[ファイルリストを取得] ボタン）がクリックされたら、テキストボックスに入力されているパスのフォルダーのファイル名を取得して、リストボックスに表示しています。

▼実行結果

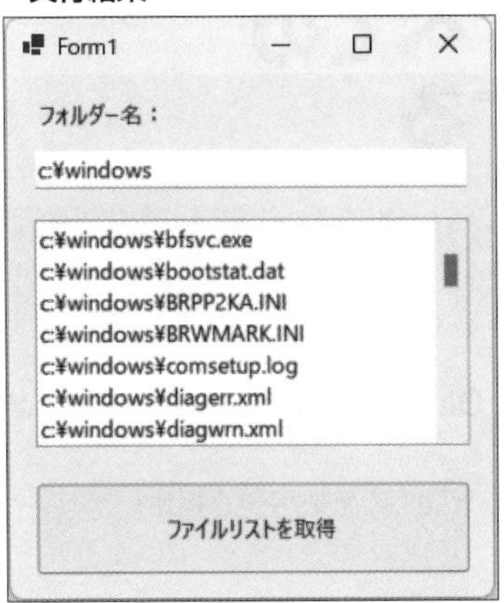

リスト1 ファイル一覧を表示する（ファイル名：file224.sln、Form1.vb）

```
Private Sub Button1_Click(sender As Object, e As EventArgs) _
    Handles Button1.Click
    Dim path = TextBox1.Text
    If System.IO.Directory.Exists(path) = False Then
        MessageBox.Show("指定フォルダーが見つかりません")
        Return
    End If
    ListBox1.Items.Clear()
    Dim files = System.IO.Directory.GetFiles(path)
    For Each file In files
        ListBox1.Items.Add(file)
    Next
End Sub
```

さらにワンポイント

取得したファイルを操作する場合は、System.IO.DirectoryInfoオブジェクトを使うと便利です。

DirectoryInfoオブジェクトは、対象とするフォルダーパスを指定して生成し、GetFilesメソッドでファイル一覧を取得します。GetFilesメソッドは、ファイルを表すFileInfoオブジェクトの配列を返します。

ファイル名は、FileInfoオブジェクトのNameプロパティで取得できます。

パスのファイル/フォルダー名を取得する

ここがポイントです!

パスからファイル名、フォルダー名を抽出
(Path.GetFileNameメソッド、Path.GetDirectoryNameメソッド)

●パスのファイル名を取得

Pathクラスの**GetFileNameメソッド**を使うと、パスからファイル名と拡張子を取得できます。

パスは、引数に指定します。

▼パスのファイル名を取得する

```
System.IO.Path.GetFileName(パス)
```

●パスのフォルダー名の取得

Pathクラスの**GetDirectoryNameメソッド**を使うと、パスからファイル名を除いたフォルダー名を取得できます。

パスは、引数に指定します。

▼パスのフォルダー名を取得する

```
System.IO.Path.GetDirectoryName(パス)
```

リスト1では、Button1([パス名を分解する] ボタン)がクリックされたら、指定したパスからフォルダ名、ファイル名、拡張子、拡張子を除いたファイル名を取得します。

▼実行結果

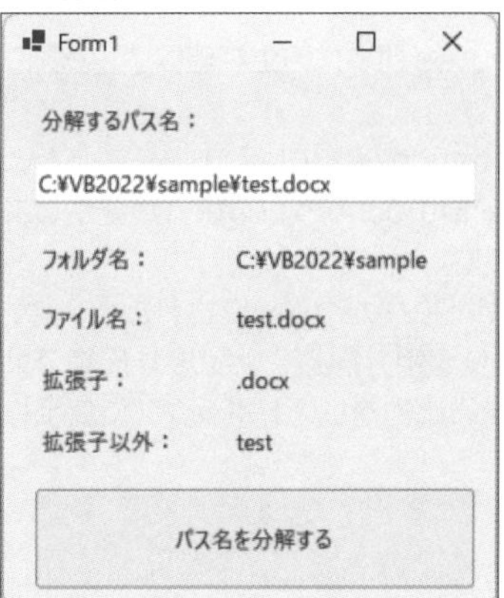

リスト1　パスからファイル名とフォルダー名を取得する（ファイル名：file225.sln、Form1.vb）

```
Private Sub Button1_Click(sender As Object, e As EventArgs) _
    Handles Button1.Click
    Dim path = TextBox1.Text
    ' フォルダー名を取得
    Label6.Text = System.IO.Path.GetDirectoryName(path)
    ' ファイル名を取得
    Label7.Text = System.IO.Path.GetFileName(path)
    ' 拡張子を取得
    Label8.Text = System.IO.Path.GetExtension(path)
    ' 拡張子を除いたファイル名を取得
    Label9.Text = System.IO.Path.GetFileNameWithoutExtension(path)
End Sub
```

Tips 226

▶Level ●
▶対応 COM PRO

ファイルの属性を取得する

ここがポイントです！

ファイルの属性を取得
（File.GetAttributesメソッド）

ファイルの属性を取得するには、**Fileクラス**の**GetAttributesメソッド**を使います。
GetAttributesメソッドの引数には、対象とするファイルのパスを指定します。

▼ファイルの属性を取得する

```
System.IO.File.GetAttributes(ファイルパス)
```

戻り値は、**FileAttributes列挙体**の値です。FileAttributes列挙体の主な値は、下の表に示した通りです。

引数が「空の文字列("")」の場合は、例外ArgumentExceptionが発生します。

また、指定したファイルが見つからない場合は、例外FileNotFoundExceptionが発生します。

リスト1では、Button1（[ファイルの属性を取得する]ボタン）がクリックされたら、テキストボックスに入力されているファイルの属性が「読み取り専用」「隠しファイル」「圧縮ファイル」「システムファイル」のどれかをチェックし、当てはまる属性をリストボックスに表示しています。

▼実行結果

FileAttributes列挙体の主な値

値	内容
Archive	ファイルのアーカイブ状態
Compressed	圧縮ファイル
Directory	フォルダー
Hidden	隠しファイル
Normal	通常ファイル。ほかの属性を持たない
ReadOnly	読み取り専用
System	システムファイル

リスト1　ファイルの属性を取得する（ファイル名：file226.sln、Form1.vb）

```
Private Sub Button1_Click(sender As Object, e As EventArgs) _
    Handles Button1.Click
    Dim path = TextBox1.Text
    If File.Exists(path) = False Then
        Return
    End If
    Dim attr = File.GetAttributes(path)
    CheckBox1.Checked = (attr And FileAttributes.ReadOnly) <> 0
    CheckBox2.Checked = (attr And FileAttributes.Hidden) <> 0
    CheckBox3.Checked = (attr And FileAttributes.Compressed) <> 0
    CheckBox4.Checked = (attr And FileAttributes.System) <> 0
End Sub
```

ドキュメントフォルダーの場所を取得する

ここがポイントです！

ドキュメントフォルダーのパスを取得
（Environment.GetFolderPath メソッド）

ドキュメントフォルダーのパスを取得するには、**Environment.GetFolderPath メソッド**を使います。

GetFolderPath メソッドは、引数に指定した値にしたがって、システムの固定フォルダーのパスを返します。

ドキュメントフォルダーを取得するには、引数に**Environment.SpecialFolder 列挙体**の値である「Environment.SpecialFolder.MyDocuments」を指定します。

▼**ドキュメントフォルダーのパスを取得する**

```
System.Environment.GetFolderPath(
  Environment.SpecialFolder.MyDocuments)
```

リスト1では、Button1（[特別なフォルダーを取得] ボタン）がクリックされたら、ドキュメントフォルダーのパスを取得して、ラベルに表示しています。

▼**実行結果**

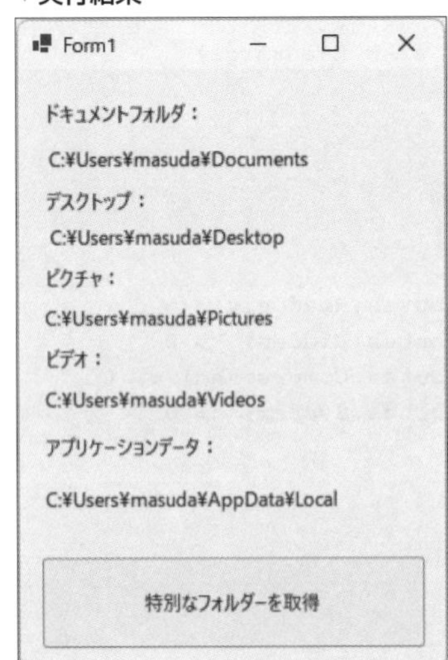

リスト1 ドキュメントフォルダーを取得する（ファイル名：file227.sln、Form1.vb）

```
Private Sub Button1_Click(sender As Object, e As EventArgs) _
    Handles Button1.Click
    ' ドキュメント
    Label5.Text = System.Environment.
        GetFolderPath(Environment.SpecialFolder.MyDocuments)
    ' デスクトップ
    Label6.Text = System.Environment.
        GetFolderPath(Environment.SpecialFolder.Desktop)
    ' ピクチャー
    Label7.Text = System.Environment.
        GetFolderPath(Environment.SpecialFolder.MyPictures)
    ' ビデオ
    Label8.Text = System.Environment.
        GetFolderPath(Environment.SpecialFolder.MyVideos)
    ' アプリケーションデータ
    Label9.Text = System.Environment.
        GetFolderPath(Environment.SpecialFolder.LocalApplicationData)
End Sub
```

ピクチャーフォルダーを取得するには、引数にEnvironment.SpecialFolder列挙体の値である「Environment.SpecialFolder.MyPictures」を指定します。また、デスクトップフォルダーを取得するには、「Environment.SpecialFolder.Desktop」を指定します。

6-2 テキストファイル操作

Tips 228 ▶Level ● ▶対応 COM PRO

テキストファイルを開く / 閉じる

ここがポイントです！ **テキストファイルのオープン / クローズ**
(File クラス、StreamReader クラス、StreamWriter クラス)

テキストファイルの読み書きを行うには、「ファイルを開く→読み込み / 書き出し→ファイルを閉じる」という流れで操作を行い、ファイルストリームという機能を使います。

●読み込み専用で開く

テキストファイルを読み込み専用で開くには、**File クラス**の**OpenRead メソッド**または**OpenText メソッド**を使います。

OpenReadメソッドは、テキストファイルを読み込み専用で開きます。

戻り値は、開いたファイルのFileStreamオブジェクトです。

▼テキストファイルを読み込み専用で開く①

```
System.IO.File.OpenRead(ファイルパス)
```

OpenTextメソッドは、UTF-8でエンコードされたテキストファイルを読み込み専用で開きます。戻り値は、開いたファイルのStreamReaderオブジェクトです。

▼テキストファイルを読み込み専用で開く②

```
System.IO.File.OpenText(ファイルパス)
```

どちらも引数に、テキストファイルのパスを文字列で指定します。

または、StreamReaderクラスのコンストラクターの引数に、テキストファイルのパスを指定して、StreamReaderオブジェクトを生成します。現在のエンコードで開く場合は、StreamReaderクラスのコンストラクターの第2引数に「System.Text.Encoding.Default」を指定します。

▼テキストファイルを読み込み専用で開く③

```
new System.IO.StreamReader(ファイルパス, System.Text.Encoding.Default)
```

ともに、指定したパスが「空の文字列」の場合は、例外ArgumentExceptionが発生します。

パスが「Nothing」の場合は、例外ArgumentNullExceptionが発生します。

また、指定したファイルが存在しない場合は、例外FileNotFoundExceptionが発生します。

●書き出し専用で開く

Fileクラスの**OpenWriteメソッド**または**AppendTextメソッド**を使います。

OpenWriteメソッドは、テキストファイルを書き出し専用で開きます。

OpenWriteメソッドの戻り値は、開いたファイルのFileStreamオブジェクトです。引数には、テキストファイルのパスを文字列で指定します。

▼テキストファイルを書き出し専用で開く①

```
System.IO.File.OpenWrite(ファイルパス)
```

AppendTextメソッドは、UTF-8でエンコードされたテキストを追加するファイルを書き出し専用で開きます。ファイルが存在しない場合は作成します。

AppendTextメソッドの戻り値は、開いたファイルのStreamWriterオブジェクトです。引数には、テキストファイルのパスを文字列で指定します。

▼テキストファイルを書き出し専用で開く②

```
System.IO.File.AppendText(ファイルパス)
```

または、StreamWriterクラスのコンストラクターの引数に、テキストファイルのパスを指定して、StreamWriterオブジェクトを生成します。第2引数には、データを追加する場合は「True」、上書きする場合は「False」を指定します。

現在のエンコードで開く場合は、コンストラクターの第3引数に「System.Text.Encoding.Default」を指定します。

▼テキストファイルを書き出し専用で開く③

```
new System.IO.StreamWriter(
  ファイルパス, True/False, System.Text.Encoding.Default)
```

ともに、指定したパスが空の文字列の場合は、例外ArgumentExceptionが発生します。
パスが「Nothing」の場合は、例外ArgumentNullExceptionが発生します。
また、OpenWriteメソッドは、指定したファイルが存在しない場合は例外FileNotFoundExceptionが発生します。

●ファイルを閉じる

FileStreamオブジェクト、StreamReaderオブジェクト、StreamWriterオブジェクトのいずれも**Closeメソッド**で閉じます。

リスト1では、Button1（[読み込み専用で開く] ボタン）がクリックされたら、テキストボックスに入力されたファイルを読み込み専用で開いてから閉じています。
リスト2では、Button2（[書き出し専用で開く] ボタン）がクリックされたら、テキストボックスに入力されたファイルを書き出し専用で開いてから閉じています。

▼実行結果

リスト1　テキストファイルを読み込み専用で開く（ファイル名：file228.sln、Form1.vb）

```
Private Sub Button1_Click(sender As Object, e As EventArgs) _
    Handles Button1.Click
    Dim fname = TextBox1.Text
    If System.IO.File.Exists(fname) = False Then
        MessageBox.Show("ファイルが見つかりません")
```

```
            Return
        End If
        Using sr = New System.IO.StreamReader(fname)
            MessageBox.Show("読み込み専用でファイルを開きました")
        End Using
        ' あるいは以下のように Close メソッドを使う
        ' Dim sr = new System.IO.StreamReader(fname)
        ' sr.Close()
    End Sub
```

リスト2 テキストファイルを書き出し専用で開く（ファイル名：file228.sln、Form1.vb）

```
    Private Sub Button2_Click(sender As Object, e As EventArgs) _
        Handles Button2.Click
        Dim fname = TextBox1.Text
        If System.IO.File.Exists(fname) = False Then
            MessageBox.Show("ファイルが見つかりません")
            Return
        End If
        Using sw = New System.IO.StreamWriter(fname)
            MessageBox.Show("書き出し専用でファイルを開きました")
        End Using
        ' あるいは以下のように Close メソッドを使う
        ' Dim sw = new System.IO.StreamWriter(fname)
        ' sw.Close()
    End Sub
```

StreamReaderオブジェクトとStreamWriterオブジェクトは、既定のエンコーディングで生成する場合は、引数に、ファイルパスのみ指定できます。
また、ファイルパスの代わりにStreamオブジェクトを指定することもできます。

Tips 229 ▶Level ● ▶対応 COM PRO

テキストファイルから1行ずつ読み込む

ここがポイントです！ **改行文字までデータを取得**（StreamReader.ReadLine メソッド）

テキストファイルから1行を読み取るには、**StreamReader オブジェクト**の**ReadLine メソッド**を使います。

ReadLineメソッドは引数を持たず、戻り値は、現在の位置から改行文字までの1行分の文字列です（返される文字列には、行末の改行文字は含まれません）。

ファイルの最後に達した場合は、「Nothing」が返されます。

▼テキストファイルから1行ずつ読み込む

```
StreamReaderオブジェクト.ReadLine()
```

StreamReaderオブジェクトは、StreamReaderクラスのコンストラクターにファイルパスを指定して生成しておきます。

StreamReaderクラスのコンストラクターの主な書式は、次のようになります。

▼StreamReaderクラスのコンストラクター①

```
System.IO.StreamReader(ファイルパス)
```

▼StreamReaderクラスのコンストラクター②

```
System.IO.StreamReader(ファイルパス, エンコーディング)
```

引数のファイルパスの代わりにStreamオブジェクトを指定できます。

エンコーディングには、System.Text.Encodingクラスのメンバーを指定します。

リスト1では、Button1([1行ずつ読み込む] ボタン) がクリックされたら、テキストボックスに入力されたパスのファイルから1行ずつ読み取ってリストボックスに表示しています。

▼実行結果

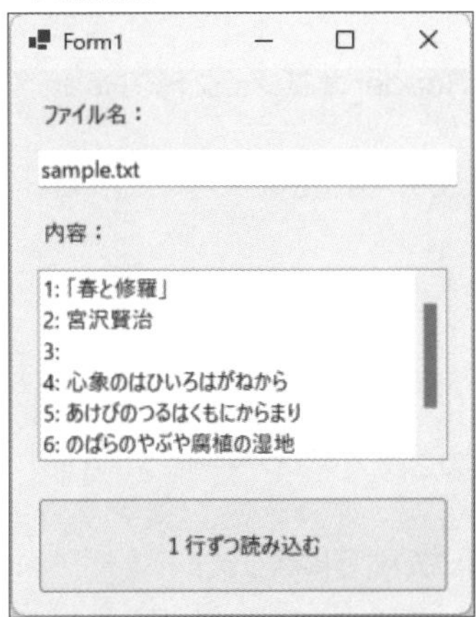

リスト1 ファイルから1行ずつ読み込む (ファイル名：file229.sln、Form1.vb)

```
Private Sub Button1_Click(sender As Object, e As EventArgs) _
    Handles Button1.Click
    Dim path = TextBox1.Text
    If File.Exists(path) = False Then
        MessageBox.Show("ファイルが見つかりません")
        Return
    End If
    ListBox1.Items.Clear()
    Using sr = New StreamReader(path)
        Dim n = 0
```

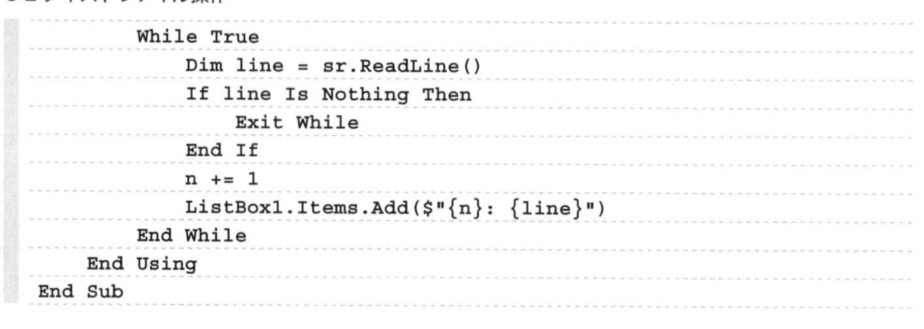

```
        While True
            Dim line = sr.ReadLine()
            If line Is Nothing Then
                Exit While
            End If
            n += 1
            ListBox1.Items.Add($"{n}: {line}")
        End While
    End Using
End Sub
```

テキストファイルから1文字ずつ読み込む

ここがポイントです！

テキストファイルの1文字を取得（StreamReader.Readメソッド）

テキストファイルから1文字ずつ読み取るには、**StreamReaderオブジェクト**の**Readメソッド**を使います。

Readメソッドの戻り値は、現在の位置から読み取った1文字（Integer型）の文字コードです。ファイルの最後に達した場合は、「-1」が返されます。

▼テキストファイルから1文字ずつ読み込む

```
StreamReaderオブジェクト.Read()
```

StreamReaderオブジェクトは、StreamReaderクラスのコンストラクターにファイルパスを指定して生成しておきます。

StreamReaderクラスのコンストラクターの主な書式は、次のようになります。

▼StreamReaderクラスのコンストラクター①

```
System.IO.StreamReader(ファイルパス)
```

▼StreamReaderクラスのコンストラクター②

```
System.IO.StreamReader(ファイルパス, エンコーディング)
```

引数のファイルパスの代わりに、Streamオブジェクトを指定できます。

エンコーディングには、System.Text.Encodingクラスのメンバーを指定します。

リスト1では、Button1（[ファイル全体を読み込む] ボタン）がクリックされたら、テキストボックスに入力されたファイルの内容を一度に習得してラベルに表示しています。

▼実行例

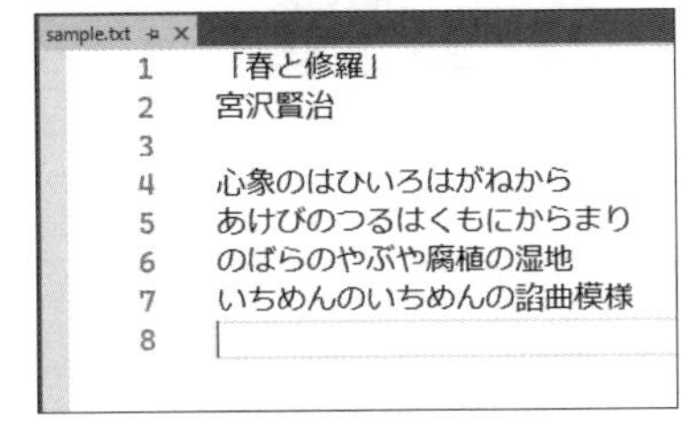

▼実行例で使用したファイル

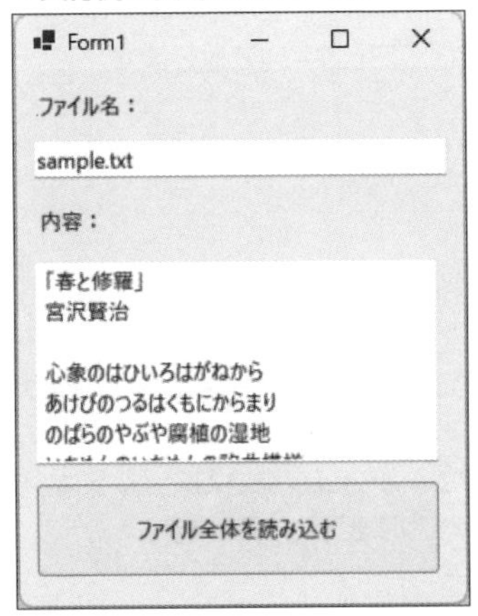

リスト1　ファイルから1文字ずつ読み取る（ファイル名：file230.sln、Form1.vb）

```
Private Sub Button1_Click(sender As Object, e As EventArgs) _
    Handles Button1.Click
    Dim path = TextBox1.Text
    If File.Exists(path) = False Then
        MessageBox.Show("ファイルが見つかりません")
        Return
    End If

    ListBox1.Items.Clear()
    Using sr = New StreamReader(path)
        Dim n = 0
        While True
            Dim ch = sr.Read()
            If ch = -1 Then Exit While
            n += 1
            ListBox1.Items.Add($"{n}: {ChrW(ch)} {ch:X4}")
        End While
    End Using
End Sub
```

テキストファイルの内容を一度に読み込む

ここがポイントです！

テキストファイルの内容をすべて取得（StreamReader.ReadToEndメソッド）

テキストファイルの内容を一度に読み取るには、**StreamReaderオブジェクト**の**ReadToEndメソッド**を使います。

ReadToEndメソッドは、引数を持たず、ファイルの内容すべてを文字列で返します。

▼テキストファイルの内容を一度に読み込む

```
StreamReaderオブジェクト.ReadToEnd()
```

ファイルの内容を読み込むためのメモリが不足しているときは、例外OutOfMemory Exceptionが発生します。

なお、StreamReaderオブジェクトの生成については、Tips229の「テキストファイルから1行ずつ読み込む」を参照してください。

リスト1では、Button1（[ファイル全体を読み込む] ボタン）がクリックされたら、テキストボックスに入力されたファイルの内容を一度に取得してラベルに表示しています。

▼実行結果

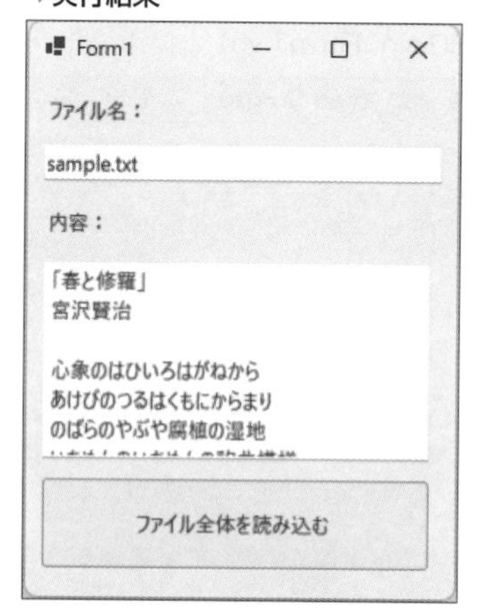

リスト1　ファイルの内容を一度に読み取る（ファイル名：file231.sln、Form1.vb）

```
Private Sub Button1_Click(sender As Object, e As EventArgs) _
    Handles Button1.Click
    Dim path = TextBox1.Text
    If File.Exists(path) = False Then
        MessageBox.Show("ファイルが見つかりません")
```

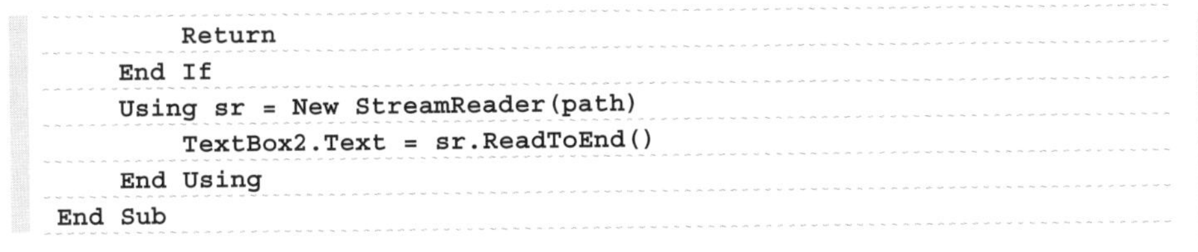

```
            Return
        End If
        Using sr = New StreamReader(path)
            TextBox2.Text = sr.ReadToEnd()
        End Using
    End Sub
```

Tips 232

▶Level ●

▶対応 COM PRO

テキストファイルを作成する

ここがポイントです！

テキストファイルの新規作成
(File.CreateTextメソッド、StreamWriterクラス)

テキストファイルを新しく作成するには、**Fileクラス**の**CreateTextメソッド**を使います。

CreateTextメソッドは、UTF-8でエンコードされたテキストを書き込む新しいファイルを作成します（ファイルが存在する場合は開きます）。

CreateTextメソッドの引数には、ファイルパスを指定します。戻り値は、StreamWriterオブジェクトです。

▼テキストファイルを作成する①

```
System.IO.File.CreateText(パス)
```

指定したパスが「長さ0の文字列」の場合は、例外ArgumentExceptionが発生します。

パスが「Nothing」の場合は、例外ArgumentNullExceptionが発生します。

現在のエンコードでファイルを作成する場合は、StreamWriterクラスのコンストラクターに、新しいファイルのパスと「System.Text.Encoding.Default」を指定します。

▼テキストファイルを作成する②

```
new System.IO.StreamWriter(
  パス, True/False, System.Text.Encoding.Default)
```

コンストラクターの第2引数には、同名のファイルが存在した場合、上書きするか最後にデータを追加するかを指定します。「True」を指定すると、データが末尾に追加されます。「False」を指定すると、上書きされ、元のデータは消去されます。

リスト1では、Button1（[UTF8で出力] ボタン）がクリックされたら、テキストボックスに入力されたパスのファイルを作成します。

リスト2では、Button2（[シフトJISコードで出力] ボタン）がクリックされたら、シフトJISコードで新しいファイルを作成しています。

▼実行結果

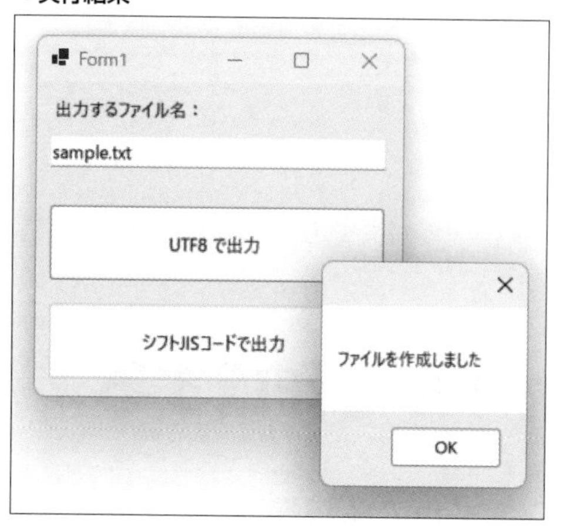

リスト1 テキストファイル（UTF-8）を作成する（ファイル名：file232.sln、Form1.vb）

```
Private Sub Button1_Click(sender As Object, e As EventArgs) _
    Handles Button1.Click
    Dim path = TextBox1.Text
    Using sw = New System.IO.StreamWriter(path)
        sw.WriteLine("逆引き大全 VIsual Basic 2022の極意")
        sw.WriteLine($"日付：{DateTime.Now}")
    End Using
    MessageBox.Show("ファイルを作成しました")
End Sub
```

リスト2 テキストファイル（シフトJIS）を作成する（ファイル名：file232.sln、Form1.vb）

```
Private Sub Button2_Click(sender As Object, e As EventArgs) _
    Handles Button2.Click
    ' シフトJISの場合は、プロバイダを登録する
    Encoding.RegisterProvider(CodePagesEncodingProvider.Instance)
    Dim path = TextBox1.Text
    Using sw = New StreamWriter(
            path,
            False,
            Encoding.GetEncoding("shift_jis")))
            sw.WriteLine("逆引き大全 Visual Basic 2022の極意")
        sw.WriteLine($"日付：{DateTime.Now}")
        sw.WriteLine("シフトJISコードで保存されています")
    End Using
    MessageBox.Show("シフトJISでファイルを作成しました")
End Sub
```

System.IO.File.Createメソッドの引数に新たなファイルのパスを指定して作成することもできます。Createメソッドの戻り値は、FileStreamオブジェクトです。

Tips 233 ▶Level ● ▶対応 COM PRO

テキストファイルの末尾に書き込む

ここがポイントです！ **テキストファイルを追加モードで開く**
(File.AppendText メソッド、StreamWriter.WriteLine メソッド)

テキストファイルの最後にデータを追加するには、**Fileクラス**の**AppendTextメソッド**でファイルを開き、**StreamWriterクラス**の**Writeメソッド**または**WriteLineメソッド**で出力します。

AppendTextメソッドの引数には、ファイルパスを指定します。

▼テキストファイルの最後にデータを追加する①

```
System.IO.File.AppendText(パス)
```

AppendTextメソッドは、UTF-8でエンコードされたテキストをファイルに書き込む**StreamWriterオブジェクト**を生成して返します。

AppendTextメソッドの引数が「長さ0の文字列」の場合は、例外ArgumentExceptionが発生します。

引数が「Nothing」の場合は、例外ArgumentNullExceptionが発生します。

また、UTF-8形式ではなく、現在のエンコードでファイルに出力する場合は、**StreamWriterクラス**のコンストラクターにファイルパス、「True」、「System.Text.Encoding.Default」を指定して、**StreamWriterオブジェクト**を生成し、**Writeメソッド**または**WriteLineメソッド**で出力します。

▼テキストファイルの最後にデータを追加する②

```
New System.IO.StreamWriter(パス, True, System.Text.Encoding.Default)
```

リスト1では、Button1([ファイルの末尾に追加する] ボタン) がクリックされたら、テキストボックスに入力されたパスのファイルの末尾にデータを追加します。

▼実行結果

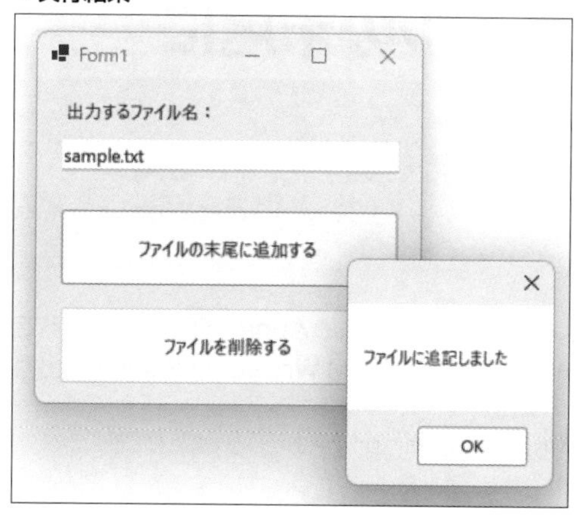

リスト1 末尾にデータを追加する(ファイル名：file233.sln、Form1.vb)

```
Private Sub Button1_Click(sender As Object, e As EventArgs) _
    Handles Button1.Click
    Dim path = TextBox1.Text
    Using sw = New System.IO.StreamWriter(path, True)
        sw.WriteLine($"書き込み日時: {DateTime.Now}")
    End Using
    MessageBox.Show("ファイルに追記しました")
End Sub
```

Writeメソッドの引数が「Nothing」の場合は、何も書き込まれません。WriteLineメソッドの引数が「Nothing」の場合は、行終端文字のみ書き込まれます。

StreamWriterクラスのコンストラクターの第2引数に「False」を指定すると、ファイルが上書きされ、元のデータが消去されます。

AppendTextメソッドで開いて出力したテキストファイルをテキストエディターで閲覧する場合は、文字コードを「UTF-8」にして開きます。

バイナリデータをファイルに書き出す

ここがポイントです！

バイナリデータを出力
（System.IO.FileStream クラス、Write メソッド）

FileStreamオブジェクトを使うと、**バイナリデータ**を書き出せます。
バイナリデータをファイルに書き出すためには、**Writeメソッド**を使います。

▼**バイナリデータをファイルに書き出す**

```
Dim fs = New System.IO.FileStream(ファイルパス)
fs.Write( データ, 最初の位置, データの長さ )
```

書き出すバイナリデータは、Byte型の配列（Byte( )）を宣言して使います。
Writeメソッドでは、書き出す最初の位置とデータの長さを指定します。データのすべてを書き出す場合は、次のように記述します。

```
Write( data, 0, data.Length )
```

リスト1では、Button1（[バイナリデータで書き出す] ボタン）がクリックされたら、8バイトのバイナリデータを作成し、ファイルに書き出しています。
リスト2では、Button2（[バイナリデータを読み込む] ボタン）がクリックされたら、バイナリデータを読み込みます。

▼**実行結果**

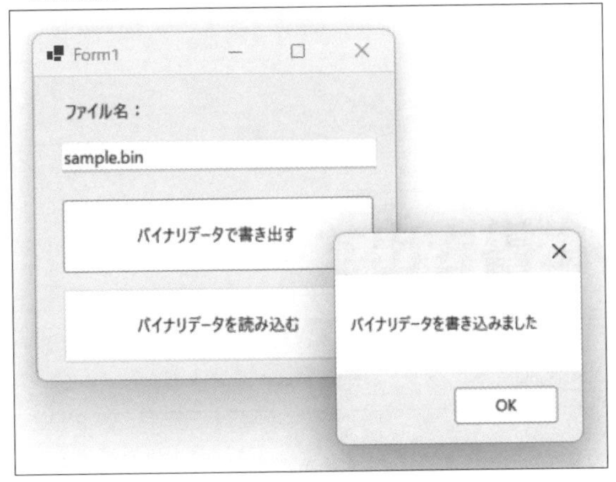

リスト1　バイナリデータを書き出す（ファイル名：file234.sln、Form1.vb）

```
''' バイナリデータを書き出す
Private Sub Button1_Click(sender As Object, e As EventArgs) _
    Handles Button1.Click
    Dim path = TextBox1.Text
    ' 出力する8バイトのデータ
    Dim data = New Byte() {
        &H0, &H0, &H0, &H0,
        &HFF, &HFF, &HFF, &HFF
    }
    Using fs = File.OpenWrite(path)
        Using bw = New BinaryWriter(fs)
            bw.Write(data)
        End Using
    End Using
    MessageBox.Show("バイナリデータを書き込みました")
End Sub
```

リスト2　バイナリデータを読み込む（ファイル名：file234.sln、Form1.vb）

```
''' バイナリデータを読み込む
Private Sub Button2_Click(sender As Object, e As EventArgs) _
    Handles Button2.Click
    Dim Path = TextBox1.Text
    Using fs = File.OpenRead(Path)
        Using br = New BinaryReader(fs)
            ' ファイルの長さだけ読み込む
            Dim count As Integer = fs.Length
            Dim data = br.ReadBytes(count)
            MessageBox.Show("バイナリデータを読み込みました" + vbCrLf +
                    BitConverter.ToString(data))
        End Using
    End Using
```

JSON形式でファイルに書き出す

ここがポイントです！　**クラスをJSON形式で出力**（JsonSerializerクラス、Serializeメソッド、Deserializeメソッド）

.NETでは、クラスのデータを**JSON形式**で出力することができます。

System.Text.Json名前空間にある**JsonSerializerクラス**の**Serializeメソッド**で**シリアライズ**（JSON形式で出力）、**Deserializeメソッド**で**デシリアライズ**（JSON形式から入力）ができます。

●シリアライズ

JSON形式に変換するオブジェクトをSerializeメソッドに指定すると、JSON形式の文字列が取得できます。これをファイルやデータベースなどに保存することにより、オブジェクトの値を永続化できます。

▼JSON形式へシリアライズ

```
Dim JSON文字列 = JsonSerializer.Serialize( オブジェクト )
```

●デシリアライズ

永続化されているJSON形式の文字列をデシリアライズ先のクラス名を指定して、Deserializeメソッドで変換します。

▼JSON形式からデシリアライズ

```
オブジェクト = JsonSerializer.Deserialize(Of クラス名)(JSON形式の文字列)
```

リスト1では、Button1（[JSON形式で書き出す] ボタン）がクリックされると、Personクラスのデータを「sample.json」ファイルに出力しています。

リスト2では、Button2（[JSON形式で読み込む] ボタン）がクリックされると、JSON形式で読み込みます。

▼実行結果

リスト1　JSON形式で書き出す（ファイル名：file235.sln、Form1.vb）

```
Private Sub Button1_Click(sender As Object, e As EventArgs) _
    Handles Button1.Click
    Dim person As New Person With
        {
```

```
            .Id = 100,
            .Name = "マスダトモアキ",
            .Age = 53,
            .Address = "東京都",
        }

    Dim path = TextBox1.Text;
        Dim json = System.Text.Json.JsonSerializer.Serialize(person)
    System.IO.File.WriteAllText(path, json)
    MessageBox.Show("JSON形式で書き出しました")
End Sub

Public Class Person
    Public Property Id As Integer
    Public Property Name As String
    Public Property Age As Integer
    Public Property Address As String
End Class
```

リスト2 JSON形式で読み込む（ファイル名：file235.sln、Form1.vb）

```
''' JSON形式の読み込み
Private Sub Button2_Click(sender As Object, e As EventArgs) _
    Handles Button2.Click
    Dim path = TextBox1.Text
    Dim json = System.IO.File.ReadAllText(path)
    Dim person = System.Text.Json.JsonSerializer.Deserialize(Of
Person)(json)
    MessageBox.Show("JSON形式を読み込みました" + vbCrLf +
            $"Name: {person?.Name}" + vbCrLf +
            $"Address: {person?.Address}")
End Sub
```

エラー処理の極意

構造化例外処理とは

ここがポイントです！

例外発生時のエラー処理
(Try〜Catchステートメント)

実行中のエラーをプログラムで検出して対処を行うには、**構造化例外処理**を使います。

構造化例外処理は、**Try〜Catchステートメント**を使って記述します。

Try〜Catchステートメントでは、**制御構造**を用いてエラーの種類を区別し、状況に応じた例外処理を行えます。この例外処理が構造化例外処理です。

Try〜Catchステートメントは、例外をとらえる処理を**Tryブロック**に記述し、例外が発生したときの対処を**Catchブロック**に記述します。

Catchブロックは複数作成でき、Catchキーワード、対処する例外の種類（例外クラスや条件など）、例外発生時に行う処理を記述します。

▼エラーに対処する

```
Try
   処理1
Catch 変数 As 例外クラス
   例外処理
End Try
```

リスト1では、あらかじめTryブロックに例外が発生する処理を入れておきます。Button1（[実行] ボタン）ボタンがクリックされると、例外が発生してメッセージボックスが表示されます。

▼実行結果

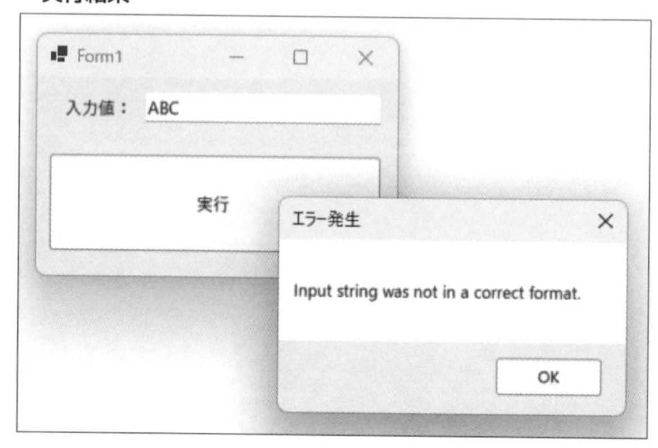

リスト1　構造化例外処理を実行する（ファイル名：error236.sln、Form1.vb）

```
Private Sub Button1_Click(sender As Object, e As EventArgs) _
    Handles Button1.Click
    Dim text = TextBox1.Text
    Dim x = 0
    Try
        x = Integer.Parse(text)
    Catch ex As FormatException
        MessageBox.Show(ex.Message, "エラー発生")
    End Try
End Sub
```

すべての例外に対処する

構造化例外処理の**Try〜Catchステートメント**で、実行中に発生した例外のすべての対処するためには、Catchブロックに**Exceptionクラス**を指定します。

▼すべてのエラーに対処する

```
Try
  処理
Catch 変数 As Excepiton
  例外処理
End Try
```

Exceptionクラスは、すべての例外の**基底クラス**になります。

例外が発生したときに、Catchブロックが複数ある場合には、先に書かれたCatchブロックの例外クラスから処理が行われます。そのため、すべての例外クラスにマッチするExceptionクラスは、最後のCatchブロックに記述します。

リスト1では、tryブロックで例外FormatExceptionが発生しています。最初に書かれた例外ArgumentNullExceptionの処理は飛ばされて、2番目の例外Exceptionの処理が行われます。

▼実行結果

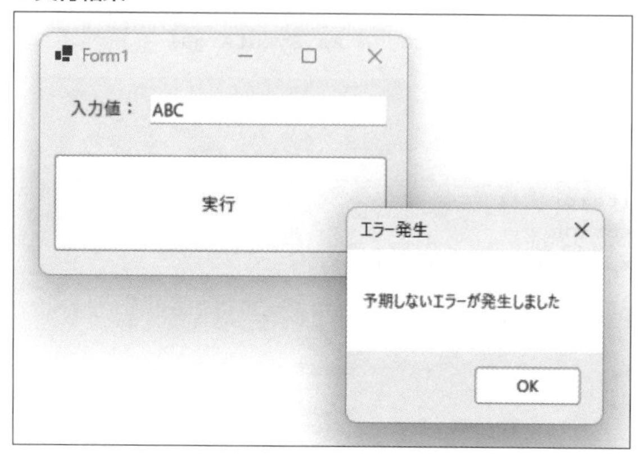

リスト1　すべての例外に対処する（ファイル名：error237.sln、Form1.vb）

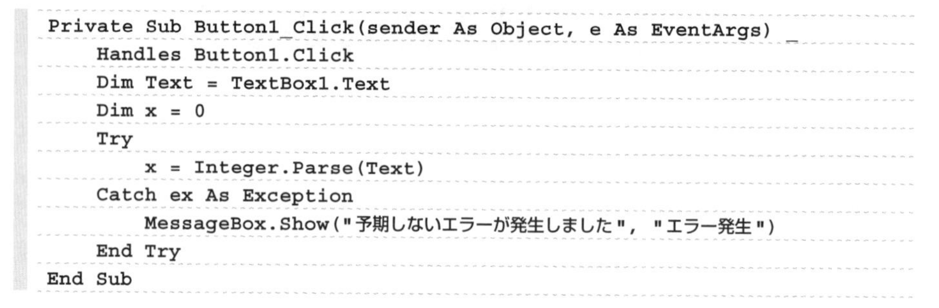

```
Private Sub Button1_Click(sender As Object, e As EventArgs) _
    Handles Button1.Click
    Dim Text = TextBox1.Text
    Dim x = 0
    Try
        x = Integer.Parse(Text)
    Catch ex As Exception
        MessageBox.Show("予期しないエラーが発生しました", "エラー発生")
    End Try
End Sub
```

Tips
238
▶Level ●●
▶対応
COM PRO

例外発生の有無にかかわらず、必ず後処理を行う

ここが ポイント です！

構造化例外処理の後処理
（Finally ブロック）

ファイルのクローズやオブジェクトの解放など、例外が発生するしないにかかわらず、必ず行いたい処理は、**Finally ブロック**に記述します。

finally ブロックの処理は、Catch ブロックの処理に Return ステートメントが記述されていても実行されます。

▼例外処理の後処理を行う

```
Try
    処理
Catch 変数 As 例外クラス
    例外処理
Finally
    後処理
End Try
```

リスト1では、Button1（[実行] ボタン）がクリックされると、構造化例外処理を行います。CatchブロックでReturnステートメントが実行されても、Finallyブロックのメッセージが表示されます。

▼実行結果

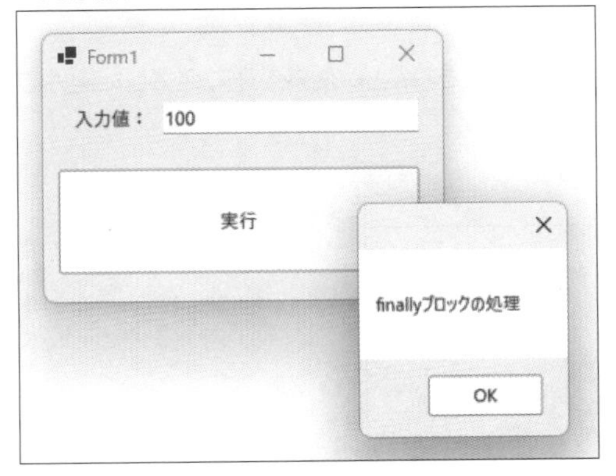

リスト1 例外処理の後処理を行う（ファイル名：error238.sln、Form1.vb）

```
Private Sub Button1_Click(sender As Object, e As EventArgs) _
    Handles Button1.Click
    Dim Text = TextBox1.Text
    Dim x = 0
    Try
        x = Integer.Parse(Text)
    Catch ex As FormatException
        MessageBox.Show(ex.Message, "エラー発生")
    Finally
        MessageBox.Show("finallyブロックの処理")
    End Try
End Sub
```

例外のメッセージを取得する

ここがポイントです！

例外のメッセージを取得して表示
（Exceptionクラス、Messageプロパティ）

例外が発生したとき、例外の理由を表すメッセージを取得するには、**Exceptionクラス**（またはExceptionクラスから派生した例外クラス）の**Messageプロパティ**を使います。

▼例外のメッセージを取得する

```
Exception.Message
```

リスト1では、Button1（[実行] ボタン）がクリックされたら、例外処理で発生した例外のメッセージを取得して表示します。

▼実行結果

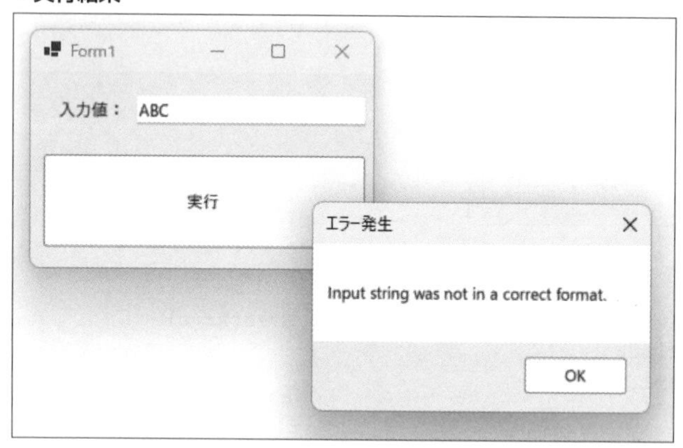

リスト1　例外のメッセージを表示する（ファイル名：error239.sln、Form1.vb）

```
Private Sub Button1_Click(sender As Object, e As EventArgs) _
    Handles Button1.Click
    Dim Text = TextBox1.Text
    Dim x = 0
    Try
        x = Integer.Parse(Text)
    Catch ex As FormatException
        MessageBox.Show(ex.Message, "エラー発生")
    End Try
End Sub
```

無効なメソッドの呼び出しの例外をとらえる

ここがポイントです！

メソッド呼び出しが失敗したときの例外 (InvalidOperationException クラス)

無効なメソッド呼び出しのときの例外処理を行うには、Catchブロックで**InvalidOperationException クラス**を指定します。

InvalidOperationException クラスは、引数が無効であること以外の原因でメソッドの呼び出しが失敗した場合にスローされる例外です。

リスト1では、Process.Startメソッドの引数に空の文字列を渡しているため、例外InvalidOperationExceptionが発生します。

▼実行結果

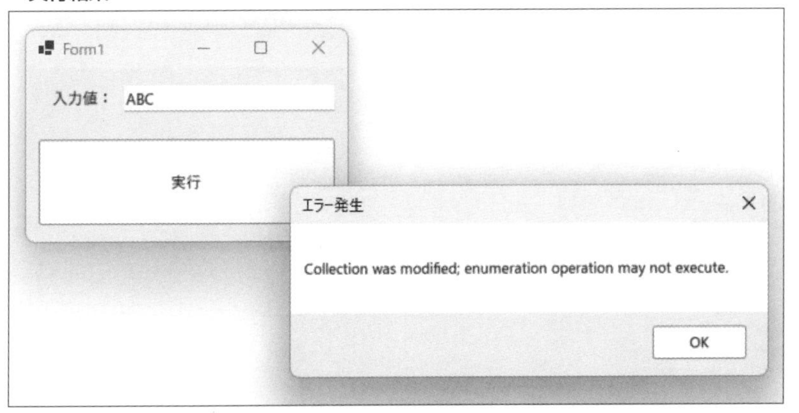

リスト1　メソッド呼び出しの例外をキャッチする (ファイル名：error240.sln、Form1.vb)

```
Private Sub Button1_Click(sender As Object, e As EventArgs) _
    Handles Button1.Click
    Dim Text = TextBox1.Text
    ' 1文字ずつ分割する
    Dim lst = Text.ToList()
    Try
        For Each ch In lst
            ' コレクションを動的に操作してはいけない
            If ch = "A" Then
                lst.Remove(ch)
            End If
        Next
    Catch ex As InvalidOperationException
        MessageBox.Show(ex.Message, "エラー発生")
```

```
    End Try
End Sub
```

例外を呼び出し元で処理する

ここがポイントです！ 呼び出し元で例外処理を行う

tryブロック内で呼び出された**プロシージャ**で例外が発生した際、例外が発生したプロシージャに例外処理がない場合は、呼び出し元プロシージャの例外処理が行われます。

リスト1では、tryブロックでSampleProcメソッドを呼び出しています。SampleProメソッドでは、例外処理を行っていないため、SampleProcメソッドで発生した例外は、呼び出し元のメソッドで処理されます。

▼実行結果

リスト1 呼び出し元で例外処理を行う（ファイル名：error241.sln、Form1.vb）

```
Private Sub Button1_Click(sender As Object, e As EventArgs) _
    Handles Button1.Click
    Dim Text = TextBox1.Text
    Try
        Dim x = sample(Text)
    Catch ex As Exception
        MessageBox.Show(ex.Message, "エラー発生")
    End Try
End Sub
```

```
''' 文字列を数値に変換する関数
Private Function sample(Text As String) As Integer
    ' 数値に変換できないときは例外が発生する
    Dim a = Integer.Parse(Text)
    Return a
End Function
```

Tips 242 ▶Level ● ▶対応 COM PRO

例外の種類を取得する

ここがポイントです！ **例外の型を取得して表示**
（Exceptionクラス、GetTypeメソッド）

例外が発生したとき、例外の種類を取得するには、**Exceptionクラス**の**GetTypeメソッド**を使います。

▼例外の種類を取得する

```
Exception.GetType()
```

リスト1では、Catchブロックで例外の種類を取得して表示しています。

▼実行結果

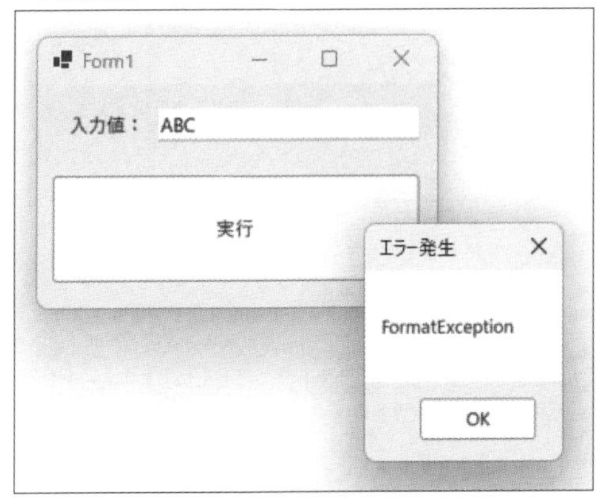

リスト1 例外の種類を取得する（ファイル名：error242.sln、Form1.vb）

```
Private Sub Button1_Click(sender As Object, e As EventArgs) _
    Handles Button1.Click
    Dim Text = TextBox1.Text
```

```
    Try
        Dim a = Integer.Parse(Text)
    Catch ex As Exception
        MessageBox.Show(ex.GetType().Name, "エラー発生")
    End Try
End Sub
```

例外が発生した場所を取得する

例外発生個所の取得
(Exceptionクラス、StackTraceプロパティ)

例外が発生した場所を取得するには、**Exceptionクラス**の**StackTraceプロパティ**を使います。

▼例外が発生した場所を取得する

```
Exception.StackTrace()
```

リスト1では、Catchブロックで、例外が発生した場所を表示しています。

▼実行結果

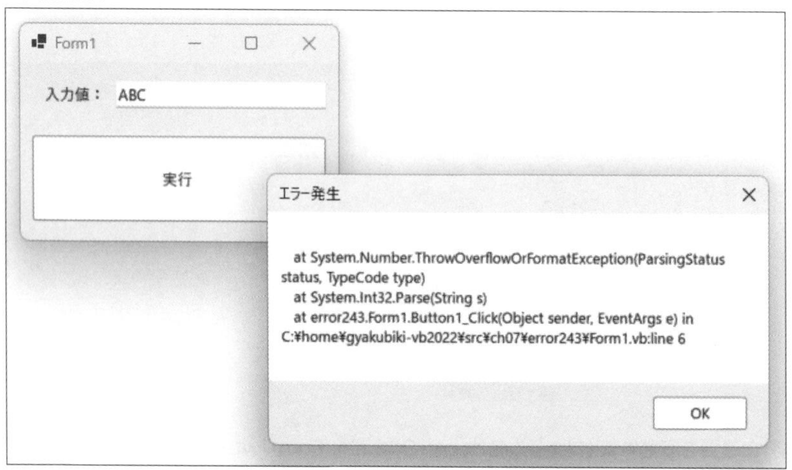

リスト1　例外が発生した場所を表示する（ファイル名：error243.sln、Form1.vb）

```
Private Sub Button1_Click(sender As Object, e As EventArgs) _
    Handles Button1.Click
    Dim Text = TextBox1.Text
    Try
        Dim a = Integer.Parse(Text)
    Catch ex As Exception
        MessageBox.Show(ex.StackTrace, "エラー発生")
    End Try
End Sub
```

例外を発生させる

例外を意図的に発生させて処理を行うには、**Throwステートメント**を使います。Throwステートメントには、スローする例外を指定します。

▼例外を発生させる

```
throw 例外クラス(メッセージ)
```

Catchブロック内では、式を持たないThrowステートメントを記述できます。この場合は、Catchブロックで現在処理されている例外がスローされます。

リスト1では、引数bを使う前に「0」かどうか調べ、「0」の場合は例外を発生させています。

▼実行結果

リスト1 例外を発生させる（ファイル名：error244.sln、Form1.vb）

```
Private Sub Button1_Click(sender As Object, e As EventArgs) _
    Handles Button1.Click
    Dim a = Integer.Parse(TextBox1.Text)
    Dim b = Integer.Parse(TextBox2.Text)
    Try
        Dim ans = calc(a, b)
        MessageBox.Show($"ans: {ans}")
    Catch ex As Exception
        MessageBox.Show(ex.Message, "エラー発生")
    End Try
End Sub

Private Function calc(a As Integer, b As Integer) As Integer

    ' 0除算をチェックする
    If b = 0 Then
        ' 例外を発生させる
        Throw New DivideByZeroException("0で除算はできません")
    End If
    Return a / b
End Function
```

新しい例外を定義する

ここがポイントです！

新たな例外クラスの作成
（継承、Exceptionクラス）

新しい**例外クラス**を作成するには、**Exceptionクラス**を継承したクラスを作成します。

継承クラスを作成するには、新しいクラスを定義するときに、クラス名に続けてInheritsステートメントと継承元クラス名（ここでは「Exception」）を記述します。

▼新しい例外を定義する

```
Public Class 新規例外クラス名
  Inherits Exception
    クラス定義
End Class
```

リスト1では、変数の値が「0」のとき、新たに作成した例外SampleExceptionを発生させています。

リスト2では、Exceptionクラスを継承する新たな例外SampleExceptionクラスを作成しています。クラスのコンストラクターでは、継承元のExceptionクラスのコンストラクターを呼び出しています。

▼実行結果

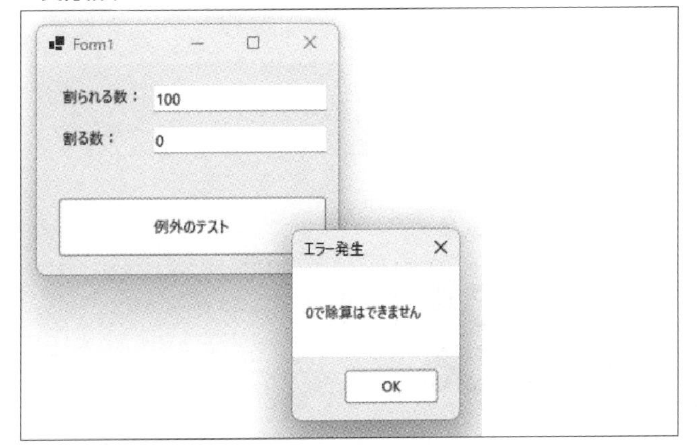

リスト1 定義した例外クラスを使う（ファイル名：error245.sln Form1.vb）

```
Private Sub Button1_Click(sender As Object, e As EventArgs) _
    Handles Button1.Click
    Dim a = Integer.Parse(TextBox1.Text)
    Dim b = Integer.Parse(TextBox2.Text)
    Try
        Dim ans = calc(a, b)
        MessageBox.Show($"ans: {ans}")
    Catch ex As Exception
        MessageBox.Show(ex.Message, "エラー発生")
    End Try
End Sub

Private Function calc(a As Integer, b As Integer) As Integer
    ' 0除算をチェックする
    If b = 0 Then
        ' 例外を発生させる
        Throw New SampleExcepition("0で除算はできません")
    End If
    Return a / b
End Function
```

リスト2 例外クラスを定義する（ファイル名：error245.sln Form1.vb）

```
''' 独自の例外クラスを定義する
Public Class SampleExcepition
    Inherits Exception
    Public Sub New()
        MyBase.New()
```

```
    End Sub

    Public Sub New(message As String)
        MyBase.New(message)
    End Sub
    Public Sub New(message As String, inner As Exception)
        MyBase.New(message, inner)
    End Sub
End Class
```

引数が無効の場合の例外をとらえる

ここがポイントです！ **無効な引数を渡したときの例外をキャッチ**（ArgumentExceptionクラス）

引数として指定したパスが空であるなど、引数が無効な場合の例外処理を行うには、Catchブロックで**ArgumentExceptionクラス**を指定します。

ArgumentExceptionクラスは、メソッドに渡された引数のいずれかが無効な場合にスローされる例外です。主な派生クラスに、ArgumentNullExceptionクラスとArgumentOutOfRangeExceptionクラスがあります。

リスト1では、Button1（[例外のテスト] ボタン）がクリックされたら、Parseメソッドの引数に空の文字列を指定しているため例外が発生します。

▼**実行結果**

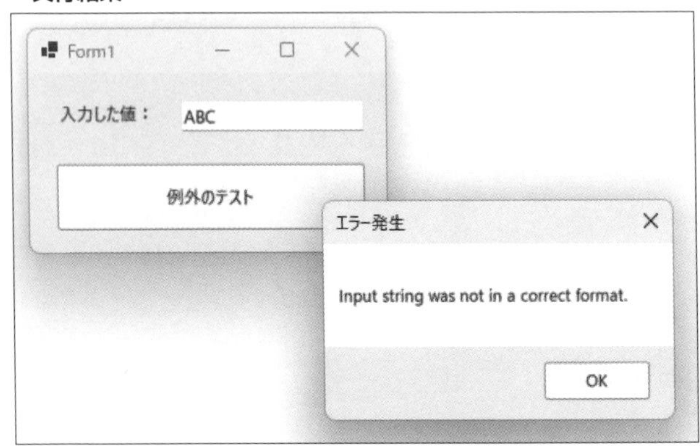

リスト1　引数が無効の場合の例外をキャッチする（ファイル名：error246.sln、Form1.vb）

```
Private Sub Button1_Click(sender As Object, e As EventArgs) _
    Handles Button1.Click
    Dim Text = TextBox1.Text
    Try
        Dim a = Integer.Parse(Text)
    Catch ex As FormatException
        ' 引数が無効の場合
        MessageBox.Show(ex.Message, "エラー発生")
    End Try
End Sub
```

引数の値が範囲外の場合の例外をとらえる

ここがポイントです！　**範囲外の引数を渡したときの例外をキャッチ**（ArgumentOutOfRangeExceptionクラス）

引数の値が範囲外のとき、例えば、InsertメソッドやSubstringメソッドの引数に、文字列の長さを越えるインデックスを指定したときなどの例外処理を行うには、Catchブロックで**ArgumentOutOfRangeExceptionクラス**を指定します。

ArgumentOutOfRangeExceptionクラスは、メソッドに渡した引数の値がNothingではなく、また有効な範囲外の値である場合にスローされる例外です。

リスト1では、Button1（[例外のテスト] ボタン）をクリックすると、Substringメソッドの引数に文字列の長さを超えるインデックスが指定されているため、例外が発生します。

▼実行結果

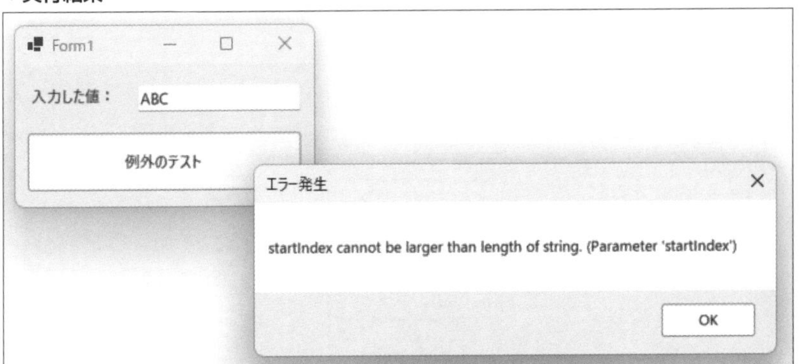

リスト1　引数が範囲外の場合の例外をキャッチする（ファイル名：error247.sln、Form1.vb）

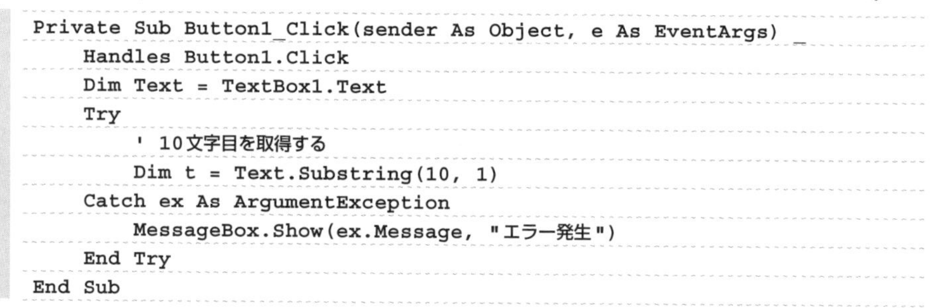

```
Private Sub Button1_Click(sender As Object, e As EventArgs) _
    Handles Button1.Click
    Dim Text = TextBox1.Text
    Try
        ' 10文字目を取得する
        Dim t = Text.Substring(10, 1)
    Catch ex As ArgumentException
        MessageBox.Show(ex.Message, "エラー発生")
    End Try
End Sub
```

引数がNothingの場合の例外をとらえる

ここがポイントです！

引数の値がNothingのときの例外をキャッチ（ArgumentNullExceptionクラス）

Nothingを受け付けないメソッドにNothingを渡したときの例外処理を行うには、Catchブロックで**ArgumentNullExceptionクラス**を指定します。

ArgumentNullExceptionクラスは、Nothingを有効な引数として受け付けないメソッドにNothingを渡した場合にスローされる例外です。

リスト1では、Button1（[例外のテスト] ボタン）をクリックすると、Insertメソッドの第2引数に、初期化されていない文字列変数（既定値はNothing）が指定されているため、例外が発生します。

▼実行結果

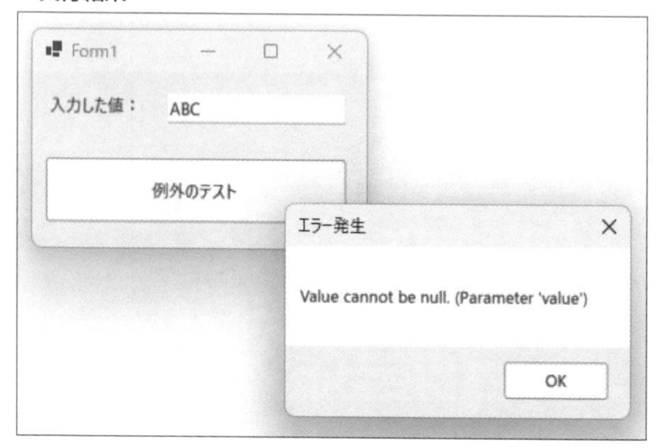

リスト1 引数がNothingの場合の例外をキャッチする(ファイル名:error248.sln、Form1.vb)

```
Private Sub Button1_Click(sender As Object, e As EventArgs) _
    Handles Button1.Click
    Dim Text = TextBox1.Text
    Try
        ' null文字を追加する
        ' コンパイル時に警告がでる
        Dim t = Text.Insert(0, Nothing)
    Catch ex As ArgumentException
        MessageBox.Show(ex.Message, "エラー発生")
    End Try
End Sub
```

I/Oエラーが発生した場合の例外をとらえる

ここがポイントです! 入出力エラーのときの例外をキャッチ
(IOExceptionクラス)

パスのファイル名やディレクトリ名が正しくない場合など、**I/Oエラー**が発生したときに例外処理を行うには、Catchブロックで**IOExceptionクラス**を指定します。

IOExceptionクラスは、ストリームやファイル、ディレクトリを使用した入出力処理でエラーが発生したときにスローされる例外です。

例えば、System.IO.Directory.GetFilesメソッドの引数にディレクトリを指定したときや、System.IO.File.Deleteメソッドの引数に指定したファイルが使用中のとき、System.IO.File.Moveメソッドの引数に指定した移動先ファイルがすでに存在するときなどにスローされます。

リスト1では、Button1([例外のテスト]ボタン)をクリックすると、GetFilesメソッドにファイル名が指定されているため、例外が発生します(正しくはフォルダー名を指定します)。

▼実行結果

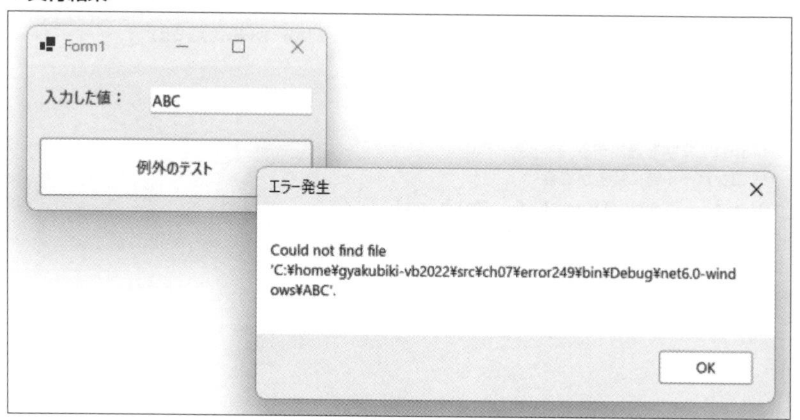

リスト1 I/Oエラーの例外をキャッチする（ファイル名：error249.sln、Form1.vb）

```
Private Sub Button1_Click(sender As Object, e As EventArgs) _
    Handles Button1.Click
    Dim path = TextBox1.Text
    Try
        Dim reader = System.IO.File.OpenText(path)
        Dim Text = reader.ReadToEnd()
        reader.Close()
    Catch ex As System.IO.IOException
        ' 読み込みに失敗したときに例外が発生する
        MessageBox.Show(ex.Message, "エラー発生")
    End Try
End Sub
```

ファイルが存在しない場合の例外をとらえる

ここがポイントです！

ファイルが存在しないときの例外をキャッチ
（FileNotFoundExceptionクラス）

引数に指定したファイルが存在しないときの例外処理を行うには、Catchブロックで**FileNotFoundExceptionクラス**を指定します。

FileNotFoundExceptionクラスは、存在しないファイルにアクセスしようとして失敗したときにスローされる例外です。

例えば、System.IO.File.Copyメソッドに指定したコピー元ファイルが見つからないときや、System.IO.File.Moveメソッドに指定した移動元ファイルが見つからないときなどにスローされます。

リスト1では、Button1（[例外のテスト] ボタン）をクリックすると、FromFileメソッドの引数に存在しないファイルが指定されているため、例外が発生します。

▼実行結果

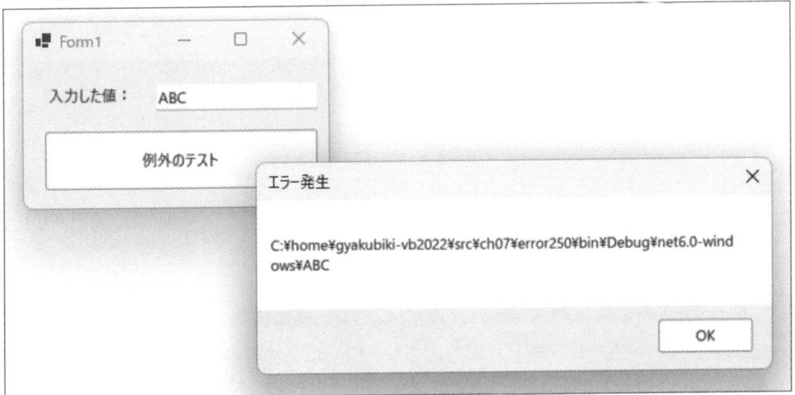

リスト1　ファイルが存在しないときの例外をキャッチする（ファイル名：error250.sln、Form1.vb）

```
Private Sub Button1_Click(sender As Object, e As EventArgs) _
    Handles Button1.Click
    Dim path = TextBox1.Text
    Try
        Dim img = Image.FromFile(path)
    Catch ex As System.IO.FileNotFoundException
        MessageBox.Show(ex.Message, "エラー発生")
    End Try
End Sub
```

Column 複数のコントロールを整列させる

デザイン作成時に、フォーム上に配置した複数のコントロールをきれいに整列させることができます。

整列したいコントロールにかかるようにドラッグするか、コントロールを［Shift］キー（または［Ctrl］キー）を押しながらクリックして選択し、［書式］メニューの［整列］を選択し、表示されたメニューから整列したい位置を選択します。

このとき、最初に選択したコントロール（白いハンドルが表示されている）を基準に整列されます。

また［書式］メニューの［左右の間隔］［上下の間隔］からコントロール同士の間隔を均一に揃えることができます。

コントロールをフォームに対して整列したいときは、［書式］メニューの［フォームの中央に配置］を選択して、［左右］または［上下］を選択します。

デバッグの極意

8-1 IDE

Tips
251
Level
対応
COM
PRO

ブレークポイントを設定/解除する

ここがポイントです!

実行を中断する個所を指定
(ブレークポイント)

実行途中に、プログラムのある場所で実行を一時中断するには、**ブレークポイント**を設定します。

ブレークポイントを設定して実行すると、設定した個所でプログラムの実行が中断され、変数の値などを調べることができます。

ブレークポイントを指定する手順は、以下の通りです。

❶コードウィンドウで実行を中断したいコードの左側のマージン(グレーのところ)をクリックします。
❷クリックすると、グリフ(赤い丸)が表示されます。

あるいは、ブレークポイントを設けたい行を右クリックして、メニューから[ブレークポイント]→[ブレークポイント]の挿入を選択して設定することもできます。

なお、プログラムを実行すると、ブレークポイントのところで実行が中断されます。このとき、ブレークポイントを設定した行は、まだ実行されていません。処理を続行するには、ツールバーの[続行]ボタンをクリックするか、デバッグメニューの[続行]を選択、または[F5]キーを押します。

▼ブレークポイントの設定

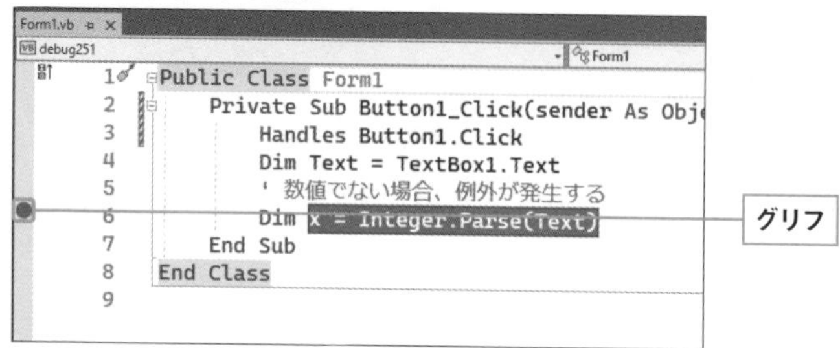
Form1.vb
debug251
Form1
1 Public Class Form1
2 Private Sub Button1_Click(sender As Obj
3 Handles Button1.Click
4 Dim Text = TextBox1.Text
5 ' 数値でない場合、例外が発生する
6 Dim x = Integer.Parse(Text)
7 End Sub
8 End Class
9
グリフ

▼実行するとブレークポイントで中断

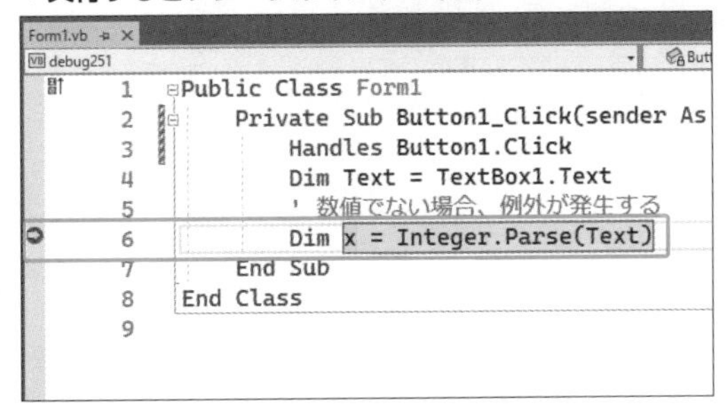
Form1.vb
debug251
1 Public Class Form1
2 Private Sub Button1_Click(sender As
3 Handles Button1.Click
4 Dim Text = TextBox1.Text
5 ' 数値でない場合、例外が発生する
6 Dim x = Integer.Parse(Text)
7 End Sub
8 End Class
9

さらにワンポイント

ブレークポイントで中断した後、処理を続行するには、標準ツールバーの［続行］ボタンをクリックします。または、デバッグメニューの［続行］を選択します。

さらにワンポイント

ブレークポイントを設定したい行をクリックして、[F9] キーを押してブレークポイントを設定することもできます。

Tips
252
Level
対応
COM
PRO

指定の実行回数で中断する

ここがポイントです！

実行回数に応じたブレークポイント
（［ブレークポイントのヒットカウント］ダイアログボックス）

指定した回数だけ実行したら処理を中断するブレークポイントを作成するには、**ブレークポイントのヒットカウント**ダイアログボックスを使って設定を行います。

設定の手順は、以下の通りです。

❶ブレークポイントを作成します（左のマージンをクリックします）。
❷グリフ（ブレークポイントの赤い丸）の右上にある歯車のアイコンをクリックして、メニューから［条件］をチェックします（画面1）。
❸［ヒットカウント］を選択して、ブレークポイントでマッチさせる条件を設定します（画面2）。

複数の条件にマッチさせる場合は、［条件の追加］リンクをクリックして条件を追加します。

▼画面1 ヒットカウントを選択

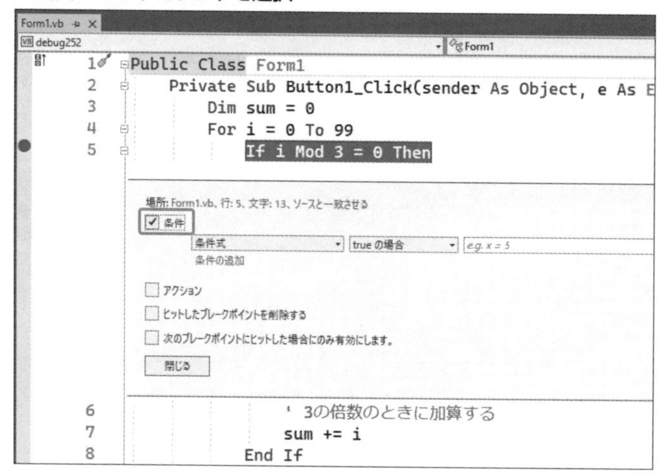

▼画面2 ブレークポイントのヒットカウント

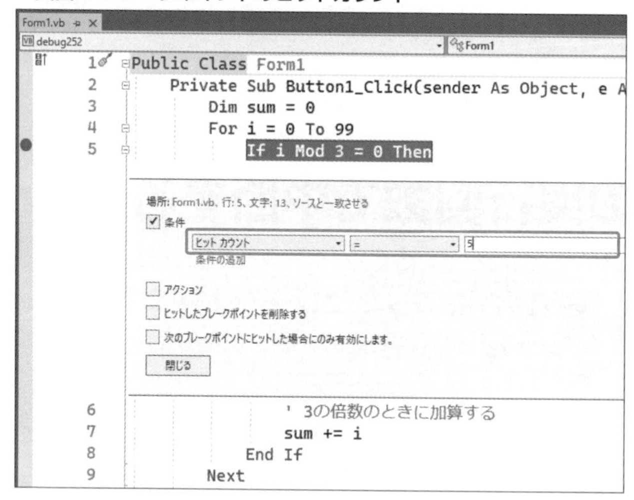

ブレークポイントが設定された行を右クリックして、表示されたメニューから［ブレークポイント］→［条件］を選択して、［ブレークポイント設定］を表示することもできます。

指定の条件になったら中断する

ここがポイントです！
条件に応じたブレークポイント
（[ブレークポイントの条件] ダイアログボックス）

指定した条件が成立したときのみ処理を中断するブレークポイントを作成するには、**ブレークポイントの条件**ダイアログボックスを使って設定を行います。

設定の手順は、以下の通りです。

❶ブレークポイントを作成します（左のマージンをクリックします）
❷グリフ（ブレークポイントの赤い丸）の右上にある歯車のアイコンをクリックして、メニューから [条件] をチェックします（画面1）。
❸ [条件式] を選択して、ブレークポイントでマッチさせる条件を設定します（画面2）。

▼画面1 条件を選択

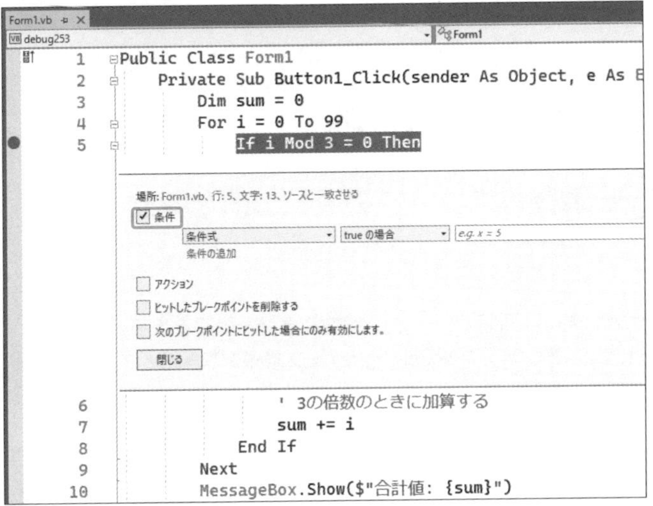

▼画面2 ブレークポイントの条件

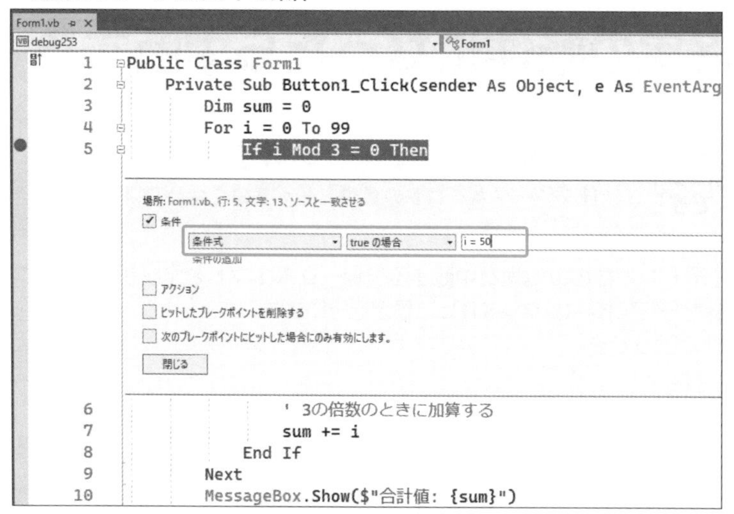

実行中断時にローカル変数の値を一覧表示する

ここがポイントです！ **現在のスコープの変数の値を確認**（ローカルウィンドウ）

ローカルウィンドウを使うと、実行中断時にローカル変数の値を表示できます。

ローカルウィンドウを表示するには、表示中断時に（ブレークポインターなどで処理を中断した状態で）、[デバッグ] メニューから [ウィンドウ] → [ローカル] をクリックします（画面1）。

ローカルウィンドウには、現在実行中のメソッドの変数名と値、データ型が表示されます（画面2）。

▼画面1 ローカルを設定

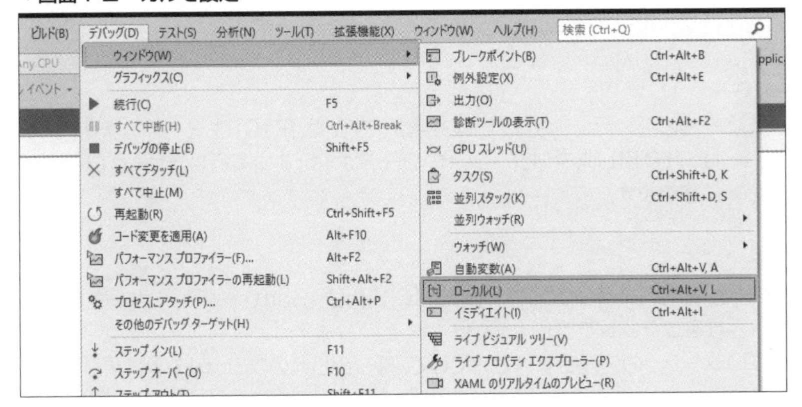

▼画面2 ローカルウィンドウ

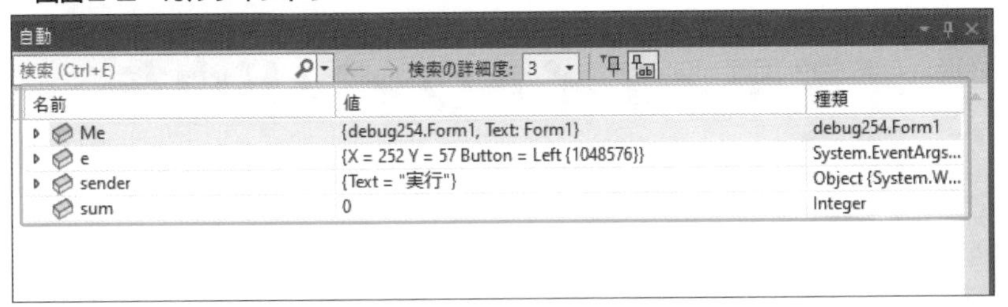

ブレークポイントなどで、実行を中断しているときにコードウィンドウの変数名にカーソルを近づけると、その変数の値が表示されます。

1行ずつステップ実行をする

ここがポイントです！ 1行ずつ実行して確かめる

プログラムを1行ずつ実行するには、**ステップ実行**を行います。ステップ実行には、ステップイン、ステップアウト、ステップオーバーの3種類があります。

●ステップイン

[デバッグ] メニューから [ステップイン] を選択、または [F11] キーを押します。

ステップインは、呼び出し先プロシージャのコードも1行ずつ実行します。まだ実行していないプログラムを1行ずつ実行するには、ステップインを選択します。

●ステップオーバー

[デバッグ] メニューから [ステップオーバー] を選択、または [F10] キーを押します。

ステップオーバーは、呼び出し先プロシージャのコードは1行ずつ実行しません。現在のプロシージャの次の行に移ります。

●ステップアウト

[デバッグ] メニューから [ステップアウト] を選択、または [Shift]+[F11] キーを押します(実行中に表示されるコマンドです)。

呼び出し先のプロシージャの処理をすべて完了して、呼び出し元のプロシージャに戻ります。

イミディエイトウィンドウを使う

ここがポイントです! 変数や式の値の評価(イミディエイトウィンドウ)

イミディエイトウィンドウは、式の評価やステートメントの実行、変数の値の出力などに使います。

イミディエイトウィンドウが表示されていない場合は、[デバッグ] メニューから [ウィンドウ] → [イミディエイト] を選択して表示できます(画面1)。

コマンドウィンドウが表示されている場合は、コマンドウィンドウに「immed」と入力し、[Enter] キーを押すと表示できます(途中まで入力して表示される入力候補から「immed」を選択することもできます)。

実行途中に、イミディエイトウィンドウで変数や式の値を評価するには、「?」(疑問符) に続けて評価する変数や式を入力してから [Enter] キーを押します。すると、次の行に結果が表示されます。

画面2は、実行途中に(処理を中断したときに) 変数aとb、合計値sumの値を調べています。

▼画面1 イミディエイトウィンドウを表示

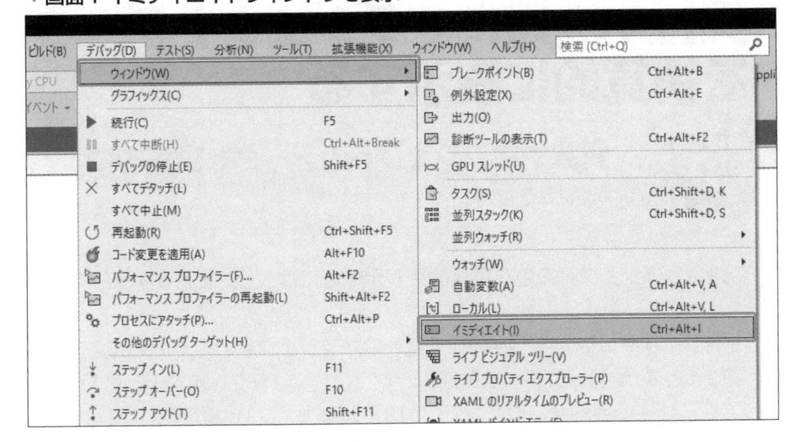

▼画面2 式の値を評価

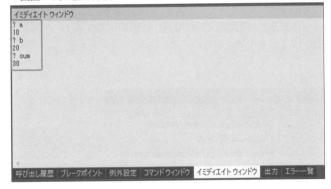

イミディエイトウィンドウの表示内容をすべて消去するには、イミディエイトウィンドウを右クリックして、ショートカットメニューから［すべてクリア］を選択します。

実行中断時にオブジェクトデータを視覚的に表示する

ここがポイントです!
変数やオブジェクトのデータを視覚的に表示
（ビジュアライザー）

実行中断時に、変数やオブジェクトの値を視覚的に表示するには、**ビジュアライザー**を使います。

ビジュアライザーを表示するには、実行中断時に変数のオブジェクトの［データヒント］（マウスカーソルを近づけると表示される）の［虫眼鏡］アイコンをクリックします（画面1）。

または、ウォッチウィンドウ、自動変数ウィンドウ、ローカルウィンドウに表示される［虫眼鏡］アイコンをクリックしてもビジュアライザーを表示できます。

ビジュアライザーは、標準では［テキストビジュアライザー］、［XMLビジュアライザー］、［HTMLビジュアライザー］、［JSONビジュアライザー］の4つがあります。

［虫眼鏡］のアイコンをクリックすると、自動的にそれに適したビジュアライザーが表示されます（ビジュアライザーを選択することもできます）。

▼画面1 虫眼鏡アイコンをクリック

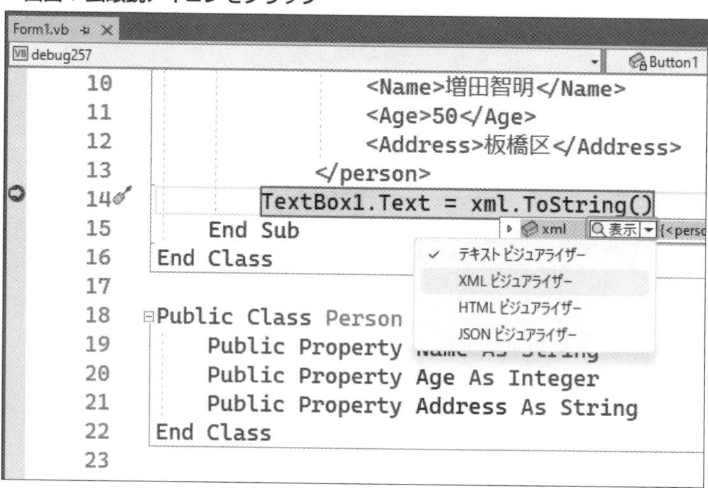

▼テキストビジュアライザー

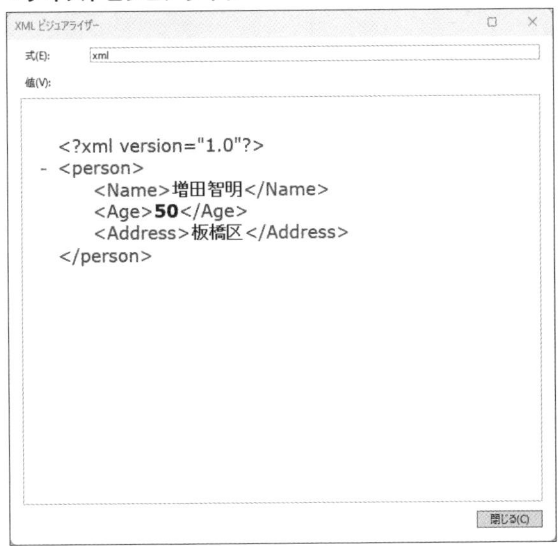

実行中のプロセスにアタッチする

ここがポイントです！ 別のプロセスへのアタッチ/デタッチ

外部で実行中のプロセスに**アタッチ**することができます。

アタッチ機能を使うと、Visual Studio 2022で作成されていないアプリケーションをデバッグしたり、複数のプロセスを同時にデバッグしたりできます。

別のプロセスへアタッチする手順は、以下の通りです。

1. [デバッグ] メニューの [プロセスにアタッチ] を選択します (画面1)。
2. [プロセスにアタッチ] ダイアログボックスの [使用可能なプロセス] のリストからプロセスを選択します (画面2)。
3. [アタッチ] ボタンをクリックします。

アタッチしているプロセスは、[プロセス] ウィンドウで確認できます (画面3)。[プロセス] ウィンドウは、[デバッグ] メニューから [ウィンドウ] → [プロセス] を選択して表示できます。

アタッチしたプロセスをデタッチするには、以下の2つの方法があります。

Ⓐ［プロセス］ウィンドウでプロセスを選択して、プロセスウィンドウの［プロセスのデタッチ］ボタンをクリックします。
Ⓑプロセスを右クリックして、ショートカットメニューから［プロセスのデタッチ］を選択します（画面4）。

▼画面1 プロセスにアタッチを選択

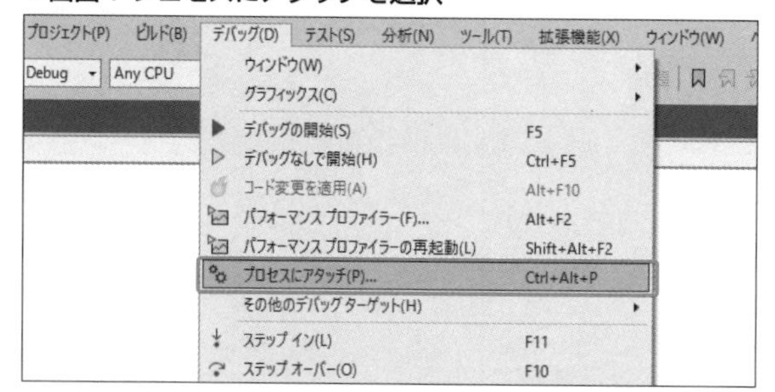

▼画面2 プロセスにアタッチダイアログ

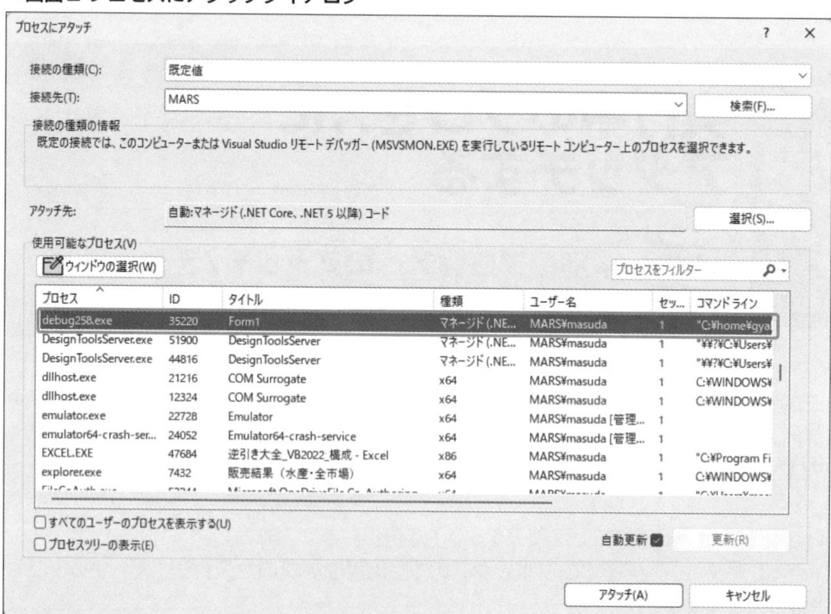

▼画面3 プロセスウィンドウ

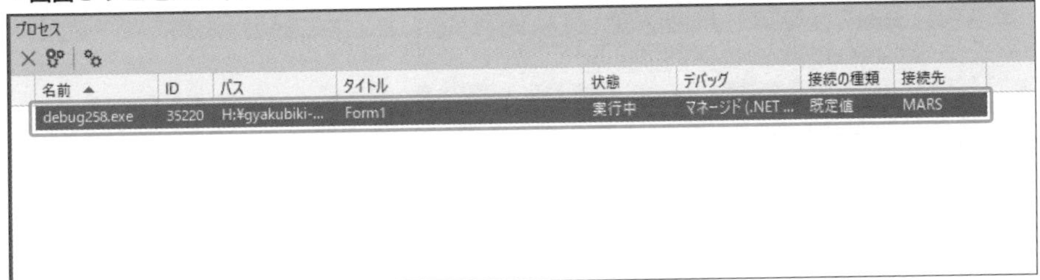

▼画面4 アタッチしたプロセスをデタッチ

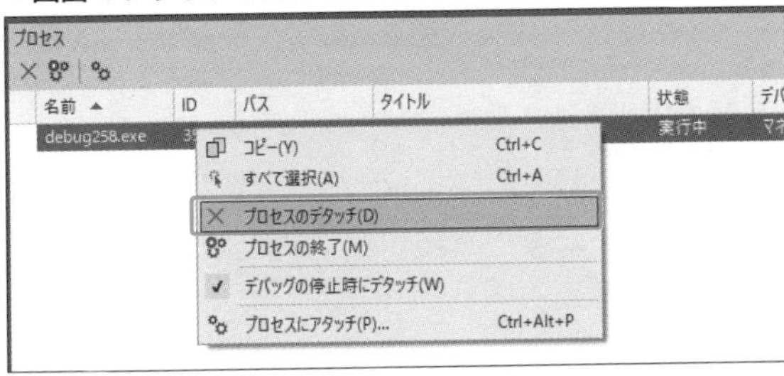

ビルド構成を変更する

ここが
ポイント
です!
リリースビルドへの切り替え

デバッグを完了した配布用のプロジェクトは、**リリースビルド**でビルドを行います。
リリースビルドを行う手順は、以下の通りです。

❶ [標準] ツールバーの [ソリューション構成] ボックスをクリックし、[Release] を選択します (画面1)。
❷ [ビルド] メニューの [(アプリケーション名) のビルド] をクリックします。

あるいは、[ビルド] メニューの [構成マネージャー] を選択し、表示される [構成マネージャー] ダイアログボックスで変更することもできます。
[構成マネージャー] ダイアログボックスでは、各プロジェクトごとに設定を行えます。

▼画面1 [Release] を選択

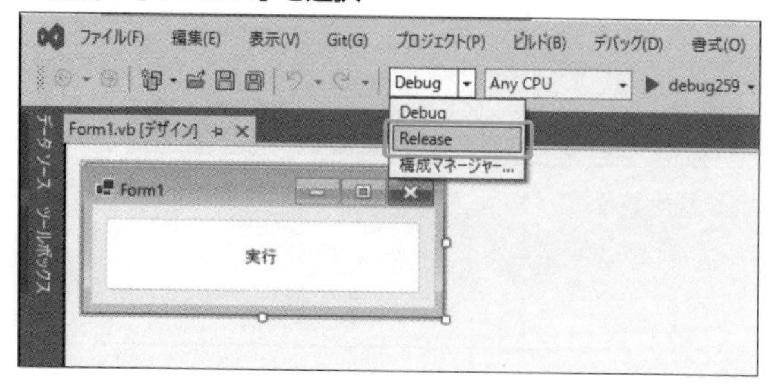

▼構成マネージャーダイアログ

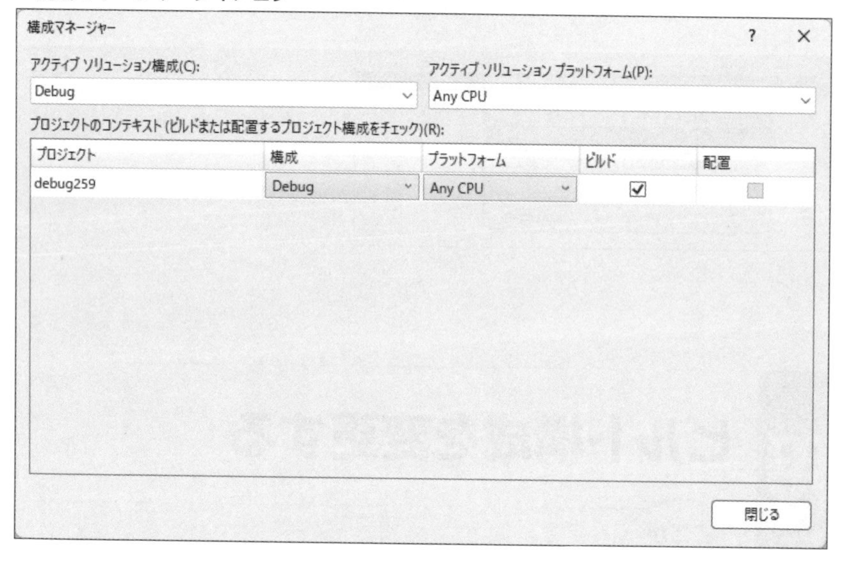

さらにワンポイント

[標準] ツールバーの [ソリューション構成] ボックスが無効表示になっているとき、または [ビルド] メニューに [構成マネージャー] コマンドが表示されていないときは、[オプション] ダイアログボックスで設定を変更します。

[オプション] ダイアログボックスは、[ツール] メニューから [オプション] を選択して表示でき、左側の [プロジェクトおよびソリューション] をクリックし、右側の [ビルド構成の詳細を表示] をオンにします。

コンパイルスイッチを設定する

ここがポイントです！ **コンパイル時にDEUBGとRELEASEの定義を追加**

アプリケーションを作成するときには、**デバッグモード**でビルドを行い、テストなどが終わった配布用のアプリケーションは**リリースモード**でビルドをします。

Visual Basicでプロジェクトを作成したときには、デバッグ時には「DEBUG」という定義がされています。この設定は、プロジェクトのプロパティから確認ができます。

ビルドの詳細を確認する手順は、以下の通りです。

❶ソリューションエクスプローラーでプロジェクトを右クリックし、[プロパティ] を選択します（画面1）。
❷ [Compile] タブをクリックして表示させます（画面2）。
❸詳細グループの [Custom constants] で追加されている定義を確認します。

「VERSION」などの独自な定数を定義する場合には、条件付きコンパイルシンボルで定義します。

▼画面1 [プロパティ] を選択

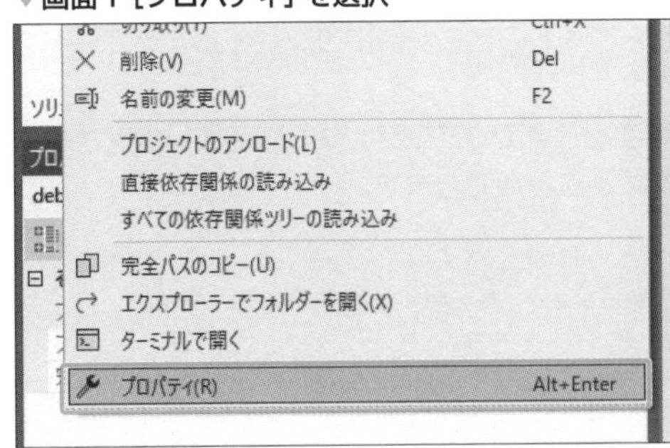

▼画面2 [ビルド] タブを表示

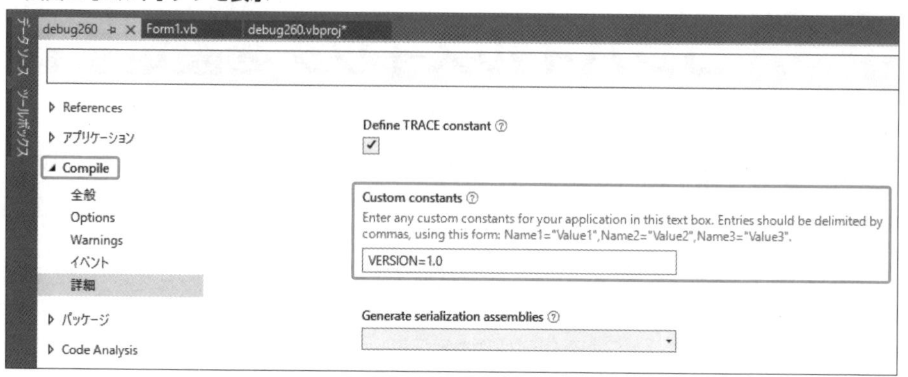

ディレクティブでビルドしないコードを設定する

ここがポイントです!
デバッグモードとリリースモードでプログラムの動作を変化させる

プリプロセッサディレクティブは、プログラムコードのビルド時にコンパイルするコードを選択する方法です。

Visual Basicの場合には、次のように設定することで、プロジェクトに定数が指定されているときと、指定されていないときの動作を変えることができます。

▼定数が定義されているときにコンパイルする

```
#If 定数 Then
  コード
#End If
```

通常の条件文 (If文) とは違い、#If～Then～#End Ifで囲まれた部分はビルドがされないため、デバッグ用の大きなデータやデバッグ用のログなどをアプリケーションのリリース時に実行ファイル (拡張子が.exeのファイル) に含めないようにできます。

リスト1では、デバッグモードとリリースモードの場合では、表示されるメッセージを変えるようにDEBUG定数を使っています。

▼DEBUG時の実行結果

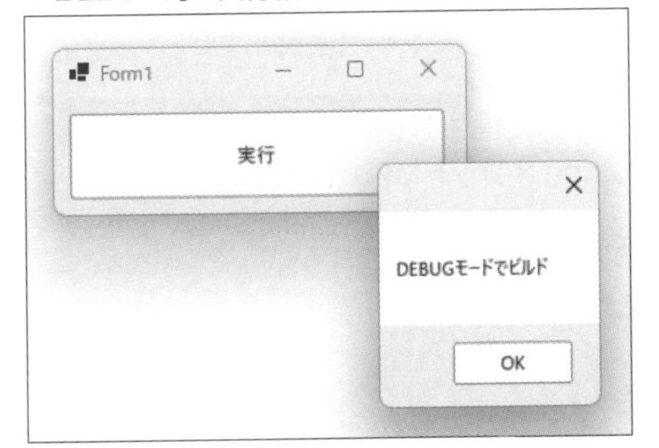

リスト1　ディレクティブを設定する（ファイル名：debug261.sln、Form.vb）

```
Private Sub Button1_Click(sender As Object, e As EventArgs) _
    Handles Button1.Click
#If DEBUG Then
    MessageBox.Show("DEBUGモードでビルド")
#Else
    MessageBox.Show("RELEASEモードでビルド")
#End If
End Sub
```

ディレクティブは、主にDEBUG時のプログラムコードをビルドしないために使われますが、あらかじめ数値を定数として設定しておくことでバージョン管理の役割も果たせます。

また、32ビット版や64ビット版で異なるコードを使う必要がある場合にも、同じプログラムファイルを共有できるように利用されます。

8-2 Debugクラス

デバッグ情報を出力する

ここがポイントです！

デバッグ情報の出力
（Debug クラス、WriteLine メソッド）

実行中にデバッグ情報を1行ずつ出力するには**Debugクラス**、または**Traceクラス**の**WriteLineメソッド**を使います。

Debugクラスはデバッグバージョンのみ出力し、Traceクラスはデバッグバージョンとリリースバージョンで出力します。

▼デバッグ情報を出力する

```
Debug.WriteLine(出力する値)
```

WriteLineメソッドの引数には、出力する文字列またはオブジェクトを指定します。オブジェクトを指定した場合は、オブジェクトのToStringメソッドの値が出力されます。

リスト1では、Button1（[実行] ボタン）がクリックされたら、ループするごとに変数iを2倍した数を出力します。

▼実行結果

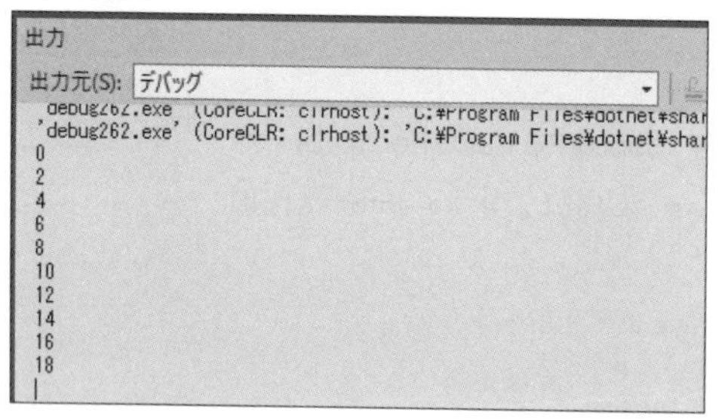

リスト1　デバッグ情報を出力する（ファイル名：debug262.sln、Form1.vb）

```
Private Sub Button1_Click(sender As Object, e As EventArgs) _
    Handles Button1.Click
    For i = 0 To 9
        Debug.WriteLine(i * 2)
    Next
End Sub
```

デバッグ情報を最後の改行なしで出力するには、Debug.Writeメソッドを使います。

[イミディエイト] ウィンドウを表示するには、[デバッグ] メニューから [ウィンドウ] → [イミディエイト] を選択します。

デバッグ情報をファイルに出力する

ここがポイントです！

デバッグ情報の出力先にファイルを追加
(Listeners.Addメソッド、TextWriterTraceListenerクラス)

デバッグ情報は、**Debugクラス(Traceクラス)**の**TraceListenerCollectionオブジェクト**に含まれる出力先に出力されます。

したがって、ファイルに出力するには、TraceListenerCollectionオブジェクトに出力先を追加します。

TraceListenerCollectionオブジェクトは、Debugクラス(Traceクラス)の**Listenersプロパティ**で取得します。

また、出力先の追加は、**TraceListenerCollectionコレクション**の**Addメソッド**で行います。ファイルを出力先とするには、Addメソッドの引数に**TextWriterTraceListenerオブジェクト**を指定します。

▼**デバッグ情報をファイルに出力する**

```
Debug.Listeners.Add(TextWriterTraceListenerオブジェクト)
```

TextWriterTraceListenerオブジェクトは、New演算子で生成し、コンストラクターの引数にファイルパスを指定します。

▼**TextWriterTraceListenerオブジェクトを作成する**

```
New TextWriterTraceListener(ファイルパス)
```

リスト1では、Button1([実行]ボタン)がクリックされたら、カレントフォルダーにファイル「trace.txt」を作成して、デバッグ情報を出力します。

▼**出力結果をメモ帳で確認**

リスト1　デバッグ情報をファイルに出力する（ファイル名：debug263.sln、Form1.vb）

```
Private Sub Button1_Click(sender As Object, e As EventArgs) _
    Handles Button1.Click
    Dim listener = New TextWriterTraceListener("trace.txt")
    Trace.Listeners.Add(listener)
    For i = 0 To 9
        Trace.WriteLine($"計算: {i * 2}")
    Next
    Trace.Flush()
    MessageBox.Show("トレース結果をファイルに出力しました")
End Sub
```

さらにワンポイント

TraceListenerCollectionオブジェクトに追加した出力先を削除するには、Debug.Listeners.Removeメソッドを使います。

Debug.Listeners.Removeメソッドの引数には、削除する出力先オブジェクトを指定します。あるいは、Debug.Listeners.RemoveAtメソッドの引数に、削除する出力先オブジェクトのインデックスを指定して削除することもできます。

出力先に自動的に書き込む

デバッグ情報を自動的に出力
（Debugクラス、AutoFlushプロパティ）

デバッグ情報は出力バッファにためられ、**Flushメソッド**を実行すると出力されます。Flushメソッドを実行しなくても自動的に出力先に出力されるようにするには、**Debugクラス（Traceクラス）のAutoFlushプロパティ**の値を「True」にしておきます。

リスト1では、Button1（[実行] ボタン）がクリックされたら、デバッグ情報をファイルに自動的に出力する設定を行います。

▼**出力結果をメモ帳で確認**

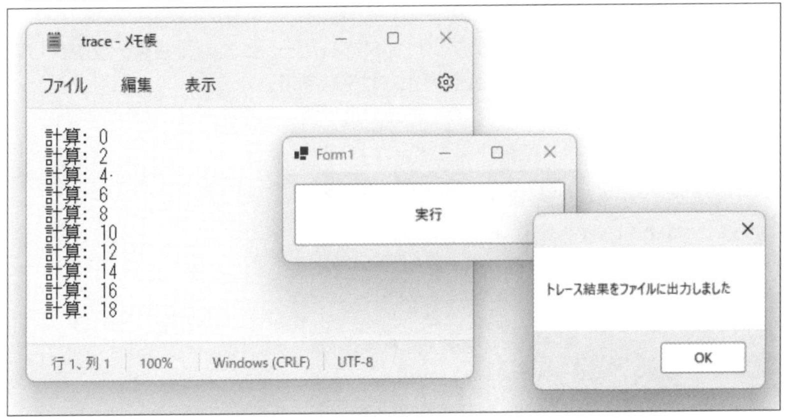

リスト1　デバッグ情報を自動的に出力する（ファイル名：debug264.sln、Form1.vb）

```
Private Sub Button1_Click(sender As Object, e As EventArgs) _
    Handles Button1.Click
    Dim listener = New TextWriterTraceListener("trace.txt")
    Trace.Listeners.Add(listener)
    Trace.AutoFlush = True
    For i = 0 To 9
        Trace.WriteLine($"計算: {i * 2}")
    Next
    MessageBox.Show("トレース結果をファイルに出力しました")
End Sub
```

Tips 265 ▶Level ●● ▶対応 COM PRO

警告メッセージを出力する

ここがポイントです！ **エラーメッセージを出力**
（Debugクラス、Failメソッド）

プログラムをデバッグ実行中に、デバッグウィンドウにトレース結果を含めてメッセージを表示するためには、**Debugクラス**の**Failメソッド**を使います。

Failメソッドでは、引数の文字列をデバッグメッセージとして表示した後に、プログラムを一時停止させます。このとき、デバッグ出力にトレースログを出力させます。

▼警告メッセージを出力する

```
Debug.Fail(文字列[, 文字列])
```

リスト1では、Button1（[実行] ボタン）がクリックされたら、数値の範囲をチェックして範囲以外のときはFailメソッドでプログラムを停止させています。

▼実行結果

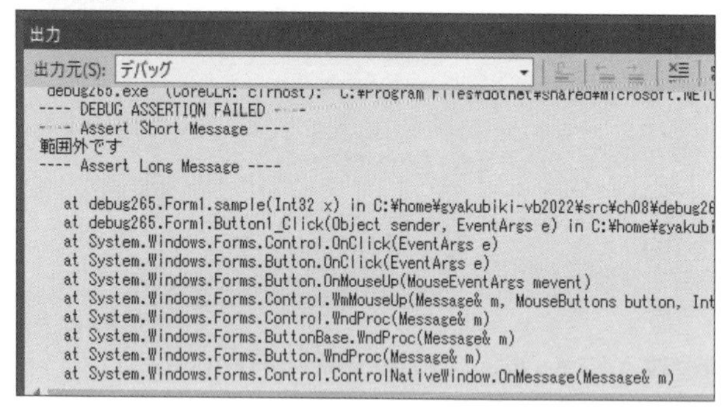

リスト1 警告メッセージを表示する（ファイル名：debug265.sln、Form1.vb）

```
Private Sub Button1_Click(sender As Object, e As EventArgs) _
    Handles Button1.Click
    Dim x = Integer.Parse(TextBox1.Text)
    Dim ans = sample(x)
    MessageBox.Show($"計算結果: {ans}")
End Sub

Private Function sample(x As Integer) As Integer
    ' 範囲をチェックする
    If 0 <= x And x <= 100 Then
        Return x * x
    Else
```

```
            Debug.Fail("範囲外です")
            Return 0
        End If
    End Function
```

8-3 テストプロジェクト

Tips 266

単体テストプロジェクトを作成する

▶Level ●●

▶対応 COM PRO

ここがポイントです！ 単体テストプロジェクトを追加してテストを自動化

Visual Studioには、**単体テストプロジェクト**と呼ばれる**単体テスト**を自動化するプロジェクトを作成できます。

単体テストでは、クラスのプロパティやメソッドの動作をテストします。Windowsフォームなどを使って手作業でアプリケーションのテストをしてもよいのですが、これらを自動化することによって単体テストの時間を大幅に削減できます。

また、単体テストを自動化しておくことによって、何度も単体テストを繰り返すことができるため、プログラムの修正後にも単体テストを実行することが簡単にでき、修正による再不具合を減らすことができます。

Visual Studioの単体テストのプロジェクトでは、既存のプロジェクトを参照設定することによって、そのテスト対象のプロジェクトに含まれているクラスのテストができます。

単体テストプロジェクトをソリューションに追加する手順は、以下の通りです。

❶ソリューションを右クリックして［追加］→［新しいプロジェクト］を選択します。
❷［新しいプロジェクトの追加］ダイアログボックスで、検索ボックスに「xUnit」と入力して検索します。
❸検索された一覧から［xUnitテスト プロジェクト］を選択し、［次へ］ボタンをクリックします。
❹プロジェクト名を変更して［OK］ボタンをクリックすると、単体テストプロジェクトが作成されます。
❺ソリューションエクスプローラーから単体テストプロジェクトを右クリックして、［追加］→［参照］を選択します。
❻［参照マネージャー］ダイアログボックスの右にある［ソリューション］をクリックして、テスト対象となるプロジェクトをチェックして［OK］ボタンをクリックします。

▼ソリューションエクスプローラー

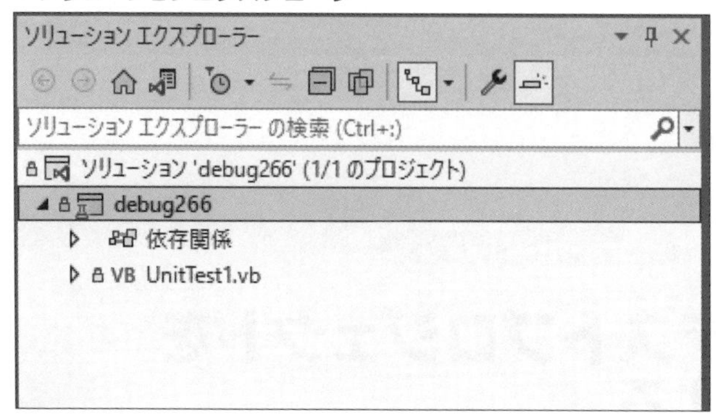

さらにワンポイント　単体テストでは、テスト対象で公開されているクラスやメソッドが利用できます。テストコードで、対象のクラスをNew演算子などで作成した後に、テストしたいメソッドを呼び出します。そのため、非公開のクラスや複雑に絡み合ったメソッドなどは単体テストがやりづらくなります。

プログラムを設計するときに単体テストのやりやすい形で詳細設計をしておくと、単体テストが効率よく作成でき、テスト自体やプログラム自体の品質が上がります。

単体テストを追加する

ここがポイントです!
テストメソッドを追加
(Fact属性)

単体テストプロジェクトでは、単体テストのクラスを追加してテストを自動化します。

単体テストプロジェクトを右クリックして、[追加] → [単体テスト] を選択すると、リスト1のようなテストクラスが自動的に作成されます。

単体テストプロジェクトを実行したときには、**Fact属性**が付いたメソッドが実行対象になります。そのため、単体テストのクラス名やメソッド名は自由に付けることができます。

テストクラスの名前は、テスト対象となるクラスの名前を含めると、テストクラスとターゲットクラスの結び付きがわかりやすくなります。

▼ソリューションエクスプローラー

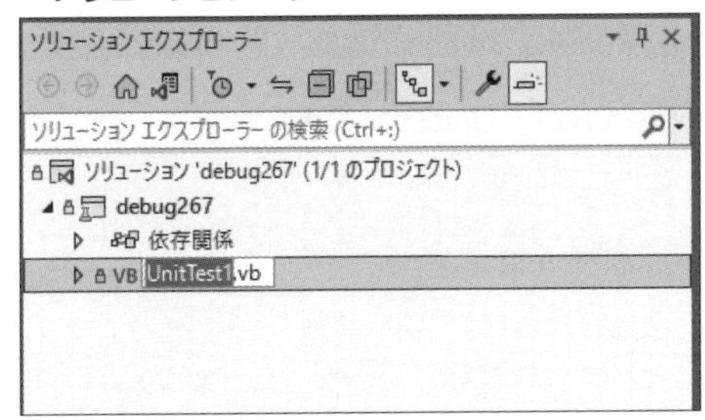

リスト1 単体テストコード

```
Imports Xunit

Namespace debug267
    Public Class UnitTest1
        <Fact>
        Sub TestSub()
            Assert.Equal(1, 1)
        End Sub
    End Class
End Namespace
```

テストメソッドは自由に付けられますが、慣習的にクラスやメソッド名に「Test」を入れておいたほうが、メソッド一覧を見たときにわかりやすくなります。あるいは、何のテストをしているのかを示すために日本語のメソッドを使ってもよいでしょう。

Tips 268 ▶Level ● ▶対応 COM PRO

数値を比較する

ここがポイントです！ **数値を比較するテストメソッドを追加**
（Assertクラス、Equalメソッド）

単体テストで数値を比較するためには、**Assertクラス**の**Equalメソッド**を使います。

Equalメソッドは、2つの引数を指定します。最初の第1引数が「期待値」（こうなって欲しいという正しい値）、次の第2引数が「実行値」（プログラムを実行したときの値）になります。この2つの値が同じであれば、プログラムが正しく書かれていることがわかります。

▼数値を比較する

```
Assert.Equal(期待値, 実行値)
```

リスト1では、テスト対象のAddメソッドをテストしています。Addメソッドは、2つの数値を加算するメソッドです。

リスト1 **数値を比較するテスト(ファイル名:debug268.sln、UnitTest1.vb)**

```
Public Class UnitTest1
    <Fact>
    Sub TestSub()
        Dim t As New Target
        Dim ans = t.Add(10, 20)
        Assert.Equal(30, ans)
    End Sub
End Class

Public Class Target
    Public Function Add(x As Integer, y As Integer) As Integer
        Return x + y
    End Function
End Class
```

文字列を比較する

ここがポイントです!

文字列を比較するテストメソッドを追加
(Assertクラス、Equalメソッド)

単体テストで文字列を比較するためには、**Assertクラス**の**Equalメソッド**を使います。

Equalメソッドは、2つの引数を指定します。最初の引数が「期待値」(こうなって欲しいという正しい値)、次の引数が「実行値」(プログラムを実行したときの値)になります。

▼**文字列を比較する①**

```
Assert.Equal(期待値,実行値)
```

また、Equalメソッドは、第3引数にテストが失敗したときのエラーメッセージの「文字列」を表示できます。これを利用して、テスト失敗の原因を報告することが可能です。

▼**文字列を比較する②**

```
Assert.Equal(期待値, 実行値, 文字列)
```

リスト1では、テスト対象のAddメソッドをテストしています。Addメソッドは、2つの文字列を連結するメソッドです。

リスト1　文字列を比較するテスト（ファイル名：debug269.sln、UnitTest1.vb）

```
Public Class UnitTest1
    <Fact>
    Sub Test1()
        Dim t As New Target
        Dim ans = t.Add(10, 20)
        Assert.Equal(30, ans)
    End Sub
    <Fact>
    Sub Test2()
        Dim t As New Target
        Dim ans = t.Add("マスダ", "トモアキ")
        Assert.Equal("マスダトモアキ", ans)
    End Sub
End Class

Public Class Target
    Public Function Add(x As Integer, y As Integer) As Integer
        Return x + y
    End Function
    Public Function Add(x As String, y As String) As String
        Return x + y
    End Function
End Class
```

オブジェクトがNullかどうかをチェックする

ここがポイントです！　**Nullオブジェクトをチェックするテストメソッドを追加**
（Assertクラス、Nullメソッド、NotNullメソッド）

単体テストで戻り値がNullオブジェクト（Visual BasicではNothing）であるかどうかをチェックするためには、**Assertクラス**の**Nullメソッド**あるいは**NotNullメソッド**を使います。

●Nullメソッド

Nullメソッドでは、引数がNullオブジェクトの場合、テストが成功します。引数がNullオブジェクト以外の場合はテストが失敗します。

▼オブジェクトがNullかどうかをチェックする①

```
Assert.Null(実行値)
```

●NotNullメソッド

逆にNotNullメソッドでは、引数がNullオブジェクトではない場合にテストが成功します。

▼オブジェクトがNullかどうかをチェックする②

```
Assert.IsNotNull(実行値)
```

リスト1では、テスト対象のCreatePointメソッドをテストしています。

CreatePointメソッドは、XかY座標のいずれかが負の場合にはNullオブジェクトを返します。それ以外の場合は、作成したオブジェクトを返します。

リスト1 Nullオブジェクトをチェックするテスト(ファイル名:debug270.sln、UnitTest1.vb)

```
Public Class UnitTest1
    <Fact>
    Sub Test3()
        Dim t = Target.CreatePoint(-1, -1)
        Assert.Null(t)
        t = Target.CreatePoint(10, 20)
        Assert.NotNull(t)
        Assert.Equal(10, t.X)
        Assert.Equal(20, t.Y)

    End Sub
End Class

Public Class Target
    Public Property X As Integer
    Public Property Y As Integer
    Public Shared Function CreatePoint(x As Integer, y As Integer) _
        As Target
        If x <= 0 Or y <= 0 Then Return Nothing
        Return New Target With {.X = x, .Y = y}
    End Function
End Class
```

例外処理をテストする

ここがポイントです！ **例外をチェックするテストメソッドの追加**
（Assertクラス、Trueメソッド）

単体テストで例外が発生した場合は、通常のコードと同じようにCatchブロックで取得ができます。

例外のテストで、例外が発生しない場合を失敗とするためには、**Assertクラス**の**Trueメソッド**で常にテストを失敗させます。

▼常に失敗させる

```
Assert.True(False)
```

リスト1では、TargetClassクラスのCreatePointメソッドで例外を発生させています。例外がキャッチできないときは、テストが失敗したとみなします。

リスト1　例外をチェックするテスト（ファイル名：debug271.sln、UnitTest1.vb）

```
Public Class UnitTest1
    ''' 例外のチェック
    <Fact>
    Sub Test2()
        Try
            Dim t = Target.CreatePoint(-1, -1)
        Catch ex As Exception
            Assert.Equal("例外発生", ex.Message)
            Return
        End Try
        ' 例外が発生しない場合、テストが失敗
        Assert.True(False)
    End Sub
End Class

Public Class Target
    Public Property X As Integer
    Public Property Y As Integer
    Public Shared Function CreatePoint(x As Integer, y As Integer) _
        As Target
        If x < 0 Or y < 0 Then
            ' 不正な値で初期化した場合は、例外を発生する
            Throw New ArgumentException("例外発生")
        End If
        Return New Target With {.X = x, .Y = y}
    End Function
End Class
```

テストを実行する

ここがポイントです! 指定したメソッドのテストを実行

単体テストプロジェクトの実行は、[テスト] メニューやテストメソッドを右クリックしたときのメニューから選択します。

テストプロジェクト内のすべてのテストを実行する手順は、以下の通りです。

❶ [テスト] メニューから [実行] → [すべてのテスト] を選択します。
❷ [テストエクスプローラー] に実行したテスト結果が表示されます (画面 1)。

テストが成功した場合には緑色のチェックマーク、テストに失敗したときには赤色のバツマークが表示されます。それぞれの結果をマウスでダブルクリックすると該当のテストメソッドにジャンプできます。

また、1 つのテストメソッドを実行する手順は、以下の通りです。

❶テストクラスを開きます。
❷テストメソッドの部分を右クリックして [テストの実行] を選択します。

なお、ショートカットキーの [Ctrl]＋[R] キー→ [T] キーを押して実行できます。この場合には、カーソルキーのテストメソッドのみ実行されます。デバッグ時やピンポイントでテストを実行したいときに活用するとよいでしょう。

テストクラス内に含まれるすべてのテストメソッドを実行する場合には、クラス名の部分で [テストの実行] を選択します。テストメソッドの実行と同じように、テスト結果がテストエクスプローラーに表示されます。

▼テストエクスプローラー

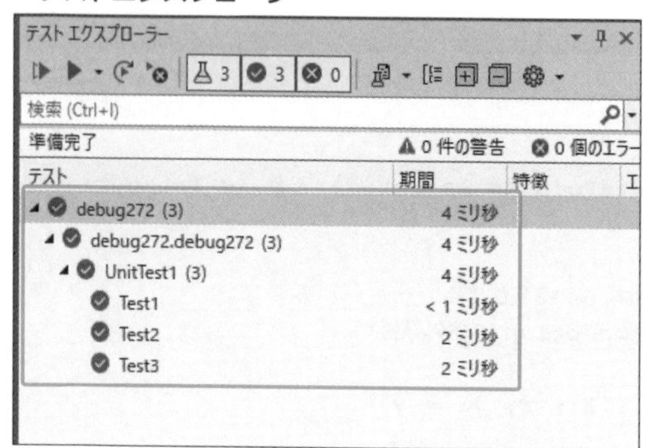

テストをデバッグ実行する

ここがポイントです！ 指定したメソッドをデバッグ実行

単純に単体テストの実行をした場合には、ブレークポイントなどのデバッグ機能は使えません。

ブレークポイントが有効になるようにテスト実行をするためには、[テスト] メニューの [デバッグ] → [すべてのテスト] を選択します (画面1)。

これによりブレークポイントで実行中のプログラムを停止させて変数などを操作できます。

テストメソッドやテストクラス単位でデバッグを実行したい場合は、右クリックしてから [テストのデバッグ] を選択します。

▼画面1 [テストのデバッグ] を選択

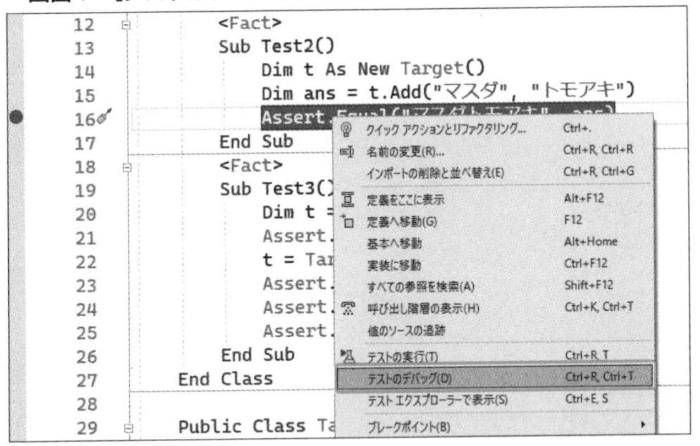

Tips 274 ▶Level ●● ▶対応 COM PRO

テストの前処理を記述する

テストメソッドを実行する前の処理を追加するには、テストクラスの**コンストラクター**を使い、テスト対象のオブジェクトの初期化を行います。

リスト1では、テストクラスの変数_aと_bをコンストラクターで初期化しています。

リスト1 **テストメソッドに前処理を追加する（ファイル名：debug274.sln、UnitTest1.vb）**

```
Public Class UnitTest1
    Private _a As Integer
    Private _b As Integer
    ''' テスト前の初期化を行う
    Public Sub New()
        _a = 10
        _b = 20
    End Sub

    <Fact>
    Sub Test1()
        Dim t As New Target()
        Dim ans = t.Add(_a, _b)
        Assert.Equal(30, ans)
    End Sub
    <Fact>
    Sub Test2()
        Dim t As New Target()
        Dim ans = t.Add("マスダ", "トモアキ")
        Assert.Equal("マスダトモアキ", ans)
    End Sub
    <Fact>
    Sub Test3()
        Dim t = Target.CreatePoint(-1, -1)
        Assert.Null(t)
        t = Target.CreatePoint(10, 20)
        Assert.NotNull(t)
        Assert.Equal(10, t.X)
        Assert.Equal(20, t.Y)
    End Sub
End Class

Public Class Target
    Public Function Add(x As Integer, y As Integer) As Integer
```

```
        Return x + y
    End Function
    Public Function Add(x As String, y As String) As String
        Return x + y
    End Function

    Public Property X As Integer
    Public Property Y As Integer
    Public Shared Function CreatePoint(x As Integer, y As Integer) _
        As Target
        If x <= 0 Or y <= 0 Then Return Nothing
        Return New Target With {.X = x, .Y = y}
    End Function
End Class
```

テストの後処理を記述する

ここがポイントです！ **テスト後処理を追加**
（IDisposableインターフェイス）

テストメソッドを実行した後の処理を追加するには、**IDisposableインターフェイス**を継承したテストクラスを作成し、Disposeメソッドで後処理を行います。

テスト対処のオブジェクトの終了処理や、テストデータファイルの削除などをまとめて追加できます。

リスト1では、Disposeメソッドでテスト用に作成したファイルを削除しています。

リスト1 テストメソッドに後処理を追加する（ファイル名：debug275.sln、UnitTest1.vb）

```
Public Class UnitTest1
    Implements IDisposable

    Const _path = "test.txt"
    ''' テスト前の初期化を行う
    Public Sub New()
        System.IO.File.WriteAllText(_path, "10,20")
    End Sub
    ''' 後処理を実行する
    Public Sub Dispose() Implements IDisposable.Dispose
        System.IO.File.Delete(_path)
    End Sub
    <Fact>
    Sub Test1()
```

```
        Dim text = System.IO.File.ReadAllText(_path)
        Dim lst = text.Split(",")
        Dim a = Integer.Parse(lst(0))
        Dim b = Integer.Parse(lst(1))
        Dim t As New Target()
        Dim ans = t.Add(a, b)
        Assert.Equal(30, ans)
    End Sub
End Class

Public Class Target
    Public Function Add(x As Integer, y As Integer) As Integer
        Return x + y
    End Function
    Public Function Add(x As String, y As String) As String
        Return x + y
    End Function

    Public Property X As Integer
    Public Property Y As Integer
    Public Shared Function CreatePoint(x As Integer, y As Integer) _
        As Target
        If x <= 0 Or y <= 0 Then Return Nothing
        Return New Target With {.X = x, .Y = y}
    End Function
End Class
```

グラフィックの極意

9-1 基本描画

Tips 276 ▶Level ● ▶対応 COM PRO

直線を描画する

ここがポイントです！ **GDI+を使って直線や点線を描画**
(Graphicsクラス、DrawLineメソッド)

フォームやコントロールに直線や点線を描画するには、**GraphicsクラスのDrawLineメソッド**を使います。

DrawLineメソッドでは、描画の「開始位置」と「終了位置」の2点を指定します。

また、標準の色が指定されている**Pensクラス**(Pens.RedやPens.Blueなど)、Windows標準の色を指定する**KnownColor列挙体**(KnownColor.ControlやKnownColor.WindowTextなど)、新しいPenオブジェクトを作成することにより、自由に直線や点線の色を変えることができます。

▼直線を描画する①

```
DrawLine( Pen, 開始位置, 終了位置 )
```

▼直線を描画する②

```
DrawLine( Pen, 開始X座標, 開始Y座標, 終了X座標, 終了Y座標 )
```

実際の描画は、Graphicsオブジェクトに対して行います。Graphicsオブジェクトは、描画する対象のコントロールの**CreateGraphicsメソッド**により作成するか、Paintイベントの引数である**PaintEventArgsオブジェクト**から取得します。

リスト1では、Windowsフォームに通常の直線、太い線、点線を描画しています。最初にフォームのCreateGraphicsメソッドを使い、Graphicsオブジェクトを取得します。次に、直線をPensクラスのBlackプロパティを使い、黒で描画しています。

太い線は、新しいPenオブジェクトを作成し、直線の幅をコンストラクターで指定します。

点線は、PenクラスのDashStyleプロパティに設定をします。ここではDashStyle.Dotを指定し、点線としています。

▼実行結果

リスト1　直線や点線を描画する（ファイル名：graph276.sln、Form1.vb）

```
Private Sub Button1_Click(sender As Object, e As EventArgs) _
    Handles Button1.Click
    Dim g = PictureBox1.CreateGraphics()
    g.Clear(DefaultBackColor)
    ' 普通の直線
    For i = 0 To 99
        ' ランダムに直線を描く
        Dim x1 = Random.Shared.Next(PictureBox1.Width)
        Dim y1 = Random.Shared.Next(PictureBox1.Height)
        Dim x2 = Random.Shared.Next(PictureBox1.Width)
        Dim y2 = Random.Shared.Next(PictureBox1.Height)
        g.DrawLine(Pens.Black, x1, y1, x2, y2)
    Next
End Sub

Private Sub Button2_Click(sender As Object, e As EventArgs) _
    Handles Button2.Click
    Dim g = PictureBox1.CreateGraphics()
    g.Clear(DefaultBackColor)
    ' 太い線で描画
    Dim pen As New Pen(Color.Red, 5)
    For i = 0 To 99
        ' ランダムに直線を描く
        Dim x1 = Random.Shared.Next(PictureBox1.Width)
        Dim y1 = Random.Shared.Next(PictureBox1.Height)
        Dim x2 = Random.Shared.Next(PictureBox1.Width)
        Dim y2 = Random.Shared.Next(PictureBox1.Height)
        g.DrawLine(pen, x1, y1, x2, y2)
    Next
End Sub
```

```
Private Sub Button3_Click(sender As Object, e As EventArgs) _
    Handles Button3.Click
    Dim g = PictureBox1.CreateGraphics()
    g.Clear(DefaultBackColor)
    ' 点線で描画
    Dim pen As New Pen(Color.Blue) With
        {
            .DashStyle = System.Drawing.Drawing2D.DashStyle.Dot
        }
    For i = 0 To 99
        ' ランダムに直線を描く
        Dim x1 = Random.Shared.Next(PictureBox1.Width)
        Dim y1 = Random.Shared.Next(PictureBox1.Height)
        Dim x2 = Random.Shared.Next(PictureBox1.Width)
        Dim y2 = Random.Shared.Next(PictureBox1.Height)
        g.DrawLine(pen, x1, y1, x2, y2)
    Next
End Sub
```

コントロールやフォームのCreateGraphicsメソッドを使って作成したGraphicsオブジェクトへの描画は、コントロールやフォームが再描画されるときに消えてしまいます。

実際のアプリケーションを作成するときには、Paintイベントで取得できるGraphicsオブジェクトを使って描画するか、あらかじめBitmapオブジェクトを作成し、このBitmapオブジェクトに描画します。

Tips 277 ▶Level ● ▶対応 COM PRO

四角形を描画する

ここがポイントです！ **GDI+を使って四角形を描画**
(Graphicsクラス、DrawRectangleメソッド、FillRectangleメソッド)

フォームやコントロールに四角形を描画するには、**Graphicsクラス**の**DrawRectangleメソッド**や**FillRectangleメソッド**を使います。

DrawRectangleメソッドは、線だけが描画された四角形で内側は塗り潰しません。四角形の内部を塗り潰すときは、FillRectangleメソッドを使います。

● DrawRectangleメソッド

DrawRectangleメソッドでは、線の種類を**Penオブジェクト**で指定できます。

DrawLineメソッドを使って描画するときと同様に、標準の色が指定されている**Pensクラス**(Pens.RedやPens.Blueなど)、Windows標準の色を指定する**KnownColor列挙体**(KnownColor.ControlやKnownColor.WindowTextなど)も使えます。

四角形は、コンストラクターで描画する「左上の座標」と「四角形の幅と高さ」を指定します。

▼四角形を描画する①

```
DrawRectangle( Pen, 矩形 )
```

▼四角形を描画する②

```
DrawRectangle( Pen, 左上X座標, 左上Y座標, 幅, 高さ )
```

● FillRectangleメソッド

FillRectangleメソッドでは、内側を塗り潰すための**Brushオブジェクト**を指定します。

Brushオブジェクトには、標準色を指定するための**Brushesクラス**(Brushes.RedやBrushes.Blueなど)、Windows標準の色を指定する**SystemBrushesクラス**(SystemBrushes.ButtonFaceやSystemBrushes.Desktopなど)、単色を指定するための**SolidBrushクラス**、イメージを指定して塗り潰すための**TextureBrushクラス**(テクスチャーの貼り付け)、グラデーションを指定するための**LinearGradientBrushクラス**を指定します。

▼四角形を描画する③

```
FillRectangle( Brush, 矩形 )
```

▼四角形を描画する④

```
FillRectangle( Brush, 左上X座標, 左上Y座標, 幅, 高さ )
```

リスト1では、ピクチャーボックスに四角形の枠線と、塗り潰した四角形を描画しています。

　四角形の線は、DrawRectangleメソッドのコンストラクターで黒色（Pens.Back）を指定しています。

　塗り潰しの四角形は、FillRectangleメソッドのコンストラクターで赤（Brushes.Red）を指定しています。

▼実行結果

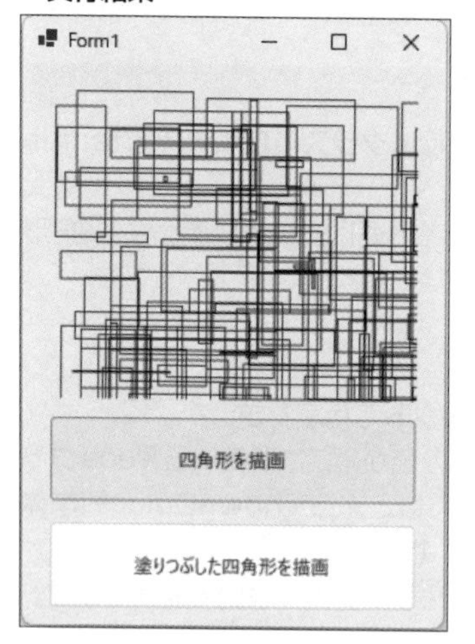

リスト1　四角形を描画する（ファイル名：graph277.sln、Form1.vb）

```
Private Sub Button1_Click(sender As Object, e As EventArgs) _
    Handles Button1.Click
    Dim g = PictureBox1.CreateGraphics()
    g.Clear(DefaultBackColor)
    ' 四角形を表示
    For i = 0 To 99
        ' ランダムに直線を描く
        Dim x = Random.Shared.Next(PictureBox1.Width)
        Dim y = Random.Shared.Next(PictureBox1.Height)
        Dim Width = Random.Shared.Next(PictureBox1.Width / 2)
        Dim Height = Random.Shared.Next(PictureBox1.Height / 2)
        g.DrawRectangle(Pens.Black, x, y, Width, Height)
    Next
End Sub

Private Sub Button2_Click(sender As Object, e As EventArgs) _
    Handles Button2.Click
    Dim g = PictureBox1.CreateGraphics()
    g.Clear(DefaultBackColor)
    Dim burshs As New List(Of Brush)() From
        {
            Brushes.Red,
            Brushes.Blue,
            Brushes.Yellow,
```

```
                Brushes.Green,
                Brushes.Pink
            }
        ' 四角形を表示
        For i = 0 To 99
            ' ランダムに直線を描く
            Dim x = Random.Shared.Next(PictureBox1.Width)
            Dim y = Random.Shared.Next(PictureBox1.Height)
            Dim Width = Random.Shared.Next(PictureBox1.Width / 2)
            Dim Height = Random.Shared.Next(PictureBox1.Height / 2)
            Dim brush = burshs(Random.Shared.Next(burshs.Count))
            g.FillRectangle(brush, x, y, Width, Height)
        Next
    End Sub
```

さらにワンポイント

SolidBrushクラス、TextureBrushクラス、LinearGradientBrushクラスを利用した場合、GDI+のアンマネージリソースが使われます。そのため、これらのBrushクラスから作成したオブジェクトはアプリケーションを実行している間メモリを占有する可能性があります。

Burshオブジェクトを大量に扱うときには、必要なくなったときにDisposeメソッドを呼び出します。

Tips 278 ▶Level ● ▶対応 COM PRO

円を描画する

ここがポイントです！

GDI+を使って円を描画
（Graphicsクラス、DrawEllipseメソッド、FillEllipseメソッド）

フォームやコントロールに円を描画するには、**Graphicsクラス**の**DrawEllipseメソッド**や**FillEllipseメソッド**を使います。

DrawEllipseメソッドは、円の線だけが描画され、内側は塗り潰されません。円の内部を塗り潰すときはFillEllipseメソッドを使います。

●DrawEllipseメソッド

DrawEllipseメソッドでは、楕円を表示します。

円が外接する四角形の「左上の座標」、外接する四角形の「幅と高さ」を指定します。本書のように円を描画したいときには、幅と高さを同じ値にします。

▼円を描画する①

```
DrawEllipse( Pen, 矩形 )
```

▼円を描画する②

```
DrawEllipse( Pen, 左上X座標, 左上Y座標, 幅, 高さ )
```

●FillRectangleメソッド

FillRectangleメソッドでは、内側を塗り潰すための**Brushオブジェクト**を指定します。

Brushオブジェクトには、標準色を指定するための**Brushesクラス**（Brushes.RedやBrushes.Blueなど）、単色を指定するための**SolidBrushクラス**、イメージを指定して塗り潰すための**TextureBrushクラス**（テクスチャーの貼り付け）、グラデーションを指定するための**LinearGradientBrushクラス**を指定します。

▼円を描画する③

```
FillEllipse( Brush, 矩形 )
```

▼円を描画する④

```
FillEllipse( Brush, 左上X座標, 左上Y座標, 幅, 高さ )
```

リスト1では、ピクチャーボックスに円の枠線と、塗り潰した円、そしてテクスチャーを貼り付けた円を描画しています。

円の枠線は、DrawEllipseメソッドのコンストラクターで黒色（Pens.Back）を指定しています。

塗り潰しの円は、FillEllipseメソッドのコンストラクターで赤（Brushes.Red）を指定しています。

また、TextureBrushクラスでリソースから新しいBrushオブジェクトを作成しています。このBrushオブジェクトをFillEllipseメソッドに指定し、テクスチャーを表示しています。

▼実行結果

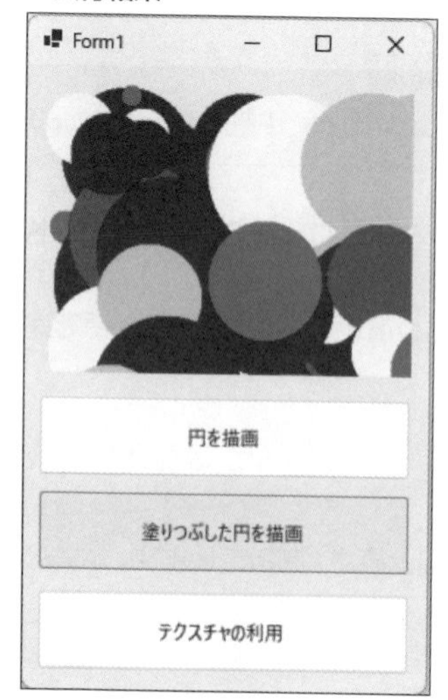

リスト1　円を描画する（ファイル名：graph278.sln、Form1.vb）

```
Private Sub Button1_Click(sender As Object, e As EventArgs) _
    Handles Button1.Click
    Dim g = PictureBox1.CreateGraphics()
    g.Clear(DefaultBackColor)
    For i = 0 To 99
        ' ランダムに円を描く
        Dim x = Random.Shared.Next(PictureBox1.Width)
        Dim y = Random.Shared.Next(PictureBox1.Height)
        Dim r = Random.Shared.Next(140) + 10
        g.DrawEllipse(Pens.Black, x, y, r, r)
    Next
End Sub

Private Sub Button2_Click(sender As Object, e As EventArgs) _
    Handles Button2.Click
    Dim g = PictureBox1.CreateGraphics()
    Dim burshs As New List(Of Brush) From
        {
            Brushes.Red,
            Brushes.Blue,
            Brushes.Yellow,
            Brushes.Green,
            Brushes.Pink
        }
    g.Clear(DefaultBackColor)
    For i = 0 To 99
        ' ランダムに円を描く
        Dim x = Random.Shared.Next(PictureBox1.Width)
        Dim y = Random.Shared.Next(PictureBox1.Height)
        Dim r = Random.Shared.Next(140) + 10
        Dim brush = burshs(Random.Shared.Next(burshs.Count))
        g.FillEllipse(brush, x, y, r, r)
    Next
End Sub

Private Sub Button3_Click(sender As Object, e As EventArgs) _
    Handles Button3.Click
    Dim g = PictureBox1.CreateGraphics()
    Dim brush = New TextureBrush(My.Resources.book)
    g.Clear(DefaultBackColor)
    For i = 0 To 9
        ' ランダムに円を描く
        Dim x = Random.Shared.Next(PictureBox1.Width)
        Dim y = Random.Shared.Next(PictureBox1.Height)
        Dim r = 200
        g.FillEllipse(brush, x, y, r, r)
    Next
End Sub
```

楕円を表示するDrawEllipseメソッドやFillEllipseメソッドでは、傾いた楕円を表示できません。これは四角形を表示するDrawRectangleメソッドやFillRectangleメソッドでも同様です。
傾いた楕円や四角形を表示させるためには、MatrixクラスのRotateAtメソッドを使って回転させます。回転については、Tips284の「画像を回転する」を参照してください。

多角形を描画する

ここがポイントです!

GDI+を使って多角形を描画
(Graphicsクラス、DrawLinesメソッド、DrawPolygonメソッド)

フォームやコントロールに折れ線や多角形を描画するには、**Graphicsクラス**の**DrawLinesメソッド**や**DrawPolygonメソッド**を使います。

●DrawLinesメソッド

DrawLinesメソッドでは、複数の座標を配列を使って指定し、この座標をつないで直線で描画されます。
DrawLinesメソッドでは、最初の点と最後の点は結びません。

▼**多角形を描画する①**

```
DrawLines(Pen,Point[])
```

●DrawPolygonメソッド

DrawPolygonメソッドも、DrawLinesメソッドと同様に複数の座標を配列で指定します。
ただし、DrawPolygonメソッドの場合は、最初の点と最後の点を結び、閉じた多角形を描画します。

▼**多角形を描画する②**

```
DrawPolygon(Pen,Point[])
```

リスト1では、ピクチャーボックスに2種類のひし形を描画しています。左のひし形は、DrawLinesメソッドを使って黒い線で描画しています。右のひし形は、DrawPolygonメソッドを使って赤い線で描画しています。

▼実行結果

リスト1 多角形を描画する（ファイル名：graph279.sln、Form1.vb）

```
Private Sub Button1_Click(sender As Object, e As EventArgs) _
    Handles Button1.Click
    Dim g = PictureBox1.CreateGraphics()
    g.Clear(DefaultBackColor)
    ' 折れ線を描画
    Dim points As New List(Of Point)()
    For i = 0 To 19
        Dim x = PictureBox1.Width / 20 * i
        Dim y = Random.Shared.Next(PictureBox1.Height)
        points.Add(New Point(x, y))
    Next
    g.DrawLines(Pens.Black, points.ToArray())
End Sub

Private Sub Button2_Click(sender As Object, e As EventArgs) _
    Handles Button2.Click
    Dim g = PictureBox1.CreateGraphics()
    g.Clear(DefaultBackColor)
    ' 閉じた多角形を描画
    Dim points As New List(Of Point)()
    For i = 0 To 19
        Dim x = PictureBox1.Width / 20 * i
        Dim y = Random.Shared.Next(PictureBox1.Height)
        points.Add(New Point(x, y))
    Next
    g.DrawPolygon(Pens.Red, points.ToArray())
End Sub
```

```
Private Sub Button3_Click(sender As Object, e As EventArgs) _
    Handles Button3.Click
    Dim g = PictureBox1.CreateGraphics()
    g.Clear(DefaultBackColor)
    ' 塗り潰した多角形を描画
    Dim points As New List(Of Point)()
    For i = 0 To 19
        Dim x = PictureBox1.Width / 20 * i
        Dim y = Random.Shared.Next(PictureBox1.Height)
        points.Add(New Point(x, y))
    Next
    g.FillPolygon(Brushes.Green, points.ToArray())
End Sub
```

さらにワンポイント

多角形の内部を塗り潰すためには、FillPolygonメソッドを使います。FillPolygonメソッドでは、Brushオブジェクトを使い、単色（SolidBrushクラス）やグラデーション（LinearGradientBrushクラス）、テクスチャー（TextureBrushクラス）などの塗り潰しが可能です。

Tips 280 ▶Level ●● ▶対応 COM PRO

背景をグラデーションで描画する

ここがポイントです！ コントロールの背景をグラデーションで描画（LinearGradientBrushクラス）

フォームやコントロールButtonコントロールやListBoxコントロールなど）の背景をグラデーションで塗り潰すためには、**LinearGradientBrushクラス**を使い、**Brushオブジェクト**を作成します。

LinearGradientBrushクラスのコンストラクターでは、グラデーションを「開始する位置」と「終了する位置」、「開始するときの色」と「終了するときの色」を指定します。

▼背景をグラデーションで描画する

```
LinearGradientBrush(開始座標，終了座標， 開始色， 終了色)
```

リスト1では、緑（Color.Green）から白（Color.White）に変わるグラデーションをLinearGradientBrushクラスで作成しています。作成したBrushオブジェクトをFillRectangleメソッドを使い、ピクチャーボックスを塗り潰しています。

グラデーションは、左上の（0,0）の位置から開始して、ピクチャーボックスの高さの分だけグラデーションが描画されるように指定しています。

▼実行結果

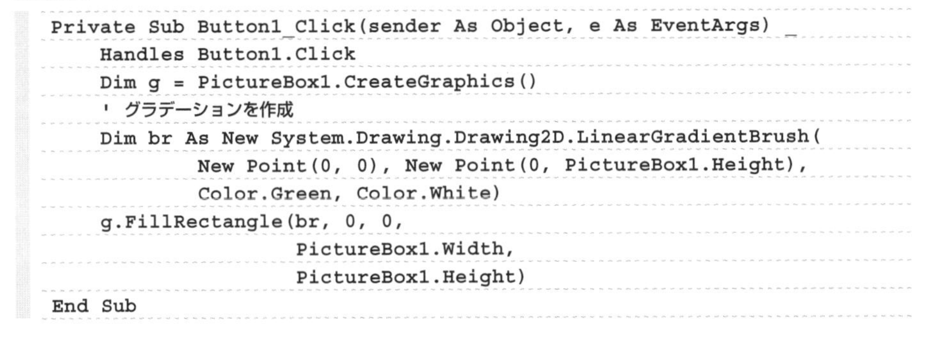
リスト1　背景にグラデーションを描画する（ファイル名：graph280.sln、Form1.vb）

```
Private Sub Button1_Click(sender As Object, e As EventArgs) _
    Handles Button1.Click
    Dim g = PictureBox1.CreateGraphics()
    ' グラデーションを作成
    Dim br As New System.Drawing.Drawing2D.LinearGradientBrush(
            New Point(0, 0), New Point(0, PictureBox1.Height),
            Color.Green, Color.White)
    g.FillRectangle(br, 0, 0,
                    PictureBox1.Width,
                    PictureBox1.Height)
End Sub
```

さらにワンポイント

グラデーションは、パスを指定するPathGradientBrushクラスを利用することもできます。

PathGradientBrushクラスでは、GraphicsPathオブジェクトを指定することにより、円形のグラデーションを作成することもできます。

Tips 281 ▶Level ●● ▶対応 COM PRO

画像を半透明にして描画する

ここがポイントです！

透明度を指定して画像を描画（ColorMatrix クラス、ImageAttributes クラス、SetColorMatrix メソッド）

画像に透明度を指定して描画するためには、**ColorMatrix クラス**を使います。ColorMatrix クラスに5×5の**RGBA 空間**を指定し、色調や透明度を指定します。

透明度は、ColorMatrixクラスの**Matrix33プロパティ**に指定します。値は「1」が不透明、「0」が完全に透明な状態です。

作成したColorMatrixオブジェクトを**ImageAttributesクラス**の**SetColorMatrixメソッド**で設定します。そして、ColorMatrixオブジェクトを**Graphicsクラス**の**DrawImageメソッド**の引数に指定します。

▼画像を半透明にして描画する

```
DrawImage(
    描画元のImageオブジェクト,
    描画先の矩形をRectangleクラスで指定,
    描画元の画像の左上のx座標,
    描画元の画像の左上のy座標,
    描画元の画像の幅,
    描画元の画像の高さ,
    長さの単位をGraphicsUnit列挙体で指定,
    ImageAttributesオブジェクト )
```

リスト1では、FillEllipseメソッドで青色で楕円を表示した上に、GraphicsクラスのDrawImageメソッドで、画像を半透明「0.5」に指定して描画しています。

▼実行結果

リスト1　画像を半透明で描画する（ファイル名：graph281.sln、Form1.vb）

```
Private Sub Button1_Click(sender As Object, e As EventArgs) _
    Handles Button1.Click
    Dim g = PictureBox1.CreateGraphics()
    ' 市松模様で塗る
    g.FillRectangle(Brushes.Black, 0, 0, CInt(PictureBox1.Width / 2),
                    CInt(PictureBox1.Height / 2))
    g.FillRectangle(Brushes.Black,
            CInt(PictureBox1.Width / 2), CInt(PictureBox1.Height / 2),
            CInt(PictureBox1.Width / 2), CInt(PictureBox1.Height / 2))
    ' 透明度を指定する
    Dim cm As New System.Drawing.Imaging.ColorMatrix() With
```

```
        {
            .Matrix00 = 1.0F, ' 赤
            .Matrix11 = 1.0F, ' 緑
            .Matrix22 = 1.0F, ' 青
            .Matrix33 = 0.5F, ' 透明度(アルファチャンネル)
            .Matrix44 = 1.0F
        }
    Dim ia As New System.Drawing.Imaging.ImageAttributes()
    ia.SetColorMatrix(cm)
    Dim Image = My.Resources.book
    ' 画像を半透明にして貼る
    g.DrawImage(
        Image,
        New Rectangle(0, 0, PictureBox1.Width, PictureBox1.Height),
        0, 0, Image.Width, Image.Height,
        GraphicsUnit.Pixel,
        ia)

End Sub
```

画像をセピア色にして描画する

ここがポイントです!

画像の色調を変化させて描画

(ColorMatrix クラス、ImageAttributes クラス、SetColorMatrix メソッド)

画像の色調を変えるためには、**ColorMatrixクラス**を使います。ColorMatrixクラスに5×5の**RGBA空間**を指定し、色調を変化させます。RGBAは、赤色(Red)、緑(Green)、青(Blue)の三原色と、透明度(Alpha)の組み合わせで表現する表記法です。

元のRGB値(赤色:r、緑色:g、青色:b)からColorMatrixクラスを使って、色調を変更するためには、次の式を使います。

▼変更後の赤(R)

```
r×Matrix00 + g×Matrix01 + b×Matrix02
```

▼変更後の緑(G)

```
r×Matrix10 + g×Matrix11 + b×Matrix12
```

▼変更後の青(B)

```
r×Matrix20 + g×Matrix21 + b×Matrix22
```

リスト1では、ColorMatrixクラスのMatrix00からMatrix22の値を指定し、画像をセピア色に変更しています。

▼実行結果

リスト1 画像をセピア色で描画する（ファイル名：graph282.sln、Form1.vb）

```
Private Sub Button1_Click(sender As Object, e As EventArgs) _
    Handles Button1.Click
    Dim g = PictureBox1.CreateGraphics()
    Dim cm As New System.Drawing.Imaging.ColorMatrix() With
        {
            .Matrix00 = 0.393F,
            .Matrix01 = 0.349F,
            .Matrix02 = 0.272F,
            .Matrix10 = 0.769F,
            .Matrix11 = 0.686F,
            .Matrix12 = 0.534F,
            .Matrix20 = 0.189F,
            .Matrix21 = 0.168F,
            .Matrix22 = 0.131F,
            .Matrix33 = 1.0F,
            .Matrix44 = 1.0F
        }
    Dim ia As New System.Drawing.Imaging.ImageAttributes()
    ia.SetColorMatrix(cm)
    ' 画像を描画する
    Dim image = My.Resources.kazu
    g.DrawImage(
        image,
        New Rectangle(0, 0, PictureBox1.Width, PictureBox1.Height),
        0, 0, image.Width, image.Height,
        GraphicsUnit.Pixel,
        ia)
```

```
End Sub
```

カラー調節を行ったImageAttributesオブジェクトを一時的に無効にできます。SetNoOpメソッドを呼び出し、カラー調節をオフにします。元のカラー調節に戻すときにはClearNoOpメソッドを呼び出します。

カラー調節は、SetNoOpメソッドやClearNoOpメソッドの引数にColorAdjustType列挙子を指定することにより、カテゴリ（Bitmapオブジェクト、Brushオブジェクト、Penオブジェクト、Textオブジェクト）を別々にカラー調節できます。すべてのカテゴリを指定する場合には、ColorAdjustType.Defaultを設定します。

透過色を使って画像を描画する

ここがポイントです！

透過色を指定して画像を描画
（ImageAttributes クラス、SetColorKey メソッド）

画像のある色を透過させてコントロールやフォームに描画するためには、**ImageAttributesクラス**の**SetColorKeyメソッド**を使います。

SetColorKeyメソッドは、透明にする色の範囲を指定します。「開始色」（下位のカラー）と「終了色」（上位のカラー）を指定します。この間に含まれる色が透過色として扱われます。

▼透過色を使って画像を描画する

```
SetColorKey(開始色,終了色)
```

単色を指定する場合には、開始色と終了色に同じ値を指定します。

リスト1では、透過色を白（Color.White）にして画像を描画しています。

▼実行結果

リスト1 透過色を指定して画像を描画する（ファイル名：graph383.sln、Form1.vb）

```
''' 透過色を指定した場合
Private Sub Button1_Click(sender As Object, e As EventArgs) _
    Handles Button1.Click
    Dim g = PictureBox1.CreateGraphics()
    g.Clear(DefaultBackColor)
    ' 透過色を設定する
    Dim ia = New System.Drawing.Imaging.ImageAttributes()
    ia.SetColorKey(Color.Red, Color.Red)
    ' 画像を描画する
    Dim image = My.Resources.book
    g.DrawImage(
        image,
        New Rectangle(0, 0, PictureBox1.Width, PictureBox1.Height),
        0, 0, image.Width, image.Height,
        GraphicsUnit.Pixel,
        ia)

End Sub

''' 透過色を指定しない場合
Private Sub Button2_Click(sender As Object, e As EventArgs) _
    Handles Button2.Click
    Dim g = PictureBox1.CreateGraphics()
    g.Clear(DefaultBackColor)
    ' 透過色を設定しない
    Dim ia = New System.Drawing.Imaging.ImageAttributes()
    ' 画像を描画する
    Dim image = My.Resources.book
    g.DrawImage(
        image,
        New Rectangle(0, 0, PictureBox1.Width, PictureBox1.Height),
        0, 0, image.Width, image.Height,
        GraphicsUnit.Pixel,
        ia)

End Sub
```

透過色を指定するImageAttributesオブジェクトをプログラムコードで再利用できます。このとき、透明度をクリアするためには、ClearColorKeyメソッドを呼び出します。

また、カラー調節をクリアするときには、ClearColorMatrixメソッドを呼び出します。

画像を回転する

画像を回転して描画
(Matrix クラス、RotateAt メソッド)

画像を回転させて描画するためには、**Matrixクラス**の**RotateAtメソッド**を使います。Matrixクラスは、**System.Drawing.Drawing2D名前空間**にあります。

RotateAtメソッドで、回転させる「角度」(時計回りで「度」単位、360度単位)と「中心座標」を指定し、Matrixオブジェクトを作成します。

▼画像を回転する

```
RotateAt( 角度, 回転の中心位置 )
```

Matrixオブジェクトを**Graphicsクラス**の**Transformプロパティ**に設定し、図形の変換を行います。

Matrixクラスには、回転させるためのRotateAtメソッドのほかにも、拡大や縮小を行うためのScaleメソッド、移動を行うためのTranslateメソッドがあります。

リスト1では、画像を時計回りに5度ずつ回転させて表示させています。画像の中央を基点に回転させるために、回転する中心座標を画像の横幅の半分、縦の半分の値を設定しています。

▼実行結果

リスト1 画像を回転させて描画する(ファイル名:graph284.sln、Form1.vb)

```
Private n = 0
Private Sub Button1_Click(sender As Object, e As EventArgs) _
    Handles Button1.Click
    Dim g = PictureBox1.CreateGraphics()
    g.Clear(DefaultBackColor)
    Dim Image = My.Resources.book
    Dim mx = New Drawing2D.Matrix()
```

```
        ' 画像を中央で5度ずつ回転させる
        mx.Translate(-PictureBox1.Width / 2, -PictureBox1.Height / 2,
                        Drawing2D.MatrixOrder.Append)
        mx.RotateAt(n, New Point(0, 0), Drawing2D.MatrixOrder.Append)
        mx.Translate(PictureBox1.Width / 2, PictureBox1.Height / 2,
                        Drawing2D.MatrixOrder.Append)
        g.Transform = mx
        g.DrawImage(Image, New Point(0, 0))
        n += 5
    End Sub
```

画像を反転する

ここがポイントです！

画像を反転して描画
（Graphicsクラス、DrawImageメソッド）

画像を反転させて描画するためには、Graphicsクラスの**DrawImageメソッド**を使います。

DrawImageで画像を表示させるときに、第4引数の「幅」(width) をマイナスの値にすることで、画像が左右反転状態になります。

上下反転で描画したい場合は、第5引数の「高さ」(height) をマイナスの値にします。

▼画像を反転する

```
DrawImage(
    描画元のImageオブジェクト,
    描画元の画像の左上のx座標,
    描画元の画像の左上のy座標,
    描画元の画像の幅,
    描画元の画像の高さ )
```

リスト1では、画像を左右反転させて表示しています。

▼実行結果

リスト1　画像を反転させて描画する（ファイル名：graph285.sln、Form1.vb）

```
Private Sub Button1_Click(sender As Object, e As EventArgs) _
    Handles Button1.Click
    Dim g = PictureBox1.CreateGraphics()
    ' 画像を反転する
    Dim image = My.Resources.book
    g.DrawImage(image, PictureBox1.Width, 0,
                -PictureBox1.Width, PictureBox1.Height)
End Sub
```


Tips 286 ▶Level ●● ▶対応 COM PRO

画像を切り出す

ここがポイントです！ **部分的に画像を切り出して描画**
（Graphicsクラス、DrawImageメソッド）

大きな画像から部分的に切り出して描画するためには、**DrawImageメソッド**で切り出す領域を指定します。

DrawImageメソッドに、「描画先の領域」（位置と大きさ）と「描画する部分画像の領域」（位置と大きさ）を指定します。

▼画像を切り出す

```
DrawImage( 画像, 描画先の矩形, 描画元の矩形, GraphicsUnit列挙体 )
```

なお、アプリケーションでボタンなどの小さなサイズの画像をたくさん扱うときには、いくつかの画像を1つの画像ファイルにまとめておくとアプリケーションのサイズや実行時のメモリ使用量を減らすことができます。

これは1つのファイルにまとめることにより、別々のファイルに記述されていたBitmapのヘッダー部分がいらなくなるためです。実際には、サンプルプログラムのように描画時に画像の切り出しを行うか、あらかじめ切り出したbmp画像を用意しておくとよいでしょう。

リスト1では、1つの画像に含まれているボタンの画像を切り出して描画しています。

▼画像ファイル

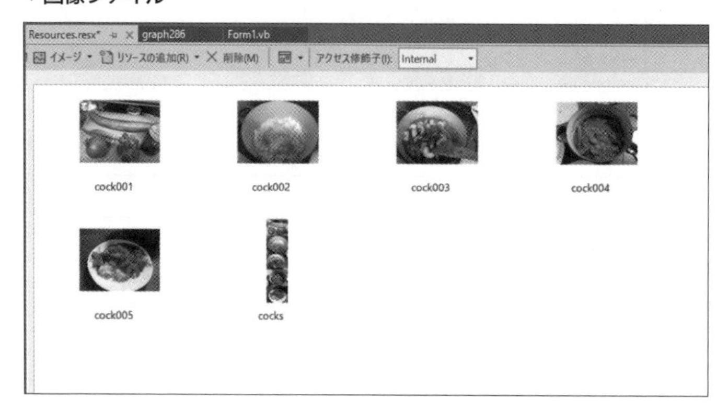

▼実行結果

リスト1　画像を切り出して描画する（ファイル名：graph286.sln、Form1.vb）

```
Private page As Integer = -1

Private Sub Button1_Click(sender As Object, e As EventArgs) _
    Handles Button1.Click
    Dim g = PictureBox1.CreateGraphics()
    Dim image = My.Resources.cocks
    ' ページを進める
    page += 1
    If page >= 5 Then

        page = 0
    End If
    Dim pt As New Point(0, page * 600)
    g.DrawImage(image,
```

```
        New Rectangle(0, 0,
            PictureBox1.Width, PictureBox1.Height),
        New RectangleF(0, page * 600, 800, 600),
        GraphicsUnit.Pixel)
End Sub
```

画像を重ね合わせる

ここがポイントです！

透過色を指定して画像を重ねて描画
（ImageAttributes クラス、SetColorKey メソッド）

透過色を指定して画像を重ね合わせて描画する場合には、**ImageAttributesクラス**の**SetColorKeyメソッド**を使い、透過色を指定します。

▼**透明色の範囲を指定**

```
SetColorKey(下位の色,上位の色)
```

リスト1では、2枚の画像を重ね合わせています。

1枚目の画像は、そのままGraphicsオブジェクトのDrawImageメソッドで描画します。重ね合わせるための2枚目の画像は、いったんImageAttributesオブジェクトのSetColorKeyメソッドに透過色である白（Color.White）を指定して、DrawImageメソッドを呼び出しています。

これにより、2つの画像が重ね合わせて表示されます。

▼**実行結果**

リスト1　画像を重ね合わせて描画する（ファイル名：graph287.sln、Form1.vb）

```
Private Sub Button1_Click(sender As Object, e As EventArgs) _
    Handles Button1.Click
    Dim g = PictureBox1.CreateGraphics()
    Dim image1 = My.Resources.kazu
    Dim image2 = My.Resources.frame
    ' 写真を描画する
    Dim rect As New Rectangle(0, 0,
        PictureBox1.Width, PictureBox1.Height)
    g.DrawImage(image1, rect, 0, 0,
        image1.Width, image1.Height, GraphicsUnit.Pixel)

    ' 透明色を設定してフレームを描画する
    Dim ia As New System.Drawing.Imaging.ImageAttributes()
    ia.SetColorKey(Color.Red, Color.Red)
    g.DrawImage(image2, rect, 0, 0,
                image2.Width, image2.Height, GraphicsUnit.Pixel, ia)
End Sub
```

画像の大きさを変える

ここがポイントです！

画像を拡大縮小して描画
（Matrixクラス、Scaleメソッド、Graphicsクラス、Transformプロパティ）

画像を拡大縮小して描画する場合には、**Matrixクラス**の**Scaleメソッド**を使って拡大率を指定します。

▼**画像の大きさを変える**

```
Scale( X方向の拡大率, Y方向の拡大率 )
```

Matrixクラスは、**System.Drawing.Drawing2D名前空間**に定義されています。

リスト1では、ピクチャーボックスからGraphicsオブジェクトを取得して、画像を2倍に拡大しています。

▼実行結果

▼画像を拡大して描画する（ファイル名：graph288.sln、Form1.vb）

```
Private Sub Button1_Click(sender As Object, e As EventArgs) _
    Handles Button1.Click
    Dim g = PictureBox1.CreateGraphics()
    ' 画像の大きさを変える
    Dim image = My.Resources.book
    Dim mx = New System.Drawing.Drawing2D.Matrix()
    mx.Scale(2.0F, 2.0F)
    g.Transform = mx
    g.DrawImage(image, New Point(0, 0))
End Sub
```

Tips 289 ▶Level ●● ▶対応 COM PRO

画像に文字を入れる

ここがポイントです！ **画像に文字を描画**
（Graphicsクラス、DrawStringメソッド）

画像に文字を書き入れる場合には、**Graphicsクラス**の**DrawStringメソッド**を使います。

DrawStringメソッドには、表示する「文字列」と「フォントの種類」、「色」、「表示する位置（X座標、Y座標）」を指定します。

▼画像に文字を入れる

```
DrawString( 文字列, フォント, 色, X座標, Y座標 )
```

リスト1では、画像に本日の日付を表示しています。

▼実行結果

リスト1 画像に文字を描画する（ファイル名：graph289.sln、Form1.vb）

```
Private Sub Button1_Click(sender As Object, e As EventArgs) _
    Handles Button1.Click
    Dim g = PictureBox1.CreateGraphics()
    Dim Image = My.Resources.book
    ' 画像を描画する
    g.DrawImage(Image,
        New Rectangle(0, 0, PictureBox1.Width, PictureBox1.Height),
        0, 0, Image.Width, Image.Height, GraphicsUnit.Pixel)
    ' 文字を入れる
    Dim text = DateTime.Now.ToString("yyyy-MM-dd")
    g.DrawString(text,
            New Font("Meiryo", 30.0F),
            Brushes.Red,
            New Point(0, 0))
End Sub
```

画像をファイルに保存する

ここがポイントです！ 画像をファイルに書き出し
（Imageクラス、Saveメソッド）

フォームなどに表示している画像をファイルに保存するためには、**Imageクラス**の**Saveメソッド**を使います。

Saveメソッドでは、「保存先のファイル名」と「画像のフォーマット」を指定します。画像フォーマットは、**ImageFormat列挙体**で指定します。

▼画像をファイルに保存する

```
Save(保存先のファイル名,画像のフォーマット)
```

リスト1では、ピクチャーボックスに表示している画像をデスクトップに保存しています。

▼実行結果

リスト1　画像をファイルに保存する（ファイル名：graph290.sln、Form1.vb）

```
Private Sub Button1_Click(sender As Object, e As EventArgs) _
    Handles Button1.Click
    Dim Image = New Bitmap(My.Resources.book)
    Dim g = Graphics.FromImage(Image)
    ' 文字を入れる
    Dim Text = DateTime.Now.ToString("HH:mm")
```

```
    g.DrawString(Text,
            New Font("Meiryo", 30.0F),
            Brushes.Red,
            New Point(0, 0))
    PictureBox1.SizeMode = PictureBoxSizeMode.StretchImage
    PictureBox1.Image = Image
End Sub

Private Sub Button2_Click(sender As Object, e As EventArgs) _
    Handles Button2.Click
    Dim Image = New Bitmap(PictureBox1.Image)
    Image.Save(Environment.GetFolderPath(
        Environment.SpecialFolder.Desktop) +
            $"¥{DateTime.Now.ToString("yyyy-MM-dd")}.png",
            System.Drawing.Imaging.ImageFormat.Png)
    MessageBox.Show("画像を保存しました")
End Sub
```

WPFの極意

10-1 基本コントロール

WPFアプリケーションを作成する

ここがポイントです！

統合開発環境でWFPアプリケーションを新規作成

WFPは、Windows Presentation Foundationの略で、視覚的に拡張されたユーザーインターフェイスを開発するための新しい手法です。XAML（Extensible Application Markup Language）と呼ばれるSVGに似たマークアップ言語が使われています。

XAMLは、WPFアプリケーションだけでなく、UWPアプリやXamrin.Formsなどで利用できます。それぞれのプラットフォームではコントロールのライブラリが若干異なりますが、共通しているコントロールを使うことで移植性を高めることが可能です。

統合開発環境でWFPアプリケーションを作成する手順は、以下の通りです。

❶［ファイル］メニューから［新規作成］→［プロジェクト］を選択し、［新しいプロジェクトの作成］ダイアログボックスを開きます（画面1）。
❷［新しいプロジェクトの作成］ダイアログボックスで、「WPF」で検索して［WPF アプリケーション］を選択して、［次へ］ボタンをクリックします（画面2）。
❸プロジェクト名を変更し、［OK］ボタンをクリックすると、WPFアプリケーションのひな形が作成されます（画面3）。

▼画面1 プロジェクトを選択

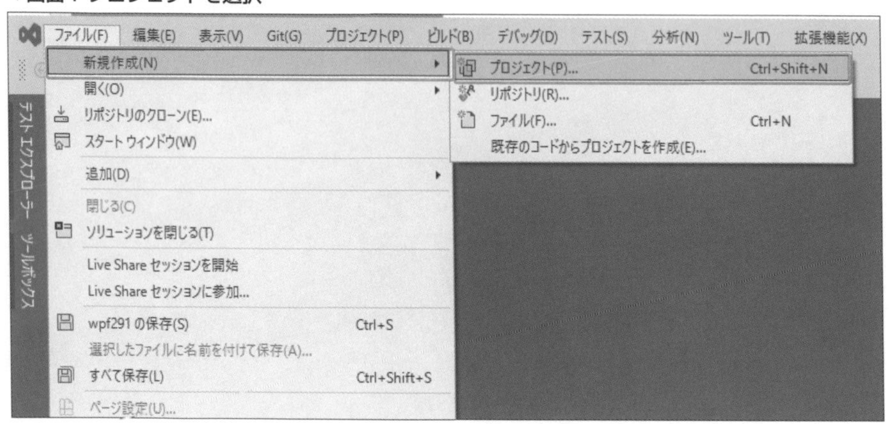

▼画面2 新しいプロジェクト

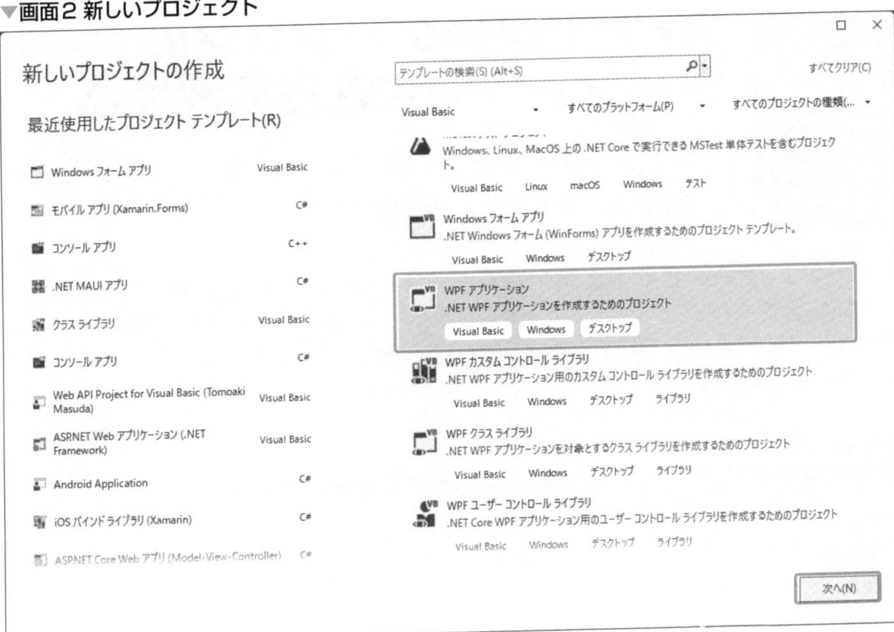

▼画面3 WPFアプリケーションのひな形

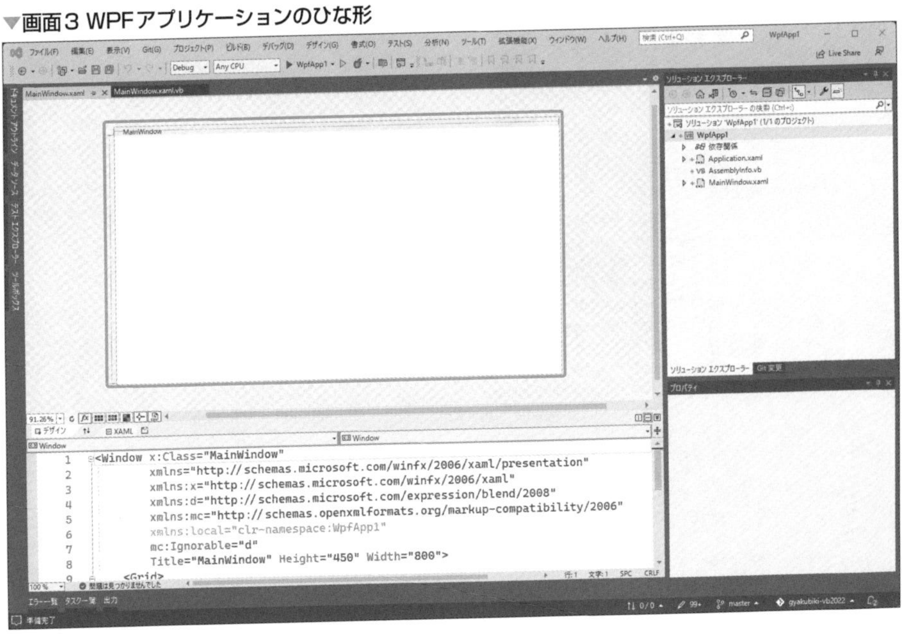

WPFアプリケーションのウィンドウの大きさを変える

ここがポイントです！

ウィンドウの大きさを指定
(Height属性、Width属性)

WPFアプリケーションのウィンドウの大きさは、**Windowタグ**の属性として指定します。

XAMLデザイナーをクリックしたときにアクティブになるタグは、**Gridタグ**になります。Windowタグをアクティブにするためにはタイトル部分をクリックするか、ドキュメントアウトラインを使うとよいでしょう。

▼XAMLデザイナー

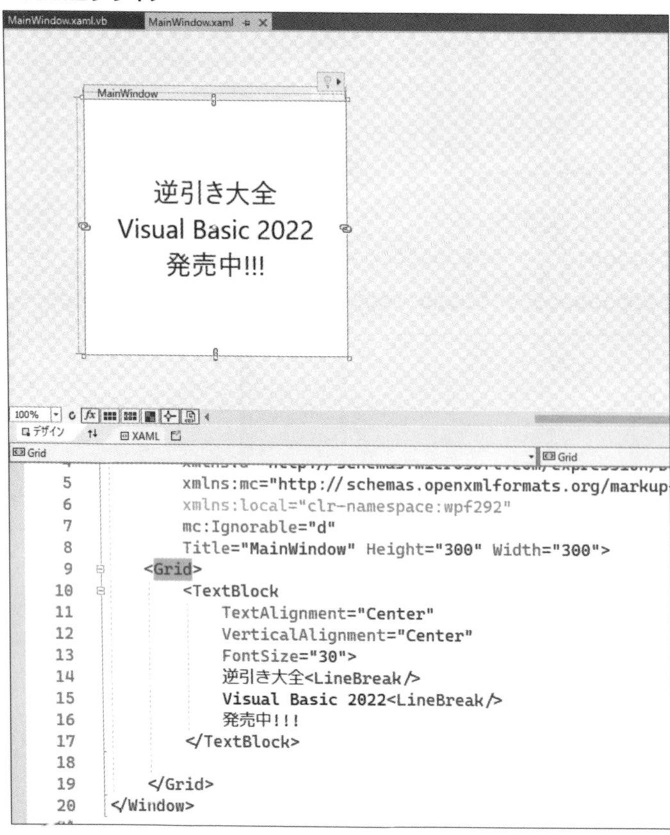

▼ドキュメントアウトライン

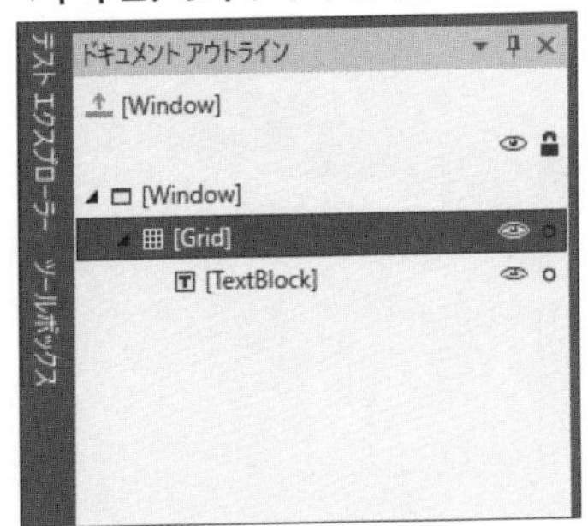

値が決まっている場合は直接、XAMLコードを編集する方法もあります。

ボタンを配置する

ここがポイントです！ **WPFアプリケーションでボタンイベントを記述**（Buttonコントロール）

通常のWindowsアプリケーションと同様に、WPFアプリケーションでも**Buttonコントロール**があります。これらをXAMLファイルに追加することにより、自由にWPFアプリケーションを作成できます。

ここでは、WPFアプリケーションにボタンコントロールを貼り付けて、ボタンイベントを記述します。

Buttonコントロールを利用する手順は、以下の通りです。

❶ [ツールボックス] ウィンドウの [共通] タブをクリックします。
❷ [Buttonコントロール] をWPFフォームへドラッグ＆ドロップします（画面1）。

Buttonコントロールに表示する文字列を変更する場合は、プロパティウィンドウの**Contentプロパティ**の値を変更します。

Windowsアプリケーションと同様に、WPFアプリケーションでもボタンをクリックしたときのイベントを、デザインビューに配置したボタンをダブルクリックして作成できます。

ボタンをダブルクリックすると、クリックしたときのイベントハンドラーが自動的に追加されます。ここにボタンをクリックしたときの動作を記述します。

リスト1では、[開く] ボタン、[送信] ボタン、[受信] ボタンを配置して、ラムダ式やイベント記述でボタンがクリックされたときにメッセージを表示させています。

▼画面1 ボタンの配置

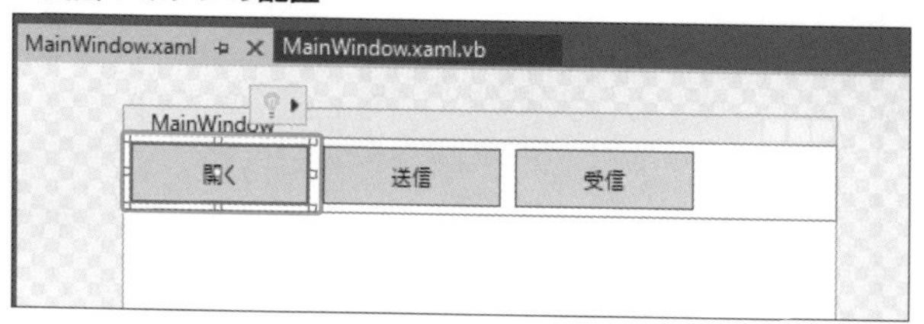

▼実行結果

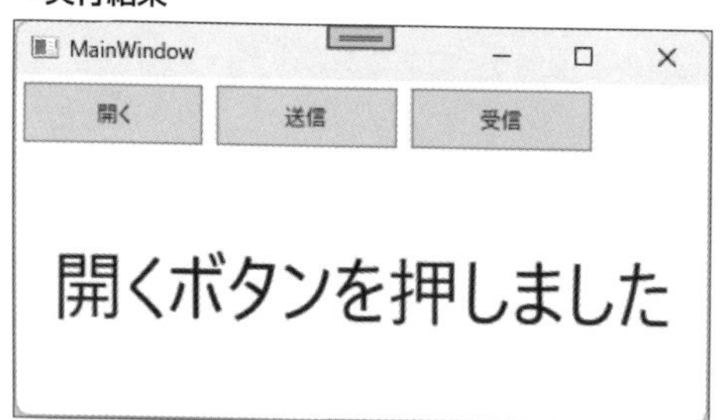

リスト1 ボタンをクリックしたときの処理を記述する（ファイル名：wpf293.sln、MainWindow.xaml.vb）

```
Private Sub Window_Loaded(sender As Object, e As RoutedEventArgs)
    ' メソッドを呼び出す
    AddHandler BtnSend.Click, AddressOf BtnSend_Click
    ' ラムダ式でイベントを記述する
    AddHandler BtnRecv.Click,
        Sub()
            message.Text = "受信ボタンを押しました"
        End Sub
End Sub

Private Sub clickOpen(sender As Object, e As RoutedEventArgs)
    message.Text = "開くボタンを押しました"
End Sub

Private Sub BtnSend_Click(sender As Object, e As RoutedEventArgs)
    message.Text = "送信ボタンを押しました"
End Sub
```

テキストを配置する

ここがポイントです！

WPFアプリケーションでテキストを配置（TextBlockコントロール）

WPFアプリケーションでは、文字列を表示させるための**TextBlockコントロール**があります。これは、WindowsアプリケーションのLabelコントロールと似ていますが、複数行で記述することが可能です。

通常は、**TextWrapingプロパティ**の値が「NoWrap」となり、1行に表示されていますが、「WrapWithOver」（単語単位で折り返し）や「Wrap」（通常の折り返し）を指定することで複数行で表示ができます。

TextBlockコントロールを利用する手順は、以下の通りです。

❶ ［ツールボックス］ウィンドウの［コントロール］タブをクリックします。
❷ ［TextBlock］コントロールをWPFフォームへドラッグ＆ドロップします（画面1）。

TextBlockコントロールに表示する文字列を変更する場合は、プロパティウィンドウの**Textプロパティ**の値を変更します。

リスト1では、［+］ボタンと［−］ボタンをクリックして、TextBlockコントロールの文字の大きさを変更しています。

▼画面1 TextBlockコントロールの配置

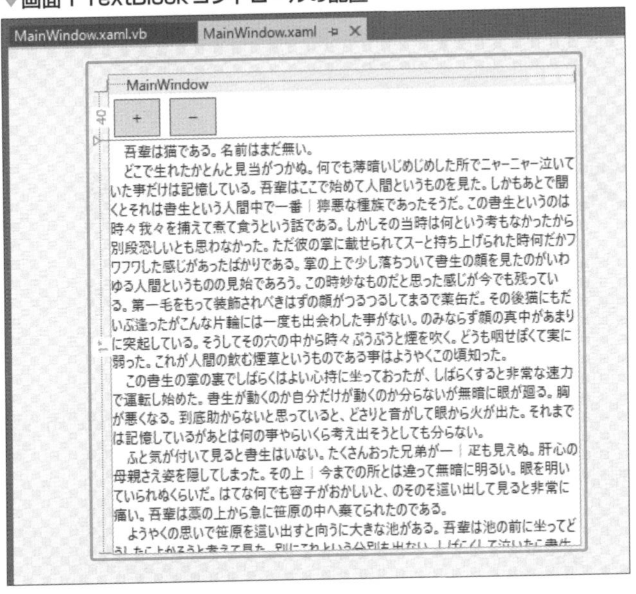

▼実行結果

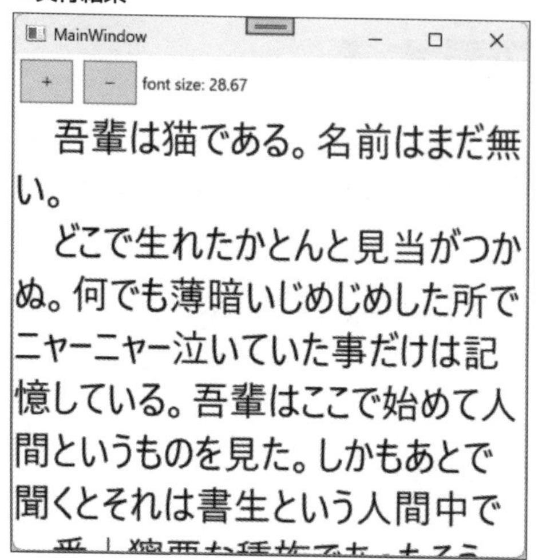

リスト1　テキストのフォントの大きさを変更する（ファイル名：wpf294.sln、MainWindow.xaml.vb）

```
Private Sub clickLarge(sender As Object, e As RoutedEventArgs)
    message.FontSize = message.FontSize * 1.2
    fntsize.Text = "font size: " + message.FontSize.ToString("0.00")

End Sub

Private Sub clickSmall(sender As Object, e As RoutedEventArgs)
    message.FontSize = message.FontSize * 0.8
    fntsize.Text = "font size: " + message.FontSize.ToString("0.00")
End Sub
```

Tips 295　▶Level ●　▶対応 COM PRO

テキストボックスを配置する

ここがポイントです！　WPFアプリケーションでテキストボックスを配置（TextBoxコントロール）

WPFアプリケーションでは、文字列を入力するために**TextBoxコントロール**があります。これは、Windowsアプリケーションの TextBox コントロールとほぼ同じです。

TextBlockコントロールを利用する手順は、以下の通りです。

❶ [ツールボックス] ウィンドウの [コントロール] タブをクリックします。
❷ [TextBlockコントロール] をWPFフォームへドラッグ&ドロップします (画面1)。

TextBlockコントロールに表示する文字列を変更する場合は、プロパティウィンドウの**Textプロパティ**の値を変更します。
複数行表示させるためには、**AcceptsReturnプロパティ**にチェック (XAMLでは「True」) を入れます。
リスト1では、[追加] ボタンがクリックされたときに、テキストボックスの文字列をリストに追加しています。

▼画面1 テキストボックスの配置

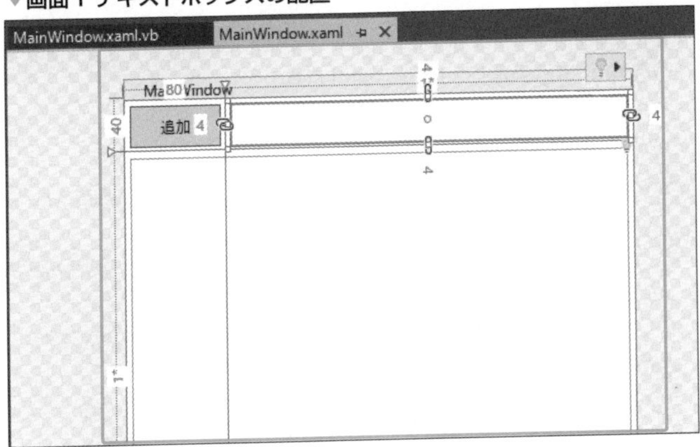

▼実行結果

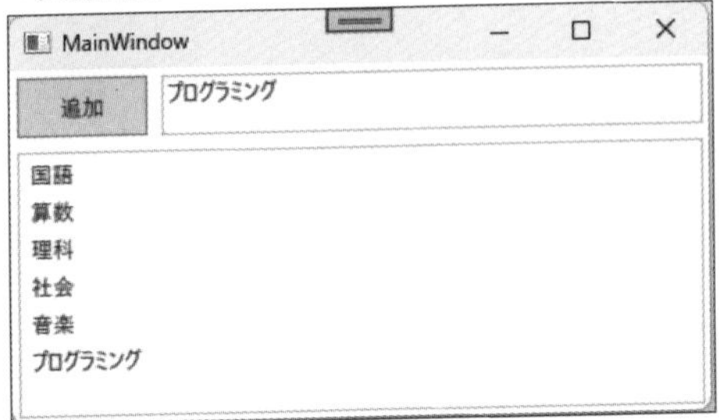

リスト1 テキストボックスの文字列をリストに追加する (ファイル名 : wpf295.sln、MainWindow.xaml.vb)

```
Private Sub clickAdd(sender As Object, e As RoutedEventArgs)
    Dim Text = tb.Text
    If Not String.IsNullOrEmpty(Text) Then
        lst.Items.Add(Text)
    End If
End Sub
```

パスワードを入力するテキストボックスを配置する

ここがポイントです！

WPFアプリケーションでパスワードを入力（PasswordBoxコントロール）

WPFアプリケーションでは、パスワードを入力するためのテキストボックスには**PasswordBoxコントロール**を使います。

TextBoxコントロールとの違いは、パスワードを入力したときに表示される文字が「●」のようにユーザーにも見えないことです。

PasswordBoxコントロールを利用する手順は、以下の通りです。

❶ ［ツールボックス］ウィンドウの［コントロール］タブをクリックします。
❷ ［PasswordBoxコントロール］をWPFフォームへドラッグ＆ドロップします（画面1）。

PasswordBoxコントロールに表示される文字を変更する場合は、プロパティウィンドウの**PasswordCharプロパティ**の値を変更します。

リスト1では、［ログイン］ボタンがクリックされたときに、入力したユーザー名とパスワードをダイアログで表示しています。

リスト2では、パスワードコントロールを配置しています。

▼画面1 パスワードコントロールの配置

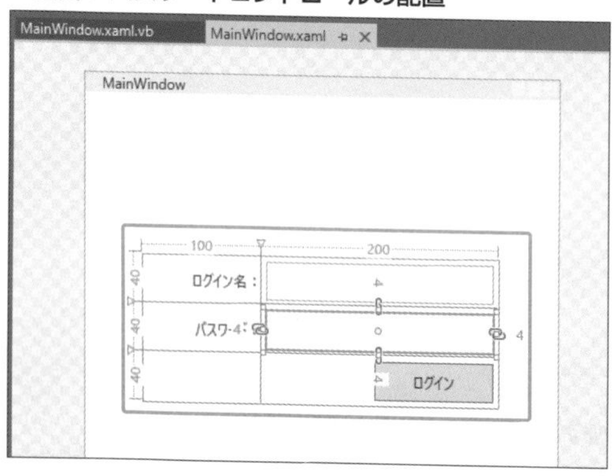

▼実行結果

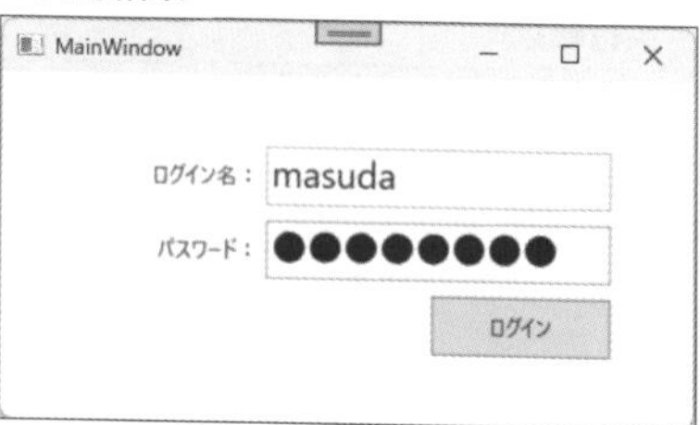

リスト1 パスワードを入力するテキストボックスを配置する（ファイル名：wpf296.sln、MainWindow.xaml.vb）

```
Private Sub clickLogin(sender As Object, e As RoutedEventArgs)
    MessageBox.Show($"ユーザー名：{username.Text}¥nパスワード：{password.
Password}")
End Sub
```

リスト2 パスワードコントロールを配置する（ファイル名：wpf296.sln、MainWindow.xaml）

```
<TextBox x:Name="username"
            Grid.Row="0" Grid.Column="1"
            FontSize="20"
            Margin="4" />
<PasswordBox x:Name="password"
            Grid.Row="1" Grid.Column="1"
            Margin="4"
            FontSize="20"
            Password=""
            PasswordChar="●" />
<Button Width="100" Grid.Column="1" Grid.Row="2"
        HorizontalAlignment="Right"
        Margin="4"
        Content="ログイン"
        Click="clickLogin" />
```

さらにワンポイント

TextBoxコントロールのTextプロパティはMVVMパターンでバインドが可能ですが、PasswordBoxコントロールのPasswordプロパティではバインドができません。Passwordプロパティは不要なアクセスができないように隠蔽されています。このためPasswordプロパティの内容を確認するためには、サンプルコードのようにPasswordBoxコントロールに名前を付けてアクセスします。

チェックボックスを配置する

ここがポイントです！ **WPFアプリケーションでチェックボックスを配置**（CheckBoxコントロール）

WPFアプリケーションでは、項目を選択するための**CheckBoxコントロール**があります。

CheckBoxコントロールは、**IsCheckedプロパティ**で項目が選択されているかどうかを取得・設定します。

CheckBoxコントロールを利用する手順は、以下の通りです。

❶［ツールボックス］ウィンドウの［コントロール］タブをクリックします。
❷［CheckBoxコントロール］をWPFフォームへドラッグ&ドロップします（画面1）。

CheckBoxコントロールのチェック状態を初期設定する場合は、IsCheckedプロパティの値を設定します。IsCheckedプロパティに「x:Null」を指定すると「不定な状態」になります。

リスト1では、4つのチェックボックスを画面に配置して、[投稿] ボタンがクリックされたときにチェック状態を表示しています。

▼画面1 チェックボックスの配置

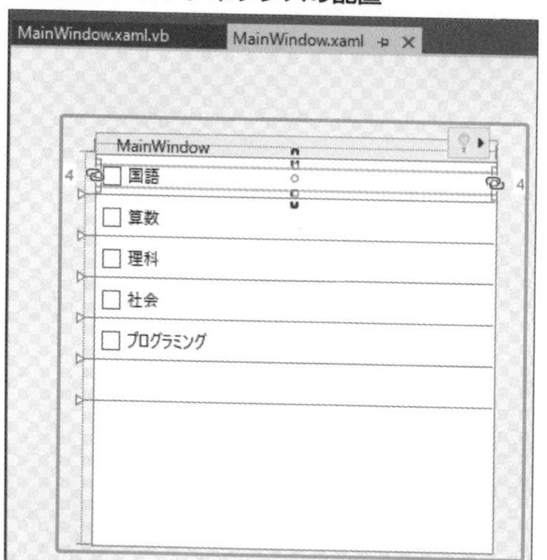

▼実行結果

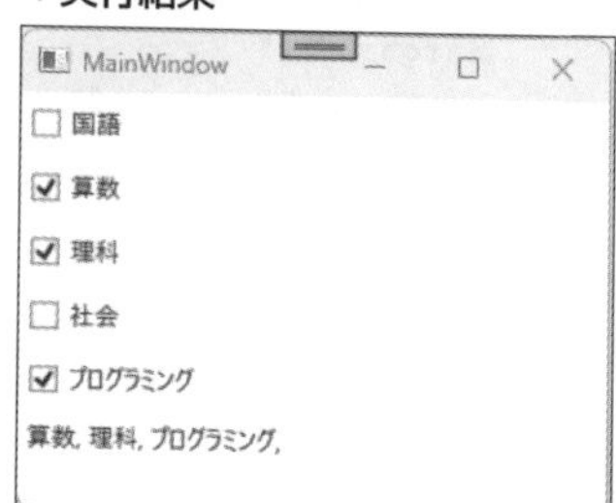

リスト1 チェックボックスの値を取得する(ファイル名:wpf297.sln、MainWindow.xaml.vb)

```
Private Sub clickCheck(sender As Object, e As RoutedEventArgs)
    Dim s = ""
    If chk1.IsChecked = True Then s += "国語, "
    If chk2.IsChecked = True Then s += "算数, "
    If chk3.IsChecked = True Then s += "理科, "
    If chk4.IsChecked = True Then s += "社会, "
    If chk5.IsChecked = True Then s += "プログラミング, "
    message.Text = s
End Sub
```

Tips 298 ▶Level ● ▶対応 COM PRO

ラジオボタンを配置する

ここがポイントです! WPFアプリケーションでラジオボタンを配置(RadioButtonコントロール)

WPFアプリケーションでは、1つの項目を選択するための**RadioButtonコントロール**があります。

RadioButtonコントロールは、**IsCheckedプロパティ**で項目が選択されているかどうかを取得・設定します。

RadioButtonコントロールを利用する手順は、以下の通りです。

❶ [ツールボックス] ウィンドウの [コントロール] タブをクリックします。
❷ [RadioButtonコントロール] をWPFフォームへドラッグ&ドロップします（画面1）。

RadioButtonコントロールのチェック状態を初期設定する場合は、IsCheckedプロパティの値を設定します。IsCheckedプロパティに「x:Null」を指定すると「不定な状態」になります。

リスト1では、4つのラジオボタンを画面に配置して、[投稿] ボタンがクリックされたときに選択した項目を表示しています。

▼画面1 ラジオボタンの配置

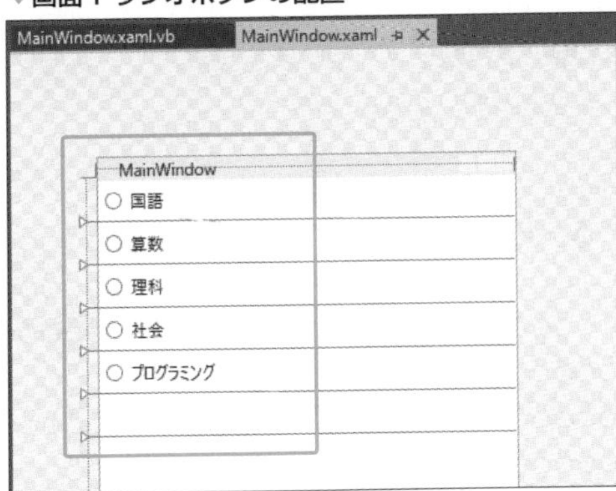

▼実行結果

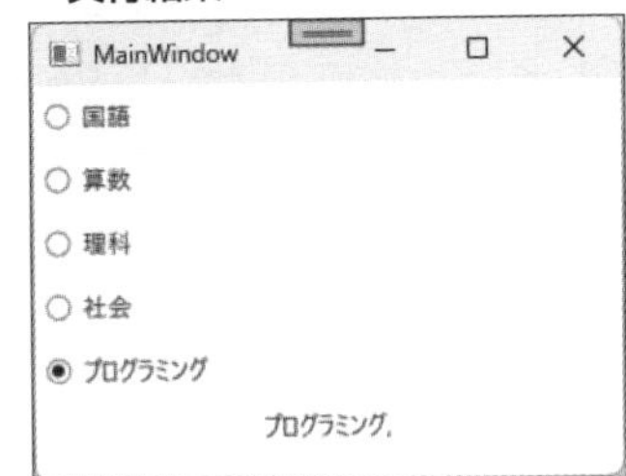

リスト1 ラジオボタンの値を取得する（ファイル名：wpf298.sln、MainWindow.xaml.vb）

```
Private Sub clickCheck(sender As Object, e As RoutedEventArgs)
    Dim s = ""
    If chk1.IsChecked = True Then s += "国語, "
    If chk2.IsChecked = True Then s += "算数, "
    If chk3.IsChecked = True Then s += "理科, "
    If chk4.IsChecked = True Then s += "社会, "
    If chk5.IsChecked = True Then s += "プログラミング, "
    message.Text = s
End Sub
```

コンボボックスを配置する

ここがポイントです！

WPFアプリケーションでコンボボックスを配置（ComboBoxコントロール）

WPFアプリケーションでは、項目を選択する**ComboBoxコントロール**があります。

ComboBoxコントロールは、あらかじめ**ComboBoxItemタグ**で指定した項目や、**ItemsSourceプロパティ**で設定したリストから１つの項目を選択します。

選択した項目は、**SelectedItemプロパティ**で取得できます。SelectedItemプロパティはObject型のため、適切な型にキャストする必要があります。

選択したインデックスの場合は、**SelectedIndexプロパティ**を使います。

ComboBoxコントロールを利用する手順は、以下の通りです。

❶［ツールボックス］ウィンドウの［コントロール］タブをクリックします。
❷［ComboBoxコントロール］をWPFフォームへドラッグ＆ドロップします（画面１）。

リスト１では、コンボボックスにあらかじめ４つの項目をComboBoxItemタグで指定しています。

リスト２では、［投稿］ボタンがクリックされたときに選択されている項目を表示します。

▼画面１ コンボボックスの配置

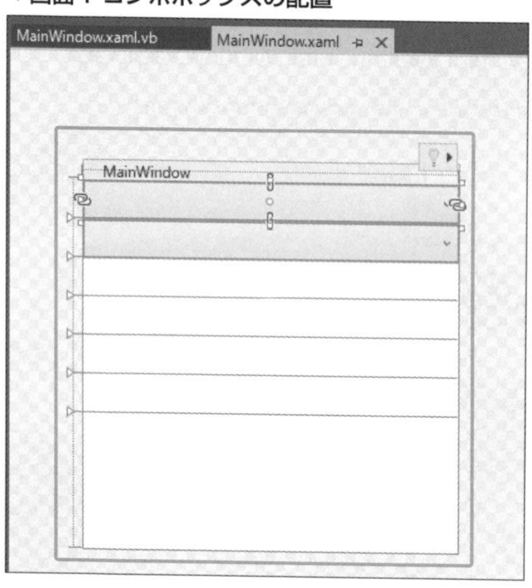

▼実行結果

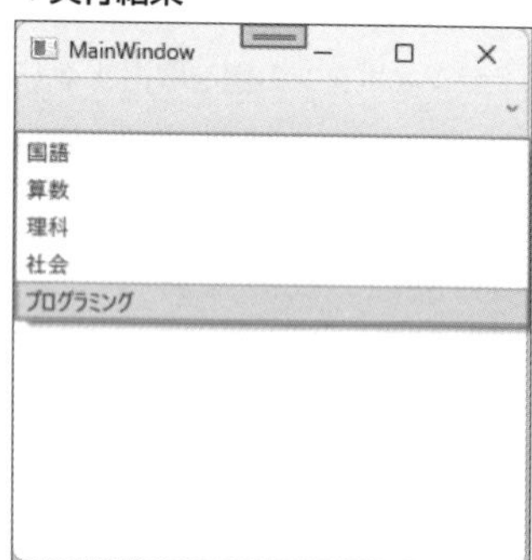

リスト1　コンボボックスに項目を設定する（ファイル名：wpf299.sln、MainWindow.xaml）

```
<ComboBox x:Name="cb1"
```

```
      Grid.Row="0" SelectionChanged="selectComboBox1">
    <ComboBoxItem Content="国語" />
    <ComboBoxItem Content="算数" />
    <ComboBoxItem Content="理科" />
    <ComboBoxItem Content="社会" />
    <ComboBoxItem Content="プログラミング" />
</ComboBox>
<ComboBox x:Name="cb2"
    Grid.Row="1" SelectionChanged="selectComboBox2">
</ComboBox>
```

リスト2　コンボボックスから選択項目を取得する（ファイル名：wpf299.sln、MainWindow.xaml.vb）

```
Private Sub Window_Loaded(sender As Object, e As RoutedEventArgs)
    cb2.Items.Add("こくご")
    cb2.Items.Add("さんすう")
    cb2.Items.Add("りか")
    cb2.Items.Add("しゃかい")
    cb2.Items.Add("ぷろぐらみんぐ")
End Sub

Private Sub selectComboBox1(
  sender As Object, e As SelectionChangedEventArgs)
    Dim item As ComboBoxItem = cb1.SelectedItem
    message.Text = "選択科目：" + item?.Content.ToString()
End Sub

Private Sub selectComboBox2(
  sender As Object, e As SelectionChangedEventArgs)
    message.Text = "選択科目：" + cb2.SelectedItem.ToString()
End Sub
```

リストボックスを配置する

ここがポイントです！　**WPFアプリケーションでリストボックスを配置**（ListBoxコントロール）

WPFアプリケーションでは、項目を選択する**ListBoxコントロール**があります。

ListBoxコントロールは、あらかじめ**ListBoxItemタグ**で指定した項目や、**ItemsSourceプロパティ**で設定したリストから項目を選択します。

選択する項目数は、**SelectionModeプロパティ**で、1つだけ選択（Single）、複数選択（Multiple）が選べます。

選択した項目は、**SelectedItemプロパティ**や**SelectedItemsプロパティ**で取得できます。これらのプロパティはObject型あるいはIListコレクションのため、適切な型にキャストする必要があります。選択したインデックスの場合は、**SelectedIndexプロパティ**を使います。

ListBoxコントロールを利用する手順は、以下の通りです。

❶ [ツールボックス] ウィンドウの [コントロール] タブをクリックします。
❷ [ListBoxコントロール] をWPFフォームへドラッグ&ドロップします (画面1)。

リスト1では、リストボックスにあらかじめ4つの項目をListBoxItemタグで指定しています。

リスト2では、[投稿] ボタンがクリックされたときに選択されている項目を表示します。

▼画面1 コンボボックスの配置

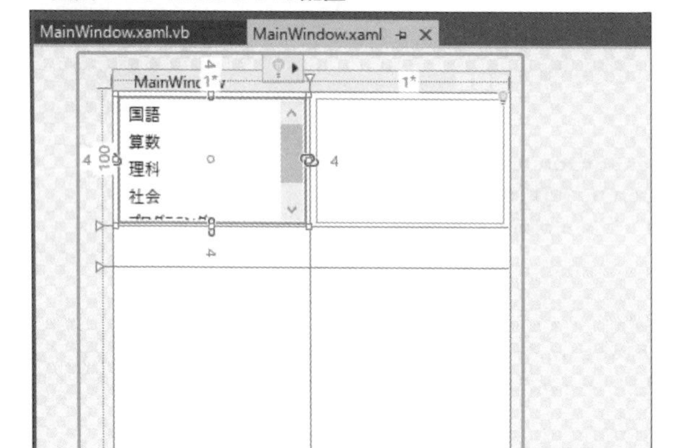

▼実行結果

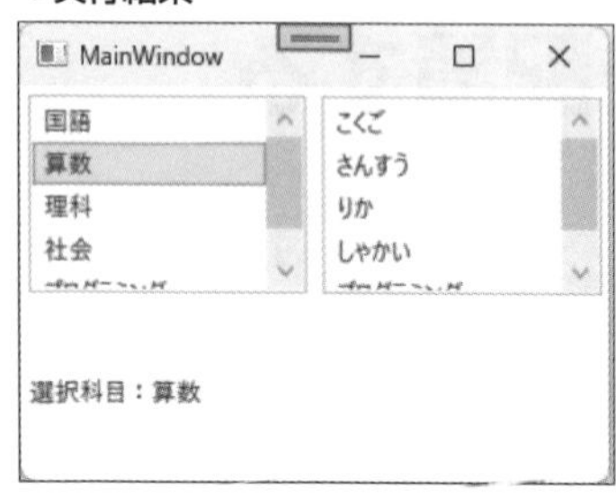

リスト1　リストボックスに項目を設定する (ファイル名：wpf300.sln、MainWindow.xaml)

```
<ListBox x:Name="lst1" Margin="4" SelectionChanged="selectList1">
    <ListBoxItem Content="国語" />
    <ListBoxItem Content="算数" />
```

```
    <ListBoxItem Content="理科" />
    <ListBoxItem Content="社会" />
    <ListBoxItem Content="プログラミング" />
</ListBox>
<ListBox x:Name="lst2"
   Grid.Column="1" Margin="4" SelectionChanged="selectList2">
</ListBox>
```

リスト2　リストボックスから選択項目を取得する（ファイル名：wpf300.sln、MainWindow.xaml.vb）

```
Private Sub Window_Loaded(sender As Object, e As RoutedEventArgs)
    lst2.Items.Add("こくご")
    lst2.Items.Add("さんすう")
    lst2.Items.Add("りか")
    lst2.Items.Add("しゃかい")
    lst2.Items.Add("プログラミング")
End Sub

Private Sub selectList1(
  sender As Object, e As SelectionChangedEventArgs)
    Dim item As ListBoxItem = lst1.SelectedItem
    message.Text = "選択科目：" + item?.Content.ToString()
End Sub

Private Sub selectList2(
  sender As Object, e As SelectionChangedEventArgs)
    message.Text = "選択科目：" + lst2.SelectedItem.ToString()
End Sub
```

四角形を配置する

ここがポイントです！

塗り潰した四角形を表示
（Rectangleコントロール）

WPFアプリケーションでは、四角形を表示するための**Rectangleコントロール**があります。

Rectangleコントロールは、塗り潰しの色のための**Fillプロパティ**と、枠線を表示するための**Strokeプロパティ**と**StrokeThicknessプロパティ**があります。

これらのプロパティを使うことにより、WPFアプリケーションの画面に様々な色が設定できます。

リスト1では、Gridコントロールと組み合わせて、様々なRectangleコントロールを表示させています。

▼実行結果

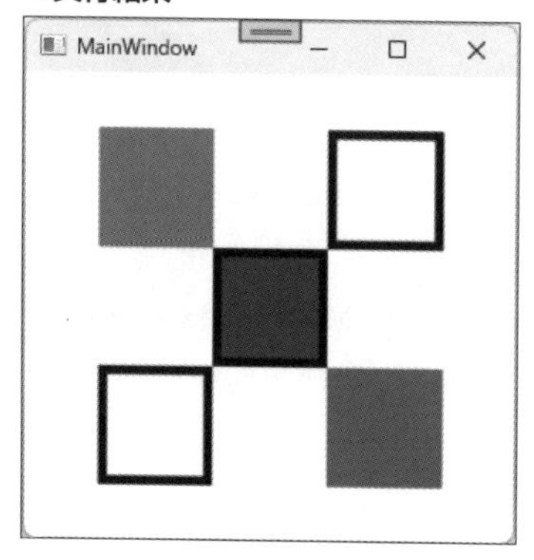

リスト1 四角形を表示する（ファイル名：wpf301.sln、MainWindow.xaml）

```
<Grid
    Width="200"
    Height="200"
    HorizontalAlignment="Center" VerticalAlignment="Center">
    <Grid.RowDefinitions>
        <RowDefinition Height="*" />
        <RowDefinition Height="*" />
        <RowDefinition Height="*" />
    </Grid.RowDefinitions>
    <Grid.ColumnDefinitions>
        <ColumnDefinition Width="*" />
        <ColumnDefinition Width="*" />
        <ColumnDefinition Width="*" />
    </Grid.ColumnDefinitions>
    <Rectangle Fill="Red"
            Grid.Column="0" Grid.Row="0" />
    <Rectangle Stroke="Black" StrokeThickness="5"
            Grid.Column="2" Grid.Row="0" />
    <Rectangle Fill="blue"
            Stroke="Black" StrokeThickness="5"
            Grid.Column="1" Grid.Row="1" />
    <Rectangle Stroke="Black" StrokeThickness="5"
            Grid.Row="2" />
    <Rectangle Fill="Green"
            Grid.Column="2" Grid.Row="2" />
</Grid>
```

さらにワンポイント

　四角形の枠線だけを表示する場合は、Fillタグを指定しないか「Transparent」を指定して透明にします。

　Rectangleタグの下にボタンを配置させたとき、Fillタグを指定しない場合はクリックできますが、透明を表すTransparentを指定するとクリックできません。イベント伝播に違いがあるので注意してください。

楕円を配置する

円あるいは楕円を表示
（Ellipseコントロール）

WPFアプリケーションでは、楕円を表示するための**Ellipseコントロール**があります。

Ellipseコントロールは、幅（Widthプロパティ）と高さ（Heightプロパティ）を指定して、この矩形に内接する楕円を描きます。幅と高さが同じ場合には真円になります。

Ellipseコントロールには、塗り潰しの色のための**Fillプロパティ**と、枠線を表示するための**Strokeプロパティ**と**StrokeThicknessプロパティ**があります。

リスト1では、Gridコントロールと組み合わせて、様々なEllipseコントロールを表示させています。

▼実行結果

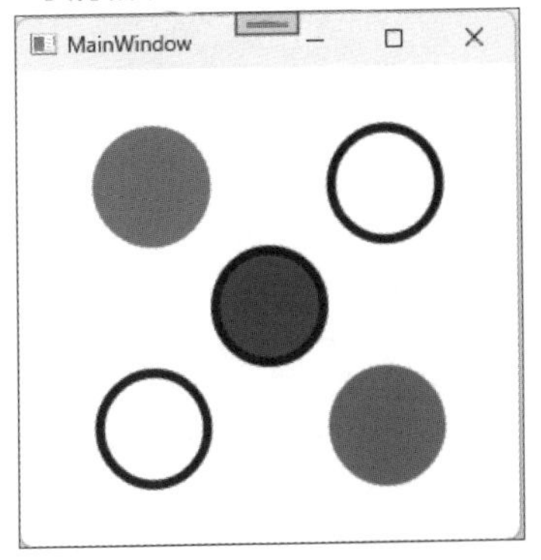

リスト1　楕円を表示する（ファイル名：wpf302.sln、MainWindow.xaml）

```
<Grid
    Width="200"
    Height="200"
    HorizontalAlignment="Center" VerticalAlignment="Center">
    <Grid.RowDefinitions>
        <RowDefinition Height="*" />
        <RowDefinition Height="*" />
        <RowDefinition Height="*" />
    </Grid.RowDefinitions>
    <Grid.ColumnDefinitions>
        <ColumnDefinition Width="*" />
        <ColumnDefinition Width="*" />
        <ColumnDefinition Width="*" />
    </Grid.ColumnDefinitions>
```

```
    <Ellipse Fill="Red"
             Grid.Column="0" Grid.Row="0" />
    <Ellipse Stroke="Black" StrokeThickness="5"
             Grid.Column="2" Grid.Row="0" />
    <Ellipse Fill="blue"
             Stroke="Black" StrokeThickness="5"
             Grid.Column="1" Grid.Row="1" />
    <Ellipse Stroke="Black" StrokeThickness="5"
             Grid.Row="2" />
    <Ellipse Fill="Green"
             Grid.Column="2" Grid.Row="2" />
</Grid>
```

画像を配置する

ここがポイントです！

画像を配置
（Imageコントロール）

WPFアプリケーションでは、画像を表示するための**Imageコントロール**があります。

Imageコントロールは、**Imageプロパティ**で画像ファイルを指定します。表示するときの大きさは、幅（Widthプロパティ）と高さ（Heightプロパティ）を指定します。

Imageコントロールには枠線を表示する機能がないため、枠線を付ける場合は**Rectangleコントロール**と組み合わせます。

リスト1では、ImageコントロールとRectangleコントロールを組み合わせて画像を表示させています。透明度は、Opacityプロパティで指定します。

▼実行結果

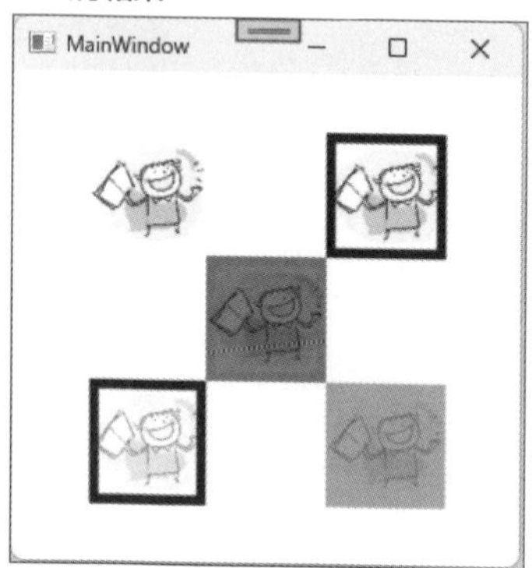

リスト1　画像を表示する（ファイル名：wpf303.sln、MainWindow.xaml）

```
<Grid
    Width="200"
    Height="200"
    HorizontalAlignment="Center" VerticalAlignment="Center">
    <Grid.RowDefinitions>
        <RowDefinition Height="*" />
        <RowDefinition Height="*" />
        <RowDefinition Height="*" />
    </Grid.RowDefinitions>
    <Grid.ColumnDefinitions>
        <ColumnDefinition Width="*" />
        <ColumnDefinition Width="*" />
        <ColumnDefinition Width="*" />
    </Grid.ColumnDefinitions>
    <Image Source="images/book.jpg"
            Grid.Column="0" Grid.Row="0" />
    <Image Source="images/book.jpg"
            Grid.Column="2" Grid.Row="0" />
    <Rectangle Stroke="Black" StrokeThickness="5"
            Grid.Column="2" Grid.Row="0" />
    <Image Source="images/book.jpg"
            Grid.Column="1" Grid.Row="1" />
    <Rectangle Fill="blue" Opacity="0.5"
            Stroke="Black" StrokeThickness="5"
            Grid.Column="1" Grid.Row="1" />
    <Image Source="images/book.jpg" Opacity="0.5"
            Grid.Column="0" Grid.Row="2" />
    <Rectangle Stroke="Black" StrokeThickness="5"
            Grid.Row="2" />
    <Image Source="images/book.jpg" Opacity="0.5"
            Grid.Column="2" Grid.Row="2" />
    <Rectangle Fill="Green" Opacity="0.5"
            Grid.Column="2" Grid.Row="2" />
</Grid>
```

さらにワンポイント

Imageコントロールに指定する画像ファイルは、出力ディレクトリにコピーするようにし、ビルドアクションを「コンテンツ」に指定しておきます。

ボタンに背景画像を設定する

ここがポイントです!

ボタンの背景に画像を配置
(Background属性、FontSize属性)

WPFアプリケーションでは、通常のWindowsアプリケーションよりもグラフィカルなインターフェイスを簡単に作ることができます。

ボタン(Buttonコントロール)の背景に画像を入れたり、フォントの大きさを変えるためには、**Background属性**や**FontSize属性**を変更します。

プロパティウィンドウで、ボタンに設定するブラシを変更することで、ボタンに表示する画像を変更できます(画面1、画面2)。

設定した画像は、リスト1のようにリソースとして、1つの実行ファイルにビルドされます。実行した場合は、画面3のように表示されます。

▼画面1 ブラシの設定

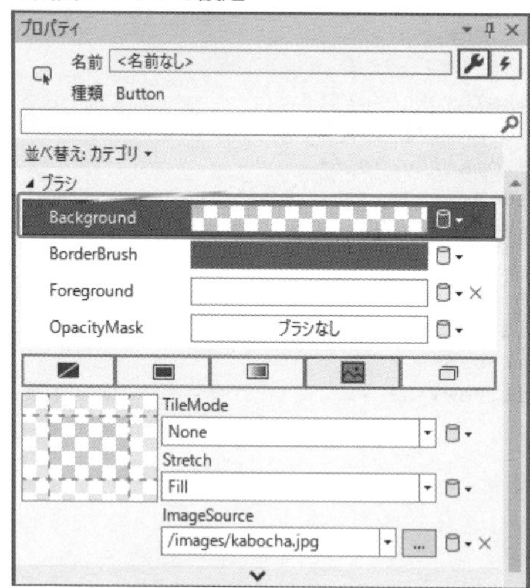

▼画面2 デザイン時

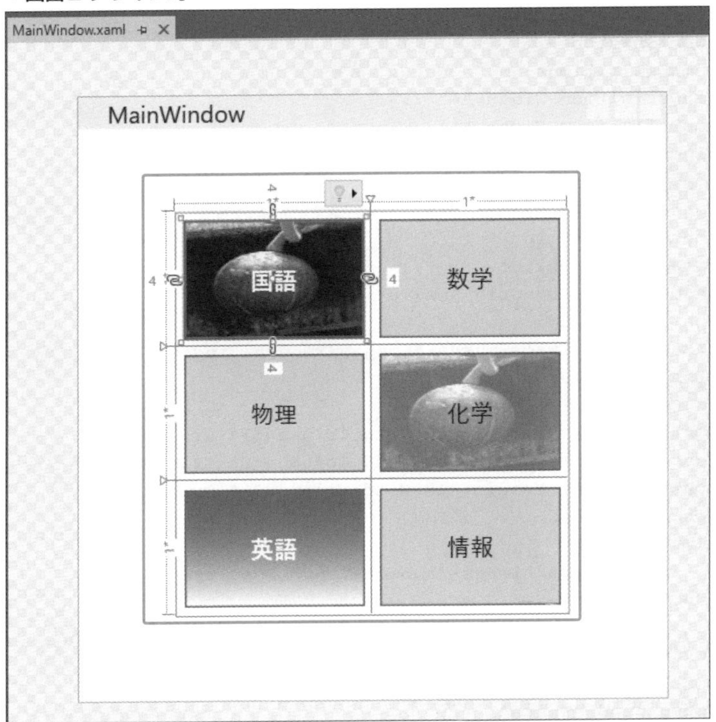

▼画面3 実行時

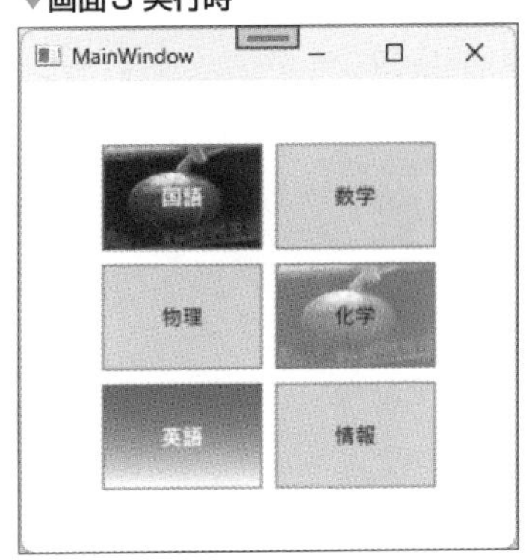

リスト1　Background属性にブラシを設定する（ファイル名：wpf304.sln、MainWindow.xaml）

```
<Grid
        Width="200"
        Height="200"
        HorizontalAlignment="Center" VerticalAlignment="Center">
    <Grid.RowDefinitions>
        <RowDefinition Height="*" />
```

```
            <RowDefinition Height="*" />
            <RowDefinition Height="*" />
        </Grid.RowDefinitions>
        <Grid.ColumnDefinitions>
            <ColumnDefinition Width="*" />
            <ColumnDefinition Width="*" />
        </Grid.ColumnDefinitions>

        <Button Content="国語" Margin="4"
                FontWeight="Bold"
                Foreground="White"
                Grid.Column="0" Grid.Row="0">
            <Button.Background>
                <ImageBrush ImageSource="images/kabocha.jpg"/>
            </Button.Background>
        </Button>
        <Button Content="数学" Margin="4" Grid.Column="1" Grid.Row="0" />
        <Button Content="物理" Margin="4" Grid.Column="0" Grid.Row="1" />
        <Button Content="化学" Margin="4" Grid.Column="1" Grid.Row="1" >
            <Button.Background>
                <ImageBrush
                   ImageSource="images/kabocha.jpg" Opacity="0.5"/>
            </Button.Background>
        </Button>
        <Button Content="英語"
                FontWeight="Bold"
                Foreground="White"
                Margin="4" Grid.Column="0" Grid.Row="2" >
            <Button.Background>
                <LinearGradientBrush StartPoint="0,0" EndPoint="0,1">
                    <GradientStop Color="Red" Offset="0.0" />
                    <GradientStop Color="White" Offset="1.0" />
                </LinearGradientBrush>
            </Button.Background>
        </Button>
        <Button Content="情報"
                Margin="4" Grid.Column="1" Grid.Row="2">
        </Button>
    </Grid>
```

ブラウザーを表示させる

ここがポイントです！

ブラウザーを埋め込むコントロールを指定（WebView2コントロール）

画面にブラウザーを埋め込むためには、**WebView2コントロール**を使います。

Visual Studio 2022では、標準コントロールの中にWebViewコントロールは含まれません。そのため、[NuGetパッケージの管理] で [Microsoft.Web.WebView2] パッケージをインストールします。このパッケージをインストールすると、ツールボックスにWebView2コントロールが表示されるようになります。

WebView2コントロールは、Windows 11（あるいは10）で使われるEdgeと同じ動作をします。Edgeの内部動作はChromiumのため、結果的にGoogleのChromeと同じ動作になります。

▼NuGetパッケージの管理

▼ツールボックス

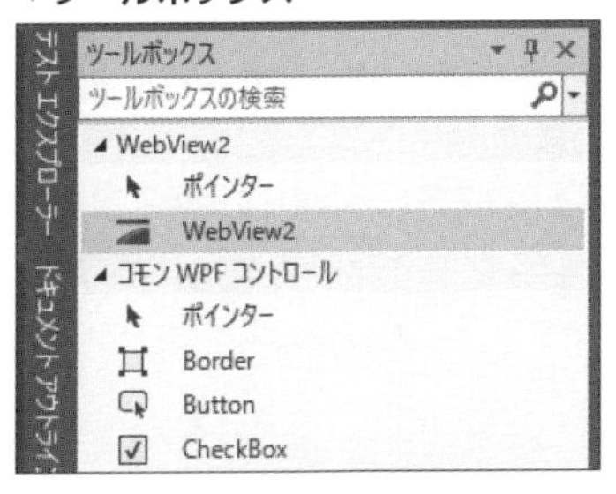

▼デザイナー

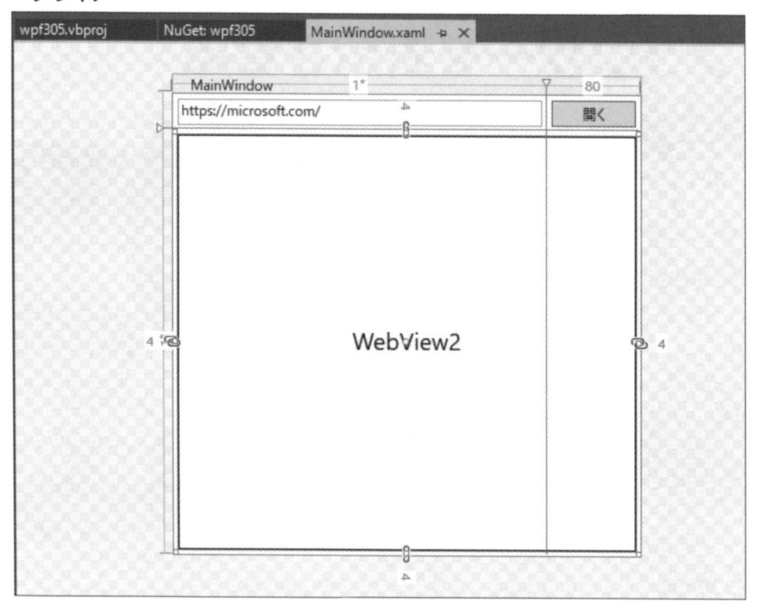

▼実行結果

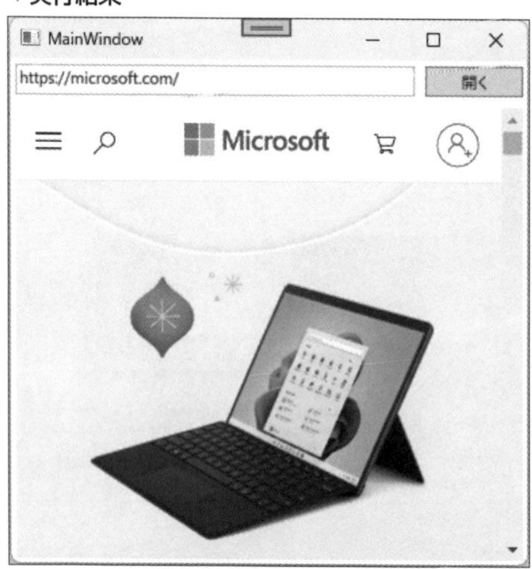

リスト1ではXAMLファイルに、WebView2コントロールを追加しています。名前空間の「Wpf」は「Microsoft.Web.WebView2.Wpf」の別名になります。

リスト2では、入力したテキストボックスからURL文字列を取得し、WebView2コントロールに表示させています。Sourceプロパティにuriオブジェクトを設定することで、指定したURLを表示できます。

リスト1　ブラウザーを表示する（ファイル名：wpf305.sln、MainWindow.xaml）

```
<Grid>
    <Grid.RowDefinitions>
        <RowDefinition Height="30" />
        <RowDefinition Height="*" />
    </Grid.RowDefinitions>
    <Grid.ColumnDefinitions>
        <ColumnDefinition Width="*" />
        <ColumnDefinition Width="80" />
    </Grid.ColumnDefinitions>
    <TextBox x:Name="tb" Margin="4"
                Text="https://microsoft.com/"/>
    <Button
        Grid.Column="1" Margin="4" Content="開く"
        Click="clickOpen" />
    <Wpf:WebView2
        x:Name="web"
        Grid.Row="1" Grid.ColumnSpan="2" Margin="4"/>
</Grid>
```

リスト2　指定URLを開く（ファイル名：wpf305.sln、MainWindow.xaml.vb）

```
Private Sub clickOpen(sender As Object, e As RoutedEventArgs)
    Dim url = tb.Text
    Web.Source = New Uri(url)
End Sub
```

日付を選択する

ここがポイントです！　**日付を選択**（DatePickerコントロール、Calendarコントロール、SelectedDateプロパティ）

WPFアプリケーションで日付を選択するためのコントロールは、**DatePickerコントロール**と**Calendarコントロール**があります。

●DatePickerコントロール

DatePickerコントロールは、ComboBoxコントロールのように選択する部分が1行で表示され、右の［▼］ボタンをクリックすることでカレンダーが表示されます。選択した日付が1行で表示されるために、1つの画面で複数の日付を表示させることができます。

●Calendarコントロール

Calendarコントロールは、あらかじめカレンダーが開かれた状態になっています。紙のカレンダーと同じように常に特定の日付を表示しておきたいときに有効です。

どちらのコントロールも、選択済みの日付を取得する場合は**SelectedDateプロパティ**を使います。カレンダーで日付を選択したときは、**SelectedDateChangedイベント**が発生します。

リスト1では、DatePickerコントロールとCalendarコントロールを並べて表示させています。

リスト2では、DatePickerコントロールで日付を選択したときに、テキストブロックに日付を表示させています。

リスト3では、Calendarコントロールで日付を選択したときに、テキストブロックに日付を表示させています。

▼デザイナー

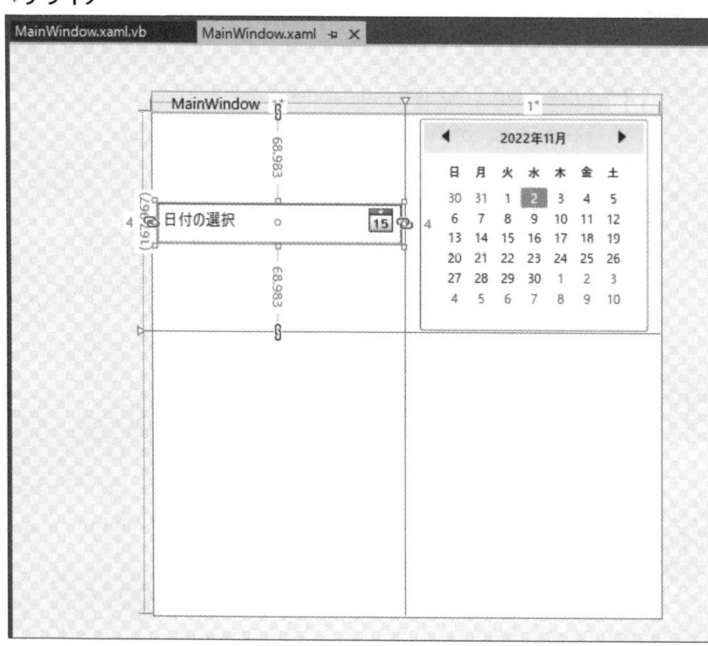

▼実行結果

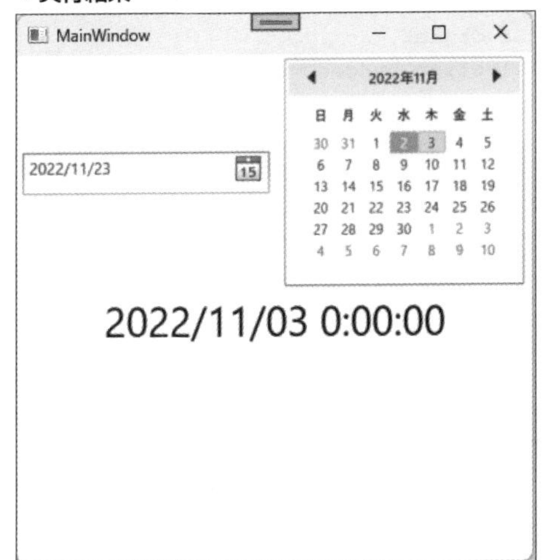

リスト1　日付を選択するコントロール（ファイル名：wpf306.sln、MainWindow.xaml）

```
<Grid>
    <Grid.RowDefinitions>
        <RowDefinition Height="auto" />
        <RowDefinition Height="auto" />
    </Grid.RowDefinitions>
    <Grid.ColumnDefinitions>
        <ColumnDefinition Width="*" />
        <ColumnDefinition Width="*" />
    </Grid.ColumnDefinitions>
    <DatePicker x:Name="dp" Margin="4" Height="30"
                SelectedDateChanged="changeDatePicker" />
    <Calendar x:Name="cal"  Grid.Column="1"
                SelectedDatesChanged="changeCalendar" />
    <TextBlock x:Name="message"
                TextAlignment="Center"
                FontSize="30"
                Grid.Row="1" Grid.ColumnSpan="2" />
</Grid>
```

リスト2　DatePickerコントロールの選択した日付を取得する（ファイル名：wpf306.sln、MainWindow.xaml.vb）

```
Private Sub changeDatePicker(sender As Object,
                             e As SelectionChangedEventArgs)
    Dim dt = dp.SelectedDate
    message.Text = dt.ToString()
End Sub
```

リスト3　Calendarコントロールの選択した日付を取得する（ファイル名：wpf306.sln、MainWindow.xaml.vb）

```
Private Sub changeCalendar(sender As Object,
                           e As SelectionChangedEventArgs)
    Dim dt = cal.SelectedDate
    message.Text = dt.ToString()
End Sub
```

XAMLファイルを直接編集する

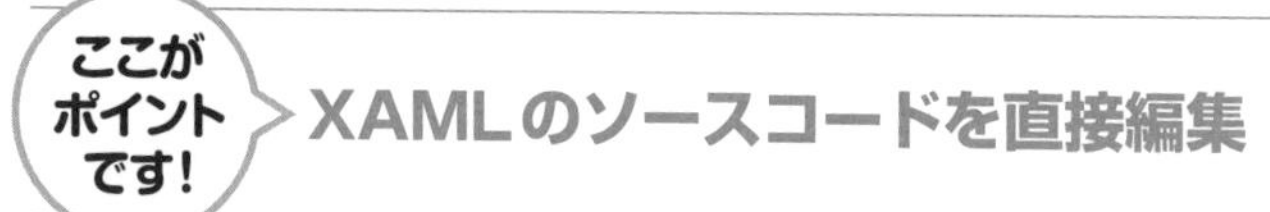

Visual Studioでは、画面のデザインをするためにXAMLのソースコードを直接編集することがあります。

プロパティウィンドウで各コントロールのプロパティを設定することもできますが、すでに知っているプロパティならば直接、XAMLファイルを編集したほうが効率がよいでしょう。

Visual StudioのXAMLの編集では、[スペース] キーを押したときに**インテリセンス**が表示されます。コードのインテリセンスと同様に、次の候補となるプロパティ名やイベント名、値などが表示されます。このインテリセンスを使うと、比較的簡単にXAMLを編集できます。

▼XAMLのインテリセンス

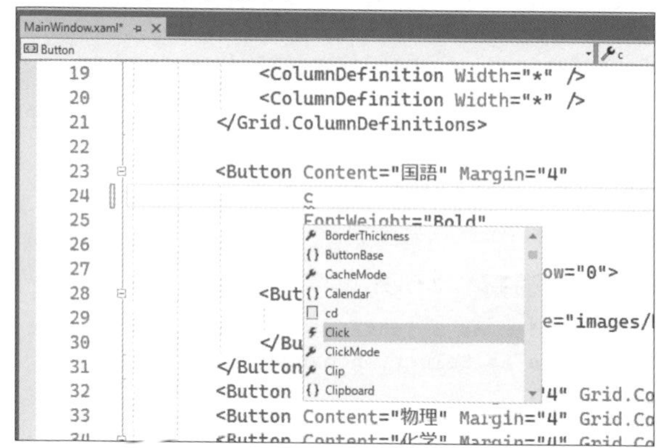

10-2 XAML

Tips 308

Level ●

対応 COM PRO

グリッド線で分割する

ここがポイントです！

固定ドット数でグリッドを分割
（Gridタグ、ColumnDefinitionタグ、RowDefinitionタグ）

WPFアプリケーションでは、メインウィンドウの子要素は、**Gridタグ**か**Panelタグ**になります。

● **Gridタグ**

Gridタグは、各コントロールを格子点に沿って配置させます。

● **Panelタグ**

Panelタグの場合は、自由に位置を設定します。

Gridタグを利用するときの利点は、ウィンドウの大きさに関係なく、ボタンや矩形などのコントロールを配置できることです。縦横に分割した線に沿ってコントロールを置くことができます。

デザイナーでグリッドを分割するときは、あらかじめグリッドを選択した後に枠の外にマウスカーソルを置きます。オレンジの三角形でグリッドの分割線を決定します（画面1）。

分割したグリッドは、リスト1のように、**Grid.ColumnDefinitionsタグ**と**Grid.RowDefinitionsタグ**で区切られます。

Grid.ColumnDefinitionsタグでは、横に区切った列幅をColumnDefinitionタグで指定します。Grid.RowDefinitionsタグでは、縦に区切った行幅をRowDefinitionタグで指定します。

リスト2では、高さ方向をRowDefinitionタグで30ドットごとに区切って表示しています。横方向はColumnDefinitionタグで指定し、各コントロールの配置を揃えています。

▼画面1 グリッドの設定

▼実行結果

リスト1 グリッドの区切り

```
<Grid>
    <!-- 列方向を指定する ->
    <Grid.ColumnDefinitions>
        <!-- 列幅を指定する -->
        <ColumnDefinition Width="列の幅"/>
        …
    </Grid.ColumnDefinitions>
    <!-- 行方向を指定する ->
    <Grid.RowDefinitions>
        <!-- 行幅を指定する -->
        <RowDefinition Height="<行の高さ"/>
        …
    </Grid.RowDefinitions>
</Grid>
```

リスト2 固定値でグリッドを表示する（ファイル名：wpf308.sln、MainWindow.xaml）

```
<Grid Margin="12">
    <Grid.RowDefinitions>
        <RowDefinition Height="30" />
        <RowDefinition Height="30" />
        <RowDefinition Height="30" />
        <RowDefinition Height="30" />
        <RowDefinition Height="*" />
        <RowDefinition Height="30" />
    </Grid.RowDefinitions>
    <Grid.ColumnDefinitions>
```

```
            <ColumnDefinition Width="100" />
            <ColumnDefinition Width="*" />
        </Grid.ColumnDefinitions>
        <TextBlock
            Text="ID："
            VerticalAlignment="Center"
            HorizontalAlignment="Right"
            Margin="2" />
        <TextBlock
            Text="名前："
            VerticalAlignment="Center"
            HorizontalAlignment="Right"
            Grid.Row="1"
            Margin="2" />
        <TextBlock
            Text="年齢："
            VerticalAlignment="Center"
            HorizontalAlignment="Right"
            Grid.Row="2"
            Margin="2" />
        <TextBlock
            Text="住所："
            VerticalAlignment="Center"
            HorizontalAlignment="Right"
            Grid.Row="3"
            Margin="2" />
        <TextBox Grid.Column="1" Margin="2" />
        <TextBox Grid.Column="1" Grid.Row="1" Margin="2" />
        <TextBox Grid.Column="1" Grid.Row="2" Margin="2" />
        <TextBox Grid.Column="1" Grid.Row="3" Margin="2" />
        <Button Content="登録"
                Grid.Column="1" Grid.Row="5"
                Width="80"
                HorizontalAlignment="Right"
                Margin="2" />
</Grid>
```

グリッドの比率を指定する

ここがポイントです！

比率でグリッドを分割

（Grid タグ、Width 属性、Height 属性）

Gridタグの縦横には、ドット数だけでなく、比率で指定できます。

固定ドット数を使う場合には、「100」のように数値だけを指定しますが、比率の場合には「1*」のように数値の後ろにアスタリスクを付けます。

グリッドを分割する方法は、リスト1のように、固定ドットと同じように**Grid.ColumnDefinitionsタグ**と**Grid.RowDefinitionsタグ**を使います。

このときに指定するColumnDefinitionタグとRowDefinitionタグの属性の指定に比率を使います。

固定ドット指定と比率指定をうまく組み合わせることによって、ウィンドウのサイズに依存しない画面設計を行うことが可能です。

リスト2では、横方向の比率を1:2になるようにColumnDefinitionタグで指定しています。ウィンドウの横幅に合わせて各コントロールが伸び縮みします。

▼通常の画面

▼横長の画面

リスト1　グリッドを三分割する

```
<Grid>
    <Grid.ColumnDefinitions>
        <ColumnDefinition Width="1*"/>
        <ColumnDefinition Width="1*"/>
        <ColumnDefinition Width="1*"/>
    </Grid.ColumnDefinitions>
    <Grid.RowDefinitions>
        <RowDefinition Height="1*"/>
        <RowDefinition Height="1*"/>
        <RowDefinition Height="1*"/>
    </Grid.RowDefinitions>
</Grid>
```

リスト2　比率でグリッドを表示する（ファイル名：wpf309.sln、MainWindow.xaml）

```
<Grid Margin="12">
    <Grid.RowDefinitions>
        <RowDefinition Height="30" />
        <RowDefinition Height="30" />
        <RowDefinition Height="30" />
        <RowDefinition Height="30" />
        <RowDefinition Height="*" />
        <RowDefinition Height="30" />
    </Grid.RowDefinitions>
    <Grid.ColumnDefinitions>
        <ColumnDefinition Width="1*" />
        <ColumnDefinition Width="2*" />
    </Grid.ColumnDefinitions>
    <TextBlock
        Text="ID："
        VerticalAlignment="Center"
        HorizontalAlignment="Right"
        Margin="2" />
    <TextBlock
        Text="名前："
```

```
            VerticalAlignment="Center"
            HorizontalAlignment="Right"
            Grid.Row="1"
            Margin="2" />
        <TextBlock
            Text="年齢："
            VerticalAlignment="Center"
            HorizontalAlignment="Right"
            Grid.Row="2"
            Margin="2" />
        <TextBlock
            Text="住所："
            VerticalAlignment="Center"
            HorizontalAlignment="Right"
            Grid.Row="3"
            Margin="2" />
        <TextBox Grid.Column="1" Margin="2" />
        <TextBox Grid.Column="1" Grid.Row="1" Margin="2" />
        <TextBox Grid.Column="1" Grid.Row="2" Margin="2" />
        <TextBox Grid.Column="1" Grid.Row="3" Margin="2" />
        <Button Content="登録"
                Grid.Column="1" Grid.Row="5"
                Width="80"
                HorizontalAlignment="Right"
                Margin="2" />
</Grid>
```

グリッドを固定値で指定する

ここがポイントです！

固定値でグリッドを分割
(Gridタグ、Width属性、Height属性)

Gridタグの縦横には、ピクセル単位で指定ができます。

比率の場合は「1*」のように、アスタリスクを付けますが、固定値の場合は「100」のように数値のみで指定します。

WFPアプリケーションの場合、ユーザーが自在にウィンドウの大きさを変えられることが望ましいのですが、ときにはデザインの関係上、固定位置に表示したいときがあります。この場合は、固定したいところに固定値を指定しておき、残り部分で伸長させるためにアスタリスクを指定します。

リスト1では、項目のラベルを表示している部分は100ピクセル固定として、残りの入力項目であるテキストボックス部分をウィンドウに合わせて伸長しています。

▼通常の画面

MainWindow
ID：
名前：
年齢：
住所：
登録

▼横長の画面

リスト1　グリッドを固定値で指定する

```
<Grid>
    <Grid.ColumnDefinitions>
        <ColumnDefinition Width="100"/>
        <ColumnDefinition Width="100"/>
        <ColumnDefinition Width="100"/>
    </Grid.ColumnDefinitions>
    <Grid.RowDefinitions>
        <RowDefinition Height="30"/>
        <RowDefinition Height="30"/>
        <RowDefinition Height="30"/>
    </Grid.RowDefinitions>
</Grid>
```

リスト2　固定値でグリッドを表示する（ファイル名：wpf310.sln、MainWindow.xaml）

```
<Grid Margin="12">
    <Grid.RowDefinitions>
        <RowDefinition Height="30" />
        <RowDefinition Height="30" />
```

```
            <RowDefinition Height="30" />
            <RowDefinition Height="30" />
            <RowDefinition Height="*" />
            <RowDefinition Height="30" />
        </Grid.RowDefinitions>
        <Grid.ColumnDefinitions>
            <ColumnDefinition Width="50" />
            <ColumnDefinition Width="*" />
        </Grid.ColumnDefinitions>
        <TextBlock
            Text="ID："
            VerticalAlignment="Center"
            HorizontalAlignment="Right"
            Margin="2" />
        <TextBlock
            Text="名前："
            VerticalAlignment="Center"
            HorizontalAlignment="Right"
            Grid.Row="1"
            Margin="2" />
        <TextBlock
            Text="年齢："
            VerticalAlignment="Center"
            HorizontalAlignment="Right"
            Grid.Row="2"
            Margin="2" />
        <TextBlock
            Text="住所："
            VerticalAlignment="Center"
            HorizontalAlignment="Right"
            Grid.Row="3"
            Margin="2" />
        <TextBox Grid.Column="1" Margin="2" />
        <TextBox Grid.Column="1" Grid.Row="1" Margin="2" />
        <TextBox Grid.Column="1" Grid.Row="2" Margin="2" />
        <TextBox Grid.Column="1" Grid.Row="3" Margin="2" />
        <Button Content="登録"
                Grid.Column="1" Grid.Row="5"
                Width="80"
                HorizontalAlignment="Right"
                Margin="2" />
</Grid>
```

マージンを指定する

コントロールのマージンを指定（Margin属性）

WPFアプリケーションで使われる各コントロールにはマージン（外側のコントロールとの余白）を指定できます。マージンを指定するには**Margin属性**を指定します。

マージンは、以下のように指定ができます。

▼マージンを一括指定する

```
Margin="数値"
```

▼マージンを２か所指定する

```
Margin="左右,上下"
```

▼すべてのマージンを指定する

```
Margin="左,上,右,下"
```

リスト１では、テキストボックスの外側の余白を確保するためにマージンを設定しています。

▼デザイン時

リスト1　コントロールのマージンを指定する（ファイル名：wpf311.sln、MainWindow.xaml）

```
<TextBlock
    Text="ID："
    VerticalAlignment="Center"
    HorizontalAlignment="Right"
    Margin="2,2,8,2" />
<TextBlock
    Text="名前："
    VerticalAlignment="Center"
    HorizontalAlignment="Right"
    Grid.Row="1"
    Margin="2,2,8,2" />
<TextBlock
    Text="年齢："
    VerticalAlignment="Center"
    HorizontalAlignment="Right"
    Grid.Row="2"
    Margin="2,2,8,2" />
<TextBlock
    Text="住所："
    VerticalAlignment="Center"
    HorizontalAlignment="Right"
    Grid.Row="3"
    Margin="2,2,8,2" />
<TextBox Grid.Column="1" Margin="2" />
<TextBox Grid.Column="1" Grid.Row="1" Margin="2" />
<TextBox Grid.Column="1" Grid.Row="2" Margin="2" />
<TextBox Grid.Column="1" Grid.Row="3" Margin="2" />
```

パディングを指定する

WPFアプリケーションで使われるいくつかコントロールには**パディング**（コントロールの内側の余白）を指定できます。パディングを指定するには、**Padding属性**を指定します。
パディングは、以下のように指定ができます。

▼パディングを一括指定する

```
Padding="数値"
```

▼パディングを2か所指定する

```
Padding="左右,上下"
```

▼すべてのパディングを指定する

```
Padding="左,上,右,下"
```

リスト1では、ラベルの内側の余白を確保するためにパディングを設定しています。

▼デザイン時

リスト1　コントロールのパディングを指定する（ファイル名：wpf312.sln、MainWindow.xaml）

```
<TextBlock
    Text="ID："
    VerticalAlignment="Center"
    HorizontalAlignment="Right"
    Padding="2,2,8,2" />
<TextBlock
    Text="名前："
    VerticalAlignment="Center"
    HorizontalAlignment="Right"
    Grid.Row="1"
    Padding="2,2,8,2" />
<TextBlock
    Text="年齢："
    VerticalAlignment="Center"
    HorizontalAlignment="Right"
    Grid.Row="2"
```

```
      Padding="2,2,8,2" />
<TextBlock
      Text="住所："
      VerticalAlignment="Center"
      HorizontalAlignment="Right"
      Grid.Row="3"
      Padding="2,2,8,2" />
<TextBox Grid.Column="1" Margin="2" Text="1234" Padding="4" />
<TextBox Grid.Column="1" Grid.Row="1" Margin="2" Text="マスダトモアキ"
Padding="4"/>
<TextBox Grid.Column="1" Grid.Row="2" Margin="2" Text="53"
Padding="4"/>
<TextBox Grid.Column="1" Grid.Row="3" Margin="2" Text="板橋区"
Padding="4"/>
```

Tips 313

Level ●

対応 COM PRO

コントロールを複数行にまたがって配置する

ここがポイントです！

行や列の連結
（Grid.RowSpan属性、Grid.ColumnSpan属性）

WPFアプリケーションで**Gridコントロール**を使うと、縦横の格子状にコントロールを配置しやすくなります。それぞれの枠に対してコントロールを設定し、**Margin属性**でコントロール同士の間を統一的に作成します。

ときには枠をまたがるようなコントロールを配置したいときがあります。テキストボックスのように入力する領域が大きいコントロールは、**Grid.RowSpan属性**や**Grid.ColumnSpan属性**を使って行や列を連結させて配置できます。

連結する数値は、「1」から始まります。

▼行を連結する

```
<TextBox Grid.RowSpan="数値" />
```

▼列を連結する

```
<TextBox Grid.ColumnSpan="数値" />
```

▼行と列の両方を連結する

```
<TextBox Grid.RowSpan="数値" Grid.ColumnSpan="数値" />
```

リスト1では、4つめのテキストボックスを大き目に表示させるために行を連結しています。

▼デザイン時

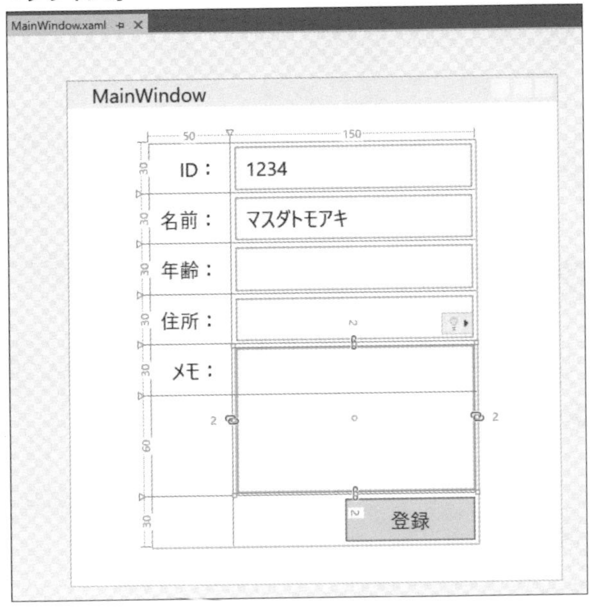

リスト1　コントロールの行を連結する（ファイル名：wpf313.sln、MainWindow.xaml）

```
<TextBox Grid.Column="1" Grid.Row="4" Grid.RowSpan="2"
         AcceptsReturn="True"
         Margin="2" Padding="4"/>
```

Tips 314 ▶Level ● ▶対応 COM PRO

キャンバスを利用して自由に配置する

ここがポイントです！

コントロールを自由に配置
（Canvasコントロール、Canvas.Left属性、Canvas.Top属性）

WPFアプリケーションはコントロールの配置を主にGridコントロールを利用しますが、XY座標を指定して自由に配置させるためには**Canvasコントロール**を使うと便利です。

Canvasコントロール内にある各種のコントロールは、X座標を**Canvas.Left属性**で、Y座標を**Canvas.Top属性**で指定します。原点座標は、Canvasコントロールの左上になります。

リスト1では、矩形（Rectangle）と円（Ellipse）をCanvasコントロール内に表示しています。

▼デザイン時

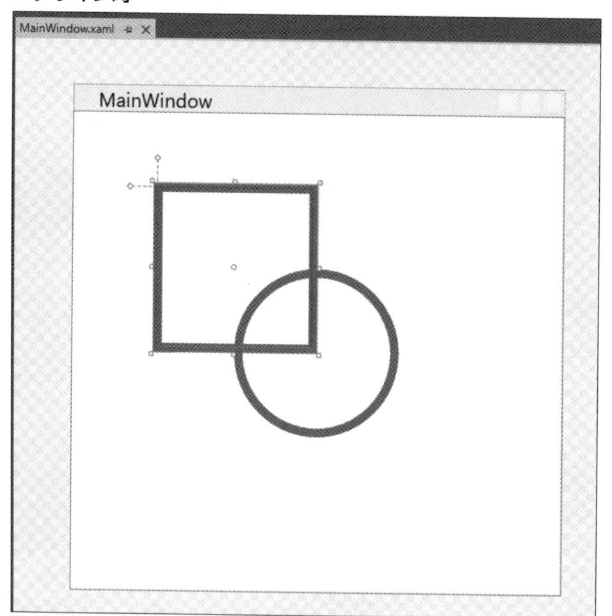

リスト1　コントロールを自由に配置する（ファイル名：wpf314.sln、MainWindow.xaml）

```
<Canvas>
    <Rectangle
        Width="100" Height="100"
        Stroke="Red" StrokeThickness="5"
        Canvas.Left="50" Canvas.Top="42" />
    <Ellipse
        Width="100" Height="100"
        Stroke="Red" StrokeThickness="5" Canvas.Left="100" Canvas.
Top="92" />
</Canvas>
```

キャンバス内で矩形を回転させる

ここがポイントです！ **コントロールを回転**（RenderTransform属性、RotateTransformタグ、RenderTransformOrigin属性）

WPFアプリケーションでは、各種コントロールを回転表示させることができます。

回転や移動などは、元の座標位置からの移動量を設定します。移動量は**RenderTransform属性**で指定します。

RenderTransform属性では、複数の移動量を**TransformGroupタグ**内に記述します。回転は**RotateTransformタグ**を使い、**Angle属性**で角度を指定します。

コントロールを回転させる場合、どの点を中心にするかの指定が必要です。初期値では、コントロールの左上になります。回転の中心をコントロールの中心と合わせるために、通常は**RenderTransformOrigin属性**で「0.5,0.5」を指定します。

リスト1では、矩形（Rectangle）を45度回転させています。

▼デザイン時

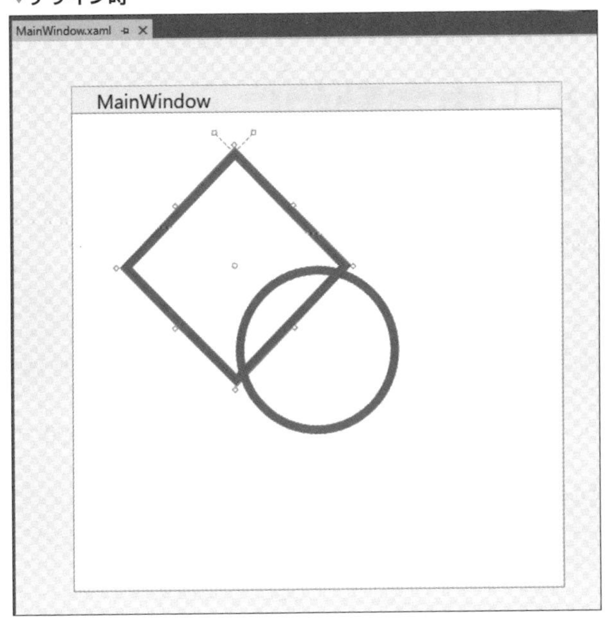

リスト1　コントロールを回転させる（ファイル名：wpf315.sln、MainWindow.xaml）

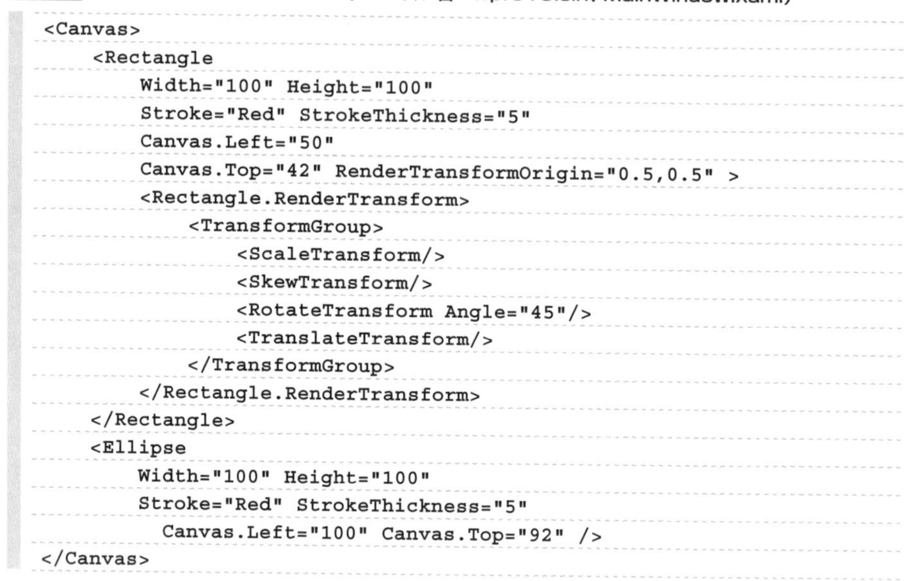

```
<Canvas>
    <Rectangle
        Width="100" Height="100"
        Stroke="Red" StrokeThickness="5"
        Canvas.Left="50"
        Canvas.Top="42" RenderTransformOrigin="0.5,0.5" >
        <Rectangle.RenderTransform>
            <TransformGroup>
                <ScaleTransform/>
                <SkewTransform/>
                <RotateTransform Angle="45"/>
                <TranslateTransform/>
            </TransformGroup>
        </Rectangle.RenderTransform>
    </Rectangle>
    <Ellipse
        Width="100" Height="100"
        Stroke="Red" StrokeThickness="5"
          Canvas.Left="100" Canvas.Top="92" />
</Canvas>
```

キャンバス内で動的に位置を変更する

ここがポイントです！

コントロールを移動
（Storyboardタグ）

WPFアプリケーションでは、各種コントロールを動的に移動させるためには、**Storyboardタグ**を使います。Storyboardタグに名前を設定しておくと、ボタンをクリックしたときなどユーザーのアクションに応じてアニメーションを動かすなどの動作が可能になります。

Storyboardタグの設定値は、**Blend**を使うと便利です。

リスト1では、ストーリーボードを設定し、リスト2でボタンがクリックされたときにアニメーションとして動作させさせています。

▼デザイン時

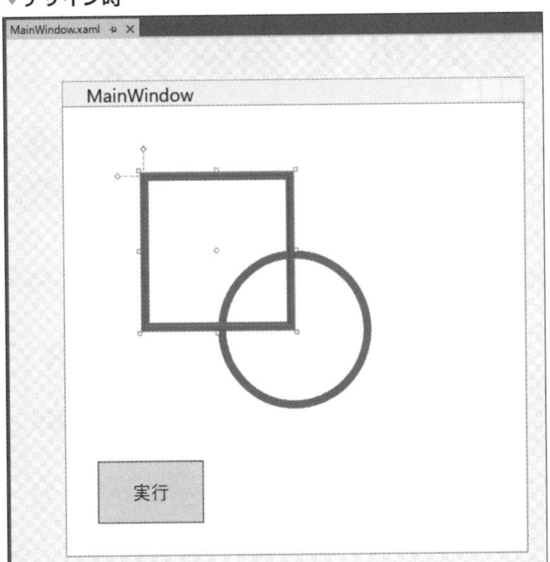

▼実行時

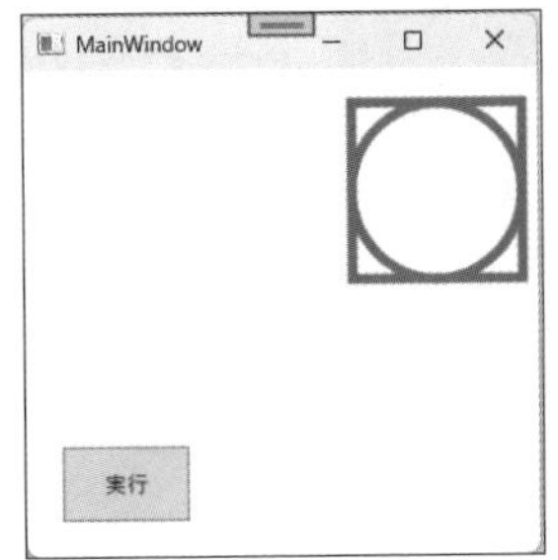

リスト1　コントロールを移動させる（ファイル名：wpf316.sln、MainWindow.xaml）

```
<Window.Resources>
    <Storyboard x:Key="Storyboard1">
        <DoubleAnimationUsingKeyFrames Storyboard.
TargetName="rectangle" Storyboard.TargetProperty="(UIElement.
RenderTransform).(TransformGroup.Children)[3].(TranslateTransform.X)">
            <EasingDoubleKeyFrame KeyTime="00:00:02" Value="132.939"/>
            <EasingDoubleKeyFrame KeyTime="00:00:04" Value="128.212"/>
        </DoubleAnimationUsingKeyFrames>
        ...
    </Storyboard>
</Window.Resources>
```

リスト2　ストーリーボードを実行する（ファイル名：wpf316.sln、MainWindow.xaml.vb）

```
Private Sub clickStart(sender As Object, e As RoutedEventArgs)
    Dim sb As Storyboard = Me.Resources("Storyboard1")
    sb.Begin()
End Sub
```

実行時にXAMLを編集する

アプリケーション実行時にXAMLを編集
(Canvasコントロール、SetLeftメソッド、SetTopメソッド)

通常はデザイン時にXAMLを作成しますが、プログラム内で各種のコントロールを配置させることができます。

例えば、**Canvasコントロール**に対しては、**SetLeftメソッド**と**SetTopメソッド**を使うことにより、Canvas.Left属性やCanvas.Top属性を指定したと同じことが実現できます。

各種のコントロールは、その名前のままオブジェクトを生成できます。XAMLで指定する属性は、プロパティを使うことで値の設定や取得が可能です。

リスト1では、キャンバス上にランダムにRectangleコントロールを配置させています。

▼デザイン時

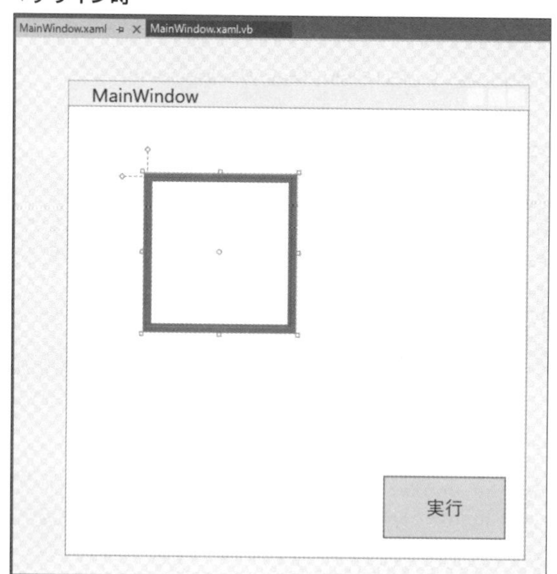

▼実行時

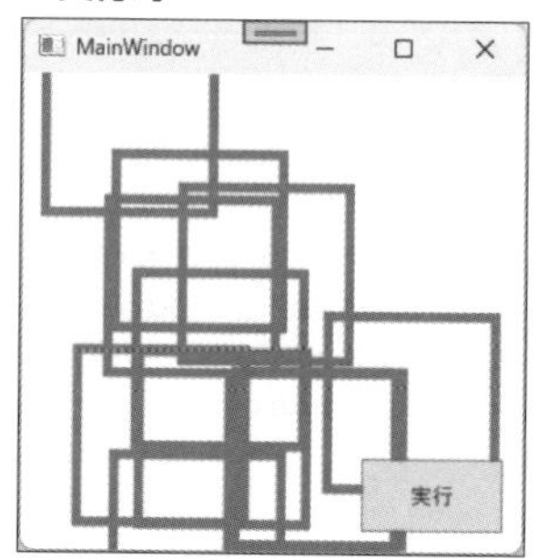

リスト1　動的にコントロールを追加する(ファイル名:wpf317.sln、MainWindow.xaml.vb)

```
Private Sub clickStart(sender As Object, e As RoutedEventArgs)
    For i = 0 To 9
        Dim rc As New Rectangle With
            {
                .Stroke = box1.Stroke,
                .StrokeThickness = box1.StrokeThickness,
                .Width = box1.Width,
```

```
                .Height = box1.Height
            }
        Dim x = Random.Shared.Next(-50, 250)
        Dim y = Random.Shared.Next(-50, 250)
        ' 位置を設定する
        Canvas.SetLeft(rc, x)
        Canvas.SetTop(rc, y)
        ' キャンバスに追加する
        cv.Children.Add(rc)
    Next
End Sub
```

MVVMを利用する

ここがポイントです！ **MVVMとは**（Model、ViewModel、View）

MVVMパターンは、アプリケーションを **(View) ビュー**、**Model（モデル）**、**ViewModel（ビューモデル）**の3つの層に分割する、アプリケーション開発のデザインパターンです。

従来のWindowsフォームアプリケーションとは異なり、ユーザーインターフェイスと内部データを分離したデザインパターンになります。

● View

Viewは、XAMLなどで作成したユーザーインターフェイス部分を示します。ラベルへ文字列を表示したり、ボタンをクリックしたりするユーザーが操作する部分になります。主にXAMLを使って作成します。

● Model

Modelは、データを保持するクラスです。データベースから検索したデータを保持したり、アプリケーション内部で保持するデータを置く場所です。

● ViewModel

ViewModelは、ユーザーインターフェイスのViewと、データを保持するModelとのつなぎ部分になります。ユーザーインターフェイスとデータを分離させることにより、同じデータであっても複数のViewを持たせることができます。

また、頻繁に変更されるViewとは異なり、アプリケーション内のデータや業務ロジックを

ViewModelやModelに分けておくことで、アプリケーションの更新が楽になります。
　業務ロジックは、作成するアプリケーションの特性により、ViewModelやModelに置きます。

　リスト1は、XAML形式で記述したViewになります。データの表示は「Binding」を使って、ViewModelから通知されます。
　リスト2では、ViewModelクラスをViewに結び付けるために、DataContextプロパティに設定しています。
　リスト3では、ViewModelクラスを作成します。INotifyPropertyChangedインターフェイスを使い、ViewModelクラスのプロパティを変更したときに、自動的にViewに通知するようにします。

▼MVVMパターンの図

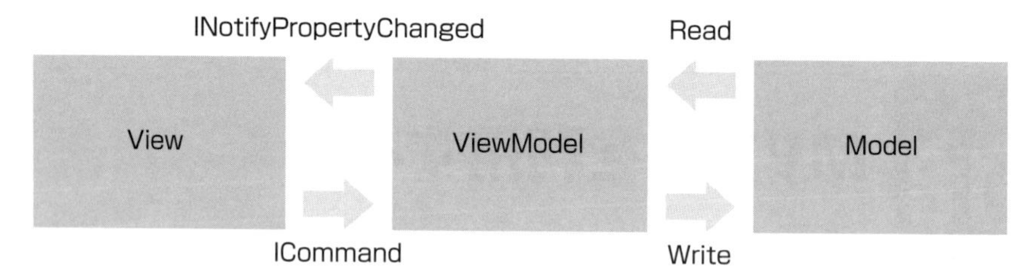

▼実行結果

リスト1　MVVMパターンを実装したXAML（ファイル名：wpf318.sln、MainWindow.xaml）

```
<Grid
    VerticalAlignment="Center"
    HorizontalAlignment="Center">
    <Grid.RowDefinitions>
        <RowDefinition Height="30" />
        <RowDefinition Height="30" />
        <RowDefinition Height="30" />
        <RowDefinition Height="30" />
        <RowDefinition Height="30" />
```

```
            <RowDefinition Height="30" />
        </Grid.RowDefinitions>
        <Grid.ColumnDefinitions>
            <ColumnDefinition Width="50" />
            <ColumnDefinition Width="150" />
        </Grid.ColumnDefinitions>
         ...
        <TextBox
            Text="{Binding Id}"
            Grid.Column="1" Margin="2" Padding="4" />
        <TextBox
            Text="{Binding Name}"
            Grid.Column="1" Grid.Row="1" Margin="2" Padding="4"/>
        <TextBox
            Text="{Binding Age}"
            Grid.Column="1" Grid.Row="2" Margin="2" Padding="4"/>
        <TextBox
            Text="{Binding Address}"
            Grid.Column="1" Grid.Row="3" Margin="2" Padding="4"/>
        <Button Content="登録"
            Grid.Column="1" Grid.Row="5"
            Width="80"
            HorizontalAlignment="Right"
            Margin="2" />
</Grid>
```

リスト2　データをバインドする（ファイル名：wpf318.sln、MainWindow.xaml.vb）

```
Class MainWindow
    Private _vm As ViewModel
    Private Sub Window_Loaded(sender As Object, e As RoutedEventArgs)
        _vm = New ViewModel() With
            {
                .Id = 100,
                .Name = "山田太郎",
                .Age = 20,
                .Address = "北海道"
            }
        Me.DataContext = _vm
    End Sub
End Class
```

リスト3　ViewModelクラス（ファイル名：wpf318.sln、MainWindow.xaml.vb）

```
Public Class ViewModel
    Inherits Prism.Mvvm.BindableBase

    Private _id = 0
    Private _name = ""
    Private _age = 0
    Private _address = ""

```

```
    Public Property Id As Integer
        Get
            Return _id
        End Get
        Set(value As Integer)
            SetProperty(_id, value, NameOf(Id))
        End Set
    End Property
    Public Property Name As String
        Get
            Return _name
        End Get
        Set(value As String)
            SetProperty(_name, value, NameOf(Name))
        End Set
    End Property
    Public Property Age As Integer
        Get
            Return _age
        End Get
        Set(value As Integer)
            SetProperty(_age, value, NameOf(Age))
        End Set
    End Property
    Public Property Address As String
        Get
            Return _address
        End Get
        Set(value As String)
            SetProperty(_address, value, NameOf(Address))
        End Set
    End Property
End Class
```

ViewModelクラスを作成する

ここがポイントです！

ViewModelクラスの作成
(Prism.Coreパッケージ、BindableBaseクラス)

MVVMパターンの**ViewModelクラス**は、Viewに対して直接アクセスはしません。

XAMLでは、属性に**Bindingキーワード**を使うことで、Binding（拘束）したオブジェクトと結び付けることができます。

Viewとなる XAML デザイナーでは、Bindingキーワードを使って結び付けるViewModelクラスのプロパティ名を指定します。

ViewModelクラスのプロパティでは、**INotifyPropertyChangedインターフェイス**を実装してプロパティの変更を通知します。

Prism.Coreパッケージには、INotifyPropertyChangedインターフェイスを継承した**BindableBaseクラス**があります。アプリケーションで利用するViewModelクラスは、このBindableBaseを継承します。

リスト1は、XAML形式で記述したViewです。ViewModelオブジェクトのFirstNameプロパティ、LastNameプロパティ、Ageプロパティ、Descriptionプロパティにバインドします。

リスト2では、ViewModelクラスをViewに結び付けるために、DataContextプロパティに設定しています。

リスト3では、ViewModelクラスを作成します。BindableBaseクラスを使い、ViewModelクラス（MyModelクラス）のプロパティを変更したときに、自動的にViewに通知するようにします。

▼BindableBaseクラスの利用

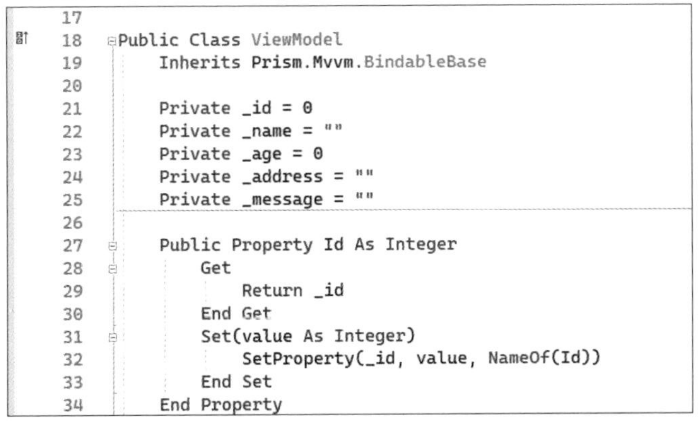
17
18 Public Class ViewModel
19 Inherits Prism.Mvvm.BindableBase
20
21 Private _id = 0
22 Private _name = ""
23 Private _age = 0
24 Private _address = ""
25 Private _message = ""
26
27 Public Property Id As Integer
28 Get
29 Return _id
30 End Get
31 Set(value As Integer)
32 SetProperty(_id, value, NameOf(Id))
33 End Set
34 End Property

▼実行結果

MainWindow
ID：
100
名前：
masuda
年齢：
54
住所：
板橋区
masuda さん、登録完了
登録

リスト1 MVVMパターンを実装したXAML（ファイル名：wpf319.sln、MainWindow.xaml）

```
<Grid
    VerticalAlignment="Center"
    HorizontalAlignment="Center">
    ...
    <TextBox
        Text="{Binding Id}"
        Grid.Column="1" Margin="2" Padding="4" />
    <TextBox
        Text="{Binding Name}"
        Grid.Column="1" Grid.Row="1" Margin="2" Padding="4"/>
    <TextBox
        Text="{Binding Age}"
        Grid.Column="1" Grid.Row="2" Margin="2" Padding="4"/>
    <TextBox
        Text="{Binding Address}"
        Grid.Column="1" Grid.Row="3" Margin="2" Padding="4"/>
    <TextBlock
        Text="{Binding Message}"
        Grid.Column="0" Grid.ColumnSpan="2" Grid.Row="4" Margin="2" />

    <Button Content="登録"
            Click="clickCommit"
        Grid.Column="1" Grid.Row="5"
        Width="80"
        HorizontalAlignment="Right"
        Margin="2" />
</Grid>
```

リスト2 データをバインドする（ファイル名：wpf319.sln、MainWindow.xaml.vb）

```
Class MainWindow
    Private _vm As ViewModel
    Private Sub Window_Loaded(sender As Object, e As RoutedEventArgs)
        _vm = New ViewModel() With
            {
                .Id = 100
            }
        DataContext = _vm
    End Sub

    Private Sub clickCommit(sender As Object, e As RoutedEventArgs)
        _vm.Message = $"{_vm.Name} さん、登録完了"
    End Sub
End Class
```

リスト3 ViewModelクラス（ファイル名：wpf319.sln、MainWindow.xaml.vb）

```
Public Class ViewModel
    Inherits Prism.Mvvm.BindableBase

```

```
    Private _id = 0
    Private _name = ""
    Private _age = 0
    Private _address = ""
    Private _message = ""

    Public Property Id As Integer
        Get
            Return _id
        End Get
        Set(value As Integer)
            SetProperty(_id, value, NameOf(Id))
        End Set
    End Property
    Public Property Name As String
        Get
            Return _name
        End Get
        Set(value As String)
            SetProperty(_name, value, NameOf(Name))
        End Set
    End Property
    Public Property Age As Integer
        Get
            Return _age
        End Get
        Set(value As Integer)
            SetProperty(_age, value, NameOf(Age))
        End Set
    End Property
    Public Property Address As String
        Get
            Return _address
        End Get
        Set(value As String)
            SetProperty(_address, value, NameOf(Address))
        End Set
    End Property
    Public Property Message As String
        Get
            Return _message
        End Get
        Set(value As String)
            SetProperty(_message, value, NameOf(Message))
        End Set
    End Property
End Class
```

プロパティイベントを作成する

ここがポイントです！

プロパティの変更イベント
(INotifyPropertyChangedインターフェイス)

MVVMパターンでは、画面に表示されているコントロールに対しては、コントロールに名前を付けて参照するのではなく、直接プロパティにバインドをします。

ViewModelクラスからViewへのバインドをすることで、ViewModelへの値の変更がViewに反映されるようにします。これを**INotifyPropertyChangedインターフェイス**を実装することで実現します。

INotifyPropertyChangedインターフェイスを継承すると、**PropertyChangedイベント**を利用できます。

▼プロパティ変更イベント

```
Public Event PropertyChanged As PropertyChangedEventHandler
```

プロパティを変更したときに、このPropertyChangedイベントを呼び出して、Viewへプロパティの値が変更したとを通知します。

リスト1は、XAML形式で記述したViewになります。データの表示は、「Binding」を使ってViewModelから通知されます。

リスト2は、ViewModelクラスの例です。ViewでID、Name、Age、Addressの表示にバインドしています。

▼実行結果

リスト1　XAMLにバインドを記述する（ファイル名：wpf320.sln、MainWindow.xaml）

```
<Grid
    VerticalAlignment="Center"
```

```
    HorizontalAlignment="Center">
     ...
    <TextBox
        Text="{Binding Id}"
        Grid.Column="1" Margin="2" Padding="4" />
    <TextBox
        Text="{Binding Name}"
        Grid.Column="1" Grid.Row="1" Margin="2" Padding="4"/>
    <TextBox
        Text="{Binding Age}"
        Grid.Column="1" Grid.Row="2" Margin="2" Padding="4"/>
    <TextBox
        Text="{Binding Address}"
        Grid.Column="1" Grid.Row="3" Margin="2" Padding="4"/>
    <TextBlock
        Text="{Binding Message}"
        Grid.Column="0" Grid.ColumnSpan="2" Grid.Row="4" Margin="2" />
    <Button Content="登録"
            Click="clickCommit"
        Grid.Column="1" Grid.Row="5"
        Width="80"
        HorizontalAlignment="Right"
        Margin="2" />
</Grid>
```

リスト2 データをバインドする（ファイル名：wpf320.sln、MainWindow.xaml.vb）

```
Public Class ViewModel
    Inherits Prism.Mvvm.BindableBase

    Private _id = 0
    Private _name = ""
    Private _age = 0
    Private _address = ""
    Private _message = ""

    Public Property Id As Integer
        Get
            Return _id
        End Get
        Set(value As Integer)
            SetProperty(_id, value, NameOf(Id))
        End Set
    End Property
    Public Property Name As String
        Get
            Return _name
        End Get
        Set(value As String)
            SetProperty(_name, value, NameOf(Name))
        End Set
```

```
    End Property
    Public Property Age As Integer
        Get
            Return _age
        End Get
        Set(value As Integer)
            SetProperty(_age, value, NameOf(Age))
        End Set
    End Property
    Public Property Address As String
        Get
            Return _address
        End Get
        Set(value As String)
            SetProperty(_address, value, NameOf(Address))
        End Set
    End Property
    Public Property Message As String
        Get
            Return _message
        End Get
        Set(value As String)
            SetProperty(_message, value, NameOf(Message))
        End Set
    End Property
End Class
```

コマンドイベントを作成する

ここがポイントです！
コントロールで発生するイベントの設定
(ICommandインターフェイス、DelegateCommandクラス)

MVVMパターンで、ボタンのクリックイベントをViewModelに結び付けるためには**ICommandインターフェイス**を使います。

ICommandインターフェイスでは、イベント自体を実行する**Executeメソッド**と、実行可能を示す**CanExecuteメソッド**、また実行可能が変化したことを知らせる**CanExecuteChangedイベント**が定義されています。CanExecuteメソッドとCanExecuteChangedイベントは、ボタンの使用不可（Enabledプロパティ）を変更させるUI要素です。

NuGetパッケージ管理で、**Prismパッケージ**をインストールすると**DelegateCommandクラス**が利用できます。DelegateCommandクラスは、ICommandインターフェイスが実装されたクラスで、インスタンス生成時にExecuteメソッドに引き渡す関数をラムダ式で設定します。

▼イベントをラムダ式で設定する

```
DelegateCommand(
     Sub()
          イベント処理
     End Sub)
```

実行可能の判別式を設定する場合は、コンストラクターの2つ目の引数にBoolean値を戻すラムダ式を設定します。

▼実行可能の判別式を設定する

```
DelegateCommand(
     Sub()
          イベント処理
     End Sub,
     Function()
          return 判別式
     End Function)
```

リスト1では、ButtonコントロールのCommand属性にSubmitCommandをバインドさせています。「{Binding SubmitCommand}」は、ViewModelクラスのSubmitCommandプロパティと結び付けられます。

リスト2では、ViewModelクラスのインスタンスをDataContextプロパティに設定しています。

リスト3では、Buttonコントロールに結び付けたSubmitCommandプロパティに、DelegateCommandクラスのインスタンスを設定します。インスタンスの引数に実行する処理をラムダ式で設定しています。Nameプロパティから名前を取得して、メッセージをMessageプロパティに設定し画面に表示させます。

▼実行結果

リスト1　XAMLにバインドを記述する（ファイル名：wpf321.sln、MainWindow.xaml）

```
<Grid
    VerticalAlignment="Center"
    HorizontalAlignment="Center">
    ...
    <TextBlock
        Text="{Binding Message}"
        Grid.Column="0" Grid.ColumnSpan="2" Grid.Row="4" Margin="2" />
    <Button Content="登録"
            Command="{Binding SubmitCommand}"
        Grid.Column="1" Grid.Row="5"
        Width="80"
        HorizontalAlignment="Right"
        Margin="2" />
</Grid>
```

リスト2　データをバインドする（ファイル名：wpf321.sln、MainWindow.xaml.vb）

```
Class MainWindow
    Private _vm As New ViewModel
    Private Sub Window_Loaded(sender As Object, e As RoutedEventArgs)
        _vm.Id = 100
        DataContext = _vm
    End Sub
End Class
```

リスト3　コマンドを実行する（ファイル名：wpf321.sln、MainWindow.xaml.vb）

```
Public Class ViewModel
    Inherits Prism.Mvvm.BindableBase
    ...
    Public Property SubmitCommand As DelegateCommand
    Public Sub New()
        SubmitCommand = New DelegateCommand(
        Sub()
            Message = $"{Name} さん、登録しました"
        End Sub,
        Function()
            Return True
        End Function)
    End Sub
End Class
```

Tips
322
▶Level ●
▶対応
COM PRO

ラベルにモデルを結び付ける

TextBlockコントロールにバインド
(Textプロパティ、Bindingキーワード)

XAMLで使われる表示用の**TextBlockコントロール**に対するバインドは、**Text属性**に設定します。

TextBlockタグのText属性に、次のようにBindingの記述を行います。

▼**テキストブロックへのバインド**

```
<TextBlock Text="{Binding バインド先のプロパティ名}" />
```

バインド先のプロパティ名は、**ViewModelクラス**のプロパティ名になります。あらかじめメインウィンドウ(Windowタグ)の**DataContextプロパティ**に、ViewModelオブジェクトを設定しておきます。

リスト1は、XAML形式で記述したViewです。

リスト2は、ViewModelクラスの例です。入力のためのIDやNameプロパティを設定しています。再設定したプロパティは、自動的にViewに通知されます。

▼**実行結果**

リスト1 XAMLにバインドを記述する(ファイル名:wpf322.sln、MainWindow.xaml)

```
<Grid
    VerticalAlignment="Center"
    HorizontalAlignment="Center">
    ...
    <TextBox
        Text="{Binding Id}"
        Grid.Column="1" Margin="2" Padding="4" />
```

```
    <TextBox
        Text="{Binding Name}"
        Grid.Column="1" Grid.Row="1" Margin="2" Padding="4"/>
    <TextBox
        Text="{Binding Age}"
        Grid.Column="1" Grid.Row="2" Margin="2" Padding="4"/>
    <TextBox
        Text="{Binding Address}"
        Grid.Column="1" Grid.Row="3" Margin="2" Padding="4"/>
    <TextBlock
        Text="{Binding Message}"
        Grid.Column="0" Grid.ColumnSpan="2" Grid.Row="4" Margin="2" />
    ...
</Grid>
```

リスト2　データをバインドする（ファイル名：wpf322.sln、MainWindow.xaml.vb）

```
Class MainWindow
    Private _vm As New ViewModel
    Private Sub Window_Loaded(sender As Object, e As RoutedEventArgs)
        _vm.Id = 100
        Me.DataContext = _vm
    End Sub

    Private Sub clickSubmit(sender As Object, e As RoutedEventArgs)
        _vm.Message = $"{_vm.Name} さん、登録完了"
    End Sub
End Class
```

リスト3　プロパティを定義する（ファイル名：wpf322.sln、MainWindow.xaml.vb）

```
Public Class ViewModel
    Inherits Prism.Mvvm.BindableBase

    Private _id = 0
    Private _name = ""
    Private _age = 0
    Private _address = ""
    Private _message = ""

    Public Property Id As Integer
        Get
            Return _id
        End Get
        Set(value As Integer)
            SetProperty(_id, value, NameOf(Id))
        End Set
    End Property
    Public Property Name As String
        Get
            Return _name
        End Get
```

```
        Set(value As String)
            SetProperty(_name, value, NameOf(Name))
        End Set
    End Property
    Public Property Age As Integer
        Get
            Return _age
        End Get
        Set(value As Integer)
            SetProperty(_age, value, NameOf(Age))
        End Set
    End Property
    Public Property Address As String
        Get
            Return _address
        End Get
        Set(value As String)
            SetProperty(_address, value, NameOf(Address))
        End Set
    End Property
    Public Property Message As String
        Get
            Return _message
        End Get
        Set(value As String)
            SetProperty(_message, value, NameOf(Message))
        End Set
    End Property
End Class
```

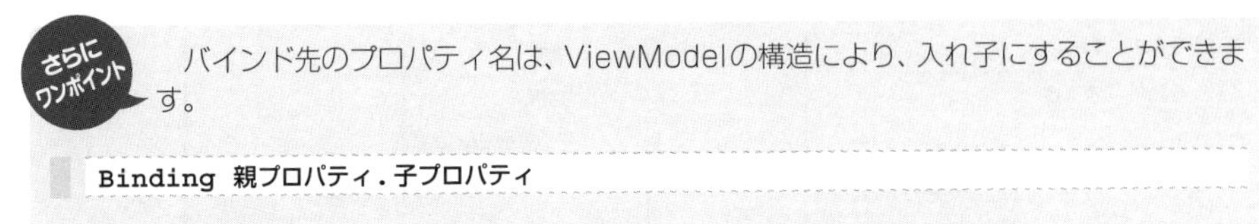

バインド先のプロパティ名は、ViewModelの構造により、入れ子にすることができます。

```
Binding 親プロパティ.子プロパティ
```

プロパティをコレクションで設定と添え字を使って参照できます。

```
Binding コレクション名[添え字]
```

テキストボックスにモデルを結び付ける

ここがポイントです！

TextBoxコントロールにバインド
（Textプロパティ、Bindingキーワード）

XAMLで使われる表示用の**Textコントロール**に対するバインドは、**Text属性**に設定します。Textタグの Text属性に、次のようにBindingの記述を行います。

▼テキストボックスへバインド（表示のみ）

```
<TextBox Text="{Binding バインド先のプロパティ名}"  />
```

バインド先のプロパティ名は、ViewModelクラスのプロパティ名になります。あらかじめメインウィンドウ（Windowタグ）の**DataContextプロパティ**に、ViewModelオブジェクトを設定しておきます。

WPFアプリケーションの場合には、初期値が双方向（TwoWay）となるため、TextBoxコントロールへのバインドはバインド先を指定するだけです。

UWP（ユニバーサル Window）アプリの場合は、明示的に双方向を指定する必要があります。

▼テキストボックスへバインド（双方向）

```
<TextBox Text="{Binding バインド先のプロパティ名, Mode=TwoWay}"  />
```

リスト1は、XAML形式で記述したViewです。

リスト2は、ViewModelクラスの例です。IDやNameプロパティを入力値にしています。

リスト3では、ViewModelクラスの各プロパティ（Idプロパティなど）を通して、画面のテキストボックスの表示を更新しています。

▼実行結果①

▼実行結果②

MainWindow
ID： 101
名前：
年齢： 0
住所：
増田智明 さん、登録完了
登録
IDがカウントアップされる

リスト1　XAMLにバインドを記述する（ファイル名：wpf323.sln、MainWindow.xaml）

```
<Grid
    VerticalAlignment="Center"
    HorizontalAlignment="Center">
    ...
    <TextBox
        Text="{Binding Id}"
        Grid.Column="1" Margin="2" Padding="4" />
    <TextBox
        Text="{Binding Name}"
        Grid.Column="1" Grid.Row="1" Margin="2" Padding="4"/>
    <TextBox
        Text="{Binding Age}"
        Grid.Column="1" Grid.Row="2" Margin="2" Padding="4"/>
    <TextBox
        Text="{Binding Address}"
        Grid.Column="1" Grid.Row="3" Margin="2" Padding="4"/>
    <TextBlock
        Text="{Binding Message}"
        Grid.Column="0" Grid.ColumnSpan="2" Grid.Row="4" Margin="2" />
    ...
</Grid>
```

リスト2　データをバインドする（ファイル名：wpf323.sln、MainWindow.xaml.vb）

```
Public Class ViewModel
    Inherits Prism.Mvvm.BindableBase

    Private _id = 0
    Private _name = ""
    Private _age = 0
    Private _address = ""
    Private _message = ""

    Public Property Id As Integer
        Get
            Return _id
        End Get
        Set(value As Integer)
            SetProperty(_id, value, NameOf(Id))
        End Set
    End Property
    Public Property Name As String
        Get
            Return _name
        End Get
        Set(value As String)
            SetProperty(_name, value, NameOf(Name))
        End Set
    End Property
    Public Property Age As Integer
```

```
        Get
            Return _age
        End Get
        Set(value As Integer)
            SetProperty(_age, value, NameOf(Age))
        End Set
    End Property
    Public Property Address As String
        Get
            Return _address
        End Get
        Set(value As String)
            SetProperty(_address, value, NameOf(Address))
        End Set
    End Property
    Public Property Message As String
        Get
            Return _message
        End Get
        Set(value As String)
            SetProperty(_message, value, NameOf(Message))
        End Set
    End Property
End Class
```

リスト3 テキストボックスの表示を更新する（ファイル名：wpf323.sln、MainWindow.xaml.vb）

```
Private Sub clickSubmit(sender As Object, e As RoutedEventArgs)
    _vm.Message = $"{_vm.Name} さん、登録完了"
    ' ID をひとつ増やして、
    ' 他のテキストボックスを空欄にする
    _vm.Id += 1
    _vm.Name = ""
    _vm.Age = 0
    _vm.Address = ""
End Sub
```

TextBoxコントロールで一方向のみ（表示のみ）にする場合は、Mode=OneWayを指定します。

リストボックスにモデルを結び付ける

ここがポイントです！

ListBoxコントロールにバインド
（ItemsSourceプロパティ、SelectedValueプロパティ）

XAMLで使われる表示用の**ListBoxコントロール**に対するバインドは、**ItemsSource属性**に設定します。

ListBoxタグのItemsSource属性に、次のようにBindingの記述を行います。

▼**リストボックスへバインド**

```
<ListBox ItemsSource="{Binding バインド先のプロパティ名}"  />
```

バインド先のプロパティ名は、ViewModelクラスのコレクションになります。List(Of T)クラスなどのコレクションをViewModelプロパティで定義し、Viewにバインドします。

リストを選択したときには、**SelectedValueプロパティ**が変換します。このSelectedValueプロパティにBindingを記述することで、選択時の値をViewModelで取得できます。

リスト1は、XAML形式で記述したViewです。

リスト2は、ViewModelクラスの例です。コレクション（Itemsプロパティ）と選択項目（SelectTextプロパティ）を定義しています。

▼**実行結果**

リスト1　XAMLにバインドを記述する（ファイル名：wpf324.sln、MainWindow.xaml）

```
<Grid
    VerticalAlignment="Center"
```

```
    HorizontalAlignment="Center">
    ...
    <ListBox
        ItemsSource="{Binding Items}"
        Grid.ColumnSpan="2" Grid.Row="4" Margin="2"
        d:ItemsSource="{d:SampleData ItemCount=5}" />
    ...
</Grid>
```

リスト2　データをバインドする（ファイル名：wpf324.sln、MainWindow.xaml.vb）

```
Public Class ViewModel
    Inherits Prism.Mvvm.BindableBase

    Private _person As New Person
    Public Property Person As Person
        Get
            Return _person
        End Get
        Set(value As Person)
            SetProperty(_person, value, NameOf(Person))
        End Set
    End Property
    Public Property Items As New ObservableCollection(Of Person)

    Private _message As String
    Public Property Message As String
        Get
            Return _message
        End Get
        Set(value As String)
            SetProperty(_message, value, NameOf(Message))
        End Set
    End Property
End Class
```

DataGridにモデルを結び付ける

ここがポイントです！　**DataGridコントロールにバインド**
（ItemsSourceプロパティ、SelectedItemプロパティ）

XAMLで使われる表示用の**DataGridコントロール**に対するバインドは、**ItemsSource属性**に設定します。

DataGridタグのItemsSource属性に、次のようにBindingの記述を行います。

▼データグリッドへバインド

```
<DataGrid ItemsSource="{Binding バインド先のプロパティ名}"  />
```

バインド先のプロパティ名は、ViewModelクラスのコレクションになります。List(Of T)クラスなどのコレクションをViewModelプロパティで定義して、Viewにバインドします。

DataGridコントロールでは、コレクションに含まれるクラスのプロパティ群を取得して表形式に表示させます。

DataGridコントロールの行を選択したときには、**SelectedItemプロパティ**が変更されます。このSelectedItemプロパティにBindingを記述することで、選択時のオブジェクトをViewModelで取得できます。

リスト1は、XAML形式で記述したViewです。

リスト2では、ViewModelクラスの例です。コレクション（Itemsプロパティ）と選択項目（SelectValueプロパティ）を定義しています。

▼実行結果

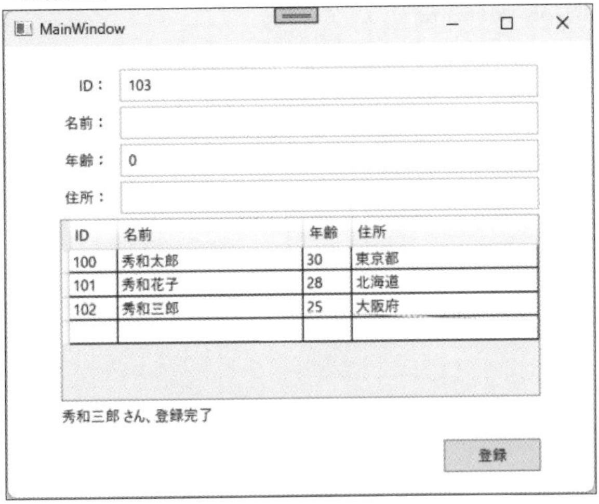

リスト1　XAMLにバインドを記述する（ファイル名：wpf325.sln、MainWindow.xaml）

```
<Grid
    VerticalAlignment="Center"
    HorizontalAlignment="Center">
    ...
    <DataGrid
        ItemsSource="{Binding Items}"
        AutoGenerateColumns="False"
        Grid.ColumnSpan="2"
        Grid.Row="4" Margin="2" >
        <DataGrid.Columns>
```

```
                <DataGridTextColumn Binding="{Binding Id}"
                  Header="ID" Width="40" />
                <DataGridTextColumn Binding="{Binding Name}"
                  Header="名前" Width="*" />
                <DataGridTextColumn Binding="{Binding Age}"
                   Header="年齢" Width="40" />
                <DataGridTextColumn Binding="{Binding Address}"
                   Header="住所" Width="*" />
            </DataGrid.Columns>
        </DataGrid>
        ...
</Grid>
```

リスト2　データをバインドする（ファイル名：wpf325.sln、MainWindow.xaml.vb）

```
Public Class Person
    Public Property Id As Integer
    Public Property Name As String
    Public Property Age As Integer
    Public Property Address As String

    Public Overrides Function ToString() As String
        Return $"{Id}: {Name}({Age}) in {Address}"
    End Function
End Class

Public Class ViewModel
    Inherits Prism.Mvvm.BindableBase

    Private _person As New Person
    Public Property Person As Person
        Get
            Return _person
        End Get
        Set(value As Person)
            SetProperty(_person, value, NameOf(Person))
        End Set
    End Property
    Public Property Items As New ObservableCollection(Of Person)

    Private _message As String
    Public Property Message As String
        Get
            Return _message
        End Get
        Set(value As String)
            SetProperty(_message, value, NameOf(Message))
        End Set
    End Property
End Class
```

ListViewに モデルを結び付ける

ここがポイントです！

ListViewコントロールにバインド
(ItemsSourceプロパティ、SelectedItemプロパティ)

XAMLで使われる表示用の**ListViewコントロール**に対するバインドは、**ItemsSource属性**に設定します。

ListViewタグのItemsSource属性に、次のようにBindingの記述を行います。

▼データグリッドへバインド

```
<ListView ItemsSource="{Binding バインド先のプロパティ名}" />
```

バインド先のプロパティ名は、ViewModelクラスのコレクションになります。List(Of T)クラスなどのコレクションをViewModelプロパティで定義して、Viewにバインドします。

ListViewコントロールでは、コレクションに含まれるクラスのプロパティ群を取得して表形式に表示させせます。行のフォーマットは、**ListView.Viewタグ**内で指定します。GridViewColumnタグを利用して列とバインド先クラスのプロパティとのバインドを設定します。

ListViewコントロールの行を選択したときには、**SelectedItemプロパティ**が変更されます。このSelectedItemプロパティにBindingを記述することで、選択時のオブジェクトをViewModelで取得できます。

リスト1は、XAML形式で記述したViewです。

リスト2では、ViewModelクラスの例です。コレクション(Itemsプロパティ)と選択項目(SelectValueプロパティ)を定義しています。

▼実行結果

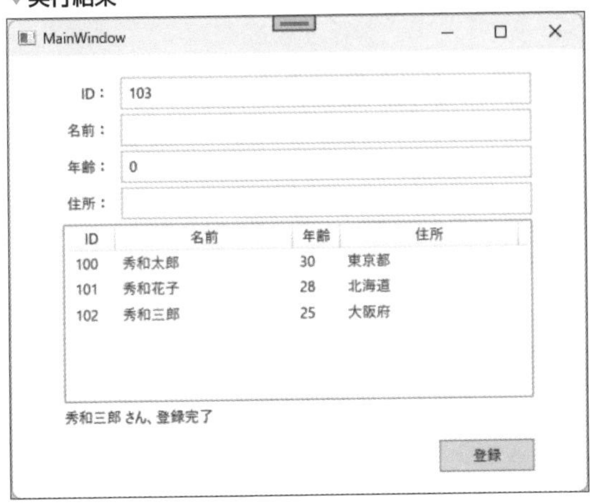

リスト1 XAMLにバインドを記述する（ファイル名：wpf326.sln、MainWindow.xaml）

```
<Grid
    VerticalAlignment="Center"
    HorizontalAlignment="Center">
    ...
    <ListView
        ItemsSource="{Binding Items}"
        Grid.ColumnSpan="2"
        Grid.Row="4" Margin="2" >
        <ListView.View>
            <GridView>
                <GridViewColumn
                  DisplayMemberBinding="{Binding Id}"
                  Header="ID" Width="40" />
                <GridViewColumn
                  DisplayMemberBinding="{Binding Name}"
                  Header="名前" Width="150" />
                <GridViewColumn
                  DisplayMemberBinding="{Binding Age}"
                  Header="年齢" Width="40" />
                <GridViewColumn
                  DisplayMemberBinding="{Binding Address}"
                  Header="住所" Width="150" />
            </GridView>
        </ListView.View>
    </ListView>
    ...
</Grid>
```

リスト2 データをバインドする（ファイル名：wpf326.sln、MainWindow.xaml.vb）

```
Public Class Person
    Public Property Id As Integer
    Public Property Name As String
    Public Property Age As Integer
    Public Property Address As String

    Public Overrides Function ToString() As String
        Return $"{Id}: {Name}({Age}) in {Address}"
    End Function
End Class

Public Class ViewModel
    Inherits Prism.Mvvm.BindableBase

    Private _person As New Person
    Public Property Person As Person
        Get
            Return _person
        End Get
        Set(value As Person)
```

```
            SetProperty(_person, value, NameOf(Person))
        End Set
    End Property
    Public Property Items As New ObservableCollection(Of Person)

    Private _message As String
    Public Property Message As String
        Get
            Return _message
        End Get
        Set(value As String)
            SetProperty(_message, value, NameOf(Message))
        End Set
    End Property
End Class
```

ListViewの行をカスタマイズする

ここがポイントです！

ListViewコントロールのデザイン
（ItemTemplate属性、DataTemplateタグ）

XAMLで使われる表示用の**ListViewコントロール**は、行の表示を自由にデザインできます。

ListViewコントロールの**ItemTemplate属性**内に**DataTemplateタグ**を定義してGridなどで独自のデザインを行います。デザインは、通常のXAMLと同じようにできます。

▼ListViewのデザイン

```
<ListView>
  <ListView.ItemTemplate>
    <DataTemplate>
      Gridなどでデザイン
    </DataTemplate>
  </ListView.ItemTemplate>
</ListView>
```

DataTemplate内のデザインは、GridやPanelなどを使いレイアウトができます。各コントロールへのバインドは、よく使われるGridViewColumnタグのバインドと同じように設定できます。

リスト1は、XAML形式で記述したGridのデザイン例です。

▼実行結果

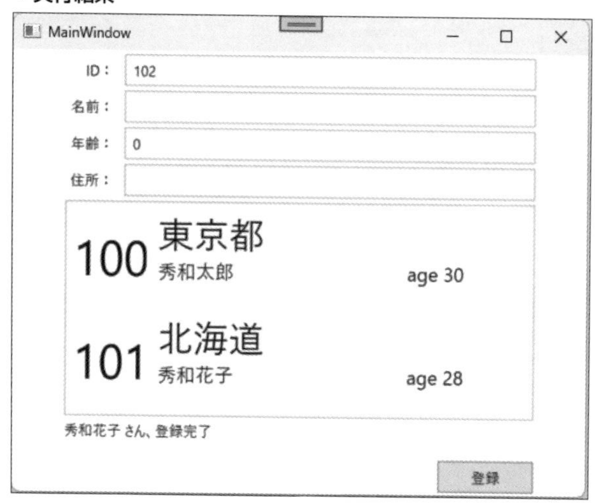

リスト1　XAMLにバインドを記述する（ファイル名：wpf327.sln、MainWindow.xaml）

```
<ListView
    ItemsSource="{Binding Items}"
    Grid.ColumnSpan="2"
    Grid.Row="4" Margin="2" >
    <ListView.ItemTemplate>
        <DataTemplate>
            <Grid Margin="2" Width="350">
                <Grid.ColumnDefinitions>
                    <ColumnDefinition Width="60" />
                    <ColumnDefinition Width="*" />
                    <ColumnDefinition Width="80" />
                </Grid.ColumnDefinitions>
                <Grid.RowDefinitions>
                    <RowDefinition Height="*" />
                    <RowDefinition Height="*" />
                </Grid.RowDefinitions>
                <TextBlock Text="{Binding Id}"
                            Grid.RowSpan="2"
                            VerticalAlignment="Center"
                            HorizontalAlignment="Center"
                            FontSize="40" />
                <TextBlock Text="{Binding Name}"
                            Grid.Column="1" Grid.Row="1"
                            FontSize="16"
                            Margin="10,0,0,0"/>
                <TextBlock
                  Text="{Binding Age, StringFormat='age {0:0}'}"
                            Grid.Column="2" Grid.Row="1"
                            FontSize="16"
                            Margin="10,0,0,0"/>
```

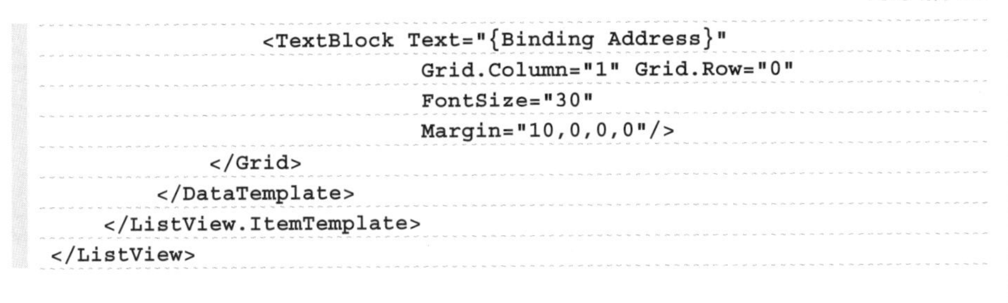

```
                    <TextBlock Text="{Binding Address}"
                               Grid.Column="1" Grid.Row="0"
                               FontSize="30"
                               Margin="10,0,0,0"/>
                </Grid>
            </DataTemplate>
        </ListView.ItemTemplate>
    </ListView>
```

独自のコントロールを作成する

ここがポイントです！

WPFのユーザーコントロールの作成
(UserControlコントロール)

独自のWPFコントロールを作る場合は、**UserControlコントロール**を継承したコントロールを作成します。

コントロールのデザインは、画面のコントロール（Windowコントロール）と同じようにXAML形式で作成できます（画面1）。UserControlコントロールを継承することで、通常のコントロール（Buttonコントロールや TextBoxコントロールなど）と同じように色や大きさなどを自由に変更することができます。

ユーザーコントロールは、プロジェクト内に複数追加できます。追加したユーザーコントロールをビルドすると、ツールバーに配置されます（画面2）。ここでは、ユーザーIDや名前などのテキストボックスを配置させたPersonControlコントロールを作成しています。

ツールボックスやXAMLファイルを直接編集することによって、デザイナーにコントロールの配置ができます（画面3）。

リスト1では、PersonControlコントロールのXAMLファイルを作成しています。利用する側のデータバインドの機能を有効に働かせるために、PersonControlコントロールの内部にあるTextBlockコントロールなどには名前を付けてアクセスをします。

リスト2では、データバインドを有効にさせるため、依存プロパティの定義を行っています。依存プロパティは、DependencyPropertyオブジェクトを返す特殊な静的プロパティです。外部からのプロパティ変更（INotifyPropertyChangedのイベント）を処理するためにPropertyChangedCallbackオブジェクトなどを作成します。

作成した独自のユーザーコントロールは、通常のコントロールと変わらず、リスト3のようにXAMLファイルで扱えます。プロジェクト自身のアセンブリを名前空間にして「local:PersonControl」のように利用します。

また、依存プロパティを作成したユーザーコントロールに対しては標準コントロールと同じようにViewModelでデータバインドができるようになります。

▼画面1 ユーザーコントロールのデザイン

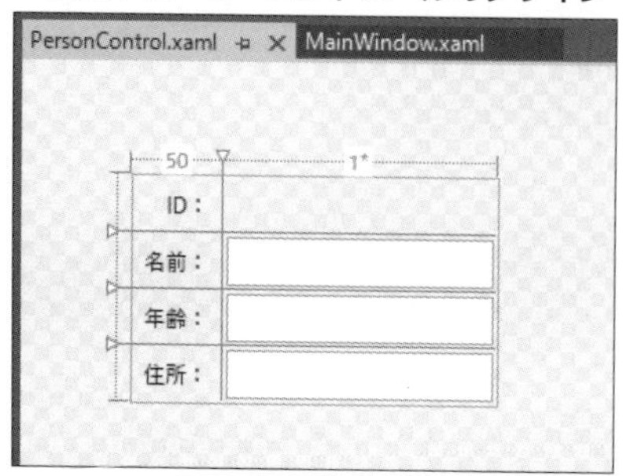

▼画面2 ツールボックス

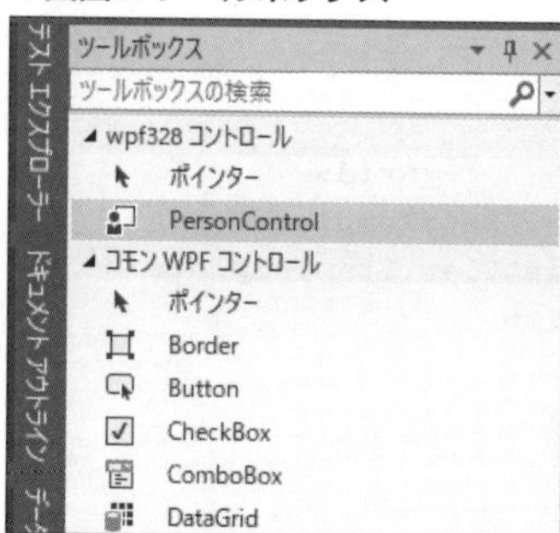

▼画面3 ユーザーコントロールの利用

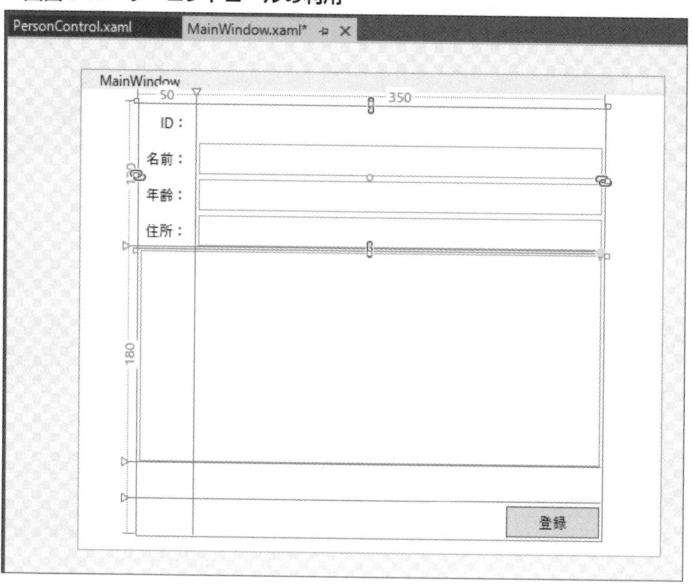

▼実行結果

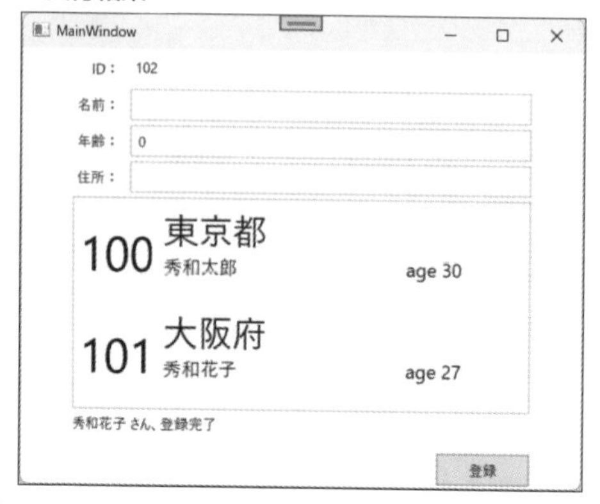

リスト1　ユーザーコントロールのデザイン（ファイル名：wpf328.sln、PersonControl.xaml）

```
<Grid>
    ...
    <TextBlock
        Text="住所："
        VerticalAlignment="Center"
        HorizontalAlignment="Right"
        Grid.Row="3"
        Padding="2,2,8,2" />
    <TextBlock x:Name="textId"
            Grid.Column="1" Margin="2" Padding="4" />
    <TextBox
        x:Name="textName"
            Grid.Column="1" Grid.Row="1" Margin="2" Padding="4"/>
    <TextBox
        x:Name="textAge"
        Grid.Column="1" Grid.Row="2" Margin="2" Padding="4"/>
    <TextBox
        x:Name="textAddress"
        Grid.Column="1" Grid.Row="3" Margin="2" Padding="4"/>
</Grid>
```

リスト2　依存プロパティを定義する（ファイル名：wpf328.sln、PersonControl.xaml.vb）

```
' 依存プロパティの定義
Public Shared ReadOnly ItemProperty As DependencyProperty =
    DependencyProperty.Register(
            "Item",
            GetType(Person),
            GetType(PersonControl),
            New FrameworkPropertyMetadata(
                Nothing,
                FrameworkPropertyMetadataOptions.BindsTwoWayByDefault,
                New PropertyChangedCallback(
                Sub(o, e)
                    Dim uc As PersonControl = o
                    If Not uc Is Nothing Then

                        If Not e.NewValue Is Nothing Then
                            Dim pa As Person = e.NewValue
                            If Not pa Is Nothing Then
                                uc._person = pa
                                uc.textId.Text = pa.Id.ToString()
                                uc.textName.Text = pa.Name
                                uc.textAge.Text = pa.Age.ToString()
                                uc.textAddress.Text = pa.Address
                            End If
                        End If
                    End If
                End Sub)))
```

```
    Private Property _person As New Person
    Public Property Item As Person
     Get
         Return _person
     End Get
     Set(value As Person)
         Me.SetValue(ItemProperty, value)
     End Set
End Property
```

リスト3　ユーザーコントロールを利用する（ファイル名：wpf328.sln、MainWindow.xaml）

```
<Grid
    VerticalAlignment="Center"
    HorizontalAlignment="Center">
    ...
    <local:PersonControl
        Item="{Binding Person}"
                            Grid.ColumnSpan="2">
    </local:PersonControl>
    <ListView
        ItemsSource="{Binding Items}"
        Grid.ColumnSpan="2"
        Grid.Row="1" Margin="2" >
        <ListView.ItemTemplate>
            <DataTemplate>
                <Grid Margin="2" Width="350">
                    <Grid.ColumnDefinitions>
                        <ColumnDefinition Width="60" />
                        <ColumnDefinition Width="*" />
                        <ColumnDefinition Width="80" />
                    </Grid.ColumnDefinitions>
                    <Grid.RowDefinitions>
                        <RowDefinition Height="*" />
                        <RowDefinition Height="*" />
                    </Grid.RowDefinitions>
                    <TextBlock Text="{Binding Id}"
                            Grid.RowSpan="2"
                            VerticalAlignment="Center"
                            HorizontalAlignment="Center"
                            FontSize="40" />
                    <TextBlock Text="{Binding Name}"
                            Grid.Column="1" Grid.Row="1"
                            FontSize="16"
                            Margin="10,0,0,0"/>
                    <TextBlock
                      Text="{Binding Age, StringFormat='age {0:0}'}"
                            Grid.Column="2" Grid.Row="1"
                            FontSize="16"
                            Margin="10,0,0,0"/>
                    <TextBlock Text="{Binding Address}"
```

```
                                            Grid.Column="1" Grid.Row="0"
                                            FontSize="30"
                                            Margin="10,0,0,0"/>
                        </Grid>
                    </DataTemplate>
                </ListView.ItemTemplate>
            </ListView>
            ...
</Grid>
```

リスト4　ViewModelを利用する（ファイル名：wpf328.sln、MainWindow.xaml.vb）

```
Class MainWindow
    Private _vm As New ViewModel

    Private Sub Window_Loaded(sender As Object, e As RoutedEventArgs)
        _vm.Person.Id = 100
        Me.DataContext = _vm

    End Sub

    Private Sub clickSubmit(sender As Object, e As RoutedEventArgs)
        _vm.Message = $"{_vm.Person.Name} さん、登録完了"
        _vm.Items.Add(_vm.Person)
        _vm.Person = New Person() With {.Id = _vm.Person.Id + 1}
    End Sub
End Class

Public Class Person
    Public Property Id As Integer
    Public Property Name As String
    Public Property Age As Integer
    Public Property Address As String

    Public Overrides Function ToString() As String
        Return $"{Id}: {Name}({Age}) in {Address}"
    End Function
End Class
```

階層構造のモデルに結び付ける

ここがポイントです！ 入れ子のクラスにバインド

MVVMパターンのViewModelクラスに多数のプロパティを置くと、データが乱雑になってしまい、コードが複雑になってしまいます。

ViewでのBinding記述では、**階層構造**を使ってバインドするプロパティを設定できます。これを利用して、ViewModelクラス内にローカルのクラスを用意したり、公開済みのクラスを使ったりすることができます。

▼階層化したプロパティをバインド

```
<TextBox Command="{Binding 親プロパティ.子プロパティ}" />
```

子プロパティを含むクラスも、親クラスと同じように**INotifyPropertyChangedインターフェイス**を実装する必要があります。

リスト1は、XAML形式で記述したViewです。

リスト2では、ViewModelクラス内に、Personオブジェクトを示すPersonプロパティを定義しています。

▼実行結果

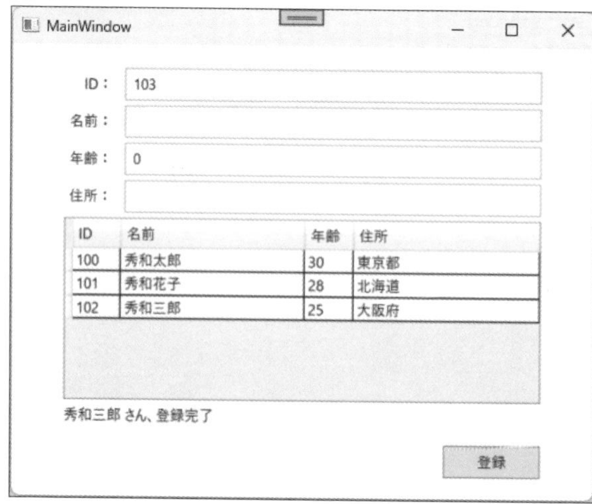

リスト1 XAMLにバインドを記述する (ファイル名：wpf329.sln、MainWindow.xaml)

```
<Grid
    VerticalAlignment="Center"
    HorizontalAlignment="Center">
    ...
    <TextBox
        Text="{Binding Person.Id}"
        Grid.Column="1" Margin="2" Padding="4" />
    <TextBox
        Text="{Binding Person.Name}"
        Grid.Column="1" Grid.Row="1" Margin="2" Padding="4"/>
    <TextBox
        Text="{Binding Person.Age}"
        Grid.Column="1" Grid.Row="2" Margin="2" Padding="4"/>
    <TextBox
        Text="{Binding Person.Address}"
        Grid.Column="1" Grid.Row="3" Margin="2" Padding="4"/>
    <DataGrid
        ItemsSource="{Binding Items}"
        AutoGenerateColumns="False"
        CanUserAddRows="False"
        Grid.ColumnSpan="2"
        Grid.Row="4" Margin="2" >
        <DataGrid.Columns>
            <DataGridTextColumn Binding="{Binding Id}"
              Header="ID" Width="40" />
            <DataGridTextColumn Binding="{Binding Name}"
              Header="名前" Width="*" />
            <DataGridTextColumn Binding="{Binding Age}"
              Header="年齢" Width="40" />
            <DataGridTextColumn Binding="{Binding Address}"
              Header="住所" Width="*" />
        </DataGrid.Columns>
    </DataGrid>
    <TextBlock
        Text="{Binding Message}"
        Grid.Column="0" Grid.ColumnSpan="2" Grid.Row="5" Margin="2" />
    <Button Content="登録"
            Click="clickSubmit"
        Grid.Column="1" Grid.Row="6"
        Width="80"
        HorizontalAlignment="Right"
        Margin="2" />
</Grid>
```

リスト2 データをバインドする (ファイル名：wpf329.sln、MainWindow.xaml.vb)

```
Public Class Person
    Public Property Id As Integer
    Public Property Name As String
    Public Property Age As Integer
```

```
    Public Property Address As String

    Public Overrides Function ToString() As String
        Return $"{Id}: {Name}({Age}) in {Address}"
    End Function
End Class

Public Class ViewModel
    Inherits Prism.Mvvm.BindableBase
    Private _person As New Person
    Public Property Person As Person
        Get
            Return _person
        End Get
        Set(value As Person)
            SetProperty(_person, value, NameOf(Person))
        End Set
    End Property
    Public Property Items As New ObservableCollection(Of Person)

    Private _message As String
    Public Property Message As String
        Get
            Return _message
        End Get
        Set(value As String)
            SetProperty(_message, value, NameOf(Message))
        End Set
    End Property
End Class
```

モデルにデータベースを利用する

ここがポイントです！ **Entity Frameworkの利用**

Entity Frameworkを利用すると、データベースに接続した結果を**DataGridコントロール**にバインドができます。

LINQ式で検索したデータを、**ToListメソッド**でList(Of T)コレクションに変換し、DataGridコントロールにバインドをします。

▼データコンテキストへ指定

```
this.DataContext = クエリ結果.ToList()
```

リスト1は、XAML形式で記述したViewです。
リスト2では、[バインド] ボタンがクリックされたときに、DataContextプロパティにクエリ結果を設定しています。

リスト1 XAMLにバインドを記述する（ファイル名：wpf330.sln、MainWindow.xaml）

```
<Grid
    VerticalAlignment="Center"
    HorizontalAlignment="Center">
    ...
    <TextBox
        Text="{Binding Person.Id}"
        Grid.Column="1" Margin="2" Padding="4" />
    <TextBox
        Text="{Binding Person.Name}"
        Grid.Column="1" Grid.Row="1" Margin="2" Padding="4"/>
    <TextBox
        Text="{Binding Person.Age}"
        Grid.Column="1" Grid.Row="2" Margin="2" Padding="4"/>
    <TextBox
        Text="{Binding Person.Address}"
        Grid.Column="1" Grid.Row="3" Margin="2" Padding="4"/>
    <DataGrid
        ItemsSource="{Binding Items}"
        AutoGenerateColumns="False"
        CanUserAddRows="False"
        Grid.ColumnSpan="2"
        Grid.Row="4" Margin="2" >
        <DataGrid.Columns>
            <DataGridTextColumn Binding="{Binding Id}"
              Header="ID" Width="40" />
            <DataGridTextColumn Binding="{Binding Name}"
              Header="名前" Width="*" />
            <DataGridTextColumn Binding="{Binding Age}"
              Header="年齢" Width="40" />
            <DataGridTextColumn Binding="{Binding Address}"
              Header="住所" Width="*" />
        </DataGrid.Columns>
    </DataGrid>
    ...
</Grid>
```

リスト2 データをバインドする（ファイル名：wpf330.sln、MainWindow.xaml.vb）

```
Public Class Person
    Public Property Id As Integer
    Public Property Name As String
    Public Property Age As Integer
```

```
    Public Property Address As String

    Public Overrides Function ToString() As String
        Return $"{Id}: {Name}({Age}) in {Address}"
    End Function
End Class

Public Class ViewModel
    Inherits Prism.Mvvm.BindableBase

    Private _person As New Person
    Public Property Person As Person
        Get
            Return _person
        End Get
        Set(value As Person)
            SetProperty(_person, value, NameOf(Person))
        End Set
    End Property
    Public Property Items As New ObservableCollection(Of Person)

    Private _message As String
    Public Property Message As String
        Get
            Return _message
        End Get
        Set(value As String)
            SetProperty(_message, value, NameOf(Message))
        End Set
    End Property
End Class

Public Class SQLiteContext
    Inherits DbContext

    Protected Overrides Sub OnConfiguring(
    optionsBuilder As DbContextOptionsBuilder)
        MyBase.OnConfiguring(optionsBuilder)
        Dim Path = "sample.sqlite3"
        optionsBuilder.UseSqlite($"Data Source={path}")
    End Sub

    Protected Overrides Sub OnModelCreating(
    modelBuilder As ModelBuilder)
        MyBase.OnModelCreating(modelBuilder)
        modelBuilder.Entity(Of Person)().HasKey("Id")
    End Sub
    Public Property Person As DbSet(Of Person)
End Class
```

第2部

アドバンスド
プログラミングの極意

データベース操作の極意

11-1 データベース操作

Tips 331

データファーストでモデルを作成する

▶Level ●●○
▶対応 COM PRO

ここがポイントです！

データベースからモデルを作成 (dotnet efコマンド)

既存のデータベース（SQL Server）から、**Entity Framework**で扱うモデルクラスと接続コンテキストクラスを作成するためには**dotnet efコマンド**を使います。

ただし、残念ながらdotnet efコマンドで作成するモデルクラスは出力形式がC#しか対応していないので、Visual Basicのコードを出力できません。いったん、C#のコードを出力した後にVisual Basicのコードに手作業で直します。

データベースからモデルクラスを利用するためには、NuGetパッケージ管理で次のパッケージをインストールします。

▼パッケージ

```
Microsoft.EntityFrameworkCore.SqlServer
```

dotnet efコマンドでは、データベースに接続するための接続文字列と、利用するefクラスライブラリを指定します。出力するModelクラスのフォルダー先を「-o」スイッチで切り替えることができます。

以下の例では、Modelsフォルダーにデータベース上のPersonテーブルのみを取得しています。指定先のデータベースのすべてのテーブルを対象にするときは「-t」スイッチはいりません。

▼dotnet efコマンドの使用例

```
dotnet ef dbcontext scaffold `
  "Server=.;Database=sampledb;Trusted_connection=True" `
  Microsoft.EntityFrameworkCore.SqlServer -o Models -t Person
```

リスト1は、接続コンテキストクラスをVisual Basicに書き直したものです。
リスト2は、PersonクラスのコードをVisual Basicに書き直したものです。

▼画像1 NuGetパッケージ管理

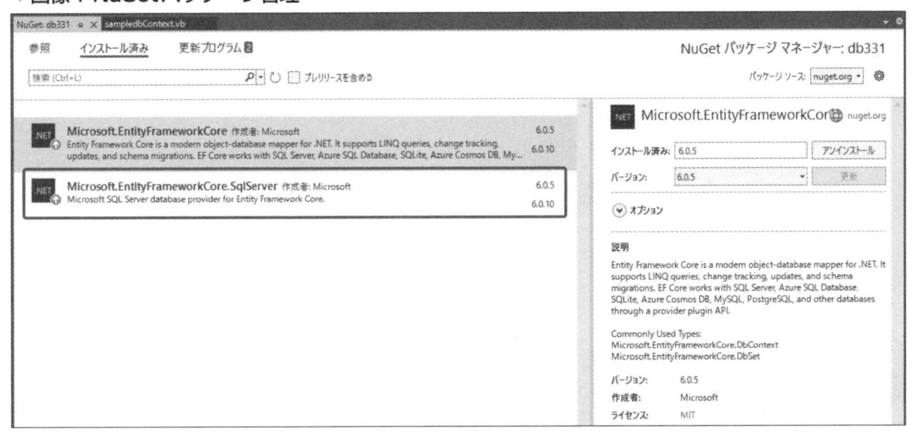

▼画像2 対象となるPersonテーブル

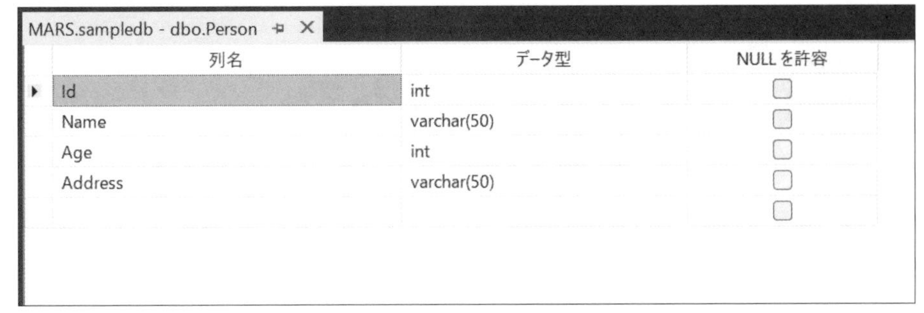
MARS.sampledb - dbo.Person

列名	データ型	NULL を許容
Id	int	☐
Name	varchar(50)	☐
Age	int	☐
Address	varchar(50)	☐
		☐

リスト1 データ接続クラス(ファイル名:db331.sln、Models/sampledbContext.vb)

```
Public Class sampledbContext
    Inherits DbContext

    Public Sub New()

    End Sub

    Public Sub New(options As DbContextOptions(Of sampledbContext))
        MyBase.New(options)
    End Sub

    Public Property Person As DbSet(Of Person)

    Protected Overrides Sub OnConfiguring(
    optionsBuilder As DbContextOptionsBuilder)
        If Not optionsBuilder.IsConfigured Then
            optionsBuilder.UseSqlServer(
          "Server=.;Database=sampledb;Trusted_connection=True")
```

```
        End If
    End Sub
End Class
```

リスト2 Personモデルクラス(ファイル名:db331.sln、Models/Person.vb)

```
Partial Public Class Person
    Public Property Id As Integer
    Public Property Name As String
    Public Property Age As Integer
    Public Property Address As String
End Class
```

dotnet efコマンドで作成した接続コンテキストクラスには、接続文字列が記述されたままになっています。これを設定ファイルから読み込むように変更するにはTips439の「設定ファイルから接続文字列を読み込む」を参考にしてください。

Tips 332

▶Level ●○○
▶対応 COM PRO

コードファーストでモデルを作成する

ここがポイントです!

コードのテーブル構成をデータベースに適用 (Add-Migrationコマンド、Update-Databaseコマンド)

データベースの構成がアプリケーションのバージョンアップに伴って変更される場合は、**コードファースト**の手法を使い、あらかじめコードに記述したテーブル構成に従って、データベースのテーブルを更新するほうが便利です。この作業を**マイグレーション**と言います。

Entity Framework活用をしたコードファーストでは、プロジェクトに次の2つのパッケージを含めることにより、コードからデータベースを更新できるようになります。

▼パッケージ①

```
Microsoft.EntityFrameworkCore.SqlServer
```

▼パッケージ②

```
Microsoft.EntityFrameworkCore.Tools
```

接続コンテキストは、リスト1のように接続先のデータベースの設定、リスト2のようにデータベースに反映するModelクラスが必要になります。

データベースに対してのマイグレーションは、C#の場合は**Add-Migrationコマンド**が利用できるのですが、Visual Basicのコードに対応していません。いったん、C#でマイグレーション専用のコンソールプログラムを作るか、手作業でマイグレーション用のコードを記述します。後でどのようなマイグレーションを行ったかの確認のために「Initial」のように更新内容がわかりやすい名前を付けておきます。

作成したマイグレーションをデータベースに反映するためには、**Update-Databaseコマンド**を使います。

▼マイグレーションの反映

```
Update-Database
```

リスト1　データ接続クラス（ファイル名：db332.sln、Models/DatabaseContext.vb）

```
Public Class DatabaseContext
    Inherits DbContext

    Public Sub New()

    End Sub

    Public Sub New(options As DbContextOptions(Of DatabaseContext))
        MyBase.New(options)
    End Sub

    Public Property Book As DbSet(Of Book)

    Protected Overrides Sub OnConfiguring(
    optionsBuilder As DbContextOptionsBuilder)
        If Not optionsBuilder.IsConfigured Then
            Dim builder As New SqlConnectionStringBuilder()
            builder.DataSource = "(local)"
            builder.InitialCatalog = "sampledb"
            builder.IntegratedSecurity = True
            optionsBuilder.UseSqlServer(builder.ConnectionString)
        End If
    End Sub
End Class
```

リスト2　Bookクラス（ファイル名：db332.sln、Models/Book.vb）

```
Public Class Book
    Public Property Id As Integer
    Public Title As String = ""
    Public Author As String = ""
    Public Price As Integer
End Class
```

リスト3　マイグレーションファイル（ファイル名：db332.sln、Migrations/202211032142_Initial.vb）

```
Imports Microsoft.EntityFrameworkCore
Imports Microsoft.EntityFrameworkCore.Infrastructure
Imports Microsoft.EntityFrameworkCore.Metadata
Imports Microsoft.EntityFrameworkCore.Migrations

```

```
Namespace Migrations
    Partial Public Class Initial
        Inherits Migration

        Protected Overrides Sub Up(
       migrationBuilder As MigrationBuilder)
            migrationBuilder.CreateTable(
            name:="Book",
            columns:=
            Function(table)
                Return New With {
    .Id = table.Column(Of Integer)(type:="int", nullable:=False) _
    .Annotation("SqlServer:Identity", "1, 1"),
    .Title = table.Column(Of String)(
       type:="nvarchar(max)", nullable:=False),
   .Author = table.Column(Of String)(
     type:="nvarchar(max)", nullable:=False),
    .Price = table.Column(Of Integer)(type:="int", nullable:=False)
                }
            End Function,
            constraints:=
            Function(table)
                Return table.PrimaryKey("PK_Book", Function(x) x.Id)
            End Function
        )
        End Sub
        Protected Overrides Sub Down(
       migrationBuilder As MigrationBuilder)
            migrationBuilder.DropTable(name:="Book")
        End Sub
    End Class

    <DbContext(GetType(DatabaseContext))>
    <Migration("202211032142_Initial")>
    Public Class Initial

        Protected Overrides Sub BuildTargetModel(
       modelBuilder As ModelBuilder)
            modelBuilder _
            .HasAnnotation("Relational:MaxIdentifierLength", 128) _
            .HasAnnotation("ProductVersion", "5.0.10") _
            .HasAnnotation("SqlServer:ValueGenerationStrategy",
           SqlServerValueGenerationStrategy.IdentityColumn)
            modelBuilder.Entity("db332.Book",
            Sub(b)
                b.Property(Of Integer)("Id") _
                    .ValueGeneratedOnAdd() _
                    .HasColumnType("int") _
                    .HasAnnotation(
               "SqlServer:ValueGenerationStrategy",
                SqlServerValueGenerationStrategy.IdentityColumn)
```

```
                b.Property(Of String)("Author") _
                    .IsRequired() _
                    .HasColumnType("nvarchar(max)")
                b.Property(Of Integer)("Price") _
                    .HasColumnType("int")
                b.Property(Of String)("Title") _
                    .IsRequired() _
                    .HasColumnType("nvarchar(max)")
                b.HasKey("Id")
                b.ToTable("Book")
            End Sub)
        End Sub
    End Class
End Namespace
```

マイグレーションの情報は、データベース上（SQL Server上）に、__EFMigrationsHistoryテーブルとして作成されます。このテーブルを消さないようにしてください。

モデルに注釈を付ける

ここがポイントです！

モデルクラスのプロパティに注釈を設定
（Key属性、MaxLength属性）

データファーストで作成するモデルクラスは、主に単純な値クラスになります。しかし、実際にデータベース上のテーブルでは「主キー」や「文字列の長さ」などのデータを扱うための厳密な設定が必要になります。この場合、モデルクラスに注釈（属性）を付けておきます。

モデルクラスのプロパティで、主キー（プライマリーキー）として扱う場合には**Key属性**を設定します。また、文字列の長さを制限するときは**MaxLength属性**を使います。

これらの属性は、System.ComponentModel.DataAnnotations名前空間に定義されています。マイグレーションを実行したときに、これらの設定がマイグレーションの設定情報に記述されます。

リスト1は、注釈を付けたモデルクラスです。

▼実行結果

リスト1　注釈を付けたBookクラスとPublisherクラス（ファイル名：db333.sln、sampledbContext.vb）

```
Public Class Book
    <Key>
    Public Property Id As Integer
    <MaxLength(32)>
    Public Property Title As String
    Public Property AuthorId As Integer?
    Public Property Price As Integer
    Public Property PublisherId As Integer?
End Class

Public Class Publisher
    <Key>
    Public Property Id As Integer
    <MaxLength(32)>
    Public Property Name As String
    <MaxLength(32)>
    Public Address As String
End Class
```

テーブルにデータを追加する

ここがポイントです！

データベースにデータを挿入
(DbSet クラス、Add メソッド、DbContext クラス、SaveChanges メソッド)

Entity Data Modelを使って、テーブルにデータを追加するためには、**DbSetクラス**の**Addメソッド**を使ってデータを挿入した後に、**DbContextクラス**の**SaveChangesメソッド**でデータベースに反映させます。

▼テーブルにデータを追加する

```
Dim ent As New DbContext派生クラス()
ent.テーブル名.Add( データ )
ent.SaveChanges()
```

DbContextを継承したクラス（MyContextなど）にはデータベースの接続情報が含まれます。

Entity Data Modelにテーブルを追加すると、データベース上のテーブルに対応したクラス（DbSetクラス）が作成されます。このDbSetクラスのAddメソッドで、エンティティ（Personクラスなど）を追加します。

データベースの反映は、SaveChangesメソッドで行います。

リスト1では、［追加］ボタンがクリックされると、Personテーブルに入力されたデータを挿入します。

▼実行結果1

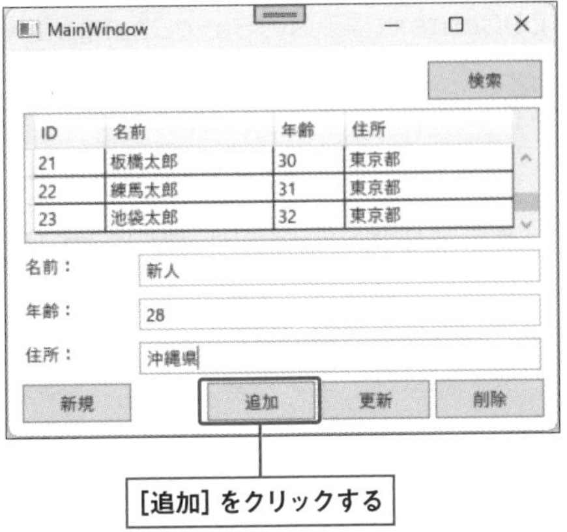

［追加］をクリックする

▼実行結果2

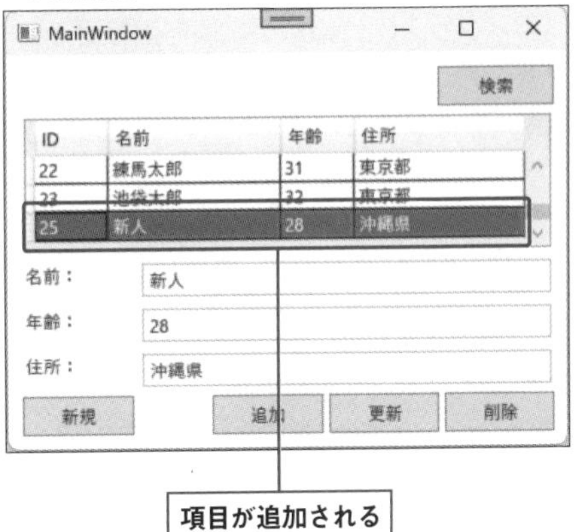

項目が追加される

リスト1 テーブルにレコードを追加する（ファイル名：db334.sln、MainWindow.xaml.vb）

```
Private _context As New MyContext
```

```
''' データベースに追加
Private Sub clickAdd(sender As Object, e As RoutedEventArgs)
    Dim item As New Person() With
        {
            .Name = _vm.Name,
            .Age = _vm.Age,
            .Address = _vm.Address
        }
    _context.Person.Add(item)
    _context.SaveChanges()
    ' DataGridにも追加する
    _vm.Items.Add(item)
End Sub
```

データの挿入は、複数回まとめて行えます。複数回Addメソッドを呼び出した後に、SaveChangesメソッドを呼び出してデータベースに反映します。

テーブルのデータを更新する

データベースのデータを更新
(DbSetクラス、DbContextクラス、SaveChangesメソッド)

Entity Data Modelを使い、テーブルのデータを更新するためには、**DbSetクラス**のエンティティクラスのプロパティ値を直接更新して、**DbContextクラス**の**SaveChangesメソッド**でデータベースに反映させます。

更新対象となるエンティティは、WhereメソッドやFirstメソッドなどで条件を指定して絞り込みます。取得したエンティティに対して直接データを変更して、反映時にSaveChangesメソッドを呼び出します。

SaveChangesメソッドを呼び出したときに、内部では変更されたエンティティを調べてデータベースに反映しています。

▼テーブルのデータを更新する

```
Dim ent As New DbContext派生クラス()
' 目的のデータを抽出
' エンティティオブジェクトを編集
ent.SaveChanges()
```

リスト1では、[更新] ボタンがクリックされると、GirdDataコントロールのカーソルのあるデータが更新されます。

▼実行結果

MainWindow

検索

ID	名前	年齢	住所
22	練馬太郎	31	東京都
23	池袋太郎	32	東京都
25	大型新人	28	沖縄県

名前： 大型新人

年齢： 28

住所： 沖縄県

新規　追加　更新　削除

リスト1 テーブルのレコードを更新する（ファイル名：db335.sln、MainWindow.xaml.vb）

```
Private _context As New MyContext
''' データベースを更新
Private Sub clickUpdate(sender As Object, e As RoutedEventArgs)
    ' 選択位置の項目を更新する
    If _vm.SelectedItem Is Nothing Then Return
    Dim item = _vm.SelectedItem
    item.Name = _vm.Name
    item.Age = _vm.Age
    item.Address = _vm.Address
    _context.Person.Update(item)
    _context.SaveChanges()
End Sub
```

データの更新は、複数回まとめて行えます。複数のエンティティを更新した後に、SaveChangesメソッドを呼び出してデータベースに反映します。

テーブルのデータを削除する

ここがポイントです！

データベースのデータを削除

（DbSetクラス、Removeメソッド、DbContextクラス、SaveChangesメソッド）

Entity Data Modelを使い、テーブルのデータを削除するためには、**DbSetクラス**の**Removeメソッド**に削除するエンティティを指定して、**DbContextクラス**の**SaveChangesメソッド**でデータベースに反映させます。

削除対象となるエンティティは、WhereメソッドやFirstメソッドなどで条件を指定して絞り込みます。

▼テーブルのデータを削除する

```
Dim ent As New DbContext派生クラス()
' 目的のデータを抽出
ent.テーブル.Remove( エンティティ )
ent.SaveChanges()
```

リスト1では、[削除] ボタンがクリックされると、GirdDataコントロールのカーソルのあるデータを削除します。

▼実行結果

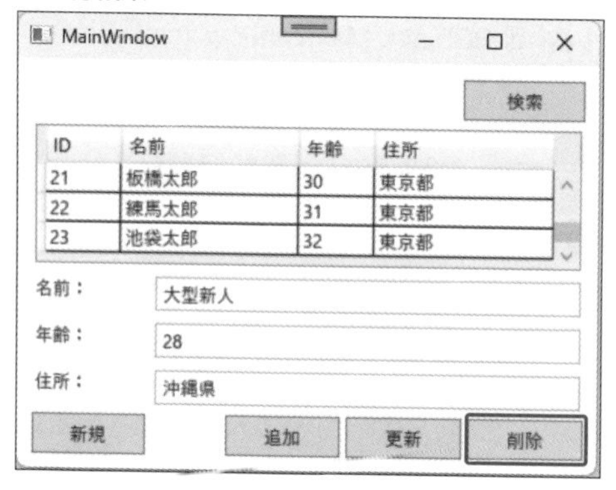

リスト1　テーブルのレコードを削除する（ファイル名：db336.sln、MainWindow.xaml.vb）

```
Private _context As New MyContext
''' データベースから削除
Private Sub clickDelete(sender As Object, e As RoutedEventArgs)
    ' 選択位置の項目を削除する
    If _vm.SelectedItem Is Nothing Then Return
    Dim item = _vm.SelectedItem
    _context.Person.Remove(item)
    _context.SaveChanges()
    ' カーソルを外す
    _vm.SelectedItem = Nothing
    _vm.Items.Remove(item)
End Sub
```

データの削除は、複数回まとめて行えます。複数のエンティティを削除した後に、SaveChangesメソッドを呼び出してデータベースに反映します。

Tips 337 ▶Level ● ▶対応 COM PRO

テーブルのデータを参照する

ここがポイントです！ **データベースのデータを削除**
（DbSetクラス、LINQ構文）

Entity Data Modelを使い、テーブルのデータを参照するためには、**DbSetクラス**を継承したテーブル名のクラスを直接扱います。

テーブル内のすべてのデータを取得するときは、ToListメソッドですべてのデータを取得します。

▼テーブルのデータを参照する①

```
Dim ent As New DbContext派生クラス()
Dim items = ent.テーブル.ToList()
```

条件を指定するときは、WhereメソッドやFirstメソッドなどを使います。

LINQ構文を利用することで、SQL文のように条件を設定することも可能です。

▼テーブルのデータを参照する②

```
Dim ent As New DbContext派生クラス()
Dim query = From t In ent.テーブル名
   Where 検索条件
   Select t
```

リスト1では、[検索] ボタンがクリックされると、CirdDataコントロールにPersonテーブルのすべてのデータを検索して表示しています。

▼実行結果

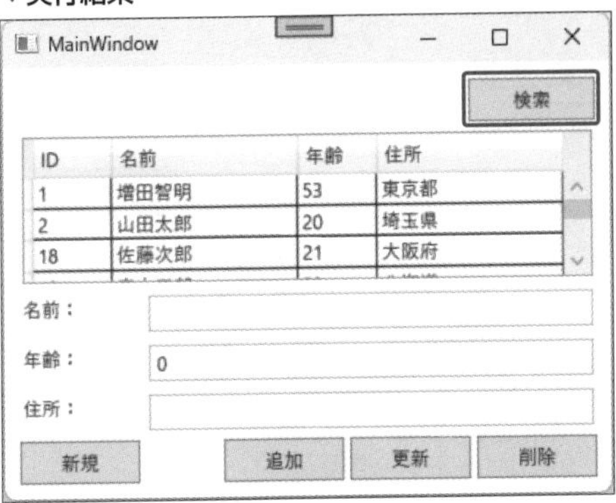

リスト1　テーブルのレコードを参照する（ファイル名：db337.sln、MainWindow.xaml.vb）

```
Private _context As New MyContext
''' データベースから検索
Private Sub clickSearch(sender As Object, e As RoutedEventArgs)
    _vm.Items = New ObservableCollection(Of Person)(
            _context.Person.ToList())
End Sub
```

テーブルのデータ数を取得する

データベースのデータ数をカウント
(DbSetクラス、Countメソッド)

Entity Data Modelを使い、テーブルのデータを数を取得するためには、**DbSetクラス**の**Countメソッド**を使います。

Countメソッドは、**System.Linq.Queryable名前空間**で定義されている拡張メソッドです。テーブル内のすべての行数を取得するだけでなく、LINQ構文を使い検索したデータ数も取得できます。

▼テーブルのデータ数を取得する

```
Dim ent As new DbContext派生クラス()
Dim count = ent.テーブル.Count()
```

リスト1では、[検索] ボタンがクリックされると、GirdDataコントロールにPersonテーブルから名前 (name) を検索して、件数を画面に表示しています。

▼実行結果（全件）

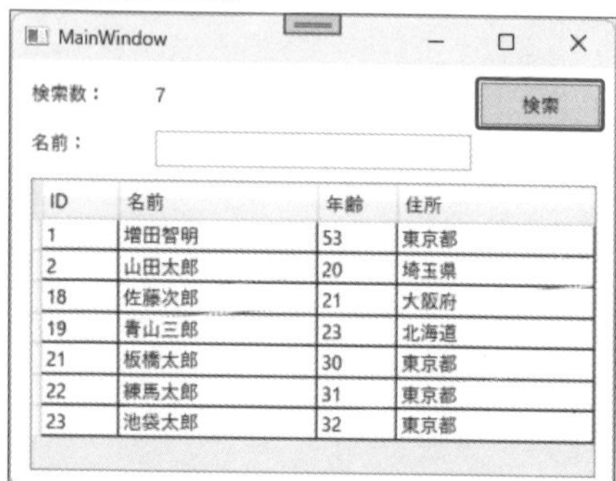

▼実行結果（条件指定）

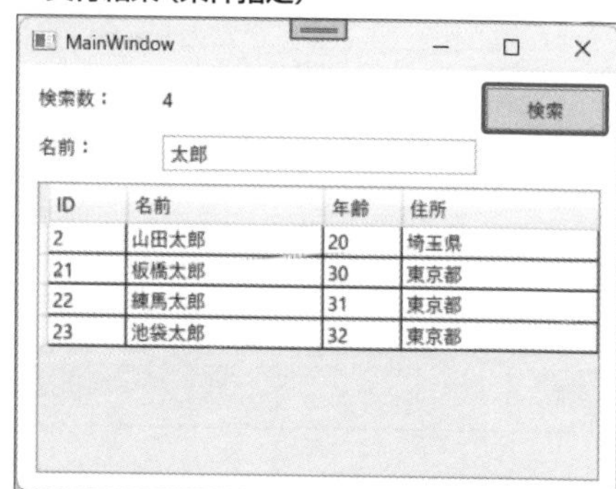

リスト1　テーブルのレコードを参照する（ファイル名：db338.sln、MainWindow.xaml.vb）

```
Private Sub clickSearch(sender As Object, e As RoutedEventArgs)
    Dim Name = _vm.Name
    If Name = "" Then
        ' 空欄の場合はすべて検索
        _vm.Items = _context.Person.ToList()
        _vm.Count = _vm.Items.Count
    Else
        ' 入力した文字列を含む Person を検索する
        Dim q = From t In _context.Person
                Where t.Name.Contains(Name)
                Select t
        _vm.Items = q.ToList()
        _vm.Count = q.Count()
        ' 以下でもよい
        ' _vm.Count = _vm.Items.Count
    End If
End Sub
```

データベースのデータを検索する

ここがポイントです！

データをLINQで検索
（LINQ構文、LINQメソッド）

Entity Data Modelを使ってデータベースのエンティティクラスを作成した後は、**LINQ構文**や**LINQメソッド**でデータの検索ができます。どちらも、**System.Linq名前空間**で拡張メソッドとして定義されています。

LINQ構文では、**Fromキーワード**や**Whereキーワード**などを使い、検索する構文を組み立てます。通常のSQL文とは異なり、文の最後に**Selectキーワード**を置いて、出力する形式を記述するのが特徴です。

▼データベースのデータを検索する①

```
Dim ent As new DbContext派生クラス()
Dim q = From t In ent.Book
        Where t.Title = "タイトル"
        Select t
```

LINQメソッドは、LINQ構文で呼び出しを受けるメソッドで、LINQ構文とほぼ同じように記述ができます。

LINQメソッドを使う場合は、ラムダ式を使って条件を指定します。検索した構文ツリーはToListメソッドなどにより検索そのものが実行されます。

▼データベースのデータを検索する②

```
Dim ent As New DbContext派生クラス()
Dim q = ent.Book
    .Where(Funtion(t) t.Title = "タイトル")
```

LINQ構文とLINQメソッドはほぼ同じ機能がありますが、LINQメソッドでしか使えない機能もあります。それぞれの用途にあったものを使い分けるとよいでしょう。

リスト1では、[検索] ボタンがクリックされると、Bookテーブル、Authorテーブル、Publisherテーブルを連結したデータを表示しています。

▼実行結果

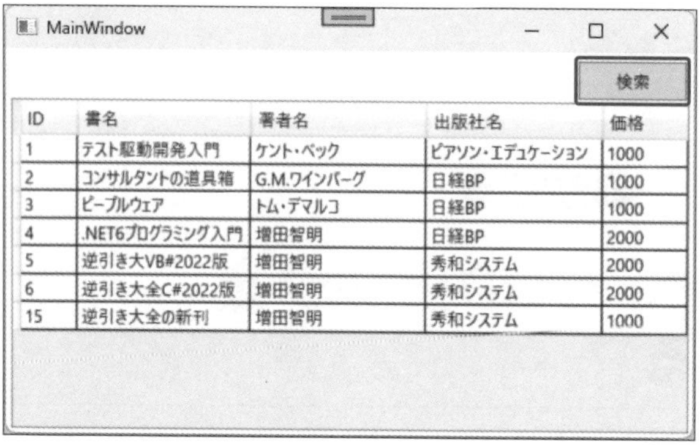

MainWindow

検索

ID	書名	著者名	出版社名	価格
1	テスト駆動開発入門	ケント・ベック	ピアソン・エデュケーション	1000
2	コンサルタントの道具箱	G.M.ワインバーグ	日経BP	1000
3	ピープルウェア	トム・デマルコ	日経BP	1000
4	.NET6プログラミング入門	増田智明	日経BP	2000
5	逆引き大VB#2022版	増田智明	秀和システム	2000
6	逆引き大全C#2022版	増田智明	秀和システム	2000
15	逆引き大全の新刊	増田智明	秀和システム	1000

リスト1 テーブルをLINQメソッドで検索する(ファイル名:db339.sln、MainWindow.xaml.vb)

```
Private Sub clickSearch(sender As Object, e As RoutedEventArgs)
    Dim context As New MyContext()
    Dim q = From book In context.Book
            Join author In context.Author On book.AuthorId
              Equals author.Id
            Join publisher In context.Publisher On book.PublisherId
              Equals publisher.Id
            Order By book.Id
            Select New With {
                    .Id = book.Id,
                    .Title = book.Title,
                    .AuthorName = author.Name,
                    .PublisherName = publisher.Name,
                    .Price = book.Price
                }
    Me.dg.ItemsSource = q.ToList()
End Sub
```

クエリ文でデータを検索する

ここがポイントです！ **データをクエリ構文で検索**
（クエリ構文）

Entity Data Modelを使ってデータベースのエンティティクラスを作成した後は、**クエリ構文**や**LINQメソッド**でデータの検索ができます。

クエリ文（クエリ構文）は、SQL文と同じようにクエリを記述できます。

SQL文を文字列として渡して検索する場合には、文字列のサニタイズやSQLインジェクションに注意しないといけませんが、クエリ構文を使うとコード内の変数がそのまま使えるため、サニタイズ等の処理が減ります。また、数値の比較などはそのままVisual Basicの構文（比較演算子など）が利用できます。

リスト1では、[検索] ボタンがクリックされると、BookテーブルのTitleに「逆引き」が含まれているデータを表示しています。

▼実行結果

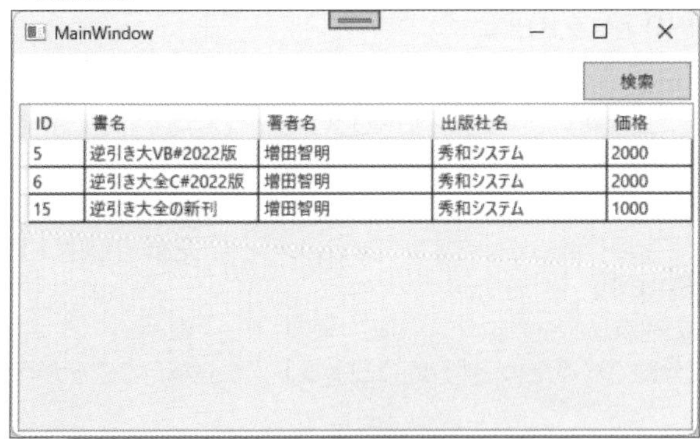

ID	書名	著者名	出版社名	価格
5	逆引き大VB#2022版	増田智明	秀和システム	2000
6	逆引き大全C#2022版	増田智明	秀和システム	2000
15	逆引き大全の新刊	増田智明	秀和システム	1000

リスト1　テーブルをクエリ構文で検索する（ファイル名：db340.sln、MainWindow.xaml.vb）

```
Private Sub clickSearch(sender As Object, e As RoutedEventArgs)
    Dim context As New MyContext()
    Dim q = From book In context.Book
            Join author In context.Author On book.AuthorId
              Equals author.Id
            Join publisher In context.Publisher On book.PublisherId
              Equals publisher.Id
            Where book.Title.Contains("逆引き")
            Order By book.Id
            Select New With {
                    .Id = book.Id,
                    .Title = book.Title,
```

```
                        .AuthorName = author.Name,
                        .PublisherName = publisher.Name,
                        .Price = book.Price
                   }
    Me.dg.ItemsSource = q.ToList()
End Sub
```

さらにワンポイント　クエリ式の条件文（Whereキーワード）にはVisual Basicの演算子などが使えますが、文字列の変換関数などが使えない場合があります。これは、クエリ構文が実行される際にSQL文に直してデータベースで実行されるためです。LINQがSQL文に変換できないメソッドを使った場合には、実行エラーになります。

メソッドチェーンでデータを検索する

ここがポイントです！ **データをLINQで検索**
（LINQメソッド）

Entity Data Modelの検索は、クエリ構文だけでなく**LINQメソッド**を利用することもできます。

LINQメソッドは、通常のメソッドと同じように、エンティティクラスのオブジェクトに対して「.」(ピリオド）を使ってメソッドを呼び出していきます。複数のメソッドを連続で呼び出すために**メソッドチェーン**とも呼ばれます。

メソッドチェーンの利用は、2つの利点があります。

Whereメソッドを使って条件を分割できるため、部分的にコメントアウトを行うことが可能です。

▼メソッドチェーンの例①

```
Dim ent As new DbContext派生クラス()
Dim q = ent.Book
     .Where( Function(t) 条件1 )
'    .Where( Function(t) => 条件2 ) ' ここはコメントアウト
     .Where( Function(t) => 条件3 )
     .Select( Function(t) => t );
```

また、クエリした結果を連続させることで、途中でIfブロックを挟むことが可能です。これは、ASP.NET MVCなどでクエリパラメーターの有無により条件が異なる場合に有効です。

以下の例では、引数が「True」のときに、条件2を検索条件として追加しています。

▼メソッドチェーンの例②

```
Dim ent As new DbContext派生クラス()
Dim q = ent.Book
    .Where( Function(t) 条件1 )
If 引数 = True Then
  q = q.Where( Function(t) 条件2 )
End If
```

　リスト1では、[検索] ボタンがクリックされると、BookテーブルのTitleに「逆引き」が含まれているデータを表示しています。

▼実行結果

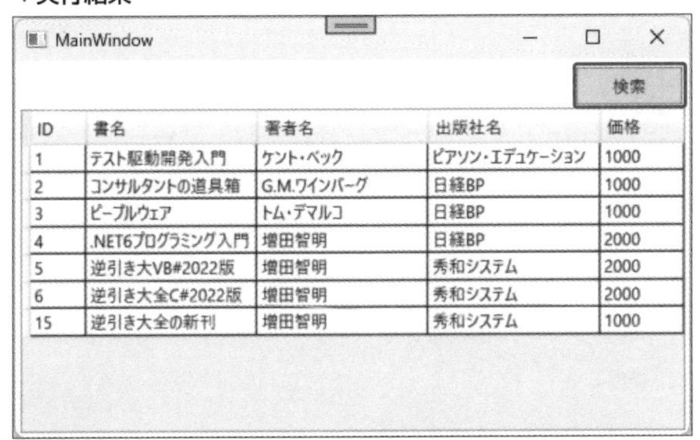

リスト1　テーブルをLINQメソッドで検索する（ファイル名：db341.sln、MainWindow.xaml.vb）

```
Private Sub clickSearch(sender As Object, e As RoutedEventArgs)
    Dim context As New MyContext()
    Dim items = context.Book.Join(context.Author,
                Function(book) book.AuthorId,
                Function(author) author.Id,
                Function(book, author) New With {book, author}) _
                .Join(context.Publisher,
                Function(t) t.book.PublisherId,
                Function(publisher) publisher.Id,
                Function(t, publisher) New With
                    {t.book, t.author, publisher}) _
            .Select(Function(t) New With {
                .Id = t.book.Id,
                .Title = t.book.Title,
                .AuthorName = t.author.Name,
                .PublisherName = t.publisher.Name,
                .Price = t.book.Price
            }).ToList()
    Me.dg.ItemsSource = items
End Sub
```

複数条件を使って クエリ文を組み合わせる

ここが ポイント です！ **条件に従って検索を追加**（LINQメソッド）

ブラウザーやアプリケーションなどでデータを検索するときは、様々な条件を指定するときにそれに合わせたクエリ文を生成する必要があります。すべての条件を含める場合は、あらかじめ**Whereメソッド**で条件をしてしておけばよいのですが、指定条件のあるなしでWhereメソッドが変化することがあります。

この場合は、条件のパターンに合わせて、Whereメソッドによるメソッドチェーンを利用してクエリ文を作成していきます。**ToListメソッド**などによるクエリ実行の遅延を利用して、If文を使った複雑な条件を指定できます。

▼メソッドチェーンで条件を指定

```
Dim ent As new DbContext派生クラス()
Dim q = ent.Book
If 引数1の有無 Then
  q = q.Where( Function(t) 条件1 )
End If
If 引数2の有無 Then
  q = q.Where( Function(t) 条件2 )
End If
' 検索の実行
Dim result = q.ToList()
```

リスト1では、書籍のタイトルや価格によってクエリ文を変更して実行しています。

▼実行結果

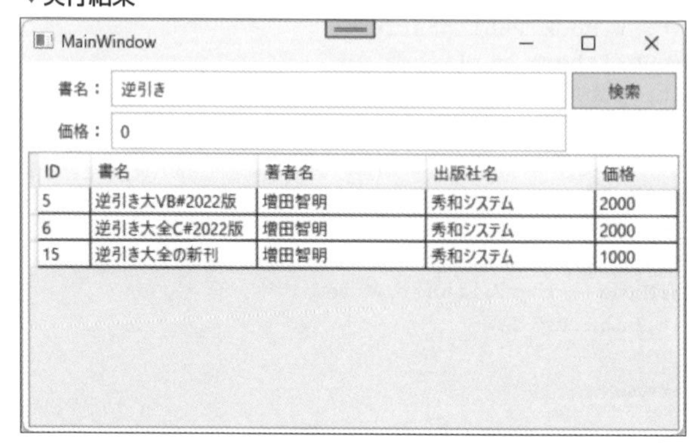

リスト1　複数条件を組み合わせる（ファイル名：db342.sln、MainWindow.xaml.vb）

```
Private Sub clickSearch(sender As Object, e As RoutedEventArgs)
    Dim context = New MyContext()
    Dim q = context.Book _
        .Join(context.Author,
            Function(book) book.AuthorId,
            Function(author) author.Id,
            Function(book, author) New With {book, author}) _
        .Join(context.Publisher,
            Function(t) t.book.PublisherId,
            Function(publisher) publisher.Id,
            Function(t, publisher) New With
              {t.book, t.author, publisher})
    ' 条件を追加する
    If _vm.Title <> "" Then
        q = q.Where(Function(t) t.book.Title.Contains(_vm.Title))
    End If
    If _vm.Price <> 0 Then
        q = q.Where(Function(t) t.book.Price < _vm.Price)
    End If

    ' 結果を取得する
    Dim items = q.OrderBy(Function(t) t.book.Id) _
        .Select(Function(t) New ResultItem() With
            {
                .Id = t.book.Id,
                .Title = t.book.Title,
                .AuthorName = t.author.Name,
                .PublisherName = t.publisher.Name,
                .Price = t.book.Price
            }).ToList()
    _vm.Items = items
End Sub
```

データを並べ替えて取得する

ここがポイントです！

データを並べ替える
（OrderByメソッド、ThenByメソッド）

LINQメソッドでデータを並べ替えるためには、**OrderByメソッド**を使います。
OrderByメソッドでは、エンティティクラスのプロパティを指定して、降順にデータをソートします。通常は、数値や文字列の降順が使われますが、**比較関数**を渡すことで独自のオブジェクトでソートさせることも可能です。

複数のキーによりソートする場合は、OrderByメソッドの結果をさらに**ThenByメソッド**でソートします。

リスト1では、[書名でソート] ボタンがクリックされると、BookテーブルのTitleプロパティによって降順にデータをソートして表示しています。

▼実行結果

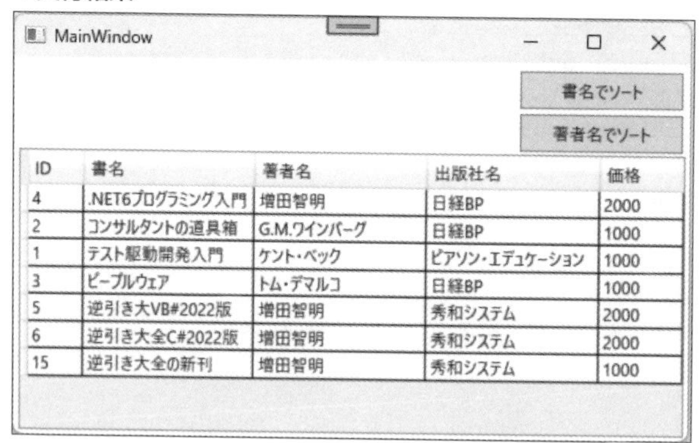

ID	書名	著者名	出版社名	価格
4	.NET6プログラミング入門	増田智明	日経BP	2000
2	コンサルタントの道具箱	G.M.ワインバーグ	日経BP	1000
1	テスト駆動開発入門	ケント・ベック	ピアソン・エデュケーション	1000
3	ピープルウェア	トム・デマルコ	日経BP	1000
5	逆引き大VB#2022版	増田智明	秀和システム	2000
6	逆引き大全C#2022版	増田智明	秀和システム	2000
15	逆引き大全の新刊	増田智明	秀和システム	1000

リスト1 データを並べ替えて表示する（ファイル名：db343.sln、MainWindow.xaml.vb）

```
''' タイトルで並べ替えする
Private Sub clickSearchByTitle(sender As Object, e As RoutedEventArgs)
    Dim context As New MyContext()
    Dim items = context.Book.Join(context.Author,
                Function(book) book.AuthorId,
                Function(author) author.Id,
                Function(book, author) New With {book, author}) _
                .Join(context.Publisher,
                Function(t) t.book.PublisherId,
                Function(publisher) publisher.Id,
                Function(t, publisher) New With
                  {t.book, t.author, publisher}) _
            .OrderBy(Function(t) t.book.Title) _
            .Select(Function(t) New With {
                .Id = t.book.Id,
                .Title = t.book.Title,
                .AuthorName = t.author.Name,
                .PublisherName = t.publisher.Name,
                .Price = t.book.Price
            }).ToList()
    Me.dg.ItemsSource = items
End Sub

''' 著者名でソートする
Private Sub clickSearchByAuthor(
  sender As Object, e As RoutedEventArgs)
```

```
    Dim context As New MyContext()
    Dim items = context.Book.Join(context.Author,
                Function(book) book.AuthorId,
                Function(author) author.Id,
                Function(book, author) New With {book, author}) _
                .Join(context.Publisher,
                Function(t) t.book.PublisherId,
                Function(publisher) publisher.Id,
                Function(t, publisher) New With
                  {t.book, t.author, publisher}) _
            .OrderBy(Function(t) t.author.Name) _
            .Select(Function(t) New With {
                .Id = t.book.Id,
                .Title = t.book.Title,
                .AuthorName = t.author.Name,
                .PublisherName = t.publisher.Name,
                .Price = t.book.Price
            }).ToList()
    Me.dg.ItemsSource = items
End Sub
```

データを逆順にソートする場合は、OrderByDescendingメソッドを使います。

クエリ構文を使ってソートする場合は、Order Byキーワードを使います。

```
Dim q = From t In ent.Book
        Order By t.Title
        Select t
```

指定した行番号のレコードを取得する

ここがポイントです！

指定行のデータを取得 (Listコレクション)

LINQメソッドやクエリ構文で記述した状態では、IQueryableインターフェイスなどのSQLが実行される前の状態になっています。Visual Basicの場合は**型推論機能**のおかげでDimを利用することで自動的に型が記述されます。

この検索前の状態から実際にデータベースを検索した状態に移すためには、**ToListメソッド**などを呼び出し、クエリを実行します。これはLINQの**遅延実行機能**と呼ばれます。クエリを記述した段階では、データベースはまだ呼び出されていない状態になり、ToListメソッドなどを呼び出したときにはじめてデータベースに接続します。このため、あらかじめ大量のクエリ構文を記述しておいても、その場では実行されないのでパフォーマンスがよくなります。

ToListメソッドを使ってデータベースを検索すると、**Listコレクション**が取得できます。このコレクションのインデックスを指定することで、指定した行番号のデータを取得できます。

リスト1では、データベースを検索した後に、行を指定してデータを取得しています。

▼実行結果

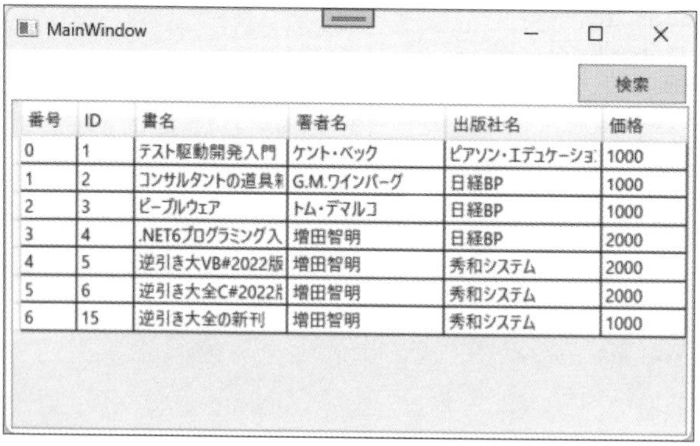

MainWindow

検索

番号	ID	書名	著者名	出版社名	価格
0	1	テスト駆動開発入門	ケント・ベック	ピアソン・エデュケーショ	1000
1	2	コンサルタントの道具箱	G.M.ワインバーグ	日経BP	1000
2	3	ピープルウェア	トム・デマルコ	日経BP	1000
3	4	.NET6プログラミング入	増田智明	日経BP	2000
4	5	逆引き大VB#2022版	増田智明	秀和システム	2000
5	6	逆引き大全C#2022版	増田智明	秀和システム	2000
6	15	逆引き大全の新刊	増田智明	秀和システム	1000

リスト1 指定行のデータを取得する(ファイル名:db344.sln、MainWindow.xaml.vb)

```
Private Sub clickSearch(sender As Object, e As RoutedEventArgs)
    Dim context As New MyContext()
    Dim q = From book In context.Book
            Join author In context.Author On book.AuthorId
              Equals author.Id
            Join publisher In context.Publisher On book.PublisherId
              Equals publisher.Id
            Order By book.Id
            Select New With
            {
                .Id = book.Id,
                .Title = book.Title,
                .AuthorName = author.Name,
                .PublisherName = publisher.Name,
                .Price = book.Price
            }
    ' いったん取得してから行番号を振る
    Dim items = q.ToList() _
        .Select(Function(t, i) New With {
                .Index = i,
                .Id = t.Id,
                .Title = t.Title,
                .AuthorName = t.AuthorName,
```

```
                    .PublisherName = t.PublisherName,
                    .Price = t.Price
            }).ToList()
    dg.ItemsSource = items
End Sub
```

Tips 345 ▶Level ● ▶対応 COM PRO

指定した列名の値を取得する

ここがポイントです！

指定列のデータを取得
(Selectメソッド、Selectプロパティ)

LINQ構文でデータを取得するときに、列名を指定して特定のデータだけを取得できます。

LINQ構文やLINQメソッドでは、**Selectキーワード**あるいは**Selectメソッド**でNew演算子で作成した**無名クラス**のオブジェクトを返すことができます。

この無名クラスのプロパティに対して、データベースから取得したデータを割り当てます。

▼LINQ構文の場合

```
Dim q =
  From t In ent.テーブル名
  Where 条件
  Select New With {
    .変更後の列名1 = t.列名1,
    .変更後の列名2 = t.列名2,
    ...
  }
```

▼LINQメソッドの場合

```
Dim q =
  ent.テーブル名
  .Where( 条件 )
  .Select( Function(t) New With {
    .変更後の列名1 = t.列名1,
    .変更後の列名2 = t.列名2,
    ...
  })
```

リスト1では、データベースを検索した後に、「書名」と「更新日」だけの列を持つ無名クラスを作成しています。

▼実行結果

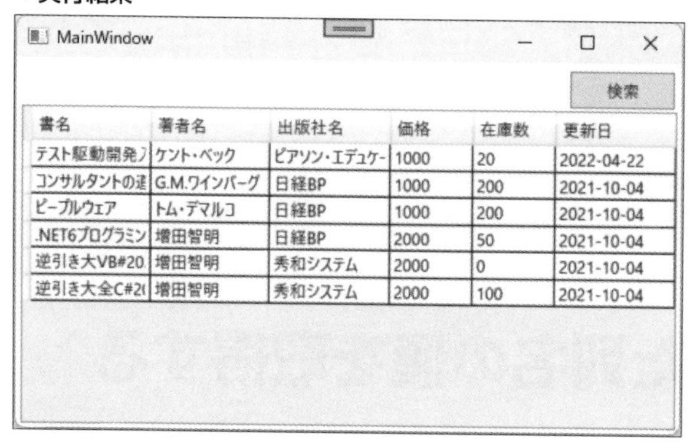

書名	著者名	出版社名	価格	在庫数	更新日
テスト駆動開発入	ケント・ベック	ピアソン・エデュケー	1000	20	2022-04-22
コンサルタントの逆	G.M.ワインバーグ	日経BP	1000	200	2021-10-04
ピープルウェア	トム・デマルコ	日経BP	1000	200	2021-10-04
.NET6プログラミン	増田智明	日経BP	2000	50	2021-10-04
逆引き大VB#20	増田智明	秀和システム	2000	0	2021-10-04
逆引き大全C#20	増田智明	秀和システム	2000	100	2021-10-04

リスト1　指定した列のみ取得する（ファイル名：db345.sln、MainWindow.xaml.vb）

```
Private Sub clickSearch(sender As Object, e As RoutedEventArgs)
    Dim context As New MyContext()
    Dim q = From book In context.Book
            Join author In context.Author On book.AuthorId
              Equals author.Id
            Join publisher In context.Publisher On book.PublisherId
              Equals publisher.Id
            Join store In context.Store On book.Id Equals store.BookId
            Order By store.Id
            Select New With
                        {
                            .Title = book.Title,
                            .AuthorName = author.Name,
                            .PublisherName = publisher.Name,
                            .Price = book.Price,
                            .Stock = store.Stock,
                            .UpdatedAt = store.UpdatedAt
                        }
    Me.dg.ItemsSource = q.tolist()
End Sub
```

取得したデータ数を取得する

ここがポイントです！ **検索したデータの件数を取得**
(Countメソッド)

LINQ構文でデータ数を取得するときには、**Countメソッド**を使います。Whereメソッドと同じように、条件を指定してデータを絞り込むことができます。

あるいは、引数なしでCountメソッドを呼び出すことで、テーブル内の全件数を取得できます。

▼取得したデータ数を取得する

```
ent.テーブル名.Count( ラムダ式 )
```

リスト1では、データベースを検索した後に、タイトルに「逆引き」を含むデータ数を表示しています。

▼実行結果

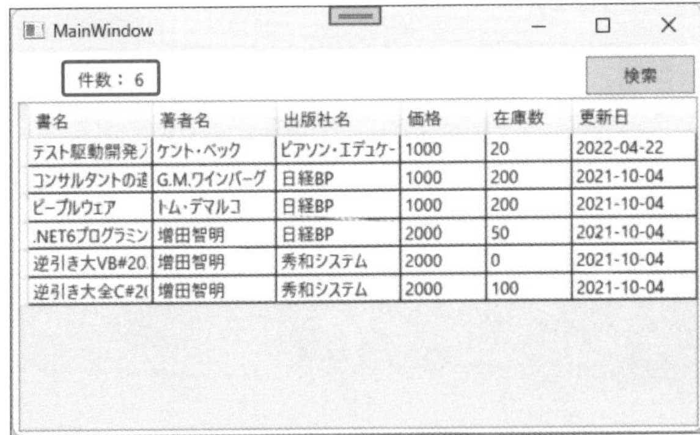

リスト1　取得した件数を表示する（ファイル名：db346.sln、MainWindow.xaml.vb）

```
Private Sub clickSearch(sender As Object, e As RoutedEventArgs)
    Dim context As New MyContext()

    Dim q = From book In context.Book
            Join author In context.Author On book.AuthorId
              Equals author.Id
            Join publisher In context.Publisher On book.PublisherId
              Equals publisher.Id
            Join store In context.Store On book.Id Equals store.BookId
            Order By store.Id
            Select New ResultItem() With
```

```
                    {
                        .Title = book.Title,
                        .AuthorName = author.Name,
                        .PublisherName = publisher.Name,
                        .Price = book.Price,
                        .Stock = store.Stock,
                        .UpdatedAt = store.UpdatedAt
                    }
    ' 件数を表示
    _vm.Count = q.Count()
    ' 取得したデータを表示
    _vm.Items = q.ToList()
End Sub
```

データの合計値を取得する

ここがポイントです！

検索したデータの合計値を取得 (Sumメソッド)

LINQ構文でデータの合計値を取得するときには、**Sumメソッド**を使います。あらかじめWhereメソッドで条件を絞り込んでおき、Sumメソッドで計算を行います。

あるいは、Whereメソッドを呼び出さずにSumメソッドを呼び出すことで、テーブル内の全件の合計値を取得できます。

▼データの合計値を取得する

```
ent.テーブル名
  .Where( 条件 )
  .Sum( 取得する列 )
```

リスト1では、データベースを検索した後に、タイトルに「逆引き」を含む書籍の在庫数（Stockプロパティ）を合計しています。

▼実行結果

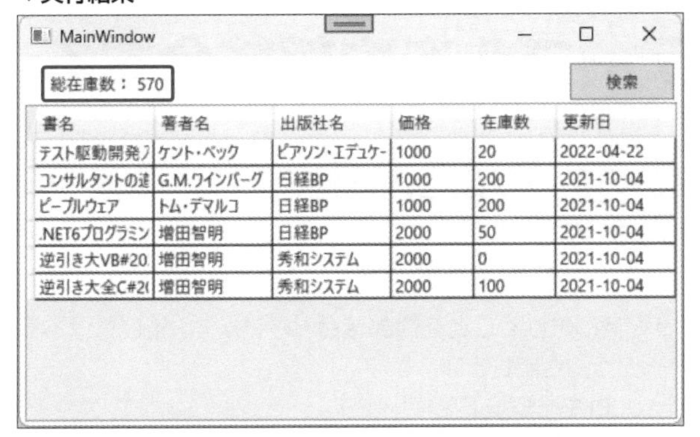

書名	著者名	出版社名	価格	在庫数	更新日
テスト駆動開発ﾌ	ケント・ベック	ピアソン・エデュケー	1000	20	2022-04-22
コンサルタントの遂	G.M.ワインバーグ	日経BP	1000	200	2021-10-04
ピープルウェア	トム・デマルコ	日経BP	1000	200	2021-10-04
.NET6プログラミン	増田智明	日経BP	2000	50	2021-10-04
逆引き大VB#20	増田智明	秀和システム	2000	0	2021-10-04
逆引き大全C#2(	増田智明	秀和システム	2000	100	2021-10-04

リスト1　合計値を取得する（ファイル名：db347.sln、MainWindow.xaml.vb）

```
Private Sub clickSearch(sender As Object, e As RoutedEventArgs)
    Dim context As New MyContext()
    Dim q = From book In context.Book
            Join author In context.Author On book.AuthorId
              Equals author.Id
            Join publisher In context.Publisher On book.PublisherId
              Equals publisher.Id
            Join store In context.Store On book.Id Equals store.BookId
            Order By store.Id
            Select New ResultItem() With
                {
                    .Title = book.Title,
                    .AuthorName = author.Name,
                    .PublisherName = publisher.Name,
                    .Price = book.Price,
                    .Stock = store.Stock,
                    .UpdatedAt = store.UpdatedAt
                }
    ' 総在庫数を表示
    _vm.TotalStock = q.Sum(Function(t) t.Stock)
    ' 取得したデータを表示
    _vm.Items = q.ToList()
End Sub
```

Tips 348 ▶Level ●●○ ▶対応 COM PRO

2つのテーブルを内部結合する

ここがポイントです！

複数のテーブルを内部結合（Joinキーワード）

複数のテーブルをキー情報に従って結び付けることを**内部結合**と呼びます。結び付ける列が両方のテーブルに存在すれば、データを引き出せます。

クエリ構文で内部結合を行うには、**Joinキーワード**を使います。

次の例では、テーブルAとテーブルBを内部結合しています。結合する列名は別名を使って、「a.列名1」と「b.列名2」のように指定します。結合する演算子には、**Equalsキーワード**を使います。

▼内部結合の例

```
From a In ent.テーブル名A
  Join b In ent.テーブル名B
    On a.列名1 Equals b.列名2
```

リスト1では、Bookテーブルと Authorテーブルを内部結合して、「書名」(t.Title)と「著者名」(au.Name)を同時に表示しています。

▼実行結果

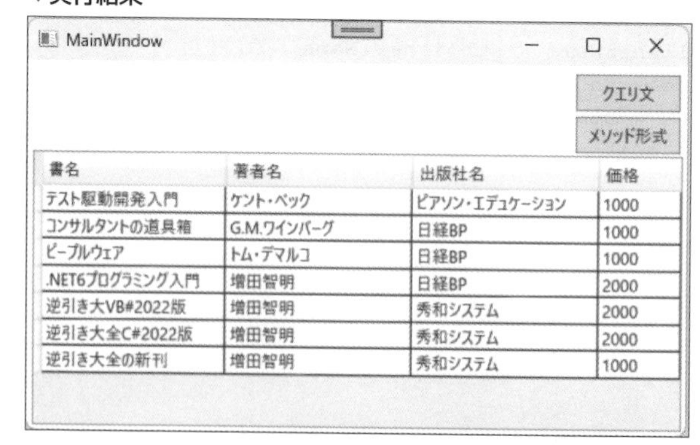

書名	著者名	出版社名	価格
テスト駆動開発入門	ケント・ベック	ピアソン・エデュケーション	1000
コンサルタントの道具箱	G.M.ワインバーグ	日経BP	1000
ピープルウェア	トム・デマルコ	日経BP	1000
.NET6プログラミング入門	増田智明	日経BP	2000
逆引き大VB#2022版	増田智明	秀和システム	2000
逆引き大全C#2022版	増田智明	秀和システム	2000
逆引き大全の新刊	増田智明	秀和システム	1000

リスト1 テーブルを内部結合する（ファイル名：db348.sln、MainWindow.xaml.vb）

```
Private Sub clickSearchByQuery(sender As Object, e As RoutedEventArgs)
    Dim context = New MyContext()
    Dim q = From book In context.Book
                Join author In context.Author On book.AuthorId
                  Equals author.Id
                Join publisher In context.Publisher On book.
```

```
PublisherId
                  Equals publisher.Id
                Order By book.Id
                Select New With {
                                .Title = book.Title,
                                .AuthorName = author.Name,
                                .PublisherName = publisher.Name,
                                .Price = book.Price
                            }
    dg.ItemsSource = q.ToList()
End Sub

Private Sub clickSearchByMethod(sender As Object, e As
RoutedEventArgs)
    Dim context = New MyContext()
    Dim items = context.Book _
    .Join(context.Author,
                Function(Book) Book.AuthorId,
                Function(Author) Author.Id,
                Function(Book, Author) New With {Book, Author}) _
    .Join(context.Publisher,
                Function(t) t.Book.PublisherId,
                Function(publisher) publisher.Id,
                Function(t, publisher) New With
                  {t.Book, t.Author, publisher}) _
    .OrderBy(Function(t) t.Book.Id) _
    .Select(Function(t) New With
            {
                .Title = t.Book.Title,
                .AuthorName = t.Author.Name,
                .PublisherName = t.publisher.Name,
                .Price = t.Book.Price
            }).ToList()
    dg.ItemsSource = items
End Sub
```

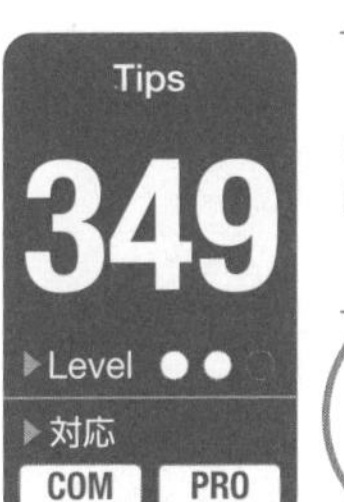

2つのテーブルを外部結合する

ここがポイントです!

複数のテーブルを外部結合

（Joinキーワード、DefaultIfEmptyメソッド）

複数のテーブルを一方のテーブルの情報に合わせて結び付けることを**外部結合**と呼びま

す。結び付ける列が一方のテーブルにあればよいため、もう片方のテーブルにデータがなくても、すべてのデータを導き出せます。

クエリ構文で外部結合を行うには、**Joinキーワード**と**DefaultIfEmptyメソッド**を使います。

次の例では、テーブルAとテーブルBを外部結合しています。結合する列名は、別名を使って「a.列名1」と「b.列名2」のように指定します。そのままでは内部結合をしますが、**Intoキーワード**で別名のテーブルを作成し、DefaultIfEmptyメソッドで空の列と結合させることにより外部結合が実現できます。

▼外部結合の例

```
From a In ent.テーブル名A
   Join b In ent.テーブル名B
      On a.列名1 Equals b.列名2
      Into temp
      From t In temp.DefaultIfEmpty()
```

リスト1では、Bookテーブルと Authorテーブルを外部結合して、「書名」(t.Title) と「著者名」(au.Name) を表示しています。この場合、著者名がない列も含めて表示しています。

▼実行結果

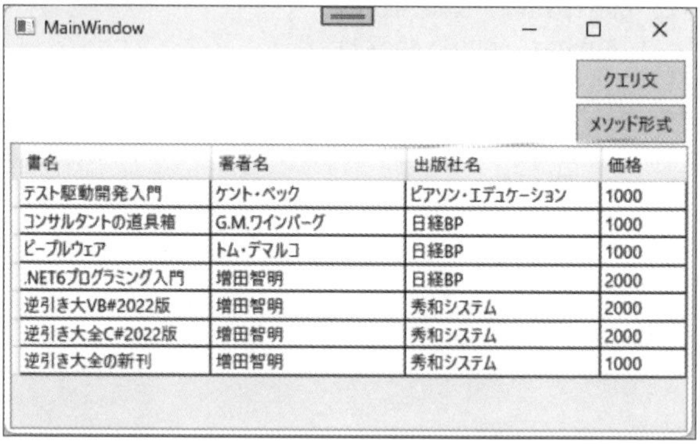

MainWindow

クエリ文
メソッド形式

書名	著者名	出版社名	価格
テスト駆動開発入門	ケント・ベック	ピアソン・エデュケーション	1000
コンサルタントの道具箱	G.M.ワインバーグ	日経BP	1000
ピープルウェア	トム・デマルコ	日経BP	1000
.NET6プログラミング入門	増田智明	日経BP	2000
逆引き大VB#2022版	増田智明	秀和システム	2000
逆引き大全C#2022版	増田智明	秀和システム	2000
逆引き大全の新刊	増田智明	秀和システム	1000

リスト1　テーブルを外部結合する (ファイル名：db349.sln、MainWindow.xaml.vb)

```
''' 検索を実行
Private Sub clickSearchByQuery(sender As Object, e As RoutedEventArgs)
    Dim context As New MyContext()
    Dim q = From book In context.Book
            Group Join author In context.Author
                On book.AuthorId Equals author.Id
                Into temp = Group
            From authorj In temp.DefaultIfEmpty()
            Group Join publisher In context.Publisher
                On book.PublisherId Equals publisher.Id
                Into temp2 = Group
            From publisherj In temp2.DefaultIfEmpty()
```

```
            Order By book.Id
            Select New With
                        {
                            .Title = book.Title,
                            .AuthorName = authorj.Name,
                            .PublisherName = publisherj.Name,
                            .Price = book.Price
                        }
    dg.ItemsSource = q.ToList()
End Sub

''' メソッド呼び出しで実行
Private Sub clickSearchByMethod(sender As Object, e As
RoutedEventArgs)
    Dim context As New MyContext()
#If False Then
    Dim items = context.Book _
    .GroupJoin(context.Author,
                Function(Book) Book.AuthorId,
                Function(Author) Author.Id,
                Function(book, author) New With
                  {book, .Author = author.FirstOrDefault()}) _
    .GroupJoin(context.Publisher,
                Function(t) t.book.PublisherId,
                Function(publisher) publisher.Id,
                Function(t, publisher) New With
                  {t.book, t.Author,
                    .Publisher = publisher.FirstOrDefault()}) _
    .OrderBy(Function(t) t.book.Id) _
    .Select(Function(t) New With
            {
                .Title = t.book.Title,
                .AuthorName = t.Author.Name,
                .PublisherName = t.Publisher.Name,
                .Price = t.book.Price
            }).ToList()

#Else
    ' 参考
    ' SQL Server の場合、GroupJoin が正しく動かない。
    ' メモリ上の List(of T) だと、同じ GroupJoin を書いても動作する

    Dim books = context.Book.ToList()
    Dim authors = context.Author.ToList()
    Dim publishers = context.Publisher.ToList()

    Dim items = books _
    .GroupJoin(authors,
                Function(Book) Book.AuthorId,
                Function(Author) Author.Id,
                Function(book, author) New With
```

```
                    {book, .Author = author.FirstOrDefault()}) _
        .GroupJoin(publishers,
                  Function(t) t.book.PublisherId,
                  Function(publisher) publisher.Id,
                  Function(t, publisher) New With
                    {t.book, t.Author,
                      .Publisher = publisher.FirstOrDefault()}) _
        .OrderBy(Function(t) t.book.Id) _
        .Select(Function(t) New With
              {
                  .Title = t.book.Title,
                  .AuthorName = t.Author?.Name,
                  .PublisherName = t.Publisher?.Name,
                  .Price = t.book.Price
              }).ToList()
    dg.ItemsSource = items
#End If
End Sub
```

新しい検索結果を使う

ここがポイントです！ 検索結果にクラスを利用

単一のテーブルを検索した場合は、すでにEntity Data Modelで作成されたクラス定義を使いますが、内部結合や外部結合のように複数のテーブルを組み合わせたときには独自の定義が必要になります。

New演算子を用いて**無名クラス**を作る場合、列名の参照でインテリセンスが効かないなどの不便を感じることがあります。この場合は、検索結果を受けるためのクラスを定義しておきます。

クエリ構文の**Selectキーワード**や、LINQメソッドの**Selectメソッド**で定義済みのクラスをNew演算子でインスタンス生成して利用します。

クラスは、Entity Data Modelで生成されるエンティティクラスと同じように、読み書きができるプロパティを持つクラスとして定義します。

リスト1では、あらかじめリスト2で定義したResultクラスを利用して、データベースを外部結合で検索をしています。

▼実行結果

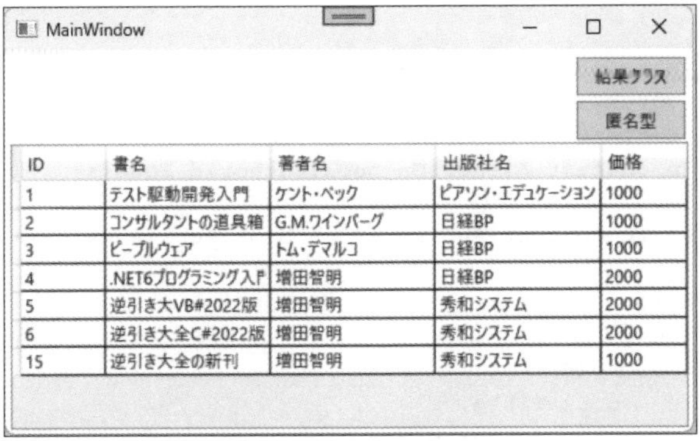

MainWindow

結果クラス

匿名型

ID	書名	著者名	出版社名	価格
1	テスト駆動開発入門	ケント・ベック	ピアソン・エデュケーション	1000
2	コンサルタントの道具箱	G.M.ワインバーグ	日経BP	1000
3	ピープルウェア	トム・デマルコ	日経BP	1000
4	.NET6プログラミング入	増田智明	日経BP	2000
5	逆引き大VB#2022版	増田智明	秀和システム	2000
6	逆引き大全C#2022版	増田智明	秀和システム	2000
15	逆引き大全の新刊	増田智明	秀和システム	1000

リスト1　検索して結果クラスへ挿入する（ファイル名：db350.sln、MainWindow.xaml.vb）

```
''' 結果クラスを利用
Private Sub clickUseClass(sender As Object, e As RoutedEventArgs)
    Dim context = New MyContext()
    Dim q = From book In context.Book
            Join author In context.Author On book.AuthorId
              Equals author.Id
            Join publisher In context.Publisher On book.PublisherId
              Equals publisher.Id
            Order By book.Id
            Select New ReusltItem With {
                    .Id = book.Id,
                    .Title = book.Title,
                    .AuthorName = author.Name,
                    .PublisherName = publisher.Name,
                    .Price = book.Price
                }
    dg.ItemsSource = q.ToList()
    ' MVVM でデータバインドを使うときは、
    ' ViewModel に型指定をするために結果クラスが必須になる
End Sub

''' 検索結果を受け取るクラス
Public Class ReusltItem
    Public Property Id As Integer
    Public Property Title As String
    Public Property AuthorName As String
    Public Property PublisherName As String
    Public Property Price As Integer
End Class
```

リスト2　検索して匿名型を利用する（ファイル名：db350.sln、MainWindow.xaml.vb）

```
''' 匿名型を利用
Private Sub clickUseAnonymous(sender As Object, e As RoutedEventArgs)
    Dim context = New MyContext()
    Dim q = From book In context.Book
            Join author In context.Author On book.AuthorId Equals
author.Id
            Join publisher In context.Publisher On book.PublisherId
Equals publisher.Id
            Order By book.Id
            Select New With {
                    .Id = book.Id,
                    .Title = book.Title,
                    .AuthorName = author.Name,
                    .PublisherName = publisher.Name,
                    .Price = book.Price
                }
    dg.ItemsSource = q.ToList()
End Sub
```

要素が含まれているかを調べる

ここがポイントです！

要素を含むかチェック

（Anyメソッド）

テーブルの中に指定した要素を含むかどうかを調べるためには、**Anyメソッド**を使います。

Anyメソッドで比較を記述したラムダ式を渡すことで、比較対象となる列名を指定できます。Anyメソッドの真偽を表すBoolean型となります。

▼要素が含まれているかを調べる

```
ent.テーブル名.Any( ラムダ式 )
```

リスト1では、Bookテーブルに「書名」に「逆引き」が含まれるデータが存在するかを調べています。

▼実行結果

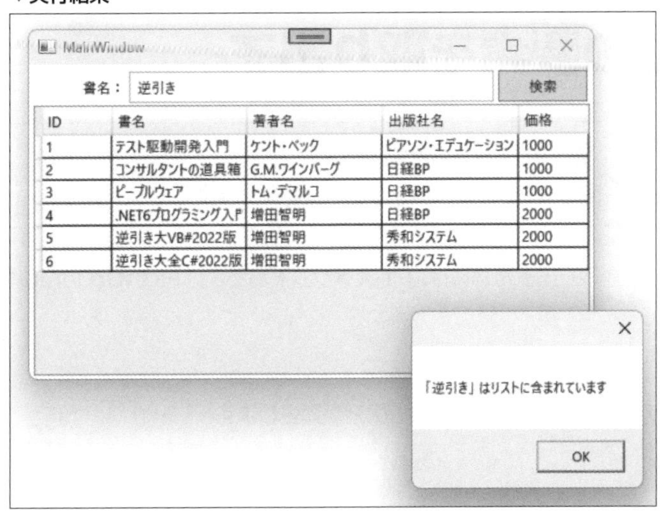

リスト1　要素が含まれているかをチェックする（ファイル名：db351.sln、MainWindow.xaml.vb）

```
''' 書名に指定した文字列が含まれているかをチェックする
Private Sub clickSearch(sender As Object, e As RoutedEventArgs)
    Dim context As New MyContext()

    Dim q = From book In context.Book
            Join author In context.Author On book.AuthorId
              Equals author.Id
            Join publisher In context.Publisher On book.PublisherId
              Equals publisher.Id
            Join store In context.Store On book.Id Equals store.BookId
            Order By store.Id
            Select New ResultItem() With
                {
                    .Id = book.Id,
                    .Title = book.Title,
                    .AuthorName = author.Name,
                    .PublisherName = publisher.Name,
                    .Price = book.Price
                }
    Dim items = q.ToList()
    _vm.Items = items
    ' 検索結果に指定文字列が含まれているか？
    Dim b = context.Book.Any(Function(t) t.Title.Contains(_vm.Name))
    If b = True Then
        MessageBox.Show($"「{_vm.Name}」はリストに含まれています")
    Else
        MessageBox.Show($"「{_vm.Name}」はリストに含まれていません")
    End If
End Sub
```

最初の要素を取り出す

先頭の要素を取得
(Firstメソッド、FirstOrDefaultメソッド)

検索結果から先頭のデータを取り出すためには、**Firstメソッド**あるいは**FirstOrDefaultメソッド**を使います。

●Firstメソッド

Firstメソッドは、検索するデータが0件の場合は、例外が発生します。

●FirstOrDefaultメソッド

FirstOrDefaultメソッドは、データが見つからなかったときは、「Nothing」を返します。

どちらのメソッドも、比較を定義したラムダ式を渡すことで、データ検索をしながら先頭のデータを抽出できます。

リスト1では、Bookテーブルの先頭のデータの書名（Titleプロパティ）を表示しています。

▼実行結果

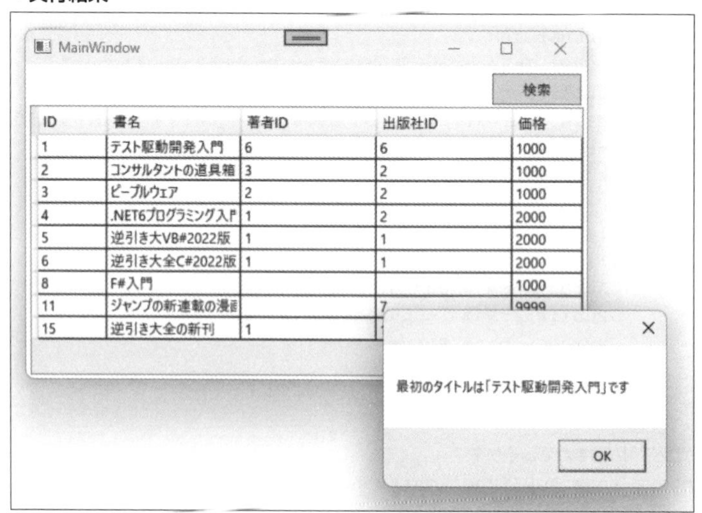

リスト1　先頭のデータを表示する（ファイル名：db352.sln、MainWindow.xaml.vb）

```
Private Sub clickSearch(sender As Object, e As RoutedEventArgs)
    Dim context As New MyContext()
    Dim q = From book In context.Book
            Order By book.Id
            Select book
    Dim items = q.ToList()
    _vm.Items = items
    ' Book テーブルの最初のデータを取り出す
    Dim item = context.Book.OrderBy(Function(t) t.Id) _
            .FirstOrDefault()
    MessageBox.Show($"最初のタイトルは「{item?.Title}」です")
End Sub
```

最後の要素を取り出す

ここがポイントです！

末尾の要素を取得

（Lastメソッド、LastOrDefaultメソッド）

検索結果から末尾のデータを取り出すためには、**Lastメソッド**あるいは**LastOrDefaultメソッド**を使います。

●Lastメソッド

Lastメソッドは、検索するデータが0件の場合は例外が発生します。

●LastOrDefaultメソッド

LastOrDefaultメソッドは、データが見つからなかったときは、「Nothing」を返します。

どちらのメソッドも、比較を定義したラムダ式を渡すことで、データ検索をしながら末尾のデータを抽出できます。

リスト1では、Bookテーブルの末尾のデータの書名（Titleプロパティ）を表示しています。

▼実行結果

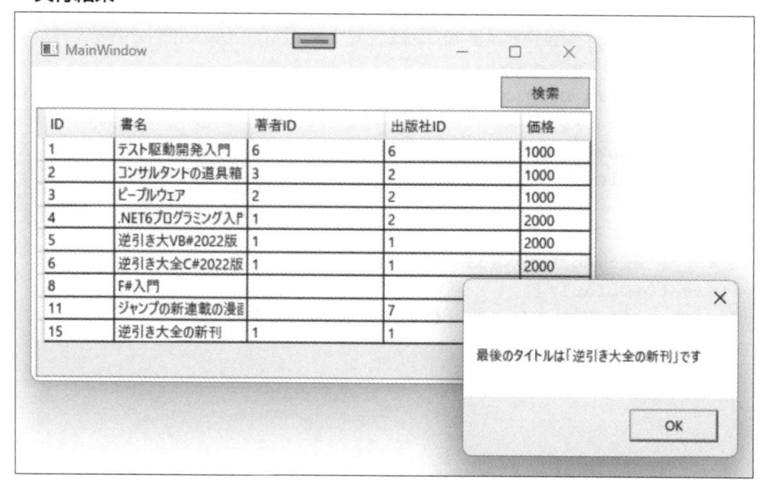

リスト1 末尾のデータを表示する（ファイル名：db353.sln、MainWindow.xaml.vb）

```
Private Sub clickSearch(sender As Object, e As RoutedEventArgs)
    Dim context As New MyContext()
    Dim q = From book In context.Book
            Order By book.Id
            Select book
    Dim items = q.ToList()
    _vm.Items = items
    ' Book テーブルの最後のデータを取り出す
    Dim item = context.Book.OrderBy(Function(t) t.Id) _
            .LastOrDefault()
    MessageBox.Show($"最後のタイトルは「{item?.Title}」です")
End Sub
```

最初に見つかった要素を返す

ここがポイントです！

最初の要素を検索
（First メソッド、FirstOrDefault メソッド）

検索条件を指定して最初のデータを取り出すためには、**Firstメソッド**あるいは**FirstOrDefaultメソッド**を使います。どちらのメソッドもWhereメソッドのように、条件をラムダ式で指定できます。

●Firstメソッド

Firstメソッドでは、検索がマッチしなかったときには例外が発生します。

▼最初の要素を検索する①

```
Try
  Dim it = ent.テーブル名.First( ラムダ式 )
  ' マッチした場合
Catch
  ' マッチしない場合
End Try
```

●FirstOrDefaultメソッド

FirstOrDefaultメソッドでは、マッチしなかったときは「Nothing」を返します。

▼最初の要素を検索する②

```
Dim it = ent.テーブル名.FirstOrDefault( ラムダ式 )
If Not it Is Nothing Then
  ' マッチした場合
Else
  ' マッチしない場合
End If
```

リスト1では、Bookテーブルを検索し、書名（Titleプロパティ）に指定文字列を含む先頭のデータを取得しています。

▼実行結果

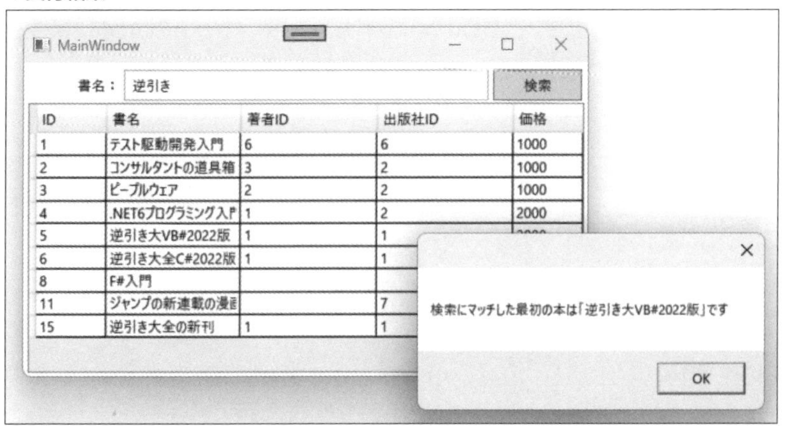

リスト1　最初に見つかったデータを表示する（ファイル名：db354.sln、MainWindow.xaml.vb）

```
Private Sub clickSearch(sender As Object, e As RoutedEventArgs)
    Dim context As New MyContext()
    Dim q = From book In context.Book
            Order By book.Id
```

```
            Select book
    Dim items = q.ToList()
    _vm.Items = items

    ' Book テーブルを検索する
    Dim item = context.Book _
        .OrderBy(Function(t) t.Id) _
        .FirstOrDefault(Function(t) t.Title.Contains(_vm.Name))
    If Not item Is Nothing Then
        MessageBox.Show($"検索にマッチした最初の本は「{item.Title}」です")
    Else
        MessageBox.Show($"検索にマッチしたタイトルはありません")
    End If
End Sub
```

最後に見つかった要素を返す

ここがポイントです！ **最後の要素を検索**
（Lastメソッド、LastOrDefaultメソッド）

検索条件を指定して最後のデータを取り出すためには、**Lastメソッド**あるいは**LastOrDefaultメソッド**を使います。どちらのメソッドもWhereメソッドのように、条件をラムダ式で指定できます。

●Lastメソッド

Lastメソッドでは、検索がマッチしなかったときには例外が発生します。

▼最後の要素を検索する①

```
Try
  Dim it = ent.テーブル名.ToList().Last( ラムダ式 )
  ' マッチした場合
Catch
  ' マッチしない場合
End Try
```

●LastOrDefaultメソッド

LastOrDefaultメソッドでは、マッチしなかったときは「Nothing」を返します。

▼最後の要素を検索する②

```
Dim it = ent.テーブル名.ToList().LastOrDefault( ラムダ式 )
```

```
If Not it Is Nothing Then
  ' マッチした場合
Else
  ' マッチしない場合
End If
```

Entity Data Modelでは、直接Lastメソッドを扱えないため、いったんToListメソッドでListコレクションに直してから、LastメソッドあるいはLastOrDefaultメソッドを呼び出します。

リスト1では、Bookテーブルを検索し、書名（Titleプロパティ）に指定文字列を含む末尾のデータを取得しています。

▼実行結果

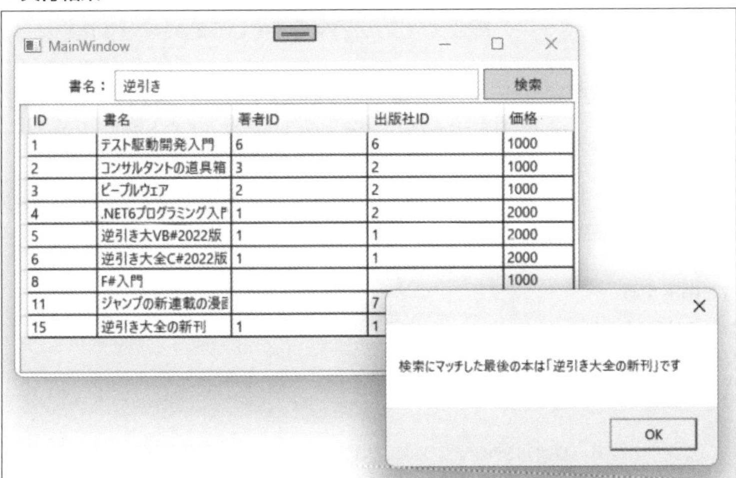

リスト1　最後に見つかったデータを表示する（ファイル名：db335.sln、MainWindow.xaml.vb）

```
Private Sub clickSearch(sender As Object, e As RoutedEventArgs)
    Dim context As New MyContext()
    Dim q = From book In context.Book
            Order By book.Id
            Select book
    Dim items = q.ToList()
    _vm.Items = items
    ' Book テーブルを検索する
    Dim item = context.Book _
    .OrderBy(Function(t) t.Id) _
        .LastOrDefault(Function(t) t.Title.Contains(_vm.Name))
    If Not item Is Nothing Then
        MessageBox.Show($"検索にマッチした最後の本は「{item.Title}」です")
    Else
        MessageBox.Show($"検索にマッチしたタイトルはありません")
    End If
```

```
End Sub
```

複数のテーブルを結合してデータを取得する

ここがポイントです！

複数テーブルを結合する（内部結合、Joinキーワード）

LINQのクエリ構文で、データベースの複数テーブルを**内部結合**して結果を返すためには、**Joinキーワード**を使います。

クエリ構文では、最初に参照するエンティティ（実際にはModelクラス）をFromキーワードを使って別名に定義します。この別名にほかのエンティティをつなげるときにJoinキーワードを使います。

Joinキーワードでは、Fromキーワードと同じようにInキーワードを使って別名を定義した後で、2つのエンティティの結合条件をEqualsを使って示します。

▼LINQで内部結合を指定する

```
From 別名A In エンティティA
Join 別名B In エンティティB
  On 別名A.キー名 Equals 別名B.キー名
```

リスト1では、4つのテーブル（publisher、book、author、store）を内部結合させて結果オブジェクト（ResultItemクラス）を作成しています。

▼実行結果

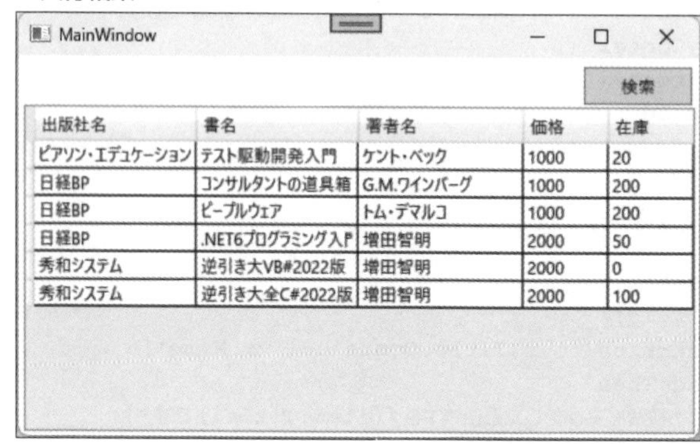

出版社名	書名	著者名	価格	在庫
ピアソン・エデュケーション	テスト駆動開発入門	ケント・ベック	1000	20
日経BP	コンサルタントの道具箱	G.M.ワインバーグ	1000	200
日経BP	ピープルウェア	トム・デマルコ	1000	200
日経BP	.NET6プログラミング入門	増田智明	2000	50
秀和システム	逆引き大VB#2022版	増田智明	2000	0
秀和システム	逆引き大全C#2022版	増田智明	2000	100

リスト1　複数テーブルを結合して結果を返す（ファイル名：db356.sln、MainWindow.xaml.vb）

```
Private Sub clickSearch(sender As Object, e As RoutedEventArgs)
    Dim context As New MyContext()
    Dim q = From book In context.Book
            Join author In context.Author On book.AuthorId
              Equals author.Id
            Join publisher In context.Publisher On book.PublisherId
              Equals publisher.Id
            Join store In context.Store On book.Id Equals store.BookId
            Order By store.Id
            Select New ResultItem() With
                {
                    .publisher = publisher,
                    .book = book,
                    .author = author,
                    .store = store
                }
    _vm.Items = q.ToList()
End Sub
```

SQL文を指定して実行する

ここがポイントです！

SQL文を直接指定

（SqlQueryメソッド）

LINQ構文を使うと、エンティティクラスのプロパティを利用してコーディングを効率よく行うことができます。しかし、SQLのように記述できますが、完全に同じというわけではありません。

既存のSQL文を移行や、LINQ構文では難しい複雑なテーブルの組み合わせを検索する場合は、**SqlQueryメソッド**を使って直接、SQL文を書くことができます。

SqlQueryメソッドでは、戻り値にエンティティクラスの定義が必要になります。SQL文が返す結果に合わせて、クラスを作成しておきます。

▼SQL文を指定して実行する

```
Dim ent As New DbContext派生クラス()
Dim items = ent.Database
  .SqlQuery<結果クラス>( SQL文 )
```

リスト1では、Bookテーブルと Authorテーブルの外部結合をSQL文で記述して、SqlQueryメソッドで実行しています。

▼実行結果

MainWindow

検索

ID	書名	著者名	出版社名	価格
1	テスト駆動開発入門	ケント・ベック	ピアソン・エデュケーション	1000
2	コンサルタントの道具箱	G.M.ワインバーグ	日経BP	1000
3	ピープルウェア	トム・デマルコ	日経BP	1000
4	.NET6プログラミング入	増田智明	日経BP	2000
5	逆引き大VB#2022版	増田智明	秀和システム	2000
6	逆引き大全C#2022版	増田智明	秀和システム	2000
8	F#入門			1000
11	ジャンプの新連載の漫		集英社	9999
15	逆引き大全の新刊	増田智明	秀和システム	1000

リスト1　SQL文を直接指定する（ファイル名：db357.sln、MainWindow.xaml.vb）

```
Private Sub clickSearch(sender As Object, e As RoutedEventArgs)
    Dim context As New MyContext()
    Dim SQL = "
select
Book.Id    Id
,    Book.Title Title
,    Author.Name    AuthorName
,    Publisher.Name PublisherName
,    Book.Price Price
from Book
left outer join Author on Book.AuthorId = Author.Id
left outer join Publisher on Book.PublisherId = Publisher.Id
"
    Dim items = context.Result.FromSqlRaw(SQL).ToList()
    dg.ItemsSource = items
End Sub
```

関連したデータも一緒に取得する

ここがポイントです！

関連テーブルのデータを同時に取得（Includeメソッド）

LINQで扱うエンティティクラスでは、関連したテーブルのデータを一緒に取得する機能があります。

正規化されたデータベースでは、1つのテーブルですべての情報が取得できるわけではありません。正規化してIDを使った情報を再びほかのテーブルと結び付けて、元の情報を取得する必要があります。

このとき、別々のエンティティとして扱うよりも、関連プロパティとして関連するエンティティの情報を保持できると便利です。LINQで**Includeメソッド**を使うと、指定したプロパティ名に結び付いたテーブルのデータを一緒に取得できます。

接続コンテキストの**DbSetクラス**で定義されているテーブル名に対して、Includeメソッドを呼び出して内部結合の情報をクエリに追加します。

▼関連プロパティを同時に取得する

```
接続コンテキスト.テーブル名.Include( 関連プロパティ )
```

リスト1では、関連する情報を取得する場合と取得しない場合の2パターンを実行しています。

リスト2は、関連プロパティを持つBookクラスの定義です。

▼関連テーブルも取得する

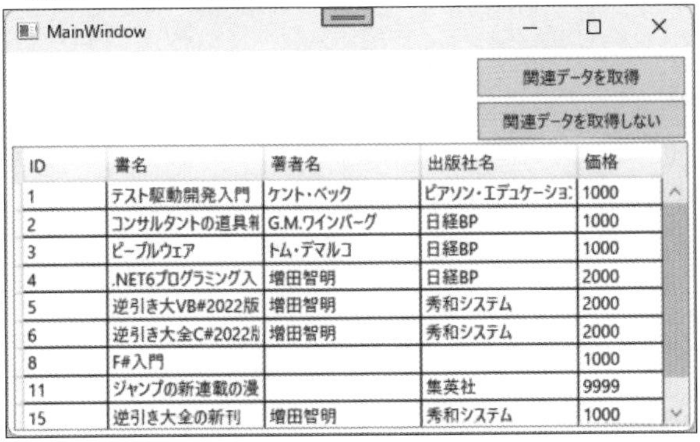

MainWindow

関連データを取得

関連データを取得しない

ID	書名	著者名	出版社名	価格
1	テスト駆動開発入門	ケント・ベック	ピアソン・エデュケーショ	1000
2	コンサルタントの道具	G.M.ワインバーグ	日経BP	1000
3	ピープルウェア	トム・デマルコ	日経BP	1000
4	.NET6プログラミング入	増田智明	日経BP	2000
5	逆引き大VB#2022版	増田智明	秀和システム	2000
6	逆引き大全C#2022	増田智明	秀和システム	2000
8	F#入門			1000
11	ジャンプの新連載の漫		集英社	9999
15	逆引き大全の新刊	増田智明	秀和システム	1000

▼関連テーブルを取得しない

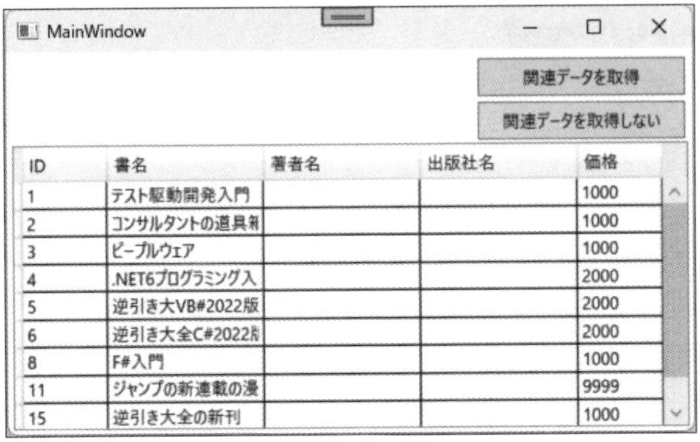

MainWindow

関連データを取得

関連データを取得しない

ID	書名	著者名	出版社名	価格
1	テスト駆動開発入門			1000
2	コンサルタントの道具			1000
3	ピープルウェア			1000
4	.NET6プログラミング入			2000
5	逆引き大VB#2022版			2000
6	逆引き大全C#2022			2000
8	F#入門			1000
11	ジャンプの新連載の漫			9999
15	逆引き大全の新刊			1000

リスト1 関連データも一緒に取得する（ファイル名：db358.sln、MainWindow.xaml.vb）

```
''' 関連データを取得する
Private Sub clickSearchUseInclude(
  sender As Object, e As RoutedEventArgs)
    Dim context As New MyContext()
    Dim q = From book In context.Book.Include("Author")
                 .Include("Publisher")
            Order By book.Id
            Select book
    Dim items = q.ToList()
    dg.ItemsSource = items
End Sub

''' 関連データを取得しない
Private Sub clickSearchNoInclude(
  sender As Object, e As RoutedEventArgs)
    Dim context As New MyContext()
    Dim q = From book In context.Book
            Order By book.Id
            Select book
    Dim items = q.ToList()
    dg.ItemsSource = items
End Sub
```

リスト2 関連テーブルのプロパティを持つ書籍クラス（ファイル名：db358.sln、MainWindow.xaml.vb）

```
''' <summary>
''' 書籍クラス
''' </summary>
Public Class Book
    <Key>
    Public Property Id As Integer
    Public Property Title As String
    Public Property AuthorId As Integer?
    Public Property PublisherId As Integer?
    Public Property Price As Integer?

    ' 関連するテーブル
    Public Property Author As Author
    Public Property Publisher As Publisher
End Class
```

連携するテーブル名を変更する

ここがポイントです! **データベース上のテーブル名が異なる場合の連携**（Table属性、Includeメソッド）

データベース上で扱うテーブル名と、LINQで扱いたいエンティティクラスの名前が異なる場合があります。

古いデータベースを扱う場合には、テーブル名をそのまま扱ってしまうと、Visual Basicでの命名規約にそぐわなかったり、Visual Basicの予約キーワードや既存のクラス名と重複してしまうことがあります。

この場合は、エンティティクラスに**Table属性**を付けて結び付けるテーブル名を記述し直します。

▼エンティティクラスに別名を付ける

```
<Table(データベース上のテーブル名)>
Public Class エンティティクラス名
    ...
End Class
```

Includeメソッドを使って、階層のある関連プロパティのデータを取得する場合は、「Include("Book.Author")」のようにピリオドを使ってテーブル名を連結させることにより、深い階層のデータも再帰的に取得できます。

リスト1では、3つのテーブル（Book、Author、Publisher）を内部結合させながらデータを取得しています。

リスト2では、Table属性を使って実際のテーブル名とは異なるエンティティクラス名を付けています。

▼実行結果

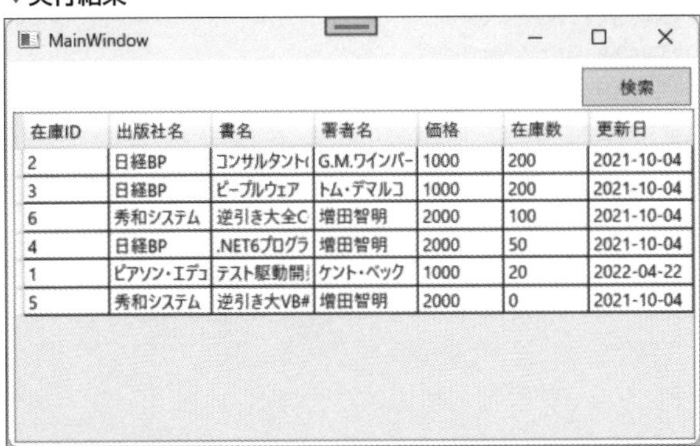

MainWindow
検索
在庫ID 出版社名 書名 著者名 価格 在庫数 更新日
2 日経BP コンサルタント(G.M.ワインバー 1000 200 2021-10-04
3 日経BP ピープルウェア トム・デマルコ 1000 200 2021-10-04
6 秀和システム 逆引き大全C 増田智明 2000 100 2021-10-04
4 日経BP .NET6プログラ 増田智明 2000 50 2021-10-04
1 ピアソン・エデュ テスト駆動開 ケント・ベック 1000 20 2022-04-22
5 秀和システム 逆引き大VB# 増田智明 2000 0 2021-10-04

リスト1　連携するテーブル名を指定する（ファイル名：db359.sln、MainWindow.xaml.vb）

```
Private Sub clickSearch(sender As Object, e As RoutedEventArgs)
    Dim context As New MyContext()
    Dim items = context.Store _
        .Include("Book") _
        .Include("Book.Author") _
        .Include("Book.Publisher") _
        .OrderByDescending(Function(t) t.Stock) _
        .Select(Function(t) t) _
        .ToList()
    dg.ItemsSource = items
End Sub
```

リスト2　テーブル名が異なる場合（ファイル名：db359.sln、MainWindow.xaml.vb）

```
''' <summary>
''' 在庫クラス
''' </summary>
<Table("Store")>
Public Class StoreItem
    <Key>
    Public Property Id As Integer
    Public Property BookId As Integer
    Public Property Stock As Integer
    Public Property CreatedAt As DateTime
    Public Property UpdatedAt As DateTime
    ' 関連テーブル
    Public Property Book As BookItem
End Class

''' <summary>
''' 書籍クラス
''' </summary>
<Table("Book")>
Public Class BookItem
    <Key>
    Public Property Id As Integer
    Public Property Title As String
    Public Property AuthorId As Integer?
    Public Property PublisherId As Integer?
    Public Property Price As Integer?
    ' 関連テーブル
    Public Property Author As AuthorItem
    Public Property Publisher As PublisherItem
End Class

''' <summary>
''' 著者クラス
''' </summary>
<Table("Author")>
Public Class AuthorItem
```

```
    <Key>
    Public Property Id As Integer
    Public Property Name As String
End Class

''' <summary>
''' 出版社クラス
''' </summary>
<Table("Publisher")>
Public Class PublisherItem
    <Key>
    Public Property Id As Integer
    Public Property Name As String
    Public Property Telephone As String
    Public Property Address As String
End Class
```

実行されるSQL文を取得する

ここがポイントです！

LINQで実行されるSQLの確認
(DbContextOptionsBuilderクラス、LogToメソッド)

LINQで実際に実行されるSQLを確認するためには、データベースに接続するコンフィグを設定するときに**DbContextOptionsBuilderクラス**の**LogToメソッド**を使って出力先を指定します。

ログの出力先をデバッグ出力（Debugクラス）にしておくことで、Visual Studioのデバッグ出力ウィンドウに実行時のSQLを表示させることができます。出力先をファイルにすることで、実行したときのSQLをファイルに保存することも可能です。

LogToメソッドでは、ラムダ式を使って実行するアクションを指定します。

リスト1では、接続のためのクラス（DbContextの派生クラス）を作るときに、ログを出力できるようにしています。OnConfiguringメソッドで渡されるDbContextOptionsBuilderオブジェクトを使い、LogToメソッドで実行時のSQLをデバッグ出力できるようにしています。

▼実行結果

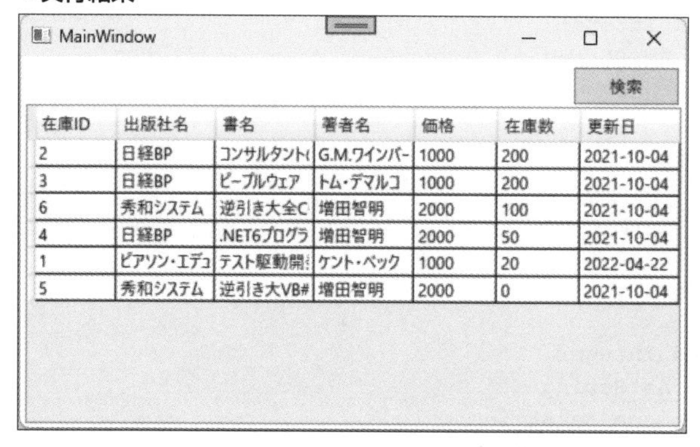

在庫ID	出版社名	書名	著者名	価格	在庫数	更新日
2	日経BP	コンサルタント(	G.M.ワインバー	1000	200	2021-10-04
3	日経BP	ピープルウェア	トム・デマルコ	1000	200	2021-10-04
6	秀和システム	逆引き大全C	増田智明	2000	100	2021-10-04
4	日経BP	.NET6プログラ	増田智明	2000	50	2021-10-04
1	ピアソン・エデュ	テスト駆動開	ケント・ベック	1000	20	2022-04-22
5	秀和システム	逆引き大VB#	増田智明	2000	0	2021-10-04

▼デバッグ出力

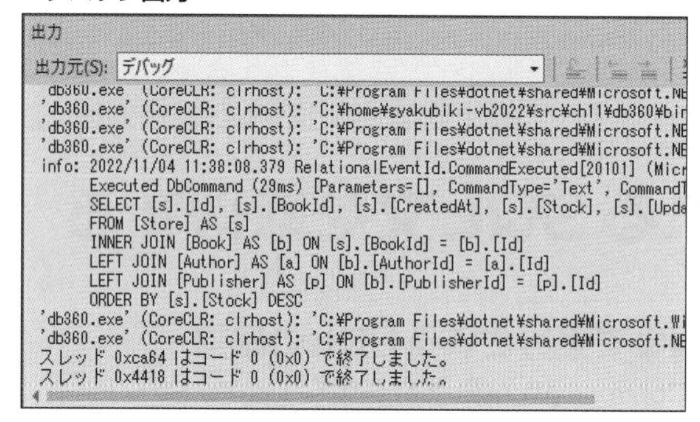

リスト1　実行時のSQLを取得する（ファイル名：db360.sln、MainWindow.xaml.vb）

```
Private Sub clickSearch(sender As Object, e As RoutedEventArgs)
    Dim context As New MyContext()
    Dim q = context.Store _
        .Include("Book") _
        .Include("Book.Author") _
        .Include("Book.Publisher") _
        .OrderByDescending(Function(t) t.Stock) _
        .Select(Function(t) t)
    dg.ItemsSource = q.ToList()
End Sub

Public Class MyContext
    Inherits DbContext

    Public Property Store As DbSet(Of Store)
    Public Property Book As DbSet(Of Book)
    Public Property Author As DbSet(Of Author)
    Public Property Publisher As DbSet(Of Publisher)
    ' 検索結果を取得する
    Public Property Result As DbSet(Of ResultItem)
```

```
    Protected Overrides Sub OnConfiguring(
      optionsBuilder As DbContextOptionsBuilder)
        If Not optionsBuilder.IsConfigured Then
            Dim builder As New SqlConnectionStringBuilder()
            builder.DataSource = "(local)"
            builder.InitialCatalog = "sampledb"
            builder.IntegratedSecurity = True
            optionsBuilder.UseSqlServer(builder.ConnectionString)
            ' ログ出力する
            optionsBuilder.LogTo(
                Sub(action)
                    System.Diagnostics.Debug.WriteLine(action)
                End Sub,
                Microsoft.Extensions.Logging.LogLevel.Information)
        End If
    End Sub
End Class
```


11-3 DataGridコントロール

DataGridにデータを表示する

ここがポイントです！

DetaGridコントロールの利用
(ItemsSourceプロパティ、AutoGenerateColumnsプロパティ)

Entity Data Modelを利用して、アプリケーションにデータを表示する場合、**DetaGridコントロール**を利用すると便利です。

データベースで取得したコレクションを、DetaGridコントロールの**ItemsSourceプロパティ**に設定することで、自動的にデータが整形されたデータを表示できます。

▼データを表示する

```
Dim ent As New DbContext派生クラス()
DetaGridのオブジェクト.ItemsSource = ent.テーブル名.ToList()
```

DetaGridコントロールは、ItemsSourceプロパティに設定されているエンティティクラスのプロパティを自動的に読み取ります。DetaGridコントロールのヘッダー部に、エンティティクラスの各プロパティをそのまま表示します。

時には英語で記述されているプロパティ名を日本語に直したいときがあります。この場合は、**AutoGenerateColumnsプロパティ**の値を「False」にして行を自動生成しないようにします。この後で、**DataGridTextColumnタグ**を利用して、エンティティクラスとのバインドを記述します。

リスト1では、DataGridコントロールのデザインをXAML形式で記述しています。行は自動生成せず、DataGridTextColumnタグで指定します。

リスト2では、[検索] ボタンがクリックされたときに、ItemsSourceプロパティにPersonテーブルの内容を表示しています。

▼実行結果

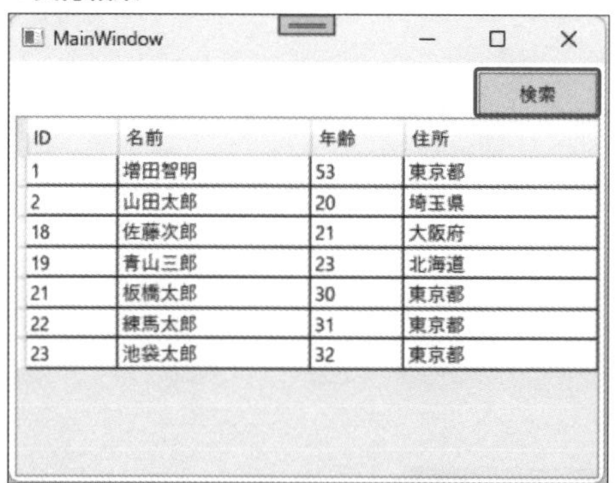

MainWindow
検索
ID
名前
年齢
住所
1 増田智明 53 東京都
2 山田太郎 20 埼玉県
18 佐藤次郎 21 大阪府
19 青山三郎 23 北海道
21 板橋太郎 30 東京都
22 練馬太郎 31 東京都
23 池袋太郎 32 東京都

リスト1　DataGridコントロールの記述（ファイル名：db361.sln、MainWindow.xaml）

```
<DataGrid x:Name="dg"
            AutoGenerateColumns="False"
            CanUserAddRows="False"
            Grid.Row="1" Grid.ColumnSpan="2">
    <DataGrid.Columns>
        <DataGridTextColumn Header="ID"
          Binding="{Binding Id}"  Width="60"/>
        <DataGridTextColumn Header="名前"
          Binding="{Binding Name}"  Width="*"/>
        <DataGridTextColumn Header="年齢"
          Binding="{Binding Age}"  Width="60"/>
        <DataGridTextColumn Header="住所"
          Binding="{Binding Address}"  Width="*"/>
    </DataGrid.Columns>
</DataGrid>
```

リスト2　DataGridコントロールに表示する（ファイル名：db361.sln、MainWindow.xaml.vb）

```
Private Sub clickSearch(sender As Object, e As RoutedEventArgs)
    Dim context As New MyContext()
    Dim q = From t In context.Person
            Select t
    dg.ItemsSource = q.ToList()
End Sub
```

DetaGridコントロールの利用は、MVVMパターンを使うこともできます。MVVMパターンでの利用については、第10章「WPFの極意」を参照してください。

DataGridに抽出したデータを表示する

ここがポイントです！

検索したデータを表示
(ItemsSourceプロパティ、クエリ構文)

Entity Data Modelを利用すると、**クエリ構文**を使ってDetaGridコントロールにデータを表示できます。

LINQ構文でデータを抽出した後に、**ItemsSourceプロパティ**に検索したコレクションを設定します。

▼抽出したデータを表示する

```
Dim ent As New DbContext派生クラス()
Dim q = From t In ent.テーブル名
  Where 条件
  Select t
DetaGridのオブジェクト.ItemsSource = q.ToList()
```

リスト1では、[検索] ボタンがクリックされたときに、年齢 (Age) が30歳以下の人を抽出して表示しています。

▼実行結果

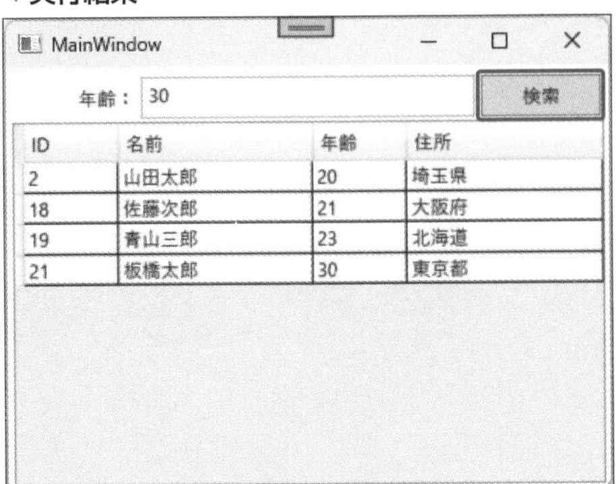

リスト1　DataGridコントロールへの表示（ファイル名：db362.sln、MainWindow.xaml.vb）

```
Private Sub clickSearch(sender As Object, e As RoutedEventArgs)
    Dim age = Integer.Parse(textAge.Text)
    Dim context As New MyContext()
    Dim q = From t In context.Person
            Where t.Age <= age
            Select t
    dg.ItemsSource = q.ToList()
End Sub
```

DataGridを読み取り専用にする

ここがポイントです！

編集不可状態で表示

（DataGridTextColumnタグ、IsReadOnlyプロパティ）

DataGridコントロールで、一部の列だけを編集不可状態にするためには、**DataGridTextColumnタグ**の**IsReadOnlyプロパティ**を「False」に設定します。

初期状態では、DataGridコントロールのセルは、マウスでクリックするか、[F2] キーを押すことで編集可能なります。

IsReadOnlyプロパティの値を「False」にしたセルのみ、読み取り専用にできます。

リスト1では、［検索］ボタンがクリックされたときに、住所（Address）のみを読み取り専用にして表示します。

▼実行結果

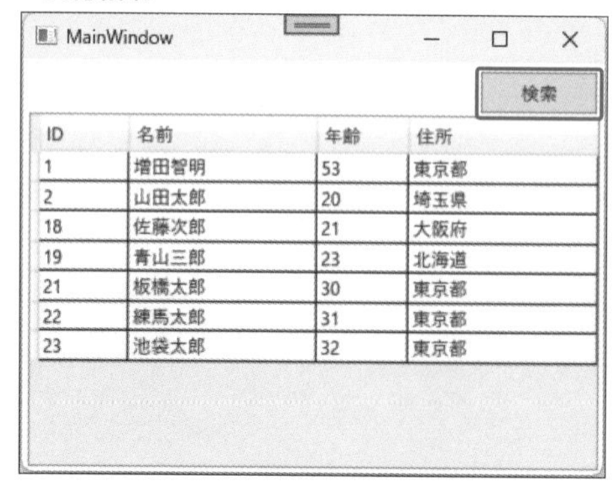

リスト1　DataGridの一部の列を読み取り専用にする（ファイル名：db363.sln、MainWindow.xaml.vb）

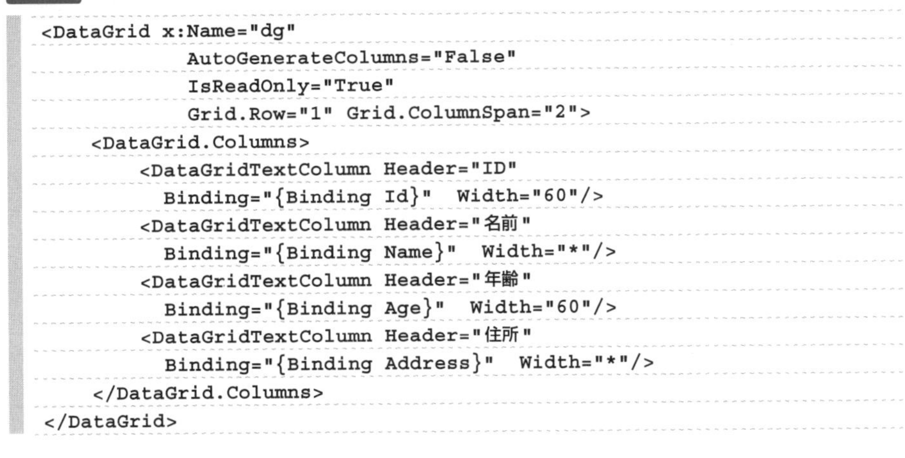

```
<DataGrid x:Name="dg"
          AutoGenerateColumns="False"
          IsReadOnly="True"
          Grid.Row="1" Grid.ColumnSpan="2">
    <DataGrid.Columns>
        <DataGridTextColumn Header="ID"
          Binding="{Binding Id}"  Width="60"/>
        <DataGridTextColumn Header="名前"
          Binding="{Binding Name}"  Width="*"/>
        <DataGridTextColumn Header="年齢"
          Binding="{Binding Age}"  Width="60"/>
        <DataGridTextColumn Header="住所"
          Binding="{Binding Address}"  Width="*"/>
    </DataGrid.Columns>
</DataGrid>
```

DataGridに行を追加不可にする

ここがポイントです！　**DataGridコントロール全体を読み取り専用にする**（IsReadOnlyプロパティ）

DataGridコントロール全体を読み取り専用にして、行の追加を付加にするためにはDataGridコントロール自身の**IsReadOnlyプロパティ**の値を「False」にします。

リスト1では、[検索] ボタンがクリックされたときに読み取り専用にしてDataGridコントロールを表示しています。

▼実行結果

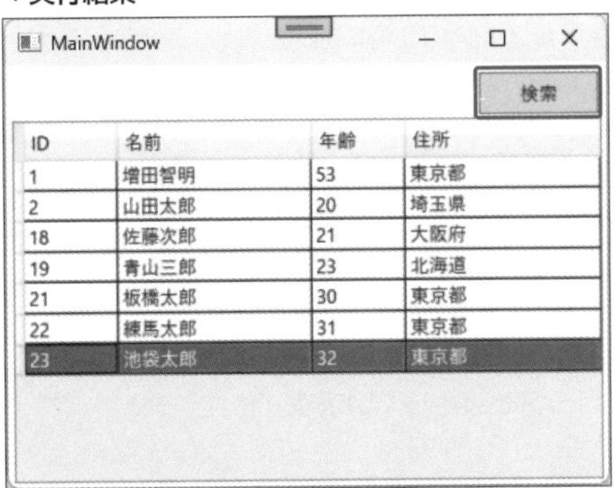

ID	名前	年齢	住所
1	増田智明	53	東京都
2	山田太郎	20	埼玉県
18	佐藤次郎	21	大阪府
19	青山三郎	23	北海道
21	板橋太郎	30	東京都
22	練馬太郎	31	東京都
23	池袋太郎	32	東京都

リスト1　DataGridコントロールへの読み取り専用表示（ファイル名：db364.sln、MainWindow.xaml）

```
<DataGrid x:Name="dg"
            AutoGenerateColumns="False"
            CanUserAddRows="False"
            Grid.Row="1" Grid.ColumnSpan="2">
    <DataGrid.Columns>
        <DataGridTextColumn Header="ID"
          Binding="{Binding Id}"  Width="60"/>
        <DataGridTextColumn Header="名前"
          Binding="{Binding Name}"  Width="*"/>
        <DataGridTextColumn Header="年齢"
          Binding="{Binding Age}"  Width="60"/>
        <DataGridTextColumn Header="住所"
          Binding="{Binding Address}"  Width="*"/>
    </DataGrid.Columns>
</DataGrid>
```

さらにワンポイント

部分的に読み取り専用にする場合は、DataGridTextColumnタグのIsReadOnlyプロパティを使います。

このとき、部分的に書き込み専用にすることはできないので、DataGridコントロールのIsReadOnlyプロパティの値は「False」のまま（あるいは記述せず初期値を使う）にしておき、各DataGridTextColumnタグのIsReadOnlyプロパティを記述します。

Tips 365

▶Level ●●○

▶対応 COM PRO

DataGridに行を作成してデータを追加する

ここがポイントです！

DataGridコントロールに行を追加する（ObservableCollectionコレクション）

DataGridコントロールは、初期状態で編集可能となっています。ただし、Entity Data Modelでデータをバインドする場合は、内部とのデータと自動連係させる必要があります。

DataGridコントロールへのデータ表示だけならば、Listコレクションを使いますが、編集操作を伴う場合は**ObservableCollectionコレクション**を利用します。ObservableCollectionコレクションは、**System.Collections.ObjectModel名前空間**に定義されています。

ObservableCollectionコレクションを**ItemsSourceプロパティ**に設定することで、DataGridコントロール上の行操作がコレクション自体に自動的に反映されます。

リスト1では、［検索］ボタンがクリックされたときにPersonテーブルの内容を検索し、ObservableCollectionコレクションに入れてデータを設定しています。

▼実行結果

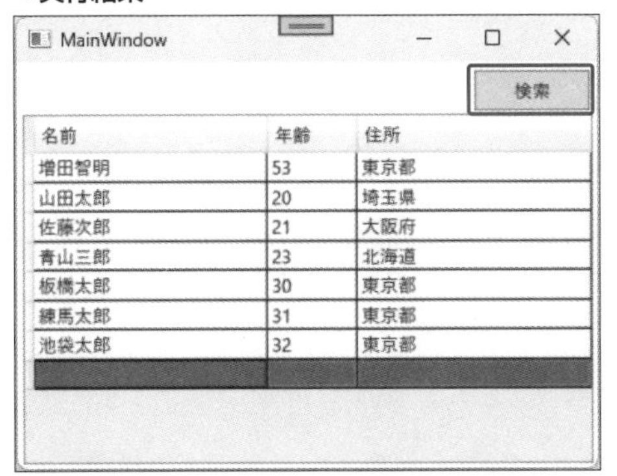

リスト1　DataGridコントロールへ行追加（ファイル名：db365.sln、MainWindow.xaml.vb）

```
Private Sub clickSearch(sender As Object, e As RoutedEventArgs)
    Dim context As New MyContext()
    Dim q = From t In context.Person
            Select t
    Dim items As New ObservableCollection(Of Person)(q.ToList())
    dg.ItemsSource = items

    ' 新規追加と更新を判別する
    Dim insertOrUpdate = False
    AddHandler dg.AddingNewItem,
        Sub()
            insertOrUpdate = True
        End Sub
    ' 行の更新が終わったとき
    AddHandler dg.RowEditEnding,
        Sub(_s, ee)
            If ee.EditAction = DataGridEditAction.Commit Then
                If insertOrUpdate Then
                    ee.Row.Dispatcher.BeginInvoke(
                    Async Sub()
                        ' DataContext の中身を更新するまで少し待つ
                        Await Task.Delay(10)
                        _context.Person.Add(ee.Row.DataContext)
                        _context.SaveChanges()
                    End Sub)
                Else
                    ee.Row.Dispatcher.BeginInvoke(
                    Async Sub()
                        ' DataContext の中身を更新するまで少し待つ
                        Await Task.Delay(10)
                        _context.Person.Update(ee.Row.DataContext)
                        _context.SaveChanges()
                    End Sub
                    )
```

```
                End If
            End If
            insertOrUpdate = False
        End Sub
    ' 行が削除されたとき
    AddHandler items.CollectionChanged,
        Sub(_s, ee)
            If ee.Action = NotifyCollectionChangedAction.Remove Then
                For Each item As Person In ee.OldItems
                    _context.Person.Remove(item)
                Next
                _context.SaveChanges()
            End If
        End Sub
End Sub
```

DataGridの色を1行ごとに変更する

ここがポイントです！

1行おきに色を変更
（AlternatingRowBackgroundプロパティ）

DataGridコントロールの色を1行おきに交互に変えたい場合は、**AlternatingRowBackgroundプロパティ**に色を設定します。

通常の行の色は初期値のままか、**RowBackgroundプロパティ**で指定し、次の行の色をAlternatingRowBackgroundプロパティで設定します。

リスト1では、交互に色が変わるようにDataGridコントロールの設定を変更しています。

▼実行結果

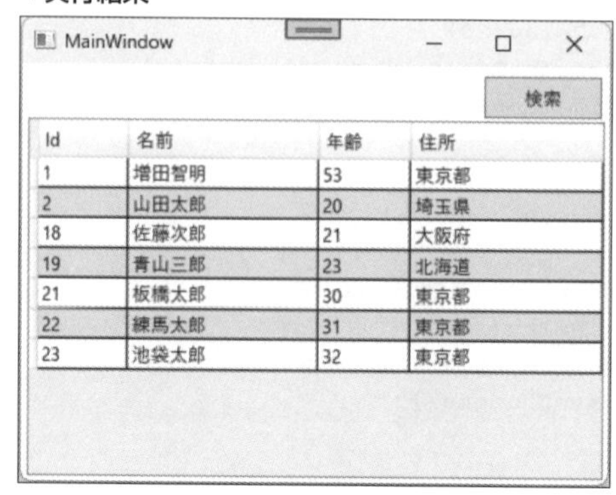

Id	名前	年齢	住所
1	増田智明	53	東京都
2	山田太郎	20	埼玉県
18	佐藤次郎	21	大阪府
19	青山三郎	23	北海道
21	板橋太郎	30	東京都
22	練馬太郎	31	東京都
23	池袋太郎	32	東京都

リスト1　1行おきに色を変更する（ファイル名：db366.sln、MainWindow.xaml）

```
<DataGrid x:Name="dg"
            AutoGenerateColumns="False"
            IsReadOnly="True"
            AlternatingRowBackground="Aqua"
            Grid.Row="1" Grid.ColumnSpan="2">
    <DataGrid.Columns>
        <DataGridTextColumn Header="Id"
          Binding="{Binding Id}"  Width="60"/>
        <DataGridTextColumn Header="名前"
          Binding="{Binding Name}"  Width="*"/>
        <DataGridTextColumn Header="年齢"
          Binding="{Binding Age}"  Width="60"/>
        <DataGridTextColumn Header="住所"
          Binding="{Binding Address}"  Width="*"/>
    </DataGrid.Columns>
</DataGrid>
```

DataGridの列幅を自動調節する

ここがポイントです！

列の幅を比率で調節
（DataGridTextColumnタグ、Widthプロパティ）

DataGridコントロールの列幅は、表示されているデータの長さにより自動的に調節されます。このため、データの長さが短いと、DataGridコントロールの右側にあまりの枠が残ってしまいます。

これを防ぎ、DataGridコントロールの横幅いっぱいに列を広げたい場合は、**DataGridTextColumnタグ**の**Widthプロパティ**の値を変更します。

Widthプロパティでは「100」のように数値を設定した場合はドット数、「1*」のようにアスタリスクを指定した場合は比率となります。

これを利用して、一番右側の列を「*」にすることで、DataGridコントロールの横幅まで列幅を広げることができます。

リスト1では、住所の列幅を調節してDataGridコントロールを表示しています。

▼実行結果

MainWindow

検索

Id	名前	年齢	住所
1	増田智明	53	東京都
2	山田太郎	20	埼玉県
18	佐藤次郎	21	大阪府
19	青山三郎	23	北海道
21	板橋太郎	30	東京都
22	練馬太郎	31	東京都
23	池袋太郎	32	東京都

リスト1 列幅を調節する（ファイル名：db367.sln、MainWindow.xaml）

```
<DataGrid x:Name="dg"
            AutoGenerateColumns="False"
            IsReadOnly="True"
            Grid.Row="1" Grid.ColumnSpan="2">
    <DataGrid.Columns>
        <DataGridTextColumn Header="Id"
          Binding="{Binding Id}"  Width="50"/>
        <DataGridTextColumn Header="名前"
          Binding="{Binding Name}"  Width="1*"/>
        <DataGridTextColumn Header="年齢"
          Binding="{Binding Age}"  Width="50"/>
        <DataGridTextColumn Header="住所"
          Binding="{Binding Address}"  Width="2*"/>
    </DataGrid.Columns>
</DataGrid>
```

11-4 トランザクション

トランザクションを開始/終了する

ここがポイントです！

トランザクションを開始

（Databaseプロパティ、BeginTransactionメソッド、Commitメソッド）

Entity Data Modelを利用したときのデータ更新は、**SaveChangesメソッド**を呼び出すことにより自動的に追加や削除などが行われます。これを明示的にトランザクションを利用して、複数のデータを更新したときのエラーに備えることができます。

トランザクションの操作は、**DbContext派生クラス**の**Databaseプロパティ**に対して行います。

Databaseプロパティの**BeginTransactionメソッド**でトランザクションを開始し、**Commitメソッド**でトランザクションを終了します。

▼**トランザクションを開始/終了する**

```
Dim ent As new DbContext派生クラス()
' トランザクションの開始
Dim tr = ent.BeginTransaction()
' データ処理
...
' トランザクションの終了
tr.Commit()
```

リスト1では、［新規作成］ボタンがクリックされたときに、新しいデータを作成し、データベースに反映しています。

▼**実行結果**

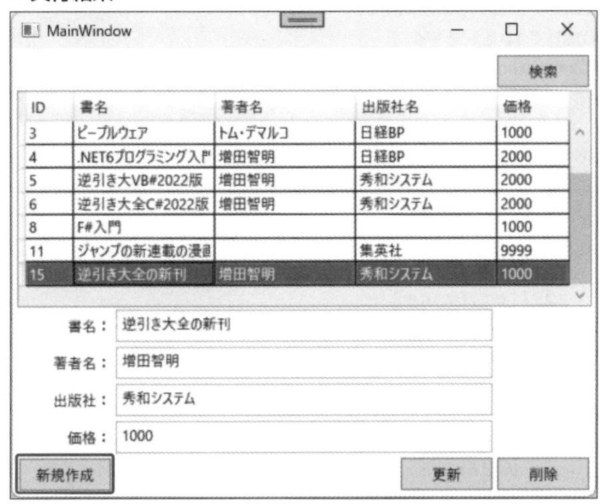

リスト1　トランザクションを利用して項目を追加する（ファイル名：db368.sln、MainWindow.xaml.vb）

```
Private Sub clickUpdate(sender As Object, e As RoutedEventArgs)
    If _vm.Item Is Nothing Then Return

    Dim context As New MyContext()
    Dim author As Author = Nothing
    Dim publisher As Publisher = Nothing
    ' トランザクションを開始
    Dim tr = context.Database.BeginTransaction()
    ' 著者名を調べてなければ追加する
    If _vm.Item.AuthorName <> "" Then
        author = context.Author.FirstOrDefault(
```

```
          Function(t) t.Name = _vm.Item.AuthorName)
        If author Is Nothing Then
            author = New Author With
                {
                    .Name = _vm.Item.AuthorName
                }
            context.Author.Add(author)
            ' 新しい著者を登録してIDを取得する
            context.SaveChanges()
        End If
    End If
    ' 出版社名を調べて無ければ追加する
    If _vm.Item.PublisherName <> "" Then
        publisher = context.Publisher.FirstOrDefault(
          Function(t) t.Name = _vm.Item.PublisherName)
        If publisher Is Nothing Then
            publisher = New Publisher With
                {
                    .Name = _vm.Item.PublisherName
                }
            context.Publisher.Add(publisher)
            ' 新しい出版社を登録してIDを取得する
            context.SaveChanges()
        End If
    End If
    If _vm.Item.Id = 0 Then
        ' 書籍を追加する
        context.Book.Add(New Book With
            {
                .Title = _vm.Item.Title,
                .Price = _vm.Item.Price,
                .AuthorId = author?.Id,
                .PublisherId = publisher?.Id
            })
    Else
        ' 書籍を更新する
        Dim it = context.Book.Find(_vm.Item.Id)
        it.Title = _vm.Item.Title
        it.Price = _vm.Item.Price
        it.AuthorId = author?.Id
        it.PublisherId = publisher?.Id
        context.Book.Update(it)
    End If
    context.SaveChanges()
    ' コミットする
    tr.Commit()
    ' 再検索する
    search()
End Sub
```

トランザクションを適用する

ここがポイントです！

トランザクションを摘要
(Databaseプロパティ、Commitメソッド)

トランザクション内のデータ処理を一括でデータベースに反映するためには、**Commitメソッド**を利用します。

LINQでは、複数の操作を行った後でSaveChangesメソッドにより一括でデータを反映することができますが、実際はSaveChangesメソッド内で複数回SQLが呼び出されデータベースに対しデータの更新を行っています。このため、データ更新が大量にあり、複数の場所からデータを更新する場合は競合が発生することがあります。これを防ぐためにトランザクションを利用します。

トランザクションを利用すると、データを更新している途中にほかからデータ更新が待たされた状態になります。複数回のデータを更新した後に、コミット（Commit）をすることでデータの更新が終わったことを知らせます。そして、待たされたほかのデータ更新が行われます。このように、トランザクションを使うとデータの整合性を保つことができます。

リスト1では、［削除］ボタンをクリックしたときに、データを削除してデータベースに反映させています。

▼実行結果

MainWindow

検索

ID	書名	著者名	出版社名	価格
1	テスト駆動開発入門	ケント・ベック	ピアソン・エデュケーション	1000
2	コンサルタントの道具箱	G.M.ワインバーグ	日経BP	1000
3	ピープルウェア	トム・デマルコ	日経BP	1000
4	.NET6プログラミング入門	増田智明	日経BP	2000
5	逆引き大VB#2022版	増田智明	秀和システム	2000
6	逆引き大全C#2022版	増田智明	秀和システム	2000
8	F#入門			1000
11	ジャンプの新連載の漫画		集英社	9999

書名：F#入門
著者名：
出版社：
価格：1000

新規作成　更新　削除

リスト1　トランザクションを利用して項目を削除する（ファイル名：db369.sln、MainWindow.xaml.vb）

```
Private Sub clickDelete(sender As Object, e As RoutedEventArgs)
    If _vm.Item Is Nothing Then Return

```

```
        Dim context As New MyContext()
        ' トランザクションを開始
        Dim tr = context.Database.BeginTransaction()
        Dim it = context.Book.Find(_vm.Item.Id)
        context.Book.Remove(it)
        context.SaveChanges()
        ' コミットする
        tr.Commit()
        ' 再検索する
        search()
    End Sub
```

トランザクションを中止する

ここがポイントです！

トランザクションを摘要

(Databaseプロパティ、Rollbackメソッド)

更新中のデータをキャンセルするためには、**Rollbackメソッド**を呼び出します。あらかじめトランザクションを開始しておくと、ロールバック (Rollback) が可能になります。

ロールバックは、データ更新中に不整合が発生したときに有効です。複数テーブルを更新する場合に、最初にデータを更新した後に、何らかの理由で次のテーブルへの更新ができなくなることがあります。この場合は、最初に更新したデータも含めてロールバックを行います。

リスト1では、[更新] ボタンがクリックされたときにデータベース更新をします。このとき、書名が重複していれば、途中でトランザクションをロールバックして戻しています。

▼実行結果

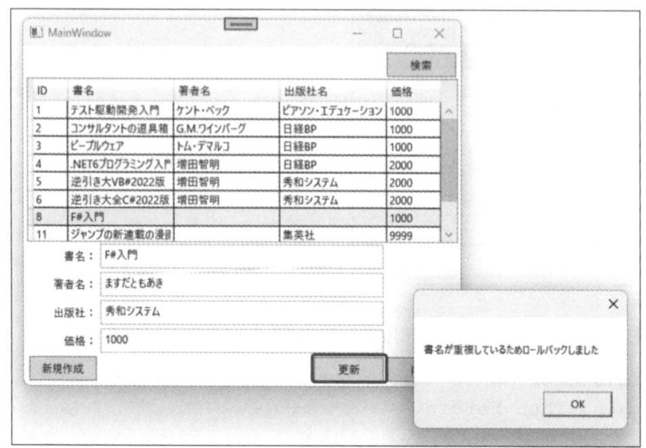

リスト1　トランザクションを利用してロールバックする（ファイル名：db370.sln、MainWindow.xaml.vb）

```
Private Sub clickUpdate(sender As Object, e As RoutedEventArgs)
    If _vm.Item Is Nothing Then Return

    Dim context As New MyContext()
    Dim author As Author = Nothing
    Dim publisher As Publisher = Nothing
    ' トランザクションを開始

    Dim tr = context.Database.BeginTransaction()

    ' 著者名を調べてなければ追加する
    If _vm.Item.AuthorName <> "" Then
        author = context.Author.FirstOrDefault(
          Function(t) t.Name = _vm.Item.AuthorName)
        If author Is Nothing Then
            author = New Author With
                {
                    .Name = _vm.Item.AuthorName
                }
            context.Author.Add(author)
            ' 新しい著者を登録してIDを取得する
            context.SaveChanges()
        End If
    End If
    ' 出版社名を調べてなければ追加する
    If _vm.Item.PublisherName <> "" Then
        publisher = context.Publisher.FirstOrDefault(
          Function(t) t.Name = _vm.Item.PublisherName)
        If publisher Is Nothing Then
            publisher = New Publisher With
                {
                    .Name = _vm.Item.PublisherName
                }
            context.Publisher.Add(publisher)
            ' 新しい出版社を登録してIDを取得する
            context.SaveChanges()
        End If
    End If

    ' 書籍を登録する前に、書名が重複していないかチェックする
    ' 重複していればロールバックして、登録をキャンセルする
    If _vm.Item.Id = 0 Then
        ' 新規登録の場合
        If context.Book.Any(Function(t) t.Title = _vm.Item.Title) Then
            tr.Rollback()
            MessageBox.Show("書名が重複しているためロールバックしました")

            Return
        End If
```

```
        Else
            ' 更新の場合
            ' 既に同じ書名が登録されているかチェックする
            Dim item = context.Book.FirstOrDefault(
              Function(t) t.Title = _vm.Item.Title)
            If Not item Is Nothing And item.Id <> _vm.Item.Id Then
                tr.Rollback()
                MessageBox.Show("書名が重複しているためロールバックしました")
                Return
            End If
        End If

        If _vm.Item.Id = 0 Then
            ' 書籍を追加する
            context.Book.Add(New Book With
                {
                    .Title = _vm.Item.Title,
                    .Price = _vm.Item.Price,
                    .AuthorId = author?.Id,
                    .PublisherId = publisher?.Id
                })
        Else
            ' 書籍を更新する
            Dim it = context.Book.Find(_vm.Item.Id)
            it.Title = _vm.Item.Title
            it.Price = _vm.Item.Price
            it.AuthorId = author?.Id
            it.PublisherId = publisher?.Id
            context.Book.Update(it)
        End If
        context.SaveChanges()
        ' コミットする
        tr.Commit()
        ' 再検索する
        search()
    End Sub
```

ネットワークの極意

12-1 TCP/IP

コンピューター名を取得する

ここがポイントです!

自分のコンピューターの名前を取得
(Dns クラス、GetHostName メソッド)

自分のコンピューター名(画面1)を取得するためには、**Dnsクラス**の**GetHostNameメソッド**を使います。

GetHostNameメソッドは、Dnsクラスの静的メソッドです。Dnsクラスを使う場合は、Visual Basicのソースコードの先頭行に「Imports System.Net」を追加します。

リスト1では、Button1([コンピューター名を取得] ボタン)がクリックされると、サンプルプログラムを実行しているコンピューターの名前を取得し、フォームに表示しています。

▼画面1 コンピューターのプロパティ

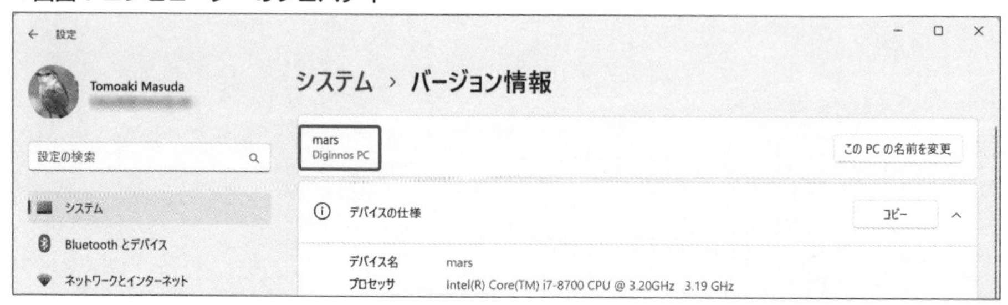

▼実行結果

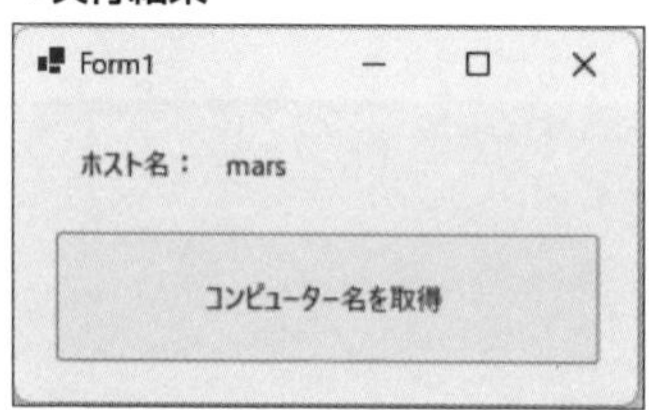

リスト1 コンピューター名を取得する(ファイル名:net371.sln、Form1.vb)

```
Private Sub Button1_Click(sender As Object, e As EventArgs) _
    Handles Button1.Click
    ' ホスト名を取得
    Dim hostname = System.Net.Dns.GetHostName()
    Label2.Text = hostname
End Sub
```

コンピューターのIPアドレスを取得する

ここがポイントです！

自分のコンピューターのIPアドレスを取得
(Dns クラス、GetHostEntry メソッド)

1 2 3 4 5 6 7 8 9 10 11 12 13 14 15 16 17 ネットワークの極意

コンピューター名からIPアドレスを取得するには、**Dns クラス**の**GetHostEntry メソッド**を使います。

GetHostEntryメソッドは、コンピューター名を指定して、**IPHostEntry オブジェクト**を返します。

IPHostEntryオブジェクトは、複数のIPアドレスのリストを保持しています。これは、通常のコンピューターはIPアドレスを1つだけ持っていますが、ネットワークカードが複数ある場合や、Hyper-Vなどを利用して仮想的なネットワークを持つ場合にIPアドレスを複数持っているためです。

GetHostEntryメソッドは、Dnsクラスの静的メソッドです。Dnsクラスを使う場合は、コードの先頭行に「Imports System.Net」を追加します。

リスト1では、Button1（[IPアドレスを取得] ボタン）がクリックされると、IPHostEntryオブジェクトの最初のIPアドレスを表示しています。

▼実行結果

リスト1　IPアドレスを取得する（ファイル名：net372.sln、Form1.vb）

```
Private Sub Button1_Click(sender As Object, e As EventArgs) _
    Handles Button1.Click
    Dim hostname = System.Net.Dns.GetHostName()
    ' IPアドレスを取得
    Dim addrs = System.Net.Dns.GetHostAddresses(hostname)
    ListBox1.Items.Clear()
    For Each ip In addrs
        ' iPv4 のみ追加
        If ip.AddressFamily
```

```
            = System.Net.Sockets.AddressFamily.InterNetwork Then
            ListBox1.Items.Add(ip.ToString())
         End If
      Next
   End Sub
```

さらにワンポイント　ホスト名からIPアドレスの問い合わせを行っているときに、時間がかかるときがあります。このようなときは、GetHostEntryメソッドの非同期バージョンであるBeginGetHostEntryメソッド、EndGetHostEntryメソッドを利用します。

BeginGetHostEntryメソッドは、コールバック関数を指定し、非同期にホスト名やIPアドレスを解決します。

相手のコンピューターにPINGを送信する

ここがポイントです!

PINGコマンドの送信

(Pingクラス、SendPingAsyncメソッド)

サーバーの手軽な死活監視のためにPingコマンドがよく使われます。コマンドラインからPingコマンドを打つ代わりに、.NETクラスライブラリにある**Pingクラス**を使うことができます。

System.Net.NetworkInformation名前空間にあるPingクラスの**SendPingAsyncメソッド**で、指定したホスト名に対してPingコマンドを実行できます。

SendPingAsyncメソッドが成功すると、**PingReplyオブジェクト**を返します。指定したコンピューターに接続できないことに備えて、タイムアウトをミリ秒で指定できます。

リスト1では、Button1([送信] ボタン)がクリックされると、指定したホスト名に4回だけPingコマンドを送信しています。送信間隔は、Task.Delayメソッドで1秒間としています。

▼実行結果

リスト1　PINGを送信する（ファイル名：net373.sln、Form1.vb）

```
Private Async Sub Button1_Click(sender As Object, e As EventArgs) _
    Handles Button1.Click
    Dim Ping As New Ping()
    Dim host = TextBox1.Text
    ListBox1.Items.Clear()
    ' 1秒おきに4回送信する
    For i = 0 To 3
        Dim reply = Await Ping.SendPingAsync(host, 2000)
        ListBox1.Items.Add($"ip: {reply.Address} {reply.Status} time:
{reply.RoundtripTime} ms")
        Await Task.Delay(1000)
    Next
End Sub
```

コンピューターにTCP/IPで接続する

ここがポイントです！　指定したコンピューターにTCP/IPソケットを使って接続
（TcpClientクラス、Connectメソッド）

コンピューターに対してTCP/IPで接続するには、**TcpClientクラス**の**Connectメソッド**を使います。

Connectメソッドに、接続先のコンピューター名（ホスト名）とポート番号を指定します。ただし、接続先のコンピューターが指定したポートを受信しない場合や、ファイアウォールなどで指定したポートが拒否されている場合には、例外が発生します。

プロジェクトを作成したままでは、TcpClientクラスを利用することはできないので、コードの先頭行に「using System.Net.Sockets;」を追加します。

リスト1では、「localhost」（アプリケーションを実行しているコンピューターそのものを示すホスト名）に対して、ポート9000番で接続します。

▼実行結果

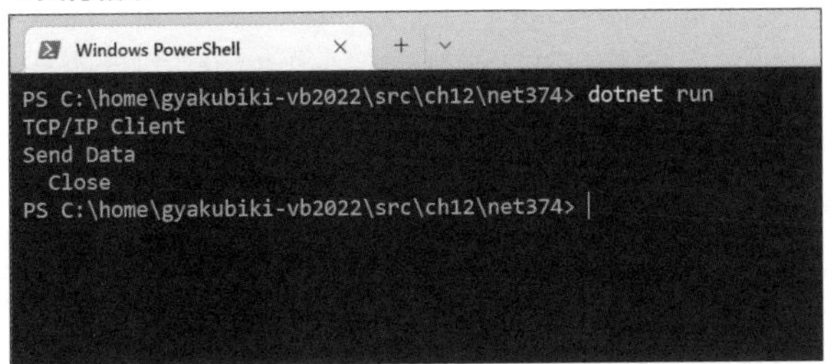

リスト1　コンピューターにTCP/IPで接続する（ファイル名：net374.sln、Form1.vb）

```
Imports System.Net.Sockets

Module Program
    Sub Main(args As String())
        Console.WriteLine("TCP/IP Client")
        Dim client As New TcpClient()
        client.Connect("localhost", 9000)
        Dim stream = client.GetStream()

        Console.WriteLine("Send Data")
        Dim data As Byte() = New Byte() {1, 2, 3, 4}
        Dim type As Byte = &HFF
        stream.WriteByte((data.Length))
        stream.WriteByte(type)
        stream.Write(Data)
        stream.Flush()
        stream.Close()
        Console.WriteLine("  Close")
    End Sub
End Module
```

コンピューターへTCP/IPでデータを送信する

ここがポイントです！

TCP/IPソケットを使ってデータを送信
（TcpClientクラス、GetStreamメソッド、Writeメソッド）

TCP/IPで接続したコンピューターに対してデータを送信するためには、まず**TcpClientクラス**の**GetStreamメソッド**を使い、**NetworkStreamオブジェクト**を取得します。

NetworkStreamオブジェクトは、ネットワークアクセスの元になるデータストリームです。このNetworkStreamオブジェクトの**Writeメソッド**を使い、データを送信します。

Writeメソッドには、バイト（Byte型）単位の配列を指定します。Writeメソッドでデータを送信している途中でエラーとなったときは、例外が発生します。

TcpClientクラスやNetworkStreamクラスを使うためには、コードの先頭行に「Imports System.Net.Sockets」を追加します。

リスト1では、接続先のコンピューターにTCP/IP経由でデータを送信します。1秒おきに「Hello」という文字列を10回送信しています。

▼実行結果

```
PS C:\home\gyakubiki-vb2022\src\ch12\net375> dotnet run
TCP/IP Client
Send Data 1
Send Data 2
Send Data 3
Send Data 4
Send Data 5
Send Data 6
Send Data 7
Send Data 8
Send Data 9
Send Data 10
  Close
PS C:\home\gyakubiki-vb2022\src\ch12\net375>
```

リスト1　コンピューターにTCP/IPでデータを送信する（ファイル名：net375.sln、Form1.vb）

```
Imports System.Net.Sockets

Module Program
    Sub Main(args As String())
        Console.WriteLine("TCP/IP Client")
        Dim client As New TcpClient()
        client.Connect("localhost", 9000)
        Dim stream = client.GetStream()

        ' 10回送信する
        For i = 1 To 10
            Console.WriteLine($"Send Data {i}")
            Dim data = System.Text.Encoding.ASCII.GetBytes("Hello")
            Dim type As Byte = &H1
            stream.WriteByte((data.Length))
            stream.WriteByte(type)
            stream.Write(data)
            stream.Flush()
            Task.Delay(1000).Wait()
        Next
        stream.Write(New Byte() {0, 0})
        stream.Close()
        Console.WriteLine("  Close")
    End Sub
End Module
```

さらにワンポイント

NetworkStreamクラスは、ネットワークアクセスを行うための汎用的なクラスのため、データの送受信にバイナリデータを使います。そのため、主にテキストデータでやり取りを行うHTTPプロトコル（IISなどのWebサーバーで扱う通信プロトコルです）では、扱いにくい面があります。そこでHTTPプロトコルを扱うためには、専用のHttpClientクラスを使うとよいでしょう。

HttpClientクラスについては、Tips378の「Webサーバーに接続する」を参照してください。

Tips 376

▸Level ●●

▸対応

COM PRO

コンピューターから TCP/IPでデータを受信する

ここがポイントです！

TCP/IPソケットを使ってデータを受信

（TcpClientクラス、GetStreamメソッド、Readメソッド）

TCP/IPで接続したコンピューターからデータを受信するためには、まず**TcpClientクラス**の**GetStreamメソッド**を使い、**NetworkStreamオブジェクト**を取得します。

NetworkStreamオブジェクトは、ネットワークアクセスの元になるデータストリームです。このNetworkStreamオブジェクトの**Readメソッド**を使い、データを受信します。

Readメソッドに、受信するデータの長さと受信用のバイト配列を指定します。実際に受信できたデータの長さはReadメソッドの戻り値になります。

TcpClientクラスやNetworkStreamクラスを使うためには、コードの先頭行に「Imports System.Net.Sockets」を追加します。

リスト1では、接続先のコンピューターからTCP/IP経由でデータを受信します。接続したサーバーに対して先頭の1バイトで長さを取得、続く1バイトでタイプを取得し、さらに取得した長さ分のデータを受信しています。

▼実行結果

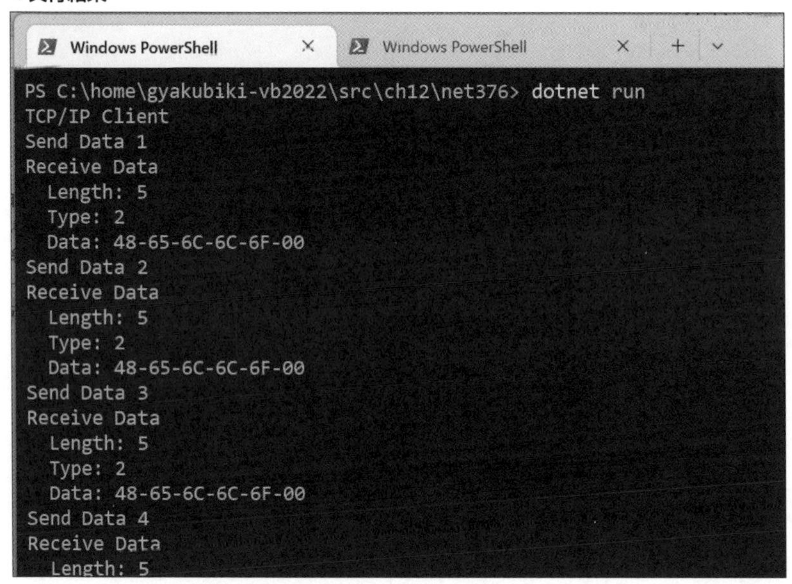
Windows PowerShell
Windows PowerShell
PS C:\home\gyakubiki-vb2022\src\ch12\net376> dotnet run
TCP/IP Client
Send Data 1
Receive Data
Length: 5
Type: 2
Data: 48-65-6C-6C-6F-00
Send Data 2
Receive Data
Length: 5
Type: 2
Data: 48-65-6C-6C-6F-00
Send Data 3
Receive Data
Length: 5
Type: 2
Data: 48-65-6C-6C-6F-00
Send Data 4
Receive Data
Length: 5

リスト1　コンピューターからTCP/IPでデータを受信する（ファイル名：net376.sln、Form1.vb）

```
Imports System.Net.Sockets

Module Program
    Sub Main(args As String())
        Console.WriteLine("TCP/IP Client")
        Dim client As New TcpClient()
        client.Connect("localhost", 9000)
        Dim stream = client.GetStream()

        ' 10回送信する
        For i = 1 To 10
            Console.WriteLine($"Send Data {i}")
            Dim data = System.Text.Encoding.ASCII.GetBytes("Hello")
            Dim type As Byte = &H1
            stream.WriteByte(data.Length)
            stream.WriteByte(type)
            stream.Write(data)
            stream.Flush()
            ' サーバーからのデータを受信する
            Dim length2 = stream.ReadByte()
            Dim type2 = stream.ReadByte()
            Dim data2 = New Byte(length2-1) {}
            stream.Read(data2, 0, length2)
            Console.WriteLine("Receive Data")
            Console.WriteLine($"  Length: {length2}")
            Console.WriteLine($"  Type: {type2}")
            Console.WriteLine("  Data: " + BitConverter.
ToString(data2))
            Task.Delay(1000).Wait()
        Next
        ' クローズ用のコマンドを送信
        stream.Write(New Byte() {0, 0})
        ' クローズ
        stream.Close()
        Console.WriteLine("  Close")
    End Sub
End Module
```

Tips
377
Level ●●●
対応
COM
PRO

TCP/IPを使うサーバーを作成する

ここがポイントです！

クライアントから接続を待機
(TcpListenerクラス、Startメソッド、AcceptTcpClientメソッド、Stopメソッド)

　TCP/IPを使うサーバーを作成するためには、**TcpListenerクラス**を使います。

　受信するポートをTcpListenerクラスのコンストラクターで指定し、リスナーを作成します。このリスナーを**Startメソッド**で開始します。

　実際にクライアントからの接続待ちをするときは、**AcceptTcpClientメソッド**を呼び出したときです。サーバーがクライアントから接続を受けると、AcceptTcpClientメソッドから戻り、**TcpClientオブジェクト**を取得できます。

　リスナーを停止するときは、TcpListenerクラスの**Stopメソッド**を呼び出します。

　TcpListenerクラスを使うためには、コードの先頭行に「using System.Net.Sockets;」を追加します。

　リスト1では、クライアントからの接続を受け付けて、データを受信します。TcpListenerクラスのAcceptTcpClientメソッドで、リスナーは受信待ちの状態になるため、そのままではアプリケーションが停止したような状態（画面がユーザーの応答を受け付けない状態）になってしまいます。これを防ぐために、サンプルプログラムではTaskクラスを使い、別スレッドでリスナーの処理を行っています。

▼実行結果

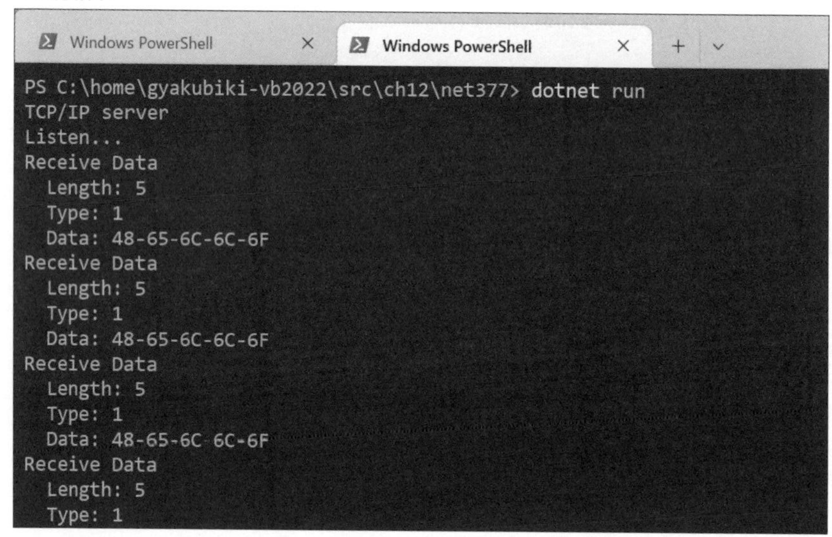
Windows PowerShell
Windows PowerShell
PS C:\home\gyakubiki-vb2022\src\ch12\net377> dotnet run
TCP/IP server
Listen...
Receive Data
Length: 5
Type: 1
Data: 48-65-6C-6C-6F
Receive Data
Length: 5
Type: 1
Data: 48-65-6C-6C-6F
Receive Data
Length: 5
Type: 1
Data: 48-65-6C-6C-6F
Receive Data
Length: 5
Type: 1

リスト1 TCP/IPのサーバーを作成する（ファイル名：net377.sln、Form1.vb）

```
Imports System.Net.Sockets

Module Program
    Sub Main(args As String())
        Console.WriteLine("TCP/IP server")
        ' TCP/IPのサーバーを起動する
        Dim server As New TcpListener(
          System.Net.IPAddress.Loopback, 9000)
        server.Start()
        Console.WriteLine("Listen...")
        Do
            ' クライアントからの受信を受け付ける
            Dim client = server.AcceptTcpClient()
            Dim stream = client.GetStream()
            Task.Factory.StartNew(
                Sub()
                    While stream.Socket.Connected
                        ' 受信データの読み出し
                        ' 1バイト目 ： 長さ
                        ' 2バイト目 ： タイプ
                        ' 3バイト以降： データ
                        Dim length = stream.ReadByte()
                        Dim type = stream.ReadByte()
                        Dim data = New Byte(length-1) {}
                        stream.Read(data, 0, length)
                        Console.WriteLine("Receive Data")
                        Console.WriteLine($"  Length: {length}")
                        Console.WriteLine($"  Type: {type}")
                        Console.WriteLine("  Data: "
                            + BitConverter.ToString(data))
                        If type = 0 Then
                            ' クライアントにデータを返す
                            Dim data2 = System.Text.Encoding.
                              ASCII.GetBytes("HELLO")
                            Dim type2 = &H2
                            stream.WriteByte(data2.Length)
                            stream.WriteByte(type2)
                            stream.Write(data)
                            stream.Flush()
                        End If
                        If type = 0 Then
                            ' クローズ処理
                            Exit While
                        End If
                    End While
                    Console.WriteLine(" Close")
                    stream.Close()
                End Sub)
        Loop
```

```
    End Sub
End Module
```

12-2 HTTPプロトコル

Webサーバーに接続する

HTTPプロトコルを使って接続
(HttpClientクラス、HttpContextクラス、ReadAsStringAsyncメソッド)

WebサーバーにURLを指定して接続するためには、**HttpClientクラス**の**GetAsyncメソッド**を使います。

GetAsyncメソッドは、サーバーから受信したデータを**HttpContextオブジェクト**として返します。このHttpContextクラスのコンテキスト(Contentプロパティ)を使って、受信データにアクセスします。

HttpClientクラスを使うためには、コードの先頭行に「Imports System.Net.Http」を追加します。

受信したデータをプログラムで読み出すためには、HttpContextクラスの**ReadAsStringAsyncメソッド**を使います。

リスト1では、Button1([実行] ボタン)がクリックされると、Webサーバーに接続し、プログラムが受信したデータを最後まで読み出します。そして、そのデータをテキストボックスコントロールに表示しています。

▼実行結果

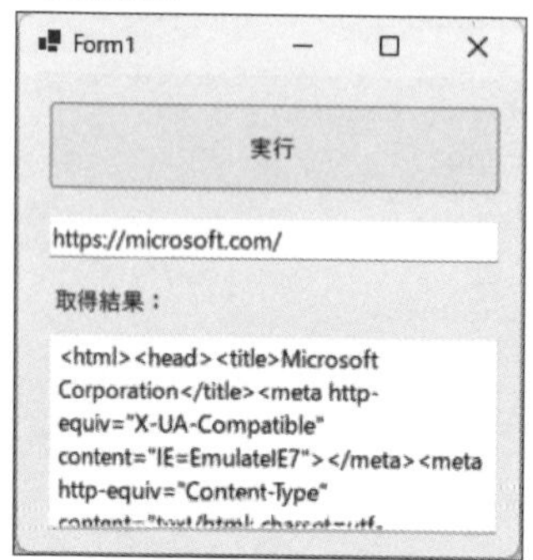

リスト1　Webサーバーに接続してデータを受信する（ファイル名：net378.sln、Form1.vb）

```
Imports System.Net.Http

Public Class Form1
    ''' <summary>
    ''' Webサーバーに接続する
    ''' </summary>
    ''' <param name="sender"></param>
    ''' <param name="e"></param>
    Private Async Sub Button1_Click(sender As Object, e As EventArgs) _
        Handles Button1.Click
        Try
            Dim client As New HttpClient()
            Dim url = TextBox1.Text
            Dim response = Await client.GetAsync(url)
            TextBox2.Text = Await response.Content.ReadAsStringAsync()
        Catch ex As Exception
            MessageBox.Show(ex.Message)
        End Try
    End Sub
End Class
```

HttpContextクラスからストリームデータを取り出すためには、ReadAsStreamメソッドあるいはReadAsStreamAsyncメソッドを使います。このストリームを使い、任意のテキストデータやバイナリデータを取り出せます。

クエリ文字列を使って Webサーバーに接続する

ここがポイントです！

クエリ文字列をURLエンコードしてWebサーバーに接続

(HttpClientクラス、UriBuilderクラス、Queryプロパティ)

Webサーバーへアクセスするときに、URLに**クエリ文字列**を入れることができます。

クエリ文字列は、「http://www.google.com/Search?q=検索文字列」のように「?」記号の右側に設定される文字列のことです。クエリ文字列は、キーワードとデータを「=」記号でつなげてWebサーバーに送信します。

このクエリ文字列を**UriBuilderクラス**の**Queryプロパティ**に設定できます。

クエリ文字列では、画面に表示できる限られたASCII文字しか許されていません。そのため、日本語の漢字のような2バイトで表す文字などを扱う場合には、**URLエンコード**が必要です。

URLエンコードは、漢字やバイナリのデータをURLで扱えるASCII文字に変換する方式です。これは**WebUtilityクラス**の**UrlEncodeメソッド**を使うと、簡単に変換できます。

HttpClientクラスを使うためには、コードの先頭行に「Imports System.Net.Http」を追加します。WebUtilityクラスを使うためには、先頭に「Imports Sytem.Web」を追加します。

リスト1では、Button1([実行]ボタン)がクリックされると、「https://www.google.jp/search」に接続して、テキストボックスで指定した文字列を検索しています。

▼実行結果

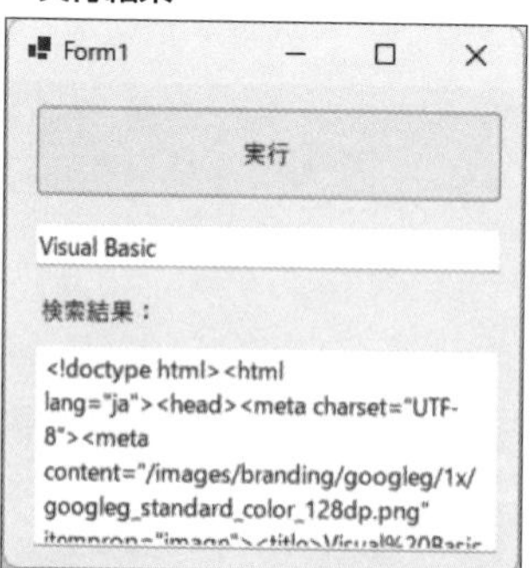

リスト1 Webサーバーにクエリ文字列を使って接続する (ファイル名：net379.sln、Form1.vb)

```
''' クエリ文字列を使って検索する
Private Async Sub Button1_Click(sender As Object, e As EventArgs) _
    Handles Button1.Click
    Dim Text = TextBox1.Text
    Dim client As New HttpClient()
```

```
        Dim ub As New UriBuilder("https://www.google.co.jp/search")
        Dim query = System.Web.HttpUtility.ParseQueryString("")
        query.Add("q", System.Web.HttpUtility.UrlPathEncode(Text))
        query.Add("hl", "jp")
        ub.Query = query.ToString()
        Try
            Dim response = Await client.GetAsync(ub.Uri)
            TextBox2.Text = Await response.Content.ReadAsStringAsync()
        Catch ex As Exception
            MessageBox.Show(ex.Message)
        End Try
    End Sub
```

Webサーバーからファイルをダウンロードする

デスクトップアプリでWebサーバーから指定ファイルをダウンロードするためには、**HttpClientクラス**の**GetByteArrayAsyncメソッド**でバイナリデータとしてダウンロードした後に、**Fileクラス**の**OpenWriteメソッド**でファイルに書き出します。

Webサーバーへの呼び出しはGETコマンドを使い、GetByteArrayAsyncメソッドでByte配列として取得ができます。

リスト1では、Button1（[ファイルをダウンロード] ボタン）がクリックされると、サーバーにアクセスしてバイナリデータをダウンロードしています。ダウンロードしたデータは、「sample-download.zip」という名前でカントディレクトリに保存しています。

リスト2は、ファイルをダウンロードさせるためのWeb APIのサンプルコードです。

▼実行結果

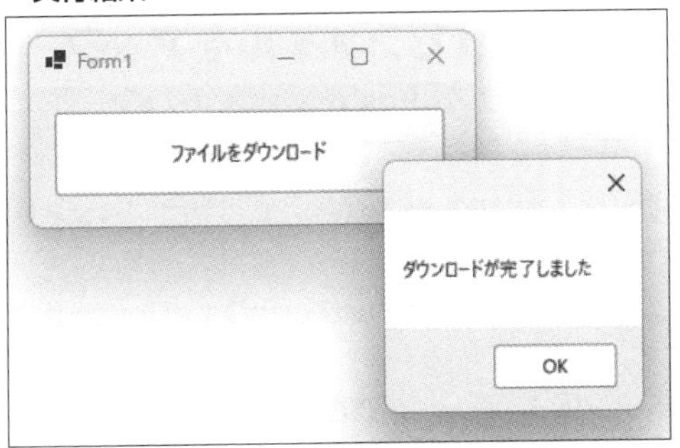

リスト1　Webサーバーからファイルをダウンロードする（ファイル名：net380.sln、Form1.vb）

```
Private Async Sub Button1_Click(sender As Object, e As EventArgs) _
    Handles Button1.Click
    Dim client As New HttpClient()
    Try
        ' 指定URLのファイルをダウンロードする
        Dim Data = Await client.GetByteArrayAsync(
                "http://localhost:5000/api/Gyakubiki/donwload/1")
        Dim fs = System.IO.File.OpenWrite("sample-download.zip")
        fs.Write(Data, 0, Data.Length)
        fs.Close()
        MessageBox.Show("ダウンロードが完了しました")
    Catch ex As Exception
        ' URLが不正の場合は例外が発生する
        MessageBox.Show(ex.Message)
    End Try
End Sub
```

リスト2　Webサーバーでファイルをダウンロードさせる（ファイル名：net380.sln、netserver.vbproj、Controllers/GyakubikiController.vb）

```
<HttpGet("donwload/{id}")>
Public Function FileDownload(Optional id As Integer = 0) As
IActionResult
    ' 実際はidにより、ダウンロードするファイルを切り替える
    Dim Path = "sample.zip"
    Dim Content = System.IO.File.OpenRead(Path)
    Dim ContentType = "APPLICATION/octet-stream"
    Dim fileName = "sample.zip"
    Return File(Content, ContentType, fileName)
End Function
```

Tips 381　▶Level ●●　▶対応 COM PRO

Webサーバーへファイルをアップロードする

ここがポイントです！　デスクトップアプリでファイルをアップロード（HttpClientクラス、PostAsyncメソッド）

　デスクトップアプリからバイナリデータやファイルをWebサーバーにアップロードするためには、**HttpClientクラス**の**PostAsyncメソッド**を使います。

　PostAsyncメソッドに渡すコンテンツオブジェクトは、**MultipartFormDataContentクラス**で作成します。

　ブラウザーで利用する［ファイルを選択］ボタンのように、inputタグと同じ動作を行うため、MultipartFormDataContentオブジェクトに**Addメソッド**を使ってコンテンツを追加

するときは、名前をWebサーバー側の名前とマッチさせます。

WebサーバーをASP.NET Coreで作成する場合には、リスト2のようにIFormFileインターフェイスの引数と名前を合わせておきます。

リスト1では、Button1([ファイルをアップロード] ボタン) がクリックされると、Webサーバーに「sample-upload.zip」ファイルをアップロードしています。MultipartFormDataContentクラスに紐付ける名前は「zipfile」としています。

リスト2は、アップロードされたデータを受信するコントローラーです。バイナリデータは、IFormFileインターフェイスを使って受信できます。引数の名前は「zipfile」のように、MultipartFormDataContentクラスの紐付けと合わせています。

▼実行結果

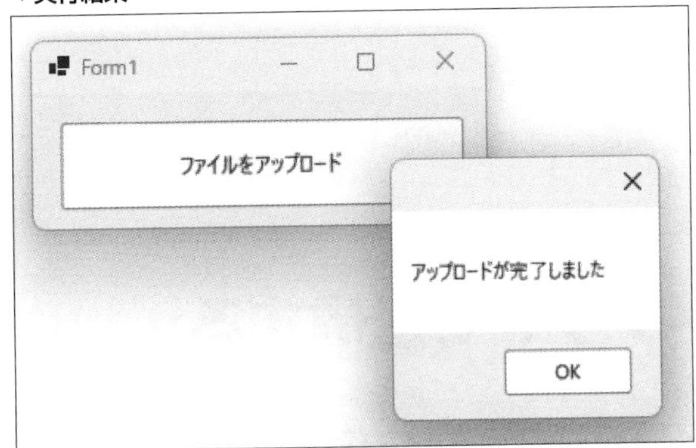

リスト1　Webサーバーへアップロードする (ファイル名：net381.sln、Form1.vb)

```
Private Asyznc Sub Button1_Click(sender As Object, e As EventArgs) _
    Handles Button1.Click
    Dim Url = "http://localhost:5000/api/Gyakubiki/upload"
    Dim Path = "sample-upload.zip"
    Dim FileStream = System.IO.File.OpenRead(Path)

    Dim MultipartContent As New MultipartFormDataContent()
    MultipartContent.Add(New StreamContent(FileStream),
      "zipfile", Path)
    MultipartContent.Headers.ContentDisposition =
        New ContentDispositionHeaderValue("form-data") With {
            .Name = "zipfile", .FileName = Path}
    Dim client As New HttpClient()
    Try
        Dim response = Await client.PostAsync(Url, MultipartContent)
        If response.IsSuccessStatusCode Then
            MessageBox.Show("アップロードが完了しました")
        Else
            MessageBox.Show("アップロードに失敗しました")
        End If
    Catch ex As Exception
```

```
            ' アップロードが異常の場合は例外が発生する
            MessageBox.Show(ex.Message)
        End Try
    End Sub
```

リスト2　Webサーバーでファイルをダウンロードさせる（ファイル名：net381.sln、netserver.vbproj、Controllers/GyakubikiController.vb）

```
<HttpPost("upload")>
Public Async Function FileUpload(
  zipfile As IFormFile) As Task(Of IActionResult)
    Dim Path = "sample.zip"
    Using stream = System.IO.File.Create(Path)
        Await zipfile.CopyToAsync(stream)
    End Using
    Return Ok()
End Function
```

GETメソッドで送信する

ここがポイントです！

HTTPプロトコルのGETメソッド
（HttpClientクラス、GetStringAsyncメソッド）

HTTPプロトコルのGETメソッドを利用してWebサーバーにアクセスするためには、**HttpClientクラス**の**GetStringAsyncメソッド**を使います。

GetStringAsyncメソッドにURLを指定したUriオブジェクトを渡すことで、Webサーバーに簡単にアクセスができます。

GetStringAsyncメソッドは非同期メソッドなので、同期的に処理を行う場合は、Awaitキーワードを使います。

リスト1では、Button1（[実行] ボタン）がクリックされると、ローカルコンピューター（localhost）に起動したWeb APIサービスを呼び出しています。

リスト2は、ASP.NET MVCで作成したWeb APIサービスの例です。

▼実行結果

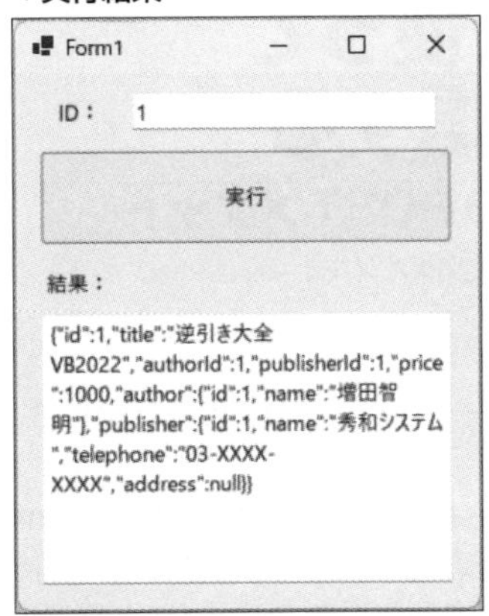
Form1
ID：
1
実行
結果：
{"id":1,"title":"逆引き大全VB2022","authorId":1,"publisherId":1,"price":1000,"author":{"id":1,"name":"増田智明"},"publisher":{"id":1,"name":"秀和システム","telephone":"03-XXXX-XXXX","address":null}}

リスト1 GETメソッドで呼び出す（ファイル名：net382.sln、Form1.vb）

```
Private Async Sub Button1_Click(sender As Object, e As EventArgs) _
    Handles Button1.Click
    Dim id = Integer.Parse(TextBox1.Text)
    Dim cl As New HttpClient()
    Dim Url = $"http://localhost:5000/api/Gyakubiki/{id}"
    Dim response = Await cl.GetStringAsync(Url)
    TextBox2.Text = response
End Sub
```

リスト2 GETメソッドで呼び出される（ファイル名：netserver.vbproj、Controllers/GyakubikiController.vb）

```
<HttpGet("{id}")>
Public Function GetData(id As Integer) As Book

    Dim book = books.FirstOrDefault(Function(x) x.Id = id)
    If book Is Nothing Then
        Return Nothing
    Else
        book.Author = authors.FirstOrDefault(
          Function(x) x.Id = book.AuthorId)
        book.Publisher = publishers.FirstOrDefault(
          Function(x) x.Id = book.PublisherId)
        Return book
    End If
End Function
```

Tips
383
Level
対応
COM
PRO

POSTメソッドを使ってフォーム形式で送信する

ここがポイントです！

HTTPプロトコルのPOSTメソッド

（HttpClientクラス、PostAsyncメソッド、FormUrlEncodedContentクラス）

　HTTPプロトコルのPOSTメソッドを利用してWebサーバーにアクセスするためには、**HttpClientクラス**の**PostAsyncメソッド**を使います。

　PostAsyncメソッドに、URLを指定した**Uriオブジェクト**と**FormUrlEncodedContentオブジェクト**を渡します。FormUrlEncodedContentオブジェクトは、キーと値のペアを持つ辞書型のオブジェクトになります。ユーザーがブラウザーを利用してフォームに入力したときと同じ動作になります。

　PostAsyncメソッドは非同期メソッドなので、同期的に処理を行う場合は、Awaitキーワードを使います。

　リスト1では、Button1（[実行] ボタン）がクリックされると、ローカルコンピューター（localhost）に起動したWeb APIサービスを呼び出しています。

　リスト2は、ASP.NET MVCで作成したWeb APIサービスの例です。

▼実行結果

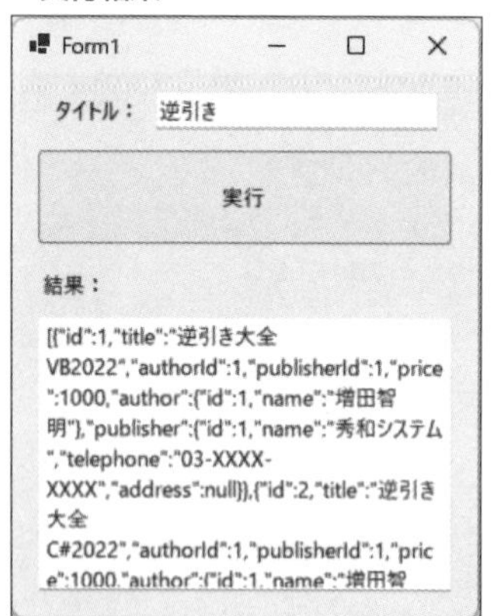
Form1
タイトル：
逆引き
実行
結果：
[{"id":1,"title":"逆引き大全VB2022","authorId":1,"publisherId":1,"price":1000,"author":{"id":1,"name":"増田智明"},"publisher":{"id":1,"name":"秀和システム","telephone":"03-XXXX-XXXX","address":null}},{"id":2,"title":"逆引き大全C#2022","authorId":1,"publisherId":1,"price":1000,"author":{"id":1,"name":"増田智

リスト1　POSTメソッドで呼び出す（ファイル名：net383.sln、Form1.vb）

```
Private Async Sub Button1_Click(sender As Object, e As EventArgs) _
    Handles Button1.Click
    Dim cl As New HttpClient()
    Dim Url = $"http://localhost:5000/api/Gyakubiki/search"
    Dim dic = New Dictionary(Of String, String)()
    dic.Add("Title", TextBox1.Text)
    Dim context = New FormUrlEncodedContent(dic)
    Dim response = Await cl.PostAsync(Url, context)
```

```
    TextBox2.Text = Await response.Content.ReadAsStringAsync()
End Sub
```

リスト2 POSTメソッドで呼び出される(ファイル名:netserver.vbproj、Controllers/GyakubikiController.vb)

```
<HttpPost("search")>
Public Function Search(<FromForm> title As String) As List(Of Book)
    Dim items = books.Where(Function(x) x.Title.Contains(title)).
ToList()
    For Each it In items
        it.Author = authors.FirstOrDefault(Function(x) x.Id = it.
AuthorId)
        it.Publisher = publishers.FirstOrDefault(Function(x) x.Id =
it.PublisherId)
    Next
    Return books
End Function
```

POSTメソッドを使って JSON形式で送信する

ここがポイントです!

HTTPプロトコルのPOSTメソッド

(HttpClientクラス、PostAsyncメソッド、JsonConvertクラス、StringContentクラス)

HTTPプロトコルのPOSTメソッドを利用してWebサーバーにアクセスするためには、**HttpClientクラス**の**PostAsyncメソッド**を使います。

PostAsyncメソッドでJSON形式のデータを送る場合は、**System.Text.Json名前空間**の**JsonSerializerクラス**を使います。**Serializeメソッド**を使うことにより、任意のオブジェクトをJSON形式の文字列に変換できます。

サーバーに送信するときは、コンテンツタイプ(ContentType)を「application/json」に指定します。

PostAsyncメソッドは非同期メソッドなので、同期的に処理を行う場合は、Awaitキーワードを使います。

リスト1では、Button1([実行]ボタン)がクリックされると、ローカルコンピューター(localhost)に起動したWeb APIサービスを呼び出しています。

▼実行結果

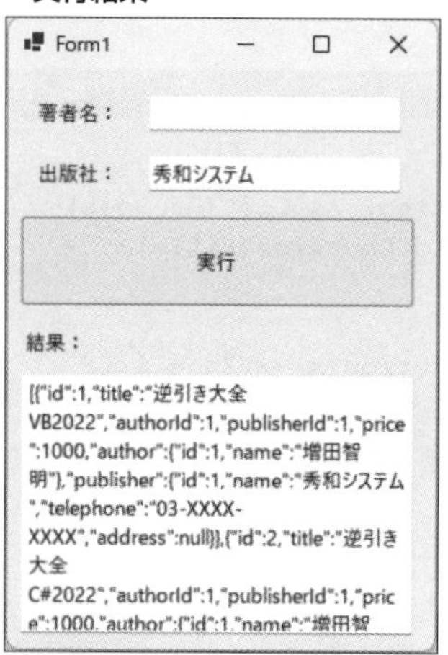

Form1
著者名：
出版社：
秀和システム
実行
結果：
[{"id":1,"title":"逆引き大全
VB2022","authorId":1,"publisherId":1,"price
":1000,"author":{"id":1,"name":"増田智
明"},"publisher":{"id":1,"name":"秀和システム
","telephone":"03-XXXX-
XXXX","address":null}},{"id":2,"title":"逆引き
大全
C#2022","authorId":1,"publisherId":1,"pric

リスト1　POSTメソッドで呼び出す（ファイル名：net384.sln、Form1.vb）

```
Private Async Sub Button1_Click(sender As Object, e As EventArgs) _
    Handles Button1.Click
    Dim author = TextBox1.Text
    Dim Publisher = TextBox2.Text
    Dim item = New SearchItem With
    {
        .AuthorName = author,
        .PublisherName = Publisher,
    }

    Dim cl As New HttpClient()
    Dim Url = $"http://localhost:5000/api/Gyakubiki/searchJson"
    Dim Json = JsonSerializer.Serialize(item)
    Dim context = New StringContent(Json)
    context.Headers.ContentType = New System.Net.Http.Headers
      .MediaTypeHeaderValue("application/json")
    Dim response = Await cl.PostAsync(Url, context)
    TextBox3.Text = Await response.Content.ReadAsStringAsync()
End Sub

Public Class SearchItem
    Public Property AuthorName As String
    Public Property PublisherName As String
End Class
```

リスト2　POSTメソッドで呼び出される（ファイル名：netserver.vbproj、Controllers/GyakubikiController.vb）

```
<HttpPost("searchJson")>
Public Function SearchJson(<FromBody> item As SearchItem)
  As List(Of Book)
    If item Is Nothing Then
        Return New List(Of Book)()
```

```
        End If

        Dim items As New List(Of Book)()

        ' 著者名が指定された場合
        If item.AuthorName <> "" Then
            Dim Author = authors.FirstOrDefault(
              Function(t) t.Name = item.AuthorName)
            If Not Author Is Nothing Then
                items = books.Where(
                  Function(t) t.AuthorId = Author.Id).ToList()
            End If
            ' 出版社名が指定された場合
        ElseIf item.PublisherName <> "" Then
            Dim Publisher = publishers.FirstOrDefault(
              Function(t) t.Name = item.PublisherName)
            If Not Publisher Is Nothing Then
                items = books.Where(
                  Function(t) t.PublisherId = Publisher.Id).ToList()
            End If
        End If
        For Each it In items

            it.Author = authors.FirstOrDefault(
              Function(x) x.Id = it.AuthorId)
            it.Publisher = publishers.FirstOrDefault(
              Function(x) x.Id = it.PublisherId)
        Next
        Return items
    End Function
```

戻り値をJSON形式で処理する

ここがポイントです！

HTTPプロトコルでJSON形式を処理

(HttpClientクラス、GetStringAsyncメソッド、JsonSerializerクラス)

HTTPプロトコルのGETメソッドで取得したJSON形式のデータは、Visual Basicのオブジェクトに変換できます。

Webサーバーの戻り値をJSON形式にすると、クライアント側で**JsonSerializerクラス**を利用して各データを値クラスにコンバートできます。

あらかじめコンバート先の値クラスを用意しておき、GETあるいはPOSTメソッドの戻り値をJsonSerializerクラスの**Deserializeメソッド**でコンバートします。

リスト1では、Button1([実行] ボタン) がクリックされると、ローカルコンピューター(localhost) に起動したWeb APIサービスを呼び出しています。Bookクラスにデシリアライズしています。

▼実行結果

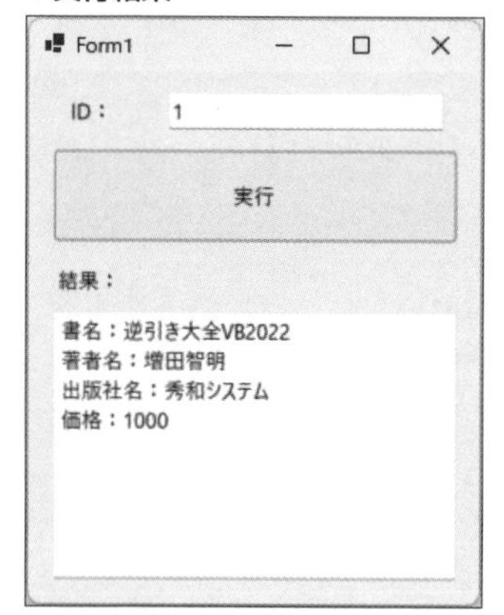

リスト1　GETメソッドで呼び出す (ファイル名：net385.sln、Form1.vb)

```
Imports System.Xml.Serialization
Imports System.Text.Json

Private Async Sub Button1_Click(sender As Object, e As EventArgs) _
    Handles Button1.Click
    Dim id = Integer.Parse(TextBox1.Text)
    Dim cl As New HttpClient()
    Dim url = $"http://localhost:5000/api/Gyakubiki/{id}"
    Dim response = Await cl.GetStringAsync(url)
    ' JSONの大文字小文字を区別せずにデシリアライズする
    Dim options = New JsonSerializerOptions With
    {
        .PropertyNameCaseInsensitive = True
    }
    Dim book = JsonSerializer.Deserialize(Of Book)(response, options)
    If Not book Is Nothing Then
        TextBox2.Text =
$"書名：{book.Title}
著者名：{book.Author?.Name}
出版社名：{book.Publisher?.Name}
価格：{book.Price}
"
    End If
End Sub

''' 書籍クラス
```

```
Public Class Book
    Public Property Id As Integer
    Public Property Title As String
    Public Property AuthorId As Integer?
    Public Property PublisherId As Integer?
    Public Property Price As Integer

    Public Property Author As Author
    Public Property Publisher As Publisher
End Class
```

さらにワンポイント　JSON形式ではプロパティ名では小文字が使われていますが、Visual Basicではプロパティ名が大文字（キャメルケース）で始まっています。このコンバートを自動的に行うために、JsonSerializerOptionsクラスで大文字小文字を区別せずにデシリアライズするオプションを利用します。

戻り値をXML形式で処理する

ここがポイントです！

HTTPプロトコルでXML形式を処理

（HttpClientクラス、GetStringAsyncメソッド、XmlSerializerクラス）

HTTPプロトコルのGETメソッドで取得したXML形式のデータは、Visual Basicのオブジェクトに変換できます。

Webサーバーの戻り値をXML形式にすると、クライアント側で**XmlSerializerクラス**を利用して各データを値クラスにコンバートできます。

あらかじめコンバート先の値クラスを用意しておき、GETあるいはPOSTメソッドの戻り値をXmlSerializerクラスの**Deserializeメソッド**でコンバートします。

リスト1では、Button1（[実行] ボタン）がクリックされると、ローカルコンピューター（localhost）に起動したWeb APIサービスを呼び出しています。Bookクラスにデシリアライズしています。

▼実行結果

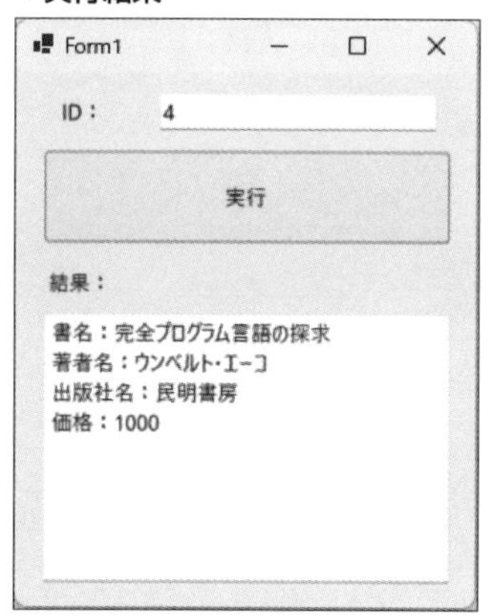

リスト1 GETメソッドで呼び出す（ファイル名：net386.sln、Form1.vb）

```
Imports System.Xml.Serialization

Private Async Sub Button1_Click(sender As Object, e As EventArgs) _
    Handles Button1.Click
    Dim id = Integer.Parse(TextBox1.Text)
    Dim cl As New HttpClient()
    Dim url = $"http://localhost:5000/api/Gyakubiki/{id}/xml"
    Dim response = Await cl.GetStringAsync(url)
    Dim serializer = New XmlSerializer(GetType(Book))
    Dim sr As New StringReader(response)
    Dim book As Book = serializer.Deserialize(sr)
    If Not book Is Nothing Then
        TextBox2.Text =
$"書名：{book.Title}
著者名：{book.Author?.Name}
出版社名：{book.Publisher?.Name}
価格：{book.Price}
"
    End If
End Sub

''' 書籍クラス
Public Class Book
    Public Property Id As Integer
    Public Property Title As String
    Public Property AuthorId As Integer?
    Public Property PublisherId As Integer?
    Public Property Price As Integer

    Public Property Author As Author
    Public Property Publisher As Publisher
End Class
```

ヘッダーにコンテンツタイプを設定する

ここがポイントです！

HTTPプロトコルでコンテンツタイプを指定
(ContentTypeプロパティ、MediaTypeHeaderValueクラス)

HttpClientクラスのPostAsyncメソッドなどでデータを送信する場合、**コンテンツタイプ**（Content-Type）を指定する必要があります。

Webサーバーのアプリケーションによっては、自動でコンテンツタイプを判断するものもありますが、明示的に指定しておくことで、データの種類を限定できます。

コンテンツタイプは、**MediaTypeHeaderValueクラス**で作成します。

また、コンテンツタイプは、HTTPプロトコルのヘッダー部に追加します。StringContentクラスなのでコンテンツのオブジェクトを作成した後に、Headersコレクションに追加します。コンテンツタイプは、**ContentTypeプロパティ**に設定します。

リスト1では、Button1（[実行] ボタン）がクリックされると、ローカルコンピューター（localhsot）で動作しているWebサーバーに対して、コンテンツタイプを「application/json」にしてPOST送信しています。

▼実行結果

Form1
著者名：
出版社：秀和システム
実行
結果：
逆引き大全VB2022 1000円
逆引き大全C#2022 1000円

主なコンテンツタイプ

値	内容
text/plain	テキスト形式
text/csv	CSV形式
text/html	HTML形式
application/json	JSON形式
application/xml	XML形式
image/jpeg	JPEG形式のファイル

image/png	PNG形式のファイル
image/gif	GIF形式のファイル

リスト1　コンテンツタイプを指定して送信する（ファイル名：net387.sln、Form1.vb）

```
Imports System.Text.Json

Private Async Sub Button1_Click(sender As Object, e As EventArgs) _
    Handles Button1.Click
    Dim author = TextBox1.Text
    Dim publisher = TextBox2.Text
    Dim item As New SearchItem With
    {
        .AuthorName = author,
        .PublisherName = publisher
    }
    Dim cl As New HttpClient()
    Dim url = $"http://localhost:5000/api/Gyakubiki/searchApiKey"
    Dim Json = JsonSerializer.Serialize(item)
    Dim context = New StringContent(Json)
    ' コンテキストタイプを指定する
    context.Headers.ContentType = New System.Net.Http.Headers
      .MediaTypeHeaderValue("application/json")
    Dim response = Await cl.PostAsync(url, context)
    Json = Await response.Content.ReadAsStringAsync()
    ' JSONの大文字小文字を区別せずにデシリアライズする
    Dim options = New JsonSerializerOptions With
    {
        .PropertyNameCaseInsensitive = True
    }
    Dim books = JsonSerializer
      .Deserialize(Of List(Of Book))(Json, options)
    ListBox1.Items.Clear()
    If Not books Is Nothing Then
        For Each it In books
            ListBox1.Items.Add($"{it.Title} {it.Price}円")
        Next
    End If
End Sub
```

ヘッダーに追加の設定を行う

HTTPプロトコルで独自のヘッダーを指定
(HttpContentクラス、Headersコレクション)

HTTPプロトコルでヘッダー部に独自の設定を行う場合は、**HttpContentクラス**の**Headerコレクション**に設定を追加します。

Headersコレクションに名前(name)と値(value)をペアにして文字列で渡します。

リスト1では、Button1([実行]ボタン)がクリックされると、Webサーバーに対して「X-API-KEY」という名前でAPIキーを設定しています。Webサーバーのアプリケーションでは、このAPIキーを調べてセキュリティを保つことができます。

▼実行結果

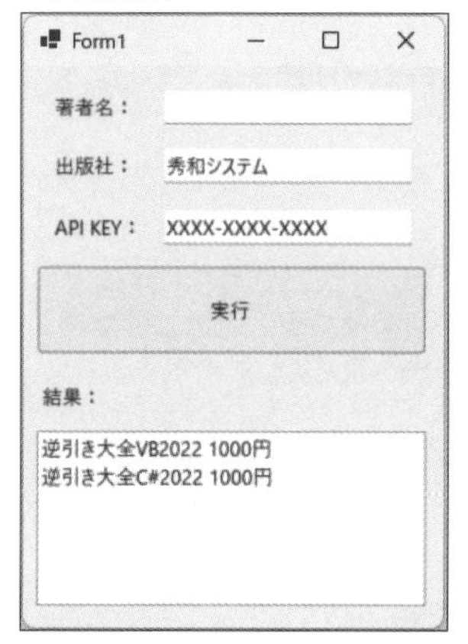

リスト1　ヘッダーに独自の設定を行って送信する(ファイル名:net388.sln、Form1.vb)

```
Private Async Sub Button1_Click(sender As Object, e As EventArgs) _
    Handles Button1.Click
    Dim author = TextBox1.Text
    Dim publisher = TextBox2.Text
    Dim apikey = TextBox3.Text
    Dim item As New SearchItem With
    {
        .AuthorName = author,
        .PublisherName = publisher
    }
    Dim cl As New HttpClient()
    Dim url = $"http://localhost:5000/api/Gyakubiki/searchApiKey"
    Dim Json = JsonSerializer.Serialize(item)
```

```
        Dim context = New StringContent(Json)
        ' API-KEYを指定する
        context.Headers.Add("X-API-KEY", apikey)
        context.Headers.ContentType = New System.Net.Http.Headers
          .MediaTypeHeaderValue("application/json")
        Dim response = Await cl.PostAsync(url, context)
        If response.StatusCode <> System.Net.HttpStatusCode.OK Then
            MessageBox.Show($"Error: {response.ReasonPhrase}")
            Return
        End If
        Json = Await response.Content.ReadAsStringAsync()
        ' JSONの大文字小文字を区別せずにデシリアライズする
        Dim options = New JsonSerializerOptions With
        {
            .PropertyNameCaseInsensitive = True
        }
        Dim books = JsonSerializer
          .Deserialize(Of List(Of Book))(Json, options)
        ListBox1.Items.Clear()
        If Not books Is Nothing Then
            For Each it In books
                ListBox1.Items.Add($"{it.Title} {it.Price}円")
            Next
        End If
    End Sub
```

さらに ワンポイント

HTTPプロトコルのヘッダー部は、一般的にユーザーの目に触れることはないため、APIキーなどのアプリケーション特有のデータを送るために使います。

ただし、プロトコルのデータはツールを使えば簡単に閲覧ができるため、ユーザー名やパスワードなどの秘密キーを送るときには暗号化するなどの工夫が必要です。

Tips 389 ▶Level ●● ▶対応 COM PRO

クッキーを有効にする

ここがポイントです!

HTTPプロトコルのクッキー情報を有効化
(HttpClientHandlerハンドラー、UseCookiesプロパティ)

HttpClientクラスでは、初期状態では**クッキー情報**が無効になっています。

これを有効にするためには、HttpClientのインスタンスを生成するときに、**HttpClientHandlerハンドラー**を渡します。このHttpClientHandlerハンドラー内で、**UseCookiesプロパティ**の値をTrueに設定します。

▼HttpClientHandlerハンドラーの設定

```
Dim cl As New HttpClient(
  New HttpClientHandler() With {
    .UseCookies = True })
```

クッキー情報は、HTTPプロトコルのヘッダー部にクライアントとWebサーバーの間で共通のキー情報をやり取りします。このキー情報には、クッキー情報の有効期限なども含まれます。

クッキー情報を複数のセッションで有効にするために、HttpClientクラスのインスタンスを使いまわします。そのため、別途フィールドなどを使って、オブジェクトを解放されないようにキープしておきます。

リスト1では、Button1（[実行] ボタン）がクリックされると、Webサーバーに対してクッキー情報を有効化しています。

▼実行結果

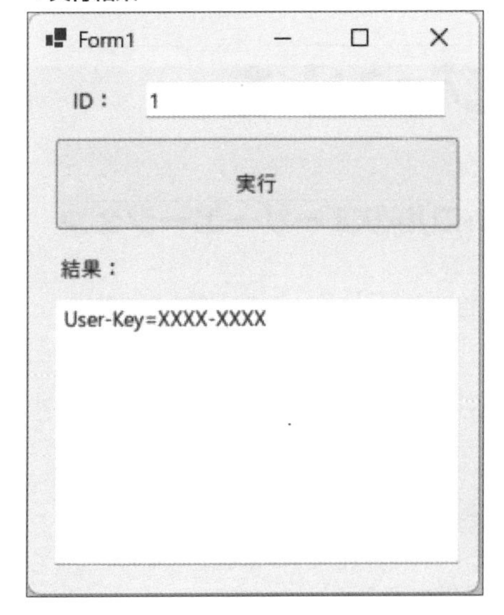

リスト1　ヘッダーにクッキーを設定する（ファイル名：net389.sln、Form1.vb）

```
Private _cl As HttpClient
Private _cookie As CookieContainer

Public Sub New()
    InitializeComponent()
    AddHandler Me.Load,
        Sub()
            ' クッキーを再利用するため
            _cookie = New CookieContainer()
            _cl = New HttpClient(New HttpClientHandler() With
            {
```

```
                .UseCookies = True,
                .CookieContainer = _cookie
            })
        End Sub
End Sub

Private Async Sub Button1_Click(sender As Object, e As EventArgs) _
    Handles Button1.Click
    Dim id = Integer.Parse(TextBox1.Text)
    Dim url = $"http://localhost:5000/api/Gyakubiki/checkCookie"
    Dim response = Await _cl.GetStringAsync(url)
    Dim userkey =
      _cookie.GetCookies(New Uri(url))("User-Key")?.ToString()
    TextBox2.Text = userkey
End Sub
```

ユーザーエージェントを設定する

ここがポイントです！

HTTPプロトコルのユーザーエージェントを設定

（DefaultRequestHeadersコレクション、User-Agent）

ブラウザーがWebサーバーに接続する場合、**ユーザーエージェント**（User-Agent）を設定します。Webサーバーでは、このユーザーエージェントを調べてブラウザーに適切なHTML形式のデータなどを返します。

HttpClientクラスでは、通常の呼び出しを行ったときはユーザーエージェントが設定されていません。そのために、Webサーバーが適切なデータを返してくれないことがあります。これを防ぐために、明示的にユーザーエージェントを設定する必要があります。

ユーザーエージェントは、**HttpClientクラス**の**DefaultRequestHeadersコレクション**に追加をします。コンテンツタイプと同じように、名前を「User-Agent」として、適切な値を設定します。

リスト1では、Button1（[実行] ボタン）がクリックされると、Webサーバーに対して「Gyakubiki-App」というユーザーエージェントを設定して呼び出しています。

▼実行結果

リスト1 ヘッダーにユーザーエージェントを設定する（ファイル名：net390.sln、Form1.vb）

```
Private Async Sub Button1_Click(sender As Object, e As EventArgs) _
    Handles Button1.Click
    Dim id = Integer.Parse(TextBox1.Text)
    Dim Url = $"http://localhost:5000/api/Gyakubiki/checkUserAgent"
    Dim cl = New HttpClient()
    cl.DefaultRequestHeaders.Add("User-Agent", "Gyakubiki-App")
    Dim response = Await cl.GetStringAsync(Url)
    TextBox2.Text = response
End Sub
```

 Column

.NET Coreから.NET 6へ

本書では、.NET 6をベースにしてアプリケーション開発の解説をしています。

.NET Coreの後継である.NET 6（あるいは .NET 7）は、Windowsの動作環境に依存しないため、ほかの環境（LinuxやmacOS、Raspberry Pi）でも動かすことが可能です。グラフィック環境はそれぞれのOSによってかなり違いがでるため、ASP.NET MVCのようにWebサービスの動作環境として動かすことが多いでしょうが、.NET 6では、WPFなどのグラフィカルなUIも含まれ、.NET MAUIによるマルチプラットフォーム（Windows/Android/iOS/macOS）での動作が可能となっています。

.NET 6は、Visual Studio 2022と同時にインストールされますが、実行環境のみをインストールする場合は、「.NET のダウンロード」のWebサイト（https://dotnet.microsoft.com/download）を参照するとよいでしょう。Linuxでもさまざまなディストリビューションで動作ができるようになっています。

インターネットに接続していれば、初回のコンパイル時に自動的に.NET 6環境がインストールされるため実行環境を整えるのが非常に楽になっています。ぜひ試してみてください。

ASP.NETの極意

13-1 MVC

ASP.NET MVCプロジェクトを作成する

ここがポイントです！ ASP.NET MVCのプロジェクトを作成

ASP.NETテンプレートでは、ASP.NET MVCアプリケーションとWeb APIアプリケーションを作成できます。

Visual Basicでは、ASP.NET MVCアプリケーションを利用できます。MVCモデルは、Model-View-Controllerの略で、ユーザーインターフェイスを持つアプリケーション作成のためのフレームワークになります。

ASP.NET MVCアプリケーションを作成するには、次の手順で行います。

❶ ［ファイル］メニューから［新規作成］→［プロジェクト］を選択します。

❷ ［新しいプロジェクトの作成］ダイアログボックスが表示されます。テンプレートから［ASP.NET Webアプリケーション(.NET Framework)］を選択して（画面1）、［次へ］ボタンをクリックします。

▼画面1 新しいWebサイト

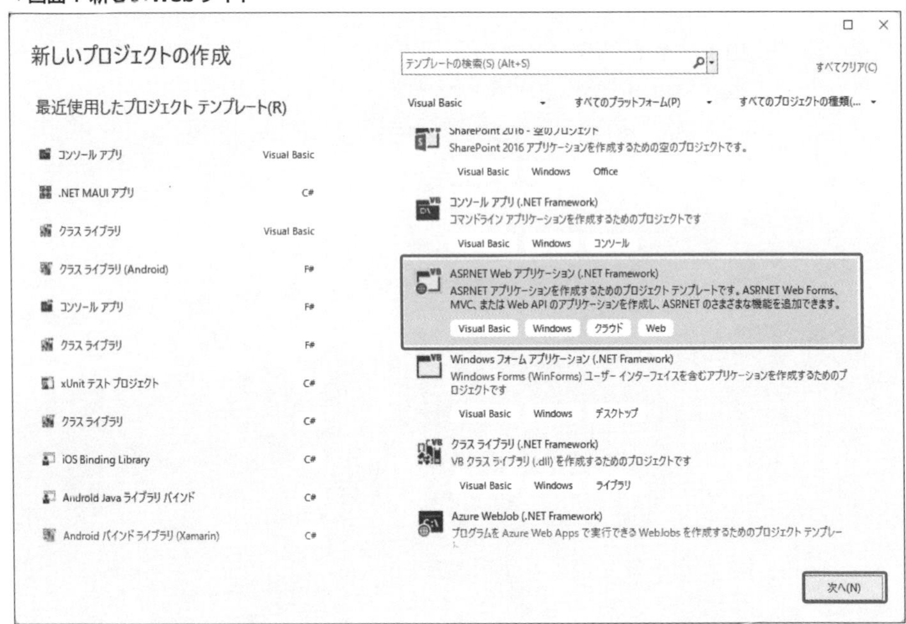

❸［場所］のテキストボックスに作成先のフォルダーを指定します。
❹［作成］ボタンをクリックすると、［新しいASP.NET Webアプリケーションを作成する］ダイアログが開かれます（画面2）。
❺テンプレートの選択で［MVC］を選択して、［作成］ボタンをクリックします。
❻プロジェクトが作成されます（画面3）。

▼画面2 新しいASP.NET Webアプリケーション

▼画面3 画面3 ASP.NET Webプロジェクト

さらにワンポイント　Visual Basicでは.NET 6で作成するASP.NET MVCアプリケーションのテンプレートは用意されていません。このため、従来型の.NET Frameworkで作成します。
Web APIは、独自のテンプレートを作成すればVisual Basicでも実行できるため、Tips418の「Web APIとは」は.NET 6用のプロジェクトテンプレートを使い、dotnet newコマンドで作成します。

ASP.NET MVCとは

ASP.NET MVCアプリケーションは、**Model-View-Controller**と呼ばれる３つのコンポーネントを組み合わせたアプリケーションの作成パターンになります。
MVCパターンは、Javaならば「Struts」、PHPならば「CakePHP」、Rubyならば「Ruby on Rails」という形でパターンが利用されています。
それぞれの実装の方法は、言語の仕様などにより異なりますが、共通しているものは、Webアプリケーションを Model-View-Controllerという３つのコンポーネントに分けて開発することです。

●Modelコンポーネント

Modelコンポーネントは、主にデータを扱うためのクラス群です。
ASP.NET MVCでは直接、データクラスを作成するほかに、ASP.NET Entity Frameworkを用いたデータベースのコンポーネントを利用する方法があります。
Entity Frameworkを利用した場合は、Modelクラスをプログラミングする手間を省けます。

●Viewコンポーネント

Viewコンポーネントは、ユーザーインターフェイスを表示するためのビューになります。
ASP.NET MVCでは、Razorと呼ばれるHTMLと組み合わせた記述言語を使えます。Razorでは、@（アットマーク）などを使って、ビューとコントローラーを結び付ける「@ViewData」やHTMLを簡単に記述できるヘルパークラスなどが用意されています。

●Controllerクラス

Controllerクラスは、ブラウザーのアドレスに直接、表示されるメソッドになります。
HTTPプロトコルのGETコマンドやPOSTコマンドを使って、コントローラークラスの各メソッドにアクセスをします。

MVCパターンでは、3つのコンポーネントに対して一定の命名規約を作ることで、より秩序だったWebアプリケーション開発ができるようになっています。

Visual Studioでは、それぞれのコンポーネントを自動生成するメニューが用意されています。これらのメニューを利用することで、手早くASP.NET MVCアプリケーションを作成することが可能です。

▼MVCパターン

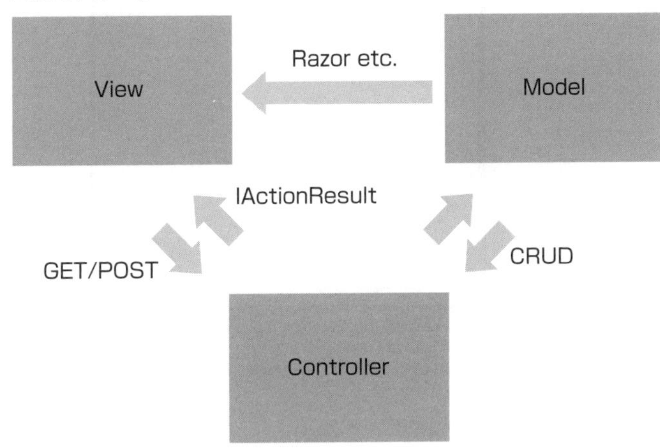

新しいビューを追加する

ここがポイントです！

ASP.NET MVCプロジェクトにビューを追加（MVCビューページ）

ASP.NET MVCアプリケーションでは、ビューの追加は「Views」フォルダーの下に作成します。

「Views」フォルダーの直下には、コントローラークラスと連携するためのフォルダーを作成しておきます。

新しいビューを作成する手順は、次の通りです。

❶ソリューションエクスプローラーで作成先のフォルダーを右クリックして、[追加] → [ビュー] を選択します（画面1）。
❷ [ビュー名] を入力して、テンプレートを選択します（画面2）。
❸ [追加] ボタンをクリックすると、新しいビューが作成されます。

リスト1では、新しいビューであるにタイトルを表示させています。

▼画面1 表示を選択

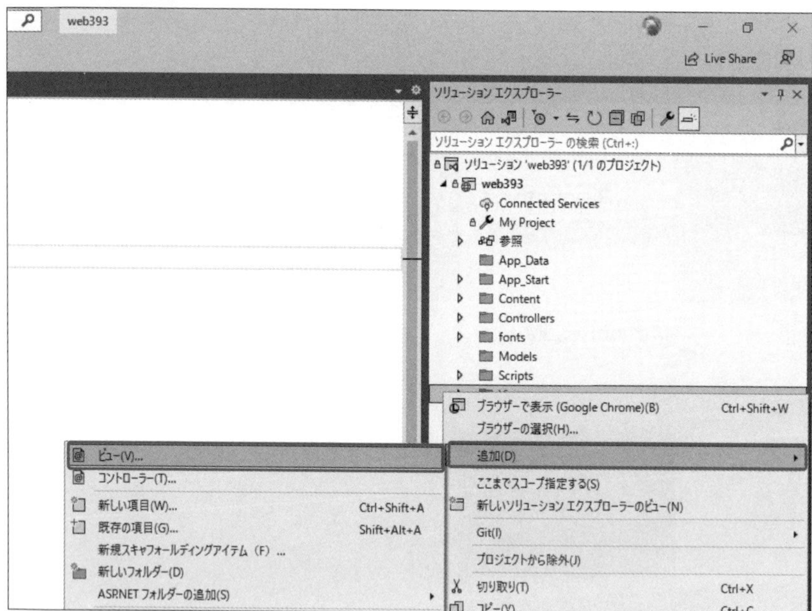

▼画面2 ビューの名前を指定

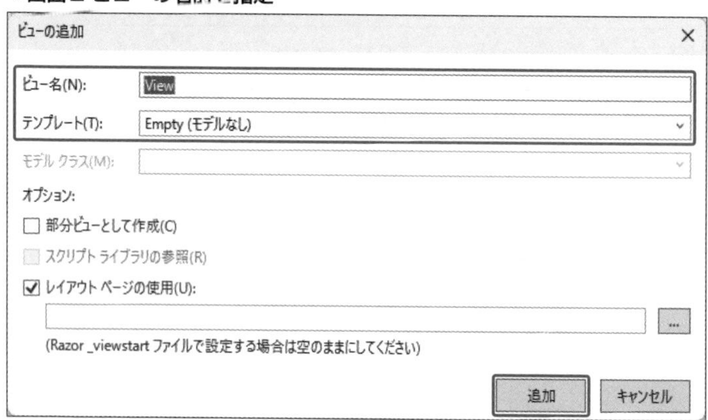

リスト1 ビューを作成する（ファイル名：web393.sln、Views/Home/Index2.vbhtml）

```
@Code
    ViewData("Title") = "新しいビューの追加"
End Code

<h2>新しいビュー</h2>
```

新しいコントローラーを追加する

ここがポイントです！ **ASP.NET MVCプロジェクトにコントローラーを追加**（コントローラーメニュー）

ASP.NET MVCアプリケーションのコントローラーは、「Controllers」フォルダーの下に作成します。

ブラウザーで指定されるアドレスやWeb APIのメソッド名がコントローラークラスのメソッドとして記述されます。

コントローラーの名前は、「<モデル名>Controller」と決められています。このモデル名の部分は、そのままブラウザーでアクセスするメソッド名となるため、注意して作成してください。

新しいコントローラーを作成する手順は、次の通りです。

❶ソリューションエクスプローラーで作成先のフォルダーを右クリックし、[追加] → [コントローラー] を選択します（画面1）。
❷ [新規スキャフォールディングアイテムの追加] ダイアログが表示されます。[MVC 5コントローラー 空] あるいは [読み取り/書き込みアクションがあるMVC 5コントローラー] を選択します（画面2）。
❸ [名前] 欄にコントローラー名を入力します。
❹ [追加] ボタンをクリックすると、新しいコントローラークラスが作成されます。

❷で [Entity Frameworkを使用した、ビューがあるMVC 5コントローラー] を選択したときは、連携するモデルクラスとデータコンテキスト（データベース接続など）を設定します（画面3）。

リスト1は、新規に作成されたコントローラークラスです。「http://servername/Home2」のように、ブラウザーでアクセスしたときに呼び出されるIndexメソッドになります。

▼画面1 [コントローラー] を追加

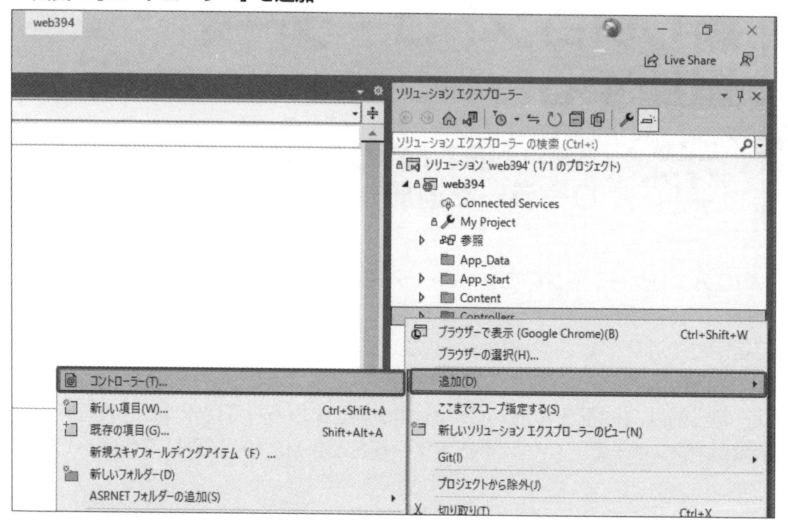

▼画面2 [新規スキャフォールディングアイテムの追加] ダイアログ

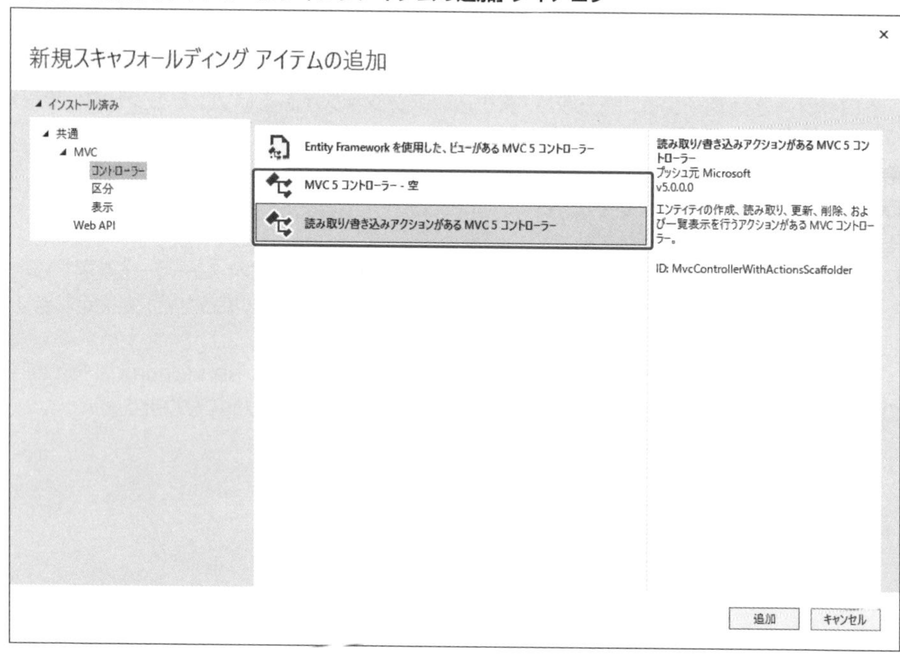

▼画面3 モデルクラスとの連携

コントローラーの追加

モデル クラス(M):

データ コンテキスト クラス(D):

非同期コントローラー アクションの使用(A)

ビュー:

ビューの生成(V)

スクリプト ライブラリの参照(R)

レイアウト ページの使用(U):

(Razor _viewstart ファイルで設定する場合は空のままにしてください)

コントローラー名(C):

追加　キャンセル

リスト1　コントローラーを追加する（ファイル名：web394.sln、Controlers/Home2Controller.vb）

```
Imports System.Web.Mvc

Namespace Controllers
    Public Class Home2Controller
        Inherits Controller

        ' GET: Home2
        Function Index() As ActionResult
            Return View()
        End Function
    End Class
End Namespace
```

新しいモデルを追加する

ここがポイントです！ **ASP.NET MVCプロジェクトにモデルを追加**（モデルクラス）

ASP.NET MVCアプリケーションのモデルは、「Models」フォルダーの下に作成します。モデルクラスは、コントローラークラスやビュークラスの名前のベースとなるクラスです。

Visual Studioでは、モデルクラスを作成するための特別なコンテキストメニューはありません。普通のクラスを作るように、コンテキストメニューから［クラス］メニューを選択して作ります。

新しいモデルを作成する手順は、次の通りです。

❶ソリューションエクスプローラーで「Models」フォルダーを右クリックして、[追加] → [クラス] を選択します（画面1）。
❷[新しい項目の追加] ダイアログボックスが表示されます。[名前] 欄にクラス名を入力し、[追加] ボタンをクリックします（画面2）。

リスト1では、SampleModelクラスを作成しています。このクラスにビューで表示するプロパティを設定していきます。

リスト2では、コントローラーを修正して、SampleModelオブジェクトをViewクラスのインスタンスに渡します。

リスト3では、コントローラーから渡されたモデルのTitleプロパティを表示させます。

▼画面1 クラスメニュー

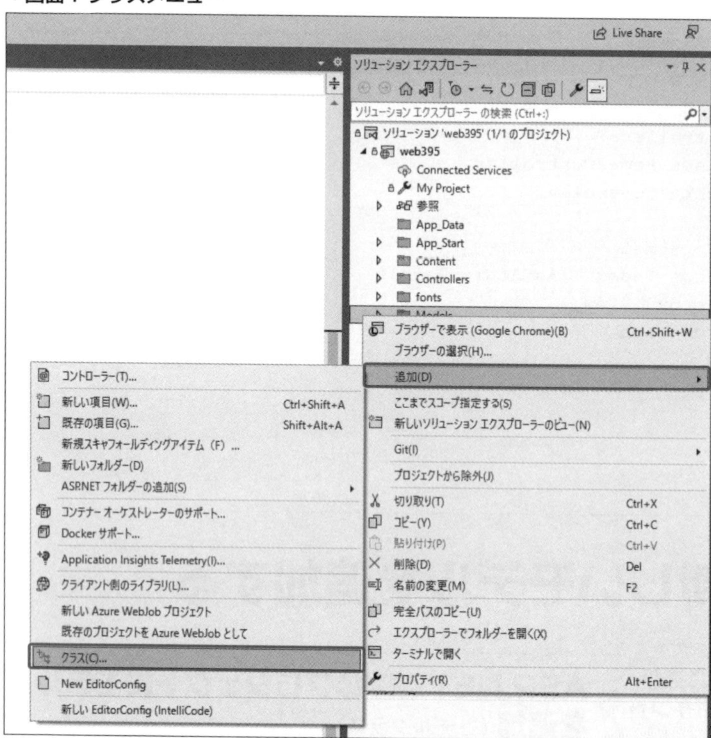

▼画面2 新しい項目の追加

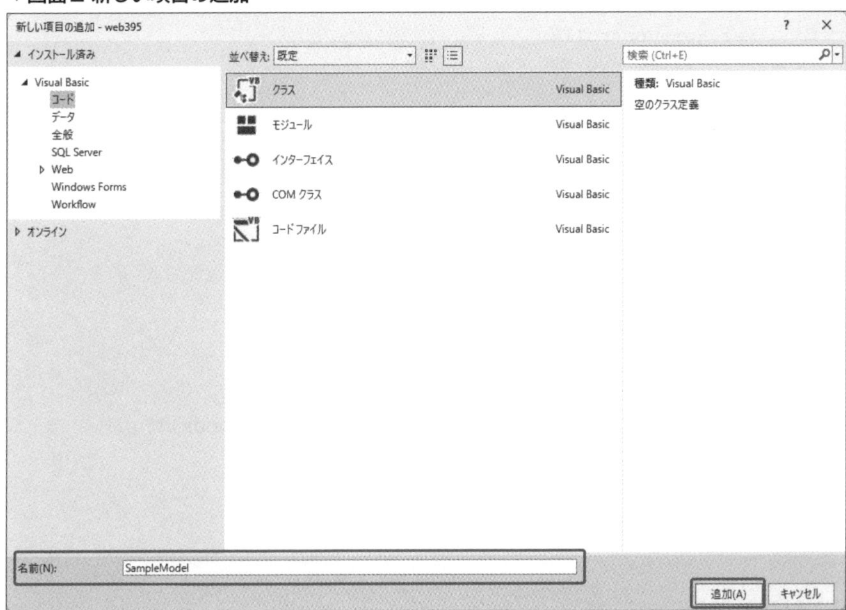

▼実行結果

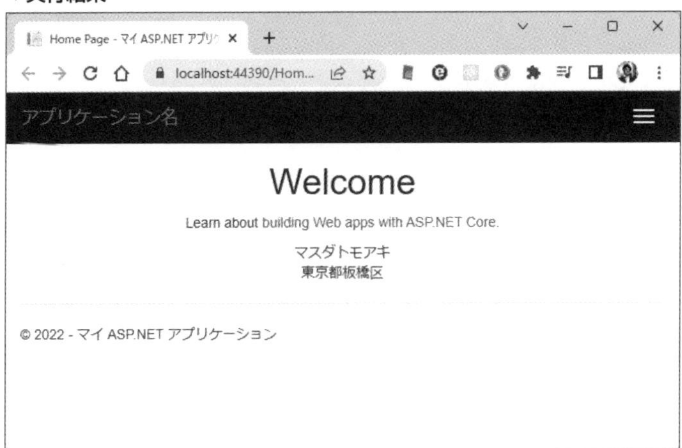

リスト1 モデルを追加する（ファイル名：web395.sln、Models/SampleModle.vb）

```
Public Class SampleModel
    Public Property Name As String
    Public Property Address As String
End Class
```

リスト2　コントローラーを修正する（ファイル名：web395.sln、Controllers/HomeController.vb）

```
Public Class HomeController
    Inherits System.Web.Mvc.Controller

    Function Index() As ActionResult
        Dim model = New SampleModel() With
        {
            .Name = "マスダトモアキ",
            .Address = "東京都板橋区"
        }
        Return View(model)
    End Function
    ...
End Class
```

リスト3　ビューを修正する（ファイル名：web395.sln、Views/Home/Index.vbhtml）

```
@ModelType SampleModel
@Code
    ViewData("Title") = "Home Page"
End Code

<div class="text-center">
    <h1 class="display-4">Welcome</h1>
    <p>Learn about <a href="https://docs.microsoft.com/aspnet/core">
      building Web apps with ASP.NET Core</a>.</p>

    <div>
        <div>@Model.Name</div>
        <div>@Model.Address</div>
    </div>
</div>
```

レイアウトを変更する

ここがポイントです！

MVCビュースタートページ、MVCビューレイアウトページの追加

ASP.NET MVCアプリケーションのビューで、共通レイアウトを利用できます。

MVCビューレイアウトページを使うことにより、各ビューで共通で利用されるタイトルやメニューなどをまとめて記述できます。

新しいビューレイアウトを追加する手順は、次の通りです。

❶ソリューションエクスプローラーで「Views/Shared」フォルダーを右クリックし、[追加]→[新しい項目]を選択します(画面1)。
❷[新しい項目の追加]ダイアログボックスで[MVC 5レイアウトページ(Razor)]を選択し、[名前]欄に項目名を入力し、[追加]ボタンをクリックします(画面2)。

ビューレイアウトでは、通常のビューを呼び出すために**@RenderBody()**を追加しておきます。作成時には、リスト1のようになります。

リスト2では、ビューレイアウトのタイトルを指定しています。

▼画面1 新しい項目メニュー

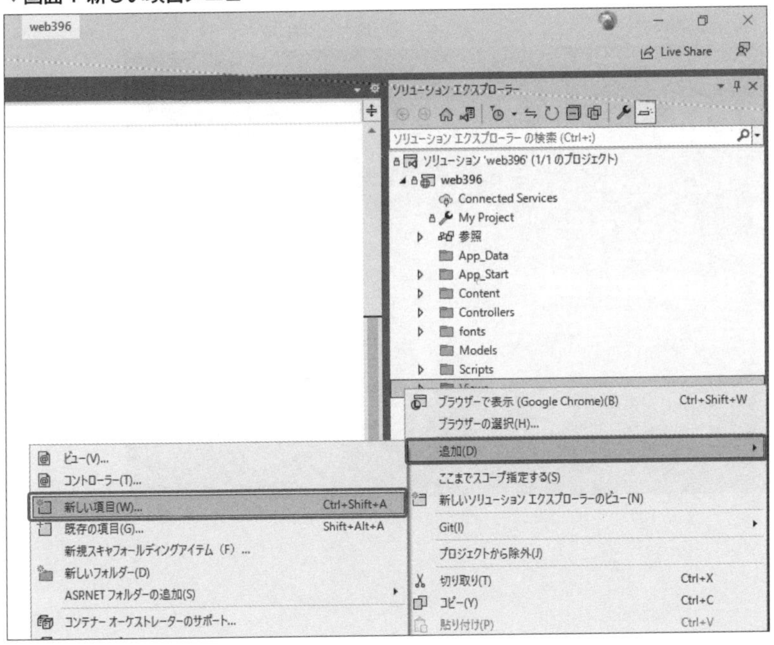

▼画面2 新しい項目の追加

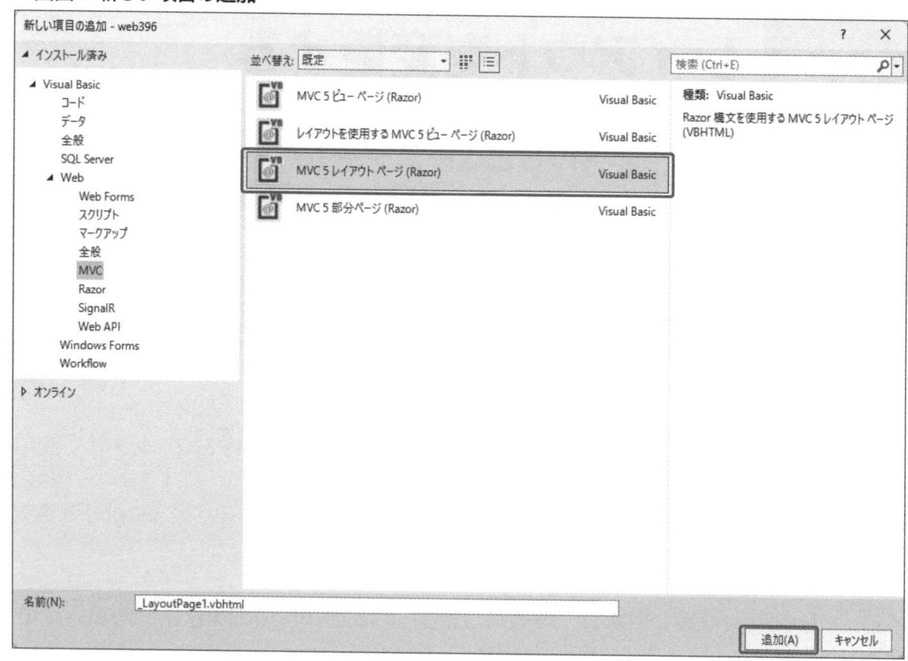

▼実行結果

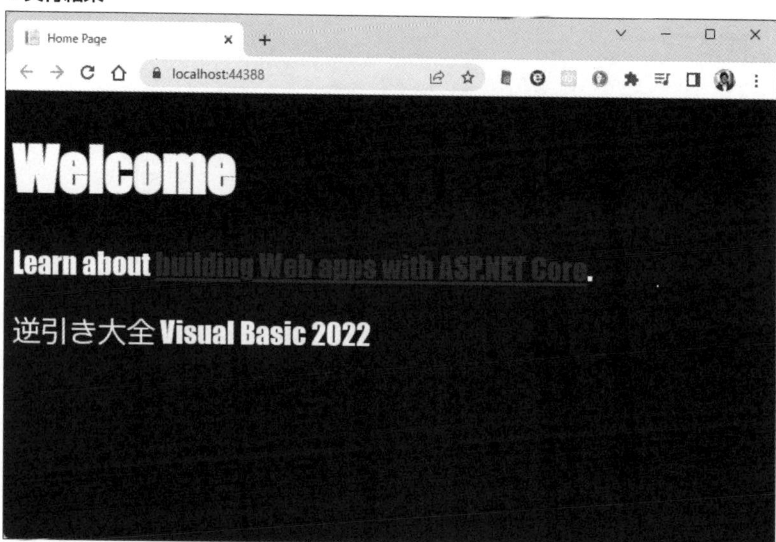

リスト1　MVCビューレイアウトページ（ファイル名：web396.sln、Views/Shared/_LayoutNew.vbhtml）

```
<!DOCTYPE html>

<html>
<head>
    <meta name="viewport" content="width=device-width" />
    <link rel="stylesheet" href="~/lib/bootstrap/dist/css/bootstrap.
min.css" />
    <link rel="stylesheet" href="~/css/site.css" asp-append-
version="true" />
    <title>@ViewBag.Title</title>
    <style>
        body {
            font-size: 30px;
            color: white;
            background-color: black;
            font-family: Impact;
        }
    </style>
</head>
<body>
    <div class="container">
        <main role="main" class="pb-3">
            @RenderBody()
        </main>
    </div>

    <footer class="border-top footer text-muted">
        <div class="container">
            逆引き大全 Visual Basic 2022
        </div>
    </footer>
</body>
</html>
```

リスト2　ビュー（ファイル名：web396.sln、Views/Home/Index.vbhtml）

```
@Code
    ViewData("Title") = "Home Page"
    ' レイアウトを変更する
    Layout = "../Shared/_LayoutNew.vbhtml"
End Code

<div class="text-center">
    <h1 class="display-4">Welcome</h1>
    <p>Learn about <a href="https://docs.microsoft.com/aspnet/core">
      building Web apps with ASP.NET Core</a>.</p>
</div>
```

ViewDataコレクションを使って変更する

ここがポイントです！
データを表示する
（ViewDataコレクション、ViewBagプロパティ）

ビューにデータを表示するときは、主にモデルクラスを使いますが、エラーメッセージなどの簡単なデータもモデルクラスに含めてしまうと、クラスが肥大化してしまいます。

それを避けるために、文字列などの簡単なデータであれば、コントローラーで**ViewDataコレクション**を利用し、ビューで**ViewBagプロパティ**を利用する方法があります。

▼データの設定

```
ViewData( 参照文字列 ) = データ
```

▼データの参照①

```
@ViewData( 参照文字列 )
```

▼データの参照②

```
@ViewBag.参照文字列
```

リスト1では、コントローラー内でビューに表示するメッセージを設定しています。

リスト2で、コントローラーで設定したデータをViewBagによって表示しています。

▼実行結果

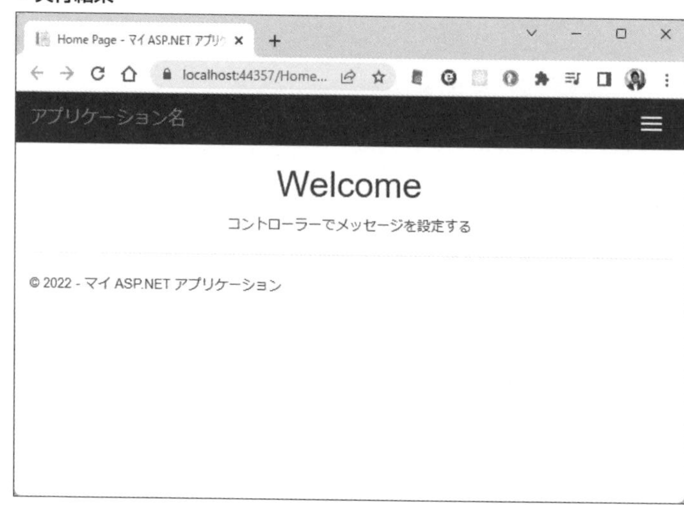

リスト1　コントローラーで設定する（ファイル名：web397.sln、Controllers/HomeController.vb）

```
Public Class HomeController
    Inherits System.Web.Mvc.Controller

    Function Index() As ActionResult
        ViewData("Message") = "コントローラーでメッセージを設定する"
        Return View()
    End Function
End Class
```

リスト2　ビューで参照する（ファイル名：web397.sln、Views/Home/Index.vbhtml）

```
@Code
    ViewData("Title") = "Home Page"
End Code

<div class="text-center">
    <h1 class="display-4">Welcome</h1>
    <p>@ViewBag.Message</p>
</div>
```

別のページに移る

ここがポイントです！　**特定のビューを開く**（Viewクラス、Microsoft.AspNet.Mvc.TagHelpersライブラリ）

あるビューからほかのビューに移るときは、HTMLのリンクタグ（Aタグ）を使いますが、ASP.NET MVCアプリケーションでは、メソッド名を指定するために、Aタグにリンク先を直接記述してしまうと、後からの変更が難しくなってしまいます。

そのため、コントローラーからビューを指定する方法と、ビューに対してリンクタグを作る方法の2つが用意されています。

●コントローラーでビューを指定する

通常、コントローラーのメソッドは、呼び出されたメソッドと同じ名前のビューを呼び出します。

「View()」とすることで、同じ名前のビューが開きます。この**Viewクラス**に「View("名前")」のようにビューの名前を指定することで、コントローラーの名前と異なったビューを開くことができます。

●ビューからほかのビューへのリンクを付ける

リンクタグを生成するためには、Html.ActionLinkメソッドを使います。Html.ActionLinkメソッドには、リンクタグに表示する文字列とコントローラーのメソッド名、MVCのフォルダー名を指定します。

リスト1では、新しく「About」というアクションメソッドを作成しています。

▼Indexページ

▼Privacyページ

リスト1　コントローラーに追加する（ファイル名：web398.sln、Controlers/HomeController.vb）

```
Public Class HomeController
    Inherits System.Web.Mvc.Controller

    Function Index() As ActionResult
        Return View()
    End Function
```

```
    Function About() As ActionResult
        ViewData("Message") = "Your application description page."
        Return View()
    End Function
    ...
End Class
```

リスト2　メニューの追加（ファイル名：web398.sln、Views/Shared/_Layout.vbhtml）

```
<div class="navbar-collapse collapse">
    <ul class="nav navbar-nav">
        <li>@Html.ActionLink("ホーム", "Index", "Home")</li>
        <li>@Html.ActionLink("詳細", "About", "Home")</li>
        <li>@Html.ActionLink("問い合わせ", "Contact", "Home")</li>
    </ul>
</div>
```

データを引き継いで別のページに移る

ここがポイントです！　**セッション情報を利用**
（Sessionコレクション）

ASP.NET MVCアプリケーションのページ間でデータを共有するためには、**セッション情報**を利用します。Webフォームアプリケーションと同じようにセッション情報にデータを入れておくことで、ブラウザーで別のページに移動してもページ間でデータを共有できます。

セッションを文字列で使う場合には、**Sessionコレクション**を使います。

▼セッション情報を設定する

```
Session("キー名") = "文字列"
```

セッションから文字列を取り出す場合には、キー名を指定してSessionコレクションから取り出します。

▼セッション情報を取得する

```
変数 = Session("キー名")
```

リスト1では、トップページを開いたときのIndexメソッドで、現在時刻をSessionコレクションに保存しています。

リスト2では、次に表示されるPrivacyビューでセッション情報に保存されている現在時刻を表示させています。

▼初回のIndexページ

▼遷移先のページ

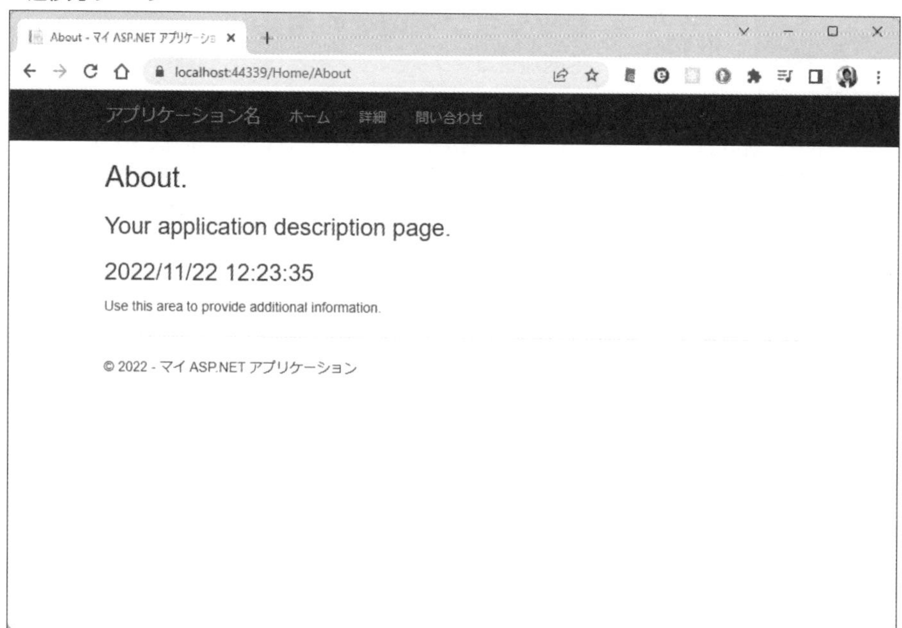

リスト1　トップページで設定する（ファイル名：web399.sln、Controlers/HomeController.vb）

```
Imports System.Runtime.CompilerServices

Public Class HomeController
    Inherits System.Web.Mvc.Controller

    Function Index() As ActionResult
        ' 初回のみセッション情報に保存する
        If Session("ACCESS-DATE") Is Nothing Then
            Dim dt = DateTime.Now
            Session("ACCESS-DATE") = dt.ToString()
            ViewData("DATE") = dt
        Else
            Dim dt = DateTime.Parse(Session("ACCESS-DATE"))
            ViewData("DATE") = dt
        End If
        Return View()
    End Function

    Function About() As ActionResult
        ' ここでセッション情報を取得する
        Try
            Dim dt = DateTime.Parse(Session("ACCESS-DATE"))
            ViewData("DATE") = dt
        Catch
        End Try
        ViewData("Message") = "Your application description page."
        Return View()
    End Function

    Function Contact() As ActionResult
        ViewData("Message") = "Your contact page."

        Return View()
    End Function
End Class
```

リスト2　Privacyページで取り出す（ファイル名：web399.sln、Views/About.vbhtml）

```
@Code
    ViewData("Title") = "About"
End Code

<h2>@ViewData("Title").</h2>
<h3>@ViewData("Message")</h3>
<h3>@ViewData("DATE")</h3>

<p>Use this area to provide additional information.</p>
```

コントローラーから リダイレクトする

ここがポイントです！

指定ビューにリダイレクト
（RedirectToActionメソッド）

スキャフォードしたコントローラーとビューでは、コントローラーのメソッドを「return View();」のように、デフォルトのビューを生成して表示させます。**Viewメソッド**内でデフォルトのビューを生成して、**ViewResultオブジェクト**が返されます。

ASP.NET MVCアプリケーションの場合は、コントローラーの名前を**ビューの名前**（フォルダー名）にすることが規約として決まっています。

このデフォルトのビューとは異なるビューに対して画面を表示したい場合は、**RedirectToActionメソッド**でビューの名前を設定してリダイレクトします。

リスト1では、コントローラーのSampleメソッドが呼び出されたときに、Aboutビューが表示されるようにリダイレクトしています。

▼実行結果

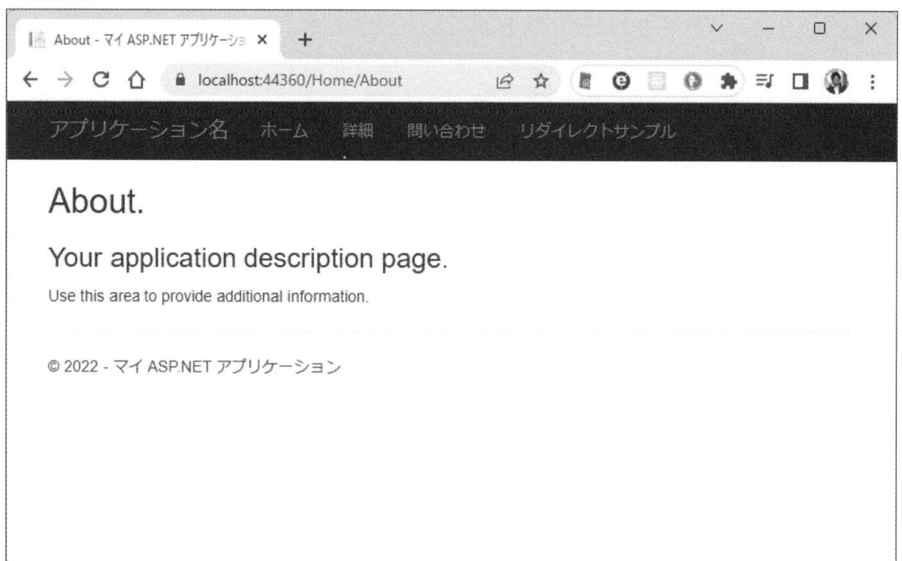

リスト1　指定ページにリダイレクトする（ファイル名：web440.sln、Controllers/HomeController.vb）

```
Public Class HomeController
    Inherits System.Web.Mvc.Controller
    Function Index() As ActionResult
        Return View()
```

```
    End Function
    Function Sample() As ActionResult
        Return RedirectToAction("About")
    End Function
    ...
End Class
```

リスト2　メニューからSampleメソッドを呼び出す（ファイル名：web440.sln、Views/Shared/_Layout.vbhtml）

```
<div class="navbar-collapse collapse">
    <ul class="nav navbar-nav">
        <li>@Html.ActionLink("ホーム", "Index", "Home")</li>
        <li>@Html.ActionLink("詳細", "About", "Home")</li>
        <li>@Html.ActionLink("問い合わせ", "Contact", "Home")</li>
        <li>@Html.ActionLink("リダイレクトサンプル", "Sample", "Home")</li>
    </ul>
</div>
```

アクションメソッドから直接、外部URLへリンクする場合には、Redirectメソッドを使います。Redirectメソッドを使うと、メソッドで処理をした後に直接、外部URLを表示させることができます。

13-2 Razor構文

Tips 401 ▶Level ●○○ ▶対応 COM PRO

Viewでモデルを参照させる

ここがポイントです！

モデルクラスを厳密に定義（@ModelType キーワード）

ASP.NET MVCでは、ビューを記述するときに**Razor構文**を使えます。

Razorは、HTML形式のタグと、プログラムのコード（Visual Basic）をうまく混在できる記述方法です。@（アットマーク）とそれに続くキーワードで、Razor構文を示します。

Viewでは、コントローラーから渡されたモデルオブジェクトを参照できます。

モデルクラスのプロパティは、「@Model.プロパティ名」を使うことで参照できますが、そのままではインテリセンス機能が働きません。

リスト1のように、**@ModelTypeキーワード**を使って、モデルクラス名を厳密に指定することで、プロパティの選択時に候補が表示されるようになります。

リスト2は、モデルクラスの例です。

▼インテリセンスの表示

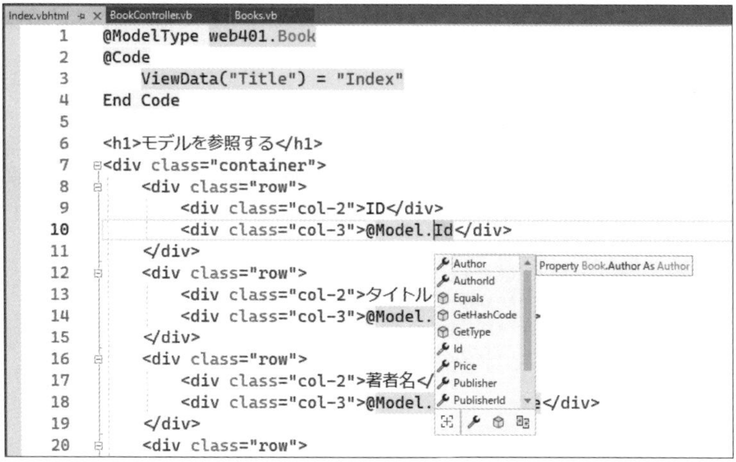

```
Index.vbhtml  BookController.vb  Books.vb
1   @ModelType web401.Book
2   @Code
3       ViewData("Title") = "Index"
4   End Code
5
6   <h1>モデルを参照する</h1>
7   <div class="container">
8       <div class="row">
9           <div class="col-2">ID</div>
10          <div class="col-3">@Model.Id</div>
11      </div>
12      <div class="row">
13          <div class="col-2">タイトル
14          <div class="col-3">@Model.
15      </div>
16      <div class="row">
17          <div class="col-2">著者名</
18          <div class="col-3">@Model.                e</div>
19      </div>
20      <div class="row">
```

Author / AuthorId / Equals / GetHashCode / GetType / Id / Price / Publisher / PublisherId

Property Book.Author As Author

リスト1 Viewの記述（ファイル名：web401.sln、Views/Book/Index.vbhtml）

```
@ModelType web401.Book
@Code
    ViewData("Title") = "Index"
End Code

<h1>モデルを参照する</h1>
<div class="container">
    <div class="row">
        <div class="col-2">ID</div>
        <div class="col-3">@Model.Id</div>
    </div>
    <div class="row">
        <div class="col-2">タイトル</div>
        <div class="col-3">@Model.Title</div>
    </div>
    <div class="row">
        <div class="col-2">著者名</div>
        <div class="col-3">@Model.Author.Name</div>
    </div>
    <div class="row">
        <div class="col-2">出版社名</div>
        <div class="col-3">@Model.Publisher.Name</div>
    </div>
    <div class="row">
        <div class="col-2">価格</div>
        <div class="col-3">@Model.Price 円</div>
    </div>
</div>
```

リスト2　モデルクラス（ファイル名：web401.sln、Models/Books.vb）

```
''' 書籍クラス
Public Class Book
    Public Property Id As Integer
    Public Property Title As String
    Public Property AuthorId As Integer?
    Public Property PublisherId As Integer?
    Public Property Price As Integer

    Public Property Author As Author
    Public Property Publisher As Publisher
End Class

''' 著者クラス
Public Class Author
    Public Property Id As Integer
    Public Property Name As String
End Class

''' 出版社クラス
Public Class Publisher
    Public Property Id As Integer
    Public Property Name As String
    Public Property Telephone As String
    Public Property Address As String
End Class
```

リスト3　コントローラー（ファイル名：web401.sln、Controllers/BookControllers.vb）

```
Namespace Controllers
    Public Class BookController
        Inherits Controller

        ' テスト用のデータ
        Private books As New List(Of Book)
        Private authors As New List(Of Author)
        Private publishers As New List(Of Publisher)
        ...
        ' GET: Book
        Function Index() As ActionResult
            Dim book = books.First(Function(t) t.Id = 1)
            book.Author = authors.FirstOrDefault(
              Function(t) t.Id = book.AuthorId)
            book.Publisher = publishers.FirstOrDefault(
              Function(t) t.Id = book.PublisherId)
            ' モデルをビューに渡す
            Return View(book)
        End Function
    End Class
End Namespace
```

名前空間を設定する

利用する名前空間を定義
(@Importsキーワード)

ビュー内で利用する名前空間を指定するためには、**@Importsキーワード**を使います。このキーワードは、Visual Basicのコードの「Imports」と同じ働きをします。

通常はコントローラーでロジックを記述しますが、細かい表示の設定などはビュー内で行ったほうが簡潔に済む場合があります。

リスト1では、@Importsキーワードを設定して、Bookオブジェクトを再設定しています。

▼実行結果

リスト1　Viewの記述（ファイル名：web402.sln、Views/Book/Index.vbhtml）

```
@Imports web402.Models
@ModelType Book
@Code
    ViewData("Title") = "Index"

    ' 新しい Book オブジェクトを作成する
    Dim Book As New Book With
    {
        .Id = 1,
        .Title = "新しい逆引き大全",
        .AuthorId = 1,
```

```
            .PublisherId = 1,
            .Price = 99,
            .Author = New Author With
            {
                .Id = 1,
                .Name = "未定"
            },
            .Publisher = New Publisher With
            {
                .Id = 1,
                .Name = "秀和システム"
            }
        }
End Code

<h1>モデルを参照する</h1>
<div class="container">
    <div class="row">
        <div class="col-2">ID</div>
        <div class="col-3">@Book.Id</div>
    </div>
    <div class="row">
        <div class="col-2">タイトル</div>
        <div class="col-3">@Book.Title</div>
    </div>
    <div class="row">
        <div class="col-2">著者名</div>
        <div class="col-3">@Book.Author.Name</div>
    </div>
    <div class="row">
        <div class="col-2">出版社名</div>
        <div class="col-3">@Book.Publisher.Name</div>
    </div>
    <div class="row">
        <div class="col-2">価格</div>
        <div class="col-3">@Book.Price 円</div>
    </div>
</div>
```

ViewにVisual Basicのコードを記述する

ここがポイントです！ Viewに直接コードを記述（@Codeブロック）

Razor構文では、一般的に「@」の後に直接、キーワードが続きます。しかし、複数のコードが続く場合は、次のように、**@Code**と**End Code**でブロックを作ると便利です。

▼複数のコードの記述

```
@Code
    ...
End Code
```

また、基本的にコントローラーでロジックを記述しますが、細かい表示の設定などは、ビュー内で行ったほうが簡潔に済む場合があります。

ブロック内でのコードの記述は、通常のVisual Basicのプログラムコードと同じように書けます。

▼コードの記述

```
@Code
    ' Visual Basicのコードを記述する
End Code
```

リスト1では、@Codeブロック内でコントローラーから渡されたフラグを判別して、メッセージを変えています。

▼実行結果

リスト1　Viewの記述（ファイル名：web403.sln、Views/Book/Index.vbhtml）

```
@ModelType Book
@Code
    ViewData("Title") = "Index"
End Code

<h1>モデルを参照する</h1>
@If Model Is Nothing Then
    @<div Class="container">
        <div> 指定したIDの書籍が見つかりませんでした</div>
    </div>
Else
    @<div Class="container">
        <div class="row">
            <div class="col-2">ID</div>
            <div class="col-3">@Model.Id</div>
        </div>
        <div class="row">
            <div class="col-2">タイトル</div>
            <div class="col-3">@Model.Title</div>
        </div>
        <div class="row">
            <div class="col-2">著者名</div>
            <div class="col-3">@Model.Author.Name</div>
        </div>
        <div class="row">
            <div class="col-2">出版社名</div>
            <div class="col-3">@Model.Publisher.Name</div>
        </div>
        <div class="row">
            <div class="col-2">価格</div>
            <div class="col-3">@Model.Price 円</div>
        </div>
    </div>
End If
```

Viewで繰り返し処理を行う

ここが
ポイント
です!
HTMLタグを繰り返し表示
(@For Eachキーワード)

Razor構文を利用すると、HTMLタグとVisual Basicのコードを混在させることができます。

tableタグにデータを表示するときには、繰り返しtrタグとtdタグを使い表示させることが必要ですが、これを**@For Eachキーワード**を使って簡潔に記述できます。

▼繰り返し処理

```
@For Each 変数 In
   // 繰り返し処理
Next
```

繰り返し処理は、Visual BasicコードのFor Eachと同じ形式になります。For Each内の自動変数は、型チェックが行われるため、インテリセンス機能が働きます。

リスト1では、@For Eachキーワードを使って、書籍の内容を表形式で表示しています。

▼実行結果

リスト1　Viewの記述（ファイル名：web404.sln、Views/Book/Index.vbhtml）

```
@ModelType List(Of Book)
@Code
    ViewData("Title") = "Index"
End Code

<h1>書籍一覧</h1>
<div Class="container">
@If Model Is Nothing Then
    @<div>書籍がありません</div>
Else
@<div Class="container">
    <table class="table">
        <tr>
            <th>ID</th>
            <th>タイトル</th>
            <th>著者名</th>
            <th>出版社</th>
            <th>価格</th>
        </tr>
        @For Each book In Model
        @<tr>
            <td>@Book.Id</td>
            <td>@Book.Title</td>
            <td>@Book.Author.Name</td>
            <td>@Book.Publisher.Name</td>
            <td>@Book.Price</td>
        </tr>
        next
    </table>
</div>
End If
</div>
```

Viewで条件分岐を行う

条件分岐を直接記述（@Ifキーワード）

Razor構文を利用すると、HTMLタグとVisual Basicのコードを混在させることができます。

複雑なロジックを記述する場合には、@{ }ブロックでコードを書いたほうがよいのですが、多くのHTMLタグを表示する場合には**@Ifキーワード**を使うと便利です。

▼If文

```
@If 条件文 Then
   ' 実行文
End If
```

@Ifキーワードは、Elseと一緒に記述することもできます。

▼If〜Else文

```
@If 条件文 Then
   ' 実行文1
Else
   ' 実行文2
End If
```

リスト1では、@Ifキーワードを使い、書籍データがないときの表示を切り替えています。

▼実行結果

リスト1　Viewの記述（ファイル名：web405.sln、Views/Book/Index.vbhtml）

```
@ModelType Book
@Code
    ViewData("Title") = "Index"
End Code

<h1>モデルを参照する</h1>
@If Model Is Nothing Then
    @<div Class="container">
        <div> 指定したIDの書籍が見つかりませんでした</div>
    </div>
Else
    @<div Class="container">
        <div class="row">
            <div class="col-2">ID</div>
            <div class="col-3">@Model.Id</div>
        </div>
        <div class="row">
            <div class="col-2">タイトル</div>
            <div class="col-3">@Model.Title</div>
        </div>
        <div class="row">
            <div class="col-2">著者名</div>
            <div class="col-3">@Model.Author.Name</div>
        </div>
        <div class="row">
            <div class="col-2">出版社名</div>
            <div class="col-3">@Model.Publisher.Name</div>
        </div>
        <div class="row">
            <div class="col-2">価格</div>
            <div class="col-3">@Model.Price 円</div>
        </div>
    </div>
End If
```

フォーム入力を記述する

Viewでフォーム入力を記述
(@Html.BeginFormメソッド、@Usingキーワード)

Razor構文でフォーム入力(テキストボックスやチェックボックスなど)を表示するときは、**@Html.BeginFormメソッド**を使います。

inputタグと組み合わせることで、Viewページからユーザーの入力を受け付けます。

@Html.BeginFormメソッドでは、対応する**Html.EndFormメソッド**を安全に呼び出す必要があります。そのため、**@Usingキーワード**を使って、ブロックの終了時に自動的に解放されるようにします。

▼フォーム入力

```
@Using Html.BeginForm( アクションメソッド, コントローラー名 )
   ...
End Using
```

リスト1では、Html.BeginFormメソッドを使い、ID、タイトル、価格の入力ができるフォームを表示しています。

リスト2は、受信したPostメソッドの記述例です。

▼実行結果

リスト1 Viewの記述（ファイル名：web406.sln、Views/Book/Index.vbhtml）

```
@ModelType Book
@Code
    ViewData("Title") = "Index"
End Code

<h1>フォーム入力</h1>

@Using Html.BeginForm("Post", "Book")
@<div Class="container">
    <div Class="row">
        <div Class="col-2">ID</div>
        <div Class="col-3">@Html.TextBoxFor(Function(x) x.Id)</div>
    </div>
    <div Class="row">
        <div Class="col-2">タイトル</div>
        <div Class="col-3">@Html.TextBoxFor(Function(x) x.Title)</div>
    </div>
    <div Class="row">
        <div Class="col-2">価格</div>
        <div Class="col-3">@Html.TextBoxFor(Function(x) x.Price)</div>
    </div>
    <div>
    <input type = "submit" value="登録" Class="btn-primary" />
    </div>
</div>
End Using
```

リスト2 Postメソッドの記述（ファイル名：web406.sln、Controllers/BookController.vb）

```
<HttpPost>
Function Post(book As Book) As ActionResult
    ' 入力結果のページを表示
    Return View("Result", book)
End Function
```

リスト3 結果ページの記述（ファイル名：web406.sln、Views/Book/Result.vbhtml）

```
@ModelType Book
@Code
    ViewData("Title") = "入力結果"
End Code

<h1>入力結果</h1>

<div class="container">
    <div class="row">
        <div class="col-2">ID</div>
        <div class="col-3">@Model.Id</div>
    </div>
    <div class="row">
```

```
            <div class="col-2">タイトル</div>
            <div class="col-3">@Model.Title</div>
        </div>
        <div class="row">
            <div class="col-2">価格</div>
            <div class="col-3">@Model.Price 円</div>
        </div>
    </div>
```

テキスト入力を記述する

ここがポイントです！ **フォームでテキスト入力**
(@Html.TextBoxForメソッド)

Razor構文でテキスト入力をするときは、**@Html.TextBoxForメソッド**を使います。
@Html.TextBoxForメソッドでは、ラムダ式を使って指定したモデルのプロパティに値を保存します。

▼テキスト入力①

```
@Html.TextBoxFor( ラムダ式 )
```

@Html.TextBoxForメソッドの第2引数には、無名オブジェクトを使ってHTMLタグの属性を指定できます。

▼テキスト入力②

```
@Html.TextBoxFor( ラムダ式, 無名オブジェクト )
```

例えば「New With { .class = <クラス名> }」とすることで、HTMLタグのclass属性を指定できます。
リスト1では、@Html.TextBoxForメソッドを使い、名前、年齢、電話番号の入力を行っています。
リスト2は、受信したPostメソッドの記述例です。名前、電話番号の空欄チェックをします。

▼実行結果

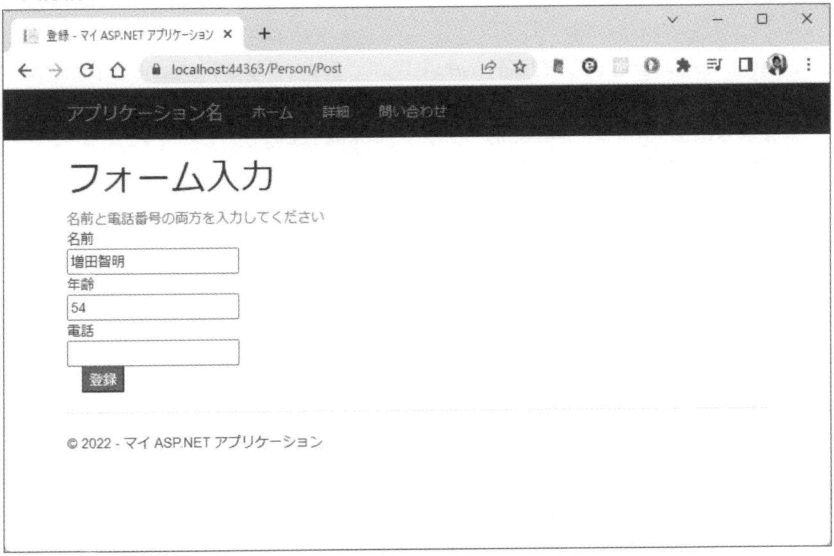

登録 - マイ ASP.NET アプリケーション
localhost:44363/Person/Post
アプリケーション名　ホーム　詳細　問い合わせ

フォーム入力

名前と電話番号の両方を入力してください
名前
増田智明
年齢
54
電話

登録

© 2022 - マイ ASP.NET アプリケーション

リスト1 Viewの記述（ファイル名：web407.sln、Views/Person/Index.vbhtml）

```
@ModelType Person
@Code
    ViewData("Title") = "登録"
End Code

<h1>フォーム入力</h1>
<div style="color:red">@ViewBag.ErrorMessage</div>
@Using Html.BeginForm("Post", "Person")
    @<div Class="container">
        <div Class="row">
            <div Class="col-2">名前</div>
            <div Class="col-3">@Html.TextBoxFor(
              Function(x) x.Name)</div>
        </div>
        <div Class="row">
            <div Class="col-2">年齢</div>
            <div Class="col-3">@Html.TextBoxFor(
              Function(x) x.Age)</div>
        </div>
        <div Class="row">
            <div Class="col-2">電話</div>
            <div Class="col-3">@Html.TextBoxFor(
              Function(x) x.Telephone)</div>
        </div>
        <div>
            <input type = "submit" value="登録" Class="btn-primary" />
        </div>
```

```
    </div>
End using
```

リスト2 Postメソッドの記述（ファイル名：web407.sln、Controllers/PersonController.vb）

```
<HttpPost>
Function Post(person As Person) As ActionResult
    ViewBag.ErrorMessage = ""
    If String.IsNullOrEmpty(person.Name) Or
            String.IsNullOrEmpty(person.Telephone) Then
        ViewBag.ErrorMessage = "名前と電話番号の両方を入力してください"
        Return View("Index", person)
    Else
        ' 結果のページを表示
        Return View("Result", person)
    End If
End Function
```

ASP.NET MVCから Entity Frameworkを扱う

ここがポイントです！ ASP.NET MVCとEntity Frameworkの組み合わせ

ASP.NET MVCアプリケーションでは、モデルクラスに**Entity Framework**を利用できます。

Entity Frameworkは、データベースを直接扱える形式のため、そのままモデルクラスとして使えます。

コントローラーを使って自動生成される4つのアクションメソッド（Indexメソッド、Createメソッド、Editメソッド、Deleteメソッド）のそれぞれにEntity Frameworkへのアクセスコードが記述されます。

それぞれに対応するビューも、4つ作成されます。これらは、そのままビルドをしてWebアプリケーションとして利用できます。

データベースの中でも**マスター定義**と呼ばれるような、1つのテーブルに対して編集を行う操作ならば、ASP.NET MVCとEntity Frameworkを使って自動生成されたアプリケーションで充分役に立つので、ぜひ活用してください。

▼実行結果

Entity Frameworkのモデルを追加する

モデルを追加（Entity Data Model）

Entity Frameworkのモデルを作成するためには、**ADO.NET Entity Data Model**をNuGetでプロジェクトに追加します。

データモデルは、SQL Serverとして動作しているデータベースや、「App_Data」フォルダーに作成されるローカルデータベースに接続して作ることができます。

データモデルの作成は、次の手順で行います。

❶ソリューションエクスプローラーで「Models」フォルダーを右クリックして、[追加] → [新しい項目] を選択します。
❷[新しい項目の追加] ダイアログボックスで、[データ] カテゴリをクリックして、[ADO.NET Entity Data Model] を選択して [追加] ボタンをクリックします（画面1）。
❸Entity Data Modelウィザードで、[データベースからCode First] を選択して [次へ] ボタンをクリックします（画面2）。

❹アプリケーションがデータベースへの接続に使用するデータ接続で、既存の接続か新しい接続を選択します（画面3）。
❺モデルに含めるデータベースオブジェクトを選択します。
❻［完了］ボタンをクリックすると、Modelsフォルダーにデータモデルが作成されます（画面4）。

▼画面1［ADO.NET Entity Data Model］を選択

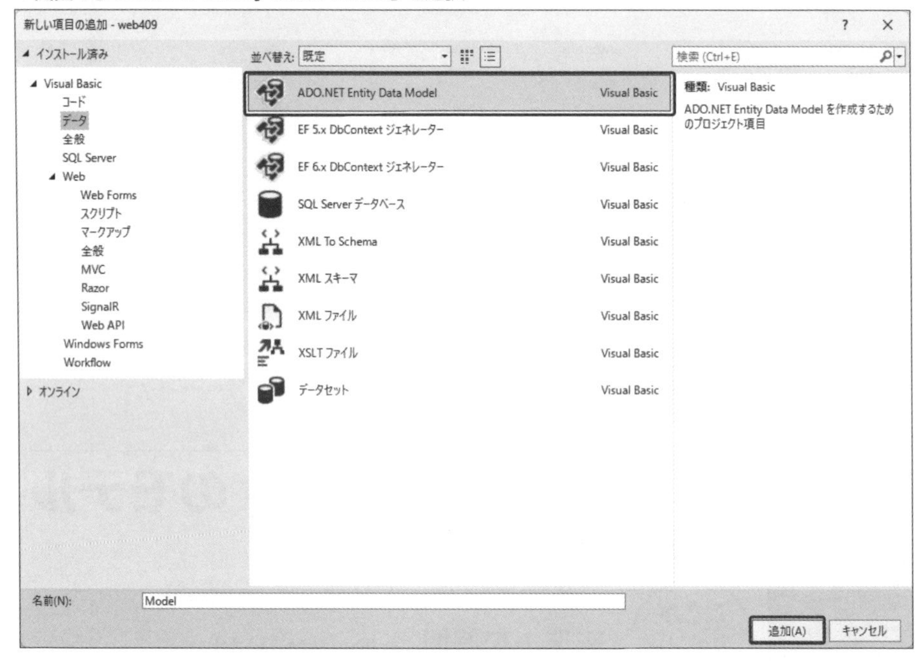

▼画面2 Entity Data Modelウィザード

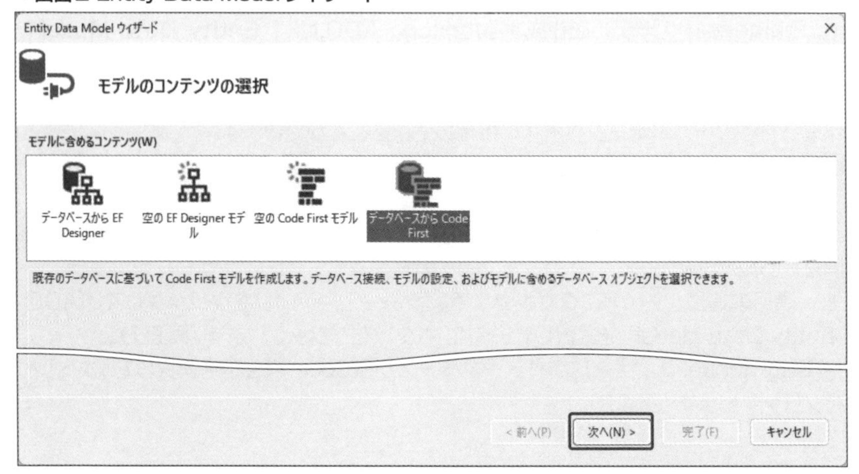

▼画面3 データベースオブジェクトを選択

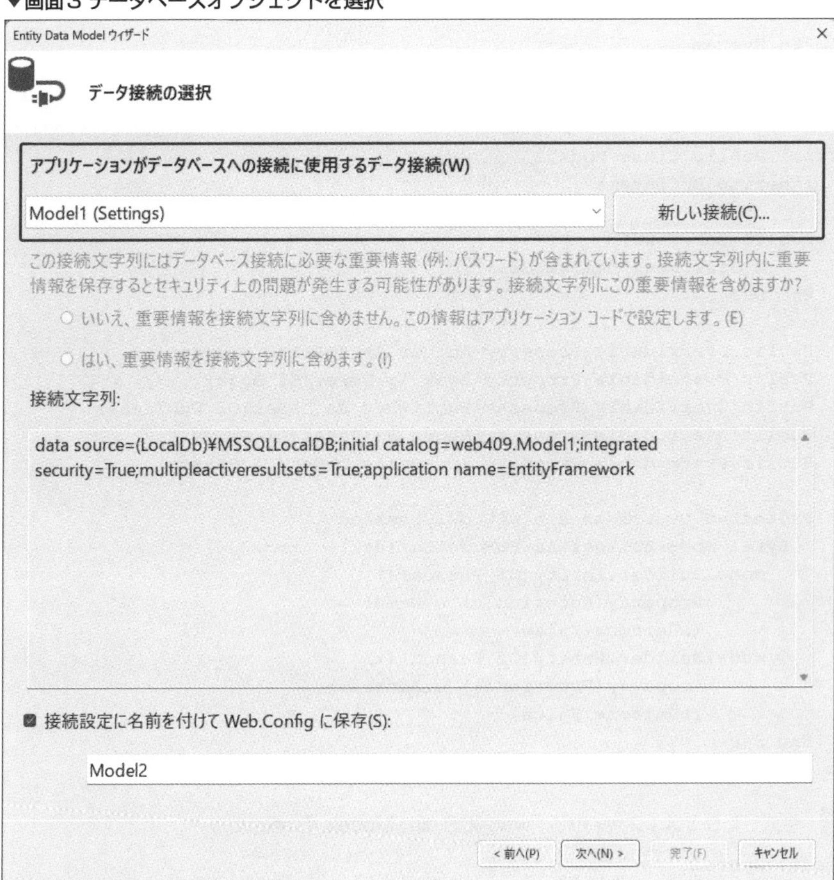

▼画面4 生成されたデータモデル

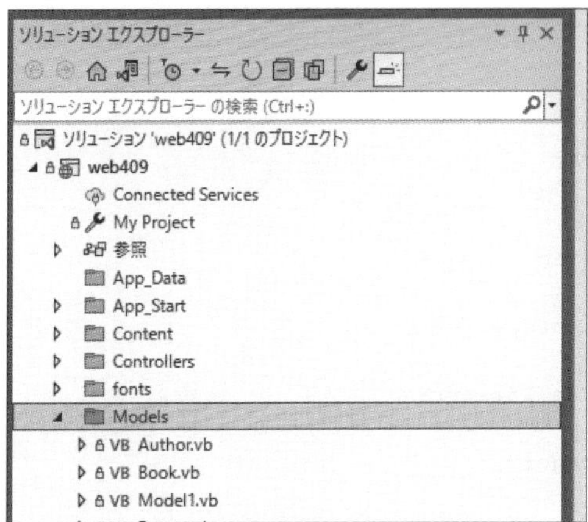

リスト1　データコンテキストを作成（ファイル名：web409.sln、Models/Model1.vb）

```
Imports System
Imports System.Data.Entity
Imports System.Linq

Partial Public Class Model1
    Inherits DbContext

    Public Sub New()
        MyBase.New("name=Model1")
    End Sub

    Public Overridable Property Author As DbSet(Of Author)
    Public Overridable Property Book As DbSet(Of Book)
    Public Overridable Property Publisher As DbSet(Of Publisher)
    Public Overridable Property Store As DbSet(Of Store)
    Public Overridable Property Person As DbSet(Of Person)

    Protected Overrides Sub OnModelCreating(
      ByVal modelBuilder As DbModelBuilder)
        modelBuilder.Entity(Of Person)() _
            .Property(Function(e) e.Name) _
            .IsUnicode(False)
        modelBuilder.Entity(Of Person)() _
            .Property(Function(e) e.Address) _
            .IsUnicode(False)
    End Sub
End Class
```

リスト2　生成したクラス（ファイル名：web409.sln、Models/Book.vb）

```
Imports System
Imports System.Collections.Generic
Imports System.ComponentModel.DataAnnotations
Imports System.ComponentModel.DataAnnotations.Schema
Imports System.Data.Entity.Spatial

<Table("Book")>
Partial Public Class Book
    Public Property Id As Integer

    <Required>
    Public Property Title As String

    Public Property AuthorId As Integer?

    Public Property PublisherId As Integer?

    Public Property Price As Integer
End Class
```

Entity Framework対応のコントローラーを作成する

ここがポイントです！ **コントローラーを追加**（Entity Data Model）

Entity Data Modelを追加した状態で、モデルを操作するコントローラーを追加できます。

［Entity Frameworkを利用した、ビューがあるMVC5コントローラー］を選択すると、モデルを操作するコントローラーと、データを表示・編集するための4つのビューが自動的に作られます。

コントローラーの作成は、次の手順で行います。

❶ソリューションエクスプローラーで「Controllers」フォルダーを右クリックし、［追加］→［新規スキャフォールディングアイテム］を選択します。
❷［新規スキャフォールディング アイテムの追加］ダイアログボックスが表示されます。［共通］→［Entity Frameworkを使用した、ビューがあるMVC 5コントローラー］を選択し、［追加］ボタンをクリックします（画面1）。
❸［コントローラーの追加］ダイアログで、モデルクラスとデータコンテキストクラスを選択します（画面2）。
❹［追加］ボタンをクリックし、コントローラーとビューを自動生成します（画面3）。

▼画面1 スキャフォールディングの追加

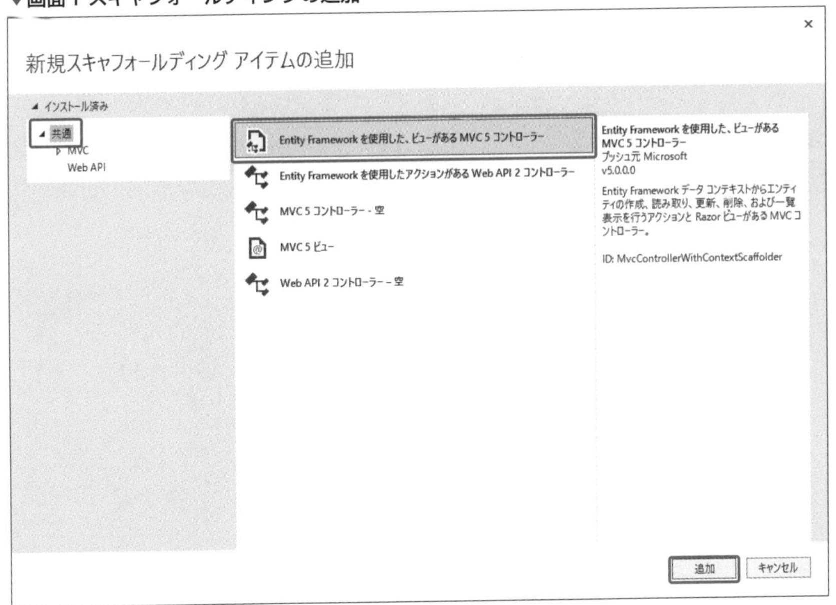

▼画面2 コントローラーの追加

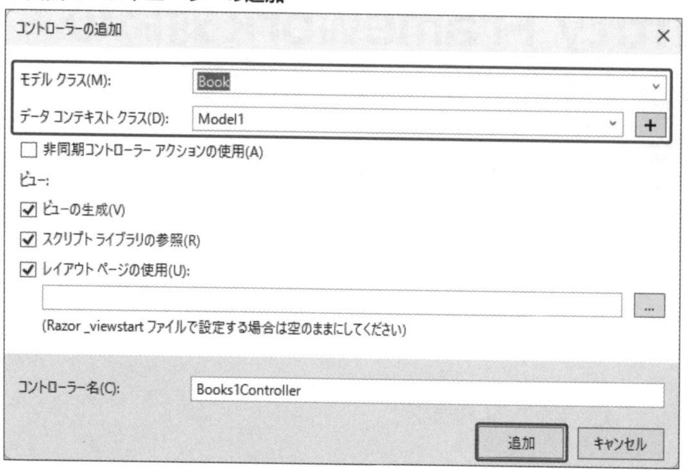

▼画面3 ソリューションエクスプローラー

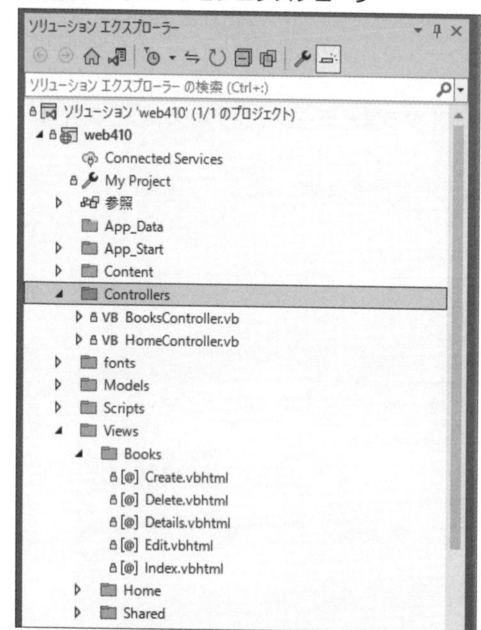

項目をリストで表示する

ここがポイントです！

バインドデータをテーブル形式で表示
(@For Eachステートメント、Html.DisplayForメソッド)

Entity Frameworkを使ったデータバインドをテーブル形式で表示するためには、**@For Eachステートメント**を使ってテーブルの要素を作成します。

データバインドされたコレクションを@For Eachステートメントで1つずつ取り出して、ビューに表示します。

リスト1では、Entity FrameworkのProductクラスのリストがビューにバインドされた状態になります。モデルのクラスは、先頭の行の@ModelTypeキーワードを使って指定されています。

リスト2では、Indexビューにバインドするデータを返しています。Booksテーブルのすべての要素をToListメソッドによってコレクションに変換しています。

▼実行結果

Index - マイ ASP.NET アプリケーショ ×　+

localhost:44379/books

アプリケーション名　ホーム　詳細　問い合わせ

Index

Create New

Name	Name	Title	Price	
ケント・ベック	ピアソン・エデュケーション	テスト駆動開発入門	1000	Edit | Details | Delete
G.M.ワインバーグ	日経BP	コンサルタントの道具箱	1000	Edit | Details | Delete
トム・デマルコ	日経BP	ピープルウェア	1000	Edit | Details | Delete
増田智明	日経BP	.NET6プログラミング入門	2000	Edit | Details | Delete
増田智明	秀和システム	逆引き大VB#2022版	2000	Edit | Details | Delete
増田智明	秀和システム	逆引き大全C#2022版	2000	Edit | Details | Delete
		F#入門	1000	Edit | Details | Delete

リスト1　リストページ（ファイル名：web411.sln、Views/Books/Index.vbhtml）

```
@ModelType IEnumerable(Of web411.Book)
@Code
ViewData("Title") = "Index"
End Code

<h2>Index</h2>

<p>
    @Html.ActionLink("Create New", "Create")
</p>
<table class="table">
    <tr>
        <th>
            @Html.DisplayNameFor(Function(model) model.Author.Name)
        </th>
        <th>
            @Html.DisplayNameFor(Function(model) model.Publisher.Name)
        </th>
        <th>
            @Html.DisplayNameFor(Function(model) model.Title)
        </th>
        <th>
            @Html.DisplayNameFor(Function(model) model.Price)
        </th>
        <th></th>
    </tr>

@For Each item In Model
    @<tr>
        <td>
            @Html.DisplayFor(Function(modelItem) item.Author.Name)
        </td>
        <td>
            @Html.DisplayFor(Function(modelItem) item.Publisher.Name)
        </td>
        <td>
            @Html.DisplayFor(Function(modelItem) item.Title)
        </td>
        <td>
            @Html.DisplayFor(Function(modelItem) item.Price)
        </td>
        <td>
            @Html.ActionLink("Edit", "Edit",
              New With {.id = item.Id }) |
            @Html.ActionLink("Details", "Details",
              New With {.id = item.Id }) |
            @Html.ActionLink("Delete", "Delete",
              New With {.id = item.Id })
        </td>
```

```
    </tr>
Next
</table>
```

リスト2 Indexアクションメソッド(ファイル名:web411.sln、Controlers/BooksController.vb)

```
''' 一覧を取得する
Function Index() As ActionResult
    Dim book = db.Book.Include(Function(b) b.Author).
Include(Function(b) b.Publisher)
    Return View(book.ToList())
End Function
```

1つの項目を表示する

バインドした文字列を表示
(Html.DisplayForメソッド)

ASP.NET MVCアプリケーションでEntity Frameworkを使ったデータバインドをした場合、ビューで表示する文字列のバインドは、**Html.DisplayForメソッド**を使います。

Html.DisplayForメソッドでは、渡されたModelクラスのプロパティをフォーマットして画面に表示します。

リスト1では、Entity Frameworkの書籍クラスがビューにバインドされた状態になります。モデルのクラスは、先頭の行の@ModelTypeを使って指定します。

商品クラスのそれぞれのプロパティの表示は、次のようにHtml.DisplayForメソッドの呼び出しで無名関数を使います。

```
@Html.DisplayFor(model => model.Name)
```

リスト2では、Detialsビューにバインドするデータを検索しています。ビューへのバインドは、「View(Book)」のようにViewクラスにバインドするデータを渡します。

▼実行結果

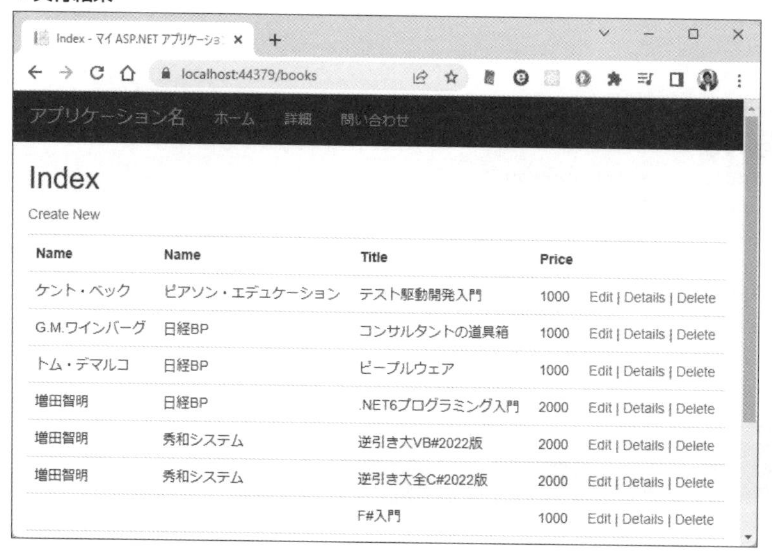

リスト1 詳細ページ（ファイル名：web412.sln、Views/Books/Details.vbhtml）

```
@ModelType web412.Book
@Code
    ViewData("Title") = "Details"
End Code

<h2>Details</h2>

<div>
    <h4>Book</h4>
    <hr />
    <dl class="dl-horizontal">
        <dt>
            @Html.DisplayNameFor(Function(model) model.Author.Name)
        </dt>

        <dd>
            @Html.DisplayFor(Function(model) model.Author.Name)
        </dd>

        <dt>
            @Html.DisplayNameFor(Function(model) model.Publisher.Name)
        </dt>

        <dd>
            @Html.DisplayFor(Function(model) model.Publisher.Name)
        </dd>

        <dt>
```

```
            @Html.DisplayNameFor(Function(model) model.Title)
        </dt>

        <dd>
            @Html.DisplayFor(Function(model) model.Title)
        </dd>

        <dt>
            @Html.DisplayNameFor(Function(model) model.Price)
        </dt>

        <dd>
            @Html.DisplayFor(Function(model) model.Price)
        </dd>

    </dl>
</div>
<p>
    @Html.ActionLink("Edit", "Edit", New With { .id = Model.Id }) |
    @Html.ActionLink("Back to List", "Index")
</p>
```

リスト2　Detailsアクションメソッド(ファイル名：web412.sln、Controlers/ProductsController.vb)

```
''' 指定IDの書籍を取得する
Function Details(ByVal id As Integer?) As ActionResult
    If IsNothing(id) Then
        Return New HttpStatusCodeResult(HttpStatusCode.BadRequest)
    End If
    Dim book As Book = db.Book.
        Include("Author").
        Include("Publisher").
        Where(Function(m) m.Id = id).
        FirstOrDefault()
    If IsNothing(book) Then
        Return HttpNotFound()
    End If
    Return View(book)
End Function
```

新しい項目を追加する

ここがポイントです！

テキストボックスの表示
(HtmlHelper クラス、EditorFor メソッド)

新しい項目を作成するときは、**HtmlHelper クラス**の**EditorFor メソッド**を使ってテキストボックスを表示させます。

ASP.NET MVC プロジェクトではヘルパークラスを使い、HTML の**input タグ**を生成します。

▼テキストボックスを表示する

```
@Html.EditorFor( ラムダ式, 属性 )
```

新規作成するときに、あらかじめ設定しておきたい項目は、ビューに渡すモデルデータに設定しておきます。

リスト 1 では、書籍クラスをビューにバインドして表示しています。入力項目では input タグ使い、テキストボックスを表示させています。

リスト 2 では、Create メソッドのコールバック時にデータベースに登録する処理を行っています。

▼実行結果

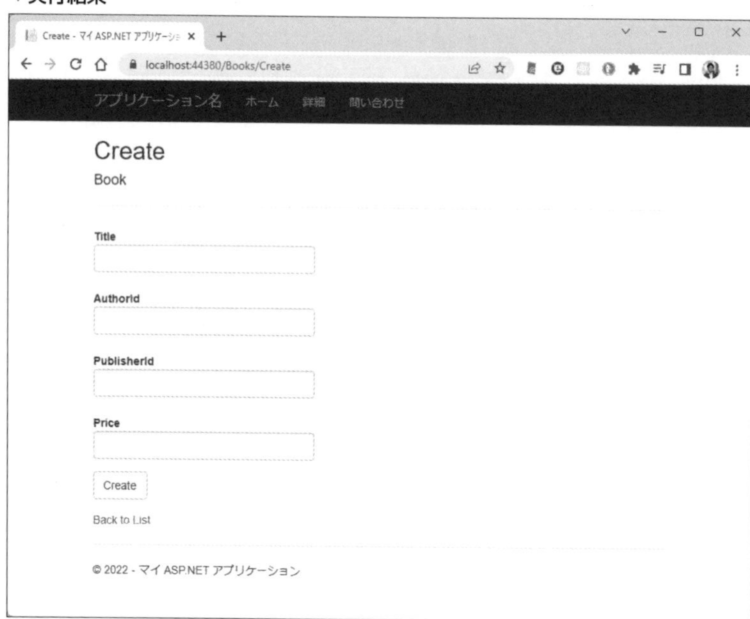

リスト1　新規作成ページ（ファイル名：web413.sln、Views/Books/Create.vbhtml）

```
@ModelType web413.Book
@Code
    ViewData("Title") = "Create"
End Code

<h2>Create</h2>

@Using (Html.BeginForm())
    @Html.AntiForgeryToken()

    @<div class="form-horizontal">
        <h4>Book</h4>
        <hr />
        @Html.ValidationSummary(True, "",
          New With { .class = "text-danger" })
        <div class="form-group">
            @Html.LabelFor(
                        Function(model) model.Title,
                        htmlAttributes:=New With {
                        .class = "control-label col-md-2"})
            <div class="col-md-10">
                @Html.EditorFor(
                        Function(model) model.Title,
                        New With {.htmlAttributes =
                        New With {.class = "form-control"}})
                @Html.ValidationMessageFor(
                        Function(model) model.Title, "",
                        New With {.class = "text-danger"})
            </div>
        </div>
        ...
        <div class="form-group">
            <div class="col-md-offset-2 col-md-10">
                <input type="submit" value="Create"
                  class="btn btn-default" />
            </div>
        </div>
    </div>
End Using

<div>
    @Html.ActionLink("Back to List", "Index")
</div>

@Section Scripts
    @Scripts.Render("~/bundles/jqueryval")
End Section
```

リスト2 Createアクションメソッド(ファイル名:web413.sln、Controlers/BooksController.vb)

```
' GET: Books/Create
Function Create() As ActionResult
    Return View()
End Function

' POST: Books/Create
<HttpPost()>
<ValidateAntiForgeryToken()>
Function Create(<Bind(Include:="Id,Title,AuthorId,PublisherId,Price")>
ByVal book As Book) As ActionResult
    If ModelState.IsValid Then
        db.Book.Add(book)
        db.SaveChanges()
        Return RedirectToAction("Index")
    End If
    Return View(book)
End Function
```

既存の項目を編集する

ここがポイントです!

テキストボックスの表示
(inputタグ、タグヘルパー)

既存の項目を修正するときは、**inputタグ**を使ってテキストボックスを表示させせます。

タグヘルパーの機能で、プライマリーキーを使って既存の項目をデータベースから検索したのちに、結果がinputタグに渡されます。

リスト1では、書籍クラスをビューにバインドして表示しています。入力項目ではinputタグを使い、テキストボックスを表示させています。

リスト2では、Editメソッドのコールバック時にデータベースに登録する処理を行っています。

▼実行結果

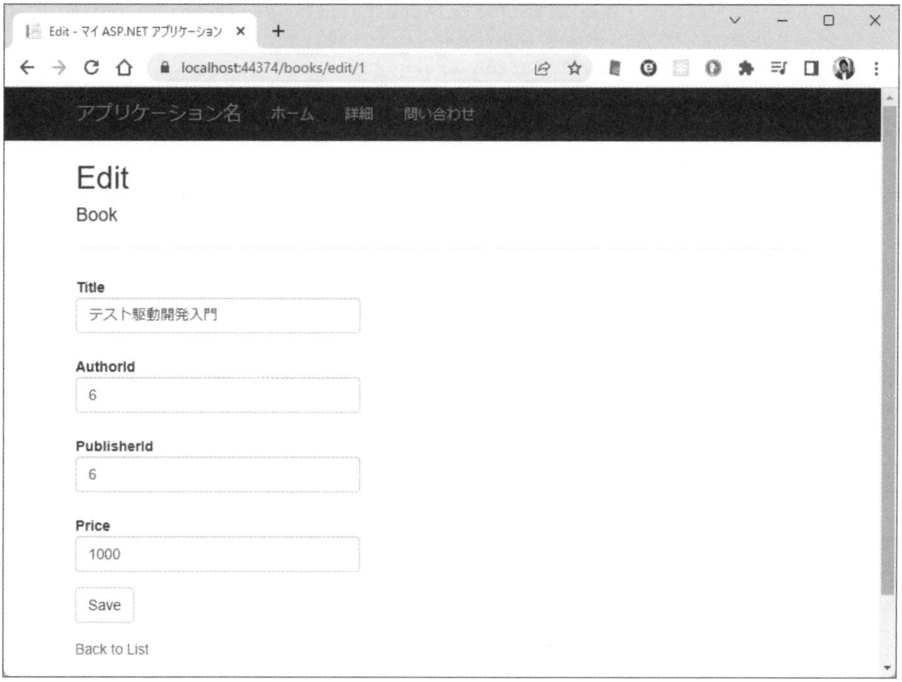

Edit - マイ ASP.NET アプリケーション
localhost:44374/books/edit/1
アプリケーション名　ホーム　詳細　問い合わせ

Edit

Book

Title
テスト駆動開発入門

AuthorId
6

PublisherId
6

Price
1000

Save

Back to List

リスト1　編集ページ（ファイル名：web414.sln、Views/Books/Edit.vbhtml）

```
@ModelType web414.Book
@Code
    ViewData("Title") = "Edit"
End Code

<h2>Edit</h2>

@Using (Html.BeginForm())
    @Html.AntiForgeryToken()

    @<div class="form-horizontal">
        <h4>Book</h4>
        <hr />
        @Html.ValidationSummary(
            True, "", New With {.class = "text-danger"})
        @Html.HiddenFor(Function(model) model.Id)
        <div class="form-group">
            @Html.LabelFor(
                Function(model) model.Title,
                htmlAttributes:=New With {
                .class = "control-label col-md-2"})
            <div class="col-md-10">
                @Html.EditorFor(
```

```
                        Function(model) model.Title,
                        New With {.htmlAttributes = New With {
                        .class = "form-control"}})
                    @Html.ValidationMessageFor(
                        Function(model) model.Title, "",
                        New With {.class = "text-danger"})
                </div>
            </div>
            ...
            <div class="form-group">
                <div class="col-md-offset-2 col-md-10">
                    <input type="submit" value="Save"
                      class="btn btn-default" />
                </div>
            </div>
    </div>
End Using

<div>
    @Html.ActionLink("Back to List", "Index")
</div>

@Section Scripts
    @Scripts.Render("~/bundles/jqueryval")
End Section
```

リスト2　Editアクションメソッド（ファイル名：web414.sln、Controlers/BooksController.vb）

```
' GET: Books/Edit/5
Function Edit(ByVal id As Integer?) As ActionResult
    If IsNothing(id) Then
        Return New HttpStatusCodeResult(HttpStatusCode.BadRequest)
    End If
    Dim book As Book = db.Book.Find(id)
    If IsNothing(book) Then
        Return HttpNotFound()
    End If
    Return View(book)
End Function
' POST: Books/Edit/5
<HttpPost()>
<ValidateAntiForgeryToken()>
Function Edit(<Bind(Include:="Id,Title,AuthorId,PublisherId,Price")>
ByVal book As Book) As ActionResult
    If ModelState.IsValid Then
        db.Entry(book).State = EntityState.Modified
        db.SaveChanges()
        Return RedirectToAction("Index")
    End If
    Return View(book)
End Function
```

既存の項目を削除する

ここがポイントです!

データの削除
(Removeメソッド、SaveChangesメソッド)

既存の項目を削除するときは、確認用の画面で**Html.DisplayForメソッド**を使って表示させます。

削除の確認ができたら、**Deleteアクションメソッド**内でデータを削除します。

テーブルから**Removeメソッド**を使って指定の要素を削除した後で、**SaveChangesメソッド**で変更をデータベースに反映させます。

リスト1では、Bookクラスをビューにバインドして表示しています。[削除] ボタンをクリックすると、リスト2のDeleteConfirmedメソッドが呼び出されます。

▼実行結果

Delete - マイ ASP.NET アプリケーショ
localhost:44349/books/delete/1
アプリケーション名　ホーム　詳細　問い合わせ

Delete

Are you sure you want to delete this?

Book

Title	テスト駆動開発入門
AuthorId	6
PublisherId	6
Price	1000

Delete | Back to List

© 2022 - マイ ASP.NET アプリケーション

リスト1　削除ページ（ファイル名：web415.sln、Views/Books/Delete.vbhtml）

```
@ModelType web415.Book
@Code
    ViewData("Title") = "Delete"
End Code
```

```
<h2>Delete</h2>

<h3>Are you sure you want to delete this?</h3>
<div>
    <h4>Book</h4>
    <hr />
    <dl class="dl-horizontal">
        <dt>
            @Html.DisplayNameFor(Function(model) model.Title)
        </dt>

        <dd>
            @Html.DisplayFor(Function(model) model.Title)
        </dd>
        ...
    </dl>
    @Using (Html.BeginForm())
        @Html.AntiForgeryToken()

        @<div class="form-actions no-color">
            <input type="submit" value="Delete"
              class="btn btn-default" /> |
            @Html.ActionLink("Back to List", "Index")
        </div>
    End Using
</div>
```

リスト2　Deleteアクションメソッド（ファイル名：web415.sln、Controlers/BooksController.vb）

```
' GET: Books/Delete/5
Function Delete(ByVal id As Integer?) As ActionResult
    If IsNothing(id) Then
        Return New HttpStatusCodeResult(HttpStatusCode.BadRequest)
    End If
    Dim book As Book = db.Book.Find(id)
    If IsNothing(book) Then
        Return HttpNotFound()
    End If
    Return View(book)
End Function

' POST: Books/Delete/5
<HttpPost()>
<ActionName("Delete")>
<ValidateAntiForgeryToken()>
Function DeleteConfirmed(ByVal id As Integer) As ActionResult
    Dim book As Book = db.Book.Find(id)
    db.Book.Remove(book)
    db.SaveChanges()
    Return RedirectToAction("Index")
End Function
```

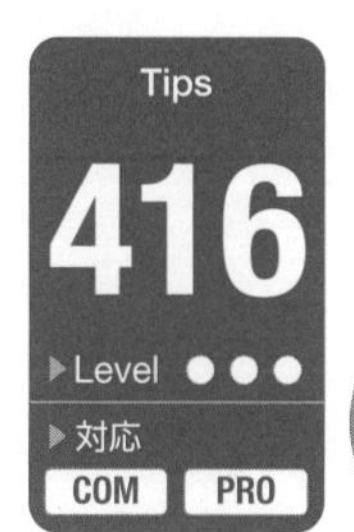

必須項目の検証を行う

ここがポイントです!

モデルクラスに属性を追加
(Required属性)

ASP.NET MVCでは、モデルクラスに属性を追加することで、クライアント検証を実行できます。

しかし、Entity Data Modelを使っている場合には、そのままではモデルƒクラスに属性を記述することはできません。

この場合は、Entity Frameworkによって自動生成される**エンティティクラス**(テーブルに対応するクラス)を直接、書き換えます。このファイルは、再びEntity Frameworkでエンティティクラスを生成すると上書きされてしまうので、注意してください。

「Models」フォルダーをエクスプローラーで開くと、テーブル名に対応するモデルクラスのファイルがあります。このファイルを直接開いて、Visual Studioなどで編集をします。

必須項目がユーザーによって入力されていない場合に、フォームを送信する前にエラーメッセージを表示させるには**Required属性**を追加します。

リスト1では、ApplicationDbContext.vbファイルを開いて、必須項目となるプロパティにRequired属性を記述しています。ブラウザーの編集ページで分類や商品名を空欄にし、[Save] ボタンをクリックすると、実行結果のようにエラーが表示されます。

▼実行結果

Create - マイ ASP.NET アプリケーション
localhost:44316/books/create
アプリケーション名　ホーム　詳細　問い合わせ

Create
Book

書名
書名は必須項目です
AuthorId
増田智明
PublisherId
秀和システム
価格
1000
Create
Back to List

© 2022 - マイ ASP.NET アプリケーション

リスト1　必須属性を追加する（ファイル名：web416.sln、Models/ApplicationDbContext.vb）

```
/// 書籍クラス
<Table("Book")>
Partial Public Class Book
    <Key>
    Public Property Id As Integer
    <DisplayName("書名")>
    <Required(ErrorMessage:="{0}は必須項目です")>
    Public Property Title As String
    Public Property AuthorId As Integer?
    Public Property PublisherId As Integer?
    <DisplayName("価格")>
    Public Property Price As Integer
    ' 関連テーブル
    Public Property Author As Author
    Public Property Publisher As Publisher
End Class
```

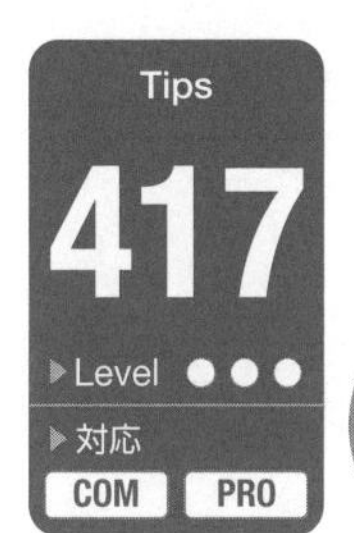

数値の範囲の検証を行う

ここが
ポイント
です!

範囲チェックの属性を追加
(Range属性)

ASP.NET MVCでは、モデルクラスに属性を追加することで、クライアント検証を実行できます。

「Models」フォルダーをエクスプローラーで開くと、テーブル名に対応するモデルクラスのファイルがあります。このファイルを直接開いて、Visual Studioなどで編集をします。

数値の範囲を制限するためには、**Range属性**を追加します。Range属性では、最小値と最大値、そしてエラー時のメッセージを指定します。

リスト1では、ApplicationDbContext.vbファイルを開いて、価格を制限するためのプロパティにRange属性を記述しています。ブラウザーの編集ページで数量に1000などを入力し、[Save] ボタンをクリックすると、実行結果のようにエラーが表示されます。

▼実行結果

リスト1　範囲制限の属性を追加する（ファイル名：web417.sln、Models/Book.vb）

```
<Table("Book")>
Partial Public Class Book
    <Key>
    Public Property Id As Integer
    <DisplayName("書名")>
    <Required(ErrorMessage:="{0}は必須項目です")>
    Public Property Title As String

    Public Property AuthorId As Integer?

    Public Property PublisherId As Integer?
    <DisplayName("価格")>
    <Range(100, 9999,
       ErrorMessage:="{0}は{1}から{2}までの間で指定してください")>
    Public Property Price As Integer

    ' 関連テーブル
    Public Property Author As Author
    Public Property Publisher As Publisher
End Class
```

13-4 Web API

Tips 418 ▶Level ● ○ ○ ▶対応 COM PRO

Web APIとは

ここがポイントです！ Web APIの解説

　Visual Studioには、Webアプリケーションに**Web API**という新しいプロジェクトがあります。

　従来のWebフォームアプリケーションやASP.NET MVCアプリケーションは、EgdeやChromeなどのブラウザーを使って画像や文字などをHTMLタグによって表示しますが、Web APIアプリケーションはもっとシンプルに、データだけをJSONやXMLのように返すことができます。

　ちょうど、Webサービスのように送受信されるデータ（XML形式やJSON形式など）のように、アプリケーション間で決められたデータをそのままやり取りする方式と似ています。

　Web APIアプリケーションは、HTTPプロトコルの**GETコマンド**と**POSTコマンド**を使ってやり取りが行われます。

●GETメソッド

GETメソッドは「http://localhost/api/Books/1」のように、ブラウザーに表示されるURLアドレスを使って取得したいデータを送信します。

サーバーからの戻り値は、JSON形式かXML形式になります。受け取ったデータは、jQueryなどを使い、加工してアプリケーションで利用できます。

●POSTメソッド

POSTメソッドは、ブラウザーでフォームを使って入力したデータを送信する「application/x-www-form-urlencoded」という形式や、JSON形式などを使って送信します。

GETメソッドでは渡しきれない、大きめなデータをサーバーに送るときに利用します。

これらのRESTfulなやり取りは、従来のSOAPを使ったデータ通信よりも手軽に行えます。特にGETコマンドは、URLアドレスに各種パラメーターを埋め込む方式なので、データを送信するクライアントがブラウザー上のJavaScriptやApache、nginx上で動作しているPHPプログラムなどからも簡単に利用できます。

戻されるデータをJSON形式にしておけば、Javascriptから直接扱うことができるという利点もあります。もちろん、Visual BasicやC#のWindowsクライアントやストアアプリケーションからもアクセスが可能です。

現在の Visual Basicでは.NET 6でのWeb APIアプリケーションを作成するテンプレートがありません。ただし、dotnet newコマンドのテンプレートは自作が可能です。

今回は、筆者がVisual Basic用のWeb APIプロジェクト「Web API Project for Visual Basic」としてテンプレートを提供しておきます。

▼コード Web APIプロジェクトのインストール

```
dotnet new install Moonmile.WebApiProject.VisualBasic
```

dotnet install コマンドで「...」を指定してインストールします。

▼コード Web APIプロジェクトの作成

```
dotnet new webapivb --name <プロジェクト名>
```

プロジェクトで「webapivb」を指定すると、Visual Basic版のWeb APIが作成できます。このプロジェクトテンプレートはVisual Studioからも利用できます。

Web APIのプロジェクトを作成する

ここがポイントです!

Web APIプロジェクトの作成
(モデルクラス、コントローラークラス)

Web APIアプリケーションは、ASP.NET MVCアプリケーションやWebフォームアプリケーションと混在が可能ですが、ここでは**ASP.NET Core Web APIプロジェクトテンプレート**を使い、Web APIだけを提供するWebアプリケーションを作成しましょう。

●Web APIアプリケーションを作成する

Web APIアプリケーションを作成する手順は、次の通りです。

▼コード Web APIプロジェクトの作成

```
dotnet new webapivb --name <プロジェクト名>
```

●コントローラーを追加する

.NET 6のWeb APIプロジェクトでは、Visual Studioからコントローラーを追加できません。次のようなコードを「Controllers」フォルダーに作成します。

▼コード コントローラーのひな形

```
Imports Microsoft.AspNetCore.Mvc
Imports Microsoft.EntityFrameworkCore

<Route("api/[controller]")>
<ApiController>
Public Class BooksController
    Inherits ControllerBase

End Class
```

リストでは、「/api/Hello」にアクセスすると、「Hello Visual Basic」の文字列を返すWeb APIを作成しています。

▼実行結果

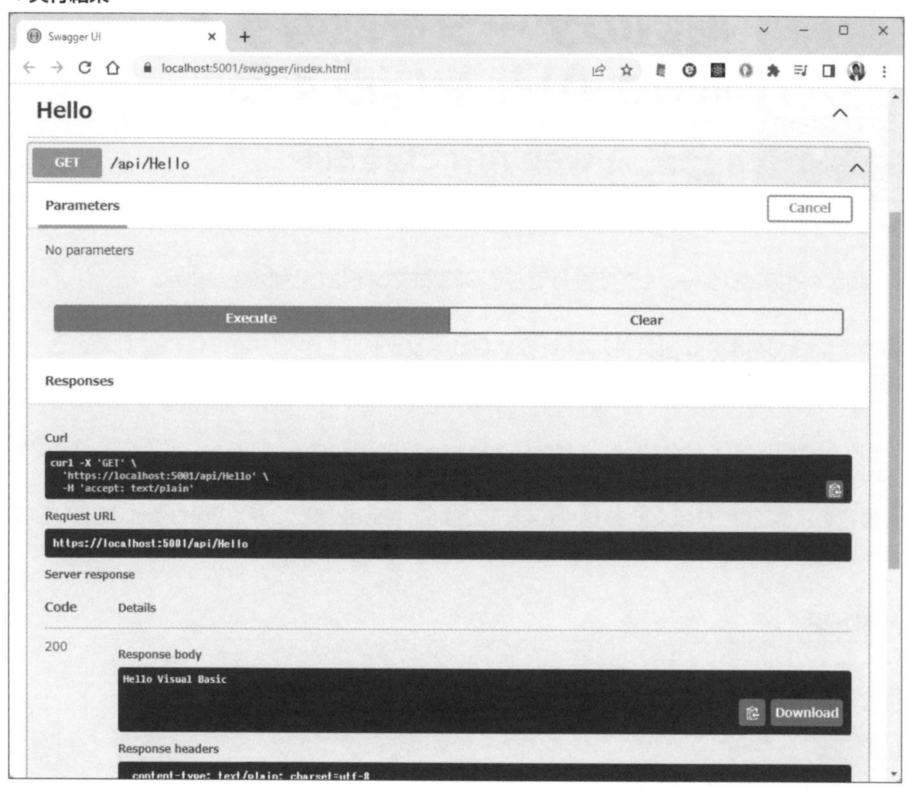

リスト1　コントローラークラスを追加する（ファイル名：web419.sln、Controllers/HelloController.vb）

```
<Route("api/[controller]")>
<ApiController>
Public Class HelloController
    Inherits ControllerBase

    ' GET: api/Hello
    <HttpGet>
    Public Function GetHello() As String
        Return "Hello Visual Basic"
    End Function
End Class
```

複数のデータを取得する Web API を作成する

ここがポイントです!

Web APIで値を取得 (Getメソッド)

Web APIアプリケーションで実行できる**GETコマンド**は、２種類あります。

❶要素を複数取得するためのリストを返す**Getメソッド**
❷IDなどを指定して目的の１つだけの要素を取得するための**Getメソッド**

引数のないGet()メソッドは、「http://localhost/api/Books」のように、引数なしでアクセスされるときのアクションメソッドです。特定のクラスのコレクションを返すことができます。

最初の状態では、Getメソッド（リスト１ではGetBookメソッド）の戻り値はJSON形式になります。リスト２のように、配列を含んだ配列になります。

▼実行結果

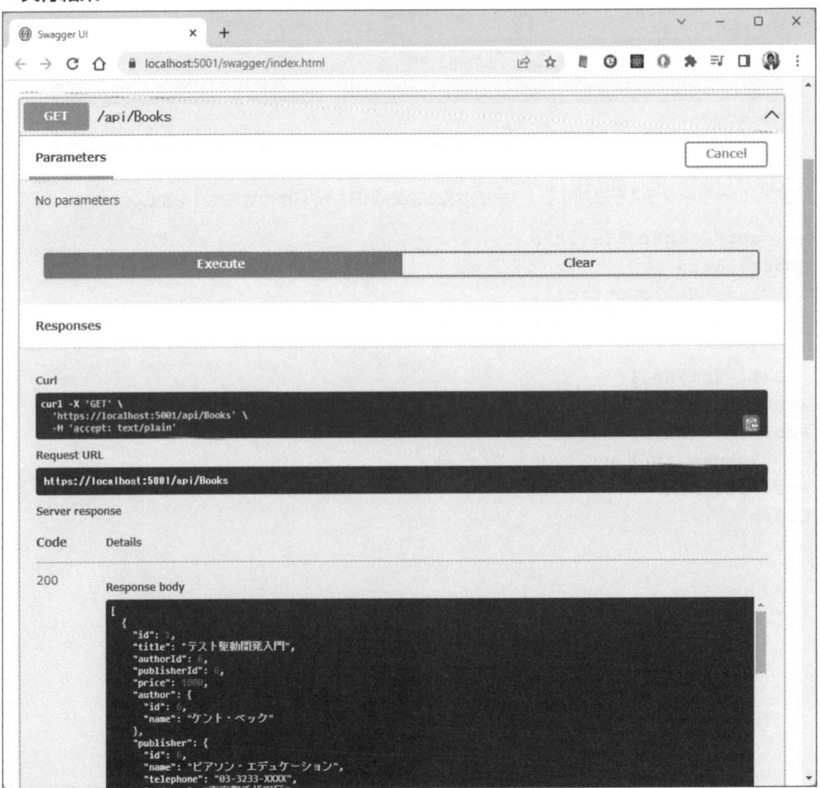

リスト1 コントローラークラスを追加する（ファイル名：web420.sln、Controllers/BooksController.vb）

```
<Route("api/[controller]")>
<ApiController>
Public Class BooksController
    Inherits ControllerBase

    Private ReadOnly _context As ApplicationDbContext
    Public Sub New(context As ApplicationDbContext)
        _context = context
    End Sub

    ' GET: api/Books
    <HttpGet>
    Public Async Function GetBook() As Task(Of IEnumerable(Of Book))
        ' JOIN を利用する
        Dim items = Await _context.Book.Include("Author").
            Include("Publisher").
            OrderBy(Function(t) t.Id).
            ToListAsync()
        Return items
    End Function
    ...
End Class
```

リスト2 Getメソッドの戻り値

```
json
[
  {
    "id": 1,
    "title": "テスト駆動開発入門",
    "authorId": 6,
    "publisherId": 6,
    "price": 1000,
    "author": {
      "id": 6,
      "name": "ケント・ベック"
    },
    "publisher": {
      "id": 6,
      "name": "ピアソン・エデュケーション",
      "telephone": "03-3233-XXXX",
      "address": "東京都千代田区"
    }
  },
  ...
]
```

IDを指定してデータを取得するWeb APIを作成する

ここがポイントです!

Web APIで単一の値を取得（Getメソッド）

Web APIアプリケーションで実行できる**GETコマンド**は、2種類あります。

❶要素を複数取得するためのリストを返す**Getメソッド**
❷IDなどを指定して目的の1つだけの要素を取得するための**Getメソッド**

IDを指定するGet(id)メソッドは、「http://localhost/api/Books/2」のように、引数ありでアクセスされるときのアクションメソッドです。指定したIDを持つ要素を返すことができます。

最初の状態では、Get(id)メソッドの戻り値は、JSON形式になります。リスト2のように、単一の連想配列になります。

▼実行結果

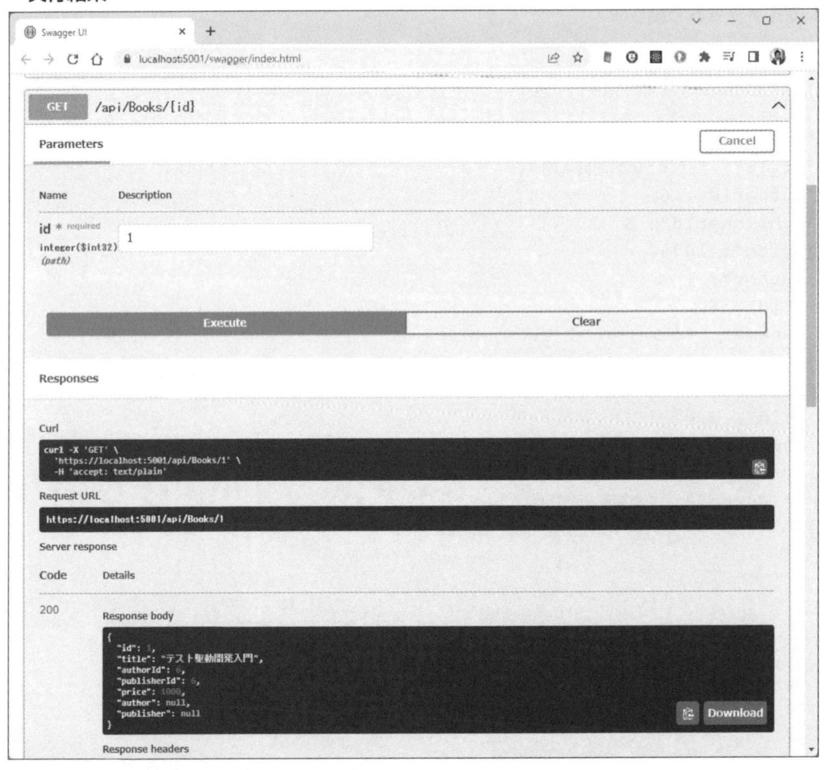

リスト1　コントローラークラスを追加する（ファイル名：web421.sln、Controllers/BooksController.vb）

```
' GET: api/Books/5
<HttpGet("{id}")>
Public Async Function GetBook(id As Integer) As Task(Of
ActionResult(Of Book))
    Dim Book = Await _context.Book.FindAsync(id)

    If Book Is Nothing Then
        Return NotFound()
    End If
    Return Book
End Function
```

リスト2　IDで1を指定したGetメソッドの戻り値

```
{
  "id": 1,
  "title": "テスト駆動開発入門",
  "authorId": 6,
  "publisherId": 6,
  "price": 1000,
  "author": {
    "id": 6,
    "name": "ケント・ベック"
  },
  "publisher": {
    "id": 6,
    "name": "ピアソン・エデュケーション",
    "telephone": "03-3233-XXXX",
    "address": "東京都千代田区"
  }
}
```

値を更新するWeb APIを作成する

ここがポイントです！

Web APIで値を取得

（Postメソッド、JsonSerializerクラス）

Web APIアプリケーションでデータを更新するためには、**Postメソッド**を使います。Web APIを使うクライアントからIDを指定して特定の要素を更新します。

Postメソッドの引数のIDでデータベースを検索して、マッチするレコードを更新します。

Web APIを呼び出すクライアント側では、**System.Text.Json名前空間**の

JsonSerializerクラスを使うことで、POSTコマンドを効率的に作成できます。

入力値を既存のクラスで作成した後に、**Serializeメソッド**でJSON形式の文字列に変換します。

送信するときのメソッドは、**HttpClientクラス**の**PostAsyncメソッド**を使います。

リスト1では、Web APIのPostアクションメソッドで指定IDのBookデータを作成します。

▼実行結果

リスト1　コントローラークラスを追加する（ファイル名：web422.sln、Controllers/BooksController.vb）

```
<HttpPost>
Public Async Function PostBook(Book As Book) As Task(Of
ActionResult(Of Book))
    _context.Book.Add(Book)
    Await _context.SaveChangesAsync()
    Return CreatedAtAction("GetBook", New With {.id = Book.Id}, Book)
End Function
```

JSON形式で結果を返す

ここがポイントです！

Web APIでJSON形式を扱う
（JsonSerializerクラス、Deserializeメソッド）

ASP.NET Core Webアプリケーションでは、デフォルトで**JSON形式**を扱うように設定されています。そのため、Web APIを追加したときのGETメソッドも、戻り値がJSON形式となっています。

Web APIを呼び出すクライアントでは、**System.Text.Json名前空間**で定義されている**JsonSerializerクラス**の**Deserializeメソッド**を利用すると、目的の値クラスに変換ができます。Webアプリケーションとクライアントの値クラスを同じように定義しておくことで、特にアセンブリを共有しなくてもJSON形式のデータをやり取りすることによりデータの変換が容易になります。

リスト1では、Web APIのGETアクションメソッドで値を返しています。データは、自動的にJSON形式に変換されます。

リスト2では、受信したJSON形式のデータをBookクラスにコンバートして、テキストボックスに表示させています。

▼実行結果

リスト1　GETメソッドでJSON形式にして返す（ファイル名：web423.sln、web423/Controllers/BooksController.vb）

```
<HttpGet("{id}")>
Public Async Function GetBook(id As Integer) As
      Task(Of ActionResult(Of Book))
    Dim Book = Await _context.Book.
        Include("Author").
        Include("Publisher").
        Where(Function(t) t.Id = id).
        FirstOrDefaultAsync()
    If Book Is Nothing Then
```

```
            Return NotFound()
        End If
        Return Book
    End Function
```

リスト2 Web APIを呼び出す（ファイル名：web423.sln、web423client/Form1.vb）

```
Private Async Sub Button1_Click(sender As Object, e As EventArgs)
Handles Button1.Click
    Dim url = TextBox1.Text
    Dim cl As New HttpClient()
    Dim json = Await cl.GetStringAsync(url)
    Dim book = System.Text.Json.JsonSerializer.Deserialize(Of Book)(
            json, New System.Text.Json.JsonSerializerOptions With
            {
                .PropertyNameCaseInsensitive = True
            })

    If book Is Nothing Then
        textBox2.Text = "書籍が見つかりませんでした"
    Else
        textBox2.Text = $"
ID: {book.Id}
書名: {book.Title}
著者名: {book.Author.Name}
出版社名: {book.Publisher.Name}
価格: {book.Price} 円
"
    End If
End Sub
```

バイナリデータで結果を返す

ここがポイントです！ **レスポンスをバイナリデータで返信**
（Byte配列、Fileメソッド）

ASP.NET Core Webアプリケーションでも数値や文字列、JSON形式以外にも**バイナリデータ**を**Byte配列**で扱えます。

Web APIの戻り値は、**ActionResultクラス**を返すため、コントローラークラスの**Fileメソッド**を使い、**FileContentResultオブジェクト**を渡します。

Fileメソッドでは、呼び出し元のクライアントに返信するbyte配列と、コンテンツタイプ（Content-Type）を渡すことができます。バイナリデータの元の形式が画像データの場合には「image/jpeg」のようにコンテンツタイプを指定します。この指定は、クライアントから送られてくるAcceptヘッダーにより制限されます。

リスト1では、クライアントからの呼び出しに対して、サーバーに保存してある「Data/gyakubiki.jpg」ファイルを返しています。

▼実行結果

リスト1 GETメソッドでバイナリデータを返す（ファイル名：web424.sln、web424/Controllers/BooksController.vb）

```
<HttpGet("image/{id}")>
Public Function GetImage(id As Integer) As ActionResult
    ' 本来は、指定IDで検索する
    Dim Data = System.IO.File.ReadAllBytes("Data¥gyakubiki.jpg")
    Return File(Data, "image/jpeg")
    ' 相対パスを使うことも可能
    ' return this.File("~/Data/gyakubiki.jpg", "image/jpeg")
End Function
```

リスト2 Web APIを呼び出す（ファイル名：web424.sln、web424client/Form1.vb）

```
Private Async Sub Button1_Click(sender As Object, e As EventArgs)
      Handles Button1.Click
    Dim Url = TextBox1.Text
    Dim cl = New HttpClient()
    cl.DefaultRequestHeaders.Accept.Add(
      New MediaTypeWithQualityHeaderValue("image/jpeg"))
    Dim Data = Await cl.GetByteArrayAsync(Url)
    Dim mem = New MemoryStream(Data)
    Dim bmp = Bitmap.FromStream(mem)
    PictureBox1.Image = bmp
End Sub
```

クライアントが保存するときのデフォルトのファイル名を指定することもできます。第3引数に、ファイル名を指定します。

```
Retrun Me.File(data, "image/jpeg", "gyakubiki.jpg")
```

JSON形式でデータを更新する

ここがポイントです！

Web APIでJSON形式にしてデータ更新
(JsonSerializer クラス、Serialize メソッド)

ASP.NET Core Webアプリケーションでは、デフォルトで**JSON形式**を扱うように設定されています。

そのため、クライアントからWeb APIのPOSTやPUTアクションメソッドを呼び出す場合には、JSON形式のほうが扱いやすくなります。

クライアントからJSON形式で呼び出すためには、**System.Text.Json名前空間**で定義されている**JsonSerializerクラス**の**Serializeメソッド**で値クラスからJSON形式の文字列を作成します。

リスト1では、Web APIのPOSTアクションメソッドでJSON形式にしてデータを受信して、データベースに保存しています。

リスト2では、値クラスをJSON形式に変換してPUTアクションメソッドでWeb APIを呼び出しています。

▼実行結果

リスト1　PUTメソッドをJSON形式で受信する（ファイル名：web425.sln、web425/Controllers/BooksController.vb）

```
<HttpPut("{id}")>
Public Async Function UpdateBook(id As Integer,
      bookupdate As BookUpdate) As Task(Of ActionResult(Of Book))
    If id <> bookupdate.Id Then
        Return BadRequest()
    End If
    Dim Book = _context.Book.Find(bookupdate.Id)
    If Book Is Nothing Then
        Return NotFound()
    End If
    Book.Title = bookupdate.Title
    Book.Price = bookupdate.Price
    Await _context.SaveChangesAsync()
    Dim item = Await _context.Book.
        Include("Author").
        Include("Publisher").
        FirstOrDefaultAsync(Function(t) t.Id = id)
    If item Is Nothing Then
        Return NotFound()
    End If
    Return item
End Function

<HttpPost>
Public Async Function PostBook(Book As Book) As
      Task(Of ActionResult(Of Book))
    _context.Book.Add(Book)
    Await _context.SaveChangesAsync()
    Return CreatedAtAction("GetBook", New With {.id = Book.Id}, Book)
End Function
```

リスト2　Web APIを呼び出す（ファイル名：web425.sln、web425client/Form1.vb）

```
Private Async Sub Button1_Click(sender As Object, e As EventArgs)
      Handles Button1.Click
    Dim url = TextBox1.Text
    Dim client As New HttpClient()
    Dim bookUpdate = New BookUpdate() With
        {
            .Id = Integer.Parse(TextBox2.Text),
            .Title = TextBox3.Text,
            .Price = Integer.Parse(TextBox4.Text)
        }
    Dim Json = JsonSerializer.Serialize(bookUpdate)
    Dim context = New StringContent(Json, System.Text.Encoding.UTF8,
      "application/json")
    Dim response = Await client.PutAsync(
      $"{url}/{bookUpdate.Id}", context)
    TextBox5.Text = Await response.Content.ReadAsStringAsync()
End Sub
```

Tips 426 ▶Level ●● ▶対応 COM PRO

バイナリ形式でデータを更新する

ここがポイントです！ **BASE64形式で送受信**（Convertクラス、ToBase64Stringメソッド、FromBase64Stringメソッド）

Web APIに対して**バイナリデータ**で更新したい場合は、サーバーとのやり取りを**BASE64形式**で行うと手軽です。

BASE64形式は、バイナリデータをアルファベットといくつかの記号で変換したものです。2バイトのデータが3バイトのBASE64形式のデータとなり、必要となるバイト数が若干増えますが、デバッグ時の確認やテストデータの保存（Postmanの利用やcurlの利用など）がやりやすいため、開発時間を減らせます。人が読めるアルファベットと記号の組み合わせのためメモ帳などに保存ができます。

BASE64形式への相互変換は、**Convertクラス**を利用します。バイナリデータからBASE64形式への変換は**ToBase64Stringメソッド**を使い、逆にBASE64形式からバイナリデータへの変換は**FromBase64Stringメソッド**を使います。

▼バイナリデータをBASE64形式に変換する

```
Dim BASE64文字列 = Convert.ToBase64String( byte配列 )
```

▼BASE64形式をバイナリ形式に変換する

```
Dim byte配列 = Convert.FromBase64String( BASE64文字列 )
```

リスト1では、クライアントから送信されたBASE64形式の文字列をバイナリデータに変換しています。

リスト2では、クライアントでバイナリデータをBASE64形式に変換しています。送信するときはコンテンツタイプが「text/json」となるため、JSONで扱う文字列として前後をダブルクォートで囲んでいます。

▼実行結果

リスト1　BASE64形式でデータを受信する（ファイル名：web426.sln、web426/Controllers/BooksController.vb）

```
<HttpPost("upload")>
Public Function Upload(<FromBody> base64 As String) As ActionResult
    ' BASE64形式でデータを受信する
    Dim data = System.Convert.FromBase64String(base64)
    ' バイナリデータにコンバートする
    Dim Text = BitConverter.ToString(data)
    Return Ok(Text)
End Function
```

リスト2　BASE64形式でデータを送信する（ファイル名：web426.sln、web426client/Form1.vb）

```
''' BASE64文字列に変換する
Private Sub Button1_Click(sender As Object, e As EventArgs) Handles
Button1.Click
    Dim Data = System.Text.Encoding.UTF8.GetBytes(TextBox1.Text)
    TextBox2.Text = System.Convert.ToBase64String(Data)
End Sub

''' サーバーにBASE64文字列を送信する
Private Async Sub Button2_Click(sender As Object, e As EventArgs)
      Handles Button2.Click
    Dim Url = "https://localhost:5001/api/Books/upload"
    Dim Base64 = TextBox2.Text
    Dim cl As New HttpClient()
    Dim context = New StringContent("""" + Base64 + """")
    context.Headers.ContentType =
        New System.Net.Http.Headers.MediaTypeHeaderValue("text/json")
    Dim response = Await cl.PostAsync(Url, context)
    TextBox3.Text = Await response.Content.ReadAsStringAsync()
End Sub
```

Tips 427 ▶Level ●●○ ▶対応 COM PRO

ルーティングを設定する

ここがポイントです！

アクセスするURLを変更
(Route属性、HttpGet属性)

ASP.NETでWeb APIアプリケーションを作ると、呼び出すURLの先頭はデフォルトで**/api**が追加されます。APIの呼び出しアドレスは、ルーティングの属性を編集することで自由に変えられます。

コントローラーの記述となるパスには**Route属性**が使われます。デフォルトでは、「api/[controller]」が設定されています。

[controller]の部分は、実際のコントローラーのクラス名に変換されます。ルート名を「Books」のように設定すると、コントローラーに対しては「http://localhost/Books」のようにアクセスできます。

▼Route属性の設定例①

```
<Route("api/[controller]")>
```

▼Route属性の設定例②

```
<Route( ルート名 )>
```

それぞれのアクションメソッド(コントローラーのメソッド)は、GETやPOSTなどのデフォルトで決められた名前が使われています。これを**HttpGet属性**や**HttpPost属性**でルート名を明示的に指定することにより、自由にルーティングが変更できます。

パス名には「add/{x}/{y}」のように引数を指定できます。引数の名前は、アクションメソッドの引数の名前と同じにしておきます。

▼アクションメソッドの変更

```
<HttpGet( パス名 )>
```

リスト1では、独自のルーティングを指定したBooksControllerクラスを定義しています。動作確認は、Swaggerで行っています。

▼helloを返す

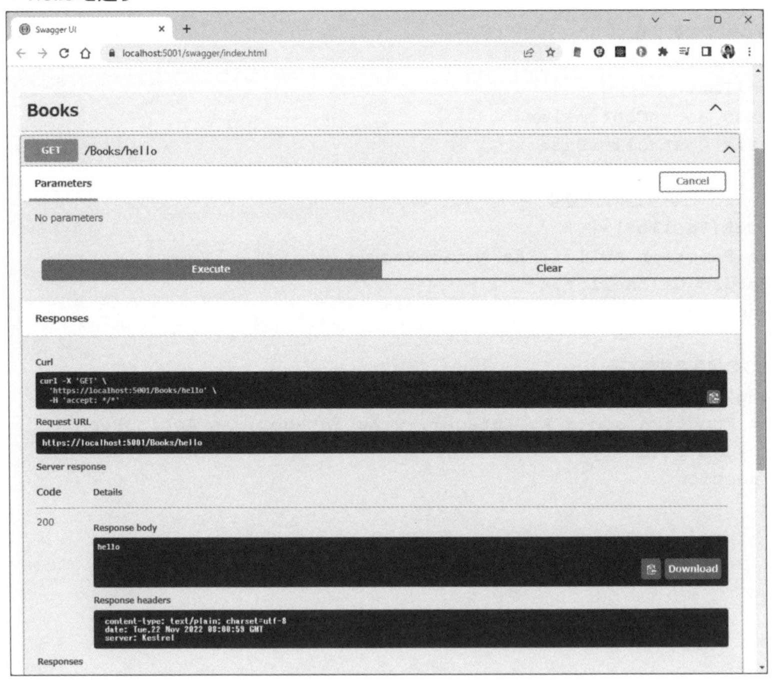

▼加算した結果を返す

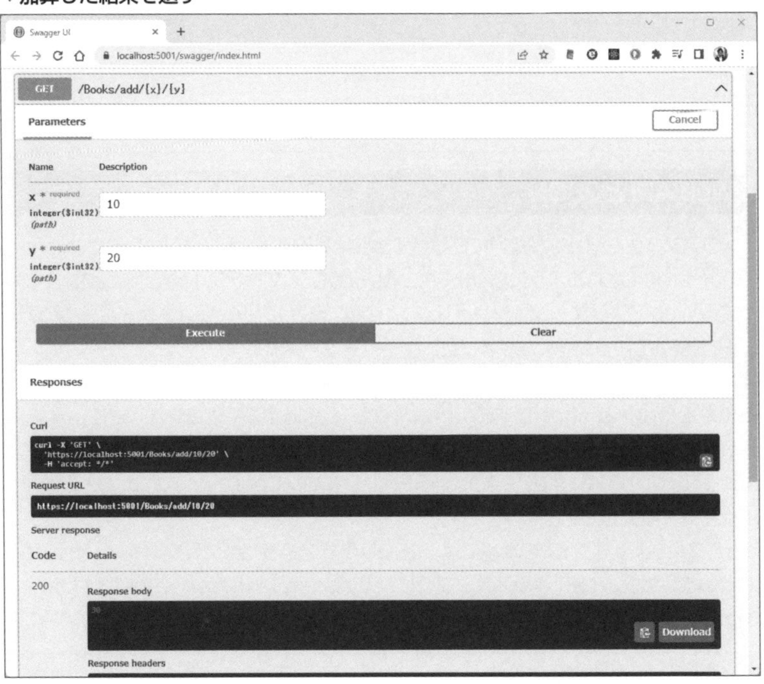

リスト1 ルーティングを変更する（ファイル名：web427.sln、Controllers/BooksController.vb）

```
''' ルーティングを変更する
<Route("Books")>
<ApiController>
Public Class BooksController
    Inherits ControllerBase

    ''' Hello という文字列を返す
    <HttpGet("hello")>
    Public Function hello() As ActionResult
        Return Ok("hello")
    End Function

    ''' 2つの数字を加算する
    <HttpGet("add/{x}/{y}")>
    Public Function add(x As Integer, y As Integer) As ActionResult
        Return Ok(x + y)
    End Function
End Class
```

Column Web APIとJSON

スマートフォンのアプリケーションが普通に使われるようになると、バックグラウンドではWeb APIが当たり雨のように利用されるようになりました。現在では、スマートフォンだけではなく、ブラウザ上で動作するWebアプリケーションやデスクトップのアプリケーションもサーバーへのアクセスにWeb APIを使うところが多くなりました。

かつて、Webアプリケーションでは、Ajaxと呼ばれていた非同期通信ですが、WebSocketやPromise/FetchなどのJavascriptの技術によりサーバーと通信する手段も変化しきています。サーバーサイドのnode.jsの技術などにより、Web API（RESTfulなど）のデータは、XML形式からJSON形式がデフォルトで使われています。ASP.NET MVC Coreが扱うWeb APIの通信も初期ではJSON形式に変換しています。

Visual BasicやC#のような.NETの環境では、JSON形式を扱うために長く「Newtonsoft.Json」が使われていましたが、.NETクラスライブラリに「System.Text.Json 名前空間」が用意されるようになりました。システムとして組み込まれたため、安定的に使えるようになっています。

API KEYを利用する

ここがポイントです！ **リクエストヘッダーを参照**（HttpRequestクラス、Requestプロパティ、Headersコレクション）

Web APIのへ手軽なアクセス制御として、HTTPプロトコルのヘッダー部を利用した**API KEY**のチェックがあります。

ログイン認証などよりは弱いセキュリティとはなりますが、公開済みのWeb APIに対して固定のクライアントの配布や、同じドメインからのWebアプリケーションへのアクセスなどの場合にセッションやクッキーを使わず簡単なガードが掛けられます。

HTTPプロトコルのヘッダー部への追加は、**HttpClinetクラス**の**DefaultRequestHeadersコレクション**を使います。**Addメソッド**でAPI KEYのキー情報（「X-API-KEY」など）と値を追加します。

Web API側では受信時に、**Requestプロパティ**から**HttpRequestクラス**のインスタンスを取得し、**Headersコレクション**で指定したAPI KEYの値を取得します。値をチェックして、処理を返すようにします。

リスト1では、アクションメソッドで「X-API-KEY」の値をチェックしています。値が「TEST-SERVER」のときは、正しいAPI KEYとみなしています。

Web APIを呼び出すリスト2では、DefaultRequestHeadersコレクションを使い、HTTPプロトコルのヘッダー部に追加しています。

▼API-KEYが正しいとき

▼API-KEYが間違っているとき

リスト1　API-KEYをチェックする（ファイル名：web428.sln、Controllers/BooksController.vb）

```
<Route("hello")>
<ApiController>
Public Class BooksController
    Inherits ControllerBase

```

```
    Public Function hello() As HelloResujlt
        Dim apikey = Me.Request.Headers("X-API-KEY")
        If apikey.FirstOrDefault() <> "TEST-SERVER" Then
            Return New HelloResujlt With {
                .ErrorMesssage = "apikey error."
            }
        Else
            Return New HelloResujlt With {
                .Id = 1,
                .Name = "masuda",
                .ErrorMesssage = ""
            }
        End If
    End Function
End Class

Public Class HelloResujlt
    Public Property Id As Integer
    Public Property Name As String
    Public Property ErrorMesssage As String
End Class
```

リスト2　API-KEYをヘッダーに付ける（ファイル名：web428.sln、web428client/Form1.vb）

```
Private Async Sub Button1_Click(sender As Object, e As EventArgs)
      Handles Button1.Click
    Dim apikey = TextBox1.Text
    Dim Url = $"https://localhost:5001/api/Books/hello"
    Dim cl = New HttpClient()
    ' API-KEYを指定する
    cl.DefaultRequestHeaders.Add("X-API-KEY", apikey)
    Dim response = Await cl.GetAsync(Url)
    TextBox2.Text = Await response.Content.ReadAsStringAsync()
End Sub
```

データ更新時の重複を避ける

ここがポイントです！

更新日時のチェック
(Update メソッド、SaveChanges メソッド)

データを更新する場合、ほかのクライアントからのデータ更新競合を避けるために**トランザクション**を使いますが、Web APIの場合はセッションが長いために適切ではありません。

Web APIの場合は、更新時にほかからのデータ更新がないかどうかをチェックして、必要な部分だけを更新するようにします。そのため、テーブルには更新日時のカラム(UpdatedAtなど)を付けておきます。

リスト1のように、クライアントから送信されたデータのうち、UpdatedAtプロパティの値をサーバーにあるデータと比較します。他からの更新がない場合は、更新日時は同じとなるので、データを正常に更新します。更新日時が異なる場合（大抵は、すでに更新済みの場合のため、新しい日時となる)、更新を取りやめてエラーとします。

クライアントからの更新は、リスト2のようにJSON形式でPUTしています。

▼実行結果

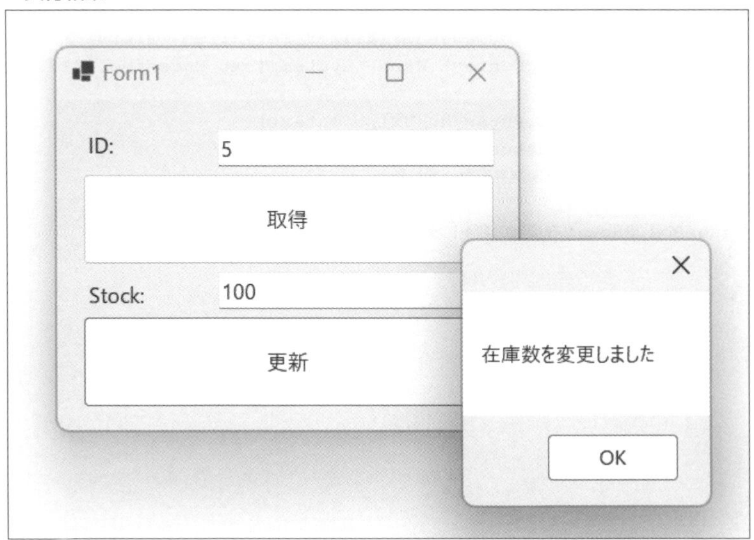

リスト1 更新日時をチェックする（ファイル名：web429.sln、web429/Controllers/BooksController.vb)

```
<HttpPut("{id}")>
Public Function Edit(id As Integer, store As Store) As ActionResult
    If id <> store.Id Then
        Return NotFound()
```

```
        End If
        ' 更新日時をチェックする
        Dim item = _context.Store.FirstOrDefault(Function(m) m.Id = id)
        If item Is Nothing Then
            Return NotFound()
        End If
        If item.UpdatedAt <> store.UpdatedAt Then
            ' 更新日時が異なる場合
            Return BadRequest()
        End If
        item.UpdatedAt = DateTime.Now
        item.Stock = store.Stock
        _context.Store.Update(item)
        _context.SaveChanges()
        Return Ok()
    End Function
```

リスト2　在庫数を更新する（ファイル名：web429.sln、web429client/Form1.vb）

```
Private Async Sub Button2_Click(sender As Object, e As EventArgs)
      Handles Button2.Click
    If _store Is Nothing Then Return

    Dim Url = $"https://localhost:7282/api/Stores/{_store.Id}"
    _store.Stock = Integer.Parse(TextBox2.Text)
    Dim cl As New HttpClient()
    Dim Json = System.Text.Json.JsonSerializer.Serialize(_store)
    Dim context = New StringContent(Json, System.Text.Encoding.UTF8,
       "application/json")
    Dim response = Await cl.PutAsync(Url, context)
    If response.IsSuccessStatusCode Then
        MessageBox.Show("在庫数を変更しました")
    Else
        MessageBox.Show("在庫数の変更に失敗しました")
    End If
End Sub
```

Tips 430 ▶Level ●● ▶対応 COM PRO

クロスサイトスクリプトに対応する

ここがポイントです！ **CORSを設定する**
（AddCorsメソッド、UseCorsメソッド）

Web APIを公開する場合、ブラウザーからのアクセスに注意する必要があります。通常では、**CSRF**（クロスサイトリクエストフォージェリ）の脆弱性を排除するために、ブラウザーからJavaScript経由で呼び出す場合、同じドメインにあるWeb APIしか呼び出せません。

これを有効にするために、サーバーから送られるヘッダー部にCORSの設定をしておきます。

❶サービスに**AddCorsメソッド**を使い、CORSの利用を追加する。
❷アプリに**UseCorsメソッド**を使い、CORSの設定を追加する。

.NETのWeb APIアプリケーションでは、リスト1のように設定します。

UseCorsメソッドでは、呼び出されるドメインやメソッド、ヘッダー部によって細かく制御ができます。すべての異なるドメインからの呼び出しを許可する場合は、「AllowAnyOrigin()」としておきます。

リスト1　CORSを設定する（ファイル名：web430.sln、Program.vb）

```
Sub Main(args As String())
    Dim builder = WebApplication.CreateBuilder(args)
    builder.Services.AddControllers()
    builder.Services.AddEndpointsApiExplorer()
    builder.Services.AddSwaggerGen()
    ' CORSを追加
    builder.Services.AddCors()

    Dim app = builder.Build()
    If app.Environment.IsDevelopment() Then
        app.UseSwagger()
        app.UseSwaggerUI()
    End If

    ' CORSの設定
    app.UseCors(Function(options)
                    Return options.AllowAnyOrigin().
                        AllowAnyMethod().
                        AllowAnyHeader()
                End Function)

    app.UseHttpsRedirection()
    app.UseAuthorization()
    app.MapControllers()
```

```
    app.Run()
End Sub
```

Column XMLリテラル

ほかの.NET言語にはないVisual Basicのユニークな文法として、XMLリテラルがあります。XMLリテラル(https://learn.microsoft.com/ja-jp/dotnet/visual-basic/programming-guide/language-features/xml/xml-literals-overview)は、Visual Basicのコードの中にXML形式をそのまま記述できる文法です。

```
Dim contact1 As XElement =
    <contact>
      <name>Patrick Hines</name>
      <phone type="home">206-555-0144</phone>
      <phone type="work">425-555-0145</phone>
    </contact>
```

固定のXML文字列だけでなく、「<%= 変数 %>」のように記述すると、Visual Basicの変数や式が利用できます。ちょうどLINQクエリをVisual Basic言語と混在させられるようなものです。

属性へのアクセスは「phone.@type」、子要素へのアクセスは「contact.<name>.Value」のように記述できます。コードへのヒアドキュメント的な使い方として活用できます。

アプリケーション実行の極意

ほかのアプリケーションを起動する

ここがポイントです!

Windowsアプリケーションからほかのアプリケーションを起動
(Processクラス、Startメソッド)

あるWindowsアプリケーションから別のアプリケーションを起動させるためには、**Processクラス**の**Startメソッド**を使います。

また、起動させたいプログラムは、Processクラスの**StartInfoオブジェクト**の**FileNameプロパティ**に指定します。StartInfoオブジェクトは、**ProcessStartInfoクラス**のオブジェクトです。ProcessStartInfoクラスにプログラムに渡す引数（Argumentsプロパティ）、起動するときのウィンドウスタイル（WindowStyleプロパティ）、作業フォルダー（WorkingDirectoryプロパティ）などを指定します。

起動するアプリケーションは、環境変数PATHを参照して検索されます。このとき、アプリケーションが見つからない場合は例外が発生します。

リスト1では、Button1（[メモ帳を起動] ボタン）がクリックされたら、プログラムコードからメモ帳（notepad.exe）を起動しています。

▼実行結果

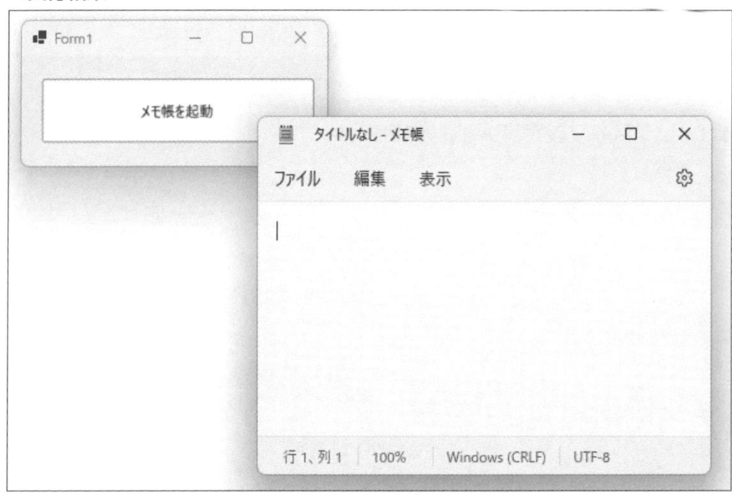

リスト1 メモ帳を起動する（ファイル名：app431.sln、Form1.vb）

```
Private Sub Button1_Click(sender As Object, e As EventArgs) _
    Handles Button1.Click
    Dim proc As New System.Diagnostics.Process()
```

```
    ' メモ帳を起動する
    proc.StartInfo.FileName = "notepad.exe"
    proc.Start()
End Sub
```

ほかのアプリケーションの終了を待つ

ここがポイントです！ Windowsアプリケーションからほかのアプリケーションの終了を待機
(Processクラス、Exitedイベント)

Windowsアプリケーションから別のアプリケーションを起動して、そのアプリケーションが終了するまで待つためには、**Processクラス**の**Exitedイベント**を使います。

Exitedイベントハンドラーには、起動したプロセスが終了したときに呼び出されるメソッドを設定しておきます。

リスト1では、起動したメモ帳(notepad.exe)が終了したときに、メッセージを表示させています。Exitedイベントハンドラーには、終了時の処理をラムダ式で設定しています。

▼実行結果

リスト1 メモ帳の終了を待機する(ファイル名：app432.sln、Form1.vb)

```
Private Sub Button1_Click(sender As Object, e As EventArgs) _
    Handles Button1.Click
    Dim proc = New System.Diagnostics.Process()
    ' メモ帳を起動する
    proc.StartInfo.FileName = "notepad.exe"
    ' アプリケーションの終了を待つ
    proc.EnableRaisingEvents = True
    AddHandler proc.Exited,
        Sub()
```

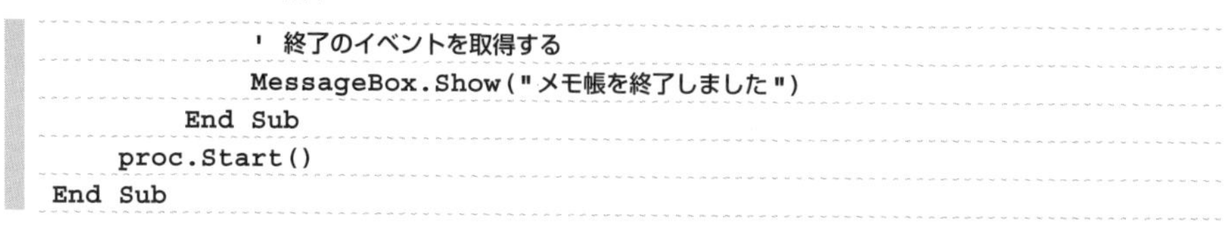

```
                ' 終了のイベントを取得する
                MessageBox.Show("メモ帳を終了しました")
            End Sub
        proc.Start()
    End Sub
```

アプリケーションの二重起動を防止する

ここがポイントです！

アプリケーションが2つ起動されないように防止 (Mutex クラス)

アプリケーションの二重起動を防止するには、**Mutex クラス**を使います。

Mutexクラスは、共有リソースにアクセスするときに使われる同期制御のためのクラスです。この特徴を使って、複数のアプリケーションから1つのリソースを共有することにより、アプリケーションの二重起動を防止できます。

リスト1ではフォームがロードされるときにMutexを作成し、同じアプリケーションがすでに起動されていればダイアログを表示して終了しています。

▼実行結果

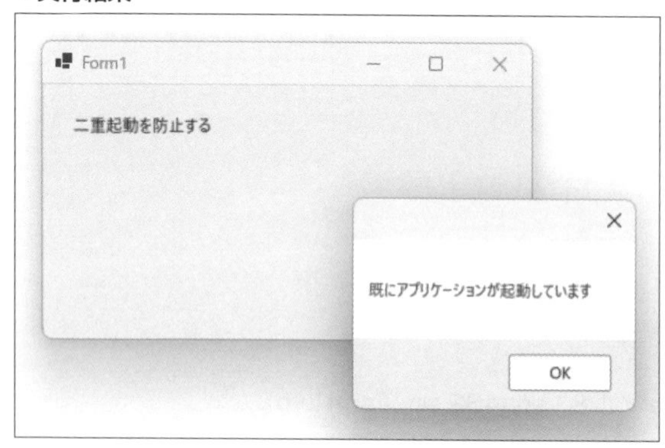

リスト1　二重起動を防止する (ファイル名：app433.sln、Form1.vb)

```
Private objMutex As System.Threading.Mutex

Private Sub Form1_Load(sender As Object, e As EventArgs) _
    Handles MyBase.Load
    objMutex = New System.Threading.Mutex(False, "app433")
    If objMutex.WaitOne(0, False) = False Then
```

```
            MessageBox.Show("既にアプリケーションが起動しています")
            Me.Close()
        End If
    End Sub

    Private Sub Form1_FormClosed(
        sender As Object, e As FormClosedEventArgs) _
        Handles MyBase.FormClosed
        ' フォームを閉じるときにミューテックスを解放する
        objMutex.Close()
    End Sub
```

14-2 クリップボード

クリップボードにテキストデータを書き込む

ここがポイントです！ **システムクリップボードに文字列を転送**
（Clipboardオブジェクト）

クリップボードにデータを転送するには、**Clipboardオブジェクト**のメソッドを使います。
クリップボードに文字列を出力するには、**SetTextメソッド**を使います。

▼クリップボードに文字列を出力する

```
Clipboard.SetText(文字列)
```

リスト1では、Button1（[テキストをコピー] ボタン）がクリックされると、テキストボックスの内容をクリップボードに転送しています。

▼実行結果

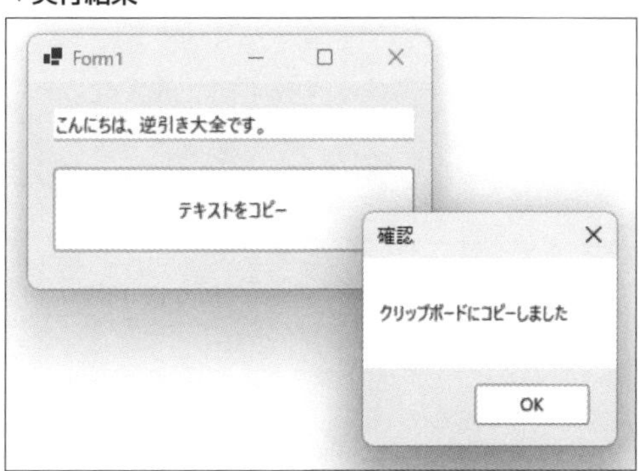

リスト1　クリップボードにデータを転送する（ファイル名：app434.sln、Form1.vb）

```
Private Sub Button1_Click(sender As Object, e As EventArgs) _
    Handles Button1.Click
    Clipboard.Clear()
    Clipboard.SetText(TextBox1.Text)
    MessageBox.Show("クリップボードにコピーしました", "確認")
End Sub
```

さらにワンポイント

オーディオデータを転送するには、SetAudioメソッドを使い、引数にオーディオデータを含むストリームまたはバイト配列を指定します。データを指定した形式で転送するには、SetDataメソッドの第1引数にDataFormatsクラスのメンバーでデータ形式を指定し、第2引数にデータをObject型で指定します。

また、アプリケーション終了時に、データをクリップボードから削除する場合は、SetDataObjectメソッドの第1引数にデータオブジェクトを指定し、第2引数に「False」を指定します。

クリップボードのデータを削除するには、Clipboard.Clearメソッドを使います。

Tips 435　▶Level ●○○　▶対応 COM PRO

クリップボードに画像データを書き込む

ここがポイントです！　**システムクリップボードに画像を転送**
（Clipboardオブジェクト）

クリップボードにデータを転送するには、**Clipboardオブジェクト**のメソッドを使います。画像を出力するには、**SetImageメソッド**を使います。

▼クリップボードに画像を出力する

```
Clipboard.SetImage(画像への参照)
```

リスト1では、Button1（[画像をコピー] ボタン）がクリックされると、ピクチャーボックスの内容をクリップボードに転送しています。

▼実行結果

リスト1　クリップボードにデータを転送する（ファイル名：app435.sln、Form1.vb）

```
Private Sub Button1_Click(sender As Object, e As EventArgs) _
    Handles Button1.Click
    Clipboard.Clear()
    Clipboard.SetImage(PictureBox1.Image)
    MessageBox.Show("クリップボードにコピーしました")
End Sub
```

クリップボードからテキスト形式のデータを受け取る

ここがポイントです！　**システムクリップボードから文字列を取得**
（Clipboardオブジェクト）

クリップボードから文字列を取得するには、**Clipboardオブジェクト**の**GetTextメソッド**を使います。

▼クリップボードから文字列を取得する

```
Clipboard.GetText()
```

リスト1では、Button1（[テキストをペースト] ボタン）がクリックされたら、クリップボードの文字列を取得して、テキストボックスで表示します。

▼実行結果

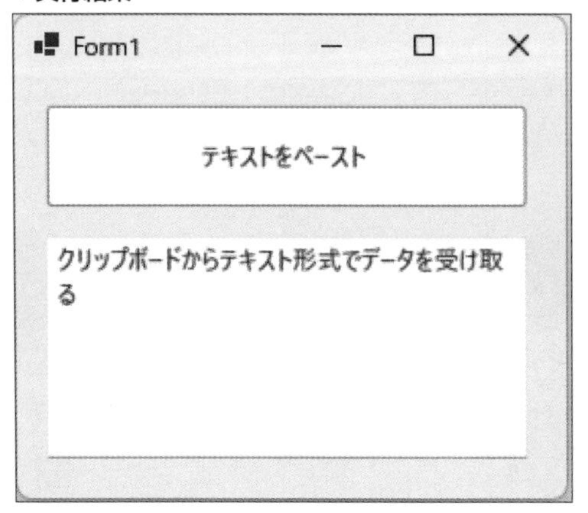

リスト1　クリップボードのデータを取得する（ファイル名：app436.sln、Form1.vb）

```
Private Sub Button1_Click(sender As Object, e As EventArgs) _
    Handles Button1.Click
    ' テキスト形式でペーストする
    If Clipboard.ContainsText() Then
        Dim Text = Clipboard.GetText()
        TextBox1.Text = Text
    End If
End Sub
```

クリップボードから画像形式のデータを受け取る

ここがポイントです！　システムクリップボードから画像を取得（Clipboardオブジェクト）

クリップボードから画像を取得するには、**GetImageメソッド**を使います。

▼クリップボードから画像を取得する

```
Clipboard.GetImage()
```

リスト1では、Button1（[画像をペースト] ボタン）がクリックされたら、クリップボードの画像を取得してピクチャーボックスで表示します。

▼実行結果

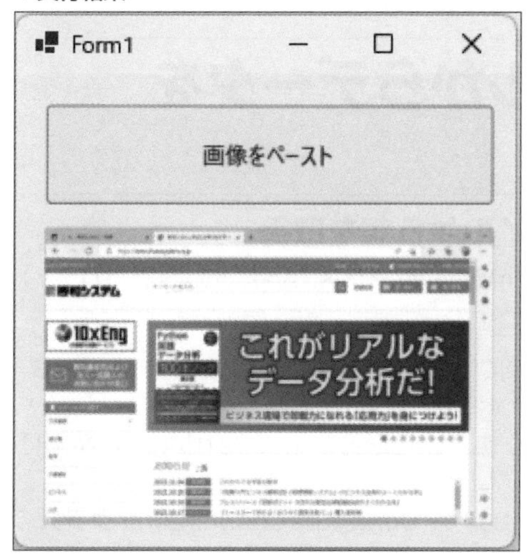

リスト1 クリップボードのデータを取得する（ファイル名：app437.sln、Form1.vb）

```
Private Sub Button1_Click(sender As Object, e As EventArgs) _
    Handles Button1.Click
    ' 画像形式でペーストする
    If Clipboard.ContainsImage() Then
        Dim Image = Clipboard.GetImage()
        PictureBox1.Image = Image
    End If
End Sub
```

クリップボードからオーディオデータを取得するには、GetAudioメソッドを使います。データを指定した形式で取得するには、GetDataメソッドの引数に、DataFormatsクラスのメンバーでデータ形式を指定します。

さらにワンポイント

クリップボードに特定の種類のデータが格納されているか確認するには、テキストデータはContainsTextメソッド、画像データはContainsImageメソッド、オーディオデータはContainsAudioメソッドを使います。また、指定形式のデータが格納されているか調べるには、ContainsDataメソッドを使います。

いずれのメソッドも、格納されている場合は「True」、格納されていない場合は「False」を返します。

設定ファイルからデータを読み込む

ここがポイントです！

設定ファイルから値を取得
（ConfigurationManagerクラス、AppSettingsプロパティ）

アプリケーションの設定を***.configファイル**に保存できます。

configファイルは、実行ファイル（*.exeファイル）と同じフォルダーに置かれ、外部から設定するための数値や文字列などを記述できます。XML形式で、appSettingsタグの配下に記述します。

設定のNameValueCollectionコレクションは、**ConfigurationManagerクラス**の**AppSettingsプロパティ**を使うと取得できます。

▼App.configからデータを読み込む

```
<appSettings>
  <add key="キー名" value="値"/>
  ...
</appSettings>
```

リスト1では、Button1（[データを読み込み] ボタン）がクリックされると、指定したキーの値をconfigファイルから読み取って表示しています。

リスト2は、アプリケーション設定ファイルです。

▼実行結果

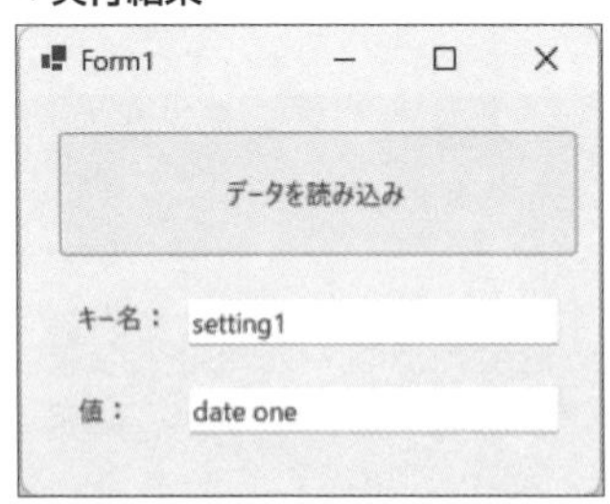

リスト1　指定したキーの値を取得する（ファイル名：app438.sln、Form1.vb）

```
Imports System.Configuration

Private Sub Button1_Click(sender As Object, e As EventArgs) _
    Handles Button1.Click
    Dim appSettings = ConfigurationManager.AppSettings
    Dim key = TextBox1.Text
```

```
    Dim value = IIf(appSettings(key) Is Nothing, "(none)",
appSettings(key))
    TextBox2.Text = value
End Sub
```

リスト2　設定ファイル（ファイル名：app438.sln、App.config）

```
<?xml version="1.0" encoding="utf-8" ?>
<configuration>
    <appSettings>
            <add key="setting1" value="date one"/>
            <add key="setting2" value="date two"/>
    </appSettings>
</configuration>
```

設定ファイルから接続文字列を読み込む

ここがポイントです！　**設定ファイルから接続文字列を取得**
（ConfigurationManagerクラス、ConnectionStringsプロパティ）

データベースに接続するための**接続文字列**を***.configファイル**に保存できます。

データベース接続文字列は、接続先のサーバー名やパスワードなどが含まれるため、プログラムに固定で保存しておくわけにはいきません。

また、動作環境によっては接続先のサーバー名を変更する必要があります。そのため、アプリケーションとは別に設定ファイルに記述します。connectionStringsタグの配下にaddタグを使って「キー名」と「接続文字列」を設定しておきます。

設定ためのConnectionStringSettingsCollectionコレクションは、**ConfigurationManagerクラス**の**ConnectionStringsプロパティ**を使って取得できます。

▼App.configから接続文字列を読み込む

```
<connectionStrings>
  <add name="キー名" connectionString="接続文字列" />
</connectionStrings>
```

リスト1では、Button1（[接続文字列を読み込み] ボタン）がクリックされると、指定したキーにマッチする接続文字列を取得しています。

リスト2は、アプリケーション設定の例です。

▼実行結果

リスト1 App.configから接続文字列を取得する（ファイル名：app439.sln、Form1.vb）

```
Imports System.Configuration

Private Sub Button1_Click(sender As Object, e As EventArgs) _
    Handles Button1.Click
    Dim settings = ConfigurationManager.ConnectionStrings
    Dim key = TextBox1.Text
    Dim value = IIf(settings(key)?.ConnectionString Is Nothing,
      "(none)", settings(key)?.ConnectionString)
    TextBox2.Text = value
End Sub
```

リスト2 設定ファイル（ファイル名：app439.sln、App.config）

```
<?xml version="1.0" encoding="utf-8" ?>
<configuration>
    <connectionStrings>
          <add name="connection1"
             connectionString="Data Source=(LocalDB);
             Initial Catalog=sampledb;Integrated Security=True;" />
    </connectionStrings>
</configuration>
```

設定ファイルへデータを書き出す

ここがポイントです！

設定ファイルに値を出力

（OpenExeConfigurationメソッド、Configurationクラス）

アプリケーションの設定ファイルに書き込むためには、あらかじめ**ConfigurationManagerクラス**の**OpenExeConfigurationメソッド**で**Configurationクラス**のインスタンスを取得し、これを利用します。

Configurationクラスの**AppSettingsプロパティ**で「appSettingsタグ」を取得し、設定をするためのKeyValueConfigurationCollectionコレクションを**Settingsプロパティ**で取得します。

▼設定を保存する

```
var appSettings = <Configurationクラス>
  .AppSettings.Settings
```

リスト1では、Button1（[データを書き出す] ボタン）がクリックされると、指定されたキーが存在するかを調べて、値の追加あるいは更新を行っています。

リスト2は、追加されたconfigファイルの例です。

▼実行結果

リスト1 指定キーに値を保存する（ファイル名：app440.sln、Form1.vb）

```
Imports System.Configuration

Private Sub Button1_Click(sender As Object, e As EventArgs) _
    Handles Button1.Click
    Dim configFile = ConfigurationManager.OpenExeConfiguration(
      ConfigurationUserLevel.None)
    Dim appSettings = configFile.AppSettings.Settings
    Dim key = TextBox1.Text
    Dim value = TextBox2.Text
    If appSettings(key) Is Nothing Then
        appSettings.Add(key, value)
    Else
        appSettings(key).Value = value
    End If
    configFile.Save(ConfigurationSaveMode.Modified)
    MessageBox.Show("設定を保存しました")
End Sub
```

リスト2 保存されたconfigファイル

```
<?xml version="1.0" encoding="utf-8"?>
<configuration>
    <appSettings>
        <add key="setting1" value="新しい値" />
    </appSettings>
</configuration>
```

Column Xamarin.Formsから.NET MAUIへ

Xamarinといえば、一般的に「Xamarin.Forms」を示すようになってきた多種のスマートフォン開発環境としてのXamarinですが、一方でReact NativeやFlutterのようにAndroid/iOSアプリケーションの同時開発を可能にする開発環境もあります。

React Nativeは、もともとReactという形でWebアプリケーション（PHPとJavaScriptの組み合わせ）で開発されてきたものを、スマートフォン上でも動作できるようにしたものがReact Nativeです。

実際には、JavaScriptで開発したコードを事前にJavaやObjective-Cのライブラリを通じて、ネイティブ環境で動作させています。実行スピードは、Xamarinと遜色なくネイティブとして動作するためGoogle PlayやApp Storeから配布が可能です。

Flutterは、もともとDartというプログラム言語をベースにモバイル環境（iOS/Android）に特化したUIウィジットを作成できる環境です。

一見、競合してしまう技術のように見えますが、既存ライブラリの活用と言う点で大きな違いがあります。Xamarinの場合は、C#で開発したライブラリを直接スマートフォンに取り込み、スタンドアローンでも問題なく動作させます。

さらに、.NET MAUIでは、いままでのXamarin環境を包括する形で、.NET 6ベースでのモバイル開発環境を提供しています。Xamarin.Formsでは複数のプロジェクトに各プラットフォームのコードが分散していましたが、.NET MAUIではひとつのプロジェクトにまとめて扱うことができます。.NET MAUIの詳細は第16章を参照してください。

リフレクションの極意

15-1 情報取得

クラス内のプロパティの一覧を取得する

ここがポイントです！

リフレクションでプロパティ一覧を取得
（Typeクラス、GetPropertiesメソッド、PropertyInfoクラス）

既存のクラスやメソッドを呼び出すときに、**リフレクション**を使うことができます。リフレクションは、クラスの構成情報を取得する手段です。

対象となるクラスは、**Typeクラス**に情報が集まっています。Typeクラスの**GetPropertiesメソッド**を利用すると、クラスが公開しているプロパティの一覧が取得できます。

取得したプロパティの情報は、**PropertyInfoクラス**のインスタンスとして処理が可能です。

リスト1では、Button1（[プロパティ一覧] ボタン）がクリックされると、SampleClassクラスの公開プロパティの一覧を取得して、リストボックスに表示しています。

▼実行結果

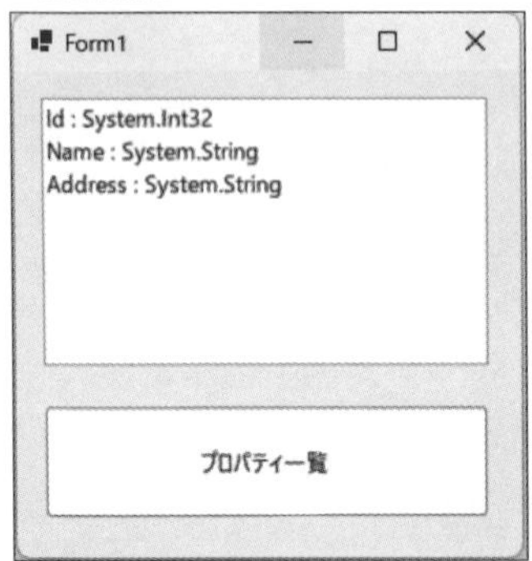

リスト1　プロパティの一覧を取得する（ファイル名：ref441.sln、Form1.vb）

```
Private Sub Button1_Click(sender As Object, e As EventArgs) _
    Handles Button1.Click
    ' プロパティ一覧を取得する
    Dim pis = GetType(Sample).GetProperties()
    ListBox1.Items.Clear()
    For Each pi In pis
        ListBox1.Items.Add($"{pi.Name} : {pi.PropertyType}")
    Next
End Sub
```

リスト2 対象のクラス(ファイル名:ref441.sln、Form1.vb)

```
Public Class Sample
    Public Property Id As Integer
    Public Property Name As String
    Public Property Address As String
    ''' プロパティの値を表示する
    Public Function ShowData() As String
        Return $"{Id} : {Name} in {Address}"
    End Function
    ''' 住所を変更する
    Public Sub ChangeAddress(address As String)
        Me.Address = address
    End Sub
End Class
```

クラス内の指定したプロパティを取得する

ここがポイントです!

リフレクションで指定プロパティを取得

(Typeクラス、GetPropertyメソッド、PropertyInfoクラス)

プロパティ名を指定してプロパティ情報を取得するためには、**Typeクラス**の**GetPropertyメソッド**を使います。

GetPropertyメソッドでは、対象のクラスの公開プロパティを取得できます。指定したプロパティが見つからない場合は、「Nothing」を返します。

リスト1では、Button1([プロパティ名を指定して取得]ボタン)がクリックされると、Sampleクラスの公開プロパティの名前を指定し、取得しています。

▼実行結果

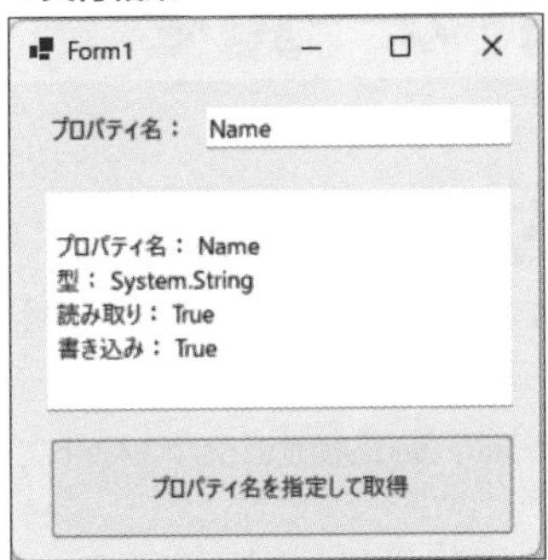

リスト1　プロパティ名を指定して情報を取得する（ファイル名：ref442.sln、Form1.vb）

```
Private Sub Button1_Click(sender As Object, e As EventArgs) _
    Handles Button1.Click
    Dim Name = TextBox1.Text
    Dim pi = GetType(Sample).GetProperty(Name)
    If pi Is Nothing Then
        TextBox2.Text = "プロパティが見つかりません"
    Else
        Dim Text = $"
プロパティ名：{pi.Name}
型：{pi.PropertyType}
読み取り：{pi.CanRead}
書き込み：{pi.CanWrite}
"
        TextBox2.Text = Text
    End If
End Sub
```

リスト2　対象のクラス（ファイル名：ref442.sln、Form1.vb）

```
Public Class Sample
    Public Property Id As Integer
    Public Property Name As String
    Public Property Address As String
    ''' プロパティの値を表示する
    Public Function ShowData() As String
        Return $"{Id} : {Name} in {Address}"
    End Function
    ''' 住所を変更する
    Public Sub ChangeAddress(address As String)
        Me.Address = address
    End Sub
End Class
```

クラス内のメソッドの一覧を取得する

ここがポイントです！

リフレクションでメソッド一覧を取得

（Typeクラス、GetMethodsメソッド、MethodInfoクラス）

対象となるクラスが持つ公開メソッドの一覧を、**Typeクラス**の**GetMethodsメソッド**で取得できます。

取得したメソッドの情報は、**MethodInfoクラス**のインスタンスとして処理が可能です。

リスト1では、Button1（[メソッド一覧] ボタン）がクリックされると、SampleClassクラスの公開メソッドの一覧を取得して、リストボックスに表示しています。

▼実行結果

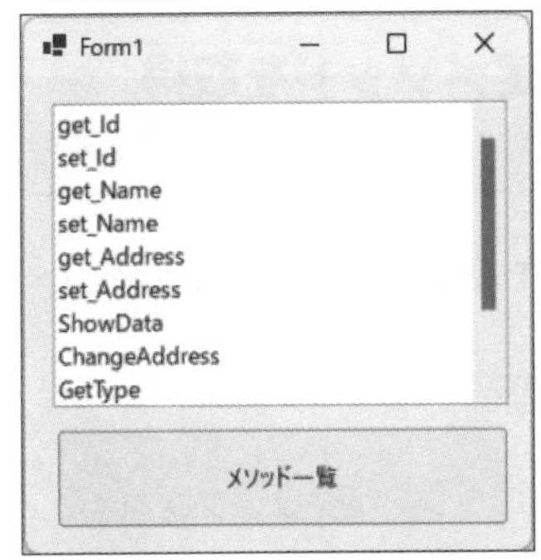

リスト1　メソッドの一覧を取得する（ファイル名：ref443.sln、Form1.vb）

```
Private Sub Button1_Click(sender As Object, e As EventArgs) _
    Handles Button1.Click
    Dim mis = GetType(Sample).GetMethods()
    ListBox1.Items.Clear()
    For Each mi In mis
        ListBox1.Items.Add(mi.Name)
    Next
End Sub
```

リスト2　対象のクラス（ファイル名：ref443.sln、Form1.vb）

```
Public Class Sample
    Public Property Id As Integer
    Public Property Name As String
    Public Property Address As String
    ''' プロパティの値を表示する
    Public Function ShowData() As String
        Return $"{Id} : {Name} in {Address}"
    End Function
    ''' 住所を変更する
    Public Sub ChangeAddress(address As String)
        Me.Address = address
    End Sub
End Class
```

クラス内の指定したメソッドを取得する

ここがポイントです！

リフレクションで指定メソッドを取得
（Typeクラス、GetMethodメソッド、MethodInfoクラス）

　メソッド名を指定してメソッド情報を取得するためには、**Typeクラス**の**GetMethodメソッド**を使います。

　GetMethodメソッドでは、対象のクラスの公開メソッドを取得できます。指定したメソッドが見つからない場合は、「Nothing」を返します。

　リスト1では、Button1（[メソッド名を指定して取得] ボタン）がクリックされると、SampleClassクラスの公開メソッドの名前を指定し、取得しています。

▼実行結果

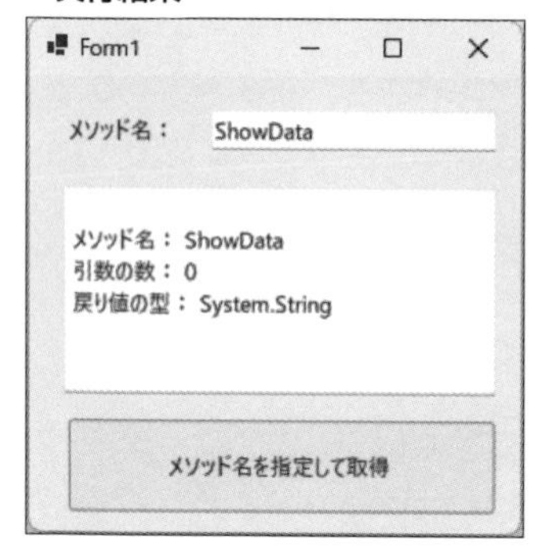

リスト1　メソッド名を指定して情報を取得する（ファイル名：ref444.sln、Form1.vb）

```
Private Sub Button1_Click(sender As Object, e As EventArgs) _
    Handles Button1.Click
    Dim Name = TextBox1.Text
    Dim mi = GetType(Sample).GetMethod(Name)
    If mi Is Nothing Then
        TextBox2.Text = "メソッドが見つかりませんでした"
    Else
        Dim Text = $"
メソッド名： {mi.Name}
引数の数： {mi.GetParameters().Length}
戻り値の型： {mi.ReturnType}
"
        TextBox2.Text = Text
    End If
End Sub
```

リスト2　対象のクラス（ファイル名：ref444.sln、Form1.vb）

```
Public Class Sample
    Public Property Id As Integer
    Public Property Name As String
    Public Property Address As String
    ''' プロパティの値を表示する
    Public Function ShowData() As String
        Return $"{Id} : {Name} in {Address}"
    End Function
    ''' 住所を変更する
    Public Sub ChangeAddress(address As String)
        Me.Address = address
    End Sub
End Class
```

メソッドが多重定義されている場合は、引数の型を指定して取得できるメソッド情報を絞り込みます。

クラスを生成するときのコンストラクターは、GetConstructorメソッドを使います。

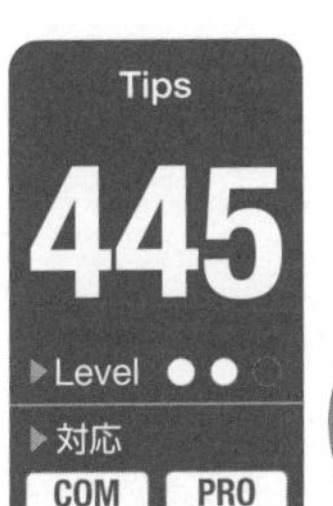

リフレクションでプロパティに値を設定する

ここがポイントです！

リフレクションで指定プロパティの値を取得
（PropertyInfo クラス、SetValue メソッド）

リフレクションでプロパティ情報を**PropertyInfoクラス**のオブジェクトとして取得した後は、**SetValueメソッド**を使ってデータを設定できます。

SetValueメソッドでは、設定対象となるオブジェクトと設定する値を渡します。設定する値はObject型で渡しますが、プロパティの型に合わせます。

▼プロパティに値を設定する

```
Dim pi As PropertyInfo
pi.SetValue( 対象のオブジェクト, 設定値 )
```

型が合わない場合は、SetValueメソッド呼び出し時に例外が発生します。

リスト1では、Button1（[リフレクションで設定] ボタン）がクリックされると、あらかじめ取得したSampleClassオブジェクトのプロパティにリフレクションで値を設定しています。

▼実行結果

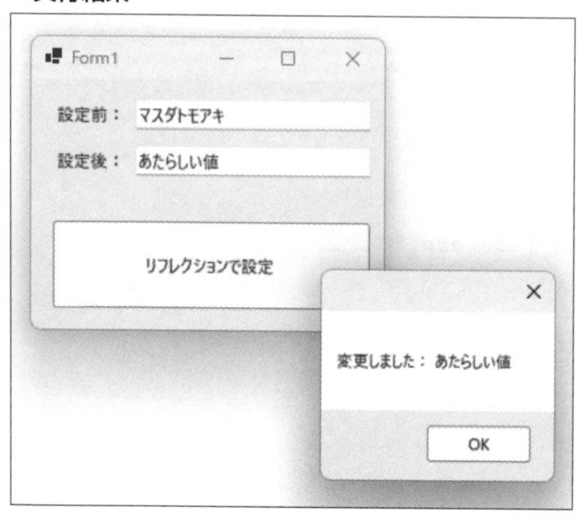

リスト1 リフレクションでプロパティに値を設定する（ファイル名：ref445.sln、Form1.vb）

```
''' 初期値を設定しておく
Private _obj As New Sample With {
    .Id = 100,
    .Name = "マスダトモアキ",
    .Address = "板橋区"
}

Private Sub Button1_Click(sender As Object, e As EventArgs) _
    Handles Button1.Click
    ' リフレクションで設定
    Dim pi = GetType(Sample).GetProperty("Name")
    pi?.SetValue(_obj, TextBox2.Text)
    ' 変更後
    MessageBox.Show($"変更しました： {_obj.Name}")
End Sub
```

リスト2 対象のクラス（ファイル名：ref445.sln、Form1.vb）

```
Public Class Sample
    Public Property Id As Integer
    Public Property Name As String
    Public Property Address As String
    ''' プロパティの値を表示する
    Public Function ShowData() As String
        Return $"{Id} : {Name} in {Address}"
    End Function
    ''' 住所を変更する
    Public Sub ChangeAddress(address As String)
        Me.Address = address
    End Sub
End Class
```

リフレクションでプロパティの値を取得する

ここがポイントです！

リフレクションで指定プロパティの値を取得

(PropertyInfo クラス、GetValue メソッド)

リフレクションでプロパティ情報を**PropertyInfoクラス**のオブジェクトとして取得した後は、**GetValueメソッド**を使って、データを取得できます。

GetValueメソッドでは、取得対象となるオブジェクトを渡します。取得されるデータはObject型となるため、適切なプロパティの型にキャストを行います。

▼プロパティの値を取得する

```
Dim pi As PropertyInfo
Dim v As プロパティの型 = pi.GetValue( 対象のオブジェクト )
```

プロパティの型が異なると例外が発生します。

リスト1では、Button1（[リフレクションで取得] ボタン）がクリックされると、あらかじめ取得したSampleClassオブジェクトのプロパティの値をリフレクションで取得しています。

▼実行結果

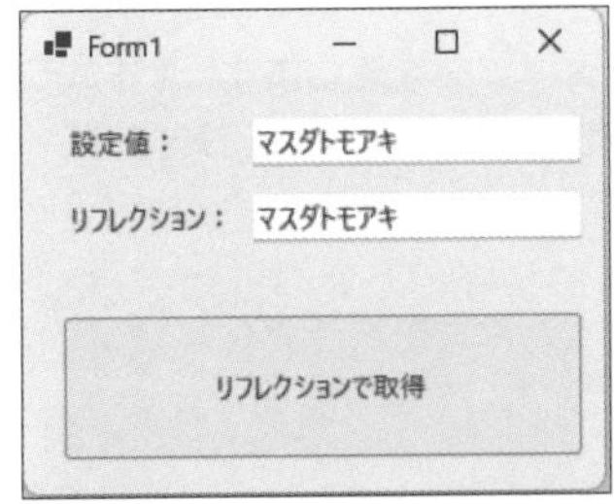

リスト1　リフレクションでプロパティから値を取得する（ファイル名：ref446.sln、Form1.vb）

```
''' リフレクションで値を取得
Private Sub Button1_Click(sender As Object, e As EventArgs) _
    Handles Button1.Click
    ' リフレクションで設定
    Dim pi = GetType(Sample).GetProperty("Name")
    Dim value As String = pi?.GetValue(_obj)
    TextBox2.Text = value
End Sub
```

リスト2　対象のクラス（ファイル名：ref446.sln、Form1.vb）

```
Public Class Sample
    Public Property Id As Integer
```

```
    Public Property Name As String
    Public Property Address As String
    ''' プロパティの値を表示する
    Public Function ShowData() As String
        Return $"{Id} : {Name} in {Address}"
    End Function
    ''' 住所を変更する
    Public Sub ChangeAddress(address As String)
        Me.Address = address
    End Sub
End Class
```

リフレクションでメソッドを呼び出す

ここがポイントです！

リフレクションで指定メソッドを実行
（Typeクラス、GetMethodメソッド、MethodInfoクラス、Invokeメソッド）

リフレクションでメソッド情報を**MethodInfoクラス**のオブジェクトとして取得した後は、**Invokeメソッド**を使って、メソッドを実行できます。

Invokeメソッドでは、取得対象となるオブジェクトとパラメーターを渡します。渡すパラメーターはObject型の配列になり、メソッドに渡す型と順番を合わせて設定しておきます。

▼メソッドを呼び出す

```
Dim mi As MethodInfo
Dim v = mi.Invoke( 対象のオブジェクト, パラメーター )
```

型が異なる場合などは、例外が発生します。

リスト1では、Button1（[メソッドの実行] ボタン）がクリックされると、あらかじめ取得したSampleClassオブジェクトからGetMethodメソッドを使い、ShowDataメソッドの情報を取得してリフレクションで実行しています。

▼実行結果

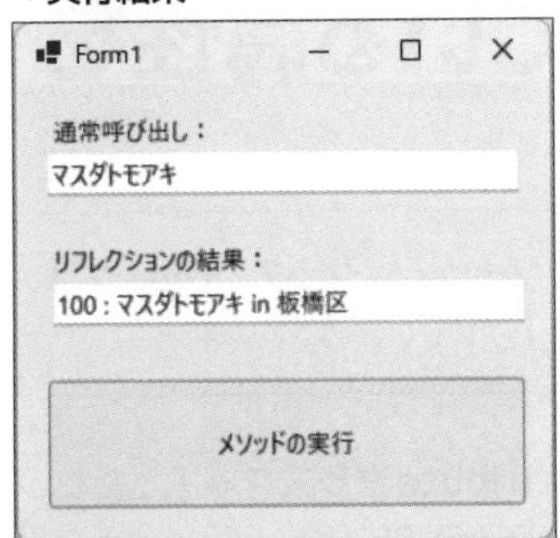

リスト1 リフレクションでメソッドを実行する（ファイル名：ref447.sln、Form1.vb）

```
Private Sub Button1_Click(sender As Object, e As EventArgs) _
    Handles Button1.Click
    ' リフレクションでメソッドを取得
    Dim mi = GetType(Sample).GetMethod("ShowData")
    Dim value As String = mi?.Invoke(_obj, New Object() {})
    TextBox2.Text = value
End Sub
```

リスト2 対象のクラス（ファイル名：ref447.sln、Form1.vb）

```
Public Class Sample
    Public Property Id As Integer
    Public Property Name As String
    Public Property Address As String
    ''' プロパティの値を表示する
    Public Function ShowData() As String
        Return $"{Id} : {Name} in {Address}"
    End Function
    ''' 住所を変更する
    Public Sub ChangeAddress(address As String)
        Me.Address = address
    End Sub
End Class
```

クラスに設定されている属性を取得する

ここがポイントです！ **クラスの属性を取得**（Attributeクラス、Typeクラス、GetCustomAttributeメソッド）

クラス定義には、属性を付けることができます。属性は、**Attributeクラス**を継承したクラスを定義し、対象のクラスに設定します。設定した属性は、クラスの静的変数と同じように扱えるため、クラス定義に属した情報を設定・取得できます。

クラス属性は、クラス名の前の行に「<」と「>」を使って指定します。

▼クラス属性を設定する

```
<クラス属性>
Public Class クラス名
  ...
End Class
```

設定したクラス属性は、**Typeクラス**の**GetCustomAttributeメソッド**で取得ができます。属性の型にキャストを行った後、クラス属性に設定した値を取得して活用します。

▼クラス属性を取得する

```
Dim t As Type
Dim 属性 = t.GetCustomAttribute(Of 属性の型)()
```

リスト1では、Button1（[クラスの属性値] ボタン）がクリックされると、SampleClassクラスに設定したクラス属性を取得して、表示しています。TableAttributeクラスは、名前空間System.ComponentModel.DataAnnotations.Schemaで定義されている、Entity Frameworkのための属性です。

▼実行結果

リスト1　クラスに設定されている属性を取得する（ファイル名：ref448.sln、Form1.vb）

```
Private Sub Button1_Click(sender As Object, e As EventArgs) _
    Handles Button1.Click
    ' クラスの属性を取得する
    Dim attr = GetType(Sample).GetCustomAttribute(Of TableAttribute)()
    TextBox1.Text = attr?.Name
End Sub
```

リスト2　対象のクラス（ファイル名：ref448.sln、Form1.vb）

```
<Table("サンプルクラス")> ' この属性を取得
Public Class Sample
    <Key>
    <DisplayNameAttribute("識別子")>
    Public Property Id As Integer
    <DisplayNameAttribute("名前")>
    Public Property Name As String
    <DisplayNameAttribute("住所")>
    Public Property Address As String
    ''' プロパティの値を表示する
    Public Function ShowData() As String
        Return $"{Id} : {Name} in {Address}"
    End Function
    ''' 住所を変更する
    Public Sub ChangeAddress(address As String)
        Me.Address = address
    End Sub
End Class
```

プロパティに設定されている属性を取得する

ここがポイントです！　**プロパティの属性を取得**（Attribute クラス、Type クラス、GetCustomAttribute メソッド）

クラスのプロパティには、属性を付けることができます。属性は、**Attributeクラス**を継承したクラスを定義して、対象のプロパティに設定します。設定した属性は、クラスの静的変数と同じように扱えるため、プロパティに属した情報を設定・取得できます。

プロパティの属性は、プロパティ名の前の行に「<」と「>」を使って指定します。

▼プロパティ属性を設定する

```
Public Class クラス名
  <プロパティの属性>
```

```
    Public Property プロパティ As 型
    ...
End Class
```

設定したプロパティの属性は、**Typeクラス**の**GetCustomAttributeメソッド**で取得ができます。

属性の型にキャストを行った後、プロパティの属性に設定した値を取得して活用します。

▼プロパティ属性を取得する

```
Dim t As Type
Dim 属性 = t.GetCustomAttribute(Of 属性の型)()
```

リスト1では、Button1（[プロパティの属性値] ボタン）がクリックされると、SampleClassクラスに設定したプロパティの属性を取得して、表示しています。DisplayNameAttributeクラスは、名前空間System.ComponentModelで定義されている、Entity Frameworkのための属性です。

▼実行結果

リスト1 クラスに設定されている属性を取得する（ファイル名：ref449.sln、Form1.vb）

```
Private Sub Button1_Click(sender As Object, e As EventArgs) _
    Handles Button1.Click
    ListBox1.Items.Clear()
    ' プロパティの属性を取得する
    For Each pi In GetType(Sample).GetProperties()
        Dim attr = pi.GetCustomAttribute(Of DisplayNameAttribute)()
        ListBox1.Items.Add($"{pi.Name} {attr?.DisplayName}")
    Next
End Sub
```

リスト2 対象のクラス（ファイル名：ref449.sln、Form1.vb）

```
<Table("サンプルクラス")> ' この属性を取得
Public Class Sample
    <Key>
    <DisplayNameAttribute("識別子")>
    Public Property Id As Integer
```

```
    <DisplayNameAttribute("名前")>
    Public Property Name As String
    <DisplayNameAttribute("住所")>
    Public Property Address As String
    ''' プロパティの値を表示する
    Public Function ShowData() As String
        Return $"{Id} : {Name} in {Address}"
    End Function
    ''' 住所を変更する
    Public Sub ChangeAddress(address As String)
        Me.Address = address
    End Sub
End Class
```

メソッドに設定されている属性を取得する

ここがポイントです！ **メソッドの属性を取得**（Attributeクラス、Typeクラス、GetCustomAttributeメソッド）

クラスのメソッドには、属性を付けることができます。属性は、**Attributeクラス**を継承したクラスを定義して、対象のメソッドに設定します。設定した属性は、メソッドの構成情報を使って取得できます。

メソッドの属性は、メソッド名の前の行に「<」と「>」を使って設定します。

▼メソッド属性を設定する

```
Public Class クラス名
  <メソッドの属性>
  Public Sub メソッド(...) As 型
    ...
  End Sub
  ...
End Class
```

設定したメソッドの属性は、**Typeクラス**の**GetCustomAttributeメソッド**で取得ができます。

属性の型にキャストを行った後、メソッドの属性に設定した値を取得して活用します。

▼メソッド属性を取得する

```
Dim t As Type
Dim 属性 = t.GetCustomAttribute(Of 属性の型)()
```

リスト1では、Button1（[メソッドの属性] ボタン）がクリックされると、SampleClassクラスに設定したメソッドの属性を取得して、表示しています。DisplayAttributeクラスは、名前空間System.ComponentModel.DataAnnotationsで定義されている、Entity Frameworkのための属性です。

▼実行結果

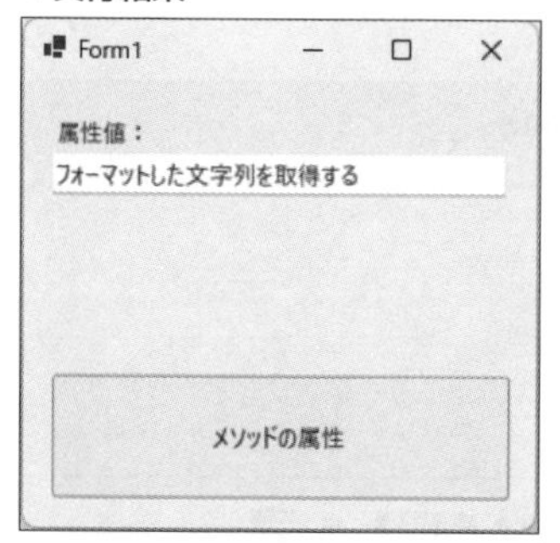

リスト1 クラスに設定されている属性を取得する（ファイル名：ref450.sln、Form1.vb）

```
Private Sub Button1_Click(sender As Object, e As EventArgs) _
    Handles Button1.Click
    ' メソッドの属性を取得
    Dim mi = GetType(Sample).GetMethod("ShowData")
    Dim attr = mi?.GetCustomAttribute(Of DisplayAttribute)()
    TextBox1.Text = attr?.Description
End Sub
```

リスト2 対象のクラス（ファイル名：ref450.sln、Form1.vb）

```
<Table("サンプルクラス")> ' この属性を取得
Public Class Sample
    <Key>
    <DisplayNameAttribute("識別子")>
    Public Property Id As Integer
    <DisplayNameAttribute("名前")>
    Public Property Name As String
    <DisplayNameAttribute("住所")>
    Public Property Address As String
    ''' プロパティの値を表示する
    <Display(Description:="フォーマットした文字列を取得する")>
    Public Function ShowData() As String
        Return $"{Id} : {Name} in {Address}"
    End Function
    ''' 住所を変更する
    Public Sub ChangeAddress(address As String)
        Me.Address = address
    End Sub
End Class
```

15-2 プライベート実行

Tips 451 ▶Level ●●● ▶対応 COM PRO

プライベートプロパティの値を設定する

ここがポイントです！ **リフレクションで非公開プロパティを設定**
（Typeクラス、GetTypeInfoメソッド、TypeInfoクラス）

リフレクションを利用して、クラスの非公開プロパティにアクセスするためには、**GetTypeInfoメソッド**で**TypeInfoクラス**のオブジェクトを取得します。

GetTypeInfoメソッドを利用すると、通常よりも情報量の多いTypeInfoクラスのオブジェクトが取得できます。このTypeInfoクラスの**GetDeclaredPropertyメソッド**を使うことにより、非公開のプロパティを取得できます。

リスト1では、Button1（[プライベートプロパティに設定] ボタン）がクリックされると、Sampleクラスの非公開である「hiddenDataプロパティ」を取得して、初期値を変更しています。

▼実行結果

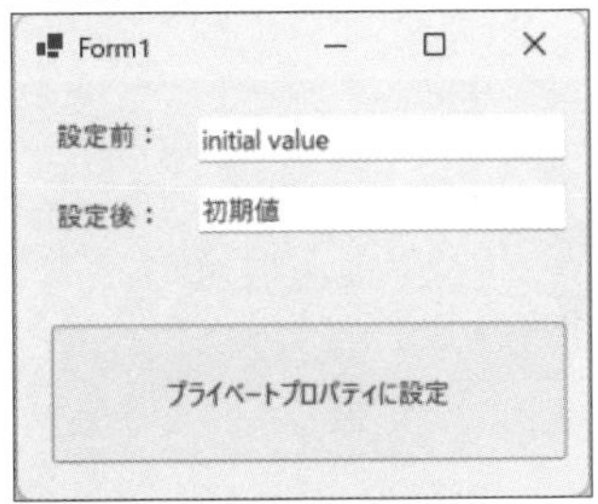

リスト1 非公開のフィールドに値を設定する（ファイル名：ref451.sln、Form1.vb）

```
Private _obj As New Sample With {
    .Id = 100,
    .Name = "増田智明",
    .Address = "板橋区"
    }
Private Sub Button1_Click(sender As Object, e As EventArgs) _
    Handles Button1.Click
    ' プロパティがpriavteのため設定できない
    ' _obj.hiddenData = "初期値";
    ' リフレクションを使って設定する
    SetPrivateProperty(_obj, "hiddenData", "初期値")
    ' 変更後を参照する
    TextBox2.Text = _obj.hiddenData
End Sub
```

```
Private Sub SetPrivateProperty(Of T)(
        target As T, name As String, value As Object,
        ParamArray args As Object())
    Dim tt As Type = GetType(T)
    Dim pi = tt.GetTypeInfo().GetDeclaredProperty(name)
    pi.SetValue(target, Convert.ChangeType(
        value, pi.PropertyType), args)
End Sub
```

リスト2　対象のクラス（ファイル名：ref451.sln、Form1.vb）

```
Public Class Sample
    Public Property Id As Integer
    Public Property Name As String
    Public Property Address As String
    Private _hiddenData As String = "initial value"
    Public Property hiddenData As String
        Get
            Return _hiddenData
        End Get
        Private Set(value As String)
            _hiddenData = value
        End Set
    End Property
    ''' プロパティの値を表示する
    Public Function ShowData() As String
        Return $"{Id} : {Name} in {Address}"
    End Function
    ''' 住所を変更する
    Public Sub ChangeAddress(address As String)
        Me.Address = address
    End Sub
End Class
```

プライベートメソッドを呼び出す

ここがポイントです！

リフレクションで非公開メソッドを取得
（Typeクラス、GetTypeInfoメソッド、TypeInfoクラス）

リフレクションを利用して、クラスの非公開メソッドにアクセスするためには、**GetTypeInfoメソッド**で**TypeInfoクラス**のオブジェクトを取得します。

GetTypeInfoメソッドを利用すると、通常よりも情報量の多いTypeInfoクラスのオブジェクトが取得できます。このTypeInfoクラスの**GetDeclaredMethodメソッド**を使うことにより、非公開のメソッドを取得できます。

リスト1では、Button1（[プライベートメソッドを呼び出し] ボタン）がクリックされると、Sampleクラスの非公開のメソッドである「ShowDataメソッド」を取得して、実行しています。

▼実行結果

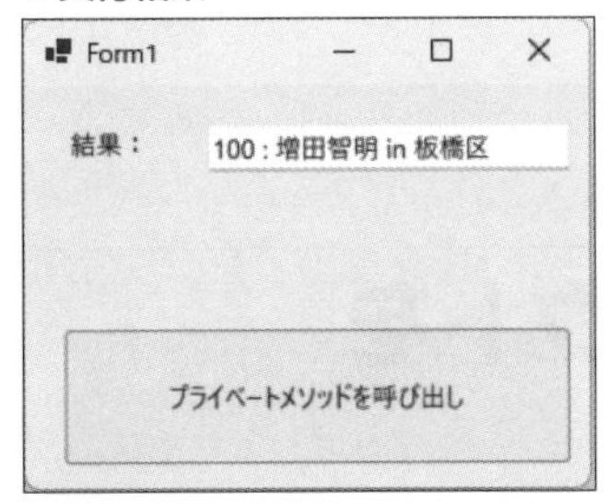

リスト1　非公開のプロパティに値を設定する（ファイル名：ref452.sln、Form1.vb）

```
Private Sub Button1_Click(sender As Object, e As EventArgs) _
    Handles Button1.Click
    TextBox1.Text = MyInvoke(_obj, "privateShowData", New Object())
End Sub

Private Function MyInvoke(Of T)(target As T, name As String, value As
Object, ParamArray args As Object())
    Dim tt = GetType(T)
    Dim mi = tt.GetTypeInfo().GetDeclaredMethod(name)
    Return mi.Invoke(target, args)
End Function
```

リスト2　対象のクラス（ファイル名：ref452.sln、Form1.vb）

```
Public Class Sample
    Public Property Id As Integer
    Public Property Name As String
    Public Property Address As String
    Private _hiddenData As String = "initial value"
    Public Property hiddenData As String
        Get
            Return _hiddenData
        End Get
        Private Set(value As String)
            _hiddenData = value
        End Set
    End Property
    ''' プロパティの値を表示する
    Public Function ShowData() As String
        Return $"{Id} : {Name} in {Address}"
    End Function
```

```
    Private Function privateShowData() As String
        Return $"{Id} : {Name} in {Address}"
    End Function
    ''' 住所を変更する
    Public Sub ChangeAddress(address As String)
        Me.Address = address
    End Sub
End Class
```

指定したオブジェクトを作成する

ここがポイントです！ **動的にオブジェクトを作成**（Assemblyクラス、CreateInstanceメソッド、Objectキーワード）

クラス名を文字列で指定してインスタンスを作成する場合は、**Assemblyクラス**の**CreateInstanceメソッド**を使います。

CreateInstanceメソッドに作成先の**厳密名**（名前空間とクラス名）を記述すると、New演算子と同じようにインスタンスを作成できます。

作成したインスタンスは、型が指定されていないObject型になります。適切なインターフェイスやクラスを使って目的の型へのキャストを行います。Object型では動的にメソッドやプロパティの呼び出しを解決できるようになります。

ただし、型のチェックは実行時にしか行われないため、メソッド名やプロパティ名は注意して記述する必要があります。

リスト1では、Button1（［インスタンスを作成］ボタン）がクリックされると、CreateInstanceメソッドで「ref453.Sample」クラスを作成しています。dynamicを使って、プロパティやメソッドを呼び出しています。

リスト2は、作成されるクラス定義です。

▼実行結果

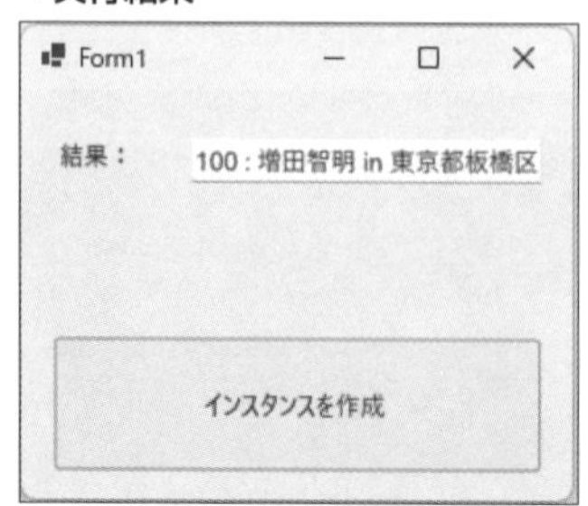

リスト1　指定オブジェクトを作成する（ファイル名：ref453.sln、Form1.vb）

```
Private Sub Button1_Click(sender As Object, e As EventArgs) _
    Handles Button1.Click
    Dim asm = Assembly.GetExecutingAssembly()
    Dim obj = asm.CreateInstance("ref453.Sample")
    If Not obj Is Nothing Then
        ' プロパティを設定
        obj.Id = 100
        obj.Name = "増田智明"
        obj.Address = "東京都板橋区"
        ' メソッドの呼び出し
        TextBox1.Text = obj.ShowData()
    Else
        TextBox1.Text = "インスタンスを生成できません"
    End If
End Sub
```

リスト2　作成対象のクラス（ファイル名：ref453.sln、Form1.vb）

```
Public Class Sample
    Public Property Id As Integer
    Public Property Name As String
    Public Property Address As String
    Public Function ShowData() As String
        Return $"{Id} : {Name} in {Address}"
    End Function
End Class
```


Tips 454 ▶Level ●●● ▶対応 COM PRO

アセンブリを指定してインスタンスを生成する

ここがポイントです！

動的にインスタンスを生成

（Assemblyクラス、LoadFromメソッド、Activatorクラス）

アセンブリを動的にロードして、クラスのインスタンスを生成できます。

Assemblyクラスの**LoadFromメソッド**を使い、ロードするアセンブリ（拡張子が.dllあるいは.exe）を読み込みます。さらに、取得したAssemblyオブジェクトを使い、名前空間を含んだフルパスのクラス名を**GetTypeメソッド**で呼び出します。これにより、クラス構造の情報が取得できます。

インスタンスを生成するために、**Activatorクラス**の**CreateInstanceメソッド**を使うと、オブジェクトを取得できます。

このオブジェクトはObject型となるため、プロパティやメソッドを呼び出すためにリフレクションを使います。

リスト1では、Button1（[動的ロード] ボタン）がクリックされると、外部で定義されている「ref454Lib.Sample」クラスを動的に生成しています。インスタンスを生成した後に、リフレクションを使って各種プロパティに値を設定しています。

▼実行結果

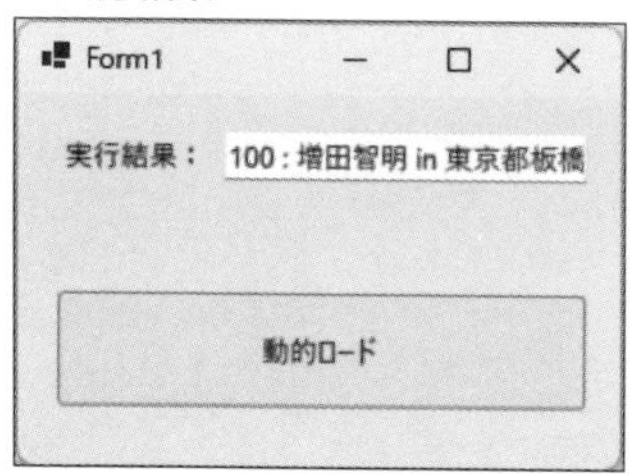

リスト1　アセンブリを指定してインスタンスを生成する（ファイル名：ref454.sln、Form1.vb）

```
Private Sub Button1_Click(sender As Object, e As EventArgs) _
    Handles Button1.Click
    ' あらかじめ dll をコピーしておく
    Dim asm = System.Reflection.Assembly.LoadFrom("ref454Lib.dll")
    Dim obj = asm.CreateInstance("ref454Lib.Sample")
    If Not obj Is Nothing Then
        ' プロパティを設定
        obj.Id = 100
        obj.Name = "増田智明"
        obj.Address = "東京都板橋区"
        ' メソッドの呼び出し
        TextBox1.Text = obj.ShowData()
    Else
        TextBox1.Text = "インスタンスを生成できません"
    End If
End Sub
```

リスト2　対象のクラス（ファイル名：ref454.sln、ref454Lib.vbproj、Sample.vb）

```
Public Class Sample
    Public Property Id As Integer
    Public Property Name As String
    Public Property Address As String
    Public Function ShowData() As String
        Return $"{Id} : {Name} in {Address}"
    End Function
End Class
```

カスタム属性を作成する

ここがポイントです！

オリジナルの属性を作成
（Attributeクラス）

クラス定義やメソッド、プロパティには属性を記述して、付加情報を付けることができます。

この属性を独自に作成するためには、**Attributeクラス**を継承したクラスを作成します。属性のクラス名は、末尾に「Attribute」を付けます。

属性クラスでは、コンストラクターやプロパティを使って値を保持しておきます。リフレクションを使って、この値を参照します。

▼カスタム属性を作成する

```
Class 属性クラス名Attribute
  Inherits Attribute
    ...
End Class
```

リスト1では、カスタム属性を定義しています。属性クラスの名前は、「MyCustom Attribute」です。

リスト2で、作成した属性を使っています。属性名は「MyCustom」のように末尾の「Attribute」を取り除いたものになります。

リスト3では、Button1（[カスタム属性の取得] ボタン）がクリックされると、カスタム属性の値を取得しています。

▼実行結果

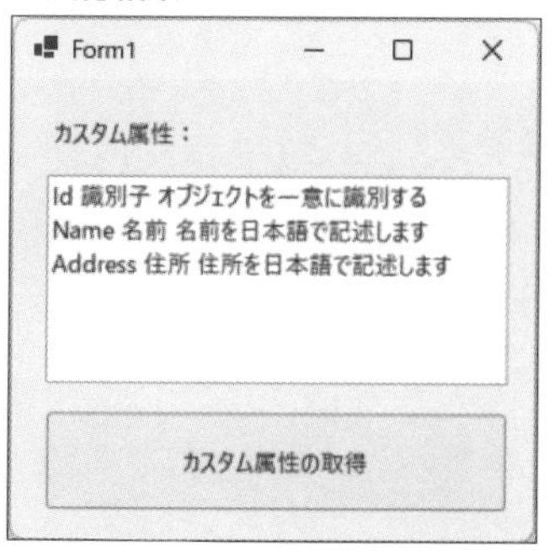

リスト1 カスタム属性を定義する（ファイル名：ref455.sln、Form1.vb）

```
' カスタム属性
Public Class MyCustomAttribute
    Inherits Attribute
    Public Property Name As String
    Public Property Description As String
End Class
```

リスト2 カスタム属性を設定する（ファイル名：ref455.sln、Form1.vb）

```
Public Class Sample
    <MyCustom(Name:="識別子",
        Description:="オブジェクトを一意に識別する")>
    Public Property Id As Integer
    <MyCustom(Name:="名前", Description:="名前を日本語で記述します")>
    Public Property Name As String
    <MyCustom(Name:="住所", Description:="住所を日本語で記述します")>
    Public Property Address As String
    Public Function ShowData() As String
        Return $"{Id} : {Name} in {Address}"
    End Function
End Class
```

リスト3 カスタム属性を取得する（ファイル名：ref455.sln、Form1.vb）

```
Private Sub Button1_Click(sender As Object, e As EventArgs) _
    Handles Button1.Click
    ListBox1.Items.Clear()
    ' プロパティの属性を取得する
    For Each pi In GetType(Sample).GetProperties()
        Dim attr = pi.GetCustomAttribute(Of MyCustomAttribute)()
        ListBox1.Items.Add($"{pi.Name} {attr?.Name}
            {attr?.Description}")
    Next
End Sub
```

リフレクションを使った属性の情報の読み取りは、Tips448の「クラスに設定されている属性を取得する」を参考にしてください。

モバイル環境の極意

16-1 MAUI

.NET MAUIプロジェクトを作成する

ここがポイントです！ .NET MAUIアプリの作成

執筆時点（2023年1月）では、Visual Basicで**.NET MAUIアプリケーション**のプロジェクトを作成することはできません。ただし、フロントエンドをC#の.NET MAUIアプリケーションで作成し、**クラスライブラリ**をVisual Basicで作成することで、Visual Basicで.NET MAUIアプリケーションを動作させることができます（画面1、画面2）。

▼画面1 クラスライブラリの作成

▼画面2 ソリューション・エクスプローラー

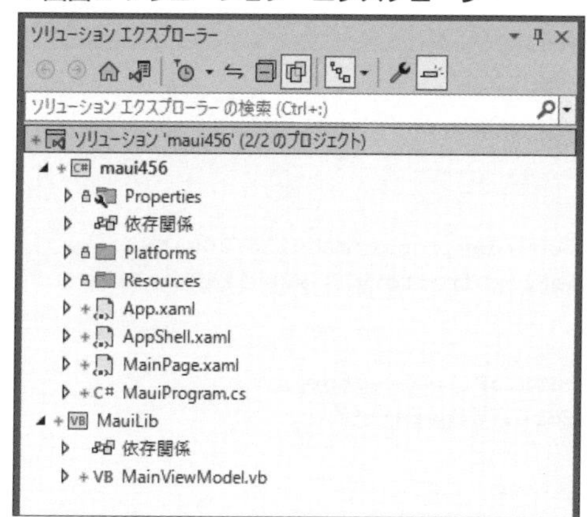

.NET MAUIプロジェクトでは、4つのプラットフォーム（Android、iOS、MacCatalyst、Windows）に対しての実行ファイルを同時に作成できますが、Visual Basicでの場合は、3つのプラットフォーム（Android、iOS、Windows）でのみ動作を確認しています。

クラスライブラリでは、MVVMパターンを使ってViewへアクセスするため、リスト1のように**Prism.Coreパッケージ**を利用します。

クラスライブラリのプロジェクトを取り込むときに、ターゲットファイル「Xamarin.iOS.VB.targets」の不備を防ぐために「net6.0-ios」の場合は、アセンブリ（MauiLib.dll）を直接参照するようにしています。

なお、現時点では、ターゲットファイルとして「C:¥rogram Files¥otnet¥acks¥icrosoft.iOS.Sdk¥6.0.527¥ools¥sbuild¥OS¥amarin.iOS.VB.targets」を要求しています。このファイルをC#の「Xamarin.iOS.CSharp.targets」からコピーして、作成しても.NET MAUIアプリケーションのビルドができるようになります。

リスト1 Prism.Coreパッケージの利用（ファイル名：maui456.sln、MauiLib/MauiLib.vbproj）

```
<Project Sdk="Microsoft.NET.Sdk">
  <PropertyGroup>
    <RootNamespace>MauiLib</RootNamespace>
    <TargetFramework>net6.0</TargetFramework>
  </PropertyGroup>
  <ItemGroup>
    <PackageReference Include="Prism.Core" Version="8.1.97" />
  </ItemGroup>
</Project>
```

リスト2 クラスライブラリの参照（ファイル名：maui456.sln、maui456/maui456.vbproj）

```
<ItemGroup Condition="'$(TargetFramework)' != 'net6.0-ios'">
    <ProjectReference Include="..¥MauiLib¥MauiLib.vbproj" />
</ItemGroup>
<ItemGroup Condition="'$(TargetFramework)' == 'net6.0-ios'">
    <Reference Include="MauiLib">
```

```
        <HintPath>..¥MauiLib¥bin¥Debug¥net6.0¥MauiLib.dll
        </HintPath>
    </Reference>
</ItemGroup>
```

リスト3　Xamarin.iOS.VB.targetsの例

```
<Project DefaultTargets="Build"
  xmlns="http://schemas.microsoft.com/developer/msbuild/2003">
     <Import Project="$(MSBuildThisFileDirectory)$(MSBuildThisFileNa
me)
       .Before.targets"
        Condition="Exists('$(MSBuildThisFileDirectory)
         $(MSBuildThisFileName).Before.targets')"/>
     <PropertyGroup>
             <TargetFrameworkIdentifier
                Condition="'$(TargetFrameworkIdentifier)' == ''">
                Xamarin.iOS</TargetFrameworkIdentifier>
             <TargetFrameworkVersion
                Condition="'$(TargetFrameworkVersion)' == ''">
                v1.0</TargetFrameworkVersion>
             <CopyNuGetImplementations
                Condition="'$(CopyNuGetImplementations)' == ''">
                true</CopyNuGetImplementations>
             <ResolveAssemblyConflicts>true
               </ResolveAssemblyConflicts>
     </PropertyGroup>
     <Import Project="$(MSBuildBinPath)¥Microsoft.CSharp.targets"
        Condition="'$(UsingAppleNETSdk)' != 'true'" />
     <Import Project="Xamarin.iOS.AppExtension.Common.targets" />
     <Import Project="$(MSBuildThisFileDirectory)$(MSBuildThisFileNa
me)
       .After.targets"
       Condition="Exists('$(MSBuildThisFileDirectory)
       $(MSBuildThisFileName).After.targets')"/>
</Project>
```

.NET MAUIとは

ここがポイントです！ .NET MAUIが実行できる環境

本書でのVisual Basicの.NET MAUIプロジェクトで実行できる環境は、4種類サポートされています。

● Android

Androidは、多様な機種で動作するモバイル環境です。従来のXamarin環境（Xamarin.Formsなど）と同じように、Android上に**Mono Runtime**をインストールし、.NET MAUIアプリケーションが動作します。

ただし、.NET 6の基本クラスライブラリ（BCL）が各種の動作環境を共通化しているため、Android固有の操作（Javaネイティブのアクセスなど）と共通化された.NET MAUIのユーザーインターフェイスや.NETクラスライブラリをほかのプラットフォームのライブラリと共存させることができます。

● iOS（iPhone、iPad）

iPhoneやiPadで動作するiOS環境でも、.NET MAUIアプリケーションが動作します。Androidと同じく、iOS上にMono Runtimeをインストールし、iOSのネイティブ環境へのアクセス（Objective-C）が容易になっています。

Xamarin.Formsでのアプリケーションでは、DependencyServiceを使い、AndroidとiOSの共通化を進めていましたが、.NET MAUIでは.NET 6のBCLを通すことにより同じプロジェクトでライブラリが利用できます。また、.NET 6対応のクラスライブラリであれば、NuGetパッケージでのライブラリが共通で利用できます。

● Windows（UWP）

.NET MAUIでのWindowsアプリケーションは、**UWP**（Universal Windows Platform）のアプリケーションとなり、WindowsフォームやWPFアプリケーションとは異なるものです。従来のUWPアプリの場合は、サンドボックス機能により制限の多いものでしたが、.NET MAUIアプリケーションの場合は、.NET 6による実行環境の共通化がなされているため、通常のデスクトップアプリのようにローカルに配置されているファイルアクセスやWin32 APIのようなWindowsネイティブの機能にもアクセスが可能になっています。

AndroidやiPhoneとは異なり、Windowsでの.NET MAUIアプリは、サイズ変更が可能なアプリケーションとなるため、各種コントロールの配置に少しコツが必要ですが、ほかのモバイル環境との共有に有効でしょう。

Androidで実行する

ここがポイントです！

.NET MAUIをAndroidで実行（Androidエミュレーター、Android実機）

.NET MAUIアプリケーションは、Visual StudioからAndroidエミュレーター、あるいはAndroid実機で動作させることができます。Android実機の場合は、実機の［開発者オプション］→［USBデバッグ］を有効にする必要があります。

現時点で、Android実機は様々なAndroidバージョンで販売されています。.NET MAUIアプリケーションの場合は、Android 5.0（API 21）移行が対象となります。これは、Xamarin.Forms、Xamarin.Androidの対応するバージョンとほぼ同じになります。

ただし、あまり以前のバージョンの場合、Bluetoothの対応やセンサーへのアクセスが異なるため、できるだけ新しいバージョンに揃えておいたほうが無難です。

●Android SDK Manager

Visual Studioで開発するときのAndroid SDKをインストールします（画面1）。インストールするSDKのバージョンは、インストール先のAndroidのバージョン、あるいは動作確認をするためのAndroidエミュレーターのバージョンを揃えておきます。最初の.NET MAUIアプリケーションのコードをビルドするときに、必要となるSDKが示されるのでそれに従い、インストールすればよいでしょう。

●Android Device Manager

新しいAndroidエミュレーターの作成や、作成済みのAndroidエミュレーターを起動します（画面2）。通常のAndroidだけでなく、タブレット仕様のものやAndroid TVやWear OSのものも用意されています。

Androidエミュレーターのイメージは「C:¥Users¥<ユーザー名>¥.android¥avd¥」配下に作成されます。Androidエミュレーターが利用するメモリサイズによって大きくなるため、容量には注意が必要です。

●起動するAndroidエミュレーター

Visual Studioから.NET MAUIアプリケーションをデバッグ実行したときのAndroidエミュレーターを選択します（画面3）。

［Android Emulators］からデバッグ実行するAndroidエミュレーターを選択します。Android実機で動作させる場合には、［Android Local Devices］から選択します。

デバッグ実行するには、あらかじめ目的のAndroidエミュレーターを起動しておきます。エミュレーター自体の起動に時間が掛かりすぎるとVisual Studioからのアプリのインストールに失敗するので注意してください。

.NET MAUIアプリケーションでは、**ホットリロード**と呼ばれる、アプリを実行しながらUI

を調節する機能があります。ボタンやラベルのマージンや色などは、Visual StudioでXAMLファイルを編集することで自動的に反映されます。ただし、ボタンイベントのようなコードの変更が伴う場合にはホットリロードはできず、改めてアプリをインストールすることになります。

▼画面1 Android SDK Manager

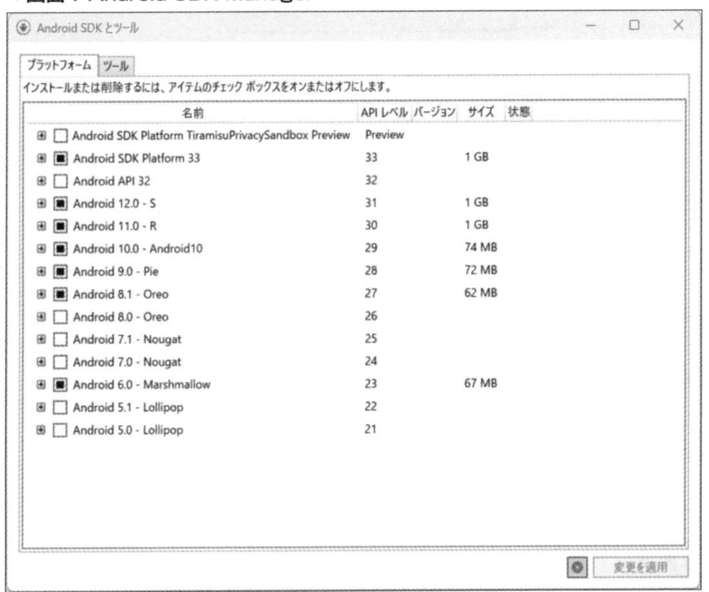

▼画面2 Android Device Manager

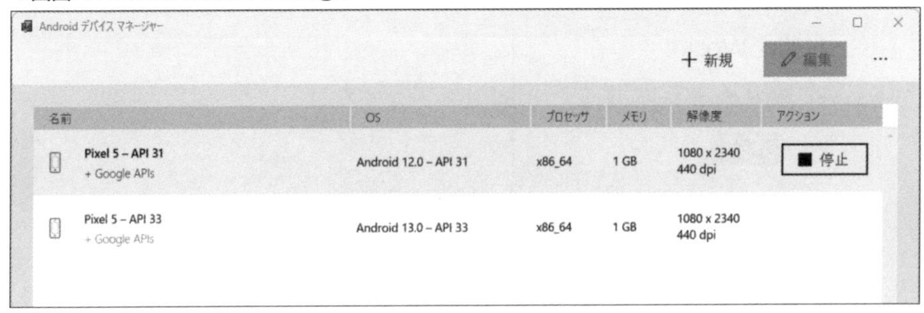

▼画面3 Androidエミュレーターの指定

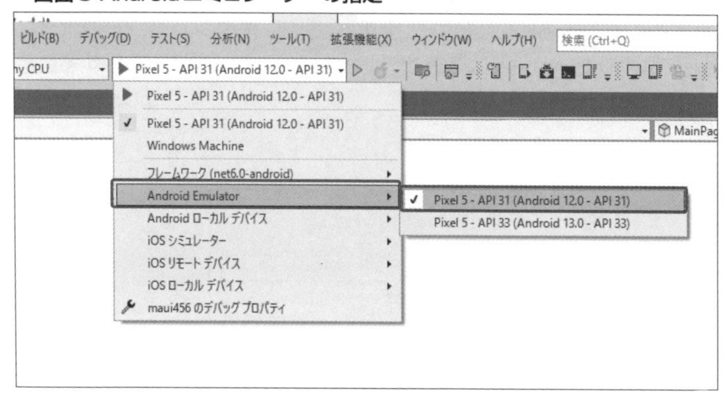

▼Androidエミュレーター

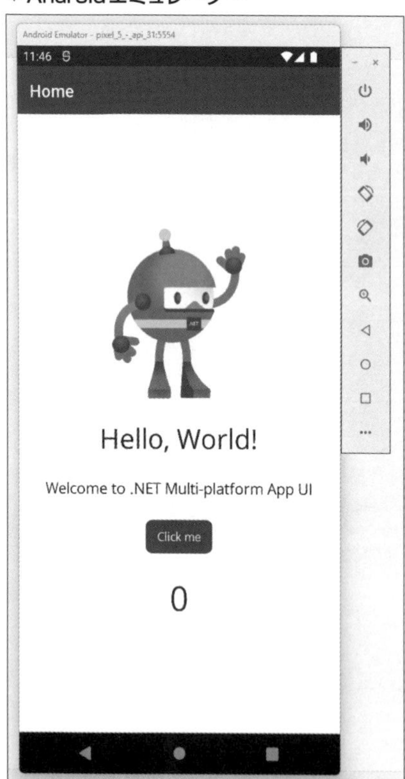

さらに ワンポイント　Visual StudioのAndroid SDK Managerでのインストール先は、「C:¥Program Files (x86)¥Android¥android-sdk」となり、管理権限が必要となっています。別途、Android Studioを利用している場合は、ユーザー領域「C:¥Users¥<ユーザー名>¥AppData¥Local¥Android¥Sdk」となるため、アップデートなどで競合しないように注意してください。両方利用できるように、Visual Studio用とAndroid Studio用と分けておくのが無難です。

iPhoneで実行する

ここがポイントです！ **.NET MAUIをiPhoneで実行**
(iOSシミュレーター)

.NET MAUIアプリケーションは、macOSを連携してWindowsからiPhoneアプリケーションを開発できるようになっています。macOSとの連携は、Xamarin.FormsやXamarin.iOSと同じように、macOS側にあらかじめVisual Studio for Macをインストールする必要があります。

●ペアリング

Windows からMacへのリモート接続を確立するために、Visual Studioからペアリング接続をする必要があります。あらかじめ、Mac側でリモート接続を有効にしておき、SSH接続ができるユーザー名とパスワードを用意しておきます。

[Macとペアリング] ダイアログボックスを開いたときには、過去に接続されていたMacや同じネットワークにあるMacが表示されます（画面1)。ネットワークが異なる場合（スイッチングハブなどで区切られている場合）やWi-Fi接続などの場合には、[Macの追加] ボタンをクリックして接続先のMacのホスト名、あるいはIPアドレスを使って接続します。

●iOSシミュレーターでの実行

Visual StudioからmacOS上で動作しているiOSシミュレーターにインストールと実行が可能です。

[iOS Simulators] で、macOS上で動作可能なiOSシミュレーターを選択します（画面2)。ただし、iOSシミュレーターの起動は非常に遅いため、あらかじめmacOS上でiOSシミュレーターを起動しておく必要があります。接続に長い時間が掛かりすぎるとタイムアウトが発生します。

macOS上のiOSシミュレーターの画面イメージは、そのままWindows上のリモート画面として表示されます（画面3)。そのため、iOSシミュレーターの動作をするためにmacOSのマウスやキーボードを操作する必要はありません。Windowsの画面でiOSシミュレーターの動作確認が可能となっています。

▼画面1 Macとペアリング

▼画面2 iOSシミュレーターの指定

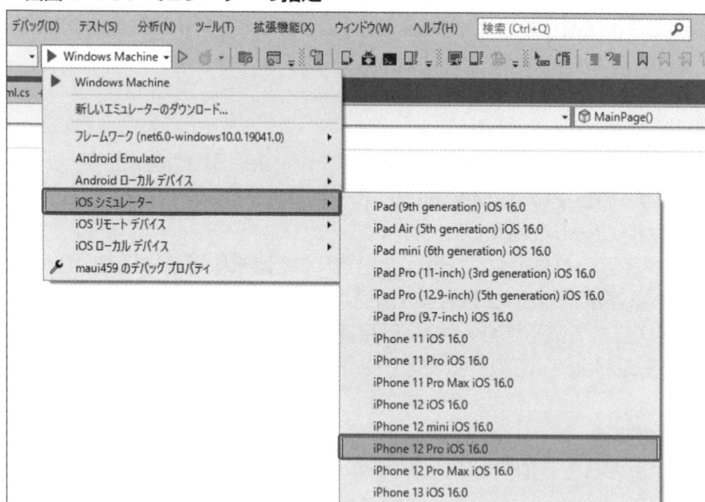

▼画面3 iOSシミュレーター

さらにワンポイント　macOSにインストールされる.NETのバージョン、あるいはiOS用のMono Runtimeのバージョンを揃えておく必要があります。通常は、Visual StudioからmacOSにペアリングを行うときに自動的にアップデート（あるいはダウングレード）が行われます。macOS上のVisual Studio for Macで独自に開発している場合は、不意のバージョン変更に注意してください。

さらにワンポイント　Macへのペアリングをしなくても.NET MAUIアプリケーションのiOS対応のコードのビルドは可能です。iOSシミュレーターを使ったテストや、iOSのバージョンによる細かい違いは判別できませんが、コードのビルドだけならば、処理の早いWindowsマシンを用意して高速にコンパイルを可能にできます。

ラベルを配置する

文字を画面に表示
(Labelコントロール)

.NET MAUIアプリケーションで、文字などを表示するためには**Labelコントロール**を使います。

Labelコントロールは、XAML形式のファイル(MainPage.xamlなど)に、Labelタグを使って記述します。表示するテキストは、Text属性に設定します。

▼Labelタグ

```
<Label
    Text="<表示するテキスト>"
    ... />
```

リスト1では、Labelコントロールを使い、文字列を表示しています。水平位置の文字揃え(右寄せ、中央寄せ、左寄せ)は、HorizontalTextAlignment属性で設定します。ラベルの内容は、リスト2のMainViewModelクラスのプロパティをバインドしています。

▼実行結果(Android)

▼実行結果(iOS)

リスト1　ラベルを表示する（ファイル名：maui460.sln、MainPage.xaml）

```
<VerticalStackLayout
    Spacing="25"
    Padding="30,0"
    VerticalOptions="Center">

    <Label
        Text="{Binding Title}"
        FontSize="40"
        HorizontalTextAlignment="Center"/>
    <Label
        Text="{Binding Publisher}"
        HorizontalTextAlignment="Start"/>
    <Label
    Text="{Binding Author}"
        HorizontalTextAlignment="End"/>
</VerticalStackLayout>
```

リスト2　MainViewModelクラス（ファイル名：maui460.sln、MainViewModel.vb）

```
Public Class MainViewModel
    Public Property Title As String = "逆引き大全 Visual Basic"
    Public Property Publisher As String = "秀和システム"
    Public Property Author As String = "増田智明"
End Class
```

上下方向の揃えは、VerticalOptions属性を使います。

ボタンを配置する

ここがポイントです！　**ボタンを配置**
（Buttonコントロール）

.NET MAUIアプリケーションでタップできるボタンを表示するためには、**Buttonコントロール**を使います。

Buttonコントロールでは、ボタンに表示される文字をText属性で指定します。

ボタンをタップしたときのイベントは、Command属性でバインドさせています。ボタンをタップしたときのClickedイベントが、対応するViewModelクラスに通知されます。

▼Buttonタグ

```
<Button
    Text="<表示するテキスト>"
    Command="<クリック時のコマンド>"
    ... />
```

リスト1では、ボタンをタップしたときに変更するカウンターのラベル (Count) と現在時刻のラベル(Time) を表示させています。ボタンをタップしたときは、OnClickedCommandコマンドが呼び出されます。

リスト2では、タップしたときに呼び出されるOnClickedCommandメソッドで、カウントアップと現在時刻を表示しています。

▼実行結果 (Android)

▼実行結果 (iOS)

リスト1　ボタンを配置する (ファイル名：maui461.sln、MainPage.xaml)

```
<VerticalStackLayout
    Spacing="25"
    Padding="30,0"
    VerticalOptions="Center">
    <Label
        Text="Hello, Visual Basic"
        FontSize="32"
        HorizontalOptions="Center" />
    <Label
        Text="{Binding Count}"
        FontSize="32"
```

```
            HorizontalOptions="Center" />
        <Label
            Text="{Binding Time}"
            FontSize="32"
            HorizontalOptions="Center" />
        <Button
            Text="Click me"
            Command="{Binding OnClickedCommand}"
            HorizontalOptions="Center" />
</VerticalStackLayout>
```

リスト2 MainViewModelクラス（ファイル名：maui461.sln、MainViewModel.vb）

```
Public Class MainViewModel
    Inherits Prism.Mvvm.BindableBase

    Private _count As Integer = 0
    Private _time As String

    Public Property Count As Integer
        Get
            Return _count
        End Get
        Set(value As Integer)
            SetProperty(_count, value, NameOf(Count))
        End Set
    End Property
    Public Property Time As String
        Get
            Return _time
        End Get
        Set(value As String)
            SetProperty(_time, value, NameOf(Time))
        End Set
    End Property

    Public Property OnClickedCommand As DelegateCommand
    Public Sub New()
        OnClickedCommand = New DelegateCommand(
            Sub()
                Count += 1
                Time = DateTime.Now.ToString("HH:mm:ss")
            End Sub)
    End Sub
End Class
```

グリッドを使ってコントロールを並べる

ここがポイントです！

各コントロールを格子状に配置（Gridタグ）

各種のコントロールを格子状に並べるためには**Gridタグ**を使うと便利です。

Grid.RowDefinitionsタグでそれぞれの行を指定し、Grid.ColumnDefinitionsタグでそれぞれの列を指定します。

Gridタグの細かい使い方については、「第10章 WPFの極意」にある「XAML」を参考にしてください。同じテクニックが利用できます。

▼グリッドで表示する

```
<Grid>
  <Grid.RowDefinitions>
    <RowDefinition Height="<行の高さ>" />
    ...
  </Grid.RowDefinitions>
  <Grid.ColumnDefinitions>
    <ColumnDefinition Width="<列の幅>" />
    ...
  </Grid.ColumnDefinitions>
  ...
</Grid>
```

リスト1では、Gridタグを使って3x3の格子状の表を作り、ラベルとSVGの画像を表示させています。

▼実行結果（Android）

▼実行結果（iOS）

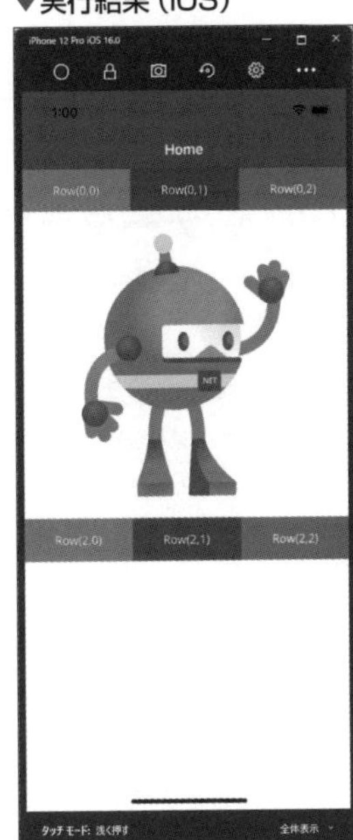

リスト1　格子状に配置する（ファイル名：maui462.sln、maui462/MainPage.xaml）

```
<Grid RowSpacing="25">
    <Grid.RowDefinitions>
        <RowDefinition Height="50" />
        <RowDefinition Height="310" />
        <RowDefinition Height="50" />
    </Grid.RowDefinitions>
    <Grid.ColumnDefinitions>
        <ColumnDefinition Width="1*" />
        <ColumnDefinition Width="1*" />
        <ColumnDefinition Width="1*" />
    </Grid.ColumnDefinitions>
    <Label Text="Row(0,0)"
            Grid.Row="0" Grid.Column="0"
            BackgroundColor="Red" TextColor="White"
            HorizontalTextAlignment="Center"
            VerticalTextAlignment="Center"/>
    <Label Text="Row(0,1)"
            Grid.Row="0" Grid.Column="1"
            BackgroundColor="Blue"
            TextColor="White"
            HorizontalTextAlignment="Center"
            VerticalTextAlignment="Center"/>
    ...
</Grid>
```

データをリストで表示する

ここがポイントです！

データをリスト状に表示
（CollectionViewコントロール、DataTemplateタグ）

各種のデータをリストで表示させるためには、**CollectionViewコントロール**を使います。

CollectionViewコントロールのItemsSourceプロパティに、List(Of)コレクションなどを設定することにより、値クラスのプロパティを参照させた表示が行えます。

リスト内の細かいデータ表示の方法は、**DataTemplateタグ**内に記述します。DataTemplateタグ内では、GridタグやLabelタグなどを自由に利用できます。

▼CollectionViewタグ

```
<CollectionView
    ItemsSource="{Binding <バインドするコレクション>}">
  <CollectionView.ItemTemplate>
    <DataTemplate>
      表示するコントロール
    </DataTemplate>
  </CollectionView.ItemTemplate>
</CollectionView>
```

画像ファイルを参照させたいときは、あらかじめ「Resources」フォルダー配下の「Images」フォルダーに配置しておきます（画面1）。

リスト1では、CollectionViewコントロールを使い、リスト状に3つの要素（画像と名前、場所）を表示させています。

リスト2では、MainViewModelクラスのItemsプロパティで、CollectionViewコントロールにリスト表示しています。

▼画面1 画像リソース

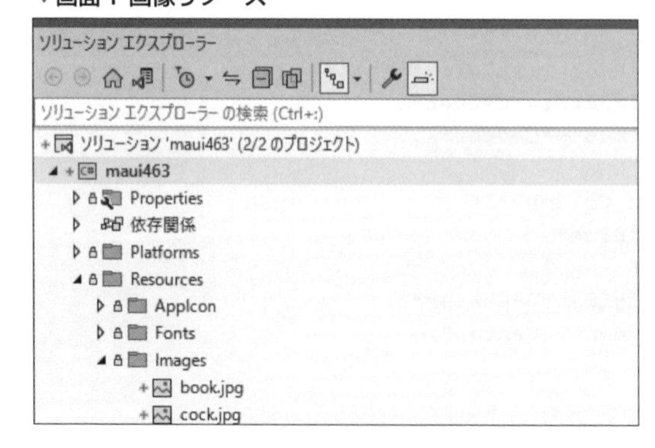

▼実行結果（Android）

▼実行結果（iOS）

リスト1　リストで表示する（ファイル名：maui463.sln、MainPage.xaml）

```
<VerticalStackLayout>
    <Label Text="CollectionView を使う" Grid.Row="0" />
    <CollectionView
        ItemsSource="{Binding Items}" >
        <CollectionView.ItemTemplate>
            <DataTemplate>
                <Grid Padding="10">
                    <Grid.RowDefinitions>
                        <RowDefinition Height="40" />
                        <RowDefinition Height="40" />
                    </Grid.RowDefinitions>
                    <Grid.ColumnDefinitions>
                        <ColumnDefinition Width="80" />
                        <ColumnDefinition Width="*" />
                    </Grid.ColumnDefinitions>
                    <Image Grid.RowSpan="2"
                        Source="{Binding ImageUrl}"
                        Aspect="AspectFill"
                        HeightRequest="80"
                        WidthRequest="80" />
                    <Label Grid.Column="1"
                            Margin="20,4,4,4"
                        Text="{Binding Name}"
                        FontSize="18"
                        FontAttributes="Bold" />
```

```
                    <Label Grid.Row="1"
                        Margin="4"
                        Grid.Column="1"
                        Text="{Binding Location}"
                        HorizontalOptions="End" />
                </Grid>
            </DataTemplate>
        </CollectionView.ItemTemplate>
    </CollectionView>
</VerticalStackLayout>
```

リスト2 MainViewModelクラス（ファイル名：maui463.sln、MainViewModel.vb）

```
Public Class MainViewModel
    Public Property Items As New List(Of Card)
    Public Sub New()
        Items = New List(Of Card)
        Items.Add(New Card With {.ImageUrl = "cock.jpg",
          .Name = "Cooking", .Location = "Japan"})
        Items.Add(New Card With {.ImageUrl = "book.jpg",
          .Name = "Book Boy", .Location = "Japan"})
        Items.Add(New Card With {.ImageUrl = "dotnet_bot.svg",
          .Name = ".NET", .Location = "USA"})
    End Sub
End Class

Public Class Card
    Public Property ImageUrl As String
    Public Property Name As String
    Public Property Location As String
End Class
```

テキスト入力を行う

テキスト入力の配置
(Entryコントロール)

画面からテキスト入力を行うためには、**Entryコントロール**を使います。

Entryコントロールでは、AndroidやiPhoneのようなモバイル環境では自動的にソフトウェアキーボードが表示されます。Windowsアプリの場合は、直接物理的なキーボードから入力できます。

あらかじめ、Entryコントロールに表示させておくテキストは、Textプロパティに設定しておきます。入力した文字列は、EntryコントロールのTextプロパティで取得ができます。

▼Entryタグ

```
<Entry
  Text="<表示/入力するテキスト>"
    ... />
```

リスト1では、MVVMパターンのパッケージであるPrismを使い、TextプロパティにViewModelクラスの各プロパティをバインドさせています。これにより、画面への表示と取得を1つのViewModelクラス内で行えます。

リスト2は、MainViewModelクラスでの設定です。

▼実行結果(Android)

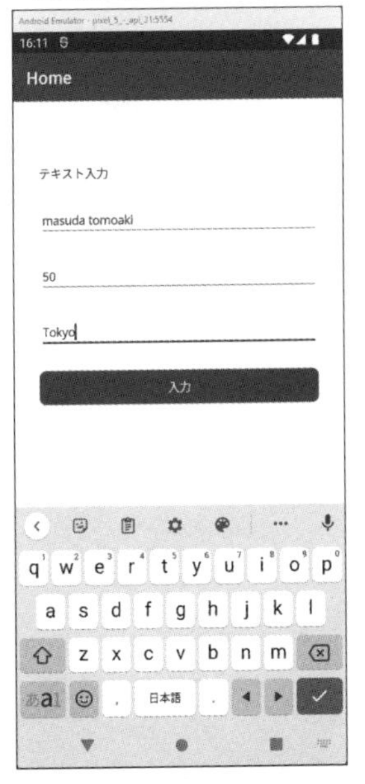

▼実行結果(iOS)

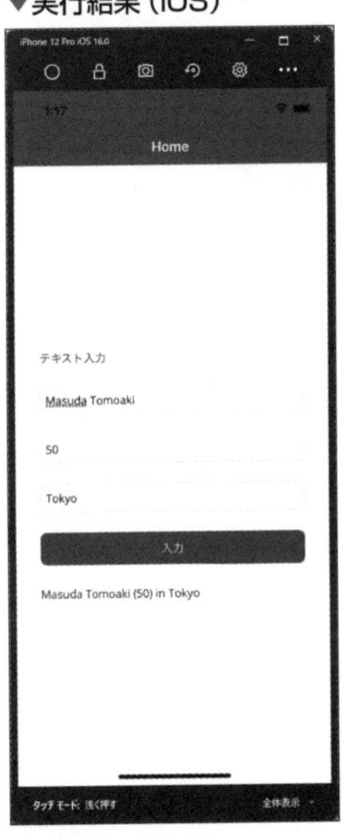

リスト1 テキスト入力（ファイル名：maui464.sln、maui464/MainPage.xaml）

```
<VerticalStackLayout
    Spacing="25"
    Padding="30,0"
    VerticalOptions="Center">
    <Label Text="テキスト入力" />
    <Entry Text="{Binding Name}" Placeholder="名前" />
    <Entry Text="{Binding Age}" Placeholder="年齢" />
    <Entry Text="{Binding Address}" Placeholder="住所" />
    <Button Text="入力"
            Command="{Binding OnInputCommand}" />
    <Label Text="{Binding Result}"/>
</VerticalStackLayout>
```

リスト2 テキストボックスで入力する（ファイル名：maui464.sln、MauiLib/MainViewModel.vb）

```
Imports Prism.Commands

Public Class MainViewModel
    Inherits Prism.Mvvm.BindableBase

    Public Property Name As String
    Public Property Age As Integer
    Public Property Address As String
    Private _result As String
    Public Property Result As String
        Get
            Return _result
        End Get
        Set(value As String)
            SetProperty(_result, value, NameOf(Result))
        End Set
    End Property

    Public Property OnInputCommand As DelegateCommand
    Public Sub New()
        OnInputCommand = New DelegateCommand(
            Sub()
                Result = $"{Name} ({Age}) in {Address}"
            End Sub)
    End Sub
End Class
```

画像を利用する

ここがポイントです!

画像を表示
(Imageコントロール)

画面に画像を表示させるためには、**Imageコントロール**を使います。

ImageコントロールのSource属性に、あらかじめリソースとして保存しておいた画像ファイルの名前を記述しておきます。

▼Imageタグ

```
<Image
   Source="<画像ファイル>"
      ... />
```

リスト1では、3つの画像ファイルをImageコントロールとGridタグを使い、タイル状に表示させています。画像は、デフォルトでコントロールに収まるように縮小されます。

▼ソリューションエクスプローラー

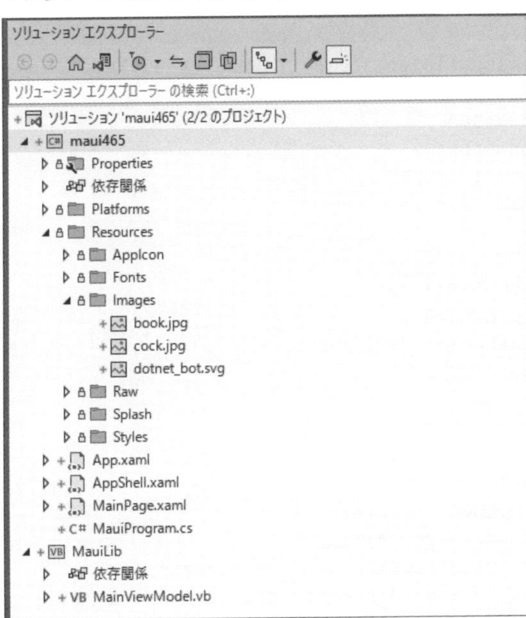

▼実行結果 (Android)

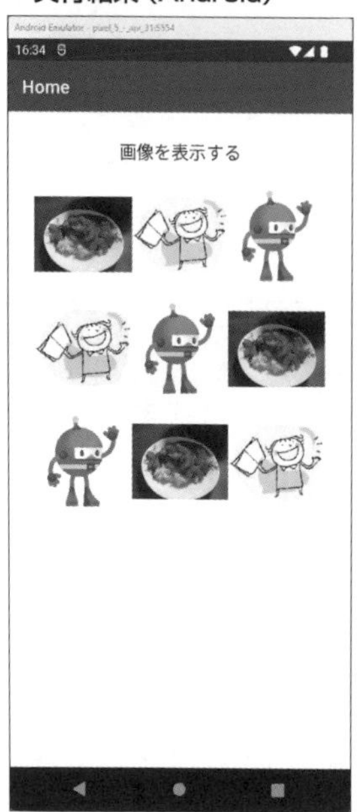

▼実行結果 (iOS)

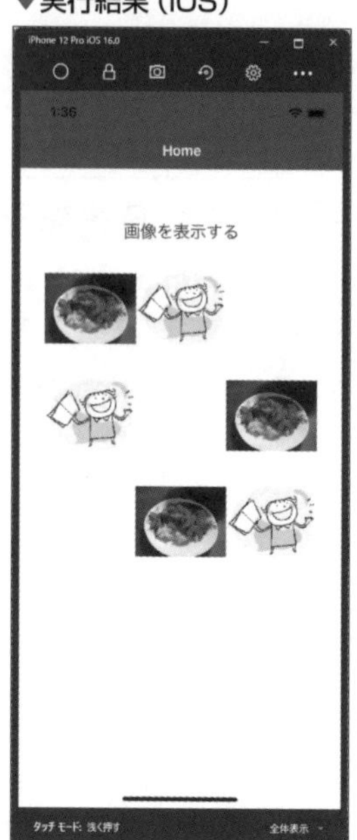

リスト1　画像を表示する (ファイル名 : maui465.sln、maui465/MainPage.xaml)

```
<Grid RowSpacing="25"
        Padding="{OnPlatform iOS='30,60,30,30', Default='30'}">
    <Grid.RowDefinitions>
        <RowDefinition Height="30" />
        <RowDefinition Height="100" />
        <RowDefinition Height="100" />
        <RowDefinition Height="100" />
    </Grid.RowDefinitions>
    <Grid.ColumnDefinitions>
        <ColumnDefinition Width="1*" />
        <ColumnDefinition Width="1*" />
        <ColumnDefinition Width="1*" />
    </Grid.ColumnDefinitions>

    <Label Text="画像を表示する"
            FontSize="20"
            Grid.ColumnSpan="3"
            HorizontalTextAlignment="Center" />
    <Image Source="cock.jpg"  Grid.Row="1"/>
    <Image Source="book.jpg"  Grid.Row="1" Grid.Column="1"/>
    <Image Source="dotnet_bot.svg" Grid.Row="1" Grid.Column="2"/>
    <Image Source="book.jpg" Grid.Row="2" />
    <Image Source="dotnet_bot.svg" Grid.Row="2" Grid.Column="1"/>
    <Image Source="cock.jpg" Grid.Row="2" Grid.Column="2"/>
    <Image Source="dotnet_bot.svg" Grid.Row="3" />
```

```
    <Image Source="cock.jpg" Grid.Row="3" Grid.Column="1"/>
    <Image Source="book.jpg" Grid.Row="3" Grid.Column="2"/>
</Grid>
```

利用するフォントを変更する

ここが ポイント です!

表示フォントの指定
(FontFamily属性、ConfigureFontsメソッド)

あらかじめアプリで利用する**フォント**を.NET MAUIアプリケーション内に含めることができます。

LabelコントロールのFontFamily属性に、リソースとして保存しておいたフォント名をしていできます。

フォントは、ソリューションエクスプローラーの「Resources」フォルダー→「Fonts」フォルダーに配置しておきます(画面1)。起動時に、**ConfigureFontsメソッド**でアプリケーションが利用するフォントとして登録しておきます。

リスト1では、各種のフォント(日本語用、簡体文用、繁体文用)をインストールしておき、ラベルで表示させせています。実行結果を見ると、それぞれの文字形状の違いが確認できます。

リスト2では、起動時にフォントをロードする例です。C#のコードにフォント読み込みをAddFontメソッドを使って記述します。

▼画面1 ソリューションエクスプローラー

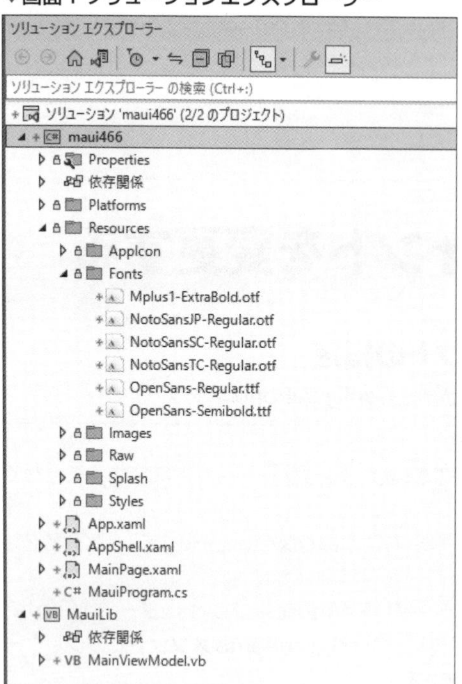

▼実行結果 (Android)

▼実行結果 (iOS)

リスト1 フォントを指定する（ファイル名：maui466.sln、maui466/MainPage.xaml）

```
<Grid RowSpacing="25"
        Padding="{OnPlatform iOS='30,60,30,30', Default='30'}"
        >
    <Grid.RowDefinitions>
        <RowDefinition Height="30" />
        <RowDefinition Height="auto" />
        <RowDefinition Height="auto" />
        <RowDefinition Height="auto" />
        <RowDefinition Height="auto" />
        <RowDefinition Height="auto" />
        <RowDefinition Height="auto" />
        <RowDefinition Height="auto" />
    </Grid.RowDefinitions>
    <Label Text="フォントの変更" />
    <Label Text="01234ABCDあいうえお"
      Grid.Row="1"
      FontFamily="OpenSansRegular" FontSize="20"/>
    <Label Text="01234ABCDあいうえお"
      Grid.Row="2"
      FontFamily="Mplus" FontSize="20" />
    <Label Text="01234ABCDあいうえお"
      Grid.Row="3"
      FontFamily="Noto"  FontSize="20" />
    <Label Text="日本語　図鑑　写真"
      Grid.Row="5"
      FontFamily="Noto-jp"  FontSize="30" />
    <Label Text="簡体文　図鑑　写真"
      Grid.Row="6"
      FontFamily="Noto-sc"  FontSize="30" />
    <Label Text="繁体文　図鑑　写真"
      Grid.Row="7"
      FontFamily="Noto-tc"  FontSize="30" />
</Grid>
```

リスト2 フォントを読み込む（ファイル名：maui466.sln、maui467/MauiProgram.cs）

```
public static MauiApp CreateMauiApp()
{
    var builder = MauiApp.CreateBuilder();
    builder
        .UseMauiApp<App>()
        .ConfigureFonts(fonts =>
        {
            fonts.AddFont("OpenSans-Regular.ttf", "OpenSansRegular");
            fonts.AddFont("OpenSans-Semibold.ttf",
"OpenSansSemibold");
            fonts.AddFont("Mplus1-ExtraBold.otf", "Mplus");
            fonts.AddFont("NotoSansJP-Regular.otf", "Noto");
            fonts.AddFont("NotoSansJP-Regular.otf", "Noto-jp");
            fonts.AddFont("NotoSansSC-Regular.otf", "Noto-sc");
```

```
                fonts.AddFont("NotoSansTC-Regular.otf", "Noto-tc");
            });
        return builder.Build();
    }
```

機種によりマージンを変える

ここがポイントです！

機種別の処理を指定
（OnPlatformクラス）

.NET MAUIアプリケーションは、様々な環境で動作します。そのため、環境ごとにユーザーインターフェイスの配置などが若干異なることがあり、それぞれの違いを吸収するためにOnPlatformクラスが用意されています。「Android」「iOS」「WinUI」（Windowsアプリ）のように、実行時の環境に設定を切り替えることができます。

▼OnPlatformの設定

```
<タグ 属性=
  "{OnPlatform
    Android='<Androidの設定>',
    iOS='<iOSの設定>',
    WinUI='<Windowsの設定>',
    Default='<デフォルトの設定>'
}">
```

リスト1では、動作環境により、ScrollViewタグのPadding属性の値が切り替わります。実行結果のようにAndroidとWindowsでは、Padding属性の値が異なっています。

▼実行結果（Android）

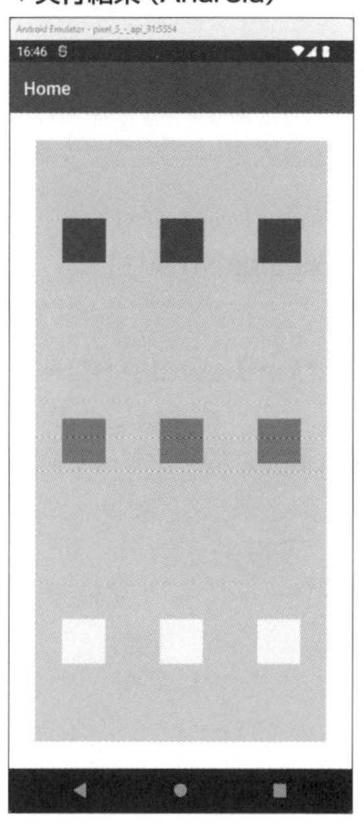

▼実行結果（iOS）

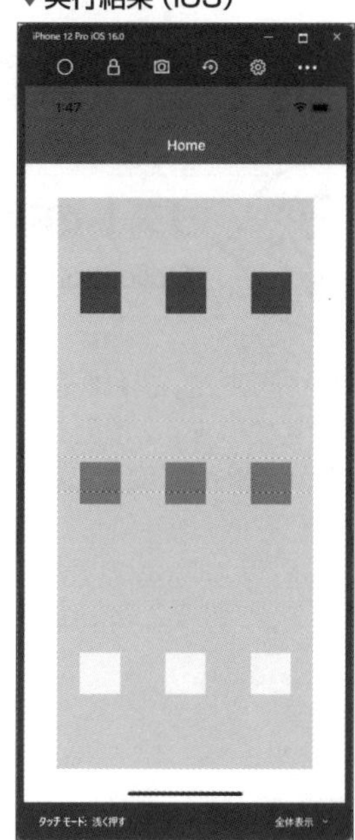

リスト1　機種によりマージンを変更する（ファイル名：maui467.sln、maui467/MainPage.xaml）

```
<ScrollView Padding="{OnPlatform Android='30',iOS='40', WinUI='80'}">
    <Grid Background="pink" >
        <Grid.RowDefinitions>
            <RowDefinition Height="1*"/>
            <RowDefinition Height="1*"/>
            <RowDefinition Height="1*"/>
        </Grid.RowDefinitions>
        <Grid.ColumnDefinitions>
            <ColumnDefinition Width="1*" />
            <ColumnDefinition Width="1*" />
            <ColumnDefinition Width="1*" />
        </Grid.ColumnDefinitions>
        <Rectangle
            Grid.Column="0" Grid.Row="0"
            WidthRequest="50" HeightRequest="50" Fill="blue" />
        ...
    </Grid>
</ScrollView>
```

リストから項目を選択する

ここがポイントです！

リストの選択イベント
（CollectionViewコントロール、SelectedItem属性）

複数のデータをリスト表示して、これを選択するためには**CollectionViewコントロール**の**SelectedItem属性**を使います。項目をタップ、あるいはマウスでクリックしたときに、SelectedItemプロパティの内容が変更になります。これをViewModelでバインドして変更を検出します。

リスト1では、IDと名前をCollectionViewコントロールで表示しています。

リスト2では、項目をタップするとDisplayAlertメソッドでメッセージダイアログを表示しています。

▼実行結果（Android）

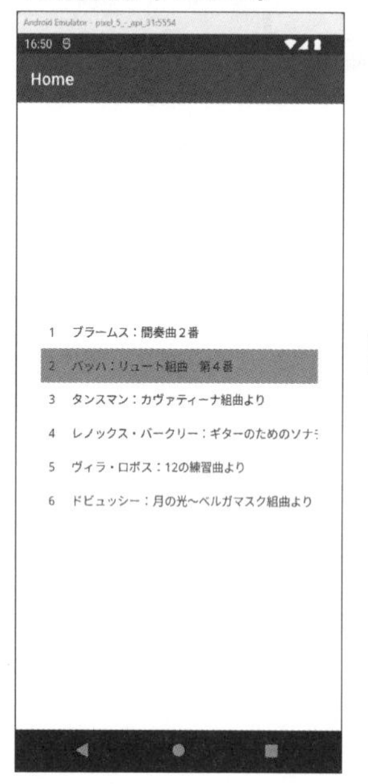

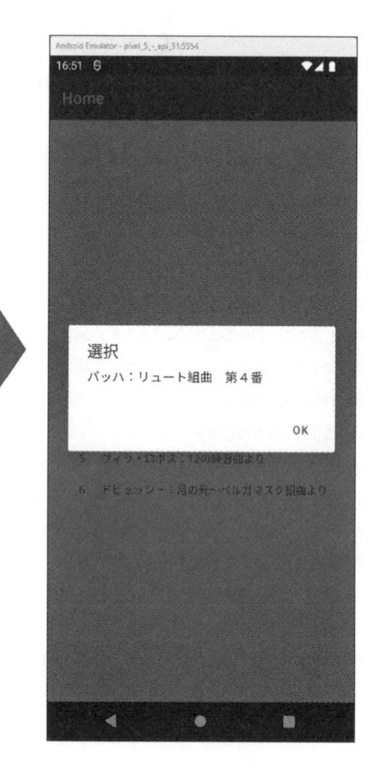

▼実行結果（iOS）

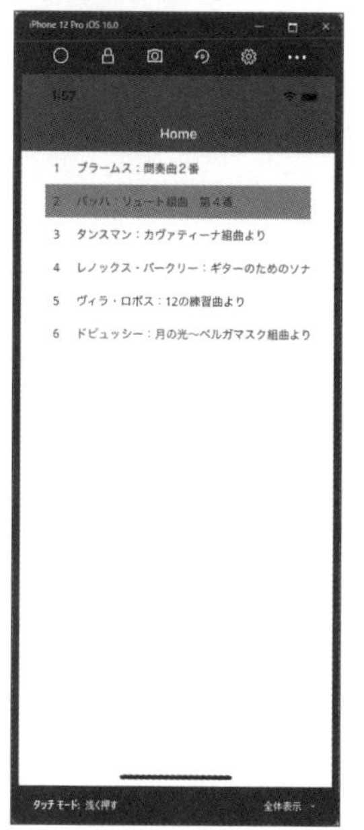

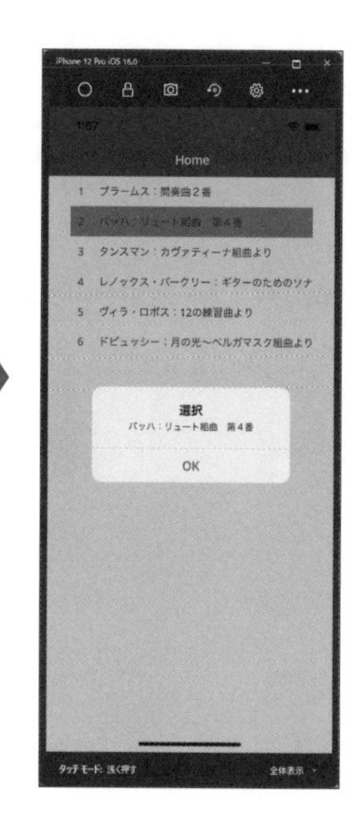

リスト1 リストで表示する（ファイル名：maui468.sln、maui468/MainPage.xaml）

```
<CollectionView
    SelectionMode="Single"
    ItemsSource="{Binding Items}"
    SelectedItem="{Binding SelectedItem}">
    <CollectionView.ItemTemplate>
        <DataTemplate>
            <StackLayout Orientation="Horizontal" Padding="10">
                <Label Text="{Binding Id}" />
                <Label Text="{Binding Name}" Margin="20,0,0,0"/>
            </StackLayout>
        </DataTemplate>
    </CollectionView.ItemTemplate>
</CollectionView>
```

リスト2 項目をタップしたときのイベント処理（ファイル名：maui468.sln、MauiLib/MainViewModel.vb）

```
Public Class MainViewModel
    Inherits Prism.Mvvm.BindableBase

    Public Property Items As List(Of Data)
    Private _selectedItem As Data
    Public Property SelectedItem As Data
        Get
            Return _selectedItem
        End Get
```

```
            Set(value As Data)
                If value IsNot Nothing Then
                    SetProperty(_selectedItem, value,
                                NameOf(SelectedItem))
                    RaiseEvent DisplayAlert("選択", value.Name, "OK")
                End If
            End Set
        End Property
        Public Event DisplayAlert As Action(Of String, String, String)
        ...
    End Class
```

オンオフの切り替えをする

設定のオンとオフ
（Switchコントロール、IsToggled属性）

アプリケーションの設定などでオンオフを切り替える場合は、**Switchコントロール**を使います。物理的なスイッチのようにオンとオフの状態が視覚的にわかりやすくなっています。オンとオフが切り替わったときには、**IsToggled属性**が変更になります。

リスト1では、オンオフのSwitchコントロールを表示させています。

リスト2では、オンオフが切り替わると、画像の表示非表示を切り替えています。

▼実行結果（Android）

▼実行結果（iOS）

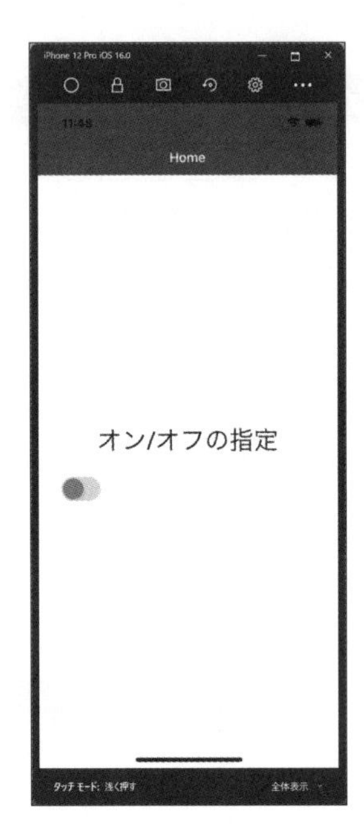

リスト1　Switchコントロールを表示する（ファイル名：maui469.sln、maui469/MainPage.xaml）

```
<VerticalStackLayout
    Spacing="25"
    Padding="30,0"
    VerticalOptions="Center">
    <Label
        Text="オン/オフの指定"
        SemanticProperties.HeadingLevel="Level1"
        FontSize="32"
        HorizontalOptions="Center" />
    <Switch
        IsToggled="{Binding IsToggled}"/>
    <Image
        IsVisible="{Binding IsVisible}"
        Source="dotnet_bot.png"
        WidthRequest="250"
        HeightRequest="310"
        HorizontalOptions="Center" />
</VerticalStackLayout>
```

リスト2　Switchコントロールの変更イベント処理（ファイル名：maui469.sln、MauiLib/MainViewModel.vb）

```
Public Class MainViewModel
    Inherits Prism.Mvvm.BindableBase

    Private _isToggled As Boolean = True
    Private _isVisible As Boolean = True
    Public Property IsToggled As Boolean
        Get
            Return _isToggled
        End Get
        Set(value As Boolean)
            SetProperty(_isToggled, value, NameOf(IsToggled))
            Me.IsVisible = value
        End Set
    End Property
    Public Property IsVisible As Boolean
        Get
            Return _isVisible
        End Get
        Set(value As Boolean)
            SetProperty(_isVisible, value, NameOf(IsVisible))
        End Set
    End Property
End Class
```

スライダーを表示する

ここがポイントです！

スライダーの配置
(Sliderコントロール、Value属性)

スライダーは、連続的に値を変更させることができるコントロールです。.NET MAUIアプリケーションでは、**Sliderコントロール**を利用します。

Sliderコントロールで値を変更すると、**Value属性**が変更されます。Value属性をViewModelクラスにバインドして、値の取得や設定を行います。

リスト1では、スライダーと値を表示するラベルを配置しています。

リスト2では、スライダーを動かしたときにラベルに値を表示し、画像ファイルの大きさをスライダーに従って大きさを変化させています。

▼実行結果（Android）

▼実行結果（iOS）

リスト1　Sliderコントロールを表示する（ファイル名：maui470.sln、maui470/MainPage.xaml）

```
<VerticalStackLayout
    Spacing="25"
    Padding="30,0"
    VerticalOptions="Center">
    <Label
```

```
        Text="スライダーで指定"
        FontSize="32"
        HorizontalOptions="Center" />
    <Slider
            Minimum="100.0"
            Maximum="500.0"
            Value="{Binding SliderValue}"/>
    <Label Text="{Binding LabelText}"
            HorizontalOptions="Center"
            FontSize="Large" />
    <Image
        Source="dotnet_bot.png"
        WidthRequest="250"
        HeightRequest="{Binding ImageHeight}"
        HorizontalOptions="Center" />
</VerticalStackLayout>
```

リスト2　Sliderコントロールの変更イベント処理（ファイル名：maui470.sln、MauiLib/MainViewModel.vb）

```
Public Class MainViewModel
    Inherits Prism.Mvvm.BindableBase

    Private _imageHeight As Single = 310.0
    Private _sliderValue As Single = 310.0
    Private _labelText As String = ""
    Public Property LabelText As String
        Get
            Return _labelText
        End Get
        Set(value As String)
            SetProperty(_labelText, value, NameOf(LabelText))
        End Set
    End Property
    Public Property ImageHeight As Single
        Get
            Return _imageHeight
        End Get
        Set(value As Single)
            SetProperty(_imageHeight, value, NameOf(ImageHeight))
        End Set
    End Property
    Public Property SliderValue As Single
        Get
            Return _sliderValue
        End Get
        Set(value As Single)
            SetProperty(_sliderValue, value, NameOf(SliderValue))
            Me.ImageHeight = value
            Me.LabelText = $"{ImageHeight:0.00}"
        End Set
    End Property
```

```
End Class
```

キーボードの種類を指定する

ここがポイントです！

ソフトウェアキーボードの指定
(Entryコントロール、Keyboard属性)

テキストを入力するための**Entryコントロール**では、モバイル環境(AndroidやiPhone)の場合にはソフトウェアキーボードが表示されます。このソフトウェアキーボードを**Keyboard属性**を使って切り替えることができます。

リスト1では、2つのEntryコントロールを配置してKeyboard属性を利用し、数値用のキーボードとチャット用のキーボードを表示させています。

▼数値のみ(Android)

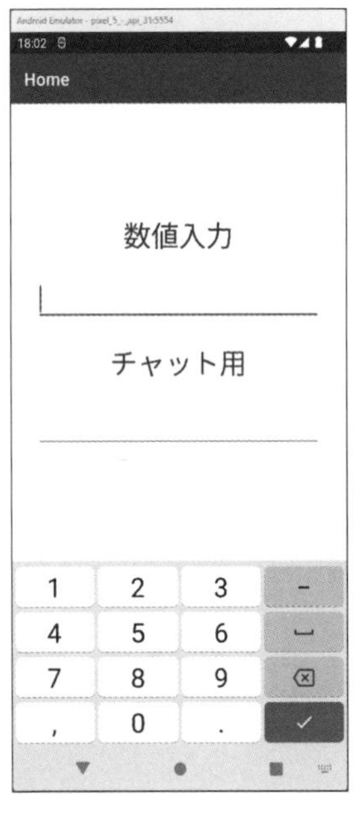

▼チャット用(Android)

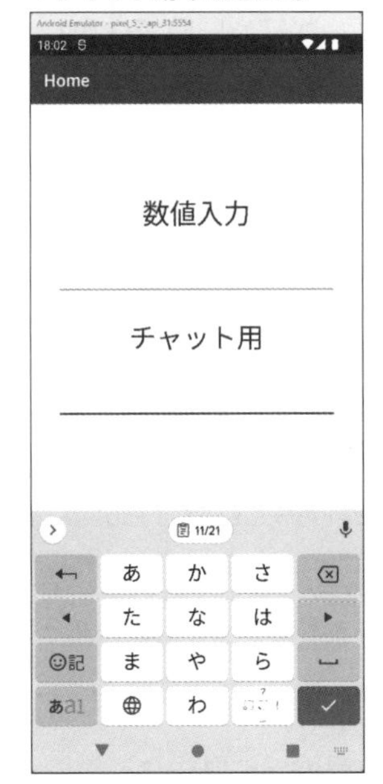

▼数値のみ（iOS）

▼チャット用（iOS）

リスト1　ソフトウェアキーボードを指定する（ファイル名：maui471.sln、maui471/MainPage.xaml）

```
<VerticalStackLayout
    Spacing="25"
    Padding="30,0"
    VerticalOptions="Center">
    <Label
        Text="数値入力"
        FontSize="32"
        HorizontalOptions="Center" />
    <Entry
        Text="{Binding Text1}"
            FontSize="Large"
            Keyboard="Numeric" />
    <Label
        Text="チャット用"
        FontSize="32"
        HorizontalOptions="Center" />
    <Entry
        Text="{Binding Text2}"
            FontSize="Large"
            Keyboard="Chat" />
</VerticalStackLayout>
```

カレンダーで日付を選ぶ

ここが
ポイント
です!

カレンダーから選択
（DatePickerコントロール、Date属性）

モバイル環境で日付の選択をさせる場合は、**DatePickerコントロール**を利用します。カレンダーの表示はそれぞれのOSによって異なりますが、機能は同一となっています。カレンダーで日付を選択すると、**Date属性**が変更されます。

リスト1では、画面にDatePickerコントロールを表示させています。コントロールをタップすると日付が選択できるダイアログボックスが表示されます。

リスト2では、タップされたときの日付をラベルに表示します。Date属性で日付を取得できます。

▼実行結果（Android）

▼実行結果（iOS）

リスト1　カレンダーを配置する（ファイル名：maui472.sln、maui472/MainPage.xaml）

```
<VerticalStackLayout
    Spacing="25"
    Padding="30,0"
    VerticalOptions="Center">
    <Label
        Text="カレンダー入力"
        FontSize="32"
        HorizontalOptions="Center" />
    <DatePicker
                Date="{Binding CalDate}"
                FontSize="Large"
                Format="yyyy/MM/dd" />
    <Label
        Text="{Binding Message}"
        FontSize="Large"
        HorizontalTextAlignment="Center" />
</VerticalStackLayout>
```

リスト2　カレンダーで日付を選択する（ファイル名：maui472.sln、MauiLib/MainViewModel.vb）

```
Public Class MainViewModel
    Inherits Prism.Mvvm.BindableBase

    Private _message As String
    Private _caldate As DateTime = DateTime.Today
    Public Property Message As String
        Get
            Return _message
        End Get
        Set(value As String)
            SetProperty(_message, value, NameOf(Message))
        End Set
    End Property
    Public Property CalDate As DateTime
        Get
            Return _caldate
        End Get
        Set(value As DateTime)
            SetProperty(_caldate, value, NameOf(CalDate))
            Message = CalDate.ToString("yyyy年MM月dd日")
        End Set
    End Property
End Class
```

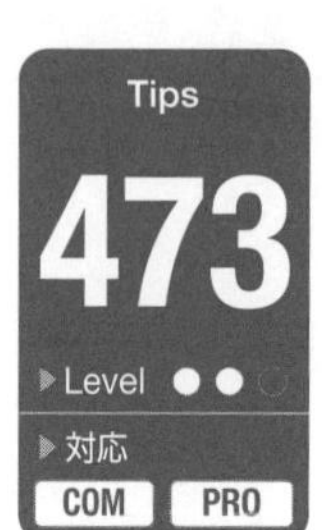

Web APIを呼び出して画面に表示する

ここがポイントです！ **Web APIでデータを取得**（HttpClientクラス、GetAsyncメソッド、JsonSerializerクラス）

.NET MAUIアプリケーションでWeb APIを呼び出すためには、通常の.NETのデスクトップアプリケーションのように**HttpClientクラス**を使えます。アクセスの仕方は、Android、iOS、Windows等で統一されています。

URLを指定してWeb APIを呼び出す場合は、**GetAsyncメソッド**を使います。Awaitキーワードを使い、非同期処理でレスポンスを取得できます。

Web APIはJSON形式を戻り値とするものが多いので、**JsonSerializerクラス**の**DeserializeAsyncメソッド**を使い、指定のクラスにデコードします。

リスト1では、ボタンをクリックしたときにWeb APIに接続し、書籍データ（Bookクラス）を取得します。取得できた書籍データを画面に表示させています。

▼実行結果（Android）

▼実行結果（iOS）

リスト1 Web APIを呼び出す(ファイル名:maui473.sln、MauiLib/MainViewModel.vb)

```
Public Property OnClickedCommand As DelegateCommand
Public Sub New()
    OnClickedCommand = New DelegateCommand(
        Async Sub()
            Dim id = 1
            Dim url =
 $"https://moonmile-gyakubiki.azurewebsites.net/api/getbook?id={id}"
            Dim cl = New HttpClient()
            Dim response = Await cl.GetAsync(url)
            Dim Book = Await JsonSerializer.DeserializeAsync(
              Of Book)(response.Content.ReadAsStream(),
                New JsonSerializerOptions()
                  With {.PropertyNameCaseInsensitive = True})
            Me.Title = Book.Title
            Me.Author = Book.Author?.Name
            Me.Publisher = Book.Publisher?.Name
            Me.Price = $"{Book.Price} 円"
        End Sub)
End Sub
```

さらにワンポイント AndroidやiPhoneからアクセスできるWeb APIは、HTTPSプロトコルで接続しなければいけません。サーバーサイドの証明書はモバイル側で検証を行うため、正式なもの(Let's Encryptなどで取得した証明書)が必要です。そのため、ローカル環境でのWeb APIアクセスのテストは難しく、筆者はAzure Functionsを使ってWeb APIのテストを行っています。

Web APIを呼び出して画面にリスト表示する

ここがポイントです!

Web APIのデータをリスト表示
(HttpClientクラス、GetAsyncメソッド、CollectionViewコントロール)

.NET MAUIアプリケーションからWeb APIを呼び出し、取得したデータを**CollectionViewコントロール**を使ってリスト形式で表示できます。Web APIの呼び出しは、デスクトップアプリケーションと同じように**HttpClientクラス**の**GetAsyncメソッド**が利用できます。

GetAsyncメソッドで取得したデータがJOSN形式の場合は、**JsonSerializerクラス**の**DeserializeAsyncメソッド**でデコードします。DeserializeAsyncメソッドでは、単体の値クラスや値クラスをまとめたコレクション(List(Of T)コレクション)に変換できます。

リスト1では、ボタンをクリックしたときにWeb APIに接続し、複数の書籍データ（Bookクラス）を取得します。取得できた書籍データをリスト形式で画面に表示させています。

▼実行結果（Android）

▼実行結果（iOS）

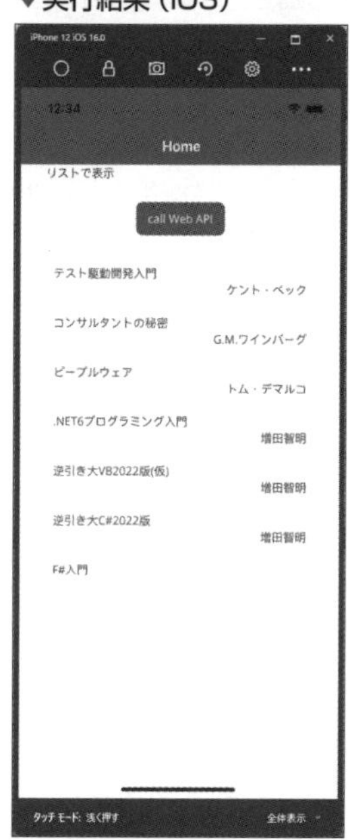

リスト1　Web APIを呼び出してリスト表示する（ファイル名：maui474.sln、MauiLib/MainViewModel.vb）

```
Public Property OnClickedCommand As DelegateCommand
Public Sub New()
    OnClickedCommand = New DelegateCommand(
        Async Sub()
            Dim id = 1
            Dim url =
 $"https://moonmile-gyakubiki.azurewebsites.net/api/books"
            Dim cl = New HttpClient()
            Dim response = Await cl.GetAsync(url)
            Dim books = Await JsonSerializer.DeserializeAsync(
              Of List(Of Book))(response.Content.ReadAsStream(),
                New JsonSerializerOptions()
                  With {.PropertyNameCaseInsensitive = True})
            Me.Items = books

            ' 返信されたJSON形式をそのまま表示
            'Dim json = Await cl.GetStringAsync(url)
            'System.Diagnostics.Debug.WriteLine(json)
        End Sub)
End Sub
```

リスト2　CollectionViewコントロールの表示（ファイル名：maui474.sln、maui474/MainPage.xaml）

```
<CollectionView Grid.Row="2"
                ItemsSource="{Binding Items}">
    <CollectionView.ItemTemplate>
        <DataTemplate>
            <Grid Padding="10">
                <Grid.RowDefinitions>
                    <RowDefinition Height="auto" />
                    <RowDefinition Height="auto" />
                </Grid.RowDefinitions>
                <Label Grid.Row="0"
                Text="{Binding Title}" />
                <Label Grid.Row="1"
                Text="{Binding Author.Name}"
                    HorizontalOptions="End"/>
            </Grid>
        </DataTemplate>
    </CollectionView.ItemTemplate>
</CollectionView>
```

Web APIでデータ送信する

ここがポイントです！ **Web APIでデータを更新**（HttpClientクラス、PostAsyncメソッド、StringContentクラス）

.NET MAUIアプリケーションからWeb APIを使ってWebサーバーにデータを登録するためには、デスクトップアプリケーションと同じように**HttpClientクラス**の**PostAsyncメソッド**を使います。

POSTメソッドで送信するときのデータは、JSON形式のデータを**StringContentクラス**を使って送信すると簡単です。JSON形式のデータは、直接文字列を使って作成するか、**JsonSerializerクラス**の**SerializeToUtf8Bytesメソッド**を使います。

リスト1では、指定したIDの価格（price）をWeb API経由でサーバーに送信しています。正常に登録ができた場合は、PostAsyncメソッドの結果を画面に表示しています。

▼実行結果（Android）

▼実行結果（iOS）

リスト1　Web APIを呼び出してリスト表示する（ファイル名：maui475.sln、MauiLib/MainViewModel.vb）

```
Public Property OnClickedCommand As DelegateCommand
Public Sub New()
    OnClickedCommand = New DelegateCommand(
        Async Sub()
            Dim url =
      $"https://moonmile-gyakubiki.azurewebsites.net/api/postbook"
            Dim book = New Book With {.Id = id, .Price = Price}
            Dim Json = $"{{ ""id"": {Id}, ""price"": {Price} }}"
            Dim context = New StringContent(Json)

            Dim cl = New HttpClient()
            Dim response = Await cl.PostAsync(url, context)
            Dim Text = Await response.Content.ReadAsStringAsync()
            Me.Result = Text
        End Sub)
End Sub
```

カメラで撮影する

ここがポイントです!

カメラを起動する
(MediaPickerクラス、CapturePhotoAsyncメソッド、OpenReadAsyncメソッド)

スマートフォンのカメラ機能を使うためには、**MediaPickerクラス**を使います。Android(Kotlin)とiPhone(Swift)でカメラを扱うクラスはそれぞれ別になっていますが、.NET MAUIアプリケーションでは統一的に扱うことができます。

CapturePhotoAsyncメソッドを呼び出すと非同期処理で標準のカメラアプリを開きます。ユーザーが撮影が終えると、FireResultオブジェクトを返すので、これを利用して保存します。保存するときのストリームは**OpenReadAsyncメソッド**で取得ができます。

▼実行結果(Android)

▼実行結果(iOS)

リスト1 カメラで撮影する(ファイル名:maui476.sln、MauiLib/MainViewModel.vb)

```
Public Property OnClickedCommand As DelegateCommand
Public Sub New()
    OnClickedCommand = New DelegateCommand(
        Async Sub()
            If MediaPicker.Default.IsCaptureSupported Then
                Dim photo =
```

```
                  Await MediaPicker.Default.CapturePhotoAsync()

                If photo IsNot Nothing Then
                    Dim filename = Path.Combine(
                        Environment.GetFolderPath(
            Environment.SpecialFolder.MyDocuments), photo.FileName)
                    Using st = Await photo.OpenReadAsync()
                        Using fs = File.OpenWrite(filename)
                            Await st.CopyToAsync(fs)
                            Me.Message =
                              "撮影しました " + DateTime.Now.ToString()
                        End Using
                    End Using
                End If
            End If
        End Sub)
End Sub
```

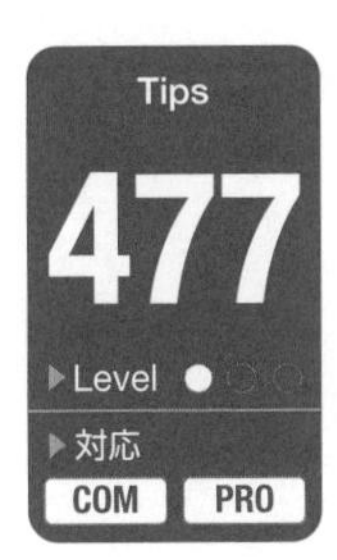

内部ブラウザーで開く

メッセージダイアログを表示
(ContentPageクラス、DisplayAlertメソッド)

アプリ内でブラウザを利用するときは**WebViewコントロール**を使います。アプリのXAMLコードに、ほかのコントロールと同じように埋め込むことができます。

ブラウザで表示するURLは、**Source属性**に設定します。ViewModelに文字列型のプロパティとバインドさせて任意のURLを開くことができます。

▼実行結果（Android）

▼実行結果（iOS）

リスト1 内部ブラウザーで開く（ファイル名：maui477.sln、maui477/MainPage.xaml）

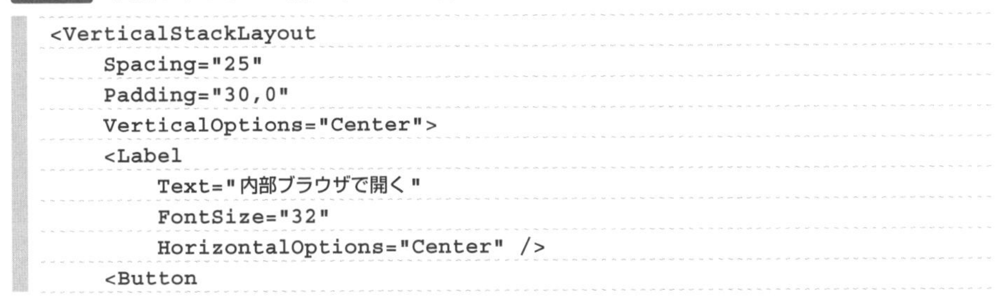

```
<VerticalStackLayout
    Spacing="25"
    Padding="30,0"
    VerticalOptions="Center">
    <Label
        Text="内部ブラウザで開く"
        FontSize="32"
        HorizontalOptions="Center" />
    <Button
```

```
        Text="開く"
        Command="{Binding OnClickedCommand}"
        HorizontalOptions="Center" />
    <WebView Source="{Binding UrlSource}" />
</VerticalStackLayout>
```

リスト2 URLを指定して開く（ファイル名：maui477.sln、MauiLib/MainViewModel.vb）

```
Public Property OnClickedCommand As DelegateCommand
Public Sub New()
    OnClickedCommand = New DelegateCommand(
        Sub()
            UrlSource = "https://www.shuwasystem.co.jp/"
        End Sub)
End Sub
```

指定URLでブラウザーを開く

既定ブラウザーを開く
(Browserクラス、OpenAsyncメソッド)

モバイル環境では、それぞれ既定のブラウザー（AndroidではChrome、iOSではSafari）があります。

.NET MAUIアプリケーションから既定のブラウザーで指定URLを開くためには、**Browserクラス**の**OpenAsyncメソッド**を使います。それぞれのプロセスは独立して動いているため、エラーの制御などはできません。

リスト1では、URLを指定して既定のブラウザーで表示しています。

▼実行結果（Android）

▼実行結果（iOS）

リスト1　ブラウザーで開く（ファイル名：maui478.sln、MauiLib/MainViewModel.vb）

```
Public Property OnClickedCommand As DelegateCommand
Public Sub New()
    OnClickedCommand = New DelegateCommand(
        Async Sub()
            Dim url = "https://www.shuwasystem.co.jp/"
            Await Browser.OpenAsync(url)
        End Sub)
End Sub
```

加速度センサーを使う

ここがポイントです！

加速度センサーのデータ取得

（Accelerometer クラス、ReadingChanged イベント、Start メソッド）

.NET MAUIアプリケーションでは、モバイル環境特有のセンサーへのアクセスも.NET 6のライブラリを通して共通化されています。

モバイル環境で使われる加速度センサーは、**Accelerometerクラス**を利用します。加速度の測定を開始するときに**Startメソッド**を実行し、その後に加速度センサーがデータを検出するたびに**ReadingChangedイベント**が発生します。

リスト1では、[開始] ボタンをクリックすると加速度を測定します。データが測定されるたびに画面の表示を更新しています。

▼実行結果（Android）

▼実行結果（iOS）

リスト1　加速度を取得する（ファイル名：maui479.sln、MainPage.xaml.vb）

```
Public Property OnClickedCommand As DelegateCommand
Public Sub New()
    AddHandler Accelerometer.ReadingChanged,
        Sub(s, e)
            Me.X = e.Reading.Acceleration.X
            Me.Y = e.Reading.Acceleration.Y
            Me.Z = e.Reading.Acceleration.Z
        End Sub
    OnClickedCommand = New DelegateCommand(
        Sub()
            Accelerometer.Start(New SensorSpeed())
        End Sub)
End Sub
```

GPS機能を使う

位置情報のデータ取得
(Geolocationクラス、GetLastKnownLocationAsyncメソッド)

モバイル環境には、位置測定(GPS機能)があります。GPS機能を使うためには、.NET MAUIアプリケーションでは、**Geolocationクラス**を使います。データ取得するときには、**GetLastKnownLocationAsyncメソッド**を呼び出します。

GPS機能は、ユーザーに対して権限を要求します。アプリケーションを開発するときの権限の設定は、AndroidやiOSそれぞれの設定になります。Androidならばリスト2のように「AndroidManifest.xml」ファイルに設定しておきます。

リスト1では、[開始]ボタンをクリックしたときに現在位置をGPS機能で取得しています。

▼実行結果(Android)

▼実行結果(iPhone)

リスト1 位置データを取得する(ファイル名：maui480.sln、MauiLib/MainViewModel.vb)

```
Public Property OnClickedCommand As DelegateCommand
Public Sub New()
    OnClickedCommand = New DelegateCommand(
        Async Sub()
            Dim request = New GeolocationRequest(
```

```
                GeolocationAccuracy.Medium, TimeSpan.FromSeconds(10))
            Dim loc =
                Await Geolocation.Default.GetLocationAsync(request)
            Me.Latitude = loc.Latitude
            Me.Longitude = loc.Longitude
            Me.Altitude = loc.Altitude
        End Sub)
End Sub
```

リスト2 権限の設定（ファイル名：maui480.sln、Platforms/Android/AndroidManifest.xml）

```
<uses-permission android:name="android.permission.ACCESS_COARSE_
LOCATION" />
<uses-permission android:name="android.permission.ACCESS_FINE_
LOCATION" />
<uses-feature android:name="android.hardware.location"
 android:required="false" />
<uses-feature android:name="android.hardware.location.gps"
 android:required="false" />
<uses-feature android:name="android.hardware.location.network"
 android:required="false" />
```

リスト3 権限の設定（ファイル名：maui480.sln、Platforms/iOS/Info.plist）

```
<key>NSLocationWhenInUseUsageDescription</key>
<string>このアプリは、極意シリーズのため、位置情報を取得します</string>
```

Column Visual Basicの将来の展望

dotnetコマンドで作成できるプロジェクトテンプレートは、C#が主なものになります。F#は、強力なサポート団体のもとにいくつかのプロジェクトが利用可能となっています。この点からすれば、Visual Basicの将来の展望はあまり広くなく、現状でもWindowsアプリケーションを作成するのがせいぜいなところです。

C#に比べて、Visual Basicのプログラム言語の改良はほとんど進んでいません。ただし、本書のTipsでわかるとおり、基本的な機能やプロジェクト作成としては、C#でできることはVisual Basicでも可能です。特に非同期のAsync/Awaitの仕組みや、ラムダ式(Function、Sub)、リフレクションなどの.NET機能は、そのままVisual Basicでも利用できます。そのため、C#で作られたライブラリをVisual Basicからも利用できます。特に.NET 6で作成されたNuGetパッケージを利用すれば、ユーザーインターフェースをVisual Basicで作成し、C#のライブラリを活用するという方法が容易にとれます。

また、筆者の実験的な試みとして、MVUパターンのCometパッケージをVisual Basicでの利用を行っているところです。ASP.NET MVCや.NET MAUIアプリケーションではHTMLやXAMLからC#のコードを出力するため、Visual Basicの利用は難しかったのですが、MVUパターンを使ってコードでUIを記述する方法ならば、Visual Basicのみでコードが完結します。このため、.NET MAUIアプリもVisual Basicのみで利用ができるのではないかと思われます。

Excelの極意

17-1 ワークシート

Excelを参照設定する

ここがポイントです！

Excelオブジェクトを作成
(Microsoft.Office.Interop.Excel名前空間、ClosedXMLパッケージ)

Visual Basicから直接、Microsoft Excelを扱うためには、**参照マネージャー**（画面1）で「Microsoft Excel nn.n Object Library」を**COMオブジェクト**として参照設定します。

「nn.n」の部分は、参照するExcelに相当するバージョンです。例えば、Excel 2016以降ならば「16.0」、Excel 2013ならば「15.0」になります。

COMオブジェクトで参照したExcelは、通常のクラスオブジェクトのように扱えます。変数名の後ろに「.」（ピリオド）を打つと、インテリセンスも表示されます（画面2）。

Excelのオブジェクトは、**Microsoft.Office.Interop.Excel名前空間**にあります。

また、NuGetパッケージ管理で**ClosedXMLパッケージ**を利用する方法もあります（画面3）。COMオブジェクトの利用とは異なり、Excelをインストールしておく必要はありません。OfficeのOpenXMLを直接操作できます。

リスト1では、Button1がクリックされると、Excelオブジェクトを生成しています。

リスト2では、Button2がクリックされたときに、ClosedXMLでワークブックのオブジェクトを作成しています。

▼画面1 参照マネージャー

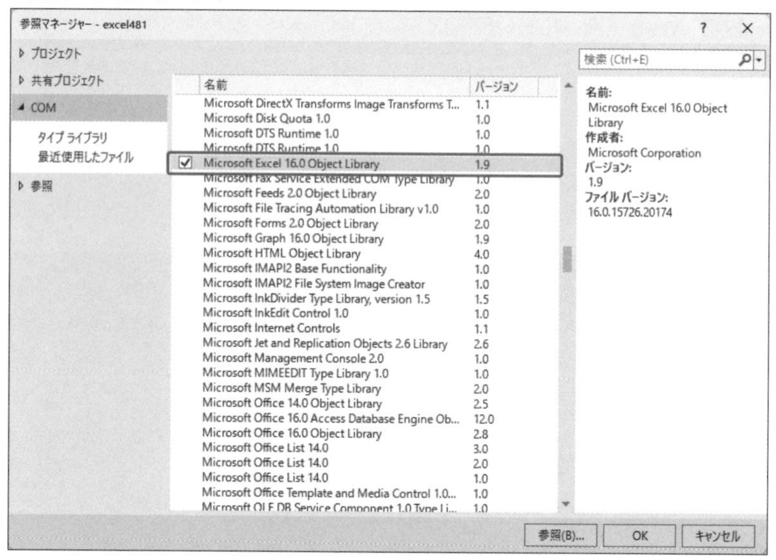

▼画面2 インテリセンス

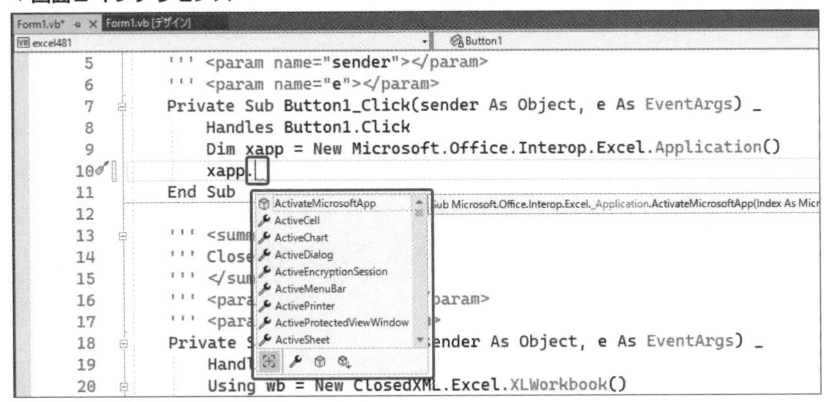

▼画面3 ClosedXMLパッケージ

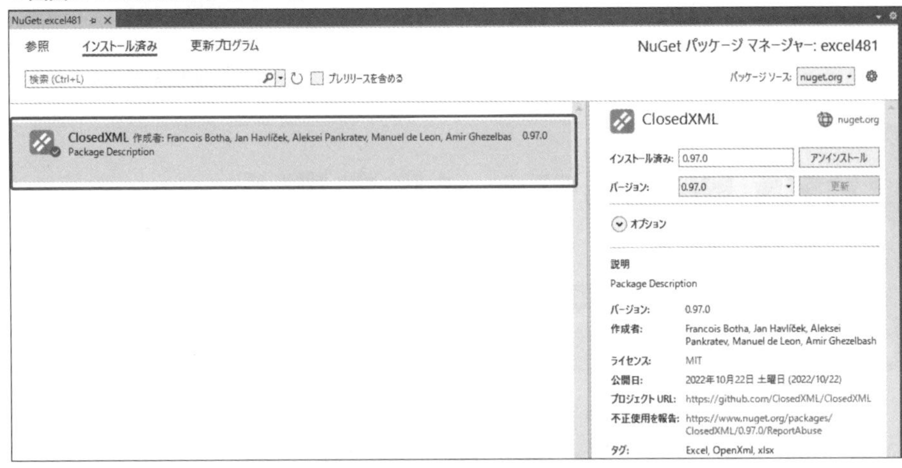

リスト1 Excelオブジェクトを作成する（ファイル名：excel481.sln、Form1.vb）

```
Private Sub Button1_Click(sender As Object, e As EventArgs) _
    Handles Button1.Click
    Dim xapp = New Microsoft.Office.Interop.Excel.Application()
    xapp.Quit()
End Sub
```

リスト2 ClosedXMLでオブジェクトを作成する（ファイル名：excel481.sln、Form1.vb）

```
Private Sub Button2_Click(sender As Object, e As EventArgs) _
    Handles Button2.Click
    Using wb = New ClosedXML.Excel.XLWorkbook()
        Dim Sheet = wb.Worksheets.Add("sample")
    End Using
End Sub
```

Excelオブジェクトを使うときは、Usingステートメントを使って名前空間に別名を指定すると、コードが短くなります。

```
Imports Excel = Microsoft.Office.Interop.Excel
Dim xapp As New Excel.Application()
```

さらにワンポイント

ClosedXMLパッケージでは、拡張子が「*.xlsx」であるOpenXML形式のExcelファイルを直接扱います。このためCOM参照で読み込むMicrosoft.Office.Interop.Excel名前空間とは異なり、アプリケーション強制終了時にCOMオブジェクトがメモリ上に不正に残ることがありません。

ClosedXMLパッケージではシェイプや印刷などのいくつかの機能がないので、これを利用する場合はExcelをCOM参照して使います。また、拡張子が「*.xls」のようなバイナリ形式の場合もExcelオブジェクトを使う必要があります。

Tips 482 ▶Level ●○○ ▶対応 COM PRO

既存のファイルを開く

ここがポイントです！

既存のExcelファイルを開く
(ClosedXML.Excel名前空間、XLWorkbookクラス)

ClosedXMLパッケージを利用して、既存のExcelファイルを読み込むためには、**ClosedXML.Excel名前空間**にある**XLWorkbookクラス**のインスタンスを使います。

XLWorkbookクラスのコンストラクターに、Excelファイルのパスを指定します。

正常にExcelファイルが開けると、XLWorkbookオブジェクトが作成できます。オブジェクトの開放は、Usingステートメントを利用して範囲を設定します。

▼XLWorkbookオブジェクトを作成する

```
Using wb = New ClosedXML.Excel.XLWorkbook(Excelファイルのパス)
    処理
End Using
```

リスト1では、Button1（[既存ファイルを開く] ボタン）がクリックされると、既存のExcelファイルを開いて、シート名をラベルに表示させています。

▼実行結果

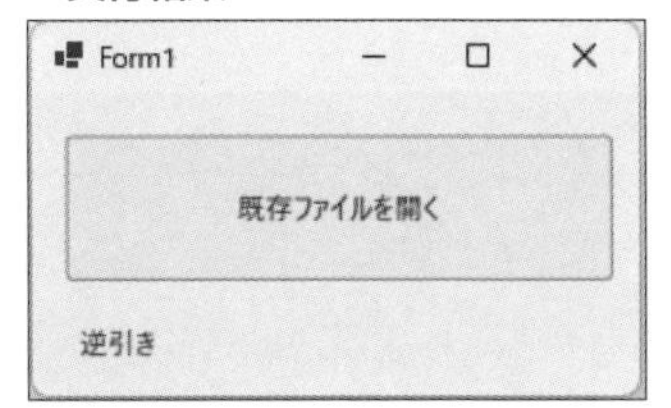

リスト1 既存ファイルを開く(ファイル名:excel482.sln、Form1.vb)

```
Private Sub Button1_Click(sender As Object, e As EventArgs) _
    Handles Button1.Click
    Dim path = "sample.xlsx"
    Using wb = New ClosedXML.Excel.XLWorkbook(path)
        Label1.Text = wb.Worksheets.First().Name
    End Using
End Sub
```

既存のシートから値を取り出す

指定セルの値を取得
(IXLWorksheetインターフェイス、Cellメソッド)

XLWorkbookメソッドで取得したワークブックは、**Worksheetsコレクション**で複数のワークシートを保持しています。コレクションから指定のシートを取り出すためには、Firstメソッドなどを使います。

ワークシートは、**IXLWorksheetインターフェイス**でアクセスができます。「A1」のように、セル番号を指定してアクセスする場合は**Cellメソッド**を使います。

▼セル番号でアクセスする①

```
sheet.Cell( セル番号 )
```

行番号と列番号を指定する場合は、Excelに従って、インデックスは「1」始まりになります。

▼セル番号でアクセスする②

```
sheet.Cell( 行番号, 列番号 )
```

リスト1では、Button1([実行] ボタン)がクリックされると、既存のExcelファイルを開いて、最初のシートの「A1」セルの値を取得しています。

▼実行結果

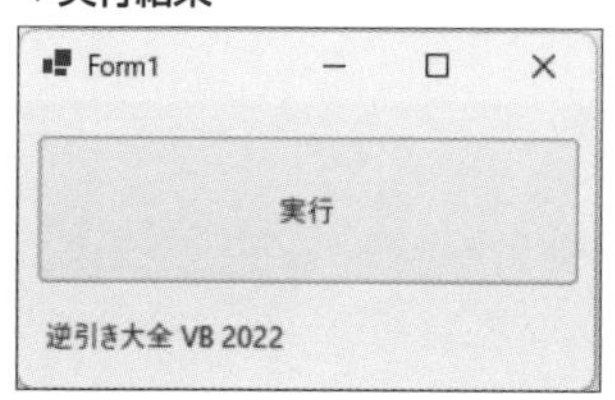

リスト1 既存シートから値を抽出する（ファイル名：excel483.sln、Form1.vb）

```
Private Sub Button1_Click(sender As Object, e As EventArgs) _
    Handles Button1.Click
    Dim path = "sample.xlsx"
    Using wb = New ClosedXML.Excel.XLWorkbook(path)
        Dim sheet = wb.Worksheets.First()
        ' セル名を指定
        Label1.Text = sheet.Cell("A1").GetString()
        ' 行番号,列番号を指定
        ' label1.Text = sheet.Cell(1,1).GetString()
    End Using
End Sub
```

既存のシートから表を取り出す

既存のワークシート（IXLWorksheetインターフェイス）から表形式でデータを読み込むためには、**Cellメソッド**を使います。

Cellメソッドでは、行番号と列番号を別々に指定して、While文などで繰り返し処理を行います。

指定したセルの文字列を取得するときは、**GetStringメソッド**を使います。

▼セルから文字列を取得する

```
Dim 文字列 = sh.Cell(行,列).GetString()
```

セルの値を数値（Integer型）に変換する場合は、**GetValue(Of T)メソッド**で「Integer」を指定します。

▼セルから数値を取得する

```
Dim 数値 = sh.Cell(行,列).GetValue(Of Integer)()
```

リスト1では、Button1（[読み込み] ボタン）がクリックされると、既存のExcelファイルを開いて、表形式でデータを読み出しています。先頭行はタイトルとして読み飛ばし、セルが空白になったときに読み込みを停止します。

▼実行結果

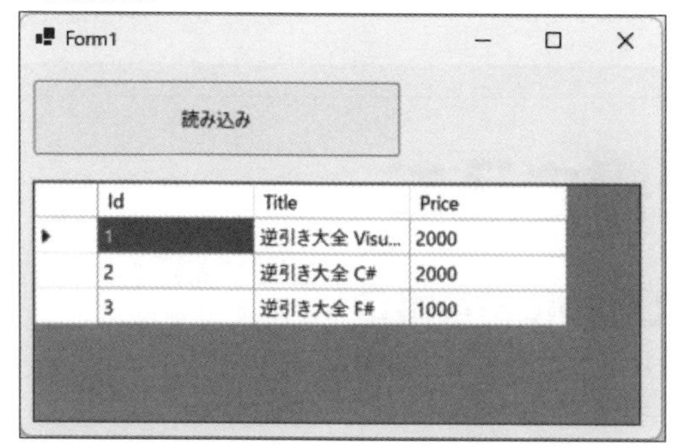

▼Excelファイル

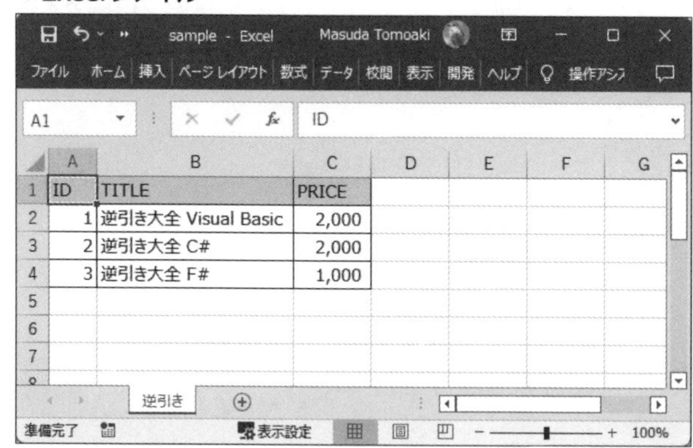

リスト1　表形式のデータを読み込む（ファイル名：excel484.sln、Form1.vb）

```
Private Sub ButtoZn1_Click(sender As Object, e As EventArgs) _
    Handles Button1.Click
    Dim path = "sample.xlsx"
    Using wb = New ClosedXML.Excel.XLWorkbook(path)
        Dim sh = wb.Worksheets.First()
        Dim items As New List(Of Book)
        Dim r = 2
        While sh.Cell(r, 1).GetString() <> ""
            Dim book As New Book With {
                .Id = sh.Cell(r, 1).GetValue(Of Integer)(),
                .Title = sh.Cell(r, 2).GetValue(Of String)(),
```

```
                .Price = sh.Cell(r, 3).GetValue(Of Integer)()
                }
            items.Add(book)
            r += 1
        End While
        DataGridView1.DataSource = items
    End Using
End Sub
```

セルに値を書き込む

ここがポイントです！

指定したセルに値を設定
(IXLCellインターフェイス、Valueプロパティ、SetValue<T>メソッド)

既存のワークシート（IXLWorksheetインターフェイス）の値を書き換えるときには、Cellメソッドで取得したセルのオブジェクト（**IXLCellインターフェイス**）の**Valueプロパティ**を利用します。

▼セルに値を設定する

```
sh.Cell(行,列).Value = 値
```

Valueプロパティは Object型のため、コンパイル時に型チェックが適用されません。

明示的に型指定をするためには、**SetValue<T>メソッド**を使います。

▼セルに数値を設定する

```
sh.Cell(行,列).SetValue(Of Integer)( 数値 )
```

例えば、数値を設定する場合は、「SetValue(Of Integer)()」のように型を指定します。

また、**Rangeコレクション**の**Valueプロパティ**で値を設定することもできます。Rangeコレクションでは、A1形式でセルの位置を指定できます。

リスト1では、Button1（[書き出し] ボタン）がクリックされると、指定した書名に対して在庫数を書き込んでいます。

▼実行結果

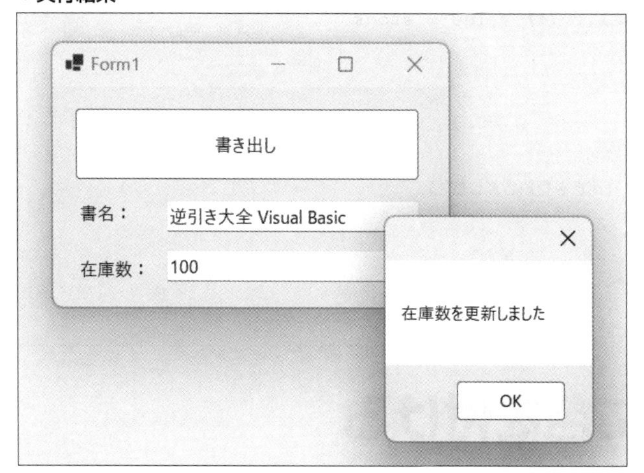

▼保存結果

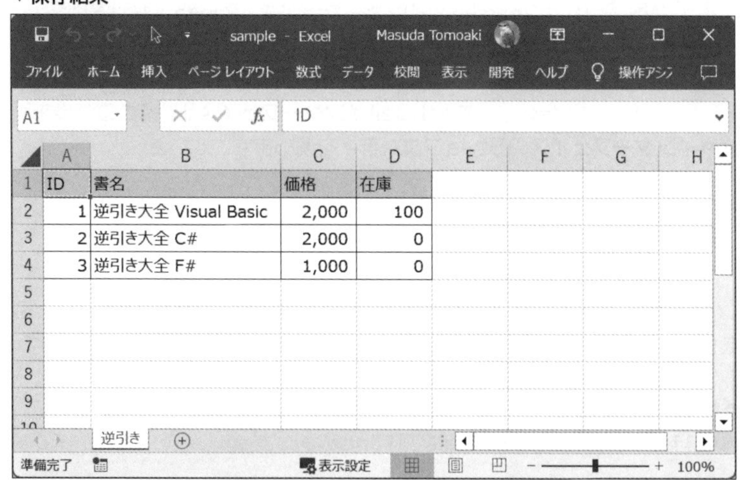

リスト1 指定したセルに値を設定する（ファイル名：excel485.sln、Form1.vb）

```
Private Sub Button1_Click(sender As Object, e As EventArgs) _
    Handles Button1.Click
    Dim title = TextBox1.Text
    Dim stock = Integer.Parse(TextBox2.Text)
    Dim path = "sample.xlsx"
    Using wb = New ClosedXML.Excel.XLWorkbook(path)
        Dim sh = wb.Worksheets.First()
        Dim r = 2
        While sh.Cell(r, 1).GetString() <> ""
            ' 書名を調べる
            If sh.Cell(r, 2).GetString() = title Then
```

```
                    ' 在庫数を書き込む
                    sh.Cell(r, 4).Value = stock
                End If
                r += 1
            End While
            wb.Save()
        End Using
        MessageBox.Show("在庫数を更新しました")
    End Sub
```

セルに色を付ける

ここがポイントです！

セルの色を設定

(IXLWorksheetインターフェイス、Rangeメソッド、IXLRangeインターフェイス、IXLCellインターフェイス)

セルの背景色を変えるには、セル単体を示す**IXLCellインターフェイス**や、複数のセルを範囲で示す**IXLRangeインターフェイス**の**Styleプロパティ**を使います。

▼**セル単体のスタイルを設定する**

```
sh.Cell(行, 列).Style
```

IXLRangeインターフェイスは、ワークシート(IXLWorksheetインターフェイス)の**Rangeメソッド**を使って取得ができます。

▼**範囲指定のスタイルを設定する**

```
sh.Range(sh.Cell(行, 列), sh.Cell(行, 列)).Style
```

セルの背景色は、**Style.Fill.BackgroundColorプロパティ**で取得と設定ができます。設定する場合は、**ClosedXML.Excel.XLColorクラス**で定義されている色の名前を使います。

リスト1では、Button1([色付け] ボタン) がクリックされると、指定した書名の行の背景色をピンクに設定しています。

▼実行結果

▼保存結果

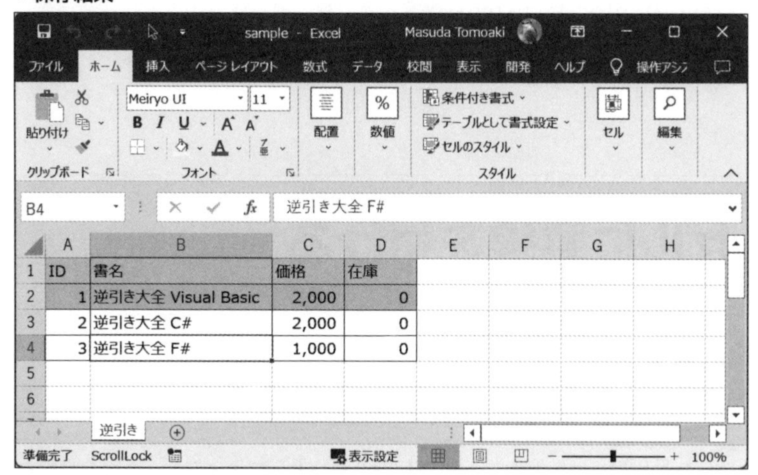

リスト1　指定したセルに色を設定する（ファイル名：excel486.sln、Form1.vb）

```
Private Sub Button1_Click(sender As Object, e As EventArgs) _
    Handles Button1.Click

    Dim title = TextBox1.Text
    Dim path = "sample.xlsx"
    Using wb = New ClosedXML.Excel.XLWorkbook(path)
        Dim sh = wb.Worksheets.First()
        Dim r = 2
        While sh.Cell(r, 1).GetString() <> ""
            ' 書名を調べる
            If sh.Cell(r, 2).GetString() = title Then
```

```
                    ' 列全体に色を付ける
                    Dim rg = sh.Range(sh.Cell(r, 1), sh.Cell(r, 4))
                    rg.Style.Fill.BackgroundColor =
                      ClosedXML.Excel.XLColor.Pink
                End If
                r += 1
            End While
            wb.Save()
        End Using
        MessageBox.Show("色を変更しました")
    End Sub
```

RGB値を指定して指定する場合は、ClosedXML.Excel.XLColor.FromArgbメソッドを使います。R（赤）、G（緑）、B（青）で色指定ができます。

```
ClosedXML.Excel.XLColor.FromArgb(赤, 緑, 青)
```

第1引数に、A（透明度）を設定することもできます。

```
ClosedXML.Excel.XLColor.FromArgb(透明度, 赤, 緑, 青)
```

セルに罫線を付ける

ここがポイントです！

セルの色を設定
（IXLWorksheetインターフェイス、Rangeメソッド、IXLRangeインターフェイス、IXLCellインターフェイス）

セルに罫線を付けるためには、セル単体を示す**IXLCellインターフェイス**や、複数のセルを範囲で示す**IXLRangeインターフェイス**の**Styleプロパティ**にある**Borderプロパティ**に設定を行います。

Borderプロパティは、**IXLBorderインターフェイス**のインスタンスで、次ページに示した罫線を設定するためのプロパティ（TopBorderやLeftBorderなど）を持ちます。

罫線の太さは、次ページに示した**XLBorderStyleValues列挙子**で指定します。また、罫線の色は、**XLColorクラス**で指定します。

リスト1では、Button1（[罫線を引く] ボタン）がクリックされると、表に罫線を引きます。表の外枠は太線で囲みます。

▼実行結果

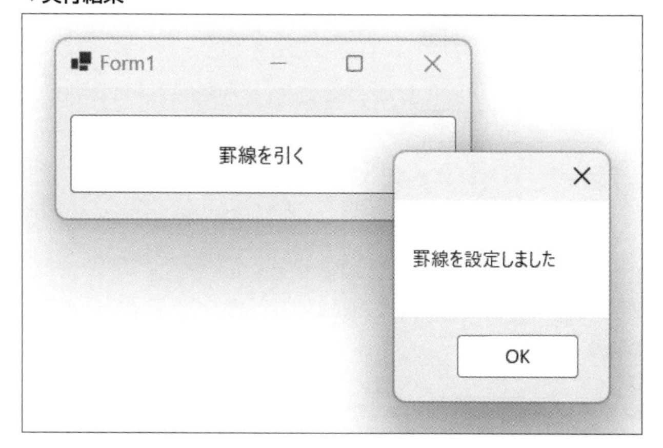

▼保存結果

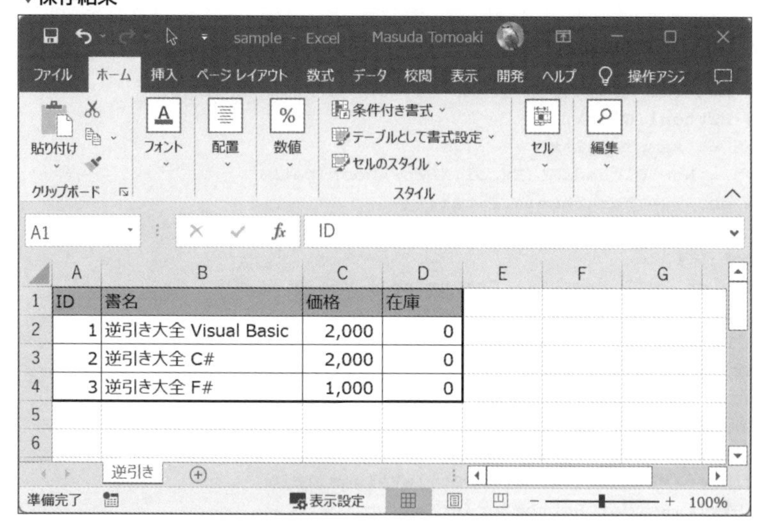

IXLBorderインターフェイスのプロパティ

プロパティ	説明
OutsideBorder	外側の罫線
InsideBorder	内側の罫線
LeftBorder	左側の罫線
RightBorder	右側の罫線
TopBorder	上側の罫線
BottomBorder	下側の罫線
DiagonalUp	右上がりの斜めの線の有無
DiagonalDown	右下がりの斜めの線の有無
DiagonalBorder	斜めの罫線のスタイル

XLBorderStyleValues列挙子の種類

値	説明
DashDot	一点鎖線
DashDotDot	二点鎖線
Dashed	破線
Dotted	一点線
Double	二重線
Hair	極細
Medium	通常
MediumDashDot	通常の一点鎖線
MediumDashDotDot	通常の二点鎖線
MediumDashed	通常の破線
None	罫線なし
SlantDashDot	斜め斜線
Thick	太線
Thin	細線

リスト1 指定したセルに罫線を引く（ファイル名：excel487.sln、Form1.vb）

```
Private Sub Button1_Click(sender As Object, e As EventArgs) _
    Handles Button1.Click
    Dim path = "sample.xlsx"
    Using wb = New ClosedXML.Excel.XLWorkbook(path)
        Dim sh = wb.Worksheets.First()
        Dim rmax = 2
        ' 終端を探す
        While sh.Cell(rmax, 1).GetString() <> ""
            rmax += 1
        End While
        rmax -= 1
        Dim rg = sh.Range(sh.Cell(1, 1), sh.Cell(rmax, 4))
        ' 各行の罫線を引く
        rg.Style.Border.TopBorder =
          ClosedXML.Excel.XLBorderStyleValues.Thin
        rg.Style.Border.BottomBorder =
          ClosedXML.Excel.XLBorderStyleValues.Thin
        rg.Style.Border.LeftBorder =
          ClosedXML.Excel.XLBorderStyleValues.Thin
        rg.Style.Border.RightBorder =
          ClosedXML.Excel.XLBorderStyleValues.Thin
        ' 全体を太枠で囲む
        rg.Style.Border.OutsideBorder =
          ClosedXML.Excel.XLBorderStyleValues.Thick
        ' タイトル部分に色を塗る
        Dim rtitle = sh.Range(sh.Cell(1, 1), sh.Cell(1, 4))
        rtitle.Style.Fill.BackgroundColor =
          ClosedXML.Excel.XLColor.Orange
        wb.Save()
    End Using
```

```
        MessageBox.Show("罫線を設定しました")
End Sub
```

セルのフォントを変更する

ここがポイントです！
セルのフォントを設定
(IXLWorksheetインターフェイス、Rangeメソッド、IXLCellインターフェイス、Fontプロパティ)

セルのフォントを変更するためには、セル単体を示す**IXLCellインターフェイス**や、複数のセルを範囲で示す**IXLRangeインターフェイス**の**Styleプロパティ**にある**Fontプロパティ**に設定を行います。

Fontプロパティは、**IXLFontインターフェイス**のインスタンスで、フォント情報を設定するためのプロパティ(FontNameプロパティやFontColorプロパティなど)を持ちます。

リスト1では、Button1([フォントを変える]ボタン)がクリックされると、Excelのワークシートを開き、最後の行のフォントを変更しています。

▼実行結果

▼保存結果

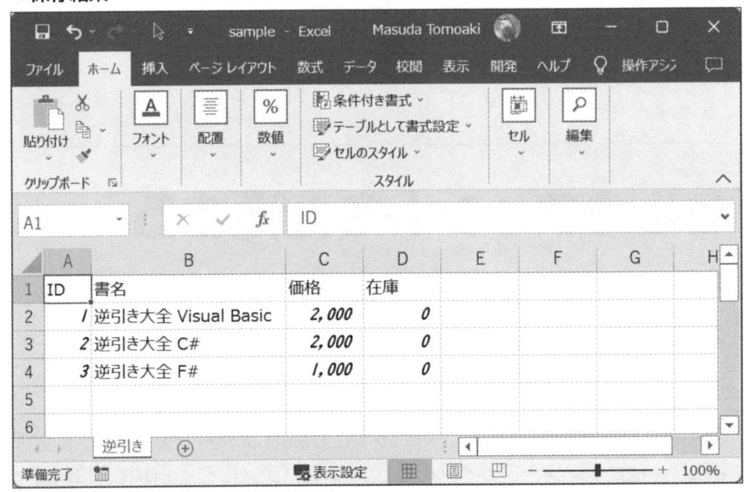

リスト1 指定したセルのフォントを変更する（ファイル名：excel488.sln、Form1.vb）

```
Private Sub Button1_Click(sender As Object, e As EventArgs) _
    Handles Button1.Click
    Dim path = "sample.xlsx"
    Using wb = New ClosedXML.Excel.XLWorkbook(path)
        Dim sh = wb.Worksheets.First()
        Dim rmax = 2
        ' 終端を探す
        While sh.Cell(rmax, 1).GetString() <> ""
            rmax += 1
        End While
        rmax -= 1
        Dim rg = sh.Range(sh.Cell(1, 1), sh.Cell(rmax, 4))
        ' フォントを変える
        rg.Style.Font.FontName = "UD デジタル 教科書体 N-B"
        rg.Style.Font.Italic = True
        wb.Save()
    End Using
    MessageBox.Show("フォントを設定しました")
End Sub
```

ファイルに保存する

ここがポイントです!

ファイルに保存
(IXLWorksheetインターフェイス、Saveメソッド、SaveAsメソッド)

プログラムから書き込んだワークブックを保存するためには、**IXLWorksheetインターフェイス**の**Saveメソッド**を使います。

Saveメソッドは、Excelで**上書き保存**を選択したときの動作になり、同じファイルに上書きをします。

ファイル名を指定して別名で保存するためのは、**SaveAsメソッド**を使います。

リスト1では、Button1([保存] ボタン) がクリックされると、プログラムからExcelシートに項目を書き込んでいます。Excelシートを探索し、同じ項目があればそれに上書きします。

▼実行結果

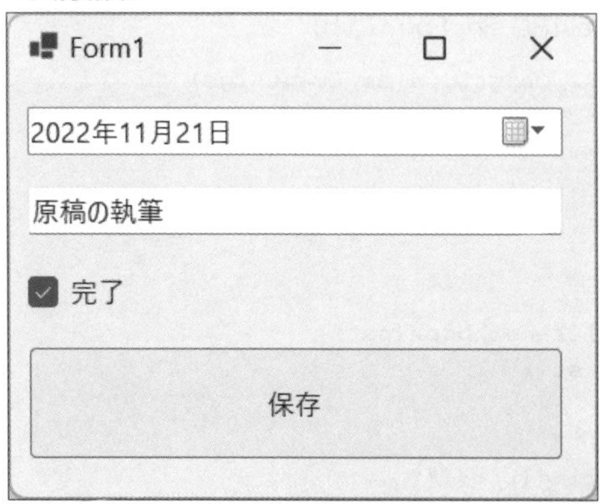

▼保存結果

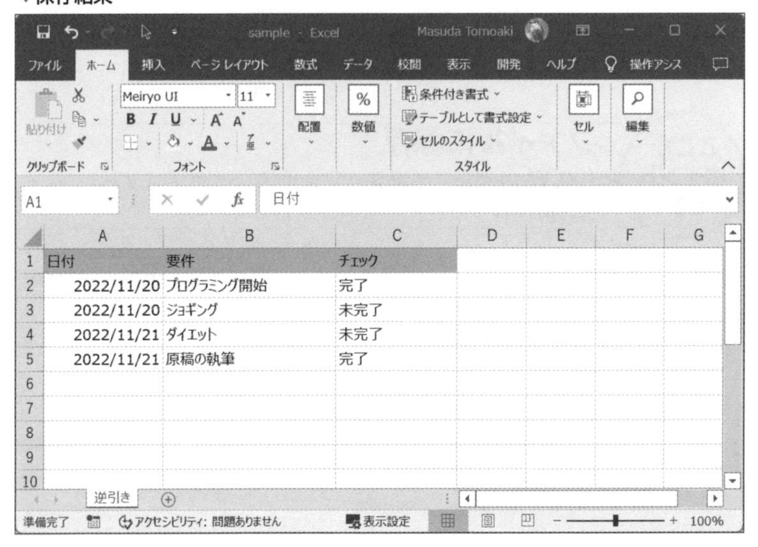

リスト1　ファイルに保存する（ファイル名：excel489.sln、Form1.vb）

```
Private Sub Button1_Click(sender As Object, e As EventArgs) _
    Handles Button1.Click
    Dim dt = DateTimePicker1.Value
    Dim title = TextBox1.Text
    Dim check = CheckBox1.Checked

    Dim path = "sample.xlsx"
    Using wb = New ClosedXML.Excel.XLWorkbook(path)
        Dim sh = wb.Worksheets.First()
        Dim r = 2
        ' 末尾あるいは要件がマッチする行を探す
        While sh.Cell(r, 1).GetString() <> ""
            If sh.Cell(r, 1).GetString() = title Then
                Exit While
            End If
            r += 1
        End While
        If sh.Cell(r, 1).GetString() = "" Then
            ' 末尾に追加する
            sh.Cell(r, 1).Value = dt.ToString("yyyy/MM/dd")
            sh.Cell(r, 2).Value = title
            sh.Cell(r, 3).Value = If(check, "完了", "未完了")
        Else
            ' チェックだけを更新する
            sh.Cell(r, 3).Value = If(check, "完了", "未完了")
        End If
        ' 上書きで保存
        wb.Save()
```

```
    End Using
    MessageBox.Show("データを更新しました")
End Sub
```

シートの一覧を取得する

ここがポイントです！ **ワークシート一覧を取得**（Worksheetsコレクション、IXLWorksheetインターフェイス、Nameプロパティ）

既存のExcelワークブックからワークシートの一覧を取得するためには、**Worksheetsコレクション**を使います。

コレクションの要素は、ワークシートを表す**IXLWorksheetインターフェイス**のオブジェクトになっています。各シートの名称は、**Nameプロパティ**で取得できます。

リスト1では、Button1（[取得] ボタン）がクリックされると、プログラムからExcelファイルを開き、シートの名称をリストボックスに表示しています。

▼実行結果

リスト1　シートの一覧を取得する（ファイル名：excel490.sln、Form1.vb）

```
Private Sub Button1_Click(sender As Object, e As EventArgs) _
    Handles Button1.Click
    Dim path = "sample.xlsx"
    Using wb = New ClosedXML.Excel.XLWorkbook(path)
```

```
        ListBox1.Items.Clear()
        For Each sh In wb.Worksheets
            ListBox1.Items.Add(sh.Name)
        Next
    End Using
End Sub
```

新しいシートを追加する

既存のExcelファイルにプログラムからシートを追加するためには、**Worksheetsコレクション**の**Addメソッド**を使います。

Addメソッドで引数を指定しない場合は、一番最後にシートを追加します。Excelのように先頭に追加する場合は、ポジション（position）を「0」に設定します。

Addメソッドの戻り値は、作成したIXLWorksheetオブジェクトになります。

リスト1では、Button1（[追加] ボタン）がクリックされると、プログラムからExcelファイルを開き、最初にシートを追加しています。先頭のセル（A1セル）に「新しいシート」という文字列を書き込んでいます。

▼実行結果

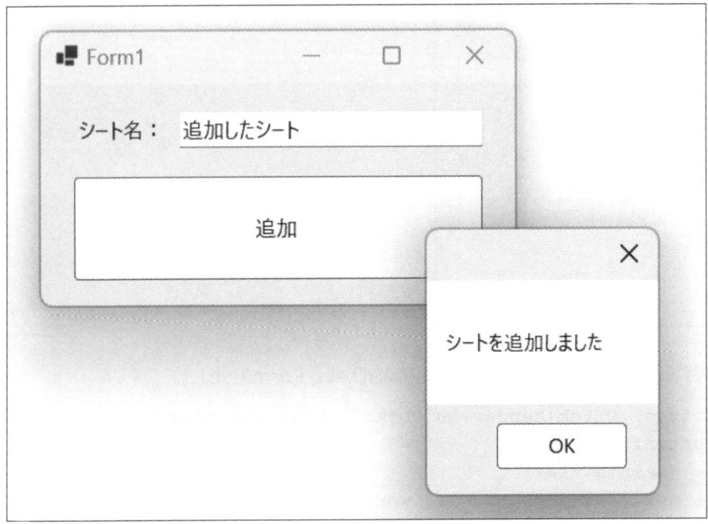

▼更新したExcel

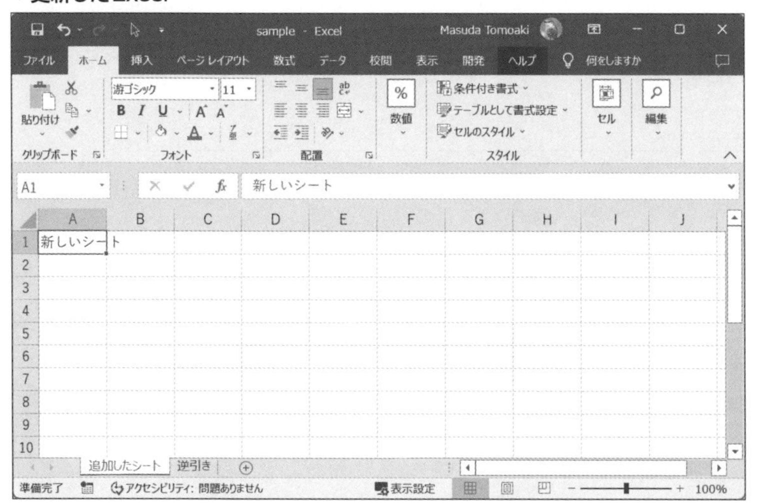

リスト1 シートを追加する（ファイル名：excel491.sln、Form1.vb）

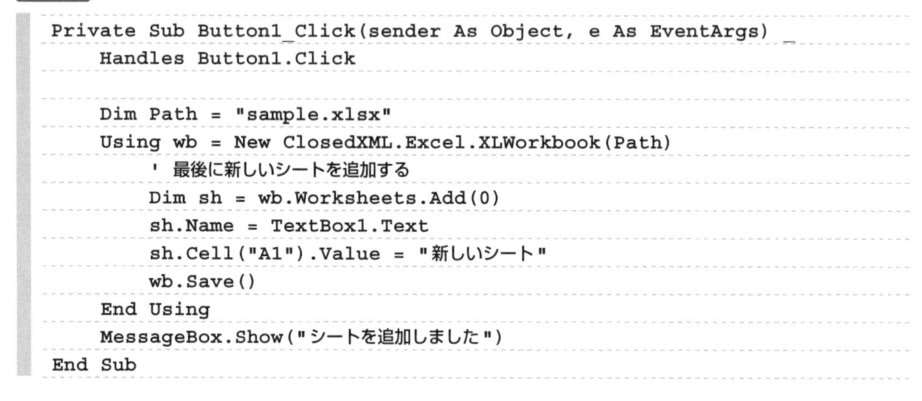

```
Private Sub Button1_Click(sender As Object, e As EventArgs) _
    Handles Button1.Click

    Dim Path = "sample.xlsx"
    Using wb = New ClosedXML.Excel.XLWorkbook(Path)
        ' 最後に新しいシートを追加する
        Dim sh = wb.Worksheets.Add(0)
        sh.Name = TextBox1.Text
        sh.Cell("A1").Value = "新しいシート"
        wb.Save()
    End Using
    MessageBox.Show("シートを追加しました")
End Sub
```

Tips **492**

▶Level ●
▶対応 COM PRO

PDFファイルで保存する

ここがポイントです！

ExcelからPDF形式で保存
（Worksheetクラス、ExportAsFixedFormatメソッド）

既存のExcelファイルをPDF形式で出力できます。**Worksheetクラス**の**ExportAsFixedFormatメソッド**を使うと、Excelのエクスポートメニューと同様に、

「PDF/XPSドキュメント」として保存されます。
　リスト1では、Button1（[PDFで保存] ボタン）をクリックすると、プログラムからExcelファイルを開き、PDF形式で保存しています。

▼実行結果

▼出力したPDF

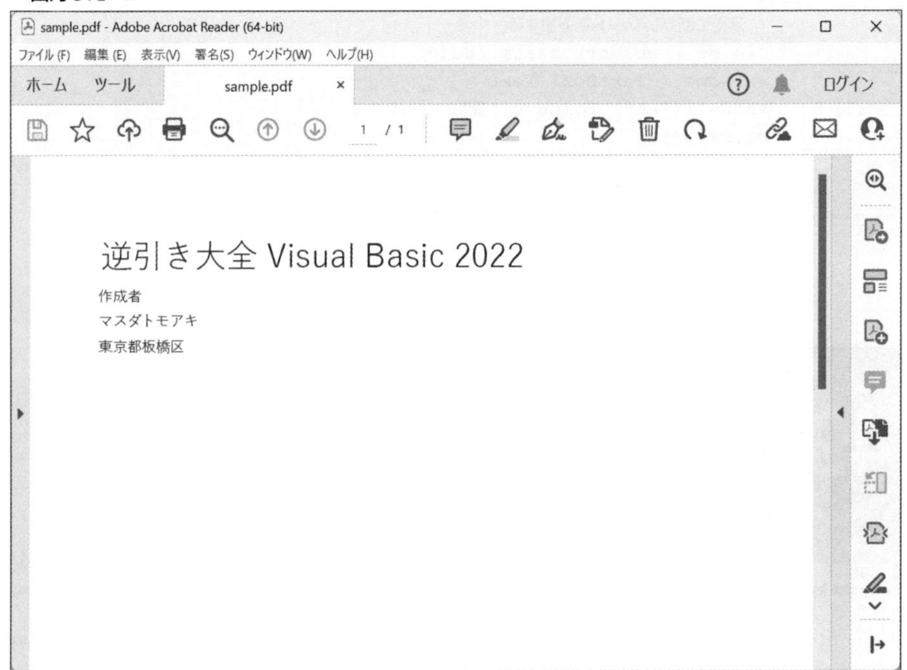

リスト1　PDF形式で保存する（ファイル名：excel492.sln、Form1.vb）

```
Private Sub Button1_Click(sender As Object, e As EventArgs) _
    Handles Button1.Click

    Dim xapp = New Excel.Application()
    Dim path = AppDomain.CurrentDomain.BaseDirectory + "¥sample.xlsx"
    Dim wb = xapp.Workbooks.Open(path)
    Dim sh = CType(wb.ActiveSheet, Excel.Worksheet)
    sh.ExportAsFixedFormat2(Excel.XlFixedFormatType.xlTypePDF,
        AppDomain.CurrentDomain.BaseDirectory + "¥sample.pdf")
    xapp.Quit()
    MessageBox.Show("PDFファイルに保存しました")
End Sub
```

PDF出力と印刷機能は、CloseXMLパッケージにはありません。この機能だけは、Excelオブジェクトを使うようにします。

指定したシートを印刷する

Excelから印刷
（Worksheetクラス、PrintOutExメソッド）

既存のExcelファイルを印刷するためには、**Worksheetクラス**の**PrintOutExメソッド**を使います。

PrintOutExメソッドを引数なしで呼び出すと、OSのデフォルトの印刷先が使われます。

リスト1では、Button1（[印刷実行] ボタン）がクリックされると、プログラムからExcelファイルを開き、デフォルトで印刷しています。

▼実行結果

リスト1　ワークシートを印刷する（ファイル名：excel493.sln、Form1.vb）

```
Private Sub Button1_Click(sender As Object, e As EventArgs) _
    Handles Button1.Click

    Dim xapp = New Excel.Application()
    Dim Path = AppDomain.CurrentDomain.BaseDirectory + "¥sample.xlsx"
    Dim wb = xapp.Workbooks.Open(Path)
    Dim sh = CType(wb.ActiveSheet, Excel.Worksheet)
    sh.PrintOutEx()
    xapp.Quit()
    MessageBox.Show("印刷しました")
End Sub
```

Tips 494 ▶Level ●● ▶対応 COM PRO

データベースから Excelにデータを取り込む

ここがポイントです！ **SQL Serverからデータ抽出**
（Entity Framework、ClosedXMLパッケージ）

SQL Serverのようなデータベースから抽出した結果を、Excelのワークシートに書き出して保存しておけます。.NETアプリケーションでは、データベースアクセスには**Entity Framework**を使い、Excelへのアクセスには**ClosedXMLパッケージ**を使うと便利です。

データベースからデータを抽出する場合、マスターデータの**識別子**（ID）のままでは分かりづらいので、LINQのIncludeなどを使って、それぞれの名称と結合しておきます。

検索した結果は、**ClosedXMLパッケージのCellメソッド**を使って、行単位で書き込みます。

リスト1では、Button1（[データベースから取り込み] ボタン）がクリックされるとデータベースに接続し、書籍データを抽出してExcelに書き出しています。このとき、著作名と出版社名のデータも一緒に取り出します。

▼実行結果

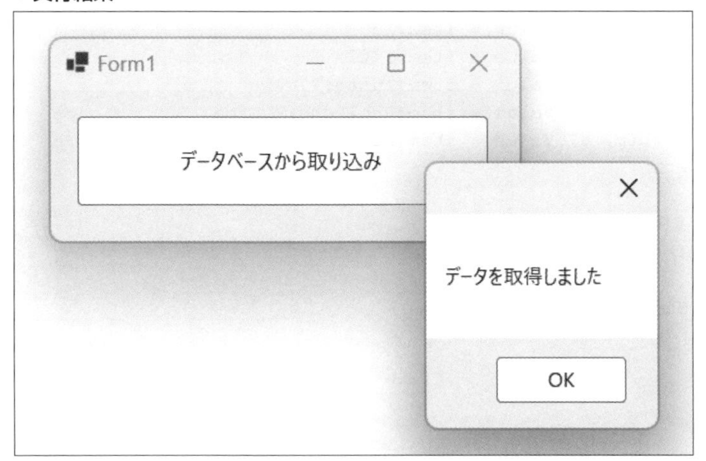

▼実行結果（Excel）

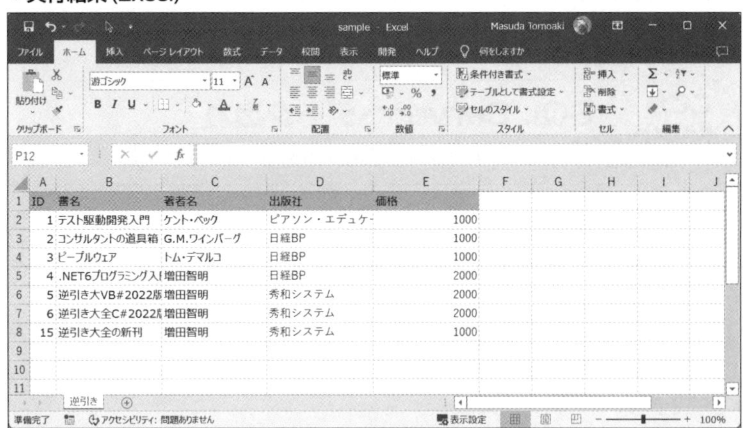

ID	書名	著者名	出版社	価格
1	テスト駆動開発入門	ケント・ベック	ピアソン・エデュケー	1000
2	コンサルタントの道具箱	G.M.ワインバーグ	日経BP	1000
3	ピープルウェア	トム・デマルコ	日経BP	1000
4	.NET6プログラミング入	増田智明	日経BP	2000
5	逆引き大VB#2022版	増田智明	秀和システム	2000
6	逆引き大全C#2022	増田智明	秀和システム	2000
15	逆引き大全の新刊	増田智明	秀和システム	1000

リスト1 Excelシートへ書き出す（ファイル名：excel494.sln、Form1.vb）

```
Private Sub Button1_Click(sender As Object, e As EventArgs) _
    Handles Button1.Click

    ' データベースから取得
```

```
    Dim db As New MyContext()
    Dim items = db.Book.
      Include("Author").
      Include("Publisher").ToList()
    ' Excelに記述
    Dim path = "sample.xlsx"
    Using wb = New ClosedXML.Excel.XLWorkbook(path)
        Dim sh = wb.Worksheets.First()
        Dim r = 2
        For Each item In items
            sh.Cell(r, 1).Value = item.Id
            sh.Cell(r, 2).Value = item.Title
            sh.Cell(r, 3).Value = item.Author?.Name
            sh.Cell(r, 4).Value = item.Publisher?.Name
            sh.Cell(r, 5).Value = item.Price
            r += 1
        Next
        ' Excelを保存
        wb.Save()
    End Using
    MessageBox.Show("データを取得しました")
End Sub
```

Excelシートからデータベースに保存する

ここがポイントです！

SQL Serverへデータ出力
(Entity Framework、ClosedXMLパッケージ)

SQL Serverのようなデータベースにデータを投入するときに、Excelのような表計算アプリを利用することもできます。行単位で書かれたデータをExcelで読み取り、データベースのデータを更新します。

このとき、更新対象のデータをLINQの**FirstOrDefaultメソッド**などを使い、検索しながら更新します。もし、識別子が間違っていたりマッチさせる名称が間違っている場合は、データを更新しないようできます。

リスト1では、Button1([データベースを更新] ボタン) がクリックされると、Excelのワークシートから1行ずつ読み取り、書籍IDが該当すれば価格 (Price) を更新しています。

▼実行結果

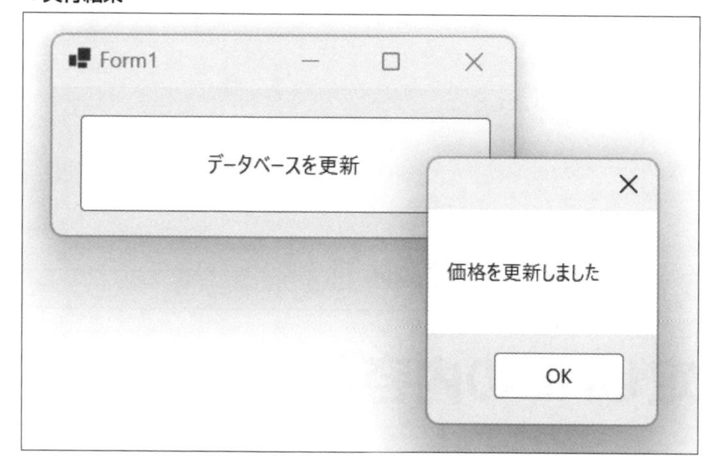

▼実行結果(SQL Server)

結果　メッセージ

	Id	Title	AuthorId	PublisherId	Price
1	1	テスト駆動開発入門	6	6	1000
2	2	コンサルタントの道具箱	3	2	1000
3	3	ピープルウェア	2	2	1000
4	4	.NET6プログラミング入門	1	2	2000
5	5	逆引き大VB#2022版	1	1	2000
6	6	逆引き大全C#2022版	1	1	2000
7	8	F#入門	NULL	NULL	1000
8	11	ジャンプの新連載の漫画	NULL	7	9999
9	15	逆引き大全の新刊	1	1	1000

リスト1　Excelシートから読み込み(ファイル名:excel495.sln、Form1.vb)

```
Private Sub Button1_Click(sender As Object, e As EventArgs) _
    Handles Button1.Click
    Dim db = New MyContext()
    ' Excel から読み込み
    Dim path = "sample.xlsx"
    Using wb = New ClosedXML.Excel.XLWorkbook(path)
        Dim sh = wb.Worksheets.First()
        Dim r = 2
        While sh.Cell(r, 1).GetString() <> ""
            Dim id = sh.Cell(r, 1).GetValue(Of Integer)()
            Dim price = sh.Cell(r, 5).GetValue(Of Integer)()
            Dim item = db.Book.FirstOrDefault(Function(t) t.Id = id)
            If Not item Is Nothing Then
                ' 価格を更新
                item.Price = price
            End If
```

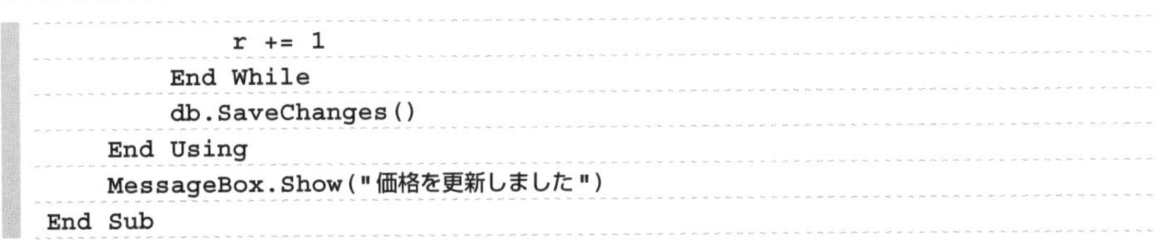

```
            r += 1
        End While
        db.SaveChanges()
    End Using
    MessageBox.Show("価格を更新しました")
End Sub
```

17-2 Web API

指定URLの内容を取り込む

ここがポイントです！ **URLを指定して抽出**（HttpClientクラス、GetStringAsyncメソッド、GetStreamAsyncメソッド）

情報を提供しているWebサイトにアクセスして、Excelシートにまとめることができます。

Webサイトの情報は、**HttpClientクラス**を使ってアクセスをします。Web APIのように文字列のデータでアクセスする場合は、**GetStringAsyncメソッド**や**GetStreamAsyncメソッド**を使います。

●GetStringAsyncメソッド

GetStringAsyncメソッドは、データを文字列として一気に取得します。データとして利用しているXML形式やJSON形式を直接見るときに役に立ちます。

●GetStreamAsyncメソッド

GetStreamAsyncメソッドは、ストリームとしてデータを取得します。XMLを解析するXDocumentクラスや、JSONを解析するSystem.Text.Json名前空間のJsonDocumentクラスを使うときに利用します。

リスト1では、Button1（[JSON形式で受信] ボタン）がクリックされると、JSON形式でデータを取得した後に、JsonDocumentクラスのParseメソッドを使って解析し、Excelシートに出力しています（画面2）。

▼JSON形式データを取得

▼Excelシート

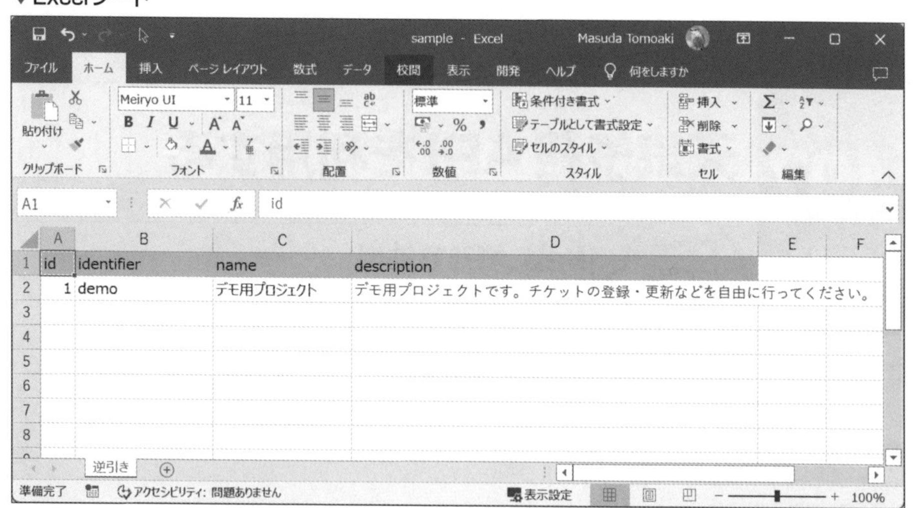

リスト1　JSON形式で取得する（ファイル名：excel496.sln、Form1.vb）

```
Private Async Sub Button1_Click(sender As Object, e As EventArgs) _
    Handles Button1.Click

    Dim url = "https://my.redmine.jp/demo/projects.json"
    Dim cl As New HttpClient()
    Dim json = Await cl.GetStringAsync(url)
    TextBox1.Text = json
    Dim doc = System.Text.Json.JsonDocument.Parse(json)
```

```
        Dim path = "sample.xlsx"
        Using wb = New ClosedXML.Excel.XLWorkbook(path)
            Dim sh = wb.Worksheets.First()

            Dim projects = doc.RootElement.GetProperty("projects")
            Dim r = 2
            For Each project In projects.EnumerateArray()
                sh.Cell(r, 1).Value = project.GetProperty("id").GetInt16()
                sh.Cell(r, 2).Value =
                  project.GetProperty("identifier").GetString()
                sh.Cell(r, 3).Value =
                  project.GetProperty("name").GetString()
                sh.Cell(r, 4).Value =
                  project.GetProperty("description").GetString()
                r += 1
            Next
            wb.Save()
        End Using
        MessageBox.Show("JSON形式で取得しました")
    End Sub
```

天気予報APIを利用する

ここがポイントです！

Web APIで抽出
（JsonDocumentクラス、Parseメソッド）

天気予報のWeb APIを利用することで、予想情報をJSON形式などで取得できます。

例えば、正式に公開されたWeb APIではありませんが、気象庁のページから指定都市の天気概要をJSON形式で取得できます。

▼天気概要を取得する

```
https://www.jma.go.jp/bosai/forecast/data/overview_forecast/<都市番号>
.json
```

JSON形式のデータは、**System.Text.Json名前空間**の**JsonDocumentクラス**で処理をします。

JSON形式の文字列を**Parseメソッド**で**JsonDocumentオブジェクト**に変換し、その後、**GetPropertyメソッド**でJSONのキー名を取得することで対応する値が取得できます。

リスト1では、Button1（[天気を取得] ボタン）をクリックすると、東京都の天気概要を取得しています。

▼JSON形式データを取得する

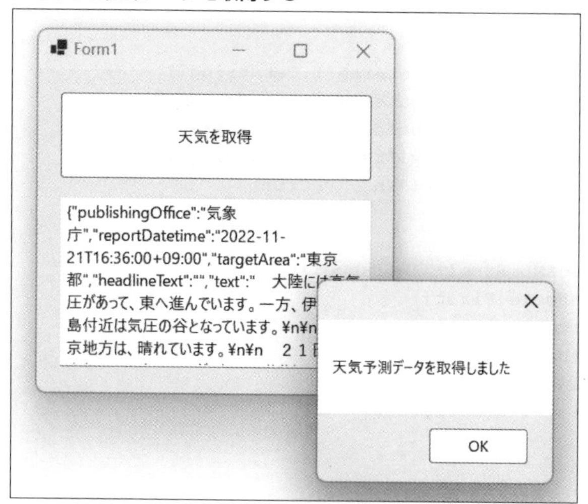

▼Excelシート

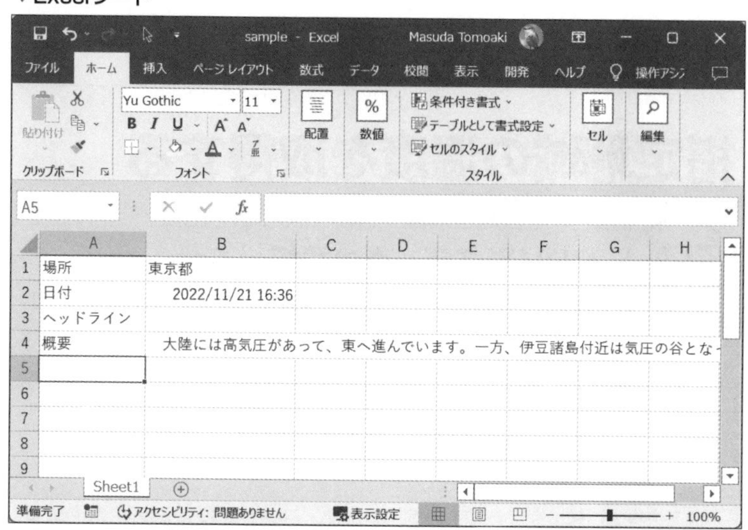

リスト1　JSON形式で取得する（ファイル名：excel497.sln、Form1.vb）

```
Private Async Sub Button1_Click(sender As Object, e As EventArgs) _
    Handles Button1.Click
    Dim city = 130000 ' 東京都
    Dim url = $"https://www.jma.go.jp/bosai/forecast/data/overview_
forecast/{city}.json"
    Dim cl = New HttpClient()
    Dim json = Await cl.GetStringAsync(url)
    TextBox1.Text = json
```

```
    Dim doc = JsonDocument.Parse(json)
    Dim root = doc.RootElement

    Dim title = root.GetProperty("targetArea").GetString()
    Dim dt = root.GetProperty("reportDatetime").GetString()
    Dim headline = root.GetProperty("headlineText").GetString()
    Dim description = root.GetProperty("text").GetString()
    description = description.Replace("¥n", vbCrLf)

    Dim Path = "sample.xlsx"
    Using wb As New ClosedXML.Excel.XLWorkbook(Path)
        Dim sh = wb.Worksheets.First()
        sh.Cell(1, 2).Value = title
        sh.Cell(2, 2).Value = dt
        sh.Cell(3, 2).Value = headline
        sh.Cell(4, 2).Value = description
        wb.Save()
    End Using
    MessageBox.Show("天気予測データを取得しました")
End Sub
```

指定地域の温度を取得する

ここがポイントです！ **CSV形式データの解析**（HttpClientクラス、GetStreamAsyncメソッド、GetEncodingオブジェクト）

気象庁のサイト「気象庁 | 最新の気象データ」（URLは下記を参照）から降水量や最高気温、最低気温のデータを取得できます。

警報などの速報は、Atom形式（XML形式）で取得できますが、最高気温と最低気温のデータはCSV形式となっています。

ただし、文字コードデータが「SJIS」（シフトJIS）のため、コード変換が必要になります。文字コード指定は、**HttpClientクラス**の**GetStreamAsyncメソッド**でストリームを取得したのちに、GetEncodingを指定して**StreamReaderクラス**でテキストデータを読み込むことでできます。

リスト1では、Button1（[最高/最低気温を取得] ボタン）をクリックすると、2つのURLからCSV形式のデータを取得し、1つのExcelシートに出力しています（画面1、画面2）。気象庁から取得できる最高気温と最低気温を取得して、Excelシートに取得しています。

▼気象庁 | 最新の気象データ

```
http://www.data.jma.go.jp/obd/stats/data/mdrr/docs/csv_dl_readme.html
```

▼データを取得

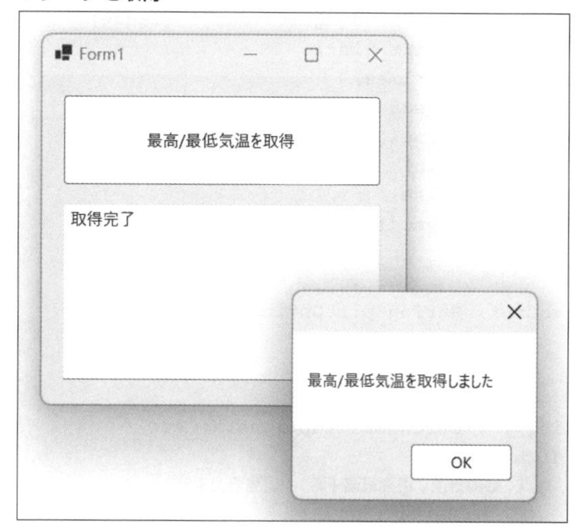

▼Excelシート

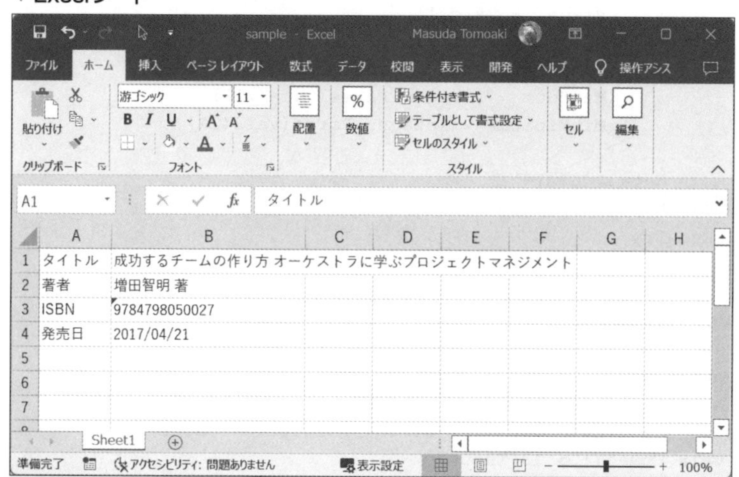

リスト1 最高/最低気温をCSV形式で取得する(ファイル名:excel498.sln、Form1.vb)

```
Private Async Sub Button1_Click(sender As Object, e As EventArgs) _
    Handles Button1.Click

    Dim urlmax =
$"http://www.data.jma.go.jp/obd/stats/data/mdrr/tem_rct/alltable/
mxtemsadext00_rct.csv"
    Dim urlmin =
$"http://www.data.jma.go.jp/obd/stats/data/mdrr/tem_rct/alltable/
mntemsadext00_rct.csv"
    Dim hc As New HttpClient()
```

```
Encoding.RegisterProvider(CodePagesEncodingProvider.Instance)
Dim enc = Encoding.GetEncoding("shift_jis")
Dim st = Await hc.GetStreamAsync(urlmax)
Dim tr As TextReader = New StreamReader(st, enc, False)
Dim csvmax = Await tr.ReadToEndAsync()
st = Await hc.GetStreamAsync(urlmin)
tr = New StreamReader(st, enc, False)
Dim csvmin = Await tr.ReadToEndAsync()
Dim data = New List(Of Data)()
' 最高気温CSVをパースする
Dim lst = csvmax.Split(vbCrLf, StringSplitOptions.None).ToList()
' 先頭行は削除する
lst.RemoveAt(0)
For Each line In lst
    Dim vals = line.Split(",", StringSplitOptions.None)
    If vals.Count() > 13 Then
        ' 観測番号，都道府県，地点，最高気温，最高気温（時），最高気温（分）
        Try
            Dim d As New Data With {
            .Id = Integer.Parse(vals(0)),
                .Place1 = vals(1),
                .Place2 = vals(2),
                .TemperatureMax = Double.Parse(vals(9)),
                .MaxHour = Integer.Parse(vals(11)),
                .MinMinitue = Integer.Parse(vals(12))
                }
            data.Add(d)
        Catch
        End Try
    End If
Next
' 最低気温CSVをパースする
lst = csvmin.Split(vbCrLf, StringSplitOptions.None).ToList()
lst.RemoveAt(0)
For Each line In lst
    Dim vals = line.Split(",", StringSplitOptions.None)
    If vals.Count() > 13 Then
        ' 観測番号，都道府県，地点，最低気温，最低気温（時），最低気温（分）
        Try
            Dim id = Integer.Parse(vals(0))
            Dim temp = Double.Parse(vals(9))
            Dim hour = Integer.Parse(vals(11))
            Dim min = Integer.Parse(vals(12))
            Dim d = data.First(Function(x) x.Id = id)
            If Not d Is Nothing Then
                d.TemperatureMin = temp
                d.MinHour = hour
                d.MinMinitue = min
            End If
        Catch
```

```
            End Try
        End If
    Next
    textBox1.Text = "取得完了"
    ' Excel に出力する
    Dim path = "sample.xlsx"
    Using wb = New ClosedXML.Excel.XLWorkbook(path)
        Dim sh = wb.Worksheets.First()
        sh.Cell(1, 1).Value = "観測番号"
        sh.Cell(1, 2).Value = "都道府県"
        sh.Cell(1, 3).Value = "地点"
        sh.Cell(1, 4).Value = "最低気温"
        sh.Cell(1, 5).Value = "時分"
        sh.Cell(1, 6).Value = "最高気温"
        sh.Cell(1, 7).Value = "時分"

        Dim r = 2
        For Each d In data
            sh.Cell(r, 1).Value = d.Id
            sh.Cell(r, 2).Value = d.Place1
            sh.Cell(r, 3).Value = d.Place1
            sh.Cell(r, 4).Value = d.TemperatureMax
            sh.Cell(r, 6).Value = d.TemperatureMin
            r += 1
        Next
        wb.Save()
    End Using
    MessageBox.Show("最高/最低気温を取得しました")
End Sub
```

新刊リストを取得する

ここがポイントです!

HTML形式のデータを解析 (HtmlAgilityPackパッケージ)

インターネットで取得できる情報は、Web APIを通してJSON形式やXML形式で取得できるもの、CSV形式で取得できるものと様々です。しかし、ブラウザーで閲覧ができるものの、形式化されていない情報も溢れています。

これらの情報をHTML形式のまま探索する場合は、NuGetで**HtmlAgilityPackパッケージ**を取得して利用するとよいでしょう。

HtmlAgilityPackパッケージでは、**HtmlDocumentクラス**の**LoadHtmlメソッド**を使っ

て、HTMLデータを解析できます。DOMツリーをそのまま探索することもできます。

また、**SelectSingleNodeメソッド**や**SelectNodesメソッド**では、目的のタグまでXPathを使うのもよいでしょう。

リスト1では、Button1（[新刊情報を取得] ボタン）がクリックされると、秀和システムのWebサイトから新刊情報を取得しています（画面1）。HTMLコードを調べて「新刊」の画像データをキーにして、書名とリンク先を取得し、Excelシートに書き出しています（画面2、画面3）。

▼**画面1 新刊情報**

▼**画面2 実行結果**

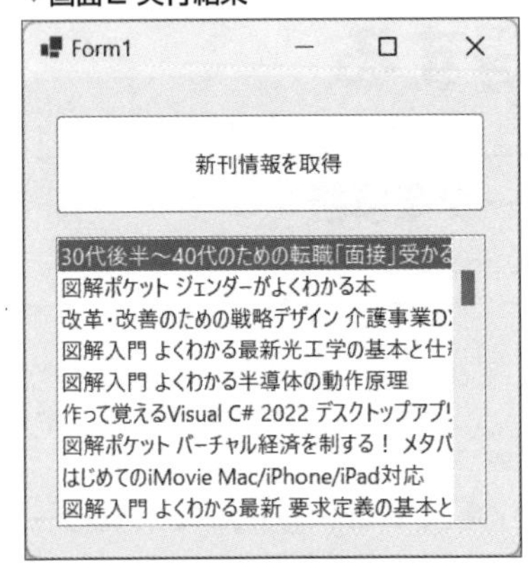

▼画面3 Excelシート

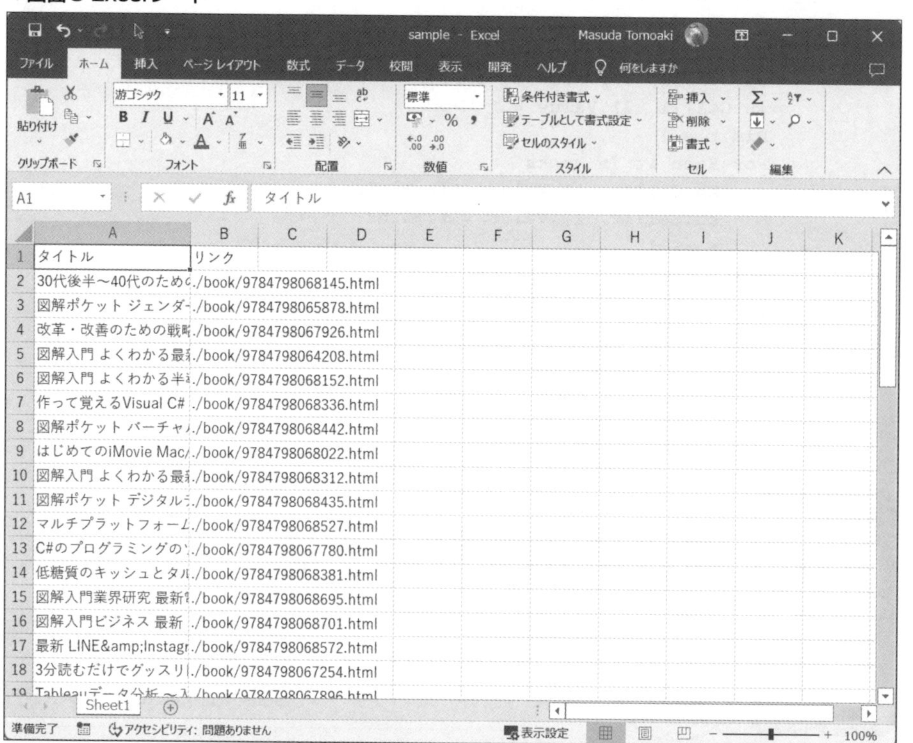

リスト1 HTMLデータから新刊を取得する（ファイル名：excel499.sln、Form1.vb）

```
Private Async Sub Button1_Click(sender As Object, e As EventArgs) _
    Handles Button1.Click

    Dim url = "http://shuwasystem.co.jp"
    Dim cl As New HttpClient()
    Dim html = Await cl.GetStringAsync(url)
    Dim doc = New HtmlAgilityPack.HtmlDocument()
    doc.LoadHtml(html)
    Dim lst = doc.DocumentNode.SelectNodes("//li[@class='items']")
    Dim items = New List(Of String)()
    Dim books = New List(Of Book)()
    For Each it In lst
        Dim a = it.SelectSingleNode(".//a")
        Dim img = it.SelectSingleNode(".//img")
        Dim text = img.GetAttributeValue("alt", "")
        Dim link = a.GetAttributeValue("href", "")
        items.Add(text)
        books.Add(New Book With {.Title = text, .Link = link})
    Next
    ListBox1.DataSource = items
```

```
    Dim path = "sample.xlsx"
    Using wb = New ClosedXML.Excel.XLWorkbook(path)
        Dim sh = wb.Worksheets.First()
        sh.Cell(1, 1).Value = "タイトル"
        sh.Cell(1, 2).Value = "リンク"
        Dim r = 2
        For Each it In books
            sh.Cell(r, 1).Value = it.Title
            sh.Cell(r, 2).Value = it.Link
            r += 1
        Next
        wb.Save()
    End Using
End Sub
```

書籍情報を取得する

ここがポイントです！

HTML形式のデータを解析
（HtmlAgilityPackパッケージ、SelectSingleNodeメソッド）

　インターネット上で公開されている情報は、主にブラウザーで閲覧することを目的としていますが、HTML形式を解析することによって目的のデータのみを取り出せます。

　例えば、書籍情報のページは一定のフォーマットで作られていることが多いと思います。このため、HTMLタグに特定のIDやクラス名がなくても、決め打ちで目的のタグを探索することにより、情報を取り出してExcelなどに整理ができます。

　HtmlAgilityPackパッケージでXPathを使って目的のタグを探索することで、ある程度まで情報を絞り込めます。もちろん、サイトのリニューアルなどにより情報を取れなくなる場合もありますが、ある程度の使い捨てのツールとして便利でしょう。

　リスト1では、Button1（[書籍情報を取得] ボタン）がクリックされると、秀和システムのWebサイトから書籍情報を取得しています（画面1）。書籍情報はページ内のtrタグを検索し、決め打ちでタイトル、著者名、ISBNなどの情報を取得しています（画面2、画面3）。

▼画面1 書籍情報

A1 | タイトル

	A	B	C	D	E	F	G	H	I
1	タイトル	成功するチームの作り方 オーケストラに学ぶプロジェクトマネジメント							
2	著者	増田智明 著							
3	ISBN	9784798050027							
4	発売日	2017/04/21							
5									

▼画面２ 実行結果

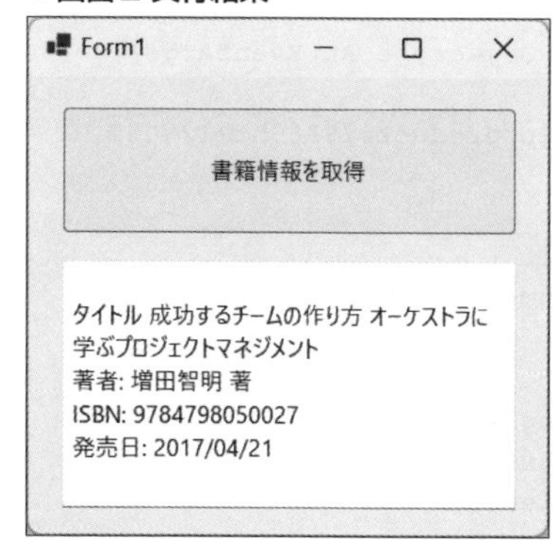

▼画面３ Excelシート

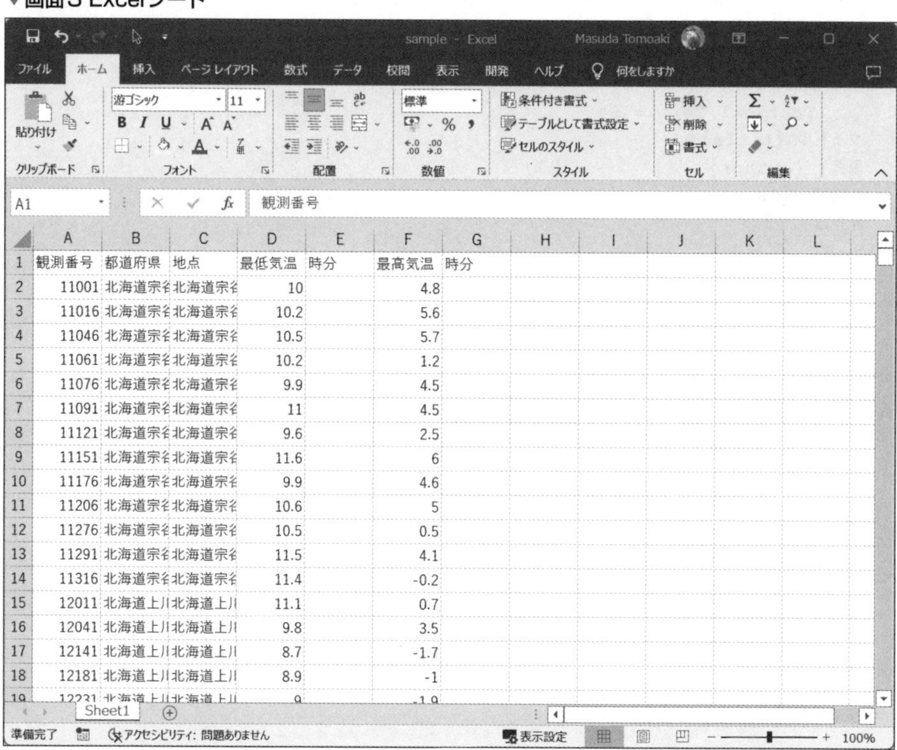

	A	B	C	D	E	F	G
1	観測番号	都道府県	地点	最低気温	時分	最高気温	時分
2	11001	北海道宗谷	北海道宗谷	10		4.8	
3	11016	北海道宗谷	北海道宗谷	10.2		5.6	
4	11046	北海道宗谷	北海道宗谷	10.5		5.7	
5	11061	北海道宗谷	北海道宗谷	10.2		1.2	
6	11076	北海道宗谷	北海道宗谷	9.9		4.5	
7	11091	北海道宗谷	北海道宗谷	11		4.5	
8	11121	北海道宗谷	北海道宗谷	9.6		2.5	
9	11151	北海道宗谷	北海道宗谷	11.6		6	
10	11176	北海道宗谷	北海道宗谷	9.9		4.6	
11	11206	北海道宗谷	北海道宗谷	10.6		5	
12	11276	北海道宗谷	北海道宗谷	10.5		0.5	
13	11291	北海道宗谷	北海道宗谷	11.5		4.1	
14	11316	北海道宗谷	北海道宗谷	11.4		-0.2	
15	12011	北海道上川	北海道上川	11.1		0.7	
16	12041	北海道上川	北海道上川	9.8		3.5	
17	12141	北海道上川	北海道上川	8.7		-1.7	
18	12181	北海道上川	北海道上川	8.9		-1	

リスト1　HTMLデータから書籍情報を取得する（ファイル名：excel500.sln、Form1.vb）

```
Private Async Sub Button1_Click(sender As Object, e As EventArgs) _
    Handles Button1.Click
    Dim url = "http://www.shuwasystem.co.jp/products/7980html/5002.
html"
    Dim cl = New HttpClient()
    Dim html = Await cl.GetStringAsync(url)
    Dim doc = New HtmlAgilityPack.HtmlDocument()
    doc.LoadHtml(html)

    Dim title = doc.DocumentNode.SelectSingleNode(
      "//h1[@class='titleType1']").InnerText.Trim()
    Dim div = doc.DocumentNode.SelectSingleNode(
      "//div[@class='right']")
    Dim table = div.SelectSingleNode(".//table")
    Dim items = table.SelectNodes("*/tr/td")
    Dim author = items(0).InnerText.Trim()
    Dim isbn = items(3).InnerText.Trim()
    Dim dt = items(2).InnerText.Trim()
    TextBox1.Text = $"
タイトル {title}
著者: {author}
ISBN: {isbn}
発売日: {dt}
"
    Dim path = "sample.xlsx"
    Using wb = New ClosedXML.Excel.XLWorkbook(path)
        Dim sh = wb.Worksheets.First()
        sh.Cell(1, 1).Value = "タイトル"
        sh.Cell(2, 1).Value = "著者"
        sh.Cell(3, 1).Value = "ISBN"
        sh.Cell(4, 1).Value = "発売日"

        sh.Cell(1, 2).Value = title
        sh.Cell(2, 2).Value = author
        sh.Cell(3, 2).SetValue(Of String)(isbn)
        sh.Cell(4, 2).SetValue(Of String)(dt)
        wb.Save()
    End Using
End Sub
```

index 索引

記号 Tips No.

A Tips No.

B Tips No.

C Tips No.

D　Tips No.

E　Tips No.

F　Tips No.

G　Tips No.

H　Tips No.

I Tips No.

J　Tips No.

K　Tips No.

L　Tips No.

M　Tips No.

N Tips No.

O Tips No.

P Tips No.

Q　Tips No.

R　Tips No.

S　Tips No.

T　Tips No.

U Tips No.

V Tips No.

W Tips No.

X Tips No.

Y　Tips No.

あ行　Tips No.

か行　Tips No.

さ行 Tips No.

た行 Tips No.

な行　Tips No.

は行　Tips No.

ま行 Tips No.

や行 Tips No.

ら行 Tips No.

わ行 Tips No.

サンプルプログラムの使い方

サポートサイトからダウンロードできるファイルには、本書で紹介したサンプルプログラムを収録しています。

1.サンプルプログラムのダウンロードと解凍

❶ Webブラウザで、本書のサポートサイト(http://www.shuwasystem.co.jp/support/7980html/6666.html)に接続します。

▼本書のサポートサイト

❷ダウンロードボタンをクリックして、ダウンロードします。

▼ダウンロードボタンをクリック

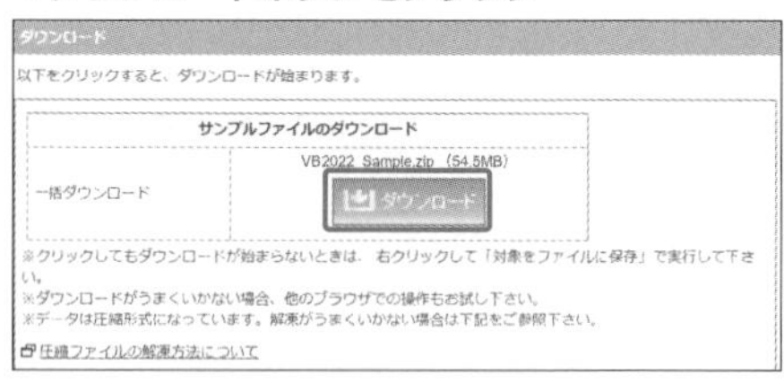

❸ダウンロードしたファイル(VB2022_Sample.zip)を任意のフォルダに移動して解凍し、Visual Studioで読み込みます。

2.実行上の注意

●実行上の注意

サンプルプログラムの中には、ファイルやデータベースのテーブルを書き変えたり削除したりするものなども含まれています。サンプルプログラムを実行する前に、必ず本文をよく読み、動作内容をよく理解してから、各自の責任において実行してください。

実行の結果、お使いのマシンやデータベースなどに不具合が生じたとしても著者および出版元では一切の責任を負いかねます。あらかじめご了承ください。

●データベース名、テーブル名、ファイル名など

実行時には、プログラム中のデータベース名やテーブル名、フィールド名、ファイル名などはお使いの環境に合わせて変更してください。

●データベースについて

実行するサンプルプログラムによっては、Microsoft Access、IISなど、その他のアプリケーションが必要になることがあります。これらのアプリケーションについては、各自でご用意ください。

【著者紹介】

増田 智明（ますだ ともあき）

東京都板橋区在住。古くはTurbo C++からスタートして、Visual Basic 3.0が仕事始め。Visual Basic 6.0の逆引きを書いてから早20年が経ち、現在はVisual Basic 2020。バッハのチェロ協奏曲をギターで弾きながら、めっきり仕事では使わなくなったVisual Basicを遺品と捉えるか継続できる遺産と捉えるかテルマエ・ロマエを読みながら思案中。

主な著書
『現場ですぐに使える! Visual C# 2022逆引き大全 500の極意』（秀和システム）
『図解入門 よくわかる最新 システム開発者のための仕様書の基本と仕組み』（秀和システム）
『.NET 6プログラミング入門』（日経BP）
『プログラミング言語Rust入門』（日経BP）
など

現場ですぐに使える！
Visual Basic 2022逆引き大全 500の極意

発行日　2023年　2月　4日　第1版第1刷

著　者　増田　智明

発行者　斉藤　和邦
発行所　株式会社　秀和システム
〒135-0016
東京都江東区東陽2-4-2　新宮ビル2F
Tel 03-6264-3105（販売）Fax 03-6264-3094
印刷所　三松堂印刷株式会社　Printed in Japan

ISBN978-4-7980-6666-0 C3055

定価はカバーに表示してあります。
乱丁本・落丁本はお取りかえいたします。
本書に関するご質問については、ご質問の内容と住所、氏名、電話番号を明記のうえ、当社編集部宛FAX または書面にてお送りください。お電話によるご質問は受け付けておりませんのであらかじめご了承ください。